Principles of Electrochemical Engineering

電化學工程原理

吳永富 著

五南圖書出版公司 印行

自序

本書的主題——電化學工程，自1800年的伏打電池以來，歷經眾多科學家與工程師的投入，已經成為應用科學中的重要領域。尤其進入21世紀後，聯合國列舉了全球即將面臨的十大問題，前四項依序為能源、水、食物和環境，四者皆與電化學工程相關，代表電化學技術必將蓬勃發展，也表示本書的讀者可能遍及化工、材料、食品、環工、機械、電子等領域，因此作者期盼各界專家與菁英不吝賜予指教，謹此致謝。

本書共計二十萬餘言、千餘數學式，採取化學工程之核心概念編撰，第一章先勾勒電化學工程的歷史沿革與整體輪廓，第二章樹立電化學系統涉及的材料科學主幹，第三章至第六章則沿著化學工程四大主軸依序描繪，這四大主軸分別是熱力學、動力學、輸送現象與程序設計，相信循此路徑應可呈現出電化學工程的完整風貌，而這張學習地圖也是本書有別於其他教本的特點。尤其在電化學發展了200多年後，除了純粹化學的部分，本書也加入許多固態物理與電磁學的觀點，應能使光電催化、能源科技或電磁加工等領域的研發人員從中獲益。

也由於電化學工程是電磁學、化學、材料科學、古典力學與量子力學的交集，使吾人在編寫過程中愈發體會莊子秋水篇裡海神與河伯的對話：「天下之水，莫大於海，萬川歸之，不知何時止而不盈。」余憶學生時代所學習的電化學思路，和各類工程或理學界的專項思維，皆如滔滔河水淵遠流長，但這些川流終需注入大海而不止歇，且大海也不因而盈滿，未來的發展亦永無終點，甚或仍有至今未明的支流持續匯入。所以本書雖已具分量，但對如大海般寬闊的學理仍難以完整描述，且愈往內探索愈察其深，因而期望未來能有後續之系列書籍來述說電化學在工程實務與實驗分析的應用。

本書的完成必須感謝吾師顏溪成教授與吾妻蔡子萱教授，一位是引領我入門的良師，一位是激勵我深究的益友。同時，我還需感謝電化學領域中的三位泰斗，分別是著有《Electrochemical Methods》的Allen J. Bard教授、著有《Electrochemical Systems》的John Newman教授，以及著有《Industrial Electrochemistry》的Derek Pletcher教授，本書的經緯多來自於上述三本巨著，此外亦參考了國外諸多電化學相關書籍。關於個人踏入電化學工程領域的機緣，包括立志攻讀博士學位的23歲選擇了電化學的研究課題，持續挖掘數學寶藏的20歲巧遇電化學專長的工數老師，以及深受電磁場吸引的18歲卻選擇就讀化工系。除此之外，至少還包括青澀懵懂的16歲初識麥克‧法拉第（Michael Faraday）。身為科學史上最優秀的

實驗家，法拉第在電磁學的貢獻造就了今日的電腦網路世界，也在化學和半導體領域中開創先河，絕對可以名列於改變人類文明的十大人物之中。尤其在拜讀張文亮教授所著之《電學之父——法拉第的故事》後，更奠定個人心目中最推崇的學者形象。如果這世上真能創造時光機，我願跟隨書籍裝訂工法拉第去聆聽Davy的演講，感受他無法接受正式教育時仍然堅定充實自我的信念；我願追隨待業者法拉第去應徵皇家學院實驗室的雜役，體會他追求人生理想的決心；我也願擔當研究員法拉第的助手，偕同他進行轉動世界的電磁感應實驗；我還願報名講師法拉第的星期五之夜討論會，觀摩他示範鐵屑在磁鐵周圍排列而成的生動場線。但若世上無法創造時光機，我願踏入法拉第的墓園為大師獻上花束，細說他辭世之後世界的變化與電化學的發展。謹以此書的編撰致謝法拉第大師帶給我的啟發。

著者 吳永富
2018年春

目　錄

第四章　電化學動力學

第五章　電化學輸送現象

第六章　電化學反應工程與程序設計

索引

第 1 章

緒　論

重點整理

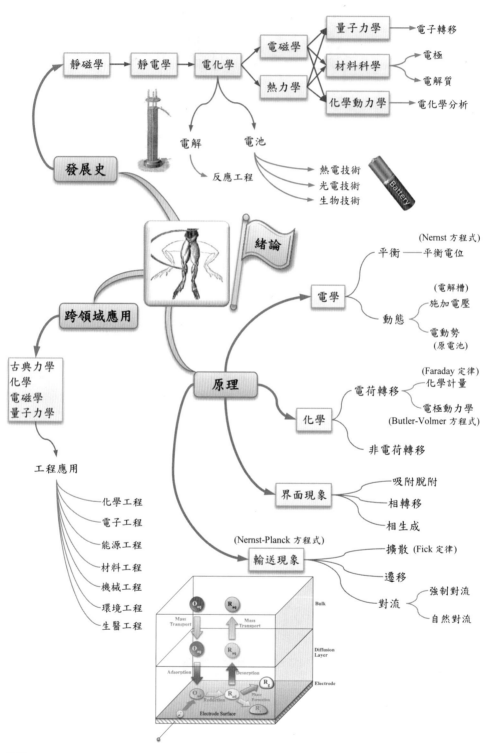

圖片來源：https://simple.wikipedia.org/wiki/Voltaic_pile

1-1 電化學工程

　　電化學（electrochemistry）本身是一門結合了電學與化學的學術，在相關程序中多半涉及電能與化學能之間的轉換；而電化學工程（electrochemical engineering）則更是跨領域（multidisciplinary）的學問與技術（如圖1-1所示），為了將實驗室的研究成果轉移到產業界，課題中除了涵蓋電磁學與化學外，還牽涉古典力學和量子力學，古典力學建構了動量傳遞、熱量傳遞與質量傳遞的原理，量子力學則奠定了固態物理、溶液物理化學和材料科學的基礎。因此，從電化學工程學門中可衍生出許多分支，例如工業電化學、分析電化學、有機電化學、融鹽電化學、固態電化學、半導體電化學、量子電化學、金屬腐蝕電化學、環境電化學和生物電化學等專題，使得材料、製程、能源、生物和環境等尖端且關鍵之議題皆需連結到電化學工程，進而成為學術研究與工業發展的熱門領域，以符合經濟潮流和民生需求。

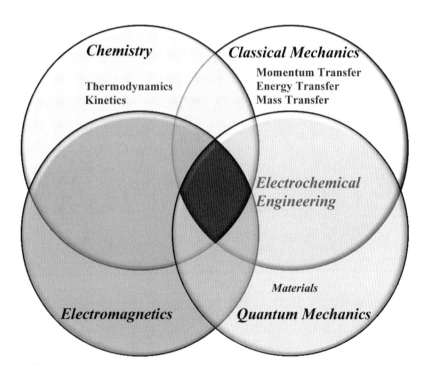

圖1-1　電化學之跨領域特性

　　總結當前正在發展的電化學工程，如圖1-2所示，可發現其應用範圍已然超越傳統的化學工程，並延伸至材料工程、能源工程、機械工程、電子工程、環境工程和生醫工程等領域中。下列為各種電化學工程的應用實例：

　　1.化學工程：有機物與無機物之電合成，例如氯氣或己二腈（化學式為$(CH_2)_4(CN)_2$）等，前者常用在其他化學品的製造，後者則常用於生產Nylon 66（耐綸66）等人造聚合物。

　　2.材料工程：金屬的提取與精煉，例如鋁、銅或鋅等金屬皆從礦物中提煉後，再製造成金屬器具；而金屬物品的腐蝕和防護技術，也是材料電化學的研究範圍。

　　3.能源工程：電化學技術可作為能源轉換與能源儲存的媒介，常見的應用案例包括化學電池、液流電池、燃料電池與電化學電容等元件。此外，由於半導體電化學的發展，透過半導體材料將太陽能轉換為電能或化學能，也是電化學技術的熱門課題。

　　4.機械工程：金屬物件的表面處理、成形、切削或鑽孔等作業，若結合了電化學技術後，可以製成精度更高的產品。

　　5.電子工程：電路板、積體電路與電子構裝中的鍍膜、蝕刻或化學機械研磨等製程，皆可採用電化學技術來實行，例如在1997年，IBM公司宣布銅製程技術開發成功，所運用的方法即包含了銅的電鍍和化學機械研磨。

　　6.環境工程：由於電化學方法具有純化或分離的作用，所以至今已發展出電透析、電凝聚、電浮除等技術，可用於廢水處理、土壤處理或金屬回收。

　　7.生醫工程：由於生物體內的許多現象都與電化學反應相關，因此結合了電化學技術後，可以協助醫學的診斷或治療，也可以製造多種具有感測功能的生醫晶片。

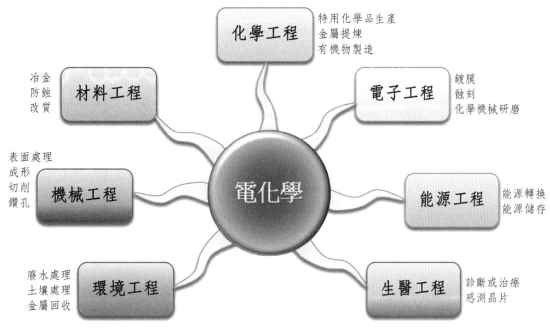

圖1-2 電化學在各類工程中的應用

1-2 電化學發展史

由前述可知,電化學工程是跨領域的學術,至少涵蓋了電學、化學與材料科學,但在人類科學發展史中,電磁學的起步較化學早,而材料科學則最晚成型,其發展進程如圖1-3所示。追溯至1550年代,時值文藝復興後期,英國伊莉莎白一世的御醫William Gilbert花了多年時間探究磁學,也間接地進行了些許電學研究,由於他在磁學方面的開創性研究,使Gilbert被稱為「磁學之父」,這是電磁學發展過程載於史冊的第一頁。到了1663年,德國物理學家Otto von Guericke製作了史上第一台靜電產生器,由一個硫磺球和用於轉動該球的搖柄所構成,當球體轉動時,硫磺球與襯墊或手發生摩擦,可使球體帶電,並產生火花,或將帶電的羽毛懸浮於空中。這些專門探討靜止電荷的學問被稱為靜電學(electrostatics),然而到了19世紀,傳統的摩擦起電機已被感應起電機所取代。

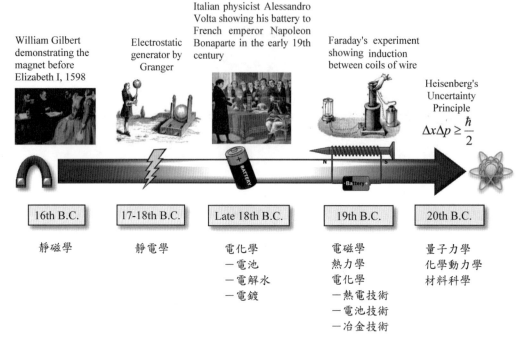

圖1-3　物理學伴隨電化學發展之進程

圖片與資料來源https://en.wikipedia.org/wiki/

在1773年，Charles du Fay在實驗中發現，不同材料經過摩擦後會出現不同的帶電情形，有些相斥有些相吸，於是推測電荷分爲兩種，並提出電流體理論，認爲摩擦會使電流體分離。約於1750年，Benjamin Franklin則提出電流體可從一物體轉移到另一物體上的學說，獲得電流體者稱爲帶正電，失去者則稱爲帶負電。待20世紀後，原子物理發展成熟，才發現可移動的電流體實爲電子或離子。

1753年，John Conton進一步發現物體未經接觸，也可使之電荷分離或帶電，此現象稱爲感應（induction）。因此在1786年，Bennet製造出金箔驗電器（gold leaf electroscope），透過金箔的張角來檢驗物質是否帶電，此裝置後來也用作離子輻射偵測器。若驗電瓶內填充了氣體，又使用X光照射，則氣體將會解離，並使金箔接收相反電荷而減小張角，故可用於輻射偵測，居禮夫人即曾用過。1766年，發現氧元素的Priestley預測電荷之間的吸引力會類似萬有引力定律，後來在1785年，Charles-Augustin de Coulomb從實驗證實，提出描述靜電力的庫倫定律，這是電學史上首次透過嚴謹方法得到的定量結果。

西元1800年之前的電學研究幾乎只局限在靜電學上，但到了1780年代，Luigi Galvani在解剖青蛙時，偶然發現到蛙腿的肌肉收縮，促使他於1791年發表一篇〈電流在肌肉運動中所起作用〉的論文，文中提出生物體存在著神經電流物質（nerveo-electrical substance）的構想。他的見解在表面上述說著生物現象，實則架起電學與化學之間的橋梁，所以在此篇論文發表後，學術界對電化學的研究興趣隨即點燃。Galvani在論文中提出的創見主要是動物體內存有一種動物電（animal electricity），與自然界的閃電或機械式的摩擦起電皆不同，因為動物電必須透過金屬探針來活化。然而，在當時的學術界逐漸認同動物電理論時，Alessandro Volta卻不贊成，他反從金屬材料的角度切入研究，隨後使用了銅和鋅製作出伏打電堆（Voltaic pile），構成史上第一個連續產生電流的裝置，之後並向法國皇帝Napoleon Bonaparte展示他製作的電池，同時也解釋了Galvani實驗中觀察到的蛙腿肌肉收縮僅為托盤和刀片兩種不同金屬的偶然連接所致。

伏打電池是化學能轉換為電能的經典應用，但可能並非文明史上的第一個電池。因為在1938年，任職於伊拉克國家博物館的德國經理Wilhelm König在館藏中發現一件古物，並在1940年發表了一篇文章說明這件館藏是一種電池，而且極有可能是替器具鍍上金屬的裝置。這件古物是一個廣口陶瓶，其結構如圖1-4所示，高度約為5英吋，瓶口直徑約為半英吋，瓶內有一個用銅片捲曲而成的銅柱，銅柱之中還有一條鐵棒。在頂端，鐵棒和銅柱被瀝青做成的塞子隔開並固定；在瓶內，鐵棒和銅柱也不接觸，類似電池中的正負極。因此，當檸檬水、葡萄汁或醋等液體注入廣口瓶後，鐵和銅就能啟動電化學反應且產生電流。由於這件古物是在巴格達附近被發現，因此被稱為巴格達電池，比Volta於1800年發明的電池早一千多年，但直到現在巴格達電池的說法仍然只能視為一種假設。

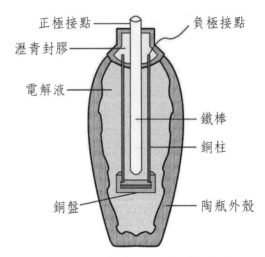

正極接點

負極接點

瀝青封膠

電解液

鐵棒

銅柱

銅盤

陶瓶外殼

圖1-4 巴格達電池之結構猜測

資料來源：http://www.ancient-origins.net/ancient-technology/was-baghdad-battery-medical-device-001443

　　在Volta之後的時代，科學家擁有了產生電流的工具後，隨即開始思考電流對物質的作用，所以William Nicholson和Anthony Carlisle使用電堆提供的電流來電解水，發現在兩個電極上不但會產生酸和鹼，而且還出現了氣體，後來才知道是氫氣和氧氣。在1801年，Johann Wilhelm Ritter觀察到熱電現象（thermoelectricity），並預測到之後由Thomas Johann Seebeck所發現的熱電效應。在1807年，Humphry Davy進行了鉀和鈉的電解製備，後續還發現了鋇、鍶、鈣、硼等元素，是史上發現最多元素的化學家。

　　在電化學發展的初期，研究者著手投入三項問題。第一個問題是電流對物質的作用為何，但很快地在19世紀初期獲得解決，例如水的分解或金屬的提煉；第二個問題是電能的來源為何，Volta認為不同的金屬接觸後，其一會帶正電，另一會帶負電，兩者會產生電位差，而整個電池類似永動機，但實驗結果否定了這種理論，直到化學理論被建立後，才認為電能來自於化學反應；第三個問題則是電流如何通過溶液，這個問題的線索需從固體導電現象中尋找，在1826年，德國科學家Georg Ohm類比熱傳送原理而提出一種電學理論，認為電流是電的驅動力除以阻力，後稱為Ohm定律。Michael Faraday則提出電流通過溶液後會產生離子的理論，並且引進了陰極、陽極、陰離子、陽離子和電解液等現代電化學依然使用的術語；尤其在1832年，Faraday還提出

了兩個重要的電解定律。此後，有更多研究者持續投入電解液導電現象的研究，其中具有重要貢獻的是瑞典化學家Svante Arrhenius，他在1884年發表論文《電解質導電性的研究》（Investigations on the galvanic conductivity of electrolytes），敘述溶質電離的理論，亦即各種電解質在水中會以不同的程度分開成電性相反的離子。數年後他再補強之前的電離理論，終於得到學術界的認同。另一個具有指標意義的是德國物理學家Hermann von Helmholtz，他在1853年提出了電極與溶液接觸界面的電雙層理論，對於電極如何影響電解液發表了初步的想法。至於電解質溶液的特性研究，即使到了20世紀依然有進展，例如1923年，化學家Peter Debye和Erich Hückel提出了稀薄電解質溶液的理論，促進了電化學實驗的發展；同於此年，丹麥化學家Johannes Nicolaus Brønsted和英國化學家Thomas Martin Lowry提出了酸鹼溶液論，藉由交換質子可形成共軛酸鹼，強化了電解質溶液的理論。

　　19世紀中，於電化學的基礎理論發展方興未艾之際，其實務應用也吸引了廣大科學家的興趣。自從Volta電池問世後，開啟了人類運用電能的可能性，然而這種電池中仍存在許多問題，例如電極腐蝕、輸出電壓不穩定，以及電流輸出時間不夠持久，致使電能的應用僅限於實驗室的科學研究。因為伏打電池運作時，銅板會逐漸附著氫氣，導致電極出現極化現象（polarization），使電池無法繼續使用。因此，英國化學家John Daniell在1836年試著使用素陶隔板分開兩個電極，在隔開的兩區內分別加入硫酸鋅和硫酸銅兩種電解液，以避免氫氣產生，暫時解決了電池極化問題，後人稱此裝置為Daniell電池，且今已改用多孔薄膜來取代素陶隔板。同一期間，英國物理學家William Grove則發明了Grove硝酸電池，電動勢約為1.8V，可產生大電流，提供當時的電報通訊業使用，但反應後會有危險氣體外洩，後來決定停用。此外Grove在1839年還發明了氣體電池，是目前磷酸燃料電池的先驅。之後於1886年，法國科學家Georges Leclanché發明了碳鋅電池，也稱為Leclanché電池。他用碳粉和二氧化錳粉填入素陶容器中，並插入碳棒當作正極；容器外是氯化銨水溶液，並置入鋅棒當作負極。其中的二氧化錳會和碳棒上產生的氫氣迅速反應成水，因此稱為去極化劑（depolarizer）。此電池屬於濕式電池，但所使用的材料已成為乾電池（dry cell）的基礎。由於Leclanché電池又重又易壞，德國人Carl Gassner改用鋅罐，在其中填入二氧化錳粉，並置入

被紙袋包覆的碳棒，最後再用柏油密封，使電解液不會漏出，製成所謂的乾電池，電能的使用由此開始深入民生。

　　透過電解除了可以發現或分離元素，還能夠提煉出高純度的金屬。1886年，法國人Paul Héroult和美國人Charles Hall分別研究了電解製備純鋁的方法，由於時間接近，因此後世將電解提煉鋁的程序稱為Hall-Héroult法。在19世紀初期，曾有化學家從明礬中提煉出鋁，由於純鋁具有的光澤，使其被歸為如銀或鉑般的貴金屬，價格不菲，比黃金還貴。但以現代的觀點，鋁是地殼中含量最豐富的金屬，總量遠高於黃金，只是鋁多以化合物的形態存在，使得純鋁格外貴重。直到1886年，Hall使用了有效的電解法，分離出純鋁，但因法國人Héroult也擁有類似技術，促使Hall成立美國鋁業公司（Aluminum Company of America，簡稱Alcoa），在產量快速上揚後，幾乎讓鋁的價格在五十年間下降成百分之一，現今從易開罐、球棒到交通工具都用得上鋁，所以讓Alcoa成為美國最成功的企業之一，堪比1980年代之後的半導體工業，這是電化學技術改變產業和民生的一頁輝煌史。除了冶金工業外，德國化學家Fritz Haber在1898年發現電解槽的陰極電位經過調整後，可以改變還原產物的化學組成。之後他還研究了硝基苯的電解還原過程，硝基苯易透過催化而還原成苯胺，苯胺可用於製造染料、藥物、樹脂或橡膠硫化促進劑等，屬於重要的化工原料。

　　除了從化學或能源科技的角度觀察19世紀的電化學發展之外，也可從物理學的角度來探討。在物理學的進展中，19世紀有兩大突破，一是電磁學，另一為熱力學，前者已和電化學有極為密切的關係，而後者在本質上和能量相關，因此也將與電化學緊密連結。熱學起源於熱現象的研究，隨著力學的發展，科學家逐漸將熱連結到其他形式的能量，1841年，Julius Robert von Mayer提出熱是機械能的一種可能形式，且進一步將此概念推廣到不同形式能量之間的轉化，從而歸納出能量守恆的特性。1850年，Rudolf Clausius提出了熱力學第一定律的數學式，明確指出能量的轉換與守恆。Clausius在研究法國物理學家Carnot的可逆熱力學循環時，發現在循環中只有一部分熱量可以轉化成機械能，其餘熱量只能從高溫熱源傳遞到低溫物體，這兩部分熱量和產生的功符合某個特定關係，於是他在1854年的論文中發表了熱力學第二定律，且引入熵（entropy）的觀念。到了1870年代，美國科學家Josiah Willard Gibbs發表論文，提出一種結合焓（enthalpy）與熵的新能量概念，稱為Gibbs自由能，同時他也提出了化學位能（chemical potential）的概念；Hermann von Helmholtz也發表過類似的Helmholtz自由能，他在1882年推導出電池可逆電動勢與最大對外作功的關係式，其中最大作功正是Gibbs自由能的變化值，使得歐洲的學術界逐漸接受Gibbs倡導的熱力學公式。尤其在1892年，Friedrich Wilhelm Ostwald將Gibbs的論文翻譯成德文，並且倡議所有化學變化皆可使用熱力學來解釋的概念。但在當時，科學界仍不清楚電池如何產生電動勢，直到Walther Hermann Nernst發表研究成果後，才能略知一二。Nernst於1887年進入Ostwald的實驗室工作，開始著手研究不同物質的界面問題，他認同Arrhenius的電離理論，先探討兩個不同濃度溶液之界面現象，例如陽離子的擴散速率快於陰離子，則會使界面的一側帶正電，另一側帶負電，進而形成電雙層，電雙層內建立的電場會阻止後續的擴散而達到穩定態，因此可以求得液體界面間的電位差。接著Nernst再思考固體與溶液的界面現象，想像金屬溶解進入溶液時存在一種溶解壓力，與溶液中已存在的離子滲透壓相比後，如果存在壓差則會促使固體溶解或離子結晶，過程中也會形成電雙層，當兩種現象達到平衡時，即可求出界面的電位差。儘管上述兩種界面的電位差都無法經由實驗測量，但若選取一個適當的參考點，電化學反應在特定狀態下的電位仍可計算出來，這個參考點可以是現今所採用的標準氫電極，而計算的公式即為Nernst方程式。自此，基於熱力學的電化學理論已經建立，並且吸引了更多研究者投入電解質溶液與電化學熱力學的探索。在Nernst奠定的熱力學基礎上，比利時科學家Marcel Pourbaix研究了眾多元素的電位－酸鹼值（pH）關係，建立了Pourbaix圖。這是一種電化學的相平衡圖，簡單且實用，在材料科學、分析化學、或地質科學等領域都曾被應用，是當時電化學熱力學發展的極致。但尊崇熱力學的研究者所抱持的想法是電極反應皆屬可逆，Nernst方程式可以計算任何狀態，但實驗結果卻常與之不符，使得研究者十分困擾。

事實上，任何進行中的電化學反應皆需偏離平衡狀態，其現象自然不符合熱力學的預測。1905年，Julius Tafel首先探索了析氫反應中電極偏離平衡程度對反應速率的影響，後稱為極化現象（polarization），而偏離平衡電位的差額被稱為過電位（overpotential）。在研究中，Tafel建立了過電位與電流密度間的關係，這是歷史上第一個電化學動力學的數學模型，後稱為Tafel

方程式。在1924年，John Alfred Valentine Butler首先提出電化學反應速率有限的概念，並依此推導了動力學公式，討論過電位對反應速率的影響，但Tafel和Butler的成果並未獲得重視。直到1930年代，蘇聯科學家Alexander Naumovich Frumkin從化學動力學的角度進行大量研究，藉由實驗技巧持續改進，探討了電極與溶液界面對反應速率的影響，終在析氫程序和電雙層結構的研究中得到重要的成果。他引入電雙層的零電點概念來描述金屬，使得Volta先前對電動勢的疑惑得以解決，他認為電雙層結構對於反應動力學極為重要，尤其是電極表面附近的濃度分布和反應的活化能，這幾項因素最終成為現代電化學研究的基石。電雙層的理論歷經19世紀的Helmholtz、1910年代的Louis Georges Gouy和David Leonard Chapman，以及20年代的Otto Stern，已經逐步成型且明朗，若非Frumkin對電雙層加以應用，電極動力學的發展仍將停滯不前。1933年，Frumkin在莫斯科大學成立電化學科系，親自帶領後輩進行動力學研究，在化學電源、工業電解和腐蝕防治等領域都獲得了重要的成就。1952年，Frumkin完成了電極程序動力學的重要著作，引領了大量電化學研究者投入工作，使得電化學科技在60年代進展快速，其中的著名學者包括John Bockris、Roger Parsons和Brian Evans Conway等人。

在20世紀，最重要的物理進展當屬相對論與量子力學，而後者從原子光譜發展到電子能階，再逐步深入到原子物理、分子物理和固態物理，期間還產生了量子化學的新領域。所以1930年代的電化學家思考到反應過程中應該涉及量子穿隧或能階間的躍遷，這是量子電化學理論的起源。到了1960年代，Revaz Dogonadze等人首先建立了質子轉移反應的量子模型；另一方面，Rudolph Arthur Marcus則發展出電子轉移模型，對勻相與非勻相系統皆適用，揭露了電化學反應的本質，因而獲得1992年的Nobel化學獎；Heinz Gerischer則建立了半導體－溶液界面的電子轉移模型，對於後來發展的光電化學領域有重要貢獻。

在20世紀中，還有一個重要的突破使得電化學科技能夠突飛猛進，這個突破性的進展出現在實驗的技術與器具。追溯到1922年，捷克科學家Jaroslav Heyrovský發明了極譜法（polarography），且採用滴汞電極（dropping mercury electrode，常簡稱為DME）或懸汞電極（hanging mercury drop electrode，簡稱為HMDE）來進行電化學分析實驗，因為汞滴具有寬廣的陰

極反應範圍，以及易於更新表面的特性，非常適合用於分析電極程序。一般從電化學分析得到的數據會是施加電位和回應電流的組合，所以常稱為伏安法（voltammetry），極譜法是早期伏安法中的代表，後續由於電子工業的興起，儀器設備的演進速度非常快，尤其到了50年代，暫態測量技術、線性或循環電位掃描和交流阻抗測量，以及旋轉盤電極系統，都已經發展成熟，被大量使用在電化學的研究中。到了70年代，電化學實驗中更引進各類光譜技術，可分為原位（in-situ）和非原位（ex-situ）測量，例如紫外光－可見光光譜、紅外光光譜或Raman光譜等分析技術，可偵測分子等級的訊息。進入80年代，則出現了顯微技術，例如掃描式穿隧顯微鏡或原子力學顯微鏡等，可偵測原子等級的訊息。這些實驗工具或分析方法的突破帶給電化學科技深遠的影響，並拓寬了電化學的應用範圍，得以結合材料工程、能源工程、機械工程、電子工程、環境工程和生醫工程而成為尖端學門。總結電化學的發展史，可整理成圖1-5和表1-1。

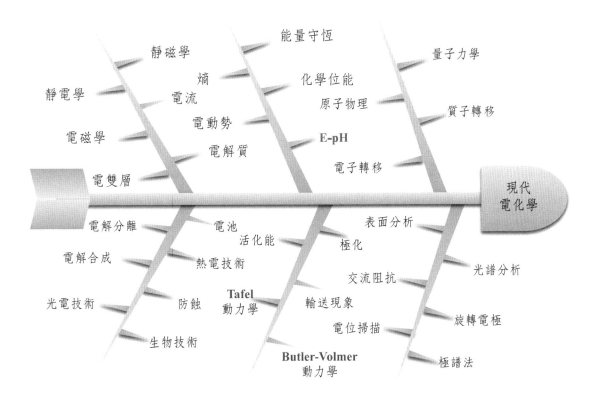

圖1-5 電化學發展之趨勢圖

表1-1　電化學發展之重要事紀

年代	人物	事件
1780	Galvani	解剖實驗中發現蛙腿有電流通過而抖動的現象
1799	Volta	製作出伏打電池
1801	Ritter	觀察到熱電現象
1807	Davy	電解製備出鉀和鈉
1826	Ohm	提出金屬材料的歐姆定律
1832	Faraday	提出電解定律
1836	Daniell	使用素陶隔板製作出Daniell電池
1839	Grove	製作出氣體電池，是燃料電池的前身
1853	Helmholtz	提出電極與電解液界面的電雙層理論
1884	Arrhenius	發表溶質電離理論
1886	Leclanché	發明碳鋅電池，後來被改製成乾電池
1886	Héroult / Hall	提出電解製備純鋁的方法
1888	Nernst	提出Nernst方程式
1905	Tafel	研究析氫反應的極化現象，提出Tafel方程式
1922	Heyrovský	發明極譜法
1923	Debye / Hückel	提出了稀薄電解液的理論
1924	Butler	提出電化學動力學方程式
1952	Frumkin	發表重要的電極動力學著作
1960s	Dogonadze	建立質子轉移反應的量子模型
1960s	Marcus	建立電子轉移模型

　　在1949年，歐美兩地的電化學家在瑞士洛桑共同組成國際電化學學會（The International Society of Electrochemistry，簡稱為ISE），以因應持續成長的電化學學術活動。在當時，學會成員並不多，但發展到今日已經達到3000人以上的規模，而且還包括20多所非營利性或贊助性的企業會員。此外，ISE也是國際純化學和應用化學聯合會（International Union of Pure and Applied Chemistry，簡稱為IUPAC）認可的相關組織，致力於發展和傳播電化學科技，也協助國際間的研發合作，以及制訂專業準則。目前整個學會是由

下列幾個子部門組成：

1.分析電化學：主要涵蓋電化學分析的實驗與理論，包括採樣、樣品處理、分離、物種定性或物種定量。

2.生物電化學：主要從分子層級或細胞層級來探討生物程序的電化學方法。

3.電化學能源轉換與儲存：涉及不同形式能源間的轉換實驗與理論，也包含儲存能源的方法與材料。

4.電化學材料科學：主要探討材料的合成、加工、表面處理、腐蝕與標定時的電化學。

5.電化學程序工程：主要包含電化學的工程應用，例如規模放大與反應器設計。

6.分子電化學：主要探討無機物、有機金屬物或有機物進行電極程序時的相關議題。

7.物理電化學：從物理化學和動力學角度探討電化學的理論、實驗或模擬議題，從分子層級到巨觀層級都將包含其中。

1-3 電化學原理

由電化學的發展歷程可知，電化學程序的主體是電極和電解液的界面反應，再結合電極中的電子輸送與電解液中的離子輸送，即可構成整個程序。當電極連接上電源後，電極的電位可被控制，因而驅動電子跨越電極和電解液的界面，若溶液側正好存在反應物，則反應物可以接收電極側前來的電子，而形成產物；也可能自身釋放出電子，使其跨越界面進入電極側，終而留下產物。反應物接收電子者，稱為還原反應（reduction），例如：

$$Fe^{3+} + e^- \rightarrow Fe^{2+} \tag{1.1}$$

反應物釋放電子者，稱為氧化反應（oxidation），例如：

$$Fe^{2+} \rightarrow Fe^{3+} + e^- \tag{1.2}$$

然而，欲進行氧化或還原反應，反應物必須緊臨著電極的界面，反應才有可能發生，這是電化學程序的基本限制。爲了符合這項需求，電化學程序常會包含幾個界面反應以外的步驟，以利於完成整體程序。圖1-6顯示了氧化還原對O/R之間的變化程序，其中O爲氧化態物質，R爲還原態物質，在常見的電化學案例中，O與R至少有一個是離子。

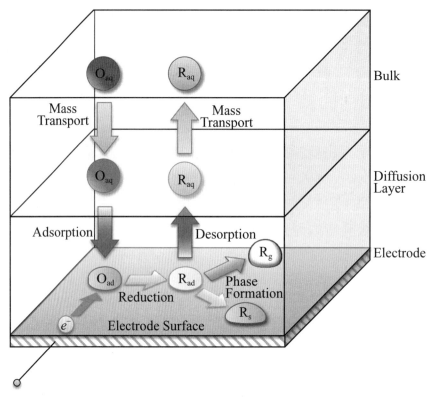

圖1-6　$O + e^- \rightarrow R$之示意圖，其中O_{aq}與R_{aq}分別指溶液中的氧化態與還原態物質，O_{ad}與R_{ad}則為吸附態的氧化態與還原態物質，而R_s與R_g則指固態或氣態的還原物質

以O反應成R爲例，首先O會從溶液的主體區（bulk）質傳進入電極界面的附近，已知反應後O被消耗，故在電極界面的溶液側會出現一層O的低濃度區域，此區域可稱爲擴散邊界層（diffusion layer），在2-1節中將會詳述。若O要還原成R時，必須接收來自電極的電子，所以要極度靠近電極表面，過程中可能包含了吸附程序（adsorption）。在表面進行反應後，通常會出現反應中間物I（intermediate），再經由後續反應才成爲產物R，而產物R可能

會停留在電極表面上，也可能離開表面，因此包含了相形成（phase forma-tion）、相轉變（phase transition）或脫附（desorption）等步驟，離開表面的產物也會透過質傳機制而進入溶液的主體區。整體程序中所牽涉的電子轉移，可能只涉及單一電子，也可能牽涉多個電子，但多電子的反應常為多個單電子反應的串聯程序。在這一系列步驟中，往往存在一個速率較慢者，使得整體程序的進行受制於該步驟，因此稱其為速率決定步驟，此步驟有時出現在界面反應，有時會出現在質量傳送，依系統而有別，甚至隨時間而變。

當有兩組上述的電極與電解液界面相連後，再透過外部導線將兩電極接到電源或負載上，即可構成完整的電路，此電路排除了導線和負載後，剩餘的部分稱為電化學池（electrochemical cell），亦作電化學槽。鹼性電池即為常見的電化學池，若從正負兩極以電線連接到燈泡，燈泡將會發亮，表示有電流在迴路中流通，也意味了電池內正在進行電化學程序。依據發生氧化的位置，定義該電極為陽極（anode），反應物釋放電子到外部電路；而發生還原的電極為陰極（cathode），反應物接受來自外部電路的電子。然而，從電工學的角度，需定義電池中擁有高電位之電極為正極（positive pole），低電位者為負極（negative pole），電池輸出的電子將由負極離開，沿著外部導線流向正極。因此，對電池而言，負極之處即為陽極，正極之處即為陰極，電池內的化學能將逐步轉換成電能而輸出，這類電化學池常稱為原電池（primary cell）或伽凡尼電池（Galvanic cell）。

此外，另有一種電化學池是藉由外部電源所提供的電能來驅使系統中的反應進行，因此外部電能將逐步轉換成化學能，常見的例子是電解水或二次電池的充電，而這類電化學池常稱為電解槽（electrolytic cell）。如圖1-7所示，電解槽操作時，外部電子輸入到陰極，以提供反應物進行還原，所以電解槽的陰極必須連接外部電源中輸出電子的負極；相似地，電解槽的陽極反應後釋放電子到外部電路，再由外部電源的正極接收電子，所以電解槽的陽極必須與外部電源的正極相連。因此，一般稱電解槽的陽極即為正極且陰極即為負極的說法並不妥適，正負極只適合用於說明電源的輸出端，所以不會輸出電能的電解槽不適合使用此名稱。

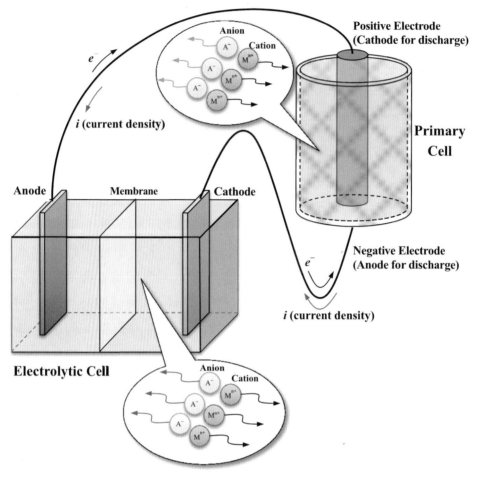

圖1-7　原電池與電解槽

　　在電化學池中，氧化與還原反應會被空間隔離，兩者將合成一個完整的化學反應，因此氧化與還原被稱為半反應。這兩個半反應有時會發生在兩個不同的電極材料上，有時會在同一個電極材料的不同位置上進行，如圖1-8所示。連接這些電極的導電路徑除了電化學池的外部線路外，還有電解液，前者屬於電子導通的媒介，後者則是離子流動的媒介。因此，電化學池可視為兩個電子導體（電極材料）夾住至少一種離子導體（電解液）的堆疊系統。若電化學池設計適當，兩個半反應的產物可以在不同處分別收集，因此具有分離的效果。

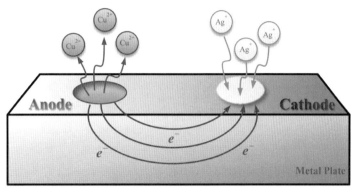

圖1-8　在同一塊材料上形成電化學池

　　對於電解槽或原電池，雖然不斷有電子輸出，但也會有電子來補充，所以在任何時刻，整個電化學池的內部都呈現電中性。電極表面發生化學反應時，陰極與陽極的電位差將形成電場，致使陰離子朝向陽極移動，陽離子朝向陰極移動。除了電場的作用外，重力場或外部機械也可能作功驅使電解液流動，所以還有對流現象。在通電過程中，物質的濃度因反應而改變，所以還有擴散現象。

　　Faraday早期研究電解反應時，從化學計量或質量均衡的角度，說明反應物的消耗或產物的生成正比於通過電極的電量Q，因而提出了Faraday電解定律：

$$\frac{W}{M} = \frac{Q}{nF} \tag{1.3}$$

其中W為反應物或產物的質量變化，M為該物的分子量，n為每1 mol該物質進行的半反應中所參與的電子數，F為Faraday常數，為96485 C/mol，是指每1 mol電子所攜帶的電量。然而，一般的電化學反應進行時都存在競爭反應，這些競爭反應也會消耗或釋放電子，例如在電鍍程序中常伴隨水的電解而產生氣泡。基於此原因，可定義輸入電量用於目標反應的比例為系統的電量效率或庫倫效率。但在短暫的時間內，假設各反應所需電量正比於電流，所以電量效率得以轉成電流效率η_{CE}（current efficiency），藉此可列出更嚴謹的Faraday電解定律：

$$\frac{W}{M} = \frac{\eta_{CE}Q}{nF} \qquad\qquad (1.4)$$

在反應過程中，若能記錄下電流I隨時間t的變化，則可將Faraday電解定律轉換為積分形式：

$$\frac{W}{M} = \frac{\eta_{CE}}{nF}\int_0^t Idt \qquad\qquad (1.5)$$

但也可表示成微分形式：

$$\frac{dW}{dt} = \frac{\eta_{CE}M}{nF}I \qquad\qquad (1.6)$$

(1.6)式左側代表了反應速率，而右側的電流I可表示為電流密度i（current density）和電極面積A的乘積。因此在電化學系統中，若去除了電極尺寸的效應後，只要測量出電流密度，就可以快速地關聯到反應速率，這是電化學分析的優勢之一。

　　事實上，當電化學池沒有連接外部線路時，兩電極間仍存在電位差，此時用伏特計測量電位差即可得到電化學池的平衡電壓。由於電極處於平衡狀態，此時單電極的電位稱為平衡電位（equilibrium potential），在第三章中將會詳述其定義。因為這時的電路是斷開的，沒有電流通過，故又稱為停止電位（rest potential）、零電位（null potential）或開環電位（open-circuit potential）。當有外部電源或負載相連時，則會有電流通過電化學池，此時用伏特計測到的兩極電位差稱為槽電壓（cell voltage）。對於原電池，此電位差將驅使電流從高電位電極，沿著外部線路流到低電位電極，故又稱為電動勢（electromotive force，簡稱EMF）。然而，槽電壓並不等於平衡電壓。對於電解槽，通常外加電壓必須高於平衡電壓，才能驅動電解反應，其中的差額稱為過電壓（overvoltage）。過電壓的來源可分為三類，分別是單一電極上的表面過電位（surface overpotential）、單一電極附近的濃度過電位（concentration overpotential）與歐姆過電壓（Ohmic overvoltage）。表面過電位又稱為活化過電位（activation overpotential），是因為必須施加額外的能量來克服反應活化能，才能驅使反應發生。濃度過電位則發生在電極表面附近，由於局部濃度和溶液的主體濃度（bulk concentration）不同，因而產生額外的電位差。歐姆過電壓主要來自於陰陽兩極間的電解液擁有電阻，所以

電流通過時也會導致電位差；其次是電極表面常因反應而生成鈍化膜，其電阻較金屬材料高，也會導致額外的電位差；最終是電極材料本身的電阻，若使用金屬，則電阻較低，其電位差常可忽略，若使用半導體，則需考慮此電位差。此外，電解液中如有使用高分子隔離膜，隔離膜的主體通常不允許電子導通，但其孔洞可讓離子通過，雖然隔離膜通常很薄，但由其引起的電位差有可能達到1.0V，所以也是過電位的來源。總結以上，一個電解槽的施加電壓可表示為：

$$\Delta E_{app} = \Phi_A - \Phi_C = \Delta E_{eq} + \eta_{S,A} + \eta_{C,A} - \eta_{S,C} - \eta_{C,C} + \Delta\Phi_{ohm} \tag{1.7}$$

其中的Φ_A與Φ_C分別為陽極和陰極的電位，ΔE_{eq}為平衡電壓，$\eta_{S,A}$和$\eta_{S,C}$為陽極與陰極的表面過電位，$\eta_{C,A}$和$\eta_{C,C}$為陽極與陰極的濃度過電位，而$\Delta\Phi_{ohm}$為各類歐姆過電壓的總和。對於電解槽，陽極連接外部電源的正極，故電位較高，陰極連接負極，電位較低，因此電解槽所需的電位差是由陽極電位減陰極電位，而整個電解槽的電位分布如圖1-9所示。但對於原電池，陽極輸出電子，故電位較低，因此計算電池的工作電壓時，必須由陰極電位減陽極電位。在第三章中，會討論平衡電壓；在第四章中，會詳述各個過電位的定義。

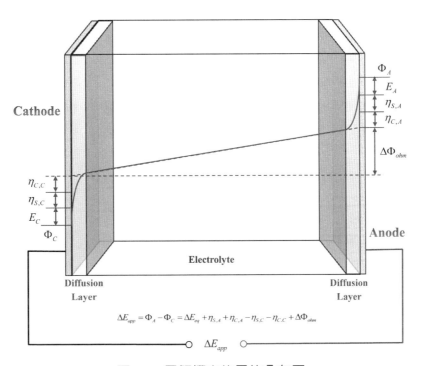

圖1-9　電解槽內的電位分布圖

範例1-1

　　一個電解槽分成陽極室與陰極室兩區，兩室以隔離膜分開，作為精煉金屬用，可操作的最大電流密度$i=500\text{A/m}^2$，反應的平衡電壓為2.2 V。已知陽極室的長度為0.003 m，電解液的導電度會隨陽離子濃度c而變，其關係為$\kappa=(6+25c-3c^2)\text{S/m}$。隔離膜的厚度為0.0005 m，離子導電度為12 S/m。陰極室的長度為0.01 m，電解液的導電度為60 S/m。陽極過電位為$\eta_A=(0.7+0.0012\frac{i}{c})$，陰極過電位為$\eta_C=-(0.45+0.0007i)$。以上所述的兩個過電位之單位為$V$，$c$之單位皆為$\text{kmol/m}^3$，$i$之單位皆為$\text{A/m}^2$。試求最小施加電壓為何？此時的陽離子濃度為何？

解 1. 根據(1.7)式，可得到：

$$\Delta E_{app}=2.2+(0.7+0.0012\frac{i}{c})-(-0.45-0.0007i)$$
$$+i\left(\frac{0.01}{60}+\frac{0.0005}{12}+\frac{0.003}{6+25c-3c^2}\right)$$

2. 已知$i=500\text{A/m}^2$，則當槽電壓最小時，必須滿足$\frac{d}{dc}\Delta E_{app}=0$，因此可得：

$\frac{0.0012}{c^2}+\frac{(0.003)(25-6c)}{(6+25c-3c^2)^2}=0$，從中可解出$c=6.61\ \text{kmol/m}^3$，以及$\Delta E_{app,\min}=3.35+0.001165i=3.93$ V。

　　一個半反應的平衡電位取決於反應物和產物的活性，也相依於反應的溫度T。對於O還原成R的反應，由Nernst方程式可知，其平衡電位可表示為：

$$E=E^\circ+\frac{RT}{nF}\ln\frac{a_O}{a_R} \tag{1.8}$$

其中E°是此反應的標準電位，而氧化態活性a_O表示成活性係數γ_O與濃度c_O對參考濃度c°之比值的乘積，亦即：

$$a_O=\gamma_O\frac{c_O}{c^\circ} \tag{1.9}$$

還原態也依此類推：

$$a_R = \gamma_R \frac{c_R}{c^\circ} \tag{1.10}$$

使Nernst方程式轉變為：

$$E = E_f^\circ + \frac{RT}{nF} \ln \frac{c_O}{c_R} \tag{1.11}$$

其中E_f°稱為形式電位（formal potential），表示為：

$$E_f^\circ = E^\circ + \frac{RT}{nF} \ln \frac{\gamma_O}{\gamma_R} \tag{1.12}$$

當溶液中添加了高濃度且惰性的支撐電解質後，γ_O和γ_R會很接近，使得$E_f^\circ \approx E^\circ$。由(1.11)式可知，反應物的濃度$c_O$愈高時，電位會偏移到正向，代表還原的趨勢愈強。但因為電位是相對概念，所以慣例是以標準氫電極（standard hydrogen electrode，簡稱為SHE）為基準，定此電極在25℃下，且H_2與H^+的活性皆為1時，電極電位為0V。在此基準下，其它半反應的電位都能擁有一個絕對數值，以便於表達或計算。在第三章中，吾人將會以熱力學的觀點詳述Nernst方程式的推導，以及電極電位的應用。

擁有兩個半反應的平衡電位之後，即可求得電化學池的平衡電壓ΔE_{eq}。以原電池為例，對於每1 mol的反應物，若可以從陽極輸出n mol的電子至外部電路，則反應所能給予的最大功即為總反應的自由能變化ΔG，且可表示為：

$$\Delta G = -nF\Delta E_{eq} \tag{1.13}$$

範例1-2

鋅錳電池的反應為：$Zn + 2MnO_2 + 2NH_4Cl \rightarrow Zn(NH_3)_2Cl_2 + Mn_2O_3 + H_2O$，$Li/SOCl_2$電池的反應為：$Li + \frac{1}{2}SOCl_2 \rightarrow LiCl + \frac{1}{4}SO_2 + \frac{1}{4}S$。已知兩者的反應自由能變化分別為$\Delta G = -300$ kJ/mol和$\Delta G = -300$ kJ/mol，則兩種電池的工作電壓為何？對2 A·h的典型電池容量而言，哪一種負極材料較輕？

解 1.根據(1.13)式，電池的工作電壓可表示為：$\Delta E_{eq} = -\dfrac{\Delta G}{nF}$。鋅錳電池中，對每1

mol的Zn，反應會牽涉2個電子，所以 $\Delta E_{cell}=-\dfrac{(-300\times10^3)}{(2)(96500)}=1.55$ V；Li/SOCl$_2$電池中，對每1 mol的Li，反應只牽涉1個電子，所以$\Delta E_{cell}=-\dfrac{(-310\times10^3)}{(1)(96500)}=3.21$ V。

2. 已知Zn和Li的分子量分別為65與7，所以根據(1.4)式，假設電流效率為100%，所以鋅錳電池的負極需要$W=\dfrac{\eta_{CE}MQ}{nF}=\dfrac{(1)(65)(2)(3600)}{(2)(96500)}=2.42$ g，Li/SOCl$_2$電池的負極需要$W=\dfrac{\eta_{CE}MQ}{nF}=\dfrac{(1)(7)(2)(3600)}{(1)(96500)}=0.52$ g，比前者輕，這是鋰電池的一項優勢。

即使在平衡狀態下，每一個電極仍然處於動態的情形，只是正反應與逆反應之速率相等。以正反應定為O變成R的電極為例，正反應的速率正比於還原電流密度i_c，而逆反應的速率正比於氧化電流密度i_a。依照慣例，再定義淨電流密度為正向還原電流密度i_c減去逆向氧化電流密度i_a，亦即$i=i_c-i_a$。當電極處於平衡時，因為正逆反應之速率相等，使得$i_c=i_a$，亦即$i=0$，故沒有電流通過該電極，呼應電極處於平衡的狀態，此時的單向電流密度i_a或i_c被稱為交換電流密度i_0（exchange current density）。

操作電解槽時，若電極之電位從平衡值往正向提升，則平衡狀態被破壞，使得R逐漸轉變成O，代表氧化反應速率超過還原反應速率，或表示為$i_a>i_c$，使得總電流密度$i=i_c-i_a<0$，於是有電流從外部導線進入電極。而產生此淨電流密度i的驅動力即為超出平衡電位E_{eq}的電壓，如前所述稱為過電壓η，代表此時的施加電位應為$E=E_{eq}+\eta$。相似地，當施加在平衡電極的過電壓朝著負向時，也就是$\eta<0$時，會使還原反應速率超過氧化反應速率，亦即$i_c>i_a$，產生出淨電流密度。在第四章中會從動力學理論來推導過電壓影響電流密度的關係式，一般由正逆反應速率之差可得到Butler-Volmer方程式：

$$i=i_0\left[\exp\left(-\frac{\alpha F\eta}{RT}\right)-\exp\left(\frac{\beta F\eta}{RT}\right)\right] \tag{1.14}$$

其中α和β分別是還原和氧化傳遞係數（charge transfer coefficient），兩者皆為正值，且滿足$\alpha+\beta=n$，n為半反應的電子轉移數。值得注意的是，因為依慣例還原電流密度為正，氧化電流密度為負，所以Butler-Volmer方程式中的

第一項和第二項分別代表還原反應和氧化反應。從(1.14)式可發現，當過電位足夠正時，氧化電流會遠大於還原電流；當過電位足夠負時，還原電流會遠大於氧化電流。此外，當交換電流密度i_0很小時，外加的過電位必須夠大，才會得到顯著的電流，這代表了反應屬於慢速動力學；相對地，當交換電流密度i_0很大時，無需很大的過電位，就可得到顯著的電流，這代表了反應屬於快速動力學。但無論反應進行得快或慢，對$n=1$且$\alpha=\beta=0.5$的反應，大約每增加120 mV的過電位，可使電流密度增加10倍，這比透過加熱來提升反應速率容易許多，這是電化學反應的另一項特徵。

當兩組電極與電解液界面結合成電化學池後，若兩極仍維持斷路，則兩界面將會趨於平衡。如圖1-10所示，儘管在斷路時，每個界面都沒有淨電流通過，但正反應和逆反應仍持續在發生，兩方向的電流密度互相抵銷。然而，兩個界面的平衡電位不同，例如$E_1<E_2$，使得電化學池的兩端呈現電位差，可表示為$\Delta E=E_2-E_1$。若兩極以導線連接到外部電源，且電源的電壓ΔE_{app}足夠大時，電極1的電位將反轉而高於電極2，並驅使電流通過兩個界面。換言之，電極1將成為電化學池的陽極，淨電流密度$i_1<0$，可由(1.14)式計算，且代表電極1上的氧化反應速率超越還原反應速率（$i_{c1}<i_{a1}$），主導了界面的變化，並產生了正向的過電壓，亦即$\eta_1>0$；另一方面，電極2將成為陰極，淨電流$i_2>0$，也可由(1.14)式計算，且代表電極2上的還原反應速率超越氧化反應速率（$i_{a2}>i_{c2}$），並產生了負向的過電壓，亦即$\eta_2<0$。然而，必須注意此時兩極電流密度之淨值不一定相等，因為$i_{01}\neq i_{02}$且$\alpha_1\neq\alpha_2$；但通過兩界面的總電流會相等，亦即$I=-i_1A_1=i_2A_2$，其中A_1和A_2分別為兩極的面積。考慮兩界面的過電壓和槽內其它的歐姆過電壓後，外部電源的電壓ΔE_{app}將如(1.7)式所示。

再聚焦於單電極的界面，當反應幾乎偏向氧化時，R在電極表面的濃度會隨著時間降低，或反應幾乎偏向還原時，O在電極表面的濃度會隨著時間降低。兩種情形都將使得反應物到達電極表面的速率發生改變，當質傳速率低於反應速率後，速率決定步驟將轉移到質傳程序上。相似地，對於產物的情形也類似，若產物離開電極表面的速率不足時，也會限制整體程序的速率。因此，在設計電化學池時，質傳程序也是關鍵因素之一。

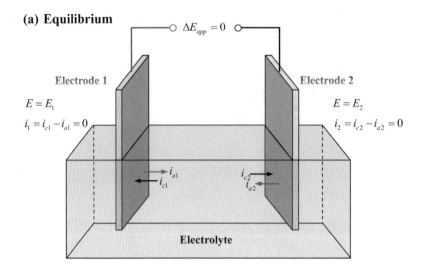

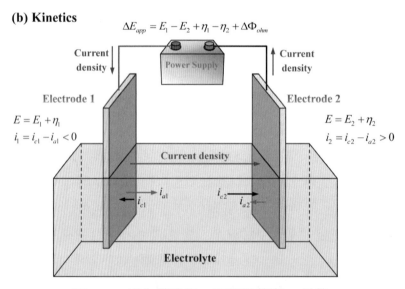

圖1-10 電化學池的(a)平衡狀態與(b)動態

　　在電化學系統中，包含三種質傳機制，分別為擴散（diffusion）、對流
（convection）與遷移（migration）。擴散現象來自活性梯度，會自發性朝
著活性降低的方向移動；遷移來自電位梯度，是電荷沿著電場方向的移動，因
此陽離子會往陰極移動，陰離子會往陽極移動；對流來自壓力梯度，流體將會
相對於電極而移動，例如攪拌溶液或旋轉電極時，產生溫度差或密度差時，都
能造成溶液流動，藉由機械作用者稱為強制對流（forced convection），藉

由重力作用者則稱為自然對流（natural convection）。通量（flux）常用來描述一個定點上的質量傳送，定義為單位時間內通過該點的物質數量，單位為kg/m^2s或mol/m^2s。Fick第一定律用於表示擴散通量N_d，對流通量N_c則為濃度c與流體速度$\mathbf{v}$的乘積，遷移通量N_m正比於電位梯度$\nabla\Phi$，而總質傳通量N為三者之和。這些質傳通量分別表示為：

$$N_d = -D\nabla c \tag{1.15}$$

$$N_c = c\mathbf{v} \tag{1.16}$$

$$N_m = -\frac{zFD}{RT}c\nabla\Phi \tag{1.17}$$

$$N = N_d + N_c + N_m = -D\nabla c + c\mathbf{v} - \frac{zFD}{RT}c\nabla\Phi \tag{1.18}$$

其中z為物質的電荷數，D為物質的擴散係數，R為理想氣體常數，T為溫度。(1.18)式即為Nernst-Planck方程式，但需注意，這些方程式只能用於探討單一離子的運動，然而在實際的溶液中，離子間的相互影響也必須考慮，且在高濃度溶液中，離子效應會更顯著，因此Nernst-Planck方程式僅適用於稀薄溶液。

　　進行電化學實驗設計或工業設計時，常會將系統設定在以擴散為主或以對流為主的兩種質傳模式。前者是將溶液與電極靜置，裝置與操作模式都很簡易；後者則是製造溶液與電極間的相對運動，但相對運動必須屬於可預測或可控制的模式。在擴散主導的模式中，一種最單純的做法是將足夠面積的平板電極放置在大體積的電解液中，因為此時可假設擴散現象只在垂直電極表面的方向上進行，而且溶液的主體區離電極表面無窮遠。在這類系統中，可使用Fick第二定律來描述物質擴散行為，所以對O和R都可以列出擴散方程式：

$$\frac{\partial c_O}{\partial t} = D_O\frac{\partial^2 c_O}{\partial x^2} \tag{1.19}$$

$$\frac{\partial c_R}{\partial t} = D_R\frac{\partial^2 c_R}{\partial x^2} \tag{1.20}$$

其中x表示垂直於電極表面的距離，D_O和D_R分別為兩物質的擴散係數，其數量級常落在10^{-6}與10^{-5} cm^2/s之間。在電極表面上，因為反應中牽涉n個電子，所以從質量均衡可得知進入電極表面的反應物質傳通量和離開的產物質傳通量具

有相同大小，以及相反方向，且正比於電子的通量，而電子的通量即為電流密度。因此，O、R和電子的通量關係可表示為：

$$\frac{i}{nF} = D_O \left.\frac{\partial c_O}{\partial x}\right|_{x=0} = -D_R \left.\frac{\partial c_R}{\partial x}\right|_{x=0} \tag{1.21}$$

其中的$x=0$代表電極表面，負號代表反方向。被質傳速率限制的整體程序特別容易發生在過電位很高時，隨著時間的進行，電流密度會逐漸下降，而擴散層的厚度會逐漸增大，如圖1-11所示。

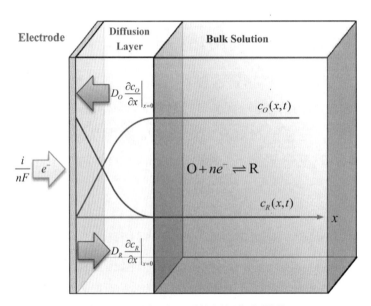

圖1-11　電極表面附近的濃度變化

　　當系統中加入機械裝置以產生溶液與電極的相對運動時，質傳會以對流為主，但擴散式的質傳仍會發生。若比較擴散與對流的數量級，可發現：

$$\frac{N_d}{N_c} = \frac{D\nabla c}{c\mathbf{v}} \approx \frac{D}{\delta\mathbf{v}} \tag{1.22}$$

其中δ為擴散邊界層的厚度。對於典型的水溶液系統，$D \approx 10^{-5} \text{cm}^2/\text{s}$，$\delta \approx 10^{-2}$ cm。因此，當溶液流速達到$\mathbf{v}=10^{-3}\text{cm/s}$時，對流即不可忽略；若流速更大時，對流現象將主導質量傳送。目前在電化學分析的應用中，最常用來控制對流效應的是旋轉盤電極（rotating disc electrode，簡稱為RDE）系統，只要

增加電極的轉速，質傳速率就可提高，在第五章中將會闡述其理論。廣泛用於對流系統的質傳模型是Nernst擴散層理論。在此理論中，溶液側被分成兩個區域，其一是濃度均勻的本體區，另一是緊鄰電極表面的擴散層，在擴散層內的流體被假設為靜止的，所以只發生擴散現象。雖然這不是真實的情形，但用於描述對流系統仍可達到一定的準確度。對於RDE系統，擴散層的厚度會隨著轉速增快而減薄；對於其他強烈攪拌的系統，其厚度也會因為流速增加而減薄。在固定操作條件下，擴散層的厚度δ也會維持固定，所以從前述的電子通量與物質通量的正比關係可知：

$$i = nFD\frac{c_b - c_s}{\delta} \tag{1.23}$$

其中c_b是本體區的濃度，c_s則是電極表面的濃度。假設δ能夠維持不變，c_s會逐漸下降，直至表面反應物消耗殆盡，也就是$c_s=0$，此時的濃度梯度將達到最大值，故電流密度也達到極限值$i_{\lim}$：

$$i_{\lim} = nFD\frac{c_b}{\delta} \tag{1.24}$$

藉由逐漸增大的過電位來測試系統行為時，將可得到一個電流漸增的曲線，但當電位超過某個程度後，電流會趨近於極限值。在RDE系統中，此極限電流密度會正比於轉速的平方根，詳細的理論將在第五章中闡述。

　　總結以上，電化學程序至少可分成幾個步驟，第一是反應物從溶液主體移動到電極附近，其速率可用質傳係數k_m來描述，在第五章中會敘述k_m對擴散係數或擴散層厚度等相關物理量的關係；第二則是電極表面的反應，其速率可用速率常數k_0來描述，在第四章中會敘述k_0對交換電流密度等相關物理量的關係。因此，整體程序之速率取決於電極表面的物質輸送，也取決於電荷轉移的動力學，同時也會受到電極與溶液界面結構的影響。當質傳速率遠小於反應速率時，亦即$k_m \ll k_0$，反應屬於可逆的（reversible），因為這類反應的交換電流密度i_0很大，即使流通了足夠高的電流，其過電位仍然很低，代表反應偏離平衡的程度很小，物質的表面濃度仍可從Nernst方程式中求得。但當質傳速率遠大於反應速率時，亦即$k_m \gg k_0$，反應屬於不可逆的（irreversible），因為這類反應需要過電位才能驅動，物質的表面濃度取決於反應動力學；當兩種速率接近時，則稱反應為準可逆的（quasi-reversible），此時驅使反應進行的過

電位不高。

考慮一個含有活性成分O和R的電解液，在其中置入一個鈍性金屬作為工作電極（working electrode），並放入另一個鈍性金屬作為對應電極（counter electrode），三者將組成簡易的電化學系統，如圖1-12所示。進行分析時，還會在工作電極附近加入參考電極（reference electrode），以觀測工作電極的電位變化，並藉由電錶記錄通過工作電極的電流，因此工作電極也常被稱為研究電極。研究此電化學系統的一種方法是測量電位變化下的電流回應，所得到的電流－電位曲線圖稱為伏安圖（voltammogram），此方法亦稱為伏安法（voltammetry），但這類分析工作還分為穩態測量和暫態測量。以暫態測量為例，若施加的過電位朝某個方向增大後，再從一個特定電位迴轉而逐漸減小，形成一個起訖電位相同的循環，透過這種電位循環所得到的回應電流稱為循環伏安法（cyclic voltammetry，簡稱為CV）。若對可逆反應的電極進行穩態測量時，其伏安圖是由穿過零電流的陡峭曲線和兩個飽和電流所組成，在負過電位區的飽和電流即為前述之還原極限電流，穿過零電流的電位即為平衡電位，在正過電位區的飽和電流即為氧化極限電流，這種曲線常被稱為單一電流波（wave），代表從一個平台躍升至另一個平台，可如圖1-12所示。然而，對於不可逆反應的電極進行測量時，其伏安圖如圖1-12所示，是由三個平台區和兩個電流上升區所組成，在過電位非常正和非常負的兩個平台區仍為極限電流，而包含了平衡電位之平台區則代表了過電位接近平衡電位時，並沒有顯著的電流回應，此即不可逆反應的特徵，因為過電位不夠大時，無法推動反應進行，除非外加過電位超過某個程度時，才會有明顯的電流上升，但是隨著過電位持續增大後，又會面臨質傳限制。因此，不可逆反應的主要特徵在於中間的電流平台，它將兩個極限電流波分隔，隔開的電位差愈大，代表反應進行得愈慢速，交換電流密度i_0愈小。尤其對於慢速反應的系統，施加過電位的大小，會形成不同的速率決定步驟。當過電位不大時，因為驅動力較小，且反應較慢，所以電子轉移顯然為速率決定步驟，整體程序受到反應控制；當過電位夠大時，驅動力已經大幅增加，使得表面的反應物濃度降低到很小，這時的質傳速率將會慢於反應速率，使得質傳成為速率決定步驟，整體程序受到質傳控制；當過電位中等時，驅動力足夠，且表面的反應物濃度雖然降低但仍維持某種程度，這時的質傳速率相當於反應速率，使得速率決定步驟難以確定，整

體程序屬於混合控制。若使用電流密度的對數來繪製伏安圖，可以更容易地觀察出三種控制模式的差別，這類曲線圖源自於Tafel的實驗結果，因此常稱為Tafel圖（Tafel plot）。在Tafel圖中，反應控制區將顯示成斜直線，因為電流密度幾乎與過電位的指數成正比；質傳控制區將呈現出水平線，因為電流密度已不受過電位的影響，只與反應物或產物的質傳行為相關；混合控制區則介於上述兩區之間，呈現出曲線形狀，隨著過電位增大，從較傾斜逐漸變為較平緩。

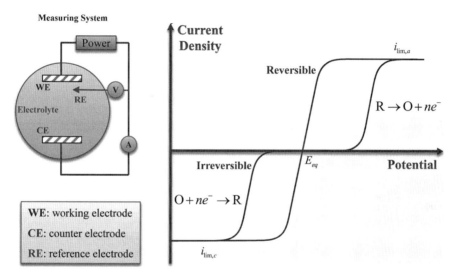

圖1-12　可逆與不可逆電極之穩態伏安圖

　　另有一些電子轉移反應雖然單純，但會在電極表面產生新的相，例如陰極還原出的金屬相、陽極氧化導致的氧化膜、氧化後所生成金屬鹽類沉積、有機物的聚合沉積或氣泡產生，有的新相具有導電性，有的則為介電材料，但這些新相生成幾乎都是不可逆程序。以金屬沉積為例，過程中包含了幾個步驟，例如成核、晶粒成長、成膜與膜成長。當晶核即將在表面產生時，也可能發生重新溶解的逆反應，此時如有外加的過電位將可驅使晶核穩定成長。成核過程中，包含了同時成核和連續成核兩類情形，而晶核在表面的密度將會影響後續成膜。晶核成長時，無論其形狀為何，都可擴大電子轉移的面積，再加上過電位的作用，即可控制其成長，相鄰晶核在不斷擴大後將會碰觸而成膜。然而，過電位的大小會顯著影響薄膜品質，這類程序比勻相電化學反應更複雜。

範例1-3

　　使用旋轉盤電極系統來分析一種電解液時，已知其中含有0.1 M的Ce^{4+}和0.05 M的Ce^{3+}，以及高濃度的鈍性電解質。若使用飽和甘汞電極作為參考電極，施加電壓從-0.6 V逐漸增加到+2.0 V，所得到的伏安圖如圖1-13所示，試從中分析不同電位下的系統特性。

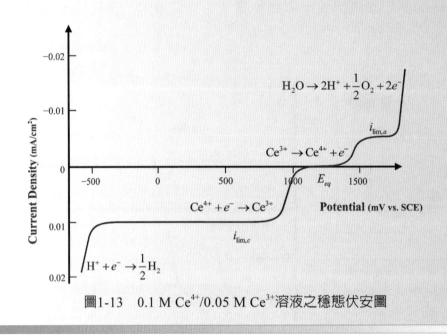

圖1-13　0.1 M Ce^{4+}/0.05 M Ce^{3+}溶液之穩態伏安圖

解 1. 當電位開始掃描時，約略到達H^+還原成H_2的電位（在-0.5 V附近），所以可觀察到電極上有氣泡產生。

2. 當電位進入-0.5 V至+0.7 V的範圍間，伏安圖中出現電流平台，此即極限電流，代表系統處於質傳控制，反應速率遠大於質傳速率，而此電位範圍內的反應為$Ce^{4+}+e^-\rightarrow Ce^{3+}$。

3. 當電位進入+0.7 V至+1.2 V的範圍內，電流開始遞減至0，反應仍為$Ce^{4+}+e^-\rightarrow Ce^{3+}$，這一段過程屬於反應控制，其電流可使用Butler-Volmer方程式描述。從伏安圖的實驗數據，可將電流取對數後對電位作圖，在此範圍內約可得到直線關係，由斜率與截距可求得交換電流密度與標準速率常數，其細節將在第四章中說明。

4. 當電位超過+1.2 V後，電流開始遞增，但方向與之前相反，代表發生了

氧化反應：$Ce^{3+} \rightarrow Ce^{4+} + e^-$，在$+1.5$ V之前皆屬於反應控制。

5. 當電位超過$+1.5$ V後，電流出現飽和，此即氧化的極限電流，但因為Ce^{3+}的濃度是Ce^{4+}的一半，所以根據(1.24)式，氧化極限電流約為還原極限電流的一半。實驗中，可以改變幾組轉速，將所測得的極限電流對轉速平方根作圖，將會得到線性關係，從直線的斜率可以估計出系統的質傳係數，其細節將在第五章中說明。

6. 此外，氧化電流平台的電壓範圍較窄，因為在$+1.5$ V後，水會分解成O_2，因此會出現電流陡增的情形。

　　除了電子轉移和質量傳送以外，物質在電極表面的吸附或脫附現象也會影響整體程序的速率。除了活性離子之外，惰性離子、溶劑分子或添加劑也會發生吸附。例如在電催化程序中，電極材料會直接扮演催化劑，使反應物或中間物吸附其上，降低原反應的活化能，在相同過電位下增大電流密度，使得整體程序的速率被提升。在腐蝕控制中，常添加腐蝕抑制劑到容易發生腐蝕的材料上，藉由添加劑的吸附作用，一方面可以拉開電子轉移的距離，一方面也可以和腐蝕劑競爭活性位置，因而達到抑制腐蝕的效果。在電鍍中，常用的添加劑可分為光亮劑、平整劑、應力消除劑或潤溼劑等，只要這些試劑能夠吸附在底材的特殊位置上，即可發揮功用。此外，吸附的強度會依成因而異，有的會形成共價鍵而導致強吸附，例如H^+吸附在Pt上；有的只藉由靜電作用而吸附，例如離子或極性分子吸附在帶電表面上。由於有些吸附物傾向於溶解在溶液中，有些傾向於附著到電極表面，而且溶液中的各種成分會彼此競爭吸附位置，因此最終的吸附效果將以表面覆蓋率來表示。另一方面，電極本身的電性也會影響吸附的趨勢，例如帶電時可使相反離子較易吸附，不帶電時可使中性分子較易吸附，所以表面覆蓋率會隨著電極的狀態而變。吸附的自由能變化ΔG_{ads}°則可用來描述吸附的趨勢，至今已有多種等溫吸附線（adsorption isotherm）模型被提出，用來說明可逆型的吸附。最簡單的一種模型是Langmuir等溫線，其中假設了相鄰的吸附物間沒有作用，因而導致單層吸附，其覆蓋率θ和吸附自由能變化ΔG_{ads}°的關係可表示為：

$$\frac{\theta}{1-\theta} = C \exp(-\frac{\Delta G_{ads}^{\circ}}{RT}) \tag{1.25}$$

其中C為常數。此外，對於覆蓋率愈大吸附愈困難的情形，則可使用Frumkin
等溫線：

$$\frac{\theta}{1-\theta} = C\exp(-\frac{\Delta G_{ads}^{\circ} + a\theta}{RT}) \tag{1.26}$$

其中a為吸附自由能隨著覆蓋率θ成線性增加的斜率。但當吸附程序為不可逆
時，無法使用這些等溫線來描述，必須透過原位（in-situ）光譜技術來觀測吸
附現象。若吸附物具有電化學活性，經過固定速率的電位掃描後，可得到電流
的回應，再從曲線下的面積，亦即電流對時間的乘積，可求得吸附物的總電
量，並換算成吸附物的覆蓋率。

　　電子轉移的前後，常會伴隨著勻相的化學反應，可能原反應物M必須先轉
變為O，O才能還原為R；抑或原反應物O還原成R後，R因為不穩定而再轉變
成P，這些耦合的化學反應都將使整體程序變得更複雜。為了標示這些複雜的
反應機構，可用E代表電子轉移步驟，用C代表勻相化學反應，因此依照步驟
的先後順序，可能會發生的反應包括EC、ECE、ECEC或CE，表1-2列出了幾
種機構的子步驟。

　　另有一種機構稱為電子中繼反應（mediated reaction），是由反應物O先
還原成R，R再和Q反應成O和P：

$$O+ne^- \rightarrow R$$
$$R+Q \rightarrow O+P \tag{1.27}$$

所以O扮演的角色類似催化劑，最終還會回復，這類反應也被稱為間接電化學
反應，代號為EC′，以和EC區別。EC反應可表示為：

$$O+ne^- \rightarrow R$$
$$R \rightarrow P \tag{1.28}$$

進行O、R和P的質量均衡後可得到：

$$\frac{\partial c_O}{\partial t} = D_O \frac{\partial^2 c_O}{\partial x^2} \tag{1.29}$$

$$\frac{\partial c_R}{\partial t} = D_R \frac{\partial^2 c_R}{\partial x^2} - kc_R \tag{1.30}$$

$$\frac{\partial c_P}{\partial t} = D_p \frac{\partial^2 c_p}{\partial x^2} + kc_R \qquad (1.31)$$

其中的k是勻相化學反應的速率常數，它使求解濃度分布的工作變得困難。若從電化學分析實驗著手，其結果將取決於R的半衰期和反應的時間規模（time scale），其中時間規模可用電位的掃描速率來控制，掃描速率愈高時，每單位電壓之間允許的反應時間將會愈短。當R的半衰期遠小於反應的時間規模時，則R在產生後會迅速地轉化成P，所以循環伏安法將得不到R氧化回O的訊息；但當R的半衰期遠大於反應的時間規模時，則R在產生後暫時不會轉化成P，所以從循環伏安法可以得到氧化反應的訊息，幾乎不受耦合反應的影響。

表1-2　複雜電化學程序的反應機構

反應類型代號	反應步驟
EC	$O+ne^- \rightarrow R$ $R \rightarrow P$
ECE	$O+n_1e^- \rightarrow R$ $R \rightarrow P$ $P+n_2e^- \rightarrow Q$
ECEC	$O+n_1e^- \rightarrow R$ $R \rightarrow P$ $P+n_2e^- \rightarrow Q$ $Q \rightarrow T$
CE	$M \rightarrow O$ $O+ne^- \rightarrow R$
EC′	$O+ne^- \rightarrow R$ $R+Q \rightarrow O+P$

範例1-4

試描述下列反應的基本步驟。

1.在Pt電極上Sn^{4+}還原成Sn；

2.在Hg電極上Cd^{2+}還原成Cd；

3.在Pt電極上H_2氧化成H^+；

4.Ag電極在$NH_{3(aq)}$中溶解。

解 1. Sn^{4+}先擴散至Pt電極的表面附近，發生電子轉移：$Sn^{4+}+2e^-\to Sn^{2+}$，再發生電子轉移：$Sn^{2+}+2e^-\to Sn$，產生的Sn原子在電極表面成核，再進行晶體成長，直至成膜。

2. Cd^{2+}先擴散至Hg電極的表面附近，發生電子轉移形成汞齊：$Cd^{2+}+2e^-\to Cd(Hg)$，之後Cd再往Hg的內部擴散。

3. H_2先擴散至Pt電極的表面附近，發生吸附：$H_2+Pt\to 2H\text{-}Pt$，再進行電子轉移：$H\text{-}Pt\to H^+\text{-}Pt+e^-$，最後脫附：$H^+\text{-}Pt\to H^++Pt$。

4. Ag電極發生電子轉移形成陽離子：$Ag\to Ag^++e^-$，再發生錯合反應：$Ag^++2NH_3\to Ag(NH_3)_2^+$，最後錯離子$Ag(NH_3)_2^+$會擴散離開電極。

1-4 總　結

對於電化學工程的相關知識，可分為三大部分，分別是電化學原理、電化學工業和電化學分析。如同1-2節所述的歷史沿革，在電化學發展中每個學者各有專精，發展至今，在理論面已經涵蓋材料科學、熱力學、動力學與輸送現象，也可將個別子題整合成電化學之程序工程與電腦輔助工程，因此在本系列叢書中的第一部分會先敘述電化學的理論面，從電化學課題中最關鍵的固液界面切入，從一側進入固態電極的領域，從另一側進入電解液的範疇，之後再整合回到固液界面上的電子轉移程序，以及控制程序的因素與方法，等待基礎原理齊備之後才會朝向應用面邁進。

由於現代的電化學方法已經廣泛應用在許多領域，因此叢書中的第二部分會逐步介紹化學工業、材料工業、機械工業、電子工業、環境工程和生醫工程中牽涉電化學的技術，輔以驗證電化學原理在實務中的功用。

先進技術的研發工作必會大量使用儀器分析的方法，從實驗室層級至產業界規模都無法迴避，因而在叢書中的第三部分會闡述目前已開發且廣泛使用的分析方法，並結合電化學原理的解釋和工程實例的說明，即可知曉電化學議題的解決途徑，擴增電化學技術的應用前景。

參考文獻

[1] A. C. West, **Electrochemistry and Electrochemical Engineering: An Introduction**, Columbia University, New York, 2012.

[2] A. J. Bard and L. R. Faulkner, **Electrochemical Methods: Fundamentals and Applications**, Wiley, 2001.

[3] A. J. Bard, G. Inzelt and F. Scholz, **Electrochemical Dictionary**, 2nd ed., Springer-Verlag, Berlin Heidelberg, 2012.

[4] C. Comninellis and G. Chen, **Electrochemistry for the Environment**, Springer Science+Business Media, LLC, 2010.

[5] C. Lefrou, P. Fabry and J.-C. Poignet, **Electrochemistry: The Basics, With Examples**, Springer, Heidelberg, Germany, 2012.

[6] C. M. A. Brett and A. M. O. Brett, **Electrochemistry: Principles, Methods, and Applications**, Oxford University Press Inc., New York, 1993.

[7] D. Pletcher and F. C. Walsh, **Industrial Electrochemistry**, 2nd ed., Blackie Academic & Professional, 1993.

[8] D. Pletcher, **A First Course in Electrode Processes**, RSC Publishing, Cambridge, United Kingdom, 2009.

[9] D. Pletcher, Z.-Q. Tian and D. E. Williams, **Developments in Electrochemistry**, John Wiley & Sons, Ltd., 2014.

[10] E. Gileadi, **Physical Electrochemistry: Fundamentals, Techniques and Applications**, Wiley-VCH, Weinheim, Germany, 2011.

[11] G. Kreysa, K.-I. Ota and R. F. Savinell, **Encyclopedia of Applied Electrochemistry**, Springer Science+Business Media, New York, 2014.

[12] G. Prentice, **Electrochemical Engineering Principles**, Prentice Hall, Upper Saddle River, NJ, 1990.

[13] H. Hamann, A. Hamnett and W. Vielstich, **Electrochemistry**, 2nd ed., Wiley-VCH, Weinheim, Germany, 2007.

[14] H. Wendt and G. Kreysa, **Electrochemical Engineering**, Springer-Verlag, Berlin Hei-

delberg GmbH, 1999.

[15]J. Koryta, J. Dvorak and L. Kavan, **Principles of Electrochemistry**, 2nd ed., John Wiley & Sons, Ltd. 1993.

[16]J. Newman and K. E. Thomas-Alyea, **Electrochemical Systems**, 3rd ed., John Wiley & Sons, Inc., 2004.

[17]J. O'M. Bockris and A. K. N. Reddy, **Volume 1- Modern Electrochemistry: Ionics**, 2nd ed., Plenum Press, New York, 1998.

[18]J. O'M. Bockris and A. K. N. Reddy, **Volume 2B- Modern Electrochemistry: Electrodics in Chemistry, Engineering, Biology, and Environmental Science**, 2nd ed., Plenum Press, New York, 2000.

[19]J. O'M. Bockris, A. K. N. Reddy and M. Gamboa-Aldeco, **Volume 2A- Modern Electrochemistry: Fundamentals of Electrodics**, 2nd ed., Plenum Press, New York, 2000.

[20]J.-M. Tarascon and P. Simon, **Electrochemical Energy Storage**, ISTE Ltd. and John Wiley & Sons, Inc., 2015.

[21]K. B. Oldham, J. C. Myland and A. M. Bond, **Electrochemical Science and Technology: Fundamentals and Applications**, John Wiley & Sons, Ltd., 2012.

[22]N. Perez, **Electrochemistry and Corrosion Science**, Kluwer Academic Publishers, Boston, 2004.

[23]S. N. Lvov, **Introduction to Electrochemical Science and Engineering**, Taylor & Francis Group, LLC, 2015.

[24]V. S. Bagotsky, **Fundamentals of Electrochemistry**, 2nd ed., John Wiley & Sons, Inc., Hoboken, NJ, 2006.

[25]W. Plieth, **Electrochemistry for Materials Science**, Elsevier, 2008.

[26]田福助，**電化學——理論與應用**，高立出版社，2004。

[27]吳輝煌，**電化學工程基礎**，化學工業出版社，2008。

[28]郁仁貽，**實用理論電化學**，徐氏文教基金會，1996。

[29]郭鶴桐、姚素薇，**基礎電化學及其測量**，化學工業出版社，2009。

[30]陸天虹，**能源電化學**，化學工業出版社，2014。

[31]楊綺琴、方北龍、童葉翔，**應用電化學**，第二版，中山大學出版社，2004。

[32]萬其超，電化學之原理與應用，徐氏文教基金會，1996。

[33]謝德明、童少平、樓白楊，工業電化學基礎，化學工業出版社，2009。

第 2 章

電極與電解質

重點整理

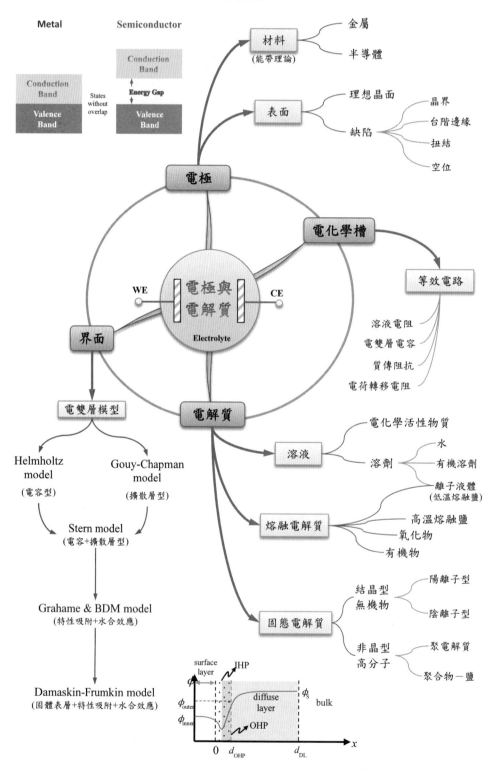

在電化學的發展史中曾提及，電池的能量來源曾困擾了19世紀初期的科學家；反之，在電解時外加的電能如何轉移給反應物，也相同地令人疑惑。在20世紀前葉，透過學者深度探究，發現問題的關鍵在於電極與溶液的界面。因此，本章將先著眼於此界面，再探討界面兩側的物質特性，理解這三部分的性質之後，將在後續的第三章和第四章才會合併到電化學反應的核心問題。

2-1 電極與溶液之界面

電子從電極與溶液界面的一側轉移到另一側，是電化學反應的關鍵步驟。從溶液中反應物的角度來定義，此物質將電子傳遞給電極時，稱為氧化；此物質得到電極側傳遞而來的電子時，稱為還原。在反應的過程中，必須存在某種驅動力（driving force）才能驅使電子轉移，從電磁學的角度可知，此驅動力應是跨越電極與溶液界面的電位差或電場。外加電位差之數量級通常為1 V，但此界面的厚度可以微小到1 nm，致使驅動電子的電場強度高達10^9 V/m。

從電極被施加電位開始，電極中靠近界面的表面將逐漸帶電，而與電極接觸的溶液中，至少會因為靜電作用而產生變化，溶液中與電極表面電性相反的離子或帶有電偶極的分子，會附著到界面上，使得界面的兩側恰好形成兩片薄層，此即電雙層（electric double layer）。跨越電極與溶液界面的電位差可從兩側的電荷分布來決定，在電極側的電荷分布較單純，幾乎可視為電荷僅集中在表面上，但在溶液側的分布則較複雜，因為溶液中的成分較多，有帶電的陽離子和陰離子，也有不帶電但可能具有極性的溶劑分子，這些成分的濃度分布會影響電位的變化。例如電極被施加負電時，陽離子會受到靜電作用力而附著到界面上，陰離子若沒有特殊的化學吸附則可能離開界面；反之，電極被施加正電時也會發生相應的現象。但電極被施加某個電位時，界面上不會有離子附著，此電位稱為零電點E_{PZC}（point of zero charge）。

當電極偏離零電點時，電極表面的電荷密度與溶液側的離子分布都將會重新改變，此時若要擁有穩定的界面結構，則不能允許界面電荷轉移，亦即不能發生化學反應，這時的電極具有理想極化特性，此性質將會在第四章中說

明。而溶液在這時的平均特性也會達到穩定的狀態，沿著界面往溶液深處的方向上，特定離子的濃度存在著逐步變化的趨勢，亦即形成了濃度梯度。然而，出現變化的區域可能過於微小，使得直接測量濃度的方法不可行，所以早期的科學家只能對此提出模型，再針對模型中的特性進行測量，以驗證模型的精確性。

首先提出電雙層模型的科學家是Helmholtz，他僅考慮界面兩側的靜電作用，因而構思了平板電容模型，如圖2-1所示。當電極被施加某種電性時，溶液側會附著上單層的相反電荷，所以界面兩側都是緊密層，在兩個緊密層內的電位會呈現線性變化。但在緊密層之外的溶液側，特性完全均勻。

之後，Gouy和Chapman又提出另一種模型，主要考慮離子在常溫下擁有自由運動的特性，如圖2-1所示，稱為分散層模型。在界面附近，離子仍然可以自由運動，但是與電極表面電性相反的離子之數量較多，故在靜電與熱運動的共同作用下，電位的分布將成為平滑曲線，不像Helmholtz的模型般呈現直線，而且電位梯度會隨著遠離界面而衰減，到達溶液主體區（bulk）時，電位才成為定值。

隨後，Stern結合了前述兩種模型，同時考慮緊密層與分散層。例如電極電位負於零電點時，界面上會附著一層陽離子，成為緊密層；同時緊密層外側的陽離子也會多於陰離子，構成分散層。在分散層中，陽離子的濃度逐漸遞減，進入主體區後，陽離子濃度成為定值。如圖2-1所示，電位在緊密層、分散層與主體區的分布依序是線性、曲線與固定值，且在兩個區域相鄰處的變化率能夠連續。

在Stern補充了電雙層的模型後，界面現象的等效電路可視為緊密層電容C_1和分散層電容C_2的串聯，所以總電容C_d為：

$$C_d = \frac{C_1 C_2}{C_1 + C_2} \tag{2.1}$$

另一方面，從界面到溶液主體區的電位變化，也分為兩段，如圖2-1所示，第一段是從金屬表面的電位ϕ_M以線性變化到兩層交接處的電位ϕ_2，再從電位ϕ_2平滑地變化到主體區的電位ϕ_S。

之後，D. C. Grahame認為Stern的模型沒有考慮到離子水合（hydra-

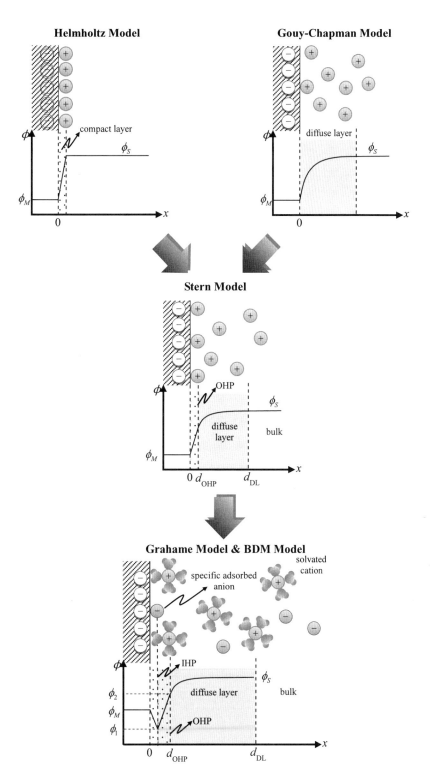

圖2-1　電雙層模型的演進

tion）的現象，必須加以修正。因爲離子在水溶液中，會被水分子包圍，形成水合離子，其體積大於單獨的離子。換言之，當水合離子附著在電極表面時，水合離子的中心會比離子單獨附著時的中心更遠離表面。至於沒有水合的離子，有時即使所帶電性與電極表面電荷相同，也可能透過化學鍵的形成來抵抗靜電斥力，因而仍能吸附在表面上，此情形稱爲特性吸附（specific adsorption），常見的例子是帶負電的表面吸附了陰離子。當電極表面同時吸附了水合離子和非水合離子時，爲了區別兩類離子的中心位置，因此定義較接近表面的非水合離子中心爲內部Helmholtz面（inner Helmholtz plane，簡稱爲IHP），電位爲ϕ_1，而較遠離表面的水合離子中心爲外部Helmholtz面（outer Helmholtz plane，簡稱爲OHP），電位爲ϕ_2，亦即緊密層的外邊界可視爲OHP。

　　此外，在1963年，J. O'M. Bockris、M. A. V. Devanthan和Klaus Müller提出了BDM模型來描述電雙層的結構，在前人的基礎上又補充了溶劑分子的作用。因爲如水分子等溶劑，也會在電極形成的電場中改變方位，進而附著於電極表面上，使得IHP上也包含了溶劑分子。如前所述，水合離子的中心位於OHP，OHP之外則是擴散層（diffuse layer，簡稱爲DL），由IHP、OHP和DL構成的電雙層結構成爲目前廣泛接受的模型。根據此模型，過剩離子將不均勻地分布在電極附近，其濃度在電極表面最大，且以非線性的方式往主體溶液的方向遞減，其間的範圍即爲DL，數量級約在百萬分之一公分，但此概念與擴散邊界層（diffusion layer）不同，兩者常被混淆。擴散邊界層的概念來自一種不嚴謹的模型，原本是由Nernst所提出，所以也稱爲Nernst假設，但此模型仍適用於大部分情形。其理論是將電解槽內兩個電極之間的電解液區分成三部分，亦即位於中間的主體區和兩個電極表面外的擴散邊界層，可如圖2-2所示。主體區被假設爲經過均勻攪拌，所以濃度固定，之中的質傳方式爲對流，然而擴散邊界層內則只有擴散現象（diffusion）；此外，電遷移（migration）則發生在所有地方。擴散邊界層的厚度範圍可從靜止溶液中的0.01公分，到攪拌溶液中的0.0001公分。擴散邊界層的概念相關於流體邊界層（hydrodynamic boundary layer），但兩種邊界層的厚度不同，這些細節將留待第五章中詳述。

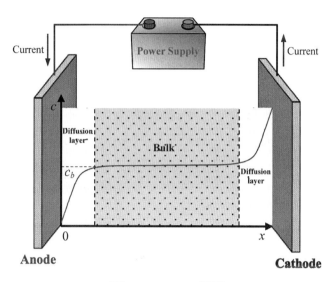

圖2-2　Nernst模型

　　上述的電雙層理論都僅止於電極與溶液側的靜電作用，尤其從電極表面進入溶液時，亦即圖2-1中的$x=0$處，呈現明顯不連續的電位梯度，代表這些模型完全沒有考慮電極的表面效應。對不同的電極材料，有的如液態汞，表面原子可以流動而更新；有的如Li、Cu或Al等固體，具有不同的價電子，再加上固體的晶體結構不同，使得電極側的電位梯度也應該呈現連續性分布。因此，Damaskin和Frumkin在1970年代提出新的界面模型，如圖2-3所示，將電位變化的區域往電極內部擴展，並產生了內電位與外電位的概念，可以更接近實際的界面現象。

　　到目前為止所描述的電雙層現象僅止於穩態建立，但若考慮電流通過電極與溶液界面的動態時，則可區分成兩種情形來討論電雙層的結構變化。第一種是電流提供電極表面的電荷密度增加，進而影響溶液側的離子分布，此時的電流稱為充電電流；另一種則是電子跨越電極和溶液間的界面，伴隨著氧化或還原反應，此時的電流稱為反應電流。因為後者常稱為Faraday程序，故其電流稱為Faraday電流I_F，而前者則稱為非Faraday程序，其電流稱為非Faraday電流I_{NF}，且兩種程序會同時進行，使得總電流$I=I_F+I_{NF}$。若研究重心只想集中在電雙層的改變，則要控制電位以避免發生Faraday程序。對於汞電極和無雜質的KCl溶液接觸的例子，施加電位若被控制於0.1V至-1.6V之間，就不會發生Faraday程序，此區間內的汞可視為理想極化電極，可用於驗證電雙層模型。

BDM Model

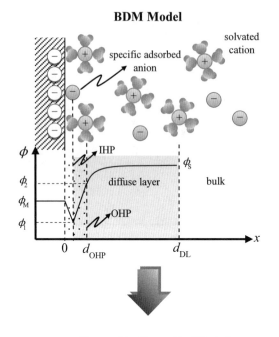

Damaskin-Frumkin Model

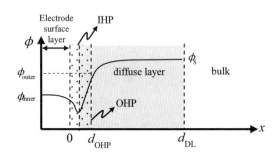

圖2-3　電極與電解液界面的電位分布模型

　　再者，更多的電化學研究聚焦在Faraday程序，但過程中卻又無法去除充電電流，所以在實驗設計時必須盡量減低充電電流的效應。由於電容定義為單位電壓下改變的電量，故從最簡單的平行板電容模型來思考電雙層效應，可發現充電電流通常只出現在電位快速變化時，待電位維持不動後，電雙層結構亦將穩定。然而，對於電位隨時變化的實驗，充電電流則會持續存在。

　　有一種電子轉移的模型是反應離子必須足夠靠近界面時，才能發生氧化或還原，所以處於OHP的離子具有高反應性。考慮Stern的模型，分散層中的離子濃度與電位變化有關，可使用Maxwell-Boltzmann分布來估計。已知在主

體區的電位和濃度分別是ϕ_S和c_b，則可得到OHP上的濃度c_{OHP}為：

$$c_{OHP} = c_b \exp\left[-\frac{zF}{RT}(\phi_2 - \phi_S)\right] \qquad (2.2)$$

其中z是離子的電荷數，而F、R和T分別爲Faraday常數、理想氣體常數和溫度。至此可知，影響反應速率的兩個重要因素是c_{OHP}和電位差$(\phi_M - \phi_2)$。當外加電位E偏離等電點電位E_{PZC}時，電位差$(E - E_{PZC})$不會均勻分配到緊密層和分散層中。對於$(E - E_{PZC})$較小時，分配到分散層的比例較多；且當c_b較小時，分配到分散層的比例也較多。因此，外加電位和反應物濃度的效應會透過電雙層的結構影響反應速率。然而，有許多電化學系統在操作時加入了提升導電度的支撐電解質（supporting electrolyte）或占據活性位置的吸附劑，這些情形都會顯著地改變電雙層結構，使得既有模型必須再修正才能應用，這是前述模型的限制，但從定性上，前述模型仍可作爲我們理解電化學反應的基礎。

2-2　電　極

19世紀發展熱力學時，雖然可以準確預言物質的部分特性，但也有些許性質無法獲得解釋，直至20世紀進入量子力學的時代後，藉由隨後發展而成的固態物理，方能完整描述固體的行爲。若將固態物理的術語應用於電極與溶液界面所發生的反應，則可視爲電子在固體材料的電子軌域和溶液中反應物的分子軌域之間所進行的電荷傳遞程序。因此，必須探索過電極材料或溶液中活性物質的電子能階，才能理解電子轉移的源起。常見的電極材料包括固態的金屬與半導體，以及液態的汞。在本節，我們將先介紹固體，再說明金屬與半導體的差異，而在下一小節才會討論到電解液。

固態金屬可先視爲具有高度秩序的晶體，以利於理解其特性。結晶的固體是由大量規則排列的原子所組成，例如食鹽晶體是由Na和Cl的離子鍵構成，而鑽石晶體是由碳原子間的共價鍵構成，金屬固體則由金屬鍵構成。如圖2-4所示，在NaCl一般的離子固體（ionic solid）中，原子間以庫倫力連結，在每個Na^+周圍會有6個Cl^-，而每個Cl^-周圍也有6個Na^+，因此對應的位能U可表

示爲：

$$U = -\frac{6ke^2}{r} \tag{2.3}$$

其中 k 是庫倫常數，e 是單電子電量，r 是 Na^+ 和 Cl^- 間的距離。但在 Na^+ 周圍 $\sqrt{2}r$ 處，還有12個 Na^+ 會產生排斥作用，再往外推展，還有更多 Cl^- 和 Na^+ 都會產生吸引或排斥作用，使得總位能必須修正爲：

$$U = -\alpha\frac{ke^2}{r} \tag{2.4}$$

其中的 α 稱爲Madelung常數，對於NaCl晶體，$\alpha=1.7476$。此外，Pauli不相容原理也會在兩原子非常接近時出現作用，使得總位能必須加上排斥項而成爲：

$$U = -\alpha\frac{ke^2}{r} + \frac{B}{r^m} \tag{2.5}$$

其中 m 是小的整數。若在 $r=r_0$ 處，存在最小位能 U_0：

$$U_0 = -\alpha\frac{ke^2}{r_0}(1-\frac{1}{m}) \tag{2.6}$$

再定義相隔無窮遠的自由離子之位能爲0，則此最小位能的負值可稱爲晶格能（lattice energy）。對於NaCl晶體，其位能隨著原子間距的變化如圖2-4所示，其中最小位能 $U_0=-7.84eV$。至於晶體的內聚能（atomic cohesive energy），則是指原子狀態的Na和Cl轉變爲離子晶體內的 Na^+ 和 Cl^- 所需要的能量，若已知Cl原子的電子親和力（electron affinity）爲3.62 eV，Na原子的游離能爲5.14 eV，則NaCl的內聚能爲：7.84eV−5.14 eV+3.62 eV=6.32 eV；反之從自由原子結合成離子晶體則會釋出6.32 eV的能量。離子晶體通常是穩定且堅硬的材料，因爲沒有自由電子而欠缺導電能力，且熔點較高。若以可見光照射，因爲能量不足以被殼層內的電子吸收，所以呈現透明狀；但以紅外線照射卻可以被吸收，因爲此能量可以使離子振動。

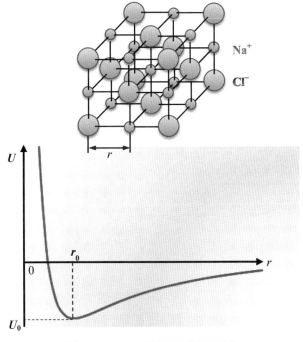

圖2-4　NaCl晶體與位能變化

　　對於碳原子構成的固體，因為其電子組態為$1s^2 2s^2 2p^2$，而$n=2$的殼層可以容納8個電子，所以兩個碳原子可用很強的吸引力鍵結在一起，其內聚能到達7.37 eV，而每個碳原子會和另外四個原子相接，成為正四面體結構（如圖2-5所示），兩個共價鍵夾角為109.5°，Si和Ge的晶體也有相同的幾何結構，但內聚能較小，分別只有4.63 eV和3.85 eV。然而碳原子還擁有其他的排列，例如排成六角形陣列的薄片狀，成為石墨晶體，相鄰兩片的吸引力很弱，摩擦後會分離，例如鉛筆即以此原理操作。

　　Si構成的共價鍵晶體和NaCl的離子晶體是金屬固體之外的兩種極端案例，其他的雙原子固體大都介於其間。若定義Si晶體的離子特性為0，則GaAs晶體的離子特性為0.3，AgBr晶體的離子特性為0.85，代表了大多數固體在共價性到離子性間呈現連續變化，並非都是兩極化的固體。

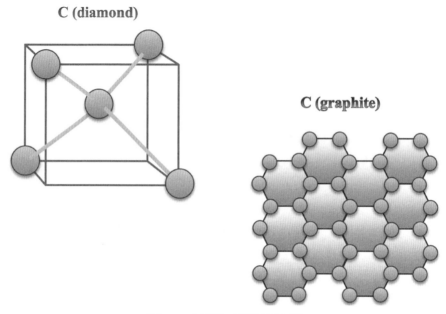

圖2-5 兩種C晶體的結構

至於金屬晶體，主要藉由自由電子模型來描述其行為。最簡單的金屬為Li、Na或K等鹼金屬。以Na晶體為例，每個原子之電子組態為$1s^2 2s^2 2p^6 3s^1$，其中最外層的3s為價電子，易於脫離原子而留下核心的Na^+。其他金屬的情形也類似，外層電子比較自由，便於在材料中移動，並留下陽離子群。這些自由電子的總數龐大，常稱為電子海，能使材料擁有高導電特性。而金屬鍵即為電子海和陽離子群之間的吸引力，其內聚能約為$1\sim3$ eV，明顯小於離子鍵和共價鍵。由於金屬鍵不具方向性，所以其他種類的金屬原子也很容易溶解在原金屬固體中，而成為合金；而且當金屬受到外力時，傾向於彎曲而不易破裂，因為金屬鍵不在特定的方向上。可見光照射時會被吸收，並再輻射出來，使得金屬看起來閃耀。

用古典理論探討金屬內的電子，只能有效預測導電性，但無法計算出正確的導電度和熱傳導度。使用量子理論，則可解決此問題。自由電子可視為局限在金屬材料表面構成的盒子中，所以其能量是量子化的，且在每個能階中只允許兩個自旋方向相反的電子存在。在特定能量E上，電子占據的機率為：

$$f(E) = \frac{1}{1 + \exp((N_A E - \overline{\mu}) / RT)} \tag{2.7}$$

此函數稱為Fermi-Dirac分布，其中的$\overline{\mu}$是電化學位能（electrochemical potential），此處的單位為J/mol或eV/mol，N_A是亞佛加厥常數（Avogadro's constant）。已知在$T=0$K時，$\overline{\mu} = N_A E_F$，其中E_F稱為Fermi能階（Fermi level）；而在室溫下，金屬的$\overline{\mu} \approx N_A E_F$，因此(2.7)式可化簡為：

$$f(E) = \frac{1}{1 + \exp((E - E_F) / kT)} \tag{2.8}$$

其中k是Boltzmann常數，且$k=R/N_A$。另從(2.8)式可知，在$T=0$K時，電子占據於E_F之下的能階之機率為100%，E_F之上的能階之機率為0，也就是$E>E_F$的能階是空的；而在$E=E_F$時，$f(E)=1/2$，也就是電子出現的機率是一半，所以E_F的概念相當於水面，如圖2-6所示，在水面處維持液態或蒸發成氣態的機率各半。當$T>0$K時，電子在E_F附近的機率曲線變得較圓滑，因為熱激發的緣故，使得$E<E_F$的電子移動到$E>E_F$的能階中。儘管E_F本身也會隨溫度而變，但對金屬而言，此變化非常小。

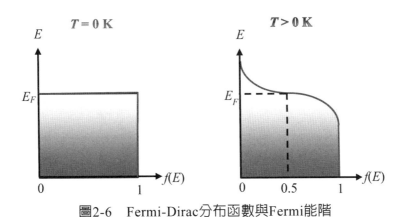

圖2-6　Fermi-Dirac分布函數與Fermi能階

　　雖然電化學位能$\overline{\mu}$與Fermi能階E_F都用於表示電子能量，但它們都是相對性的物理量，所以在電磁學的慣例中，常選取真空中的自由電子能量為0，並以此為基準來標示其他情形的電子能量。對於前述的金屬，從中抽取一個電子至真空狀態所需要的最小功即為E_F，此作功量亦稱為功函數（work function）。但實際上，抽取電子還必須考慮金屬表面的電荷分布等效應，使得E_F與測得的功函數略有差異。

然而，從理論面可以直接計算出金屬固體的E_F。先考慮長度為L的一維空間，之中質量為m的粒子具有量子化的能量：

$$E = \frac{h^2}{8mL^2} n^2 \tag{2.9}$$

其中的h為Planck常數；n為量子數，屬於正整數。此結果可以推展到三維的情形，亦即在邊長L的金屬盒中。已知材料的邊緣是節面，故電子在此處的波函數$\psi=0$，求解Schrödinger方程式後可得到電子能量：

$$E = \frac{h^2}{8m_eL^2} (n_x^2 + n_y^2 + n_z^2) = E_0(n_x^2 + n_y^2 + n_z^2) \tag{2.10}$$

其中$E_0 = \frac{h^2}{8m_eL^2}$，$n_x$、$n_y$和$n_z$為三個量子數。已知基態對應$n_x=n_y=n_z=1$，所以基態能階為$3E_0$。由(2.10)式可知，若金屬的尺寸$L$夠大，則相鄰兩能階會非常接近。定義一個量子數空間，三坐標軸分別為n_x、n_y和n_z，則從(2.10)式可知，$n_x^2 + n_y^2 + n_z^2 = \left(\frac{E}{E_0}\right) = n^2$，代表在量子數空間中以$n$為半徑的球面上擁有的能階$E$。而從$E$到$E+dE$中的總能階數量則為厚度$dn$之球殼中的所有格子點，但因量子數只能是正整數，所以能階總數為：

$$\frac{1}{8}(4\pi n^2)dn = \frac{1}{2}\pi n^2 dn = \frac{1}{2}\pi\left(\frac{E}{E_0}\right)d\left(\frac{E}{E_0}\right)^{1/2} = \frac{1}{4}\pi E_0^{-3/2} E^{1/2} dE \tag{2.11}$$

定義單位體積內的能階密度（density of states）為$D(E)$，且已知每個能階中允許兩種自旋態，則$D(E)dE = \frac{2\pi E_0^{-3/2} E^{1/2}}{4L^3}dE = \frac{8\sqrt{2}\pi m_e^{3/2}}{h^3} E^{1/2}dE$。再考慮電子占據能階$E$的機率，即可得到單位能階內的電子密度$N(E)$：

$$N(E) = D(E)f(E) = \frac{8\sqrt{2}\pi m_e^{3/2}}{h^3} E^{1/2} \frac{1}{1 + \exp((E - E_F)/kT)} \tag{2.12}$$

而總電子密度為：$n_e = \int_0^\infty N(E)dE$。在$T=0\text{K}$時，電子占據於$E_F$之下的能階之機率為100%，所以總電子密度$n_e$為：

$$n_e = \frac{8\sqrt{2}\pi m_e^{3/2}}{h^3} \int_0^{E_F} \sqrt{E}\,dE = \frac{16\sqrt{2}\pi m_e^{3/2}}{3h^3} E_F^{3/2} \qquad (2.13)$$

由(2.13)式可計算出 $E_F = \frac{h^2}{8m_e}\left(\frac{3n_e}{\pi}\right)^{2/3}$。例如Na金屬的 $n_e = 2.65 \times 10^{28} \mathrm{m^{-3}}$，故可求得Na的 $E_F = 3.23\,\mathrm{eV}$。

　　金屬晶體中，陽離子群對自由電子也具有作用。考慮一種封閉殼層外尚含一個s電子的金屬原子，其原子序為Z，例如Na原子的最外層電子為3s。此s電子所擁有的波函數分為兩種，如圖2-7所示，分別是 $\psi_s^+(r) = +Af(r)e^{-Zr/nr_0}$ 和 $\psi_s^-(r) = -Af(r)e^{-Zr/nr_0}$，兩者的機率密度相同。當兩個相鄰原子接近時，彼此的波函數將會相疊，疊合之後的結果也有兩種，其一為兩個 $\psi_s^+(r)$ 相疊，另一為 $\psi_s^+(r)$ 和 $\psi_s^-(r)$ 疊合。前者在兩原子間的波函數會相加，後者則是相減，致使機率密度不同，例如在兩原子的中點處，前者可以發現電子，但後者不會，所以電子能階將分裂成兩個，但能量差不大。這種能階分裂的現象也會隨著兩原子的間距而變，因為兩原子相隔太遠，波函數幾乎不重疊，所以能階幾乎沒有分裂；但當原子間距縮小後，分裂將變得明顯。

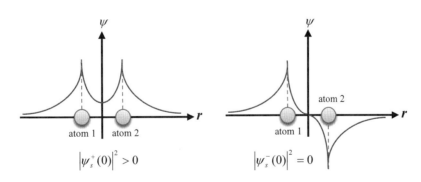

圖2-7 相鄰原子間的電子機率密度

　　在固體中，原子的數量龐大，因此有更多原子的波函數會疊合，使得能階分裂成更多數量，例如在4個接近的原子系統中，2s能階會分裂成4個不同的能階。當 10^{23} 個原子組成系統時，就會有 10^{23} 個極為接近的能階，幾乎組成一個連續的能帶（energy band），如圖2-8所示。例如Na金屬的固體，其1s、2s、2p和3s都會擴展成能帶，如圖2-9所示，各個能帶之間擁有固定的能量間隔，稱為能隙（energy gap），能隙內也稱為禁帶（forbidden energies）。

在Na固體中，1s、2s和2p能帶階被填滿，而3s能帶則是半滿。

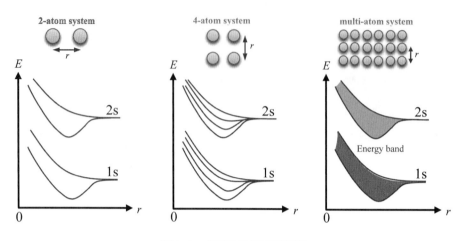

圖2-8　能階分裂與能帶

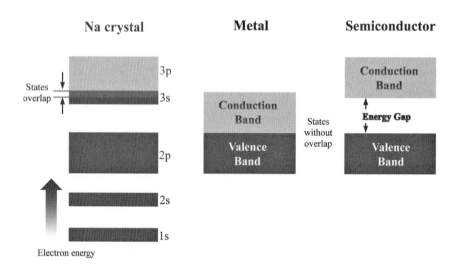

圖2-9　導體與非導體之能帶

　　固體材料的導電性取決於內部的自由載子之數量，尤其加熱或照光時，這些自由載子會獲得能量。取得能量的電子，可能往上躍遷至更高的能階。例如在$T=0K$時，電子符合Fermi-Dirac分布，在E_F之上的能階是空的；當$T>0$時，部分電子取得熱能而超過E_F。對於金屬固體，比E_F稍低的電子只需要少許能量即可躍遷到空能階，並形成自由載子，這是金屬易於導電的原因。

　　有一些材料在0K時，最高能帶是填滿的，而下一個更高的能帶則是空的，如圖2-9所示，則此最高填滿的能帶稱爲價帶（valence band），而下一個更高的能帶則稱爲導帶（conduction band），兩者相隔著能隙E_g。對一個E_g=5.0 eV的材料，在300 K下雖可獲得熱能kT=0.025 eV，但仍遠小於能隙，只會有極少量的電子可以躍遷到導帶中，所以幾乎沒有自由載子，故屬於絕緣體。

　　對於導帶與價帶被能隙分隔的固體材料，其E_F會落在能隙之中，若欲估計這類固體的E_F，則需透過功函數或電子親和力的量測，前者定義爲從固體中抽取電子至眞空的最小功，後者則定義爲電子從眞空中加進固體所能釋放的最大能量，但是多加入的電子只能填入導帶的底部，因爲價帶已無空能階。

　　半導體材料和絕緣體材料擁有相似的能帶結構，但其能隙較小，例如Si的能隙爲1.1 eV。由於E_F大約落在價帶與導帶的中央，且能隙較小，所以吸收熱量後會有部分電子可以到達導帶，在外部電場下可以產生中等的電流。而當溫度更加提高時，進入導帶的電子更多，使得導電性更好，此現象與金屬相反。此外，在價帶中，離開的電子會形成空的能階，可視爲帶正電的電洞（hole），當鄰近的電子來填補時就像電洞移動過去，所以也能構成導電現象。這類藉由溫度來改變導電性的材料稱爲本質半導體（intrinsic semi-conductor），內部擁有相同數量的電子和電洞。但半導體材料也可透過摻雜（doping）來改變導電性，例如As添加到Si中，因爲As的最外層有5個電子，Si只有4個，所以多出的這個電子會在能隙中接近導帶處出現能階，此能階和導帶可能僅相差0.05eV，在常溫下非常容易將電子激發到導帶中，使得材料內充斥導帶電子，故稱爲n型半導體。但當B添加到Si中，B的最外層電子只有3個，且所形成的空能階位於能隙中接近價帶處，故價帶電子在常溫下容易躍遷到此能階，並在價帶中形成電洞，這使得材料內充斥價帶電洞，故稱爲p型半導體。這兩種摻雜的半導體稱爲外質半導體（extrinsic semiconductor），典型的雜質濃度爲10^{13}到10^{19}cm^{-3}。

　　對於能導電的物質，通常可細分成三類。第一類導體又稱爲電子導體，以電子來導電，常見物質包括金屬、石墨或某些氧化物與碳化物。金屬擁有較高濃度的自由電子，使其電阻率落在10^{-8}~10^{-6} Ω-m內，是最常用的導電材料。含碳物質與有機聚合物亦可導電，在無摻雜時，藉由主鏈上的單鍵與雙

鍵交替排列，可形成共軛體系，體系中的 π 電子可流動而產生導電性；有摻雜時，其導電性更能提升。此外，亦有其他物質可藉由受熱、施壓或照光來提升導電性，此即熱電、壓電或光電材料。第二類導體則依靠離子來導電，其中包含溶液態與固態的電解質。鹽類離子導體溶解於溶劑或處於熔融狀態時，會解離成離子，例如溶解於水中的 $NaCl_{(aq)}$ 或熔化的 $NaCl_{(l)}$。其中前者的特性會隨解離度而變，常分為強電解質和弱電解質，這類導體將在下一節中討論。另有一些鹽類在固態時也為導體，但必須經過升溫，例如 $AgI_{(s)}$。固態電解質的導電原理在於晶體中存有缺陷，所形成的空缺（vacancy）類似半導體中的電洞（hole），可提升導電性，增加缺陷的方法通常是摻雜。第三類導體原為氣體，但經過加熱或高能光照（UV、X 或 γ 光）後，亦可發生解離而導電，此即電漿（plasmas），但必須在非常低壓下才能形成高密度電漿。電漿可用於表面處理與鍍膜，許多電子或機械製造皆透過電漿輔助。電漿中除了離子外亦存在電子，因此屬於混合型導體。

　　至此提及的理論，主要用於描述材料的本體性質，但對於電化學程序，材料的表面特性亦非常重要，例如反應牽涉吸附、溶解或析出固體時，常與表面原子的密度或排列有密切關係。原子密度的高低意味著相鄰原子的間距大小，原子的間距則相關於這兩個原子的吸附物之間再形成鍵結的機率。原子排列則隱含了結構缺陷，表面上常見的缺陷包含表面空位、邊緣空位、扭結位置（kink）和邊緣位置（edge）。若反應產生的吸附子（adatom）停留在平坦的表面時，它可能與底層的一個原子鍵結；若吸附子停留在邊緣位置時，它可能與底層和側邊的兩個原子鍵結；若吸附子停留在扭結位置時，它可能與一個底層原子和兩個側向的原子鍵結，亦即共有三個原子與其鍵結；若吸附子停留在邊緣空位時，它可能與一個底層原子和三個側向的原子鍵結，亦即共有四個原子與其鍵結；若吸附子停留在表面空位時，它如填洞般與一個底層原子和四個側向的原子鍵結，亦即共有五個原子與其鍵結。上述鍵結情形，整理於表 2-1 中。

　　在電催化反應中，這些不同類型的活性位置會導致相異的反應速率。此外，還有一些缺陷來自於晶格排列的不完美，例如多數材料屬於多晶結構，因此表面上存在許多晶粒邊界（grain boundary）；或是排列完美的單晶材料，經歷加工後露出不同的晶面，使得表面的原子密度相異。尤其對催化活性而

言，相異晶面將展現不同的活性。

　　還有一些固體的表面易發生化學反應，因而產生覆蓋性的鈍化膜，使得表面特性與本體特性迥異。有些鈍化膜仍允許電子傳遞，有些則難以導電，有些為多孔性，有些則為緻密的，因此界面的特性必須同時考慮電極和溶液的相互作用才能獲得了解。

表2-1　固體表面鍵結分類

鍵結種類	圖示	底層鍵結數	側向鍵結數
自由吸附	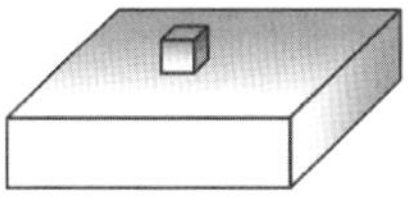	1	0
邊緣吸附	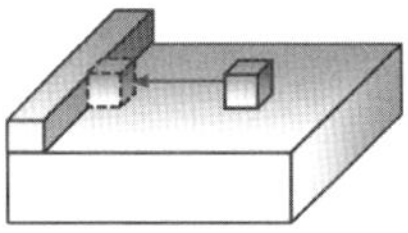	1	1
扭結吸附	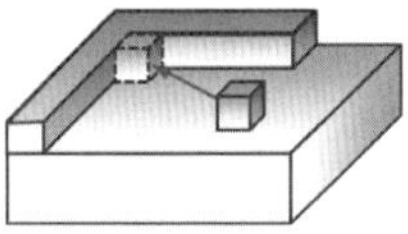	1	2
邊緣空位填補	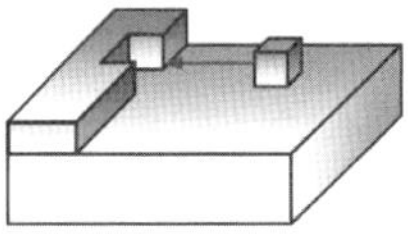	1	3
表面空位填補	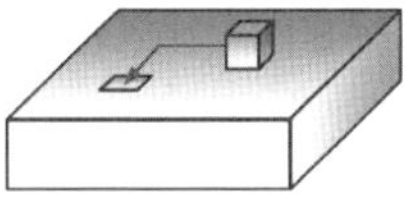	1	4

2-3 電解質溶液

　　在電解液中，主要包含三類成分，第一類是電極程序的主角，亦即具有電化學活性的反應物和產物；第二類是溶劑，最常用的是水；第三類為不具反應

性的電解質，有時是溶液中的雜質，濃度較低，有時則是人為添加物，濃度較高。以下各小節將分別說明。

2-3-1 電化學活性物質

一般發生在電極界面的電子轉移反應可使用下式表示：

$$O + ne^- \rightleftharpoons R \qquad\qquad (2.14)$$

其中的O為氧化態物質，R為還原態物質，兩者之中必有其一為離子，而n代表每1 mol的O轉變為R所需的電子數，所以正反應為還原，逆反應為氧化。

從熱力學的角度，任何施加在系統中的變化可使R趨於穩定時，則電子會消耗，使得電極的電位往正向移動；反之，任何施加在系統中的變化可使O趨於穩定時，則電子被釋放，使得電極的電位往負向移動。

從動力學的角度，O和R之間的變化與其結構有關，若結構變化程度較大，例如有斷鍵或配位數變動，則為慢速反應；若O和R的結構接近，則可能為快速反應。

此外，反應的傾向或速率還牽涉溶劑分子對活性物質的作用，此作用稱為溶劑化（solvation）。若溶劑和活性物質同為極性分子，則溶劑化效應較強，例如鹽類易溶於水中；若溶劑和活性物質同為非極性分子，也可以產生較高的溶解性。對於常見的電化學程序，過渡金屬可形成陽離子，而這些陽離子又會被水溶劑化，或稱為水合（hydration），使得陽離子周圍被水分子包住，形成內殼（inner shell），如圖2-10所示，通常內殼中有6個水分子，其他的水分子也可以依附在內殼上，形成外殼（outer shell），但外殼較鬆散。水合陽離子在酸性環境中較穩定，隨著pH值提高，內殼的水分子易失去H^+而在離子表面形成OH基，更多的OH基出現後，將會產生金屬的氫氧化物而沉澱。對於過渡金屬，常存在多種氧化態，所以水合陽離子的中心得失電子後並不改變整體結構，故各種氧化態間的變化常為快速反應。

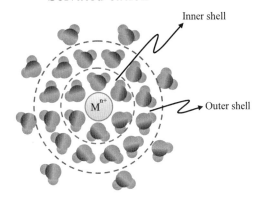

Solvated cation

圖2-10　水合陽離子

　　當水溶液中存在惰性的陰離子時，這些陰離子本身也會發生水合，所形成的水合陰離子會與水合陽離子以靜電力吸引；當水溶液中存在錯合劑時，則錯合劑會與陽離子結合，形成金屬錯離子。錯合劑可以是中性分子，也可以是陰離子，前者如NH_3，後者如EDTA或CN^-。通常陽離子的氧化數愈高或錯合劑的濃度愈大，錯合的作用愈強，使得錯離子更穩定，更難反應成還原態，亦即電位往負向偏移。

　　除了反應以外，活性物質在電解液中的質傳速率也很重要，但無論是擴散或遷移現象，皆與物質的擴散係數有關。在溶液中，擴散係數可表示為：

$$D = \frac{kT}{6\pi\mu r_{eff}} \tag{2.15}$$

其中k是Boltzmann常數，μ是黏度，r_{eff}是有效半徑，與水合程度或溶劑分子的作用相關。一般離子在水溶液中，擴散係數約落在$1\times10^{-6}\,cm^2/s$到1×10^{-5} cm^2/s的範圍內，但H^+的擴散機制不同，所以擴散係數高於此範圍。

　　當溶液中存在電位梯度時，離子的遷移現象可使用離子遷移率（ion mobility）來描述，其定義為單位電場強度下的移動速率，所以SI單位為$m^2/V\cdot s$。根據Nernst-Einstein方程式，在定溫T下，離子遷移率u與擴散係數D成正比，可表示為：

$$u = \frac{D}{RT} \tag{2.16}$$

　　如(2.15)式所示，擴散係數又與溶液的黏度和水合情形相關，當溶質濃度高時，黏度也會增加，使離子遷移率降低；水合離子的體積愈大時，遷移率也會愈低。除了H^+和OH^-，陰陽離子的遷移率大約落在$1×10^{-8}$到$1×10^{-7}\ m^2/V \cdot s$的範圍內。H^+和OH^-的質傳主要透過Grotthuss機制，如圖2-11所示，可用更快的速率移動。因為H^+與水分子易形成H_3O^+，藉由氫鍵作用，正電荷可從H_3O^+上傳遞到相鄰的水分子，不斷交換電荷後，形同長距離的H^+遷移，但實際上原本探討的H^+並沒有往前移動；OH^-的遷移原理與H^+類似，皆由氫鍵輔助。

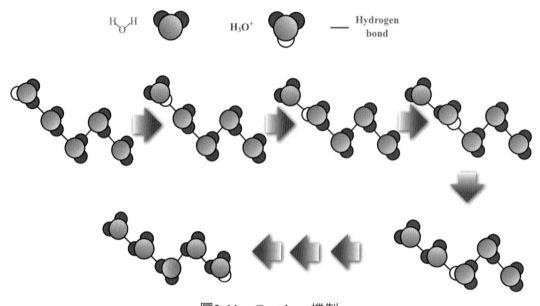

圖2-11　　Grotthuss機制

　　若已知溶液中離子i的遷移率為u_i，且電場強度表示為負電位梯度，亦即$-\nabla\Phi$，則遷移速率$\mathbf{v}_i$將成為：

$$\mathbf{v}_i = u_i \nabla \Phi \tag{2.17}$$

　　而總電流密度i_T可表示為每一種離子之密度$N_A c_i$、帶電量$z_i F$與遷移速率$\mathbf{v}_i$三者乘積之總和，亦即：

$$i_T = \sum_i (N_A c_i)(z_i F)(\mathbf{v}_i) = -\nabla\Phi \sum_i |z_i| F u_i c_i \tag{2.18}$$

其中 N_A 是亞佛加厥數，F 是法拉第常數。

　　此外，為了討論溶液中各種陰陽離子的遷移效應之對比關係，再定義傳送數 t_i（transport number）來代表第 i 種離子的遷移對總電流的貢獻比例。當溶液中第 i 種離子的的電荷數與濃度分別為 z_i 與 c_i 時，其傳送數 t_i 可表示為：

$$t_i = \frac{|z_i| u_i c_i}{\sum_i |z_i| u_i c_i} \tag{2.19}$$

且 $\sum_i t_i = 1$。當溶液被簡化為只存在一種陰離子與一種陽離子時，兩者的傳送數可分別表示為 t_- 和 t_+，且 $t_+ + t_- = 1$。由於水合陽離子的體積往往大於水合陰離子，使得 $t_+ < t_-$。

範例2-1

有一溶液含有 0.1 M 的 KCl 和 0.5 M 的 HCl，試計算 K^+ 的傳送數。

表2-2　在298 K的水溶液中，多種陰陽離子的遷移率 u

陽離子	u (m²/V·s)	陰離子	u (m²/V·s)
H^+	362×10^{-9}	OH^-	205×10^{-9}
K^+	76.2×10^{-9}	$Fe(CN)_6^{4-}$	114×10^{-9}
NH_4^+	76.1×10^{-9}	$Fe(CN)_6^{3-}$	105×10^{-9}
Ag^+	64.2×10^{-9}	SO_6^{2-}	82.7×10^{-9}
Cu^{2+}	58.6×10^{-9}	Br^-	81.3×10^{-9}
Zn^{2+}	54.7×10^{-9}	Cl^-	79.1×10^{-9}
Na^+	51.9×10^{-9}	NO_3^-	74.0×10^{-9}
Li^+	40.1×10^{-9}	HCO_3^-	46.1×10^{-9}

解 1. 根據 (2.19) 式，$t_K = \dfrac{|z_K| u_K c_K}{|z_K| u_K c_K + |z_H| u_H c_H + |z_{Cl}| u_{Cl} c_{Cl}}$。

2. 由表2-2可知，三種成分的離子遷移率分別為：$u_K = 76.2\times10^{-9}$ m²/V·s，$u_H = 362\times10^{-9}$ m²/V·s，$u_{Cl} = 79.1\times10^{-9}$ m²/V·s，所以可計算出 K^+ 的傳送數：

$$t_K = \frac{(76.2)(0.1)}{(76.2)(0.1) + (362)(0.5) + (79.1)(0.6)} = 0.0322 \ 。$$

2-3-2 溶劑

　　從前述已知，溶劑與溶質間的作用會影響熱力學與動力學性質。一般用於電化學系統的溶劑必須具有以下幾種特質，包括在系統操作溫度下呈現液態、可以溶解活性物質使其解離、在系統的操作電位下維持穩定而不分解或變質、不會與反應物發生化學反應，以及有時可作為對應電極的反應物。對於溶劑溶解電解質的特性，主要是提供溶液導電性，通常可用溶劑本身的介電常數ϵ來判斷，當$\epsilon>30$時，可適用於電化學系統。水在常溫下的$\epsilon=80$，故對鹽類的溶解性很高。有機溶劑的介電常數雖然較低，但在鋰離子電池系統中，因為工作電壓遠高於水的分解電壓，因此必須採用有機溶劑，如乙腈（acetonitrile）或丙烯碳酸酯（polycarbonate，常簡稱PC）等，前者的介電常數為38，後者為69，對鹽類溶解度遠低於水。然而，有機溶劑常在充電時破壞石墨電極的結構，導致電極鈍化，而且有機溶劑還有易燃等安全性問題。因此，對大多數電化學系統，水仍是最常用的溶劑。水的特別之處在於相鄰的水分子間會以氫鍵結合，所以可形成龐大的聚合結構，但氫鍵的能量不高，易於斷鍵或重新鍵結。再者，水有較大的偶極矩（dipole moment），與陰陽離子都能靜電相吸，形成水合離子，所以對鹽類的溶解度較高。發生水合作用時，陽離子的水合趨勢較陰離子強，對於半徑較小的Li^+或Na^+，可形成穩定的水合離子，因為水中的氧原子會靠近陽離子，多個水分子以此方位來包圍陽離子而形成內殼，而較遠的水分子再由氫鍵形成外殼。對於酸根離子，其氧原子可能和水分子中的氫原子形成氫鍵，也會發生水合現象。而且水本身也有解離性，有助於酸鹼的平衡，因此非常適合用於溶解酸、鹼與鹽。

　　當溶質屬於有機物時，則需使用有機溶劑，但為了提高導電性，還必須加入有機陽離子作為支撐電解質，常用的是四丁基四氟硼酸銨（Tetrabutylammonium Tetrafluoroborate），它屬於一種季銨鹽陽離子與四氟硼酸陰離子（BF_4^-）的化合物。若反應系統牽涉到鹼金屬，也必須使用非水溶劑，才能讓鹼金屬安定。因此，在某些有機合成反應或鋰離子電池系統中，會用到非水溶劑。

　　自從1980年代起，常溫離子液體（room temperature ionic liquid，簡稱RTIL）逐漸吸引了研究者的興趣，因為它可以代替揮發性有機溶劑而應用在

化學反應中。離子液體是一種類似NaCl的物質，結構中存在離子鍵，所以它解離後會產生陰陽離子。然而，離子液體不像NaCl晶體具有較大的晶格能，所以不需要高溫熔融即可解離，它在常溫下容易解離的原因在於陰陽離子的結構不對稱。離子液體可分解成有機陽離子團和特殊的陰離子團，其中前者通常是含氮的胺類基團，使其體積大於金屬陽離子；而後者則含有非定域（delocalized）電子，可在陰離子內的幾個化學鍵間移動，但其體積與一般酸根或鹵素離子相似。因此，離子液體分子內的正負電荷相距較遠，晶格能較低，因而熔點較低，有可能在常溫下解離。

近年的研究顯示，不同的陰陽離子可以組成性質不同的離子液體，所以也被稱爲設計者溶劑（designer solvent）。例如熔點、密度、黏度或親水疏水性皆可調整，所以在化學合成中具有非常高的應用潛力。再加上離子液體可在常壓下操作，且可回收後再利用，不但能有效降低成本，能保護環境，所以也被視爲一種綠色溶劑，使其受到產學界的重視。在電化學領域中，因爲離子液體可以取代有機溶劑，亦可提高反應之選擇性和產率，促使研究者紛紛使用在鋰離子電池、燃料電池和電化學電容中，而且其他的新應用也持續被提出。

2-3-3 支撐電解質

在電化學系統中，已知表面過電位和濃度過電位無法完全消除，所以要提高效率就必須減低溶液導電時消耗的能量，因此常使用支撐電解質來提高溶液的導電度。除此之外，支撐電解質還帶來幾種優點。第一是活性物質的電遷移不會限制質傳速率，因爲在溶液主體區內，活性物質的濃度維持定值，只能依賴電遷移來進行質傳，但活性物質的濃度通常不高，所以質傳受限，加入了濃度足夠的支撐電解質後，其所提供的離子遷移可以負責溶液主體區內的質傳，換言之可降低主體區的電阻。第二是支撐電解質所提供的離子，還可以形成結構較單純的電雙層。第三是加入支撐電解質後，電解液較接近理想溶液，可使熱力學上的估計較爲簡單。第四是有些支撐電解質還可以作爲酸鹼調節劑，以維持穩定的反應環境。從上述優點可知，不具電化學活性的強電解質最適合作爲支撐電解質，例如Na_2SO_4等。但有一些強電解質解離後可能會出現具有電活性的離子，例如NaCl解離出的Cl^-會在陽極反應成Cl_2，所以在某些系統不

適合當作支撐電解質；至於弱電解質，其游離率較低，使得提升導電度的效果不彰。使用酸或鹼作爲支撐電解質，除了可調節pH值以外，還可以提供比鹽類更高的導電度，因爲強酸或強鹼解離出的H^+和OH^-具有特殊的Grotthuss傳遞機制，可用更快的速率移動。

2-3-4 真實溶液

由活性溶質與溶劑組成的眞實電解液往往會偏離理想溶液，所以使用活性（activity）取代濃度，才能有效描述眞實溶液的行爲。在第三章討論熱力學時會給予活性完整的說明，此處先採用其中一種定義，但各種定義的目的皆爲了描述偏離理想溶液的程度。對於成分i，其活性a_i定爲：

$$a_i = \gamma_i \frac{m_i}{m_i^\circ} \tag{2.20}$$

其中m_i爲濃度；m_i°爲標準濃度，通常選擇爲1 mol/kg；γ_i爲活性係數，當$\gamma_i = 1$時爲理想溶液。在電解液中，偏離理想狀態的程度比非電解液更大，且在濃度很低時，即已偏離理想溶液。由於電解液是由酸、鹼、鹽溶解在溶劑中形成，自始至終都符合電中性的條件，亦即各種離子所帶有的總電量會正負抵銷：

$$\sum_i z_i c_i = 0 \tag{2.21}$$

因此，在實驗中不可能只改變單種離子的濃度來測量活性，所以只能測量整體電解質的平均化學位能，再連結至離子化合物的平均活性$a_\pm$和幾何平均活性係數$\gamma_\pm$：

$$a_\pm = (a_+^{v_+} a_-^{v_-})^{1/(v_+ + v_-)} \tag{2.22}$$

$$\gamma_\pm = (\gamma_+^{v_+} \gamma_-^{v_-})^{1/(v_+ + v_-)} \tag{2.23}$$

其中下標$+$與$-$代表陽離子與陰離子，v_+和v_-分別是兩種離子的計量係數。因爲幾何平均濃度爲：$m_\pm = (m_+^{v_+} m_-^{v_-})^{1/(v_+ + v_-)} = m(v_+^{v_+} v_-^{v_-})^{1/(v_+ + v_-)}$，故在濃度$m$和計量係數皆已知的條件下，可求得平均活性的關係：$a_\pm = \gamma_\pm \frac{m_\pm}{m^\circ}$。

對於很稀薄的1:1電解液，例如$NaCl_{(aq)}$，Peter Debye 和 Erich Hückel透

過實驗發現，平均活性係數與濃度有相依關係，最終歸納出適用於稀薄溶液的離子強度定律：

$$\ln\gamma_\pm = -A|z_+z_-|\sqrt{I} \tag{2.24}$$

其中離子強度 $I = \frac{1}{2}\sum_i m_iz_i^2$，$A=0.5115$。此定律代表著儘管電解質的種類相異，只要離子強度相等，且電解質解離後的離子價數相同時，平均離子活性係數將會相同。然而此定律僅適用於 $I<0.01$ mol/kg下，常用的電解質溶液都不在此範圍內。

當溶液中存在多種離子時，每一種都會貢獻到離子強度中，但之中若有較高濃度的支撐電解質，各種低濃度電解質之活性係數將變得接近。在此類系統中，若反應物和產物皆為離子，例如 Fe^{3+} 和 Fe^{2+}，則Nernst方程式中的活性比值將可簡化為濃度比值，使平衡電位的計算工作大幅簡化。

對於強電解質所形成的電解液，已知在濃度稀薄時，活性係數接近於1；但當濃度增大時，活性係數將會減小，因為離子間的相互作用愈顯著，偏離理想溶液的程度愈大；當電解質濃度超過某個數值後，活性係數開始增加，因為離子與水分子的數量接近時，水合作用將會發生變化。簡言之，高濃度電解質的系統行為將有別於稀薄溶液系統，必須使用不同的理論來描述其質傳現象，在第五章中將會詳述。

範例2-2

試計算0.0015 mol/kg的 $MgCl_2$ 溶液所擁有的離子強度與平均活性係數。

解 1.由於離子強度：

$I = \frac{1}{2}\sum_i m_iz_i^2 = \frac{1}{2}[(0.0015)(2)^2 + (2)(0.0015)(-1)^2] = 0.0045$ mol/kg。

2.在低離子強度下，可根據(2.24)式，計算平均活性係數：

$\gamma_\pm = \exp(-A|z_+z_-|\sqrt{I}) = \exp[(-0.5115)(2)(\sqrt{0.0045})] = 0.934$。

2-4 熔融電解質

　　在一些電解冶金的程序中，無法使用水作為溶劑，因為通電之後，水本身的電解反應會優先消耗電能，導致高活性的金屬不能被提煉，因此這類電解系統必須採用不含水的熔融電解質，才能完成預期的反應，例如提煉鋁時需要使用熔融的Al_2O_3，提煉鋰時需要使用熔融的LiCl。

　　目前可作為熔融電解質的材料可分為高溫熔融鹽（molten salt）、熔融氧化物（molten oxide）、熔融有機物與低溫熔融鹽。提煉高活性金屬時，主要採用高溫熔融鹽和熔融氧化物，前者如提煉鋰所需之LiCl，後者如提煉鋁所需之Al_2O_3。低溫熔融鹽即為2-3-2節中提及的離子液體，在常溫下可呈現液態，因為離子液體的分子中雖然存在離子鍵，但其鍵能弱於NaCl般的離子固體，所以熔點較低；高溫熔融鹽則來自於2-2節提及的離子晶體，這類金屬鹽的離子鍵較強，熔點較高，必須加熱到高溫才能熔融並解離，例如NaCl晶體在常壓下必須於801℃才能熔化成液態。高溫熔融鹽熔化之後，雖然可流動，但離子間的平均距離仍與固體時相當，所以有些鹽類熔化後的體積膨脹並不大，但解離程度足夠大，且處於高溫狀態，使其導電度明顯大於此類金屬鹽所形成的水溶液。

　　熔融鹽與水溶液不同之處在於前者不存在溶劑，所以兩者產生離子的原因相異。在水溶液中，陽離子會被溶劑分子包圍而發生溶劑化的現象，這些溶劑化的離子如同孤島，分散於溶劑扮演的海洋之中；在熔融鹽中，陰陽離子於高溫下傾向脫離原本的晶格束縛，再以特定的比例形成配位錯合物（coordination complex），或簡稱為錯離子。由於錯離子中的鍵結是短暫的，隨時會再重組，故需使用Raman光譜儀來確認錯離子的存在性，並且估算它們的配位數或壽命。施加電場後，無論是溶劑化的離子或錯離子皆可遷移，若能移至電極表面，則可發生氧化或還原反應，因此熔融鹽也能應用於電解程序。

　　從離子固體轉化成熔融物後，體積會增加，導電度也會提升，離子排列的方式從長程有序轉變為短程有序，且平均配位數會減少。為了解釋這些現象，已有多種模型被提出，包括準晶格模型（quasi-lattice model）、空缺模型（vacancy model）和硬核軟殼模型（hard core-soft shell model）等。準晶

格模型是將每個離子視爲晶格點，經過高溫擾動後，會有離子脫離晶格點而出現空位，所以只呈現短程有序現象，且因離子的配位數減少與空位產生，致使體積膨脹；空缺模型的描述類似，但離子的分布主要取決於熱運動，不會呈現明顯的晶格；硬核軟殼模型則是以數值方法計算離子之受力與能量，以求得熔融物的物化性質。由於上述模型各具優缺點，目前都還不能完整描述熔融物的所有現象。

　　當電解程序採用熔融電解質時，期望能以低熔點、適當密度、高導電度、低蒸氣壓和不溶解金屬的物質作爲原料，但單一金屬鹽或氧化物往往無法滿足這些需求，所以實際執行電解時，常會採用混合熔融鹽，例如提煉鹼金屬時，常用氯化鹽或氟化鹽的混合物爲原料；提煉鋁時，則常用冰晶石（Na_3AlF_6）與氧化鋁（Al_2O_3）的混合物爲原料。尤其當混合物可以形成共熔或共晶系統（eutectic system）時，就能在低於單一成分熔點的溫度下熔化，這類系統的典型相圖如圖2-12所示。從相圖中可發現，系統在某個特定組成時，能達到最低熔點，此熔點稱爲共熔溫度（eutectic temperature），而此特定混合物稱爲共熔物。以LiCl-KCl系統爲例，純LiCl的熔點爲605℃，純KCl的熔點爲776℃，但兩者以0.59和0.41的莫耳分率混合時可形成共熔物，此時的熔點可降至爲352℃，理論上最適合用來提煉金屬Li，但實際電解時，會再提高約50℃，以加速反應進行。然需注意，並非所有的二成分系統都會發生共熔現象。

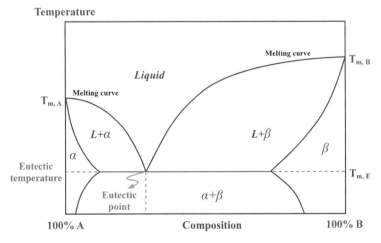

圖2-12　共晶系統（A+B）的相圖

2-5 固態電解質

在2-2節最末曾提及一般的固體材料並無完美的結晶，材料內部存在各種缺陷，但這些缺陷卻能產生多種常見的固體特性。依照幾何結構來分類，主要有三種缺陷存在於固體中，它們分別是點缺陷、線缺陷與面缺陷。形成缺陷的原因主要來自於原子的熱運動、製備時的加壓或升溫，以及雜質進入晶體。依據這些原因，即可產生三種點缺陷，例如升溫或加壓導致的空位缺陷（vacancy defect）與間隙缺陷（interstitial defect），以及雜質原子取代晶格原子或填入晶格間隙所產生的雜質缺陷（impurity defect）。由於缺陷的存在，固體材料將形成非計量化合物（non-stoichiometric compound），此情形在過渡金屬氧化物中最常見，因為過渡金屬通常具有多種氧化數，可和數量不同的氧原子鍵結。

這些具有缺陷的固體可以產生導電性，但其導電原理與金屬不同。金屬是電子導體，可以展現典型的Hall效應，亦即金屬固體置於磁場中，且本身有電流通過時，導體內的電子將受到Lorentz力的作用而偏向一側，進而產生電位差，此電位差可稱為Hall電壓。Hall電壓又會對電子施力，以平衡Lorentz力，使後續的電子不再偏向，並使Hall電壓達到穩定值。此效應是由Edwin Herbert Hall於1879年發現，透過Hall電壓的分析，還可判斷導體內部的電流來自於負電荷或正電荷，因此可用來辨識半導體的摻雜特性。然而，對某些導電高分子或金屬氧化物，其Hall效應不明顯，因為它們可能是依賴離子或缺陷而得以導電，因此被稱為混合離子電子型導體（mixed ionic-electronic conductor，簡稱為MIEC）。例如非計量型的硫化銀可表示為$Ag_{2+\delta}S$，當$\delta < 0.0025$時，可成為半導體，也可成為Ag^+的導體；另一種$CeO_{2-\delta}$則可傳導電子與氧離子。在MIEC中，原子、離子或缺陷的傳導原理與電子不同，大致可分成四類，分別是原子直接交換位置、原子填補空位、原子進入間隙與間隙原子遷移至另一間隙。

若上述固體欲用於電化學系統，則需擁有足夠高的導電度與機械強度，尤其製成導電薄層時，在操作溫度下的導電度必須超過0.01S/m，且主要離子的遷移數還需趨近於1，才能有效扮演電解質的角色。目前可達到這些標準的固

態電解質通常屬於結晶型無機材料或非晶型高分子材料，它們的導電度主要受限於材料中的離子鍵強度與離子通道的尺寸，但這些材料經過摻雜後，可以改變離子的價態或鍵結，使導電度提升。因為雜質原子被摻入後，一方面不能完全匹配原本的晶格，另一方面在晶格中擁有較大的濃度差，所以雜質原子的擴散現象比晶格原子更顯著。再者，摻雜物可以製造晶體的缺陷，例如在ZrO_2中加入CaO時，Ca^{2+}若能取代晶格中的Zr^{4+}，則會同時形成氧空缺（oxygen vacancy），此空缺相當於相反的氧離子，帶有二價正電，可表示成V_o^{2+}，其概念類似於電洞。通電後，氧離子即可透過空位而遷移，使導電度顯著提升。

　　結晶型無機固態電解質還可分成陽離子類與陰離子類，前者包括質子型、鹼金屬離子型與銀離子型材料，後者則多為氧離子型與氟離子型材料，其中以銀離子型電解質具有較高的導電度。目前有三種無機固態電解質被廣泛使用，分別是用於全固態鋰離子電池中的鋰離子型材料，以及用於固態燃料電池的氧離子型與質子型材料。Li_3N或Li_2S是鋰離子型材料中擁有較高導電度者，但它們在潮濕的空氣中無法穩定；釔穩定氧化鋯（ZrO_2 stabilized by Y_2O_3，簡稱YSZ）則是最常使用的氧離子型材料，可以耐熱1000℃，例如用於電解水產氫時，高溫的水蒸氣會在陰極處被分解成H^+和O^{2-}，其中O^{2-}會穿越YSZ而到達陽極以產生O_2，而留在陰極表面的H^+則會接收電子而還原成H_2；氧化鋁或沸石等固體酸是特性較好的質子型導體，因為固體中的質子可透過Grotthuss機制來傳遞（如圖2-11所示），而某些鈣鈦礦材料經過摻雜後也能傳遞質子。

　　在有機材料方面，於1966年，奇異公司首先在電解槽中使用了全氟磺酸聚合物作為電解質，這類材料後來被稱為固態聚合物電解質（solid polymer electrolyte，簡稱為SPE）。依使用的狀態，有機固態電解質還可分為全固態型與膠態型（gel）。前者例如聚乙烯氧化物（poly-ethylene oxide，簡稱為PEO），但導電度不高；後者則是電解質內存在局部的液相區，所以導電度較前者高，目前使用最廣的是Dupont公司生產的Nafion膜。Nafion膜是由全氟磺酸聚合物所構成，如圖2-13所示，具有傳導離子的功能，導電時氫離子可沿著膜內孔洞表面的磺酸根移動，從陽極側往陰極側遷移，但這些帶負電的磺酸根基團被固定，所以和一般的溶液電解質不同。特性類似Nafion膜者被通稱為質子交換膜（proton-exchange membrane，簡稱為PEM），用於燃料電池中可以有效隔絕H_2和O_2，並且支撐兩極的催化劑。因為PEM的電阻大約正

比於厚度，所以必須製成薄膜才便於使用，但PEM內的質子導電率則取決於負電固定基團的化性與離子交換容量。爲了提升導電率，高分子材料必須進行水化，以減弱負電基團對質子的吸引力，但吸水後的薄膜會產生溶脹現象，體積變化率可能多達50%以上，若高分子內存在交聯結構則可限制水的吸收與溶脹程度。水化雖然可以提升交換膜的導電性，但也會失去固體材料的長期穩定性，因此水化程度存在最適值。在全氟磺酸聚合物中（如圖2-13所示），碳氟主鏈會形成疏水區（hydrophobic），而固定的磺酸根基團則形成親水區（hydrophilic），高分子不會大量吸收水，且還能提供0.1 S/m的導電度，因而被廣泛使用在電池或電解槽中。

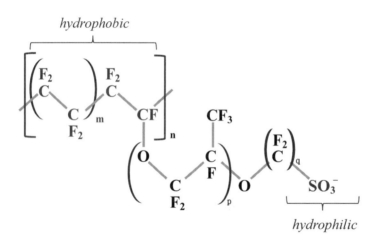

圖2-13　全氟磺酸聚合物

　　此外，還有一種有機固態電解質的分類法，是將其區分爲聚電解質（polyelectrolyte）與聚合物－鹽電解質（polymer-in-salt-electrolytes，簡稱爲PISE）。聚電解質是帶有可電離基團的長鏈高分子，這類高分子在極性溶劑中會發生電離，使高分子的枝鏈帶電。若枝鏈帶正電或帶負電時，可分別稱爲聚陽離子或聚陰離子。聚電解質可同時擁有電解質和高分子的特性，例如它類似電解液可以導電，也類似高分子溶液而呈現高黏性，常見的例子是聚苯乙烯磺酸（polystyrene sulfonate，PSS）與聚丙烯酸（polyacrylic acid，PAA），二者均帶負電，前者爲強聚電解質，而後者爲弱聚電解質。在鋰離子電池中，聚電解質解離後將扮演陰離子，但此陰離子被固定在聚合物的骨

架上，使得鋰離子的遷移數接近1，而在其他類的聚合物電解質中，鋰離子的遷移數卻小於0.5，因為這些聚合物的官能基對鋰離子具有強吸引力，且溶液中的陰離子可以輕易移動。聚合物－鹽電解質則由骨架中擁有O或N原子的聚合物與鹽類所組成，例如PEO與LiClO$_4$，因為O或N原子可產生較強的配位作用，有助於鹽類溶解其中。

　　使用固態電解質的系統可以組裝得更緊密，因此擁有較小的體積與重量，並且具有較低的能量損失，目前已經有感測器、鋰離子電池、固體氧化物燃料電池、質子交換膜電解槽和固體氧化物電解槽使用了固態電解質，預期還會發展出更多的應用類型。

2-6 等效電路

　　本章至此，已經介紹了金屬與溶液界面呈現的電容效應，再加上溶液的電阻效應，隱約發現電工學的方法似乎可用來探討電極程序。然而，一個電化學反應的過程非常複雜，包括質傳、吸附、電子轉移與新相生成，這些步驟通常難以簡單地對應到某個電路元件。例如電子轉移在某些條件下可簡化成電阻的效應，但在新相生成而覆蓋住表面時，此覆膜將會展現自身的電阻特性，且在覆膜的兩側界面展現出電容的效應，甚至在覆膜不密實而擁有許多孔洞時還會出現簡單電阻或電容不能描述的效應。即使如此，電化學系統連接電源後，總是可以從施加的電壓得到回應的電流，仍然可以著手分析其電學效應。

　　常見的分析方法可歸納成兩種模式，第一種是先預期反應機制，從而推究出電極程序所代表的電路組件，加上溶液的電阻和電雙層的電容，可構成一組足以反映電極界面電性的電路，稱為等效電路（equivalent circuit）。然後再透過擾動電位或擾動電流的方法測量電路的回應，以得到電流對電位的關係，接著可依據等效電路來分析電阻或電容等元件的數值。第二種方法則是先對電極界面施加擾動電位或電流，再從所得到的電流對電位的關係來推測電路，因為每一種元件都擁有對應的電性，可從測得的電性來推估各元件間的連接方式，最終再推論出反應機制與動力學參數。然而，必須注意的是電極界面的等

效電路不具有唯一性，可以列出多種結構，而且各種結構都滿足實驗結果，但其中可能只有一種具有較佳的物理詮釋。

最常見的等效電路如圖2-14所示，在工作電極與對應電極之間，可簡單分為兩個元件，其一是電解液的電阻R_S，另一則是電極界面的阻抗Z_E，兩者以串聯的方式相接。所謂的阻抗（impedance）是指廣義的電路元件，它可依兩端電壓對電流的變化關係而成為電阻、電容或電感類的簡單元件，但也可能成為其他類型的複雜元件。由於影響電極界面的因素眾多，因此界面的等效元件常無法化為簡單元件之串並聯組合。

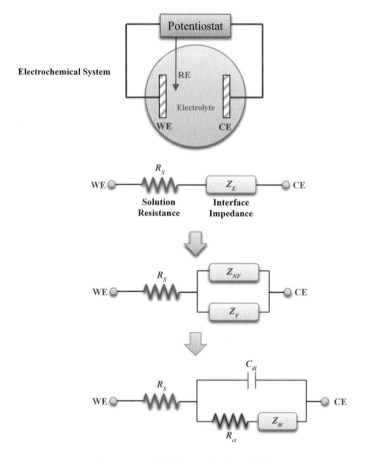

圖2-14　電極程序的等效電路

若有電流通過電化學池時，電極與電解液界面的平衡狀態將被破壞。破壞平衡的情形可分成兩類，第一類無關於電流，第二類則是相關於電流。對於

沒有電流通過電極與電解液的界面，從外部而來的電荷只停留在電雙層上，只改變界面的電容量而沒有電流，此種特殊的電極稱爲理想極化電極（ideally polarizable electrode），此時的電雙層充電現象可稱爲非法拉第程序（Non-Faradaic process）。但對於一般的電極，只有施加小幅度的過電位時不會產生電流，超出此範圍則將引起電流，此時電子會穿越電極與電解液的界面，代表發生了電化學反應，稱爲法拉第程序（Faradaic process）。因此，前述之電極界面阻抗Z_E可進一步分成非法拉第阻抗Z_{NF}與法拉第阻抗Z_F，前者主要由電雙層的特性決定，後者則由反應的特性決定。在理想的情況下，電雙層可視爲一個電容C_{dl}，而反應可視爲電荷轉移的電阻R_{ct}，但反應物從主體溶液輸送至電極界面也會遇到阻力，所以質傳的效應則使用Warburg阻抗Z_W來代表，此概念是由Warburg在1899年所提出，而Z_W與R_{ct}串聯後，再與C_{dl}並聯，即可構成電極界面的總阻抗Z_E。

　　然而，在實際的電極上，可能會出現表面粗糙、選擇性吸附、氣泡覆蓋或薄膜生成等現象，這些情形將使電雙層不再成爲理想的電容，也使電極界面阻抗包含更複雜的組件，例如氣泡的電感、薄膜的電容與電阻、多孔膜內的有限擴散阻抗。對於非理想的電容，可使用常相位元件（constant phase element，簡稱爲CPE）來代替，而Warburg阻抗其實也是CPE的一個特例。

　　分析等效電路的實驗技術稱爲電化學阻抗譜（electrochemical impedance spectroscopy，簡稱爲EIS），通常是使用不同頻率的正弦波電位來擾動電極程序，以得到回應的電流訊息。在擾動信號與回應訊息之間，只要符合因果性、線性、穩定性與有限性的關係，即可顯現等效電路的意義。其中的因果性是指測得電流必須來自擾動的電位，而非其他因素所致；線性是指擾動的信號足夠小時，即使是非線性的電化學系統也可呈現線性行爲；穩定性是指擾動停止後，系統可以回復到原始的狀態；有限性是指擾動信號的頻率不會使等效元件的阻抗發散到無窮大。由此可知，EIS測量對電極表面的干擾微小，且過程短暫，對於界面反應的研究極有助益，至今已發展成電化學分析的主流技術。

2-7 總　結

在本章中，吾人分析了電化學系統中的組件，主要包含電極與電解質，也探究了電極與電解質間的界面，了解電雙層的現象。在電化學科技發展的歷程中，電雙層的模型持續被修正，電極相關的固態物理也逐漸被認識，電解質中的解離現象、離子輸送現象和活性或惰性物質的角色，也都逐一釐清，因此使得現代的電化學科技與材料科學能夠緊密結合。接著，在本章之末引入了等效電路的概念，將電極界面類比成電路元件，只要透過電工學的方法加以分析，即可進一步理解電極界面的結構。在接下來的兩章中，吾人將更深入地探索這些電化學系統內的電學與化學現象，分別從平衡狀態的熱力學和非平衡狀態的動力學來探究電化學現象，將電流、電位、溫度和活性物質濃度連結在一起，共同用來描述電極與電解質間界面所發生的電子轉移現象。

參考文獻

[1] A. C. West, **Electrochemistry and Electrochemical Engineering: An Introduction**, Columbia University, New York, 2012.

[2] A. J. Bard and L. R. Faulkner, **Electrochemical Methods: Fundamentals and Applications**, Wiley, 2001.

[3] A. J. Bard, G. Inzelt and F. Scholz, **Electrochemical Dictionary**, 2nd ed., Springer-Verlag, Berlin Heidelberg, 2012.

[4] C. M. A. Brett and A. M. O. Brett, **Electrochemistry: Principles, Methods, and Applications**, Oxford University Press Inc., New York, 1993.

[5] D. Pletcher, **A First Course in Electrode Processes**, RSC Publishing, Cambridge, United Kingdom, 2009.

[6] E. Barsoukov and J. R. Macdonald, **Impedance Spectroscopy Theory, Experiment, and Applications**, 2nd ed., John Wiley & Sons, Inc., 2005.

[7] E. Gileadi, **Physical Electrochemistry: Fundamentals, Techniques and Applica-**

tions, Wiley-VCH, Weinheim, Germany, 2011.

[8] G. Kreysa, K.-I. Ota and R. F. Savinell, **Encyclopedia of Applied Electrochemistry**, Springer Science+Business Media, New York, 2014.

[9] H. Hamann, A. Hamnett and W. Vielstich, **Electrochemistry**, 2nd ed., Wiley-VCH, Weinheim, Germany, 2007.

[10] J. Koryta, J. Dvorak and L. Kavan, **Principles of Electrochemistry**, 2nd ed., John Wiley & Sons, Ltd. 1993.

[11] J. Wang, **Analytical Electrochemistry**, 3rd ed., Wiley-VCH, Hoboken, NJ, 2006.

[12] K. B. Oldham, J. C. Myland and A. M. Bond, **Electrochemical Science and Technology: Fundamentals and Applications**, John Wiley & Sons, Ltd., 2012.

[13] K. Izutsu, **Electrochemistry in Nonaqueous Solutions**, Wiley-VCH Verlag GmbH, 2002.

[14] Lefrou, P. Fabry and J.-C. Poignet, **Electrochemistry: The Basics, With Examples**, Springer, Heidelberg, Germany, 2012.

[15] M. E. Orazem and B. Tribollet, **Electrochemical Impedance Spectroscopy**, John Wiley & Sons, Inc., 2008.

[16] N. Sato, **Electrochemistry at Metal and Semiconductor Electrodes**, Elsevier, 1998.

[17] P. Atkins and J. de Paula, **Physical Chemistry**, 10th ed., Oxford University Press, 2014.

[18] P. Monk, **Fundamentals of Electroanalytical Chemistry**, John Wiley & Sons Ltd., 2001.

[19] R. G. Compton, E. Laborda and K. R. Ward , **Understanding Voltammetry: Simulation of Electrode Processes**, Imperial College Press, 2014.

[20] R. Memming, **Semiconductor Electrochemistry**, WILEY-VCH Verlag GmbH, 2001.

[21] S. N. Lvov, **Introduction to Electrochemical Science and Engineering**, Taylor & Francis Group, LLC, 2015.

[22] V. S. Bagotsky, **Fundamentals of Electrochemistry**, 2nd ed., John Wiley & Sons, Inc., Hoboken, NJ, 2006.

[23] W. Plieth, **Electrochemistry for Materials Science**, Elsevier, 2008.

[24] W. Schmickler, **Interfacial Electrochemistry**, Oxford University Press, New York,

1996.

[25]吳輝煌，**電化學工程基礎**，化學工業出版社，2008。

[26]張鑒清，**電化學測試技術**，化學工業出版社，2010。

[27]郭鶴桐、姚素薇，**基礎電化學及其測量**，化學工業出版社，2009。

[28]楊綺琴、方北龍、童葉翔，**應用電化學**，第二版，中山大學出版社，2004。

[29]萬其超，**電化學之原理與應用**，徐氏文教基金會，1996。

[30]謝德明、童少平、樓白楊，工業**電化學基礎**，化學工業出版社，2009。

第 3 章

電化學熱力學

重點整理

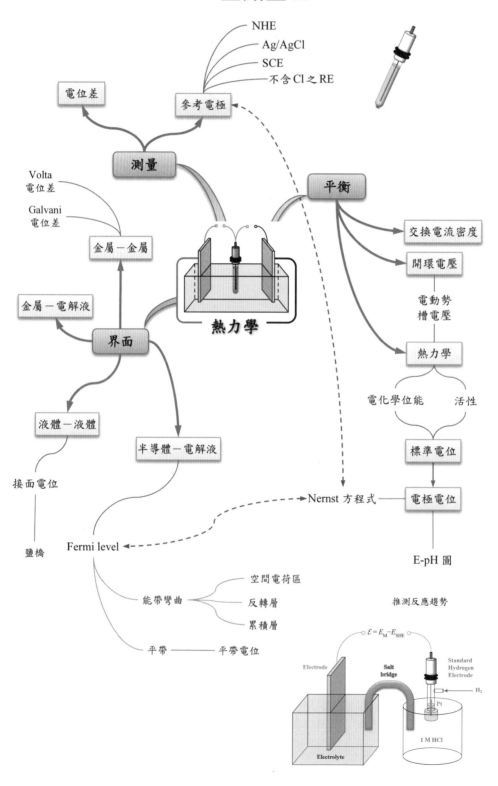

電化學的發展主要開端於觀察化學反應產生電流的現象，以及製作電池的技術。在18世紀跨越到19世紀的時刻，Volta首先設計出伏打電池（Voltaic cell），引發科學界對電學與化學的興趣，後續的科學家為了使用電能，持續投入至今依然熱門的電池技術，之中的發展著重在電極材料的選擇與電池機構的設計，並輔以當時物理學界正盛行的熱力學，最終在Nernst等人的努力下，奠定了電化學系統在平衡狀態下的基本理論。本章即從熱力學的角度，探討電化學反應與能量轉換的關係。

3-1 界面與電位

在電化學系統中存在多種物質，兩個相鄰的物質之間則有相界（interface），例如電極與電解質間有固－液界面、電極與導線相接處有固－固界面，陽極室的電解液與陰極室的電解液間則有液－液界面，這些界面的兩側擁有不同的電位，所以帶電物跨越界面時會面臨電位差，而此電位差取決於各相的導電性、溫度或壓力等因素。電位差的形成主要來自界面兩側的物性差異，此差異性導致電荷穿越界面，隨著時間發展，界面的其中一側將比另一側更容易吸引電子或離子，亦即一側將會帶負電，另一側將會帶正電，因而產生了電位差。但此電位差會阻礙後續的電荷移動，最終達到穩定態，穩定時仍會留下電位差。因此，測量電位有助於了解電化學反應所需的能量，此理解過程必須從化學連結到電學。在古典靜電學中，物理現象圍繞著帶電物質間的交互作用；進入電化學領域，除了交互作用外，還需加入物質的化學性質。因此在後續論述中，吾人將先從靜電學的角度切入，再結合化學特性，即可有效理解電化學系統的能量問題。

在19世紀，Faraday提出場的概念後，理想帶電物質對周圍環境的電性影響已轉為使用電場$\mathbf{E}$來描述。電場$\mathbf{E}$是一個向量，指出一個單位正電荷受到目標帶電物的吸引或排斥之強度與方向，因此也可藉由某種物理量在空間中形成的坡度來表示，此物理量可類比成地勢的高度，因此命名為電位勢（electric potential），以下將簡稱為電位。而電場$\mathbf{E}$與電位ϕ的關係為：

$$\mathbf{E} = -\nabla \phi \tag{3.1}$$

亦即電場與電位梯度成正比，其中的負號表示單位正電荷會自發性地從高電位移動到低電位。若以古典物理的方式來敘述，可使用電力的概念，例如在一維系統中，電位梯度僅沿著x方向，因此可想像有某種電力從目標帶電物沿著x方向施加在單位正電荷上。此力將驅使單位正電荷從位置A移動到位置B，其效應可使用做功（work）來說明，因為從位置A移動到位置B的最小功，即為克服兩點之間的電位差所需要的能量。對於帶有電量q的測試電荷，移動所需最小功為：

$$W = q(\phi_B - \phi_A) \tag{3.2}$$

但是當測試電荷自身的電場足以影響目標電荷的電場時，做功的計算將變得較為複雜。

對於三維系統，若存在多電荷時，可用電荷密度Q的概念來描述電位在空間中的分布，此即Poisson方程式：

$$\nabla^2 \phi = \frac{\partial^2 \phi}{\partial x^2} + \frac{\partial^2 \phi}{\partial y^2} + \frac{\partial^2 \phi}{\partial y^2} = \frac{Q}{\epsilon\epsilon_0} \tag{3.3}$$

其中$\epsilon_0 = 8.85 \times 10^{-12} \mathrm{F/m}$，稱為真空電容率（permittivity）；而$\epsilon$則為目前狀態相對於真空狀態下的電容率比值，不具單位，又常稱為介電常數（dielectric constant）。

另需注意，電位是一種相對概念，個別電位的數值並無意義，故通常會先選取一個參考點的電位，才能使其他位置的電位數值產生效用。以下將先介紹界面電位差的概念，再用以探討電化學系統中的幾種界面。

3-1-1 界面與電化學位能

當兩種物質或兩種狀態（兩相）的同種物質從原本彼此分離的狀態轉為互相接觸時，將形成相界，此邊界或稱為界面（interface）或接面（junction），例如金屬與金屬的界面或金屬與電解液的界面。然而，如圖3-1所示，界面實際上應該是一個區域，而非二維的表面，界面區域內的特性將有別

於主體區域（bulk）。以兩個帶電的導體爲例，兩者從原本互不接觸的狀態轉爲互相接觸時，導體界面附近的電荷將開始移動，而電荷重新分布會伴隨著電位變化。若兩個帶電的導體是相同種類的金屬，則平衡時兩者的電位將會相等；若兩者是不同種類的金屬，則平衡時兩者的電位將存在一個差額，此電位差是來自於兩種金屬的接觸界面。此類界面電位差被稱爲Galvani電位差，可由金屬1和金屬2的內電位（inner electrical potential）之差來計算：

$$\Delta\phi = \phi_2 - \phi_1 \tag{3.4}$$

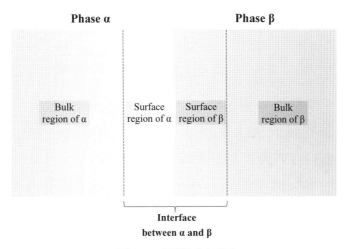

圖3-1　兩相之界面

用力學的觀點來看，界面附近的電子受到各方金屬原子的作用力，在不平衡的情形下，電子開始遷移，致使某一金屬失去電子而帶正電，另一金屬得到電子而帶負電，在接面附近形成電雙層（electric double layer）。電雙層內的電荷分離形成了所謂的內建電場，此電場將阻礙後續的電子遷移，直至平衡狀態達成。電子受到原子的作用力通稱爲化學力（chemical force），將與內建電場給予的電力達成平衡。

若改用場的觀點來看，電子e和周遭原子的化學作用可透過化學位能μ_e（chemical potential energy）來表示，其SI制單位爲J/mol。電子e在兩個位置的化學位能差將導致其遷移，亦即化學作用可對電子做功。因此，電子e在系統中的總能量可用化學能與電能的總和來表示，此總能可定義爲電化學位能

$\overline{\mu}_e$（electrochemical potential energy）：

$$\overline{\mu}_e = \mu_e - F\phi \tag{3.5}$$

其中單電子所帶電荷數為-1，電量為$e=1.6\times10^{-19}$C；若已知亞佛加厥常數（Avogadro's constant）$N_A=6.02\times10^{23}$1/mol，則可計算出法拉第常數：$F=eN_A=96500$C/mol。一般而言，材料的電化學特性取決於其中能量較高的電子，這些電子的能量可用Fermi能階（E_F）來估計，因此材料中的單電子之電化學位能即定為Fermi能階，亦即$E_F = \dfrac{\overline{\mu}_e}{N_A} = \dfrac{e\overline{\mu}_e}{F}$。$E_F$的慣用單位為eV，但也可換算成J。此概念亦可應用在其他電荷數為z_j的離子j或不帶電的粒子k：

$$\overline{\mu}_j = \mu_j + z_j F\phi \tag{3.6}$$

$$\overline{\mu}_k = \mu_k \tag{3.7}$$

　　實際上，電化學位能無法切割成純化學與純電學兩部分，因為化學作用的本質其實仍與電學有關。在(3.6)式中，等號右側第二項的$z_j F\phi$代表從無限遠的真空處以極慢速的方式遷移到某特定位置所需之功，無限遠的真空處可選擇為電位的參考點，而定義其電位為0，故可使該特定位置的電位得以表示為ϕ。若再使用力學的觀點探討，電化學位能可分為短距離的力與長距離的力之加成效應。短距離的力來自於諸如電偶極或離子分布等電荷分離現象，可歸納於μ_j中；長距離的力則來自於過剩電荷的庫倫力作用，可歸納於ϕ中。因此，無論採取哪一種觀點，透過這兩種效應組成電化學位能後，皆有利於闡述後續的熱力學問題。

　　為了將電化學位能的概念用於電化學系統，現舉一個陽離子為例。若此陽離子從位能定為0的無窮遠處往某個金屬接近，到達金屬相的表面時總計做功ψ，則可代表金屬相的外電位（outer electrical potential）為ψ，外電位主要來自於金屬相的表面帶電情形，通常受到界面過剩電荷的影響。若陽離子欲進入金屬相中，則需穿過表面層，表面層可能會有定向排列的電偶極，所以穿過表面層的過程也必須做功克服靜電力，才能進入金屬相的主體區，所需之功稱為表面電位χ（surface electrical potential）。換言之，到達主體區所需的總功為：

$$\psi + \chi = \phi \tag{3.8}$$

其中ϕ即為金屬相的內電位。基於(3.6)式，電化學位能可進一步表示為：

$$\overline{\mu}_j = \mu_j + z_j F \psi + z_j F \chi \tag{3.9}$$

3-1-2 金屬－金屬界面

　　如前所述，當兩種不同的金屬（相α和相β）接觸時，從兩相的內電位之差可計算出界面電位差，此稱為Galvani電位差。當電子在兩相間達成平衡時，化學作用與電作用將會相互抵消，代表化學力做功$\Delta\mu_e$與電力做功互逆。根據(3.2)式，每1 mol電子的電功可表示為兩相的Galvani電位差$\Delta\phi$與$-F$的乘積；而化學力做功為$\Delta\mu_e = \mu_e^{(\beta)} - \mu_e^{(\alpha)}$，因此可得：

$$-F(\phi^{(\beta)} - \phi^{(\alpha)}) = \mu_e^{(\alpha)} - \mu_e^{(\beta)} \tag{3.10}$$

上式經過重新排列後，即可發現電子在相α和相β的電化學位能相等，亦即：

$$\overline{\mu}_e^{(\alpha)} = \overline{\mu}_e^{(\beta)} \tag{3.11}$$

依此類推，任何兩相達成平衡時，帶電粒子j在兩相中的電化學位能將無差異，亦即：

$$\overline{\mu}_j^{(\alpha)} = \overline{\mu}_j^{(\beta)} \tag{3.12}$$

此外，對於達成平衡的兩相，其外電位之差：$\Delta\psi = \Delta\phi - \Delta\chi$，稱為Volta電位差（Volta potential difference）。兩相間的內電位差、外電位差與各相之表面電位，以及其間的關係，可如圖3-2所示。

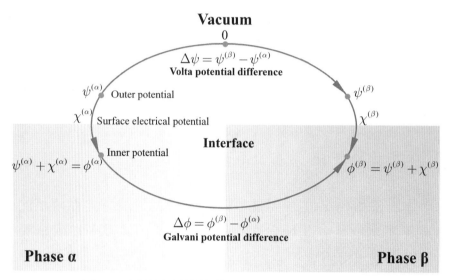

圖3-2 兩相之外電位差、界面電位與內電位差

3-1-3 金屬－電解液界面

當兩個接觸的導體中,其一為電子導體的金屬相α,另一為離子導體的電解液相β,所形成的界面可分成兩類。在第一類界面中,兩相的電荷可以穿越界面,例如金屬中的電子可以傳遞給電解液中的電子受體物質,因此被稱為不可極化界面(non-polarizable interface)。在第二類界面中,兩相的電荷無法穿越界面,只能累積在界面附近,以相異電性的靜電吸引力或同性離子間的排斥力使電荷維持在界面附近,此電荷分離現象致使內建電場產生,因此被稱為可極化界面(polarizable interface),常見的例子即為電雙層。

雖然金屬與電解液界面的Galvani電位差仍可表示為:$\Delta\phi^{(\alpha/\beta)} = \phi^{(\alpha)} - \phi^{(\beta)}$,但當電解液中的離子或金屬中的電子穿越界面時,可能伴隨著電極反應,因此要預測平衡狀態,必須考慮所有參與反應的物種間之化學作用,情形比金屬與金屬之界面更為複雜。例如將白金置入硫酸溶液中,會形成金屬－電解液界面,且H^+與H_2的平衡會被建立,而在界面產生某個Galvani電位差;但當Fe^{2+}和Fe^{3+}離子加進此溶液後,Fe^{2+}和Fe^{3+}間的平衡也將被建立,使得新的Galvani電位差出現在白金與溶液之界面。換言之,金屬－電解液系統的Galvani電位

差不僅取決於金屬與電解液之物種，也依存於電極反應的特性。由於 Galvani 電位差之存在，正電荷與負電荷被分離在兩個平行的表面，在界面處將形成厚度僅為 $1\sim5$ Å 的電雙層，其特性類似電容，但正電荷與負電荷的間距非常小，使得等效電容值非常可觀。

假設電解液相 β 中包含了電價 z_O 的氧化態物質 O 和電價 z_R 的還原態物質 R，且會發生反應：$O + ne^- \rightleftharpoons R$，其中 $n = z_O - z_R$。則此反應系統可類比成金屬或半導體，將電解液中的 R 視為電子授予者（electron donor），而成為相 β 中的被占據能階；再將 O 視為電子接受者（electron acceptor），而成為相 β 中的未占據能階。

當金屬相 α 和電解液相 β 達成平衡時，可仿照金屬－金屬界面，得到 $\overline{\mu}_e^{(\alpha)} = \overline{\mu}_e^{(\beta)}$。但溶液側並無電子，所以虛擬的 $\overline{\mu}_e^{(\beta)}$ 實由電子占據能階對未占據能階的差額而定，可表示為：

$$n\overline{\mu}_e^{(\beta)} = \overline{\mu}_R^{(\beta)} - \overline{\mu}_O^{(\beta)} \tag{3.13}$$

從 (3.6) 式可知，$\overline{\mu}_R^{(\beta)} = \mu_R^{(\beta)} + z_R F \phi^{(\beta)}$ 且 $\overline{\mu}_O^{(\beta)} = \mu_O^{(\beta)} + z_O F \phi^{(\beta)}$，所以電子在相 β 中的電化學位能將成為：

$$\overline{\mu}_e^{(\beta)} = \frac{\mu_R^{(\beta)} + z_R F \phi^{(\beta)} - \mu_O^{(\beta)} - z_O F \phi^{(\beta)}}{n} = \frac{\mu_R^{(\beta)} - \mu_O^{(\beta)}}{n} - F \phi^{(\beta)} \tag{3.14}$$

由此可計算出金屬相 α 對溶液相 β 的 Galvani 電位差：

$$\Delta\phi^{(\alpha/\beta)} = \phi^{(\alpha)} - \phi^{(\beta)} = \frac{\mu_O^{(\beta)} - \mu_R^{(\beta)} + n\mu_e^{(\alpha)}}{nF} \tag{3.15}$$

從上述理論中，可以清楚定義出電極與溶液間的 Galvani 電位差，如圖 3-3 所示。然而在實務中卻無法測量其值，因為任何的測試電荷加入系統後，都會扭曲原始的電場而形成新的化學作用。或者，無論使用何種裝置來測量，都會產生新的界面，使得所測得的數值必定包含新產生的界面電位，所以只能測得 Volta 電位差。因此，一般準確可測的電位差只能實施在同一介質中的相異兩點，不同介質的兩點則會面臨上述困難。除非分子模型的理論建構完成後，Galvani 電位差可經由理論來計算。儘管如此，Galvani 電位差的概念對於電化學理論仍然占有重要的地位。

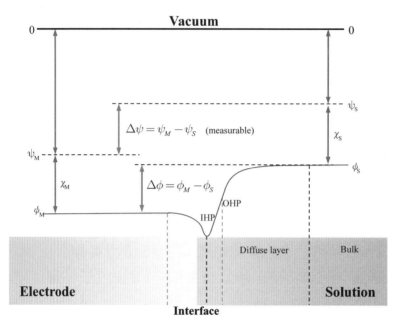

圖3-3 電極與溶液之界面

　　如前所述，一個相的外電位主要是由相的過剩電荷決定，且當此相的尺寸得以忽略時，單位電荷從無窮遠處移動到相的表面所需之功即可估計出外電位ψ。然而，兩相間的外電位差（Volta電位差）與Galvani電位差不同，可以經由儀器測量。定義化學位能與表面電位的總效應為真實電位α_j（real potential）：

$$\alpha_j = \mu_j + z_j F \chi \tag{3.16}$$

由於兩相間的真實電位差亦可測量，故根據(3.8)式，電化學位能則可重新表示成：

$$\overline{\mu}_j = \alpha_j + z_j F \psi \tag{3.17}$$

　　對於一個相中的電子，依照慣例定義無窮遠處的電位為0時，電子的真實電位之負值恰好代表脫離表面所需之功，也稱為功函數（work function）。因此，真實電位α_j和外部電位ψ皆可表示成明確的數值，並且得以測量，使得電化學位能可以求得。如前所述，材料的Fermi能階與電子的電化學位能具有等價概念，使得$E_F = e\overline{\mu}_e / F$亦可測量。依照慣例，參考電位定於無窮遠處，使

各材料之E_F皆爲負值，以Au爲例，可測得$E_F=-5.1\,\mathrm{eV}$。後續探討半導體的電化學熱力學或動力學時，將會大量使用Fermi能階。

3-1-4 半導體－電解液界面

當兩個接觸的導體中，其一爲半導體相α，另一爲離子導體的電解液相β，所形成的界面與金屬－電解液不同。在2-2節曾提及，半導體的導電性與其能帶結構有關，也與內部的雜質或晶格缺陷有關，而熱力學特性也和能帶相關，取決於導帶和價帶邊緣能階。典型的n型與p型半導體之能帶結構如圖3-4所示，圖中的縱向代表電子能量，其中E_c、E_F和E_v分別爲導帶最低能階、Fermi能階和價帶最高能階，且（E_c-E_v）決定了半導體的能隙（energy gap）。對於這兩類半導體，因爲摻雜物的能階位於能隙內的不同處，使得n型半導體之E_F接近E_c，p型半導體之E_F接近E_v。另一方面，溶液的熱力學特性本由電雙層結構來決定，但爲了與固態物理銜接，也可假設溶液側擁有能階或能態密度，例如電解液中的還原態物質R可視爲相β的被占據能階，氧化態物質O則視爲相β中的未占據能階，並可從中選取一個有效的Fermi能階，其細節將在4-3-1節中詳述。其實溶液中的有效Fermi能階$E_{F,O/R}$和半導體側的Fermi能階E_F，在概念上皆等價於電子的電化學位能。因此，當半導體相α與電解液相β達成平衡時，$E_F=E_{F,O/R}$。

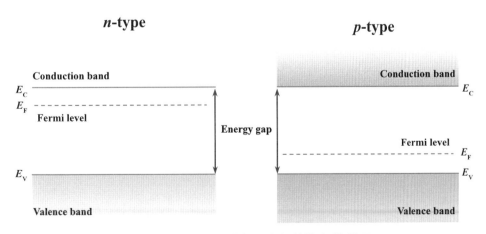

圖3-4　n型半導體與p型半導體之能帶圖

　　對於n型半導體電極，其E_F通常會高於氧化還原對的$E_{F,O/R}$，當兩相接觸時，為了達到相平衡，電子會從半導體側傳送到溶液側，使得固體表面留下帶正電的不動離子，這些陽離子將形成空間電荷區（space charge region），使能帶邊緣向上彎曲，如圖3-5所示。因為n型半導體中的多數載子（majority carrier）是電子，所以從電子的角度，可發現空間電荷區的主要載子被移除，所以這個區域也稱為空乏層（depletion layer）。另需注意，能帶圖中的縱向代表電子能量，因此當半導體失去電子時，電子能量降低，本體區的能帶往下移動，但表面的能帶卻不受影響，稱為能帶釘紮（band pinning），將在4-3-3節中詳述。失電子的過程將持續發生到界面兩側的電化學位能差額消失為止，或兩側的Fermi能階等高為止，因此從電子能量的觀點，也可推測出n型半導體表面能帶上彎的現象。

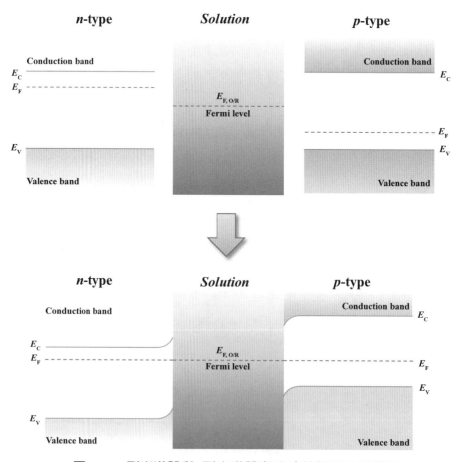

圖3-5　n型半導體與p型半導體與溶液接觸後的能帶圖

相似地，對於p型半導體電極，其E_F通常會低於氧化還原對的$E_{F,O/R}$，使得電子會從溶液側傳進固體側，導致固體表面出現過剩的負電荷，而形成能帶邊緣向下彎曲的空間電荷區，如圖3-5所示。由於電洞是p型半導體中的多數載子，所以空間電荷區的電洞被移除後，也成為空乏層。

由前可知，無論是n型或p型半導體，只要與溶液接觸時，都會發生能帶彎曲，此能帶彎曲量也代表了空間電荷區所形成的內建電位差ϕ_{sc}，詳如圖3-6所示。在溶液側，固體表面的過剩電荷會吸引離子或溶劑分子，構成Helmholtz層，而從界面至外Helmholtz面（簡稱為OHP）的電位差可表示為ϕ_H。在Helmholtz層之外，則為擴散層。因此，跨越半導體與電解液界面的區域包括了空間電荷區、Helmholtz層與擴散層。但需注意，上述理論只能說明理想晶體的界面，對於實際的半導體，其表面存在許多缺陷或覆蓋物，使得能帶結構更為複雜。

對於結晶完美的半導體，電子在各能態分布的機率可使用Fermi-Dirac分布函數$f_D(E)$來描述，亦即：

$$f_D(E) = \frac{1}{1+\exp[(E-E_F)/kT]} \tag{3.18}$$

其中E是電子能量，k是Boltzmann常數，T是溫度。由於半導體的E_F通常落在能隙中，所以在室溫下，即使在導帶邊緣處，$E-E_F \gg kT$，使得Fermi-Dirac分布函數可以簡化成Maxwell-Boltzmann分布函數$f_B(E)$：

$$f_B(E) = \exp(-\frac{E-E_F}{kT}) \tag{3.19}$$

因此，導帶電子的濃度可以比照(2.12)式來計算，亦即：

$$n = \int_{E_c}^{\infty} D(E)f_B(E)dE = N_c \exp(-\frac{E_c-E_F}{kT}) \tag{3.20}$$

其中$N_c = 2\left(\frac{2\pi m_e kT}{h^2}\right)^{3/2}$，稱為有效電子濃度，$m_e$為有效電子質量，由半導體的晶格特性決定。若連結到電化學位能的概念，可表示為：

$$\bar{\mu}_e = \frac{FE_F}{e} = \frac{FE_c}{e} - \frac{FkT}{e}\ln(\frac{n}{N_c}) \tag{3.21}$$

對於半導體內的電洞，也可以得到價帶電洞的濃度：

$$p = \int_{-\infty}^{E_v} [1 - f_B(E)]D(E)dE = N_v \exp(-\frac{E_F - E_v}{kT}) \tag{3.22}$$

其中 $N_v = 2\left(\frac{2\pi m_h kT}{h^2}\right)^{3/2}$，稱為有效電洞濃度（effective state density of holes），m_h 為有效電洞質量，比 m_e 大。而電洞的電化學位能 $\overline{\mu}_h$ 可表示為：

$$\overline{\mu}_h = \frac{FE_v}{e} - \frac{FkT}{e}\ln(\frac{p}{N_v}) \tag{3.23}$$

對於沒有添加雜質的本質半導體（intrinsic semiconductor），在平衡時 $\overline{\mu}_e = \overline{\mu}_h$，因此可得到：

$$np = N_c N_v \exp(-\frac{E_c - E_v}{kT}) = n_i^2 \tag{3.24}$$

其中 n_i 稱為本質載子濃度。對於未摻雜的Si，$n_i = 1.45 \times 10^{10}$ cm^{-3}；但當Si被摻雜了施體（donor）元素後，則兩種載子的濃度將會改變。例如輕度摻雜時，假設施體濃度 $N_d = 10^{15}$ cm^{-3}，則電子濃度將被大幅提升，使 $n \approx 10^{15}$ cm^{-3}，電子成為多數載子（majority carrier），而 $p \approx 2.1 \times 10^5$ cm^{-3}，電洞成為少數載子（minority carrier）。若半導體也摻雜了受體（acceptor）元素，其濃度為 N_a，則基於電中性原則，兩種載子的濃度必須滿足：

$$N_d + p = N_a + n \tag{3.25}$$

在此需註明，上述討論中使用到的 E 皆代表電子能量，此為半導體物理學的使用慣例。但在以下論述中，也會使用 E 來表示電極電位，此為電化學的慣例。若兩種概念同時使用時，可從代號的下標判斷，例如 E_F、E_c 或 E_v 具有電子能量的概念，E_{eq} 或 E_{fb} 具有電位的概念。

如同金屬電極一般，當半導體的電位改變時，E_F 將會隨之移動，並使主體區的能帶邊緣跟著變化，然而在表面的能帶邊緣卻不受影響，此現象稱為能帶釘紮。因此，電位的偏移將會改變空間電荷區內的能帶彎曲程度或彎曲方向，並可從中歸納出下列四種情形，如圖3-6所示。

第一種是施加負向過電位到n型半導體上，雖然破壞了界面的平衡，但可以減小能帶彎曲的程度，直至某個特定電位時，原本彎曲的能帶將成為平帶，

此時將不會有載子流動，而這個特定電位稱爲平帶電位E_{fb}（flat band potential），是半導體電極的重要特性。但需注意，能帶圖中的上升代表施加負向過電位η，所以E_c上提ϕ_{sc}後得以弭平彎曲。換言之，

$$\eta = E_{fb} - E_{eq} = -\phi_{sc} = -\frac{E_F - E_{F,eq}}{e} \tag{3.26}$$

其中e爲單電子的電量，E_{eq}代表平衡電位，$E_{F,eq}$和E_F分別爲平衡時與施加過電位後的Fermi能階。

對於n型半導體，主導空間電荷區的電荷包括施體濃度N_d和電子濃度n，已知主體區的電子濃度約等於N_d，所以空間電荷區之內的電子濃度$n_{sc}(z)$可依據Maxwell-Boltzmann分布而成爲：

$$n_{sc}(z) = N_d \exp(-\frac{e\phi(z)}{kT}) \tag{3.27}$$

其中$z=0$代表半導體的表面，$\phi(z)$代表位置z相對於主體區的電位差，已知$z=0$時，$\phi(0) = \phi_{sc}$。再根據Poisson方程式，可得知空間電荷區內的電位分布滿足：

$$\frac{d^2\phi}{dz^2} = \frac{e}{\epsilon\epsilon_0}(N_d - n_{sc}) = \frac{eN_d}{\epsilon\epsilon_0}[1 - \exp(-\frac{e\phi}{kT})] \tag{3.28}$$

透過Gauss定律可計算出空間電荷區內的整體電荷密度：

$$Q_{sc} = \epsilon\epsilon_0 \frac{d\phi}{dz}\bigg|_{\phi=\phi_{sc}} \tag{3.29}$$

由於空間電荷區內的電容可表示爲 $C_{sc} = \dfrac{dQ_{sc}}{d\phi}$，所以經過整理後可得到：

$$\frac{1}{C_{sc}^2} = \frac{2}{e\epsilon\epsilon_0 N_d}\left(\phi_{sc} - \frac{kT}{e}\right) = \frac{2}{e\epsilon\epsilon_0 N_d}\left(E - E_{fb} - \frac{kT}{e}\right) \tag{3.30}$$

此即Mott-Schottky方程式。透過測量C_{sc}，再利用C_{sc}^{-2}對施加電位E作圖，可從截距得到平帶電位E_{fb}，從斜率得到摻雜濃度N_d。

第二種情形是對n型半導體繼續擴大陰極極化，直到電位低於平帶電位，亦即$E<E_{fb}$時，將使空間電荷區出現過剩電子，形成累積層（accumulation region），尤其當E_F高於表面導帶邊緣能階時，表面將成爲簡併半導體（degenerate semiconductor），使其行爲類似金屬。

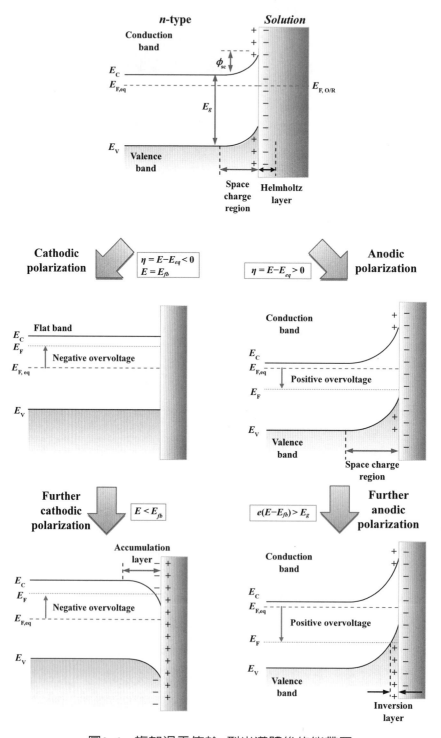

圖3-6　施加過電位於n型半導體後的能帶圖

　　第三種情形是n型半導體進行陽極極化時，電位會高於平衡電位，亦即 $\eta=E-E_{eq}>0$，表面仍然存在空乏層，但其厚度比平衡時更大。在能帶圖中，正向過電位代表主體區的能帶下移，但因表面能帶被釘紮，所以表面能帶的彎曲程度擴大，致使空乏層增厚。

　　第四種情形是當半導體的正向過電位非常大時，將使能帶彎曲程度再度擴大，進而導致表面的價帶頂端能階高於Fermi能階，這時會有電洞累積在表面，形成反轉層（inversion layer）。

　　對於p型半導體，隨著過電位的施加，也會出現這四種情形。但累積層的現象是出現在陽極極化時，此時的電位高於平帶電位，亦即 $E>E_{fb}$；進行陰極極化時，電位低於平衡電位，會先形成空乏層，待電位非常負時則形成反轉層。

　　在本節中，藉由界面現象的簡介，已初步討論到界面平衡與非平衡的情形，但對於前者，將在下一小節中繼續說明，以釐清平衡與電極電位之間的關係。

3-2 平　衡

3-2-1 交換電流密度

　　當兩種導體的界面處達成巨觀平衡時，微觀下穿越界面的載子卻沒有停止，唯有兩種方向的穿越總量相等。因此，兩導體接觸平衡後的總電流為0，但從一導體往另一導體的單向電流卻仍然存在，反之亦然。換言之，載子在兩導體相間的流動呈現交換（exchange）現象。

　　其次，當兩種電解液的界面接觸後，穿越界面的載子為多種陰陽離子，但各種離子的擴散係數不同，在達成平衡之前，擴散較快者將會持續累積到界面的一側，因而形成不斷增大的內建電場，並且逐漸阻止後續的擴散，直至擴散與靜電作用達成平衡，最終留下一個界面電位差，稱為擴散電位（diffusion potential），此部分將在3-5節中詳述。

再者，當金屬導體與電解液的界面達成平衡時，從其中一相到另一相的單方向電流可源自於氧化半反應的電流或還原半反應的電流。在一般情形中，這兩種半反應實際上屬於同一種反應的正逆兩向，例如金屬M溶解成陽離子M^{n+}和陽離子M^{n+}還原成金屬M，所以界面的平衡也就意味著化學反應之平衡。

因此，在平衡時，無論導體的特性，界面兩側的交換現象皆會發生，若以電學的角度呈現交換之速率，則可定義交換電流I_0（exchange current），或以單位接觸面積來表示的交換電流密度i_0（exchange current density）。對於界面上所發生的氧化反應速率，依據Faraday定律，將正比於氧化電流密度i_a（anodic current density）；相似地，所發生的還原反應速率將正比於還原電流密度i_c（cathodic current density）。但依照慣例，規定$i_c>0$，且$i_a<0$，以利於表示電子轉移的方向。當界面處於平衡時，

$$i_0=i_c=-i_a \tag{3.31}$$

對於不同的界面，其交換電流密度差異很大。若i_0很大時，代表載子容易穿越界面，也意味著Galvani電位差能更迅速地被建立，這一類系統所發生的電極反應被歸類為熱力學可逆反應（thermodynamic reversible reaction），因為電極表面附近的反應物濃度或產物濃度可使用熱力學關係表示。但當i_0很小時，載子穿越界面的速率較慢，受到反應動力學的影響較深，所以電極表面附近的反應物濃度或產物濃度必須藉由動力學關係求得。

3-2-2 開環電壓

有三種金屬分別為α相、β相與γ相，當其依序串聯在一起時，若金屬間沒有電流通過，則從α相經過β相再到γ相的Galvani電位差可由兩個金屬界面的Galvani電位差相加而成，亦即：

$$\begin{aligned}\Delta\phi^{(\alpha/\gamma)} &= \Delta\phi^{(\alpha/\beta)} + \Delta\phi^{(\beta/\gamma)} = \phi^{(\alpha)} - \phi^{(\beta)} + \phi^{(\beta)} - \phi^{(\gamma)} \\ &= \phi^{(\alpha)} - \phi^{(\gamma)}\end{aligned} \tag{3.32}$$

若有更多金屬材料相接時，在沒有電流通過的情形下，也都可以用頭尾兩端的Galvani電位差來決定整個系列的Galvani電位差。由於此時頭尾兩端並沒

有相接成爲迴路（閉環），故測得的電壓稱爲開環電壓$\mathcal{E}$（open circuit voltage，以下簡稱OCV），亦稱作電動勢（electromotive force，簡稱EMF）。

測量一段線路的開環電壓$\mathcal{E}$時，頭尾兩端都會產生新的界面，只能求得兩端的外電位差，亦即Volta電位差。但當γ相再接上另一段與α材料相同的α'相時，新的頭尾兩端界面得以視爲等價，使新測得的Volta電位差等同於開環電壓$\mathcal{E}$，亦即：

$$\mathcal{E} = \phi^{(\alpha)} - \phi^{(\alpha')} = \Delta\phi^{(\alpha/\beta)} + \Delta\phi^{(\beta/\gamma)} + \Delta\phi^{(\gamma/\alpha')} \tag{3.33}$$

此時的系統稱爲Galvani電池（Galvani cell）。例如Zn電極與Cu電極置入ZnCl$_2$電解液中，Zn電極再與Cu線連接，則可測量出兩端的開環電壓$\mathcal{E}$：

$$\mathcal{E} = \Delta\phi^{(Cu/Zn)} + \Delta\phi^{(Zn/ZnCl_2)} + \Delta\phi^{(ZnCl_2/Cu)} \tag{3.34}$$

所得結果意味著線路兩端的電極中，有一個電位偏正，另一個偏負。在下一小節中，吾人將從單一電極的角度來建構電位關係，再由兩電極的電位來合成開環電壓，更深入地闡述Galvani電池的行爲。

3-3 電極電位與槽電壓

對於前述由Zn和Cu所組成的Galvani電池，其開環電壓$\mathcal{E}$中包含了$\Delta\phi^{(Zn/ZnCl_2)}$、$\Delta\phi^{(Cu/ZnCl_2)}$與$\Delta\phi^{(Cu/Zn)}$，前兩項是電極對電解液的Galvani電位差，第三項是電極對電極的Galvani電位差，所以Galvani電池並非只由兩個電極對電解液的界面特性所能描述。因此，爲了將開環電壓$\mathcal{E}$簡化成兩種狀態的相對概念，類似線路兩端的相對差額，故定義了電極電位E（electrode potential）來輔助說明。

再次強調，在本章中使用E_F、E_c或E_v表示電子能量，用$\mathbf{E}$代表電場向量，其餘之處所採用的純量符號E則爲電極電位，這些符號都與物理學或化學的慣例相符。然而，在下一章中，因爲電子能量將被頻繁的使用，屆時E將指定爲電子能量，而$\mathcal{E}$用以表示電極電位。

由於電位是相對概念，所以爲了說明單電極的電位，勢必需要一個參考

點。因此,先選定一個通用的參考電極R(reference electrode),再用此參考電極R外接M材料,並與待定的電極M組成一個Galvani電池,則電極M的電位則可被估計,但此參考電極必須具備能快速達到平衡且具有再現性的條件。若規定參考電極R的電極電位為0,則電極M的電位即為特定電極M、電解液S與參考電極R所組成的開環電壓$\mathcal{E}$,亦即

$$\mathcal{E} = \Delta\phi^{(M/S)} + \Delta\phi^{(S/R)} + \Delta\phi^{(R/M)} \tag{3.35}$$

若只有待定電極M與電解液S之界面會發生變化,則$\Delta\phi^{(S/R)}$和$\Delta\phi^{(R/M)}$可視為常數,這使得電極電位成為一種界面特性。此外,當參考電極R的電極電位並非設定成0時,開環電壓$\mathcal{E}$可表示為電極電位E相對於參考電極R的電位E_R,亦即$\mathcal{E} = E - E_R$。

現有兩個電極M_1和M_2和同一種電解液S會分別形成界面,為了描述這兩種界面,必須接上相同的參考電極,並假設其電位為E_R,由此得到的開環電壓$\mathcal{E}_1$和$\mathcal{E}_2$將可用來求取兩個電極電位E_1和E_2:

$$\mathcal{E}_1 = \Delta\phi^{(M_1/S)} + \Delta\phi^{(S/R)} + \Delta\phi^{(R/M_1)} = E_1 - E_R \tag{3.36}$$

$$\mathcal{E}_2 = \Delta\phi^{(M_2/S)} + \Delta\phi^{(S/R)} + \Delta\phi^{(R/M_2)} = E_2 - E_R \tag{3.37}$$

如圖3-7所示,當這兩個電極M_1、電解液S和電極M_2連接成一個Galvani電池後,若沒有電流通過,則其開環電壓$\mathcal{E}$可等於兩個單電極平衡時的電極電位之差,亦即

$$\mathcal{E} = E_1 - E_2 = \Delta E_{eq} \tag{3.38}$$

其中的ΔE_{eq}為此電化學池的平衡電壓,而此關係式也代表了開環(平衡)電壓可表示為兩個可測量的參數之差,而參考電極的電位E_R並不會出現在關係式中。然而,有電流通過時,兩電極電位之差必定不等於開環電壓$\mathcal{E}$。

在使用慣例中,開環電壓$\mathcal{E}$通常表示為正值,而電極電位E則可正可負,正或負之數值取決於參考電極。在實務中,有多種參考電極被用來標示電極電位E。相對於各種參考電極,同一電極之電位將顯現出不同的數值,但目前最常被用來標示電極電位E的參考電極是標準氫電極(standard hydrogen electrode,簡稱SHE),透過其他參考電極所標示出的電位皆可轉換成對應

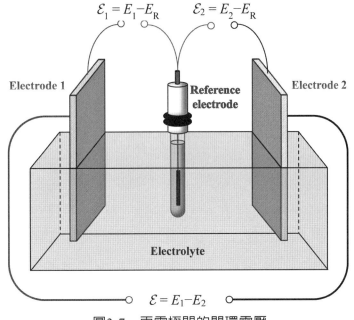

$$\mathcal{E}_1 = E_1 - E_R \qquad \mathcal{E}_2 = E_2 - E_R$$

Electrode 1　　　　　Reference electrode　　　　　Electrode 2

Electrolyte

$$\mathcal{E} = E_1 - E_2$$

圖3-7　兩電極間的開環電壓

於SHE之電位。

　　此外，由前述已知，物質的電子能量與其中電子的電化學位能有關，代表電極電位也將與Fermi能階有關。因此在電極材料的研究領域中，也常使用Fermi能階來說明電極的電化學特性。若將無窮遠處的真空環境定義為零電位，則SHE對應的Fermi能階為：$E_F^{SHE} = -4.44\ \text{eV}$，而其他的電極也擁有對應的Fermi能階，例如參考電極R的電位為E_R時，其Fermi能階為：$E_F^R = -eE_R + E_F^{SHE}$。

　　若有電流通過電化學池時，電極與電解液的界面處於不平衡的狀態，使得Galvani電位差或電極電位產生變化。平衡被破壞的情形可分成兩類，第一類無關於電流，第二類則相關於電流。對於沒有電流通過電極與電解液的界面，從外部而來的電荷只停留在電雙層上，此種特殊的電極稱為理想極化電極（ideally polarizable electrode），此時的電雙層充電現象屬於非法拉第程序（Non-Faradaic process）。但對於一般的電極，只有施加小幅度的過電位時不會產生電流，超出此範圍則將引起電流，此時會有電子穿越電極與電解液的界面，代表發生了電化學反應，稱為法拉第程序（Faradaic process）。

　　在一個複雜的電極－電解液系統中，有可能發生多種氧化或還原反應。雖然每一個反應單獨進行時皆有其交換電流密度和平衡電位，但實際的平衡卻必

須建立在所有反應牽涉之電子得以互相抵銷的條件上，使穿越界面的總電流為0。以浸泡在強酸中的鐵電極為例，可能進行的反應包括：

$$Fe^{2+} + 2e^- \rightleftharpoons Fe \tag{3.39}$$

$$2H^{2+} + 2e^- \rightleftharpoons H_2 \tag{3.40}$$

已知反應(3.39)的平衡電位為E_1，正反應的還原電流密度為i_{c1}，逆反應的氧化電流密度為i_{a1}；反應(3.40)的平衡電位為E_2，還原電流密度為i_{c2}，氧化電流密度為i_{a2}。當鐵電極的電位穩定時，沒有電流穿越界面，所以$i_{a1}+i_{c1}+i_{a2}+i_{c2}=0$，但其中的$i_{a1}+i_{c1} \neq 0$，且$i_{a2}+i_{c2} \neq 0$，代表反應(3.39)或反應(3.40)中有一個傾向於往右變化，另一個傾向於往左變化。此時的界面雖然沒有電流，但不處於平衡狀態，因此電極電位需由兩個反應共同決定，故稱為混合電位（mixed potential），而此混合電位將介於E_1與E_2之間。

　　若有電流通過電極時，電子轉移的方向取決於電極所發生的氧化與還原反應速率之差額，亦即正逆反應速率的差異，也代表了此時的氧化電流和還原電流有別於交換電流，而且此時的電極電位不同於平衡電位。當電極電位往正向移動時，電極會發生氧化反應；往負向移動時，電極會發生還原反應。電極電位偏離平衡電位的現象稱為極化（polarization），偏離的電位差稱為過電位η（overpotential），當電極發生氧化反應時，$\eta>0$；發生還原反應時，$\eta<0$。且當η的絕對值愈大時，通過電極的電流密度會愈大，因為外加的能量增加。此極化現象亦可反過來描述，當通過電極的電流密度明顯大於交換電流密度時，可稱為極化程度高；當電流密度明顯小於交換電流密度時，則稱為極化程度低。

　　當有電流通過電極與電解液所組成的電化學池時，整體的電位差ΔE_{cell}會隨電流而變。在1-3節曾提及，對於可將化學能轉換成電能的原電池（primary cell）而言，陽極進行氧化反應而輸出電子，就電工學的角度，此陽極扮演了低電位的負極；相似地，進行還原反應的陰極則因為接收電子而扮演高電位的正極。電池放電過程中，電極勢必發生極化，使陰極（正極）的電位往負向移動，而陽極（負極）的電位朝正向移動，導致電池的輸出電壓小於起始值，亦即小於開環電壓$\mathcal{E}$。在電解液中，陽離子往陰極移動，陰離子往陽極移動，且溶液有電阻，所形成的電位差稱為歐姆電位差$\Delta \Phi_{ohm}$（Ohmic voltage drop）。定義原電池的槽電壓ΔE_{cell}為高電位的陰極電位E_c減低電位的陽極電位E_a：

$$\Delta E_{cell}=E_c-E_a \tag{3.41}$$

此定義可確保$\Delta E_{cell}>0$，便於描述電池的放電電壓。已知陽極發生氧化反應，所以過電位$\eta_a>0$；陰極進行還原反應，使得過電位$\eta_c<0$。因此，再加上溶液中的電位差$\Delta\Phi_{ohm}$後，將使得槽電壓ΔE_{cell}必定小於開環電壓$\mathcal{E}$，亦即

$$\Delta E_{cell}=\mathcal{E}-(\eta_a-\eta_c)-\Delta\Phi_{ohm} \tag{3.42}$$

然而，如圖3-8所示，當電化學池有外加電源時，或是電池進行充電時，可稱為電解槽（electrolytic cell），外加電能將轉換成化學能。此時陰極仍必然進行還原反應，所需要的電子來自於外部電源的負極，而陽極亦必然進行氧化反應，所釋放出的電子導入外部電源的正極。為了求出外部電源所提供的電位差ΔE_{app}，習慣使用連接正極的陽極電位減去連接負極的陰極電位，因為此情形中的陽極具有較高的電位，可確保欲計算的施加電位差$\Delta E_{app}>0$。此外，當電流通過電解槽時，陽極過電位$\eta_a>0$，使陽極的電位提高；陰極過電位$\eta_c<0$，使陰極電位降低，再加上溶液的歐姆電位差$\Delta\Phi_{ohm}$，並忽略導線所消耗的電壓後，由陽極電位減陰極電位而得到的外加電壓，必定比開環電壓$\mathcal{E}$更高，才能進行電解反應，亦即

$$\Delta E_{app}=\mathcal{E}+(\eta_a-\eta_c)+\Delta\Phi_{ohm} \tag{3.43}$$

進行電解反應的完整迴路顯示於圖3-8中，實際上可視為一個原電池連接一個電解槽，從圖中可以發現兩槽內的電位變化與溶液電阻的存在，並可釐清電極之間的連接法，以及操作電壓對開環電壓的差異。

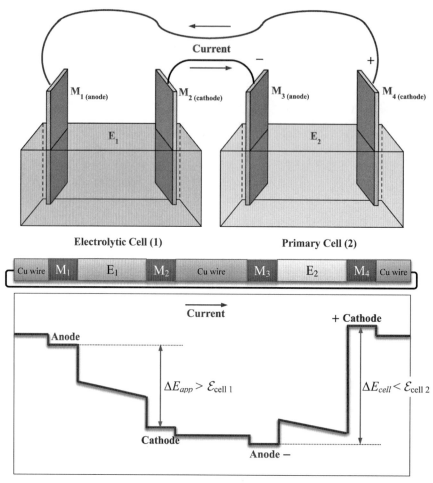

圖3-8　原電池與電解槽相接後的電位分布

3-4 熱力學

　　熱力學可用來描述平衡狀態下的電化學池，但必須在既有方法中加入電學的特性。對於溫度為T、壓力為P且體積為V的系統，常用的熱力學參數包括Gibbs自由能G（Gibbs free energy）、焓H（enthalpy）與熵S（entropy），其關係為：

$$H=U+pV \tag{3.44}$$

$$G = H - TS = U + pV - TS \tag{3.45}$$

若系統沒有受到外界影響而可以自發性地變化，則自由能G將會減小，亦即$\Delta G < 0$；若系統在變化後趨於平衡，則自由能G將到達極小值，亦即$dG = 0$。對於一個混合物系統，總自由能G可由各個成分的莫耳自由能G_i加成，但也要考慮各成分的莫耳數n_i。若系統的變化極其微小時，

$$dG = \sum_i \left(\frac{\partial G_i}{\partial n_i} \right)_{n_{j \neq i}} dn_i = \sum_i \mu_i dn_i \tag{3.46}$$

其中的μ_i即為3-1節所陳述之化學位能。由於任何系統都有從高化學位能變化到低化學位能的趨向，因此化學位能之差額可以視為物理化學變化的驅動力。以下將特別討論電解液系統，再透過電化學位能的概念，從熱力學的角度探索電極電位。

3-4-1 溶液系統

當溶質與溶劑混合時，若前後無體積變化，也沒有吸熱或放熱，所形成的系統稱為理想溶液，但此情形極為罕見。然而，在溶劑中加入非常微量的溶質後，所形成的極稀薄溶液可以近似於理想溶液系統，因為系統內溶質分子間的距離足夠大，使其相互作用可以忽略。假設微量成分i被加進無限大的溶液中，使系統的組成幾乎沒有改變，則成分i的化學位能可表示為：

$$\mu_i = \mu_i^0 + RT \ln x_i \tag{3.47}$$

其中的x_i為成分i的莫耳分率，在$x_i = 1$時，定義為標準狀態，因此標準化學位能為μ_i^0。此$x_i = 1$的狀態代表系統為純溶質，但純溶質常為固態，溶解後卻會被溶劑化（solvated），故此μ_i^0不能視為純溶質的化學位能，只能當成一種假想狀態下的常數。

由(3.47)式可知，在理想系統中，可使用濃度或莫耳分率來描述熱力學性質，比原本使用化學位能的(3.46)式更方便。但在真實系統中，不可直接使用(3.47)式，且濃度與化學位能之間沒有簡明的關係式，通常要先藉由實驗尋找出μ_i對x_i的關係，才能使用濃度或莫耳分率來描述真實溶液的行為。因此，為

了比擬理想系統的方法，G. N. Lewis建議使用熱力學活性a_i（activity）來定義真實系統中的化學位能：

$$\mu_i = \mu_i^0 + RT \ln a_i \tag{3.48}$$

比較(3.47)式與(3.48)式，可發現真實溶液的活性a_i取代了理想溶液的x_i，且兩者都沒有因次（量綱）。接著再定義活性與莫耳分率的比值為活性係數f_i（activity coefficient）：

$$f_i = \frac{a_i}{x_i} \tag{3.49}$$

活性係數γ_i不具單位，且在理想系統中活性係數γ_i為1，所以活性係數偏離1的情形可以顯示真實系統對理想系統的偏差程度。由於溶液中的溶質含量也可以使用重量莫耳濃度m_i或體積莫耳濃度c_i來表達，所以偏離理想溶液的程度也可使用另外兩種活性係數來表示：

$$\gamma_i = \frac{a_i}{m_i / m^\circ} \tag{3.50}$$

$$y_i = \frac{a_i}{c_i / c^\circ} \tag{3.51}$$

其中的m°和c°分別為標準濃度，常選擇為1 mol/kg和1mol/L。

　　當成分i的活性為1時（$a_i=1$），定為標準狀態，此時的化學位能為μ_i^0。若成分為氣態，可假設為理想氣體時，其活性與逸度（fugacity）相等，逸度又正比於分壓，使化學位能隨著分壓p_i而變：

$$\mu_i = \mu_i^0 + RT \ln \frac{p_i}{p^\circ} \tag{3.52}$$

其中的標準壓力p°常定為1 atm。若成分為液態或固態時，標準狀態即為純物質狀態，例如純水或純金屬，因為此時的活性為1。若成分為溶質，且含量極為稀薄時，活性係數趨近於1，使化學位能隨著濃度c_i而變：

$$\mu_i = \mu_i^0 + RT \ln \frac{c_i}{c^\circ} \tag{3.53}$$

如前所述，c°常選為1 mol/L，所以對於極稀薄的溶液，成分i的活性係數γ_i趨近於1，使得活性的數值相同於濃度的數值，但必須注意兩者的單位不同。再

者，μ_i° 為標準狀態下的化學位能，但標準狀態非指溶液極為稀薄，而是 $a_i=1$ 之狀態，此時的活性係數 γ_i 應該明顯地偏離1，所以這時的濃度數值與活性不同。

對於電解液，偏離理想狀態的程度比非電解液更大，而且偏離理想狀態的現象會發生在更低的濃度。如同內電位一般，個別離子的活性也無法經由實驗測量，因為在電中性的限制下，不可能只改變單種離子的濃度來測量化學位能，因此只能測量整體電解質的平均化學位能 μ。以二元電解質 $M_{\nu_+}X_{\nu_-}$ 為例，可發生以下的解離反應：

$$M_{\nu_+}X_{\nu_-} \rightleftharpoons \nu_+ M^{z_+} + \nu_- X^{z_-} \tag{3.54}$$

所以 $M_{\nu_+}X_{\nu_-}$ 的平均化學位能 μ 可以表示成解離後的陰陽離子之化學位能 μ_- 和 μ_+ 的線性組合：

$$\mu = \nu_+ \mu_+ + \nu_- \mu_- \tag{3.55}$$

其中 ν_- 和 ν_+ 分別是陰陽離子的計量係數（stoichiometric coefficient）。由於陰陽離子之化學位能皆可使用(3.48)式表示，使整體電解質的平均化學位能 μ 成為：

$$\mu = \mu^\circ + RT \ln(a_+^{\nu_+} a_-^{\nu_-}) \tag{3.56}$$

其中的 $\mu^\circ = \nu_+ \mu_+^\circ + \nu_- \mu_-^\circ$，而 a_+ 和 a_- 分別是陽離子和陰離子的活性。依此可再定義電解質的幾何平均活性、幾何平均活性係數和幾何平均濃度：

$$a_\pm = (a_+^{\nu_+} a_-^{\nu_-})^{1/(\nu_+ + \nu_-)} \tag{3.57}$$

$$\gamma_\pm = (\gamma_+^{\nu_+} \gamma_-^{\nu_-})^{1/(\nu_+ + \nu_-)} \tag{3.58}$$

$$m_\pm = (m_+^{\nu_+} m_-^{\nu_-})^{1/(\nu_+ + \nu_-)} = m(\nu_+^{\nu_+} \nu_-^{\nu_-})^{1/(\nu_+ + \nu_-)} \tag{3.59}$$

其中 a_+、γ_+ 和 m_+ 符合(3.50)式的關係，a_-、γ_- 和 m_- 亦然。換言之，

$$a_\pm = \gamma_\pm \frac{m_\pm}{m^\circ} = \nu_\pm \gamma_\pm \frac{m}{m^\circ} \tag{3.60}$$

其中 m° 是離子化合物的標準濃度，$\nu_\pm = (\nu_+^{\nu_+} \nu_-^{\nu_-})^{1/(\nu_+ + \nu_-)}$。以 $CaCl_2$ 為例，$\nu_+=1$ 且 $\nu_-=2$，故可算出 $\nu_\pm=1.587$。若平均濃度 m 為已知，且 $\gamma_\pm$ 可估計，則 $a_\pm$ 和 μ 即可求得。

對於飽和的電解質溶液，溶解之溶質與未溶解的固相達成平衡，從離子平均活性$a_\pm$所計算出的平均化學位能將會等於固相之化學位能，所以代表離子平均活性$a_\pm$為常數，可從溶度積常數Ksp計算。對於可解離出H^+和OH^-的電解質溶液，由於水的平均活性也趨近於定值，故可從水的解離常數Kw計算離子平均活性$a_\pm$。對於很稀薄的電解液，若考慮溶質間的相互作用後，Peter Debye和Erich Hückel發現平均活性係數$\gamma_\pm$與濃度有相依關係，最終歸納出適用於稀薄溶液的離子活性定律：

$$\ln \gamma_\pm = -A|z_+ z_-|\sqrt{I} \tag{3.61}$$

其中離子強度$I = \frac{1}{2}\sum_i m_i z_i^2$，$A$為一常數。此定律代表著儘管電解質的種類相異，只要離子強度相等，且電解質解離後的離子價數相似時，平均離子活性係數將會相同。當電解質中含有多價的離子時，解離後會產生更強的靜電作用，所以從離子強度I可以估計到這種效應。然而Debye-Hückel定律僅適用於低濃度溶液，且離子強度I不能超過0.01，常見的電解質溶液大都不在此範圍內，所以應用性有限。當電解液的溶質濃度增大後，離子間的相互作用更強，所以偏離理想溶液的程度更大，尤其對於含有多價離子的溶液更為明顯，例如0.001 mol/kg的NaCl溶液之$\gamma_\pm$=0.966，接近理想狀態，但1 mol/kg的NaCl溶液之$\gamma_\pm$=0.660，明顯偏離了理想狀態；而0.001 mol/kg的H_2SO_4溶液之$\gamma_\pm$=0.830，因為含有較高價的SO_4^{2-}，所以比同濃度NaCl溶液的$\gamma_\pm$低，且1 mol/kg的H_2SO_4溶液之$\gamma_\pm$=0.130，更強烈地偏離了理想狀態。

由前述內容可知，計算了各成分的化學位能之後，即可依成分含量加總得到整個溶液的總自由能G：

$$G = \sum_i n_i \mu_i \tag{3.62}$$

然後可從總自由能的變化ΔG，來觀察電化學反應的發展趨勢。

3-4-2 電動勢

在電解質溶液中，離子之間的相互作用會影響溶液的整體能量，所以能有效地估計離子的能量就可以預測電化學系統的熱力學行為。由於離子i的能

量不僅與化學力有關，也取決於電場，因此為了強調電場的作用，通常稱離子擁有電化學位能 $\bar{\mu}_i$。已知 $\bar{\mu}_i = \mu_i + z_i F \phi$，其中 z_i 是離子所帶電荷數，F 為法拉第常數，ϕ 為含有離子 i 的溶液相之內電位，μ_i 為離子 i 的化學位能。對於電化學位能，通常會假定離子濃度的變化只影響 μ_i，溶液相的電位變化僅影響 ϕ。然而，電位改變時也會影響溶液側的離子分布，代表了濃度也會隨之而變，因此 μ_i 和 ϕ 並非兩個獨立的物理量；但在非常稀薄的溶液中，少許的電位變化難以改變濃度分布，此時可以合理假定兩者相互獨立。

對於保持電中性的系統，已知：

$$\sum_i n_i z_i = 0 \tag{3.63}$$

而系統的總自由能是由各離子成分的電化學位能加總而成，因此可推得：

$$G = \sum_i n_i \bar{\mu}_i = \sum_i n_i \mu_i \tag{3.64}$$

所以 Gibbs 自由能不會隨電位而變。

如前所述，在電解液系統中，離子 i 之電化學位能 $\bar{\mu}_i$ 無法被測量，因為 $\bar{\mu}_i$ 受到了系統內其他離子的影響，故在測量過程中無法被獨立控制。透過實驗僅能測得離子化合物之平均電化學位能，並非個別離子的特性。相似地，在金屬中，電子之電化學位能也無法被測量出。再者，電化學反應是由多個半反應組成，因此實驗中亦無法測得個別半反應的特性，而且無法被計算出來，因為缺少 Galvani 電位差與各種離子的電化學位能。

若從理論面著手，可先將電化學半反應定為：

$$\sum_i \nu_i X_i = 0 \tag{3.65}$$

其中 X_i 是參與反應的物種，也包含電子，而 ν_i 則是對應的計量係數。當 $\nu_i > 0$ 時，物種 X_i 是生成物；當 $\nu_i < 0$ 時，物種 X_i 是反應物。因此，反應引起的自由能變化 ΔG 可表示為生成物與反應物的電化學位能之差額：

$$\Delta G = \sum_i \nu_i \bar{\mu}_i \tag{3.66}$$

此概念應用於還原半反應：$\nu_O O + n e^- \rightarrow \nu_R R$ 時，半反應的自由能變化 ΔG_{red} 可表示為：

$$\Delta G_{red} = \nu_R \bar{\mu}_R - \nu_O \bar{\mu}_O - n\bar{\mu}_e \tag{3.67}$$

應用於氧化半反應：$\nu_R R \rightarrow \nu_O O + ne^-$ 時，其自由能變化 ΔG_{ox} 則可表示為：

$$\Delta G_{ox} = \nu_O \bar{\mu}_O - \nu_R \bar{\mu}_R + n\bar{\mu}_e \tag{3.68}$$

對於所考慮的反應，當 $\Delta G<0$ 時，代表反應自發性地進行，所以負向的自由能變化象徵反應的驅動力；隨著反應持續進行，負向的 ΔG 逐漸縮小，直至 $\Delta G=0$ 時，即進入平衡狀態；若開始時，ΔG 已經為正，則反應無法自然發生。

考慮銅金屬與硫酸銅接觸的系統，其中的銅離子可能發生還原反應：

$$Cu^{2+} + 2e^- \rightleftharpoons Cu \tag{3.69}$$

已知在金屬相中，銅並不帶電，所以 $\bar{\mu}_{Cu} = \mu_{Cu}$；電子帶有單價負電，所以 $\bar{\mu}_e = \mu_e - F\phi_M$，其中 ϕ_M 代表金屬相的內電位；溶液相中的銅離子帶有二價正電，所以 $\bar{\mu}_{Cu^{2+}} = \mu_{Cu^{2+}} + 2F\phi_S$，其中 ϕ_S 代表溶液相的內電位。當兩相達成平衡時，$\Delta G=0$，再根據(3.67)式可得到：

$$\bar{\mu}_{Cu} - \bar{\mu}_{Cu^{2+}} - 2\bar{\mu}_e = 0 \tag{3.70}$$

整理(3.70)式中的三項電化學位能之後，可以得到金屬側與溶液側的Galvani電位差 $\phi_{Cu} - \phi_S$：

$$\phi_{Cu} - \phi_S = \frac{\mu_{Cu^{2+}} - \mu_{Cu}}{2F} + \frac{\mu_e}{F} \tag{3.71}$$

由此例可知，對於任意的電化學半反應，電極與溶液界面兩側的Galvani電位差皆可表示為：

$$\phi_M - \phi_S = -\frac{1}{nF}\sum_i \nu_i \mu_i = -\frac{1}{nF}\sum_{j \neq e} \nu_j \mu_j + \frac{\mu_e}{F} \tag{3.72}$$

於此必須註明，(3.72)式只能使用在平衡狀態下，且 $\phi_M - \phi_S$ 無法使用儀器測量。如圖3-9所示，若在上述的銅與硫酸銅系統中加入一個標準氫電極（SHE），則另有一個反應必須考慮：

$$2H^+ + 2e^- \rightleftharpoons H_2 \tag{3.73}$$

其中的電子來自白金電極。當氫電極平衡時，其界面兩側的Galvani電位差可

表示爲：

$$\phi_{Pt} - \phi_S = \frac{2\mu_{H^+} - \mu_{H_2}}{2F} + \frac{\mu_{e(Pt)}}{F} \tag{3.74}$$

而在銅電極這一側可以重新註明爲：

$$\phi_{Cu} - \phi_S = \frac{\mu_{Cu^{2+}} - \mu_{Cu}}{2F} + \frac{\mu_{e(Cu)}}{F} \tag{3.75}$$

當白金電極與銅導線連接後，則此電池兩端的Galvani電位差即可推測。假設在白金電極與銅導線之間僅可能通過電流而無化學反應，則電子在兩相達成平衡時，兩個電化學位能將會相等：

$$\overline{\mu}_{e(Cu)} = \overline{\mu}_{e(Pt)} \tag{3.76}$$

由此可推導出白金電極與銅導線之間的Galvani電位差：

$$\phi_{Pt} - \phi_{Cu} = \frac{\mu_{e(Pt)} - \mu_{e(Cu)}}{F} \tag{3.77}$$

由於這個電化學池的兩電極分別爲銅和白金，所以依據(3.35)式，其開環電壓$\mathcal{E}$可表示爲兩個單電極平衡時的電極電位之差：

$$\mathcal{E} = (\phi_{Cu} - \phi_S) + (\phi_S - \phi_{Pt}) + (\phi_{Pt} - \phi_{Cu}) \tag{3.78}$$

再將(3.74)式、(3.75)式與(3.77)式代入(3.78)式，並且使用活性來修正化學位能，進一步得到：

$$\mathcal{E} = \frac{\mu_{Cu^{2+}}^{\circ} + RT\ln a_{Cu^{2+}} - \mu_{Cu}^{\circ}}{2F} - \frac{2\mu_{H^+}^{\circ} + 2RT\ln a_{H^+} - \mu_{H_2}^{\circ} - RT\ln a_{H_2}}{2F} \tag{3.79}$$

其中已考慮了銅金屬的活性$a_{Cu} = 1$。若再考慮標準氫電極中的$a_{H^+} = a_{H_2} = 1$，並且定義$\mu_{H^+}^{\circ} = \mu_{H_2}^{\circ} = 0$作爲化學位能的基準，則(3.79)可化簡爲：

$$\mathcal{E} = \left(\frac{\mu_{Cu^{2+}}^{\circ} - \mu_{Cu}^{\circ}}{2F} \right) + \frac{RT}{2F}\ln a_{Cu^{2+}} \tag{3.80}$$

由於標準氫電極的電極電位E_{H^+/H_2}°被定爲0，且再將(3.80)式右側第一項定義爲銅與銅離子電極的標準電位$E_{Cu^{2+}/Cu}^{\circ}$，則此時的開環電壓$\mathcal{E} = E_{Cu^{2+}/Cu} - E_{H^+/H_2}^{\circ}$，所以可得到：

$$E_{Cu^{2+}/Cu} = E^{\circ}_{Cu^{2+}/Cu} + \frac{RT}{2F}\ln a_{Cu^{2+}} \tag{3.81}$$

若能控制$a_{Cu^{2+}}=1$，則所測得的開環電壓$\mathcal{E}$即為$E^{\circ}_{Cu^{2+}/Cu}$，數值約為0.337 V。

此結果可以推廣到其他的單電極，所以在平衡時，任一單電極的電位皆可表示為：

$$E = \frac{1}{nF}\sum_{j\neq e}(\nu_j\bar{\mu}_j + RT\ln a_j) \tag{3.82}$$

接著定義此電極的標準電位（standard potential）為：

$$E^{\circ} = \frac{1}{nF}\sum_{j\neq e}\nu_j\bar{\mu}_j \tag{3.83}$$

則(3.82)式可化簡為：

$$E = E^{\circ} + \frac{RT}{nF}\sum_{j\neq e}\nu_j\ln a_j \tag{3.84}$$

此方程式是由Walther Nernst於1869年首先提出，但其論述僅針對溶液相只含一種活性離子的系統。後於1898年，Franz C. A. Peters則提出溶液相包含多種活性離子的電位方程式，但現今皆通稱描述平衡電位者為Nernst方程式。

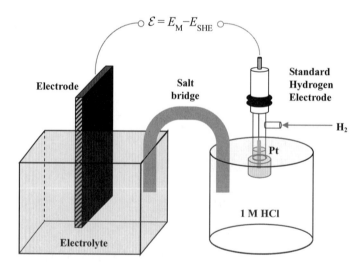

圖3-9　待測電極與標準氫電極間的開環電壓

然而，一般的電化學池並不包含標準氫電極，只有電極M_1和電極M_2，但

兩個電極的電位E_1和E_2可先相對於標準氫電極而求得，再使用(3.38)式的概念，找出整個電化學池的開環電壓：

$$\mathcal{E} = E_1 - E_2 = E_1^\circ + \frac{RT}{nF}\sum_{i\neq e}\nu_i \ln a_i - E_2^\circ - \frac{RT}{nF}\sum_{j\neq e}\nu_j \ln a_j \tag{3.85}$$

但從推導兩個電極電位的源頭可知，總反應的自由能變化$\Delta G<0$時，反應才可自發，使電化學池如同原電池一般運作，而且陽極因為釋出電子而具有較低的電極電位，所以可規定自由能變化ΔG為：

$$\Delta G = \sum_{anode}\nu_i\mu_i - \sum_{cathode}\nu_i\mu_i \tag{3.86}$$

對於原電池，ΔG為負；對於電解槽，ΔG為正。換言之，整個電化學池的開環電壓$\mathcal{E}$是：

$$\mathcal{E} = E_1 - E_2 = -\frac{\Delta G}{nF} \tag{3.87}$$

此方程式連結了自由能變化與電化學池電動勢，是電化學熱力學中重要的關係式。因為從熱力學第一定律的觀點，$nF\mathcal{E}$就是系統可對外輸出的最大功$-\Delta G$。

對一個開環的（斷路的）電化學池，可以視為電極與電解液界面處於平衡狀態，然而整體電池卻不算是平衡狀態，因為電池全反應的自由能變化並非為0。因此當電路接通（閉環）後，會產生電流並出現化學變化。從開環電壓$\mathcal{E}$的推導過程中也可發現電子的化學位能最終將完全抵消，只剩下物質的化學位能，這是因為在電極反應進行時，電子會穿越電極與電解液的界面。此外，我們也可發現電流產生時，沒有被反應消耗的電極之化學位能將不會出現在開環電壓$\mathcal{E}$的推導過程中。例如一根白金線與一根鈀線共同置入硫酸溶液中，組成一個電化學池，可用符號：$Pt(H_2)|H_2SO_4|(H_2)Pd$來表示，其中的 | 代表兩相的界面，反應所需或所生之H_2會吸附在Pt和Pd上，所以兩個氫電極分別是由Pt和Pd組成，代表著兩個電極與電解液界面的Galvani電位不同。然而，從熱力學的觀點，電解槽兩側的反應對稱，理應沒有電流通過，所以自由能變化為0，開環電壓$\mathcal{E}$亦為0，使得兩側的電極電位相等。因此，Pt和Pd雖然扮演電極，但沒有在反應中消耗，所以不會影響電化學池的開環電壓$\mathcal{E}$。

範例3-1

試從電化學位能的概念推導下列反應的平衡電位。

1. $2Hg_{(l)} + SO_4^{2-}{}_{(aq)} \rightleftharpoons Hg_2SO_{4(s)} + 2e^-$

2. $Fe^{3+}{}_{(aq)} + e^- \rightleftharpoons Fe^{2+}{}_{(aq)}$

解 1. 已知在液體相或固體相中，電化學位能與化學位能相等，所以 $\bar{\mu}_{Hg} = \mu^{\circ}_{Hg}$ 且 $\bar{\mu}_{Hg_2SO_4} = \mu^{\circ}_{Hg_2SO_4}$。

對於 SO_4^{2-}，$\bar{\mu}_{SO_4^{2-}} = \mu_{SO_4^{2-}} - 2F\phi_S = \mu^{\circ}_{SO_4^{2-}} + RT \ln a_{SO_4^{2-}} - 2F\phi_S$，其中 ϕ_S 代表溶液相的內電位；對於電子，$\bar{\mu}_e = \mu_e - F\phi_M$，其中 ϕ_M 代表金屬相的內電位。

發生電化學平衡時，$2\bar{\mu}_{Hg} + \bar{\mu}_{SO_4^{2-}} = \bar{\mu}_{Hg_2SO_4} + 2\bar{\mu}_e$，化簡後可得：$\phi_M - \phi_S = \dfrac{\mu^{\circ}_{Hg_2SO_4} - 2\mu^{\circ}_{Hg} - \mu^{\circ}_{SO_4^{2-}} + 2\mu_e}{2F} - \dfrac{RT}{2F} \ln a_{SO_4^{2-}}$，接著使用SHE來消去 μ_e，並定義 $E^{\circ} = \dfrac{\mu^{\circ}_{Hg_2SO_4} - 2\mu^{\circ}_{Hg} - \mu^{\circ}_{SO_4^{2-}}}{2F}$，最終可將平衡電位表示成 $E = E^{\circ} - \dfrac{RT}{2F} \ln a_{SO_4^{2-}}$。

2. 發生電化學平衡時，$\bar{\mu}_{Fe^{2+}} = \bar{\mu}_{Fe^{3+}} + \bar{\mu}_e$，化簡後可得：$\phi_M - \phi_S = \dfrac{\mu^{\circ}_{Fe^{3+}} - \mu^{\circ}_{Fe^{2+}} + \mu_e}{F} + \dfrac{RT}{F} \ln \dfrac{a_{Fe^{3+}}}{a_{Fe^{2+}}}$，再定義 $E^{\circ} = \dfrac{\mu^{\circ}_{Fe^{3+}} - \mu^{\circ}_{Fe^{2+}}}{F}$，則平衡電位可表示成 $E = E^{\circ} + \dfrac{RT}{F} \ln \dfrac{a_{Fe^{3+}}}{a_{Fe^{2+}}}$。

3-4-3 電極電位與濃度

如前所述，電極電位會隨著電極與電解液界面兩側的組成而變，因此必須引入化學位能和活性來描述。若此概念應用於還原半反應：$\nu_O O + ne^- \rightarrow \nu_R R$，則其電極電位 E 可表示為：

$$E = E^{\circ} + \frac{RT}{nF}(\nu_O \ln a_O - \nu_R \ln a_R) \tag{3.88}$$

其中的常數 E° 稱為電極反應的標準電位，當所有物種的活性皆為1時，$E = E^{\circ}$；當活性不為1時，E 將由方程式右側的後兩項修正。而在溫度為25℃時，RT/F 的值為0.0257 V，且當自然對數（ln）轉換成以10為底的對數（log）時，會多出一個倍數2.303，兩者結合後得到0.0591 V，使25℃下的電極電位常被表

示成：

$$E = E^{\circ} + \frac{0.0591}{n}(\nu_O \ln a_O - \nu_R \ln a_R) \qquad (3.89)$$

若系統屬於理想溶液，則各成分的活性係數為1，可使活性轉換成濃度或壓力，因此能得到電極電位對濃度或壓力的關係式。對一個還原反應，當氧化態O的濃度提升時，電極電位會往正向偏移；當還原態R的濃度增加時，電極電位會往負向偏移。對於常見的金屬電鍍反應：$M^{n+} + ne^- \rightarrow M$，電極電位為：

$$E = E^{\circ} + \frac{RT}{nF}\ln\frac{c_{M^{n+}}}{c^{\circ}} \qquad (3.90)$$

其中$c_{M^{n+}}$是金屬陽離子的濃度，c°是標準濃度，常為1 mol/L或1 mol/kg，此類型的表示式是由Walther Nernst於1869年所提出。所以增加$c_{M^{n+}}$後，電極電位會往正向偏移，使得電位高於標準電位。但對於含有O和R兩種活性離子的溶液，則由Franz C. A. Peters在1898年提出對應的電位表示式。例如$Fe^{3+} + e^- \rightarrow Fe^{2+}$的電極電位為：

$$E = E^{\circ} + \frac{RT}{F}\ln\frac{c_{Fe^{3+}}}{c_{Fe^{2+}}} \qquad (3.91)$$

目前，這些形式的電極電位表示式都已被統稱為Nernst方程式。

然而，在非理想系統中必須使用活性來計算電極電位，不能直接使用(3.90)式或(3.91)式。而且除非系統是極稀薄的溶液，否則個別離子的活性不但未知且不可測，因此在實務計算中，使用離子化合物的平均活性$a_{\pm}$是比較方便的方法。然而，測量平均活性$a_{\pm}$時，其他離子或界面電位所帶來的干擾則難以避免，使得此方程式僅能提供約略的電位估計。若Nernst方程式中改用濃度與活性係數來取代活性後，可表示為：

$$E = E^{\circ} + \frac{RT}{nF}[\nu_O \ln(\gamma_O \frac{c_O}{c^{\circ}}) - \nu_R \ln(\gamma_R \frac{c_R}{c^{\circ}})] \qquad (3.92)$$

再將標準電位與活性係數相關的項目合併成E_f°：

$$E_f^{\circ} = E^{\circ} + \frac{RT}{nF}(\nu_O \ln\gamma_O - \nu_R \ln\gamma_R) \qquad (3.93)$$

此E_f°稱為形式電位（formal potential），其值與標準電位E°不同。因此，

Nernst方程式將成為：

$$E = E_f^\circ + \frac{RT}{nF}(\nu_O \ln \frac{c_O}{c^\circ} - \nu_R \ln \frac{c_R}{c^\circ}) \tag{3.94}$$

在形式電位E_f°已知的情形下，電極電位可由離子濃度表示，對於含有氣體成分的系統也類似，但必須注意的是形式電位E_f°並非定值。一般而言，濃度小於0.01 mol/L的溶液可用Debye-Hückel方程式來估計活性係數，亦即(3.61)式，接著可計算出形式電位；對於濃度更高的溶液，則需藉由實驗數據來求出活性係數與形式電位。但對於低濃度Fe^{3+}/Fe^{2+}的氧化還原對，若在電解液中加入高濃度的惰性電解質後，將使得Fe^{3+}和Fe^{2+}的活性係數變得非常接近，所以形式電位與標準電位將會十分相似，直接用濃度計算出的電極電位並不會偏離實際值。常見反應的標準電極電位列於表3-1中，但實際的電極電位必須依溫度與成分濃度來修正；且當其他的參考電極被使用時，標準電位的數值將會平移，例如表3-1中列舉了各反應在甘汞電極（SCE）的輔助下所測得的標準電位，至於參考電極的類型，將在3-6節中詳述。

表3-1　常見反應之標準還原電位與物理能階

Reaction	Potential vs. SHE（V）	Potential vs. SCE（V）	Physical scale（eV）
$Li^+ + e^- \rightleftharpoons Li$	-3.05	-3.32	-1.40
$K^+ + e^- \rightleftharpoons K$	-2.92	-3.19	-1.52
$Ca^{2+} + 2e^- \rightleftharpoons Ca$	-2.76	-3.03	-1.68
$Na^+ + e^- \rightleftharpoons Na$	-2.71	-2.98	-1.73
$Mg^{2+} + 2e^- \rightleftharpoons Mg$	-2.38	-2.65	-2.06
$Al^{3+} + 3e^- \rightleftharpoons Al$	-1.71	-1.98	-2.73
$Mn^{2+} + 2e^- \rightleftharpoons Mn$	-1.05	-1.32	-3.39
$2H_2O + 2e^- \rightleftharpoons H_2 + 2OH^-$	-0.828	-1.096	-3.61
$Zn^{2+} + 2e^- \rightleftharpoons Zn$	-0.763	-1.031	-3.68
$Cr^{3+} + 3e^- \rightleftharpoons Cr$	-0.710	-0.978	-3.73
$Ga^{3+} + 3e^- \rightleftharpoons Ga$	-0.520	-0.788	-3.92
$S + 2e^- \rightleftharpoons S^{2-}$	-0.510	-0.778	-3.93

Reaction	Potential vs. SHE（V）	Potential vs. SCE（V）	Physical scale（eV）
$Fe^{2+}+2e^-\rightleftharpoons Fe$	-0.441	-0.709	-4.00
$Cd^{2+}+2e^-\rightleftharpoons Cd$	-0.400	-0.668	-4.04
$In^{3+}+3e^-\rightleftharpoons In$	-0.340	-0.608	-4.10
$Ni^{2+}+2e^-\rightleftharpoons Ni$	-0.236	-0.504	-4.20
$Sn^{2+}+2e^-\rightleftharpoons Sn$	-0.136	-0.404	-4.30
$Pb^{2+}+2e^-\rightleftharpoons Pb$	-0.126	-0.394	-4.31
$Fe^{3+}+3e^-\rightleftharpoons Fe$	-0.045	-0.313	-4.40
$2H^++2e^-\rightleftharpoons H_2$	0.000	-0.268	-4.44
$Sn^{4+}+2e^-\rightleftharpoons Sn^{2+}$	$+0.154$	-0.114	-4.59
$AgCl+e^-\rightleftharpoons Ag+Cl^-$	$+0.222$	-0.046	-4.66
$Hg_2Cl_2+2e^-\rightleftharpoons 2Hg+2Cl^-$	$+0.268$	0.000	-4.71
$Cu^{2+}+2e^-\rightleftharpoons Cu$	$+0.337$	$+0.069$	-4.78
$Fe(CN)_6^{3-}+e^-\rightleftharpoons Fe(CN)_6^{4-}$	$+0.360$	$+0.092$	-4.80
$O_2+2H_2O+4e^-\rightleftharpoons 4OH^-$	$+0.401$	$+0.133$	-4.84
$Cu^{2+}+e^-\rightleftharpoons Cu$	$+0.521$	$+0.253$	-4.96
$I_2+2e^-\rightleftharpoons 2I^-$	$+0.536$	$+0.268$	-4.97
$O_2+2H^++2e^-\rightleftharpoons H_2O_2$	$+0.682$	$+0.414$	-5.12
$Fe^{3+}+e^-\rightleftharpoons Fe^{2+}$	$+0.771$	$+0.503$	-5.21
$Hg_2^{2+}+2e^-\rightleftharpoons 2Hg$	$+0.796$	$+0.528$	-5.24
$Ag^++e^-\rightleftharpoons Ag$	$+0.799$	$+0.531$	-5.24
$Pd^{2+}+2e^-\rightleftharpoons Pd$	$+0.987$	$+0.719$	-5.43
$Br_2+2e^-\rightleftharpoons 2Br^-$	$+1.065$	$+0.797$	-5.51
$Pt^{2+}+2e^-\rightleftharpoons Pt$	$+1.20$	$+0.932$	-5.64
$O_2+4H^++4e^-\rightleftharpoons 2H_2O$	$+1.23$	$+0.962$	-5.67
$Cl_2+2e^-\rightleftharpoons 2Cl^-$	$+1.36$	$+1.09$	-5.80
$Au^{3+}+3e^-\rightleftharpoons Au$	$+1.42$	$+1.15$	-5.86
$PbO_2+4H^++e^-\rightleftharpoons Pb^{2+}+2H_2O$	$+1.46$	$+1.19$	-5.90
$MnO_4^-+8H^++5e^-\rightleftharpoons Mn^{2+}+4H_2O$	$+1.51$	$+1.24$	-5.95

Reaction	Potential vs. SHE（V）	Potential vs. SCE（V）	Physical scale（eV）
$Ce^{4+}+e^- \rightleftharpoons Ce^{3+}$	+1.61	+1.34	−6.05
$H_2O_2+2H^++2e^- \rightleftharpoons 2H_2O$	+1.77	+1.50	−6.21
$Au^++e^- \rightleftharpoons Au$	+1.86	+1.59	−6.30
$F_2+2e^- \rightleftharpoons 2F^-$	+1.87	+1.60	−6.31

　　如前所述，固態電極與電解液接觸的表面上，可能存在電荷分離，因此建立了電極電位，然而討論至此，都尚未提及原子尺寸的現象。事實上，發生電子轉移的界面是一個不連續區域，在金屬側，電子是離域的（delocalized），類似游離的。這種離域電子主要出現在固體金屬或共軛系統中，但不受限於單一原子或單一共價鍵，而可能被包含進分子軌域中，或由一群原子所共有。因此，在金屬晶格中，離域電子可以自由移動。從能量的角度來看，可如圖3-10所示。在金屬側，電子出現機率為50%的能階稱為Fermi能階E_F，在緊鄰E_F以下的能階，有許多電子填滿，但在緊鄰E_F以上，則為空能階，這些能階的能量差都非常微小。相反地，在溶液側，電子是定域的（localized），只留在離子或分子的軌域中，其中重要的電子能階包括最高被占據能階與最低未占據能階。如果電極與電解液界面能發生電子轉移，則金屬的Fermi能階和溶液中活性物質的最高被占據能階與最低未占據能階必須接近，相關細節在第四章中會詳述。

　　透過參與反應之物種所擁有的能階，也可以說明電極電位的形成。以下述反應為例：

$$Fe(CN)_6^{3-}+e^- \rightleftharpoons Fe(CN)_6^{4-} \qquad (3.95)$$

金屬電極與溶液中的電子能階如圖3-10所示。金屬中的電子結構是由低能階填入，直至Fermi能階，且這些占據的能階幾乎連續成能帶；但在溶液中的電子能階則是個別的，可視為未填入電子的$Fe(CN)_6^{3-}$分子軌域和填入電子的$Fe(CN)_6^{4-}$分子軌域所組成。在此必須注意，添加一個電子到$Fe(CN)_6^{3-}$分子軌域中，會改變離子的溶劑化（solvation），使得$Fe(CN)_6^{3-}$和$Fe(CN)_6^{4-}$之電子能量不同。在電極與電解液界面發生電子轉移之前，假設金屬的Fermi能階高

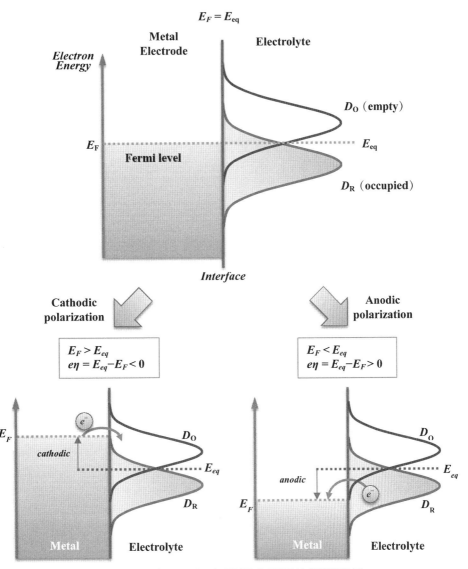

圖3-10　金屬電極與電解液界面的能階關係

於$Fe(CN)_6^{3-}$的空軌域能階，因此金屬中的電子傾向於移動到$Fe(CN)_6^{3-}$上，並使其轉變爲$Fe(CN)_6^{4-}$。上述兩個能階的能量差即爲電子轉移的驅動力。當電子逐漸從金屬移動到離子上，金屬將累積正電荷，溶液將聚集負電荷，換言之金屬中的電子能量將降低，溶液中離子的電子能量將提高。最終，金屬的Fermi能階將介於$Fe(CN)_6^{3-}$和$Fe(CN)_6^{4-}$之電子能階中，使得$Fe(CN)_6^{3-}$接收電子的驅動力相等於$Fe(CN)_6^{4-}$釋出電子的驅動力，進而達成電化學反應平衡。然

而，在電極與電解液界面達成平衡後，界面兩側存在著電荷分離，因此導致了電極電位。

當 $Fe(CN)_6^{3-}$ 和 $Fe(CN)_6^{4-}$ 之間的平衡被建立後，再於溶液中加入些許 $Fe(CN)_6^{3-}$，平衡將受到擾動，後續的現象可用 Le Chatelier 原理說明。所發生的結果是反應被推向右側，亦即再從金屬中提取電子，使得金屬的電位變得更偏正，或是金屬電位 ϕ_M 相對溶液電位 ϕ_S 變得更偏正。相反地，於溶液加入些許 $Fe(CN)_6^{4-}$ 時，反應趨向於左，將使金屬電位 ϕ_M 相對溶液電位 ϕ_S 變得更偏負。這些偏移量都可從 Nernst 方程式估計出。

範例3-2

1. 試建立氫電極的電極電位與 H^+ 濃度和 H_2 壓力的關係。
2. 試建立 Ag/AgCl 參考電極的電位關係式。

解 1. 對於浸泡在酸性溶液中的白金電極，會在其表面產生 H_2 氣泡，最終可在三相間達成平衡，並建立其電極電位。而 H_2 的電極反應可表示為：$H_{(aq)}^+ + e^- \rightleftharpoons \frac{1}{2} H_{2(g)}$。

到達平衡時，各成分的電化學位能關係為：$\bar{\mu}_{H^+} + \bar{\mu}_e = \frac{1}{2} \bar{\mu}_{H_2}$，轉換成化學位能後又可表示為：$(\mu_{H^+} + F\phi_S) + (\mu_e - F\phi_M) = \frac{1}{2} \mu_{H_2}$。

化學位能可表示為：$\mu_{H^+} = \mu_{H^+}^{\circ'} + RT \ln\left(\frac{c_{H^+}}{c^\circ}\right)$ 與 $\mu_{H_2} = \mu_{H_2}^{\circ'} + RT \ln\left(\frac{p_{H_2}}{p^\circ}\right)$，其中 c° 和 p° 通常被定為 1 mol/L 和 1 atm。

透過 SHE 可消去 μ_e，再定義形式電位 E_f° 為：$E_f^\circ = \frac{1}{F}(\mu_{H^+}^{\circ'} - \frac{1}{2}\mu_{H_2}^{\circ'})$。因此，氫電極之電位將成為：$E = \phi_M - \phi_S = E_f^\circ + \frac{RT}{F} \ln\left(\frac{c_{H^+}/c^\circ}{(p_{H_2}/p^\circ)^{1/2}}\right)$，此式即為所求。

2. 對於浸泡在 KCl 溶液中的 Ag 線，其表面將產生固態的 AgCl 多孔膜，最終這三相會達成平衡，並建立其電極電位。已知 Ag/AgCl 界面的電極反應可表示為：$AgCl_{(s)} + e^- \rightleftharpoons Ag_{(s)} + Cl_{(aq)}^-$。

到達平衡時，其電化學位能之關係為：$\overline{\mu}_{AgCl} + \overline{\mu}_e = \overline{\mu}_{Ag} + \overline{\mu}_{Cl^-}$，轉換成化學位能後可表示為：$\mu_{AgCl} + (\mu_e - F\phi_M) = \mu_{Ag} + (\mu_{Cl^-} - F\phi_S)$。

化學位能可表示為：$\mu_{Cl^-} = \mu_{Cl^-}^{\circ'} + RT\ln\left(\dfrac{c_{Cl^-}}{c^\circ}\right)$，由於Ag和AgCl皆為固態，所以 $\mu_{AgCl} = \mu_{AgCl}^\circ$ 與 $\mu_{Ag} = \mu_{Ag}^\circ$。

透過SHE可消去 μ_e，再定義形式電位 E_f° 為：$E_f^\circ = \dfrac{1}{F}(-\mu_{Ag}^\circ - \mu_{Cl^-}^{\circ'} + \mu_{AgCl}^\circ)$，因此電極電位成為：$E = \phi_M - \phi_S = E_f^\circ - \dfrac{RT}{F}\ln\left(\dfrac{c_{Cl^-}}{c^\circ}\right)$，此式即為所求。

範例3-3

有一個Pt電極放入含有$FeSO_4$、$Fe_2(SO_4)_3$與H_2SO_4的溶液中，三者的濃度皆為0.01 M。另一個Pt電極則放入含有$KMnO_4$、$MnSO_4$與H_2SO_4的溶液中，三者的濃度亦為0.01 M。最後使用KNO_3鹽橋連接兩溶液，以組成一個電化學池。試判斷何者為陰極？何者為陽極？兩極的半反應為何？電化學池在298 K下的電動勢為何？自由能變化為何？

解 1. 在第一杯溶液中，會發生$Fe^{3+} + e^- \rightleftharpoons Fe^{2+}$，從表3-1可知，其標準還原電位為0.77 V(vs. SHE)。假設形式電位等於標準還原電位，則可計算其電極電位為：$E_1 = E_{f1}^\circ + \dfrac{RT}{F}\ln\left(\dfrac{c_{Fe^{3+}}}{c_{Fe^{2+}}}\right) = 0.77 + \dfrac{(8.31)(298)}{96500}\ln\left(\dfrac{0.02}{0.01}\right) = 0.788$ V。

2. 在第二杯溶液中，會發生$MnO_4^- + 8H^+ + 5e^- \rightleftharpoons Mn^{2+} + 4H_2O$，從表3-1可知，其標準還原電位為1.51 V(vs. SHE)。相同地假設形式電位等於標準還原電位，使其電極電位為：

$$E_2 = E_{f2}^\circ + \dfrac{RT}{nF}\ln\left(\dfrac{c_{MnO_4^-}c_{H^+}^8}{c_{Mn^{2+}}c^{\circ 8}}\right) = 1.51 + \dfrac{(8.31)(298)}{(5)(96500)}\ln\left(\dfrac{(0.01)(0.02)^8}{(0.01)(1)^8}\right) = 1.349 \text{ V}。$$

3. 因此，含錳的溶液應作為陰極進行還原，因為它的電位較正，而含鐵的溶液應作為陽極進行氧化，因為它的電位較負。而電動勢為 $\Delta E = E_2 - E_1 = 0.561$ V。

4. 已知此反應生成每1 mol的Mn^{2+}時，涉及5 mol個電子，故其自由能變化為：$\Delta G = -nF\Delta E = -(5)(95600)(0.561) = -2.71 \times 10^5$ J/mol $= -271$ kJ/mol。

但若以每消耗1 mol的Fe^{2+}為基準時，則只牽涉1 mol個電子，故$\Delta G=$ -54.2 kJ/mol。

範例3-4

試計算下列反應的標準電位差，並評估反應的特性。

1. 使用H_2O_2氧化Br^-。
2. 使用H_2O_2還原Br_2。
3. H_2O_2發生不均反應分解成H_2O和O_2。

解 1. H_2O_2氧化Br^-時，陽極半反應為：$2Br^- \rightleftharpoons Br_2 + 2e^-$，由表3-1可知，標準電位為1.065 V(vs. SHE)；陰極半反應為：$H_2O_2 + 2H^+ + 2e^- \rightleftharpoons 2H_2O$，標準電位為1.77 V(vs. SHE)。因此總反應的標準電位差為$1.77-1.065 = 0.705$V，接著可計算出自由能變化$\Delta G=-(2)(96500)(0.705)=-136000$ J/mol=-136 kJ/mol，代表反應自發。

2. H_2O_2還原Br_2時，陽極半反應為：$H_2O_2 \rightleftharpoons O_2 + 2H^+ + 2e^-$，標準電位為0.682 V(vs.SHE)；陰極半反應為：$Br_2 + 2e^- \rightleftharpoons 2Br^-$，標準電位為1.065 V(vs.SHE)。因此總反應的標準電位差為$1.065-0.682=0.383$V，而自由能變化為$\Delta G=-(2)(96500)(0.383)$ J/mol=-74 J/mol，代表反應也會自發。

3. H_2O_2發生分解時，陽極半反應為：$H_2O_2 \rightleftharpoons O_2 + 2H^+ + 2e^-$，標準電位為0.682 V(vs. SHE)；陰極半反應為：$H_2O_2 + 2H^+ + 2e^- \rightleftharpoons 2H_2O$，標準電位為1.77 V(vs. SHE)。因此總反應的標準電位差為$1.77-0.682 = 1.088$V，其自由能變化為$\Delta G=-(2)(96500)(1.088)$ J/mol=-210 J/mol，代表反應自發。

4. 比較三個反應的自由能變化，可發現加入KBr或Br_2後，H_2O_2發生分解的趨勢下降，代表在這些試劑中H_2O_2比較穩定。

範例3-5

　　已知某離子$A^{2+}+e^-\rightleftharpoons A^+$的標準電位為0.15 V(vs. SHE)，且$A^{2+}+2e^-\rightleftharpoons A$的標準電位為0.34 V(vs. SHE)，試計算A^+發生不均反應分解成A^{2+}和A的標準平衡常數。

解 1. 若使用SHE作為參考電極，則$A^{2+}+e^-\rightleftharpoons A^+$的自由能變化為$\Delta G_1=-(1)(96500)(0.15)$ J/mol$=-14.5$ J/mol；相似地，$A^{2+}+2e^-\rightleftharpoons A$的自由能變化為$\Delta G_2=-(2)(96500)(0.34)$ J/mol$=-65.6$ J/mol。

2. 所以相對於SHE時，$A^++e^-\rightleftharpoons A$的自由能變化為$\Delta G_3=\Delta G_2-\Delta G_1$，而標準電位為$E_3=-\dfrac{\Delta G_3}{F}=0.53$ V。

3. 不均反應的標準電位差為$\Delta E=E_3-E_1=0.38$ V，故標準平衡常數為

$$K_{eq}=\exp(\frac{nF\Delta E}{RT})=\exp(\frac{(1)(96500)(0.38)}{(8.31)(298)})=2.7\times10^6。$$

範例3-6

　　有一溶液含有濃度皆為0.01 M的$CdCl_2$和$NiSO_4$，兩個電極皆為Pt。若已知此濃度下$CdCl_2$和$NiSO_4$的平均離子活性係數分別為0.8和0.5，則當外加的電壓逐漸增大時，陰極上應該先發生何種反應？

解 1. 查表3-1可知，$Cd^{2+}+2e^-\rightleftharpoons Cd$的標準電位為$-0.403$ V(vs. SHE)，此濃度下的平衡電位為：

$$E_{Cd}=E_{Cd}^\circ+\frac{RT}{2F}\ln(\gamma_{Cd}\frac{c_{Cd}}{c^\circ})=-0.403+\frac{(8.31)(298)}{(2)(96500)}\ln[(0.8)(\frac{0.01}{1})]=-0.465 \text{ V}$$

2. $Ni^{2+}+2e^-\rightleftharpoons Ni$的標準電位為$-0.250$ V(vs. SHE)，此濃度下的電位為：

$$E_{Ni}=E_{Ni}^\circ+\frac{RT}{2F}\ln(\gamma_{Ni}\frac{c_{Ni}}{c^\circ})=-0.25+\frac{(8.31)(298)}{(2)(96500)}\ln[(0.5)(\frac{0.01}{1})]=-0.318 \text{ V}。$$

3. 因此，外加電壓時，先發生的陰極半反應是$Ni^{2+}+2e^-\rightleftharpoons Ni$。

範例3-7

　　有一個隔膜電解槽被用來電解1 M的NaCl溶液，程序操作在298 K與1 atm下。已知溶液的pH=9，NaCl在1 M時的平均活性係數為0.65，試問初期所需最小電功為何？若此時施加1.5 V的過電壓時，外加電功為何？

解 1.已知陽極半反應是$2Cl^-\rightleftharpoons Cl_2+2e^-$，假設$Cl_2$的活性為1，而NaCl在濃度為1 M時的平均活性係數為0.65，故Cl^-之活性假設為0.65。因此，電極電位為：$E_{Cl}=E_{Cl}^\circ+\dfrac{RT}{2F}\ln(\dfrac{a_{Cl_2}}{a_{Cl^-}^2})=1.36+\dfrac{(8.31)(298)}{(2)(96500)}\ln(\dfrac{1}{0.65^2})=1.371\ V$。

2.陰極半反應是$2H_2O+2e^-\rightleftharpoons H_2+2OH^-$，假設$H_2$的活性為1，而$OH^-$在低濃度下，假設活性係數為1，故活性為$10^{-5}$。因此，電極電位為：

$E_{H_2O}=E_{H_2O}^\circ+\dfrac{RT}{2F}\ln(a_{H_2}a_{OH}^2)=-0.828+\dfrac{(8.31)(298)}{(2)(96500)}\ln(10^{-5})^2=-1.123\ V$。

3.最小外加電壓為$\Delta E_{app}=1.371-(-1.123)=2.494V$。對每1 mol的NaCl而言，反應牽涉1 mol的電子轉移，而所需最小電功即為自由能變化：$W_{min}=\Delta G=-nF\Delta E_{eq}=nF\Delta E_{app}=(1)(95600)(2.494)\ J/mol=240\ J/mol$。

4.若施加了1.5 V的過電壓時，外加電壓為$\Delta E_{app}=2.494+1.5=3.994\ V$，所以外加電功為386 kJ/mol。

範例3-8

　　有一體積1 L的電解液含有濃度為1 M的$CuSO_4$和1 M的H_2SO_4，陽極是Pt，陰極是Cu，在298 K與1 atm下通入4 A的定電流。試計算50%的Cu^{2+}被還原所需時間，並透過Nernst方程式估計這段時間內，施加電壓的變化。另可假設各離子在這段期間內的活性係數皆維持不變。

解 1.50%的Cu^{2+}被還原後，Cu^{2+}的濃度降為0.5 M，並有0.5 mol的Cu產生。此反應的電子轉移數為2，因此根據Faraday定律，所需時間為：$t=\dfrac{nFW}{IM}=\dfrac{(2)(96500)(0.5)}{(4)}=24125\ s=6.7\ h$。

2.已知還原反應$Cu^{2+}+2e^-\rightleftharpoons Cu$的形式電位為$E_{f1}^\circ$，且假設反應前後的活性係

數相同，所以E_{f1}°可維持定值。反應前後的陰極電位變化為：

$$\Delta E_c = \frac{RT}{nF}\ln\frac{c_2}{c_1} = \frac{(8.31)(298)}{(2)(96500)}\ln\frac{(1-0.5)}{1} = -8.9\times10^{-3}\text{ V} \text{ 。}$$

3. 氧化反應為$H_2O \rightleftharpoons 2H^+ + \frac{1}{2}O_2 + 2e^-$的形式電位為$E_{f2}^\circ$，且假設反應前後的活性係數相同，所以$E_{f2}^\circ$亦維持定值。反應前後的陽極電位變化為：

$$\Delta E_a = \frac{RT}{nF}\ln\frac{c_{H^+,2}^2 \, p_{O_2,2}^{1/2}}{c_{H^+,1}^2 \, p_{O_2,1}^{1/2}} = \frac{(8.31)(298)}{(2)(96500)}\ln\left(\frac{3}{2}\right)^2 = 0.010\text{ V} \text{ 。}$$

4. 若忽略溶液電阻的變化，反應前後施加電壓增加大約0.019 V。但此處需注意，Nernst方程式只能進行初估，因為定電流操作已不屬於平衡狀態，所以詳細的計算必須仰賴動力學理論，其細節將在第四章中討論。

範例3-9

有四種燃料電池的反應、標準焓變化與標準自由能變化列於表3-2中，試計算每個電池的電子轉移數、可逆電動勢與最大效率。

表3-2　四種燃料電池的反應、標準焓變化與標準自由能變化

全反應	ΔH° (kJ/mol)	ΔG° (kJ/mol)
$CH_{4(g)} + 2O_{2(g)} \rightleftharpoons O_{2(g)} + 2H_2O_{(1)}$	-890	-818
$C_2H_{6(g)} + \frac{7}{2}O_{2(g)} \rightleftharpoons 2CO_{2(g)} + 3H_2O_{(l)}$	-1560	-1468
$C_3H_{8(g)} + 5O_{2(g)} \rightleftharpoons 3O_{2(g)} + 4H_2O_{(1)}$	-2220	-2108
$CH_3OH_{(l)} + \frac{3}{2}O_{2(g)} \rightleftharpoons CO_{2(g)} + 2H_2O_{(l)}$	-764	-707

解 1. 對於CH_4的反應，C的氧化數從-4增加到CO_2中的$+4$，故會伴隨8個電子轉移。可逆電動勢$\Delta E^\circ = -\frac{\Delta G^\circ}{nF} = \frac{818\times1000}{(8)(96500)} = 1.06$ V，因為自由能變化即為最大作功，所以最大效率為最大作功對放熱的比值，亦即$\eta_{FC} = \frac{\Delta G^\circ}{\Delta H^\circ} = \frac{818}{890} = 92\%$。

2. 對於C_2H_6的反應，之中兩個C的氧化數從-3增加到CO_2中的$+4$，故會伴隨14個電子轉移。可逆電動勢$\Delta E^\circ = -\frac{\Delta G^\circ}{nF} = \frac{1468\times1000}{(14)(96500)} = 1.086$ V，而最大

效率為$\eta_{FC} = \dfrac{\Delta G^\circ}{\Delta H^\circ} = \dfrac{1468}{1560} = 94\%$。

3. 對於C_3H_8的反應，之中三個C的氧化數從$-\dfrac{8}{3}$增加到CO_2中的$+4$，故會伴隨20個電子轉移。可逆電動勢$\Delta E^\circ = -\dfrac{\Delta G^\circ}{nF} = \dfrac{2108\times1000}{(20)(96500)} = 1.092\,V$，而最大效率為$\eta_{FC} = \dfrac{\Delta G^\circ}{\Delta H^\circ} = \dfrac{2108}{2220} = 95\%$。

4. 對於CH_3OH的反應，之中C的氧化數從-2增加到CO_2中的$+4$，故會伴隨6個電子轉移。可逆電動勢$\Delta E^\circ = -\dfrac{\Delta G^\circ}{nF} = \dfrac{707\times1000}{(6)(96500)} = 1.221\,V$，而最大效率為$\eta_{FC} = \dfrac{\Delta G^\circ}{\Delta H^\circ} = \dfrac{707}{764} = 92.5\%$。

範例3-10

有三種銅的電鍍液，其配方與還原銅的電位如表3-3所示。若忽略溶液的歐姆電位差，試評估在哪一種溶液中電鍍所需的能量最低？

表3-3　三種銅電鍍液之配方與對應的還原銅電位

電鍍液配方	pH	E_f° (mV vs. SHE)
1 M $CuSO_4$ + 1 M H_2SO_4	−0.3	+142 mV for Cu^{2+}/Cu
1 M $CuSO_4$ + 1 M EDTA	5	−170 mV for Cu^{2+}/Cu
1 M CuCl + 5 M HCl	1	−84 mV for Cu^+/Cu

解 1. 電鍍銅時，陽極的反應為$H_2O \rightleftharpoons 2H^+ + \dfrac{1}{2}O_2 + 2e^-$。假設反應發生在300 K，且$O_2$在常壓下，則可將陽極的電位表示為：

$E_A = E_A^\circ + \dfrac{RT}{F}\ln a_{H^+} \approx 1.23 - \dfrac{(8.31)(300)}{96500}(2.303)pH = 1.23 - 0.06(pH)$，

所以三種溶液中的陽極電位依序為1.25 V、0.93 V和1.17 V。

2. 在1 M $CuSO_4$ + 1 M H_2SO_4中，陰極的電位為：

$E_C = E_C^\circ + \dfrac{RT}{F}\ln a_{Cu^{2+}} \approx 0.142\,V$，所以外加電壓至少為：

$\Delta E_{app} = E_A - E_C = 1.088V$。因此，所需要的最小功為：

$$\Delta G = nF\Delta E_{app} = \frac{(2)(96500)(1.088)}{1000} = 210 \text{ kJ/mol}。$$

3. 同理，在另兩個電鍍液中，外加電壓分別為1.100 V與1.254 V。因此，1 M $CuSO_4$ + 1 M EDTA的電鍍系統所需最小功為：

$$\Delta G = \frac{(2)(96500)(1.100)}{1000} = 212 \text{ kJ/mol}，與硫酸系統差異不大，但1 M CuCl + 5$$

M HCl的系統所需最小功為$\Delta G = \frac{(1)(96500)(1.254)}{1000} = 121$ kJ/mol，耗能最低。

3-4-4 電位－pH圖

從熱力學發展出的Nernst方程式也可以轉換成圖來表示平衡現象，這類圖形是由比利時科學家Marcel Pourbaix在1930年代首先使用，故稱為Pourbaix圖，它相當於研究相平衡的圖，所以是一種關於電化學反應的平衡相圖。但由於圖中的縱座標為電位E，橫坐標為pH值，所以也稱為E-pH圖。雖然E-pH圖在初期主要用於金屬的腐蝕研究，但因為效用顯著，現在已經拓展到電池、電解與電鍍等領域中。

一般在水溶液中可能發生的化學反應可分成三類：

1. 不牽涉電子轉移，但反應相關於H^+，例如$Fe(OH)_2 + 2H^+ \rightleftharpoons Fe^{2+} + 2H_2O$。

2. 屬於電子轉移反應，但不相關於H^+，例如$Fe^{3+} + e^- \rightleftharpoons Fe^{2+}$。

3. 屬於電子轉移反應，且相關於H^+，例如$Fe_3O_4 + 8H^+ + 2e^- \rightleftharpoons 3Fe^{2+} + 4H_2O$。

這三類反應其實可以使用包含了H_2O、H^+和e^-的通式來表示：

$$bB + rR + wH_2O + hH^+ + ne^- = 0 \tag{3.96}$$

若假設水的活性為1，則此反應的平衡電位可用Nernst方程式列出：

$$E = E^\circ + \frac{RT}{nF} \ln\left(a_B^b \cdot a_R^r \cdot a_{H^+}^h\right) \tag{3.97}$$

因為pH值定義為：

$$\text{pH} = -\log a_{H^+} = \frac{-1}{2.303} \ln a_{H^+} \tag{3.98}$$

所以平衡電位與pH的關係為：

$$E = E^\circ + \frac{RT}{nF}(b \ln a_B + r \ln a_R) - 2.303 \left(\frac{hRT}{nF} \right) \mathrm{pH} \qquad (3.99)$$

因此，一個涉及H^+的電子轉移反應在E-pH圖中，將繪出一條斜線，斜率為$-2.303 \left(\frac{hRT}{nF} \right)$。若將(3.96)式應用在不相關於$H^+$的電子轉移反應，則其電位將與$\mathrm{pH}$無關，可表示為：

$$E = E^\circ + \frac{RT}{nF}(b \ln a_B + r \ln a_R) \qquad (3.100)$$

因此，這類反應在E-pH圖中為一條水平線，不隨pH而變。若將(3.96)式用於非電子轉移反應，則可引入化學平衡常數K：

$$a_B^b \cdot a_R^r \cdot a_{H^+}^h = K \qquad (3.101)$$

使得平衡常數K與pH的關係成為：

$$b \ln a_B + r \ln a_R - \ln K = 2.303 h \cdot \mathrm{pH} \qquad (3.102)$$

因此，這類反應在E-pH圖中為一條垂直線，代表pH值不隨電位E而變。以Fe為例，先尋找出各種包含Fe的化合物或離子，列出各種反應後，即可在E-pH圖中畫出數條斜線、水平線和垂直線，將整張圖切割成數個區域（如圖3-11所示），每個區域代表Fe在特定的電位和pH範圍內呈現熱力學穩定的物質，因此有助於判斷酸鹼環境或外加電位如何影響反應的趨勢。

　　此外，在繪製E-pH圖時，所牽涉的離子可能具有不同的活性，所以一般會先設定活性的數值，然後再繪出分割圖。改變離子活性後，原分割圖中的三種線將會出現平移，但其斜率不會改變，只有截距會受到活性的影響。然而，無論活性的基準為何，落在分割圖的線上即代表兩相處於平衡，落在多線的交點上，則代表多相平衡。例如在圖3-11中，大約位於$\mathrm{pH}=9$、$E=-0.6\,\mathrm{V}$之處，出現三線的交點，代表Fe、Fe^{2+}和$Fe(OH)_2$在此條件下共存。

　　然而，必須注意的是E-pH圖只能提供熱力學上的預測，無法適用於動力學的評估，因為在動態過程中，還有其他因素會控制電化學程序，這些因素並沒有考慮在E-pH圖中。

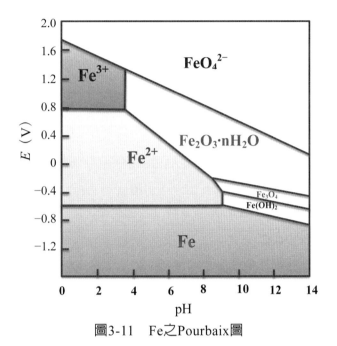

圖3-11 Fe之Pourbaix圖

範例3-11

試建立Mg/H_2O系統的E-pH圖。

解 1.對於Mg/H_2O系統，有三種Mg的穩定狀態，包括Mg、Mg^{2+}和$Mg(OH)_2$，三者間的反應分別為：

$$Mg^{2+}+2e^- \rightleftharpoons Mg$$

$$Mg^{2+}+2H_2O \rightleftharpoons Mg(OH)_2+2H^+$$

$$Mg(OH)_2+2H^++2e^- \rightleftharpoons Mg+2H_2O$$

2.考慮系統維持在25℃下，活性$a_{Mg^{2+}}=10^{-6}$，且已知Mg^{2+}還原和$Mg(OH)_2$還原的標準電位分別為-2.363 V和-1.862 V，兩者間的平衡常數為$K=10^{16.95}$，則對應上述三個反應的E-pH關係分別為：

$$E=-2.363+\frac{(2.303)(8.31)(298)}{(2)(96500)}\log(10^{-6})=-2.540 （V）$$

pH=11.475

$$E = -1.862 - \frac{(2.303)(8.31)(298)}{(96500)} \text{pH} = -1.862 - 0.0591\text{pH} \quad (\text{V})$$

這三個E-pH關係依序代表水平線、垂直線和斜率爲負的直線，結果繪於圖3-12中。

3 另外，也可將H_2O和H^+的電子轉移反應列出：

$4H^+ + O_2 + 4e^- \rightleftharpoons 2H_2O$

$2H^+ + 2e^- \rightleftharpoons H_2$

因爲兩者的標準電位分別爲1.229 V和0 V，所以對應的E-pH關係爲：

$E = 1.229 - 0.0591\text{pH} \quad (\text{V})$

$E = -0.0591\text{pH} \quad (\text{V})$

4. 這兩者在圖3-12中以虛線表示，可輔助判斷Mg進行的反應與H_2O反應的競爭趨勢。因爲介於兩平行線之間的區域，水才會穩定而不分解。若系統是以水爲溶劑，則對高於水的氧化線或低於其還原線的物種，在水中都難以穩定存在。以Mg而言，金屬Mg的狀態可稱爲免疫區（immunity）或非反應區；Mg^{2+}的狀態可稱爲腐蝕區（corrosion），因爲產生離子代表發生溶解；$Mg(OH)_2$的狀態可稱爲鈍化區（passivation），因

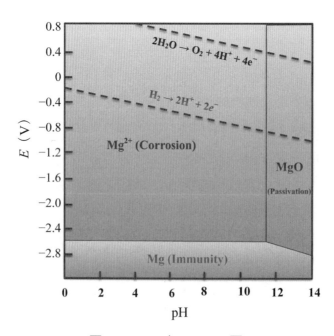

圖3-12　Mg之Pourbaix圖

為產生氧化物覆蓋在金屬上會使反應性降低。因此，從 Mg/H_2O 系統的 E-pH 圖可判斷，在水中只有 Mg^{2+} 和 $Mg(OH)_2$ 是熱力學穩定的物種，在中性或酸性溶液中以 Mg^{2+} 較穩定，在強鹼溶液中則以 $Mg(OH)_2$ 較穩定，金屬 Mg 會持續反應生成這兩種物質而無法穩定。

3-5 液－液接面電位

對於常用的 Ag/AgCl 參考電極，主要是由一根裝置在玻璃管中的 Ag 線組成，在玻璃管的內側會填入飽和的 KCl 溶液，使得 Ag 線的表面生成 AgCl。使用時，在玻璃管的外側會接觸已經放置了待測電極的電解液。若此電解液除了含有 $Fe(CN)_6^{3-}$ 和 $Fe(CN)_6^{4-}$ 以外，也包含 HCl，則玻璃管底部的多孔膜將會形成兩種溶液的接面（junction），如圖3-13所示。對 H^+、K^+ 與 Cl^- 三種離子，在水溶液中的離子遷移率（ionic mobility）約為350:74:76，後兩者非常接近，但顯然 H^+ 移動得較快，其原因可用 Grotthuss 原理來解釋，如圖2-11所示。由於水分子之間可用氫鍵吸引，圖中左側 H_3O^+ 上的 H 原子會被右側 H_2O 分子的 O 原子吸引，之後 H_3O^+ 上的 O 原子所帶正電可藉由氫鍵交換而轉移到右側 H_2O 分子的 O 原子上，如同 H_3O^+ 與 H_2O 交換了位置，並傳遞了 H^+。再藉由更多 H_2O 分子的氫鍵吸引與交換，表面上快速地向前傳遞出 H^+，但實際上只是氫鍵的轉移。相反地，發生水合的 K^+ 與 Cl^- 等離子在水溶液中必須不斷穿越 H_2O 分子才能向前移動，因此速率較慢。對於 OH^-，其移動速率也比一般離子快，因為遷移的原理與 H^+ 相同。

若以一片薄膜隔開兩個濃度不同的 HCl 溶液，則解離出的 H^+ 與 Cl^- 將會從高濃度側往低濃度側擴散，且已知 H^+ 比 Cl^- 擴散得更快，有可能會發生電荷分離的現象。在低濃度側，由於有較多的 H^+ 遷入，而帶正電；在高濃度側，擁有相對較多的 Cl^-，而帶負電。因此，在薄膜兩側將建立一個電場，此電場會加速 Cl^- 的遷移，並阻礙 H^+ 的輸送，直至兩種離子的速率到達穩定態。而此時的離子分布將形成兩溶液的接面電位（liquid-liquid junction potential），或稱為擴散電位（diffusion potential），其數值通常在數十個 mV 的範圍。

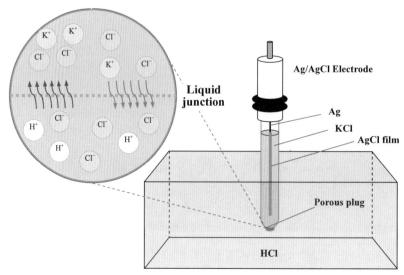

圖3-13　Ag/AgCl電極與液－液接面

　　若薄膜隔開的是不同濃度的KCl溶液，則情形將有所不同。由於K$^+$與Cl$^-$的離子遷移率相當，兩種離子以幾乎相同的速率從高濃度側擴散至低濃度側，電荷分離的現象輕微，不會產生明顯的接面電位。

　　因此，兩溶液的接面電位可依其特性分成三種類型，第一類是兩側溶液的電解質種類相同但濃度不同，第二類是兩側溶液的濃度相同但電解質種類不同；第三類則是兩側溶液的電解質種類與濃度皆不相同。雖然這三種類型的溶液接面都無法達成平衡，但接面兩側的組成變化會持續減少。

　　當電化學池通電時，離子的移動決定了穿越電解液的電流。考慮一個電化學池，其中一側的電極為吸附了H$_2$的Pt線，而溶液為濃度較低之HCl（α相）；另一側的電極也是Pt線，後續使用代號Pt′以示區別，而溶液為濃度較高之HCl（β相），因此α相與β相將形成第一類液－液接面。將此電化學池以導線連接負載後，氧化反應開始發生在低濃度HCl一側的Pt上：

$$H_2 \rightarrow 2H^+_{(\alpha)} + 2e^-_{(Pt)} \tag{3.103}$$

而還原反應發生在高濃度側的Pt′上：

$$2H^+_{(\beta)} + 2e^-_{(Pt')} \rightarrow H_2 \tag{3.104}$$

兩個半反應將使得陽極附近產生陽離子，陰極附近失去陽離子，這種變化將

會減弱H^+從高濃度移動到低濃度的趨勢。以定量的角度來觀察，當陽極半反應產生了1 mol的H^+時，也必須有1 mol的離子穿越兩溶液的接面，但穿越接面的離子除了H^+之外還包括Cl^-，且兩者穿越的方向相反。為了分析兩離子的遷移，定義穿越接面之離子總數中H^+所占的比例為遷移數t_+（transference number），而Cl^-的比例為t_-。若溶液中只存在這兩種離子，或其他離子的濃度微小到足以忽略，則$t_- = 1 - t_+$。假設低濃度側之α相中產生了5 mol H^+時，高濃度側之β相中應該損失5 mol H^+，且兩相之接面處應有4 mol H^+從α相移動到β相，以及1 mol Cl^-從β相移動到α相，以維持兩相內的電中性，由此可得到$t_+ = 0.8$與$t_- = 0.2$。若溶液中存在更多種類的離子，則必須符合

$$\sum_i t_i = 1 \tag{3.105}$$

且第i種離子的遷移數需定為：

$$t_i = \frac{|z_i| u_i c_i}{\sum_j |z_j| u_j c_j} \tag{3.106}$$

其中z_i、u_i與c_i分別為此離子的電荷數、遷移率與濃度，遷移率是指單位電場下的離子移動速率。(3.106)式的分母部分代表單位電場下各種離子穿越接面的數量，所以遷移數t_i意味著第i種離子貢獻於總電流的比例。由於H^+之遷移率為$3.6 \times 10^{-3} cm^2/V \cdot s$，$Cl^-$之遷移率為$7.9 \times 10^{-4} cm^2/V \cdot s$，若濃度已知則可估計出兩離子的遷移數。

若以外部電源施加到前述的濃度差電池上，且施加電壓調整到恰可抵消濃度差電池的電動勢，電流則將降為0，代表電極表面和兩溶液的接面都到達平衡狀態。此時電化學池的總反應為：

$$H^+_{(\beta)} + e^-_{(Pt')} \rightleftharpoons H^+_{(\alpha)} + e^-_{(Pt)} \tag{3.107}$$

若以電化學位能來表達平衡，則為：

$$\bar{\mu}^\beta_{H^+} + \bar{\mu}^{Pt'}_e = \bar{\mu}^\alpha_{H^+} + \bar{\mu}^{Pt}_e \tag{3.108}$$

因此，外加電壓為：

$$\Delta E_{app} = \phi^{Pt'} - \phi^{Pt} = (\phi^\beta - \phi^\alpha) + \frac{RT}{F} \ln \frac{a_\beta}{a_\alpha} \tag{3.109}$$

其中a_α和a_β分別為α相和β相中的H^+活性。此式右側的第二項恰好代表了濃度差電池的可逆電動勢,而右側的第一項即為兩溶液的接面電位差E_j。此時的溶液接面處可視為正在發生以下的可逆反應:

$$t_+H^+_{(\alpha)} + t_-Cl^-_{(\beta)} \rightleftharpoons t_+H^+_{(\beta)} + t_-Cl^-_{(\alpha)} \qquad (3.110)$$

若使用電化學位能,則可表達為:

$$t_+\overline{\mu}^\alpha_{H^+} + t_-\overline{\mu}^\beta_{Cl^-} = t_+\overline{\mu}^\beta_{H^+} + t_-\overline{\mu}^\alpha_{Cl^-} \qquad (3.111)$$

因此,整理後可得:

$$t_-(\overline{\mu}^\alpha_{Cl^-} - \overline{\mu}^\beta_{Cl^-}) = t_+(\overline{\mu}^\alpha_{H^+} - \overline{\mu}^\beta_{H^+}) \qquad (3.112)$$

用兩種離子的活性來表示,則成為:

$$t_-\left[RT\ln\frac{a^\alpha_{Cl^-}}{a^\beta_{Cl^-}} - F(\phi^\alpha - \phi^\beta)\right] = t_+\left[RT\ln\frac{a^\alpha_{H^+}}{a^\beta_{H^+}} + F(\phi^\alpha - \phi^\beta)\right] \qquad (3.113)$$

如前所述,單一離子的活性無法測量,只能使用平均活性來估計,因此重新整理(3.113)式後,並假設$a^\alpha_{H^+} = a^\alpha_{Cl^-} = a_\alpha$與$a^\beta_{H^+} = a^\beta_{Cl^-} = a_\beta$後,可得到接面電位$E_j$。:

$$E_j = (\phi^\beta - \phi^\alpha) = (t_+ - t_-)\frac{RT}{F}\ln\frac{a_\alpha}{a_\beta} \qquad (3.114)$$

例如在25℃下,兩側的濃度相差10倍時,且假設$t_+=0.8$與$t_-=0.2$,接面電位差約為-35.5 mV。同時,也可計算出外加電壓為23.6 mV。

　　對於其他兩類溶液接面,遷移數無法假設為定值,因為會從α相連續性地變化到β相,所以在估計接面電位差時必須使用積分。估計的方法通常是假設離子的活性可用濃度取代,且濃度會在跨越接面處呈線性分布,再經由積分後可得到Henderson方程式:

$$E_j = \left[\frac{\sum_i \frac{|z_i|}{z_i} u_i(c^\beta_i - c^\alpha_i)}{\sum_i z_i u_i(c^\beta_i - c^\alpha_i)}\right]\frac{RT}{F}\ln\left(\frac{\sum_i |z_i|u_i c^\alpha_i}{\sum_i |z_i|u_i c^\beta_i}\right) \qquad (3.115)$$

例如左側溶液是0.1 M的HCl,且右側溶液是0.1 M的KCl時,在25℃下,由Henderson方程式可算得接面電位差為28 mV。

　　對大部分的電化學實驗，溶液的接面電位差會帶來困擾，因此實驗設計的一項要素是盡可能地減小它。其中最常用的方法是改變接面的組成，例如原本的陰陽兩極區的電解液分別是HCl和NaCl時，可以在兩溶液之間插入鹽橋（salt bridge），鹽橋內的電解質可解離出遷移率接近的陰陽離子，例如KCl或KNO$_3$。因此，加入KCl鹽橋後，將增加一個溶液接面，可用符號HCl|KCl|NaCl來表示。然而，當KCl的濃度比HCl高時，穿越接面的離子輸送則由KCl主宰，且隨著KCl的濃度愈高，接面電位差E_{j1}愈低。若KCl的濃度也比NaCl高時，接面電位差E_{j2}將與E_{j1}異號，故產生互相抵銷的效應，使得陰陽兩極溶液間的總接面電位差減低。一般而言，適合作為鹽橋的溶液為KCl、KNO$_3$、CsCl、RbBr或NH$_4$I，這些溶液中的陽離子遷移數都接近0.5，使得陰陽離子移動的趨勢相當，進而減低接面電位差。

範例3-12

　　有兩支Ag/AgCl參考電極共同放入一個有隔離膜的槽內，有一側的溶液是0.5 mol/kg的KCl，其平均活性係數為0.65；另一側的溶液是0.05 mol/kg的KCl，其平均活性係數為0.80。已知在300 K下，可從兩支電極測得0.05 V的電位差，試求出K$^+$的遷移數t_+，以及隔離膜兩側的接面電位差E_j。

解 1. 此系統可視為發生反應：$Cl^-_{(\alpha)} \rightleftharpoons Cl^-_{(\beta)}$，其中$\alpha$相是指0.5 mol/kg側，$\beta$相是指0.05 mol/kg側，因此未計算接面電位前的電位差應為：

$$\Delta E = \frac{RT}{F} \ln \frac{a_{\pm,\alpha}}{a_{\pm,\beta}} = 0.054 \text{ V}$$

2. 接面處則可視為發生反應：$t_+ K^+_{(\alpha)} + t_- Cl^-_{(\beta)} \rightleftharpoons t_+ K^+_{(\beta)} + t_- Cl^-_{(\alpha)}$，依據（3.114）式，接面電位 $E_j = (t_+ - t_-)\frac{RT}{F}\ln\frac{a_{\pm,\alpha}}{a_{\pm,\beta}} = (2t_+ - 1)\frac{RT}{F}\ln\frac{a_{\pm,\alpha}}{a_{\pm,\beta}}$

3. 計算了接面電位後，兩極間的電位差將成為：$\Delta E' = 2t_+ \frac{RT}{F}\ln\frac{a_{\pm,\alpha}}{a_{\pm,\beta}} = 0.05 \text{ V}$，所以可計算出$t_+$=0.463，以及$E_j$=−0.004 V。

4. 至此需注意，本例中的陰極放置於低濃度區；但對於兩根Pt線與HCl構成的濃度差電池，其陰極放置於高濃度區。

3-6 電極電位之測量

　　電極電位相關於反應物種的濃度或壓力，可使用Nernst方程式來計算，但是單一電極與電解質界面的電位卻無法由實驗測量。因爲一般的電位測量必須使用擁有兩個接頭的電錶，並施以極微小的電流I，通常兩個接頭都由相同的金屬導體製成。使用時，兩個接頭必須與待測物的兩端相連而構成迴路。當一個接頭連接到置入電解液中的固體電極，而另一個接頭置入電解液時，雖可構成完整迴路，但後者的金屬與電解液間必然會產生另一組界面，並擁有電位差E_2，使得電錶所測得的電位差無法完全歸因於待測電極與電解液的界面電位差E_1，所以電錶能測到的電位差實際上爲$\Delta E = E_1 - E_2$。

　　若電解液中含有$Fe(CN)_6^{3-}$和$Fe(CN)_6^{4-}$，金屬1爲鈍性的Pt線，其界面電位差爲：

$$E_1 = C_1 + RT \ln\left(\frac{c_{Fe(CN)_6^{3-}}}{c_{Fe(CN)_6^{4-}}}\right) \tag{3.116}$$

其中的C_1可視爲常數，包含了標準電位和兩離子的活性係數，故此式實爲Nernst方程式。若金屬2爲Ag線，且被裝有飽和KCl的玻璃管包住，使其表面成長出AgCl薄膜，而玻璃管的底部則有孔洞與其他電解液相連，此即Ag/AgCl電極，其界面電位差爲：

$$E_2 = C_2 + RT \ln\left(\frac{1}{c_{Cl^-}}\right) \tag{3.117}$$

其中的C_2也視爲常數，此式亦符合Nernst方程式的形式。因此，電錶連接了Pt端與Ag端之後，實際測得的電位差應爲：

$$\Delta E = (C_1 - C_2) + RT \ln\left(\frac{c_{Fe(CN)_6^{3-}} c_{Cl^-}}{c_{Fe(CN)_6^{4-}}}\right) \tag{3.118}$$

由於在Ag線附近的KCl達飽和，使上式中的c_{Cl^-}在定溫時爲定值，故可將其合併到等號右側的常數項中，得到：

$$\Delta E = C_3 + RT \ln\left(\frac{c_{Fe(CN)_6^{3-}}}{c_{Fe(CN)_6^{4-}}}\right) \tag{3.119}$$

換言之，待測電極與電解液的界面電位差爲：

$$E_1 = E_2 + C_3 + RT \ln\left(\frac{c_{Fe(CN)_6^{3-}}}{c_{Fe(CN)_6^{4-}}}\right) \tag{3.120}$$

若Ag/AgCl電極設計得當，可在定溫下將電位E_2控制在幾乎不變的數值，以作爲測量未知電極電位的參考點。符合這種特性者可稱爲參考電極（reference electrode），它使電錶所讀取的電位差足以代表待測電極之電位，因爲所測得的數值皆相對於某一固定基準。尤其在改變反應物種濃度時，可以藉由濃度改變前後測得的電位差額，以消去參考電極電位E_2，而獲得濃度對電極電位的影響關係。然而，在測量過程中，仍需注意的是電錶所施加的微小電流I，此電流會穿越兩個電極間的電解液，若此路徑具有電阻R，則電錶所得到的電位差將包含IR而成爲：

$$\Delta E = E_1 - E_2 + IR \tag{3.121}$$

此項目常稱爲歐姆電位降（Ohmic potential drop），唯有電流足夠小或路徑足夠短時，歐姆電位降的效應才能忽略。

　　至此可知，測量電極的電位需要參考電極，常用的參考電極包括Ag/AgCl電極和甘汞電極（calomel electrode），反而不是IUPAC制定的標準氫電極。但是從實驗數據的角度，使用標準氫電極則較爲方便。當電極上的H_2壓力爲1 atm，溶液中的H^+活性爲1時，氫電極的電位被定爲0，所以較適合作爲其他電極電位的基準點。然而，在實務中，氫電極的使用狀況常常不理想，例如壓力的控制或濃度的變異，皆使標準氫電極難以實用。

　　Ag/AgCl電極的組成已在前面說明，在25℃下，使用飽和KCl溶液時，其參考電位爲0.197 V(vs. SHE)。若溫度變化時，其電位校正式爲：（溫度T使用℃）

$$\begin{aligned}E_{\mathrm{Ag/AgCl}} &= 0.197 - 4.856\times10^{-4}(T-25)\\&\quad -3.421\times10^{-6}(T-25)^2 + 5.869\times10^{-9}(T-25)^3\end{aligned} \tag{3.122}$$

可見得Ag/AgCl的電極電位隨著溫度的變化並不大。

而甘汞電極則是由金屬Hg、Hg_2Cl_2與KCl溶液所組成,其中的Hg_2Cl_2常被稱為甘汞,所以有此命名。其反應為:

$$Hg_2Cl_{2(s)} + 2e^- \rightleftharpoons 2Hg_{(l)} + 2Cl^-_{(aq)} \tag{3.123}$$

相似地,使用飽和KCl溶液時,可構成飽和甘汞電極(saturated calomel electrode,簡稱SCE),其參考電位為0.2412 V(vs. SHE),隨著溫度而變的校正式為:(溫度T使用℃)

$$\begin{aligned} E_{Hg/Hg_2Cl_2} &= 0.2412 - 6.61 \times 10^{-4}(T-25) \\ &\quad - 1.75 \times 10^{-6}(T-25)^2 + 9.0 \times 10^{-10}(T-25)^3 \end{aligned} \tag{3.124}$$

由(3.124)式可知,當SHE與SCE連接成電化學池後,可測得SCE相對於SHE具有+0.2412 V的電位差。因此,只要甘汞電極在實用中能維持此電位,即可用作參考電極。例如在25℃下,同濃度的$Fe(CN)_6^{3-}$和$Fe(CN)_6^{4-}$在白金線上的達成平衡時,再使用甘汞電極與這根白金線連接成電化學池,即可測得電位差為+0.118 V(vs. SCE),因此以標準氫電極電位為基準的$Fe(CN)_6^{3-}/Fe(CN)_6^{4-}$的電位即為0.118 V+0.242 V = 0.360 V(vs. SHE)。

除了甘汞電極之外,常用的參考電極還包括汞-氧化汞電極(mercury-mercuric oxide electrode)和汞-硫酸亞汞電極(mercury-mercurous sulfate electrode)。在25℃下,前者使用0.1 M NaOH溶液時,其參考電位為0.926 V(vs. SHE);後者使用飽和K_2SO_4溶液時,其參考電位為0.64 V(vs. SHE)。兩種參考電極的主反應分別為:

$$HgO_{(s)} + H_2O + 2e^- \rightleftharpoons Hg_{(l)} + 2OH^-_{(aq)} \tag{3.125}$$

$$Hg_2SO_{4(s)} + 2e^- \rightleftharpoons 2Hg_{(l)} + SO^{2-}_{4(aq)} \tag{3.126}$$

汞-氧化汞電極和甘汞電極最主要的差別有兩點,其一是汞-氧化汞電極適用於鹼性溶液,而甘汞電極適用於酸性溶液;其二是汞-氧化汞電極適用於不含Cl^-的溶液,而汞-硫酸亞汞電極也適用於不含Cl^-的溶液,但甘汞電極則不適用於含有Cl^-的溶液,主要的考量在於待測溶液不能和參考電極交互干擾。

範例3-13

　　有三種溶液的標號依序為A、B、C，其中皆含有0.1 M的Fe^{3+}和0.1 M的Fe^{2+}，但三種溶液的pH分別被HCl、H_2SO_4與H_3PO_4控制在pH = 0下。溶液A中放入標準氫電極（SHE）後，可測得電位差為0.770 V，溶液B中放入飽和甘汞電極（SCE）後，可測得電位差為0.434 V，溶液C中放入汞－硫酸亞汞電極後，可測得電位差為-0.020 V。試分析這三種溶液中的電化學特性。

解 1.對於溶液A，Fe^{3+}/Fe^{2+}電極的電位為正，代表Fe^{3+}易還原成Fe^{2+}。根據Nernst方程式，$E = E_f^\circ + \dfrac{RT}{nF}\ln\dfrac{c_{Fe^{3+}}}{c_{Fe^{2+}}} = E_f^\circ$，代表所測電位即為形式電位，因此$Fe^{3+}/Fe^{2+}$電極在pH = 0之$HCl$中的形式電位為0.770 V(vs. SHE)。

2.對於溶液B，所測電位仍為形式電位，但參考電極為SCE。已知SCE相對於SHE的電位為0.246 V，故可計算出Fe^{3+}/Fe^{2+}電極在pH = 0之H_2SO_4中的形式電位為0.680 V(vs. SHE)。

3.對於溶液C，參考電極為Hg/Hg_2SO_4電極，其相對SHE的電位為0.46 V，故可計算出Fe^{3+}/Fe^{2+}電極在pH = 0之H_3PO_4中的形式電位為0.440 V(vs. SHE)。

4.比較三種溶液，可發現不同的酸根會影響Fe^{3+}和Fe^{2+}間的反應性，以Cl^-存在時，形式電位最為偏正，亦即Fe^{3+}最易還原成Fe^{2+}。

範例3-14

　　已知Cu^+/Cu的形式電位為+522 mV(vs. SHE)，若在含有1 M的$CuCl$溶液中添加不同濃度的NH_3時，在300 K下可透過SCE測得表3-4所示的電位變化。試從這些數據來判斷Cu^+和NH_3所形成的錯合物為何？以及錯合反應的穩定常數為何？

表3-4　不同濃度NH_3中的電極電位

NH_3濃度（M）	0.01	0.03	0.10	0.30	1.00
電位（mV）	-260	-315	-376	-452	-502

解 1. 假設錯合反應為：$Cu^+ + xNH_3 \rightleftharpoons Cu(NH_3)_x^+$，則錯合反應的穩定常數可表示

為：$K_C = \dfrac{c_{Cu(NH_3)_x^+}}{c_{Cu^+} c_{NH_3}^x}$

2. 而還原反應表示為：$Cu^+ + e^- \rightleftharpoons Cu$，依據Nernst方程式，電極電位可表示

為：$E = E_f^\circ + \dfrac{RT}{F} \ln \dfrac{c_{Cu^+}}{c^\circ} = E_f^\circ + \dfrac{RT}{F} \ln \dfrac{c_{Cu(NH_3)_x^+}}{K_C c_{NH_3}^x}$，其中$c^\circ$取為1 M。由此式可發現

電位E與$\ln c_{NH_3}$成線性關係，從數據可得到斜率為-52 mV。在300 K下，

$\dfrac{RT}{F} = 26$ mV，故可得到$x=2$，代表錯合物為$Cu(NH_3)_2^+$

3. 假設穩定常數非常大，使得$c_{Cu(NH_3)_x^+} \approx 1$ M，故可再從$c_{NH_3} = 1$ M時得到電

位為 $E = 0.522 - 0.026 \ln K_C = -0.502 + 0.246 = -0.256$ V，因此求得穩定常數

$K_C = 9.9 \times 10^{12}$，符合先前的假設。

3-7 總　結

　　電化學程序中，最關鍵的區域位於電極與電解液的界面，在平衡時，跨越界面的電位差可以透過熱力學來分析，Nernst等人因而建立了估計電極電位的方程式，有助於研究者推測反應的趨勢。例如從Nernst方程式發展出的E-pH圖，可用於腐蝕、電解或電鍍的研究中，以預測反應的產物，或決定反應的條件。然而，分析含有$Fe(CN)_6^{3-}$和$Fe(CN)_6^{4-}$的溶液與白金接觸的系統時，可發現其氧化還原反應非常迅速，只需小量的外加電壓，電錶即能測到顯著電流；反之，調整電壓來降低電流至0，則可測得電極電位。但也有更多的電化學反應被施加了小量的電位差在電極上，卻無法測得明顯的電流，這是因為這類反應的平衡狀態難以建立，所以也不易找到電極電位。而容易達成平衡或難以建立平衡的反應，在熱力學特性上並無顯著差異，只存在電極電位高低之分，因此它們的主要區別其實出現在電極動力學上，所以必須從動力學的角度來分析這兩種現象。下一章中，吾人將進入電極動力學的範疇，分別從巨觀與微觀兩種角度，來探討反應的動態問題，這些探討動態的理論，更適合用來解釋電池的運作或電解的進行。

參考文獻

[1] A. C. West, **Electrochemistry and Electrochemical Engineering: An Introduction**, Columbia University, New York, 2012.

[2] A. J. Bard and L. R. Faulkner, **Electrochemical Methods: Fundamentals and Applications**, Wiley, 2001.

[3] A. J. Bard, G. Inzelt and F. Scholz, **Electrochemical Dictionary**, 2nd ed., Springer-Verlag, Berlin Heidelberg, 2012.

[4] C. M. A. Brett and A. M. O. Brett, **Electrochemistry: Principles, Methods, and Applications**, Oxford University Press Inc., New York, 1993.

[5] D. Pletcher, **A First Course in Electrode Processes**, RSC Publishing, Cambridge, United Kingdom, 2009.

[6] E. Gileadi, **Physical Electrochemistry: Fundamentals, Techniques and Applications**, Wiley-VCH, Weinheim, Germany, 2011.

[7] G. Kreysa, K.-I. Ota and R. F. Savinell, **Encyclopedia of Applied Electrochemistry**, Springer Science+Business Media, New York, 2014.

[8] G. Prentice, **Electrochemical Engineering Principles**, Prentice Hall, Upper Saddle River, NJ, 1990.

[9] H. Hamann, A. Hamnett and W. Vielstich, **Electrochemistry**, 2nd ed., Wiley-VCH, Weinheim, Germany, 2007.

[10] H. Wendt and G. Kreysa, **Electrochemical Engineering**, Springer-Verlag, Berlin Heidelberg GmbH, 1999.

[11] J. Koryta, J. Dvorak and L. Kavan, **Principles of Electrochemistry**, 2nd ed., John Wiley & Sons, Ltd. 1993.

[12] J. Wang, **Analytical Electrochemistry**, 3rd ed., Wiley-VCH, Hoboken, NJ, 2006.

[13] K. B. Oldham, J. C. Myland and A. M. Bond, **Electrochemical Science and Technology: Fundamentals and Applications**, John Wiley & Sons, Ltd., 2012.

[14] Lefrou, P. Fabry and J.-C. Poignet, **Electrochemistry: The Basics, With Examples**, Springer, Heidelberg, Germany, 2012.

[15]M. Poubaix, **Atlas of Electrochemical Equilibria in Aqueous Solutions**, National Association of Corrosion Engineers, 1974.

[16]N. Sato, **Electrochemistry at Metal and Semiconductor Electrodes**, Elsevier, 1998.

[17]P. Atkins and J. de Paula, **Physical Chemistry**, 10th ed., Oxford University Press, 2014.

[18]P. Monk, **Fundamentals of Electroanalytical Chemistry**, John Wiley & Sons Ltd., 2001.

[19]R. G. Compton, E. Laborda and K. R. Ward , **Understanding Voltammetry: Simulation of Electrode Processes**, Imperial College Press, 2014.

[20]R. Memming, **Semiconductor Electrochemistry**, WILEY-VCH Verlag GmbH, 2001.

[21]S. N. Lvov, **Introduction to Electrochemical Science and Engineering**, Taylor & Francis Group, LLC, 2015.

[22]V. S. Bagotsky, **Fundamentals of Electrochemistry**, 2nd ed., John Wiley & Sons, Inc., Hoboken, NJ, 2006.

[23]W. Plieth, **Electrochemistry for Materials Science**, Elsevier, 2008.

[24]W. Schmickler, **Interfacial Electrochemistry**, Oxford University Press, New York, 1996.

[25]吳輝煌，電化學工程基礎，化學工業出版社，2008。

[26]張鑒清，電化學測試技術，化學工業出版社，2010。

[27]郭鶴桐、姚素薇，基礎電化學及其測量，化學工業出版社，2009。

[28]楊綺琴、方北龍、童葉翔，應用電化學，第二版，中山大學出版社，2004。

[29]萬其超，電化學之原理與應用，徐氏文教基金會，1996。

[30]謝德明、童少平、樓白楊，工業電化學基礎，化學工業出版社，2009。

第 4 章

電化學動力學

重點整理

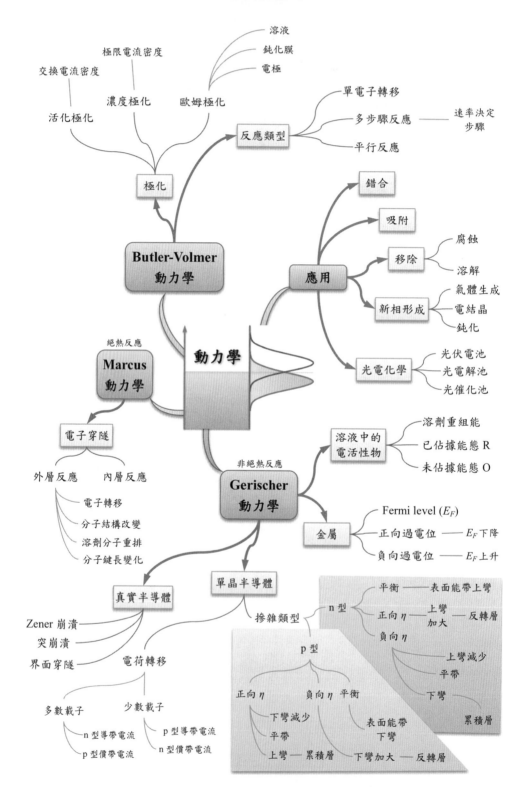

　　電化學動力學主要在討論電化學程序的速率與機制。電化學程序又可稱為電極程序（electrode process），是由幾個步驟連結而成。第一個步驟通常是反應物從溶液主體區（bulk）移動到電極附近，其速率可用質傳係數k_m（mass transfer coefficient）來描述；接著在移動的過程中，也許會發生勻相化學反應（homogeneous chemical reaction）；當反應物接近電極時，傾向於吸附（adsorption）到電極表面上，但也可能從表面上脫附（desorption）；吸附物可以和電極材料交換電子，例如失去電子進行氧化反應，或接收電子進行還原反應，其速率可用速率常數k_0來描述；反應之產物在初期仍依附在電極表面上，之後產物可如電鍍程序般，形成新相而長期留存在電極表面上，也可如電解水生成氣泡般，脫附進入溶液中；進入溶液中的產物可能再進行勻相化學反應，或透過質傳程序進入溶液主體區。單純的電極程序可以只包含物質輸送（mass transfer）與電極表面的電子轉移（electron transfer）；複雜的電極程序則可能藉由串聯或並聯上述步驟而成，例如程序中牽涉到連續性電子轉移，或連結了勻相反應（coupled homogeneous reaction）之電子轉移。

　　除了機制以外，動力學的主題還會涉及程序的速率，因此整體電極程序之速率將取決於所有步驟的特性，例如電極表面的物質輸送，電子轉移的動力學，以及電極與溶液的界面結構等因素。然而，程序中的最慢步驟將會限制整體速率，故此最慢者被稱為速率決定步驟（rate determining step）。當整體程序以固定的速率進行時，較快的步驟可視為近似平衡的狀態，只有最慢的步驟處於不可逆狀態。以簡單的電極程序為例，當其中的質傳速率遠小於反應速率時，亦即$k_m \ll k_0$，則稱此電子轉移反應為可逆的（reversible）；但當質傳速率遠大於反應速率時，亦即$k_m \gg k_0$，則稱此反應為不可逆的（irreversible）；當兩種速率接近時，亦即$k_m \approx k_0$，則稱此反應為準可逆的（quasireversible）。在電化學領域中所使用的可逆或不可逆術語，與熱力學領域略有不同。在此僅指正逆反應速率之快慢，以及重建或破壞平衡之難易。

　　當電極程序以特定的速率進行時，電極與溶液的界面將發生電子轉移，此時可從外部儀器測得電流，意味著電極與溶液的界面偏離了平衡狀態，亦即電極電位離開了平衡電位。這種偏離平衡的現象稱為極化（polarization），而極化後的電極電位與平衡電位之差被稱為過電位（overpotential）。導致電極極化的原因有幾種，例如程序中的質傳速率較為緩慢時，所引起的極化現象被

稱爲濃度極化（concentration polarization）；來自於電極與溶液界面反應的極化則稱爲活化極化（activation polarization）或反應極化（reaction polarization）；也有源自於覆蓋膜或沉澱物導致的電阻上升，所致現象稱爲歐姆極化（Ohmic polarization）。不同類型的極化現象皆代表了程序中所需克服的額外能量，如同障礙（barrier）一般。尤其當所需能量較高時，將使程序難以發生，此時必須從電化學池的外部供給能量才能驅使程序進行，而前述的過電位即象徵了加諸系統的額外能量。

在電化學發展歷程中，曾有多種動力學模型先後被提出，且都能成功地解釋電化學現象。本章將先從巨觀的反應動力學出發，說明Butler-Volmer動力學，接著再從分子等級的角度，介紹Marcus動力學與Gerischer動力學，最後再簡介動力學的應用。然而，探討電極程序時，還必須涵蓋輸送現象的觀點，因此在下一章中，將會結合電極程序中的反應與質傳問題。

4-1 Butler-Volmer動力學

考慮一個含有$Fe(CN)_6^{3-}$和$Fe(CN)_6^{4-}$的電解液，在其中置入一個白金片以作爲工作電極（working electrode），並放入另一個白金片作爲對應電極（counter electrode），三者將組成簡易的電化學池。進行分析時，還會在工作電極附近加入參考電極，以觀測工作電極的電位變化，並藉由電錶記錄通過工作電極的電流，因此工作電極也常被稱爲研究電極。當工作電極被通以負電時，其表面將發生以下反應：

$$Fe(CN)_6^{3-} + e^- \rightleftharpoons Fe(CN)_6^{4-} \tag{4.1}$$

已知此白金片的表面積爲A，通過白金片的總電流爲I，則可得知通過單位面積的電流爲$\dfrac{I}{A}$，此物理量稱爲電流密度i（current density）。此外，亦可將電流密度換算成電子轉移的莫耳通量j_e：

$$j_e = \frac{i}{F} = \frac{I}{FA} \tag{4.2}$$

其SI單位為$mol/m^2 \cdot s$，式中的$F=96500$ C/mol，稱為Faraday常數，代表每1 mol電子所帶的電量。基於化學計量的原理，在一段時間後，電子轉移的莫耳數會正比於反應物$Fe(CN)_6^{3-}$所消耗的莫耳數；或是以瞬間的角度來看，電子轉移的莫耳通量將正比於$Fe(CN)_6^{3-}$所消耗的莫耳通量j_r，此通量可表達為：

$$j_r = -\frac{V}{A}\frac{dc}{dt} \tag{4.3}$$

其中c是$Fe(CN)_6^{3-}$的濃度，V是溶液體積，負號代表消耗。兩者成正比的比例常數將取決於電化學反應中參與的電子數目。在目前探討的電極界面上，此比例常數為1，亦代表了$j_e = j_r$。若對其他半反應，對每莫耳反應物所需電子莫耳數為n時，$\frac{j_e}{j_r} = n$。若將(4.3)式中的濃度換算成反應物消耗的重量，即可得到Faraday電解定律。而反應物所消耗的莫耳通量實際上即為非勻相反應（non-homogeneous reaction）之速率，電子轉移通量即為電流密度，因此Faraday電解定律的本質即為化學計量與物質平衡，同時也意味著在電化學系統中，電流密度正比於反應速率，因而在電化學動力學的範疇裡，可直接使用電流密度來表示反應快慢的程度。

4-1-1 活化極化動力學

　　處於非平衡條件下的電極程序皆會發生極化現象，有許多案例中的速率決定步驟在於質量傳送，故其濃度極化現象顯著，但也有一些案例的最慢步驟發生在界面的電子轉移，使其活化極化明顯，例如電解水或金屬溶解等。對於這些活化極化格外顯著的程序，其電流密度將由電子轉移反應的速率來決定，因此這類程序被稱為反應控制程序（raction-controlled process）。

　　在1905年，Julius Tafel透過大量的實驗而歸納出電流密度對施加電位的經驗公式，使電化學的研究從熱力學導引至動力學領域，且促進了後續的電化學工業發展，對電化學的應用居功厥偉。Tafel原本研究的課題屬於有機化學，但從1896年起，他開始使用鉛電極來進行有機物的還原反應，自此進到電化學的領域中。之後他又投入氫氣還原的催化研究，大量測量了電流密度對過電位的關係，最終提出Tafel定律。Tafel所研究的對象屬於不可逆反應，從

熱力學無法說明，故此動力學的研究方向被他開啓之後，接續者終能發展出較完整的理論。儘管他在中年即已退休，但是他在電化學的領域中仍具有先驅的地位。

　　Tafel提出的動力學經驗式指出電流密度i的對數值與過電位η可以呈現線性關係：

$$\eta = a + b\log i \tag{4.4}$$

其中的截距a與斜率b都與反應種類和環境條件相關。然而，Tafel定律畢竟只是實驗結果的歸納，並非來自於理論演繹，因此必須仰仗後續的發展方能補足他在動力學理論中的缺憾。

　　化學反應的速率可從速率定律式（rate law）來計算，式中描述了反應速率與物種濃度或壓力間的關係。若物質A可進行基元反應（elementary reaction）而變成某種產物，且其反應速率r_A正比於物質A的濃度c_A，則此反應可稱爲一級反應（first-order reaction）。其速率定律式表示爲：

$$r_A = -\frac{dc_A}{dt} = kc_A \tag{4.5}$$

式中的k是速率常數，其單位需視反應級數而定，在此爲一級反應，故SI制單位爲1/s。對於n級反應，其速率定律式表示爲：

$$r_A = -\frac{dc_A}{dt} = kc_A^n \tag{4.6}$$

此情形下k的單位爲$m^{3(n-1)}/mol^{(n-1)}s$。然而，無論反應級數，速率定律中的速率常數都可從Arrhenius方程式來推估：

$$k = A\exp(-\frac{E_A}{RT}) \tag{4.7}$$

此方程式是由Svante Arrhenius於1889年提出，式中的A稱爲Arrhenius常數，E_A是活化能（activation energy），R是理想氣體常數，T是溫度。

　　對於一個可逆基元反應：$A \rightleftharpoons B$，A會被消耗也會生成，所以A的淨反應速率可表示爲：

$$r = r_f - r_b = k_f c_A - k_b c_B \tag{4.8}$$

其中的r_f和k_f為正反應（forward reaction）的速率和速率常數，而r_b和k_b為逆反應（backward reaction）的速率和速率常數。例如下列可逆反應：

$$Fe(CN)_6^{3-} + e^- \rightleftharpoons Fe(CN)_6^{4-} \qquad (4.9)$$

其速率可表示為：

$$r = k_f c_{Fe(CN)_6^{3-}} - k_b c_{Fe(CN)_6^{4-}} \qquad (4.10)$$

基於法拉第定律，反應速率正比於電流密度，故上式可變更為：

$$i = F(k_c c_{Fe(CN)_6^{3-}} - k_a c_{Fe(CN)_6^{4-}}) \qquad (4.11)$$

其中的k_c和k_a分別為還原（正反應）與氧化（逆反應）的速率常數，單位皆為m/s。

　　對於一個電化學池，電極的電位可以被外力改變，使得還原（正反應）與氧化（逆反應）的活化能受到影響，進而改變速率常數。由第三章可知，電極與電解液的界面處於平衡時，存在一個平衡的電極電位。再由Le Chatelier原理可知，施加外力使電極電位負於平衡電位，相當於注入電子，可以促進還原反應，代表還原反應的活化能減小；相對地，電極電位正於平衡電位，相當於汲取電子，可以促進氧化反應，代表氧化反應的活化能減小。因此，在定性描述上，雖可容易地理解反應速率受到外加電位的影響，但在定量描述上，仍需透過Arrhenius方程式方能詳細說明。

　　再以$Fe(CN)_6^{3-} + e^- \rightleftharpoons Fe(CN)_6^{4-}$為例，由於反應中的三者皆帶電，故三者的能量皆與電位有關。當反應達成平衡時，從還原反應的角度可以繪製其Gibbs自由能變化圖，如圖4-1所示。

　　圖中左側是反應物$Fe(CN)_6^{3-} + e^-$的能量，沿著反應座標向右代表發生正反應，但正反應進行時必須先克服一個較大的能量障礙才能到達曲線的頂端，亦即形成反應中間物$I_\#$，此過程所需克服的能量即為還原反應的活化能；越過中間狀態後，最終可以轉變為產物$Fe(CN)_6^{4-}$，其能量略低於反應中間物$I_\#$。從座標的反向來看，則代表發生逆反應，若圖中右側的$Fe(CN)_6^{4-}$欲氧化成$Fe(CN)_6^{3-} + e^-$，也必須先提高Gibbs自由能而形成反應中間物$I_\#$，過程中所克服的能量即為氧化反應的活化能。

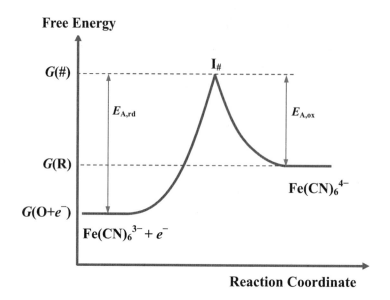

圖4-1　反應進程中的自由能變化

對於一個單電子轉移的可逆反應：$O + e^- \rightleftharpoons R$，已知$G(\#)$、$G(O+e^-)$和$G(R)$分別是反應中間物$I_\#$、氧化態O加電子、還原態R的自由能，則還原反應的活化能$E_{A,rd}$和氧化反應的活化能$E_{A,ox}$，可表示為：

$$E_{A,rd} = G(\#) - G(O+e^-) \tag{4.12}$$

$$E_{A,ox} = G(\#) - G(R) \tag{4.13}$$

而這兩個反應所對應的速率常數k_c和k_a可使用Arrhenius方程式來表示：

$$k_c = A'_c \exp(-\frac{E_{A,rd}}{RT}) \tag{4.14}$$

$$k_a = A'_a \exp(-\frac{E_{A,ox}}{RT}) \tag{4.15}$$

式中的是A'_c和A'_a分別是兩反應的Arrhenius常數，其數值與電極上的粒子碰撞頻率有關。由第三章可知，引入電化學位能的概念後，反應前與反應後的自由能可分別成為：

$$G(O+e^-) = c_1 - F\phi_M - 3F\phi_S = c_1 - 4F\phi_S - F(\phi_M - \phi_S) \tag{4.16}$$

$$G(R) = c_2 - 4F\phi_S \tag{4.17}$$

其中–3和–4分別爲$Fe(CN)_6^{3-}$和$Fe(CN)_6^{4-}$的電荷數，c_1和c_2爲標準狀態的化學能所整合而成的常數，ϕ_M和ϕ_S則爲固體側與溶液側的內電位，兩者之差$\phi_M - \phi_S$即爲電極電位。若外加電位發生變化時，假設反應中間狀態的自由能$G(\#)$所受到的影響介於反應前與反應後的自由能所受影響之間，亦即介於$G(O+e^-)$和$G(R)$所受影響之間，則可設定一個在0與1之間的轉移係數β（transfer coefficient），以表示出反應中間物$I_\#$的自由能$G(\#)$：

$$G(\#) = c_3 - 4F\phi_S - \beta F(\phi_M - \phi_S) \tag{4.18}$$

其中，c_3亦爲常數。由這三個狀態計算出的自由能，可代回(4.14)式和(4.15)式，求得速率常數k_c和k_a：

$$k_c = A_c'' \exp(-\frac{(1-\beta)F(\phi_M - \phi_S)}{RT}) = A_c'' \exp(-\frac{\alpha F\mathcal{E}}{RT}) \tag{4.19}$$

$$k_a = A_a'' \exp(\frac{\beta F(\phi_M - \phi_S)}{RT}) = A_a'' \exp(\frac{\beta F\mathcal{E}}{RT}) \tag{4.20}$$

其中，A_c''和A_c''爲二次修正的Arrhenius常數，且定義電極電位$\mathcal{E} = \phi_M - \phi_S$，再定義$\alpha = 1 - \beta$。換言之，還原反應的轉移係數爲$\alpha$，氧化反應的轉移係數爲$\beta$，兩者之和爲1，$\alpha$和$\beta$可解釋爲外部作用的能量轉移給兩種反應的比例。在常見的情形中，兩者都接近0.5。由(4.19)式和(4.20)式可看出，電極電位$\mathcal{E}$往負向移動時，Arrhenius方程式中的指數項將會改變，使得k_c增加但k_a減低，亦即有利於還原不利於氧化；反之，$\mathcal{E}$往正向移動時，k_c會減低但k_a增加，所以有利於氧化不利於還原。通常，電極電位變化1 V時，大約可使速率常數改變10^9倍，意味著電壓的效應相當可觀，而且也代表著在動力學程序中施加電壓會產生極大的影響力。

　　儘管至此已將速率常數表達爲電極電位的函數，然而第三章中曾經提到單一電極電位無法測量，能透過儀器測量的情形只有待測電極對參考電極的電壓差。因此，(4.19)式和(4.20)式可以依標準狀態而修正其表示法，亦即兩式除以標準狀態下的表示式後，將會得到：

$$k_c = k_c^\circ \exp\left[-\frac{\alpha F(\mathcal{E} - \mathcal{E}_f^\circ)}{RT}\right] \tag{4.21}$$

$$k_a = k_a^\circ \exp\left[\frac{\beta F(\mathcal{E} - \mathcal{E}_f^\circ)}{RT}\right] \tag{4.22}$$

其中 $\mathcal{E} - \mathcal{E}_f^\circ$ 代表了在任意情形下的電極電位相對於標準狀態的形式電位。使用形式電位而非標準電位之目的,是爲了之後便於引入濃度,如此可避免使用活性,但需注意形式電位並非定值。而引入形式電位的做法其實可以看成改變 Arrhenius 常數後,根據指數律使電極電位 $\mathcal{E}$ 平移成電位差 $\mathcal{E} - \mathcal{E}_f^\circ$。另需注意,在本章中,符號 $\mathcal{E}$ 代表電位,而 E 將用以表示電子能階或相關的能量。

除了從反應進程來理解速率常數隨電位的變化,我們也可以從反應空間來探討。例如 $Ag^+ + e^- \rightleftharpoons Ag$ 的電沉積-溶解可逆反應,假設電極和溶液達成平衡時,電極電位爲 $\mathcal{E} = \mathcal{E}_{eq}$,Ag 進出固相或溶液相時的位能將以一條具有峰值的曲線來呈現。因爲 Ag 從溶液相中析出時會吸收能量後再釋放,而 Ag^+ 從固相脫離時亦同,兩種情形將合成上述隨空間分布且具有峰值 $\mathcal{E}_p^\circ$ 的能量曲線,如圖4-2所示。從電極表面往外延伸,Ag/Ag^+ 的能量曲線將類似於反應進程的自由能曲線。

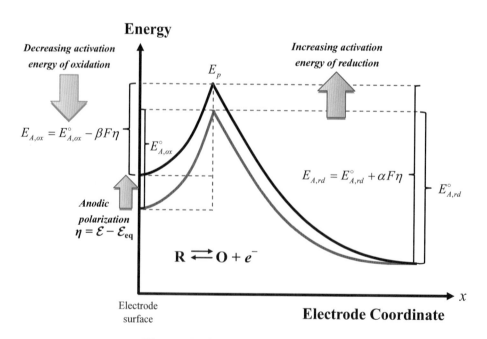

圖4-2　反應空間中的自由能變化

　　無論電極電位有無改變，沿著電極向外的方向（x方向）前進，可視爲從Ag變成Ag^+的反應在發生；相反地，從溶液往電極的方向（$-x$方向）前進時，可視爲從Ag^+變成Ag的反應在發生，兩個方向如同正逆反應一般。因此，從x方向觀察，能量曲線的上升段如同氧化反應的活化能$E^\circ_{A,ox}$；從$-x$方向檢視，能量曲線的上升段如同還原反應的活化能$E^\circ_{A,rd}$。當電極電位從$\mathcal{E}_{eq}$提升到$\mathcal{E}$時，電極表面的能量亦將向上增加，但能量曲線的峰值E_p卻不會以相同的程度上升，因爲$x\to\infty$處的能量被假定爲不受影響，所以電位提升前後的兩條曲線具有不同的形狀。依據電磁學中的慣例，定義$x\to\infty$處的能量爲0，則電位提升後的還原反應活化能將成爲$E_{A,rd}$，此值亦代表了能量峰值的前後差異：

$$E_p - E_p^\circ = E_{A,rd} - E_{A,rd}^\circ \tag{4.23}$$

再定義$E_{A,rd} - E_{A,rd}^\circ$占據電位提升所需能量的比例爲$\alpha$，則可得：

$$E_{A,rd} - E_{A,rd}^\circ = \alpha F(\mathcal{E} - \mathcal{E}_{eq}) = \alpha F \eta \tag{4.24}$$

其中$\eta = \mathcal{E} - \mathcal{E}_{eq}$即爲過電位。另一方面，也可發現氧化反應活化能之前後差異爲：

$$E_{A,ox} - E_{A,ox}^\circ = (E_p - F\mathcal{E}) - (E_p^\circ - F\mathcal{E}_{eq}) = -(1-\alpha)F\eta \tag{4.25}$$

由(4.25)式等號右側的負號可發現，電極電位提升時（$\eta>0$），氧化反應的活化能會減低，但(4.24)式則說明了還原反應的活化能會增大，因此正向增加電位有助於氧化的進行，但會阻礙還原。同理可證，如果電極電位下降時（$\eta<0$），還原反應的活化能會減低，氧化反應的活化能會增大，代表減低電位有助於還原的進行。這些活化能皆可代入Arrhenius方程式中，用以計算正逆反應的速率常數。

　　事實上，此例中使用的α即爲(4.19)式中的還原反應轉移係數，並可將$1-\alpha$定爲β。若再將平衡電位$\mathcal{E}_{eq}$轉爲形式電位$\mathcal{E}_f^\circ$，則由反應空間所推導的活化能與速率常數，將與從反應進程所推導的結果完全相同。

　　繼續以$Fe(CN)_6^{3-} + e^- \rightleftharpoons Fe(CN)_6^{4-}$爲例，假設其正逆方向皆爲一級基元反應，且已知$Fe(CN)_6^{3-}$與$Fe(CN)_6^{4-}$的表面濃度分別爲$c_O^s$與$c_R^s$，則淨反應速率$r$可表示爲：$r = k_c c_O^s - k_a c_R^s$。

　　當電極與溶液界面達成平衡時，淨反應速率$r=0$，亦即$k_c c_O^s = k_a c_R^s$。再代入(4.21)式和(4.22)式後，可得：

$$k_c^\circ c_O^s \exp\left[-\frac{\alpha F(\mathcal{E}-\mathcal{E}_f^\circ)}{RT}\right] = k_a^\circ c_R^s \exp\left[\frac{\beta F(\mathcal{E}-\mathcal{E}_f^\circ)}{RT}\right] \tag{4.26}$$

由於$\alpha+\beta=1$，(4.26)式經整理後可成為：

$$\mathcal{E} = \mathcal{E}_f^\circ + \frac{RT}{F}\ln\frac{c_O^s}{c_R^s} + \frac{RT}{F}\ln\frac{k_c^\circ}{k_a^\circ} \tag{4.27}$$

根據Nernst方程式：

$$\mathcal{E} = \mathcal{E}_f^\circ + \frac{RT}{F}\ln\frac{c_O^s}{c_R^s} \tag{4.28}$$

比較(4.27)式和(4.28)式後，可清楚地發現：$k_a^\circ = k_c^\circ$。因此我們可將這兩個相等的Arrhenius常數定義為電化學反應之標準速率常數：$k^\circ = k_a^\circ = k_c^\circ$。

　　由Faraday定律可知，淨反應速率r與電化學池的電流密度i成正比，亦即$i=nFr$，需注意在此例中，$n=1$。因此可推得：

$$\begin{aligned}
i &= F(k_c c_O^s - k_a c_R^s) \\
&= Fk^\circ\left(c_O^s \exp\left[-\frac{\alpha F(\mathcal{E}-\mathcal{E}_f^\circ)}{RT}\right] - c_R^s \exp\left[\frac{\beta F(\mathcal{E}-\mathcal{E}_f^\circ)}{RT}\right]\right)
\end{aligned} \tag{4.29}$$

當正逆反應達成平衡時，電位$\mathcal{E}=\mathcal{E}_{eq}$，且已知兩物種在溶液主體區的濃度分別為$c_O^b$與$c_R^b$，故從Nernst方程式可得到形式電位$\mathcal{E}_f^\circ$、平衡電位$\mathcal{E}_{eq}$與平衡濃度間的關係：

$$\mathcal{E}_f^\circ = \mathcal{E}_{eq} + \frac{RT}{F}\ln\frac{c_R^b}{c_O^b} \tag{4.30}$$

此式與(4.28)式都說明了平衡時兩物質之濃度在各處的特定比例。接著將(4.30)式中的形式電位$\mathcal{E}_f^\circ$代回(4.29)式，可得到：

$$i = Fk° \left(c_O^s \exp\left[-\frac{\alpha F}{RT}(\mathcal{E} - \mathcal{E}_{eq}) + \alpha \ln\frac{c_R^b}{c_O^b} \right] - c_R^s \exp\left[\frac{\beta F}{RT}(\mathcal{E} - \mathcal{E}_{eq}) - \beta \ln\frac{c_R^b}{c_O^b} \right] \right)$$

$$= Fk° \left(c_O^s \left(\frac{c_R^b}{c_O^b} \right)^\alpha \exp\left[-\frac{\alpha F}{RT}(\mathcal{E} - \mathcal{E}_{eq}) \right] - c_R^s \left(\frac{c_O^b}{c_R^b} \right)^\beta \exp\left[\frac{\beta F}{RT}(\mathcal{E} - \mathcal{E}_{eq}) \right] \right) \qquad (4.31)$$

$$= Fk° (c_R^b)^\alpha (c_O^b)^\beta \left(\frac{c_O^s}{c_O^b} \exp\left[-\frac{\alpha F}{RT}(\mathcal{E} - \mathcal{E}_{eq}) \right] - \frac{c_R^s}{c_R^b} \exp\left[\frac{\beta F}{RT}(\mathcal{E} - \mathcal{E}_{eq}) \right] \right)$$

在上式中，等號右側的公倍數可定義爲交換電流密度（exchange current density）：

$$i_0 = Fk° (c_R^b)^\alpha (c_O^b)^\beta \qquad (4.32)$$

代表著反應達成平衡時（$\mathcal{E} = \mathcal{E}_{eq}$），單向（正向或逆向）反應所導致的電流密度，此參數可作爲電極系統的指標，當電極材料或電解液更換時，i_0會隨之改變。較大的i_0值表示正逆反應的速率皆很大，對於電化學反應而言，是一種容易氧化也容易還原的反應，通常也稱爲快反應（facile reaction），具有高度的可逆性，例如Cu/CuSO$_4$系統。相對地，當i_0值很小時，正逆反應的速率皆很小，是一種不易氧化也不易還原的反應，通常稱爲慢反應（slow reaction），其可逆性低，因此被視爲不可逆反應，例如Hg(H$_2$)/H$_2$SO$_4$系統。

引入i_0後，(4.31)式將成爲：

$$i = i_0 \left(\frac{c_O^s}{c_O^b} \exp\left[-\frac{\alpha F}{RT}(\mathcal{E} - \mathcal{E}_{eq}) \right] - \frac{c_R^s}{c_R^b} \exp\left[\frac{\beta F}{RT}(\mathcal{E} - \mathcal{E}_{eq}) \right] \right) \qquad (4.33)$$

由於極化現象是指偏離平衡的狀態，且過電位η被定義爲偏離平衡電位的電壓，亦即$\eta = \mathcal{E} - \mathcal{E}_{eq}$，使(4.33)式可以簡寫成：

$$i = i_0 \left[\frac{c_O^s}{c_O^b} \exp\left(-\frac{\alpha F \eta}{RT} \right) - \frac{c_R^s}{c_R^b} \exp\left(\frac{\beta F \eta}{RT} \right) \right] \qquad (4.34)$$

必須注意上式中的濃度c_O^b與c_R^b來自於(4.30)式，代表溶液主體區內的濃度；但c_O^s與c_R^s則來自於(4.28)式，代表發生反應的電極表面濃度。雖然在反應開始之前可以控制$c_O^s = c_O^b$，但隨著反應的進行，兩者將產生差異，若反應偏向還原方向，則$c_O^s < c_O^b$，若反應偏向氧化方向，則$c_O^s > c_O^b$。同理，對c_R^s與c_R^b也有類似趨勢。這種濃度偏離平衡值的情形即爲濃度極化現象。若溶液經過強烈攪拌，且

反應的變化量極其微小，溶液內可近似為無濃度分布，亦即表面濃度等於主體濃度，則(4.34)式可理想性地化簡為：

$$i = i_0 \left[\exp\left(-\frac{\alpha F \eta}{RT}\right) - \exp\left(\frac{\beta F \eta}{RT}\right) \right] \tag{4.35}$$

此式稱為Butler-Volmer方程式，以紀念化學家John Alfred Valentine Butler與Max Volmer對電化學動力學的貢獻，但此式是忽略濃度極化下的理想情形，主要用來探討施加電壓對反應的影響，亦即用以探究活化極化的效應。根據此式，可繪出電流密度對過電位的曲線，一般稱為極化曲線（polarization curve），整體曲線圖則稱為伏安圖（voltammogram）。

此外尚需註明，以上推導基於還原過程為正反應，所以規定還原電流密度為正向，而氧化電流密度為負向，使得$i = i_c - i_a$。然而，也可以針對氧化過程為正反應時，規定氧化電流密度為正向，而還原電流密度為負向，使得$i = i_a - i_c$。因此，只要掌握正逆反應所對應的電流密度具有相反方向的原則，兩種Butler-Volmer方程式的表示法皆成立。雖然目前國際純化學和應用化學聯合會（International Union of Pure and Applied Chemistry，簡稱IUPAC）規定氧化電流密度為正，而還原電流密度為負，但與其相反的用法也經常出現在文獻中，所以在閱讀前必須先檢視作者的定義。

當過電位$\eta > 0$時，代表施加給電極的電位正於平衡電位，此時$\exp\left(-\frac{\alpha F \eta}{RT}\right) < \exp\left(\frac{\beta F \eta}{RT}\right)$，或可簡述為氧化電流密度$i_a > i_0$，且還原電流密度$i_c < i_0$，代表氧化反應有優勢，還原反應居於劣勢，反應將偏向氧化方向，因此稱為陽極極化（anodic polarization）。當過電位$\eta < 0$時，代表施加給電極的電位負於平衡電位，此時$\exp\left(-\frac{\alpha F \eta}{RT}\right) > \exp\left(\frac{\beta F \eta}{RT}\right)$，或可簡述為$i_a < i_0 < i_c$，代表還原反應有優勢，氧化反應居於劣勢，反應將偏向還原方向，因此稱為陰極極化（cathodic polarization）。

當淨電流$i = i_a - i_c$與i_0差異過大時，電極會出現不同的行為。以陰極極化為例，當$i \ll i_0$時，代表施加過電位之絕對值$|\eta|$必須非常小，亦即偏離平衡電位不遠，系統的極化現象微弱，使得$i_c \approx i_a$。對於i_0很大的電極系統，滿足$i_c - i_a \ll i_0$的

電位範圍將會很寬，代表難以產生明顯的極化現象，使這類電極之反應近乎可逆。若假想$i_0 \to \infty$的極端情形時，電極幾乎不會出現極化，此時的系統可稱為理想不極化電極（ideal non-polarized electrode），在電化學測量中所需使用的參考電極必須具備這類特質。在圖4-3中，可發現$i_0 = 1\mu A/cm^2$的極化曲線幾乎貼近縱軸，明顯比$i_0 = 10^{-3}\mu A/cm^2$者更陡峭，代表前者只要施加若干的過電位即可產生比後者大許多的電流，顯現出前者的不極化性。

對於這類i_0足夠大的電極，若在施加過電位之前已達到平衡，則可從Nernst方程式得到平衡電位與主體濃度的關係：$\mathcal{E}_{eq} = \mathcal{E}_f^\circ + \dfrac{RT}{F}\ln\dfrac{c_O^b}{c_R^b}$。再從(4.34)式可知，$i/i_0 \to 0$，使得：

$$\frac{c_O^s}{c_O^b}\exp\left(-\frac{\alpha F\eta}{RT}\right) \approx \frac{c_R^s}{c_R^b}\exp\left(\frac{\beta F\eta}{RT}\right) \tag{4.36}$$

經過整理後，可得到表面濃度與電位的關係：

$$\mathcal{E} = \mathcal{E}_f^\circ + \frac{RT}{F}\ln\frac{c_O^s}{c_R^s} \tag{4.37}$$

此式說明了在i_0足夠大的電極中，雖然有電流通過界面，但電極電位仍可表示成Nernst方程式的形式，而且微小的過電位就會導致顯著的電流而成為快速反應。因此，快速反應系統難以遠離平衡狀態，除非出現了質傳控制現象。

另一方面，對於在圖4-3中的$i_0 = 10^{-6}\mu A/cm^2$和$i_0 = 10^{-3}\mu A/cm^2$之系統，都屬於i_0較小的電極，可發現前者之極化曲線明顯比後者平緩，施加小的過電位時，前者幾乎貼近橫軸，代表前者的反應必須施加更高的過電位才能被驅動。從外加電流的角度，只要微量的電流即可使電極電位明顯地偏離平衡電位，顯現出系統容易極化的特性。例如陰極過電位之絕對值$|\eta|$足夠大時，可使$i \gg i_0$，亦即$i_c \gg i_a$，代表還原反應占絕對優勢，呈現出不可逆性。若再考慮$i_0 \to 0$的極端情形時，幾乎只用微量電流就可以極化，故將此類系統稱為理想極化電極（ideal polarized electrode），研究電雙層結構時，必須使用此類系統。

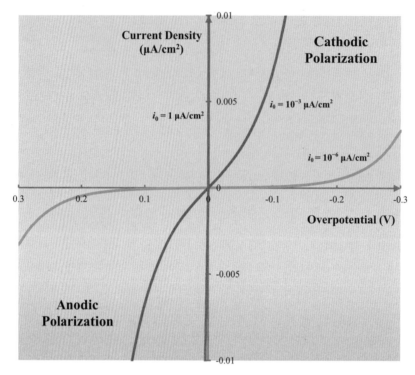

圖4-3　交換電流密度對極化曲線的影響

　　但當過電位的絕對值$|\eta|$足夠大時，則不屬於上述兩類極端情形，Butler-Volmer方程式右側的兩個指數項將會差異頗大，使得其中一項得以忽略，亦即淨電流只由氧化或還原之中的一項主導。此情形也代表電極偏離平衡很遠，將會單向進行不可逆的反應。通常在$|\eta|>100\text{mV}$下，可符合這類情形。以過電壓超過100 mV的陰極極化為例，其氧化電流密度可忽略，因此可得：

$$i = i_0 \exp\left(-\frac{\alpha F\eta}{RT}\right) \tag{4.38}$$

轉換成對數表示法後可得：$\eta = \dfrac{RT}{\alpha F}\ln i_0 - \dfrac{RT}{\alpha F}\ln i$。若反應中牽涉的電子數為$n$，則可改寫為：$\eta = \dfrac{RT}{\alpha nF}\ln i_0 - \dfrac{RT}{\alpha nF}\ln i$。再將自然對數轉成以10為底的對數後，可表示為：

$$\eta = \frac{2.303RT}{\alpha nF}\log i_0 - \frac{2.303RT}{\alpha nF}\log i \tag{4.39}$$

Julius Tafel曾在1900年前後大量研究電化學反應的動力學行為，並歸納出施加電壓對電流的對數值成線性的關係，後人命名為Tafel定律。事實上，Tafel定律中的斜率即為$-\dfrac{2.303RT}{\alpha nF}$。(4.38)式和(4.39)式的推導過程也適用於陽極極化的情形，此時則忽略還原電流密度，所以也可以得到陽極極化下的Tafel定律，但因為此時的淨電流為負值，所以會先取絕對值後再列出i與η的關係。再者，Tafel定律適用的前提是反應物濃度必須維持固定，系統中只出現活化極化而無濃度極化。若能滿足此條件，且在夠大的過電位下，可將實驗數據畫在半對數圖上，其結果將趨近兩條直線，兩線分別代表陰極極化和陽極極化，此種圖形稱為Tafel圖（Tafel plot），圖4-4是一個典型的範例。如前所述，直線的斜率僅與溫度T、轉移係數α和電子轉移數n有關，若能控溫，則有機會從斜率值推斷出α和n，因為n值通常是整數。此外，從截距與斜率的比值可以求得交換電流密度i_0，這是電極系統的重要參數，有助於判斷電極是否容易極化。在室溫下，一般氧化還原反應的交換電流密度會介於10^{-6} A/cm^{2}到1A/cm^{2}之間。另一方面，當過電位非常大時，實測電流只會增加到一個有限值，這是因為反應物到達電極表面的速率受到限制，使得濃度極化現象無法避免，因而偏離了Tafel定律，此情形容後說明。

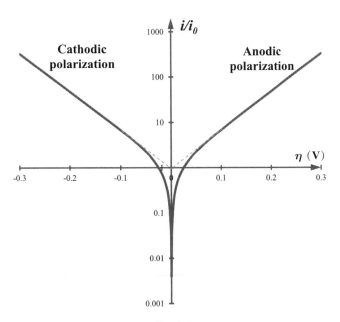

圖4-4 典型的Tafel圖

　　通常在求取Tafel圖的實驗中，會從足夠負的過電位往足夠正的過電位逐點進行，或是由正往負亦可，但在$|\eta|<100\text{mV}$的區間內，數據將嚴重偏離半對數關係，其原因在於正逆反應的速率相當，無法將其中之一忽略。若改將實驗數據繪於正常比例的直角座標（Cartesian coordinate）中，$|\eta|<10\text{ mV}$內的圖形反而接近通過原點的直線，也就是電流與過電壓成正比，此結果可從Butler-Volmer方程式推導出來。因為過電位足夠小時，正逆反應的指數項可使用泰勒展開式的前幾項來近似：

$$\exp\left(-\frac{\alpha nF\eta}{RT}\right)\approx 1-\frac{\alpha nF\eta}{RT} \tag{4.40}$$

$$\exp\left(\frac{\beta nF\eta}{RT}\right)\approx 1+\frac{\beta nF\eta}{RT} \tag{4.41}$$

由於$\alpha+\beta=1$，所以Butler-Volmer方程式可化簡成：

$$i=-i_0\frac{nF\eta}{RT} \tag{4.42}$$

由此可定義過電位對電流密度的比值為電荷轉移電阻R_{ct}（charge transfer resistance）：

$$R_{ct}=-\frac{\eta}{i}=\frac{RT}{nFi_0} \tag{4.43}$$

對於i_0很小的電極系統，電荷轉移電阻R_{ct}較大；對於i_0很大的系統，電荷轉移電阻R_{ct}則較小。但在$10\text{mV}<|\eta|<100\text{ mV}$的區間內，兩種座標圖中皆無法顯示線性關係，故常稱為過渡區（transition region）。

　　總結以上，一個完整的穩態電流測量可以得到伏安圖，從平衡電位起，電流密度的曲線將逐步經歷線性區、過渡區、半對數區（Tafel區）、第二過渡區與飽和區。其中的飽和區來自於質傳控制現象，而第二過渡區則來自於質傳和反應的混合控制現象，兩者都將於4-1-3節中詳述。

範例4-1

　　有一個氫氣生成的反應藉由旋轉電極來進行，在298 K所得到的電流密度i對過電位η之關係如表4-1所示，試計算此反應的動力學參數。

表4-1　氫氣生成實驗數據

電流密度i（A/m²）	過電位η（mV）
1	−75
5	−160
10	−200
50	−280
100	−320

解 1. 可先測試電流密度的對數與電位的關係，檢驗是否滿足(4.39)式：

$$\eta = \frac{2.303RT}{\alpha nF}\log i_0 - \frac{2.303RT}{\alpha nF}\log i = a + b\log i。$$

2. 代入數據後發現$\log i$與η具有線性關係，且可得到：$a = -0.075\,\mathrm{V}$，$b = -0.123\,\mathrm{V/decade}$。所以可推算出$\alpha = 0.48$，以及$i_0 = 0.244\,\mathrm{A/m^2}$。

範例4-2

　　有一個Pt電極與含有Fe^{2+}/Fe^{3+}的電解液接觸，在298 K所得到的電流密度i對過電位η之關係如表4-2所示，試計算此反應的動力學參數，以及施加−50 mV過電位時的電流密度。

表4-2　Fe^{2+}/Fe^{3+}反應實驗數據

過電位η（mV）	電流密度i（A/m²）
20	21
50	66
70	110
100	230
120	370
150	730
200	2200

解 1. 對於過電位較大的結果，可假設反應滿足$i \approx -i_0\exp\left(\dfrac{\beta F\eta}{RT}\right)$，但需注意有時

實驗所記錄的是正值的氧化電流。

2. 代入 $\eta > 100$ mV數據後可得到：$i_0 = 24.6 \text{A}/\text{m}^2$，$\beta = 0.58$，所以可得到 $\alpha = 1 - \beta = 0.42$。

3. 施加 -50 mV過電位時，將發生還原反應，其電流密度必須從Butler-Volmer方程式計算，亦即：

$$i = i_0 \left[\exp\left(-\frac{\alpha F \eta}{RT} \right) - \exp\left(\frac{\beta F \eta}{RT} \right) \right]$$

$$= (24.6)[\exp(\frac{(0.42)(96500)(0.05)}{(8.31)(298)}) - \exp(\frac{(0.58)(96500)(-0.05)}{(8.31)(298)})]$$

$$= 47.8 \text{ A}/\text{m}^2$$

4-1-2 多步驟電子轉移動力學

對於 Fe^{3+} 還原成 Fe 或 H_2O 氧化成 O_2 之類反應，常包含多個電子轉移步驟，但在這些步驟中，只有其中之一主宰了全體程序的速率，此關鍵步驟即稱為速率決定步驟。對於常見的雙電子反應：

$$A + e^- \rightleftharpoons B \tag{4.44}$$

$$B + e^- \rightleftharpoons C \tag{4.45}$$

可以擁有兩種速率決定步驟的假設。若定義(4.44)式和(4.45)式中三個物質的生成通量為 N_A、N_B 與 N_c，且第一步驟的形式電位、標準速率常數與還原轉移係數分別為 $\mathcal{E}_{f1}^\circ$、k_1° 與 α_1，而第二步驟為 $\mathcal{E}_{f2}^\circ$、k_2° 與 α_2，則此三物的通量關係可分別表示為：

$$\frac{N_A}{F} = -k_1^\circ c_A \exp\left[-\frac{\alpha_1 F(\mathcal{E} - \mathcal{E}_{f1}^\circ)}{RT} \right] + k_1^\circ c_B \exp\left[\frac{\beta_1 F(\mathcal{E} - \mathcal{E}_{f1}^\circ)}{RT} \right] \tag{4.46}$$

$$\begin{aligned}
\frac{N_B}{F} = {} & k_1^\circ c_A \exp\left[-\frac{\alpha_1 F(\mathcal{E} - \mathcal{E}_{f1}^\circ)}{RT} \right] - k_1^\circ c_B \exp\left[\frac{\beta_1 F(\mathcal{E} - \mathcal{E}_{f1}^\circ)}{RT} \right] \\
& - k_2^\circ c_B \exp\left[-\frac{\alpha_2 F(\mathcal{E} - \mathcal{E}_{f2}^\circ)}{RT} \right] + k_2^\circ c_C \exp\left[\frac{\beta_2 F(\mathcal{E} - \mathcal{E}_{f2}^\circ)}{RT} \right]
\end{aligned} \tag{4.47}$$

$$\frac{N_C}{F} = k_2^\circ c_B \exp\left[-\frac{\alpha_2 F(\mathcal{E} - \mathcal{E}_{f2}^\circ)}{RT}\right] - k_2^\circ c_C \exp\left[\frac{\beta_2 F(\mathcal{E} - \mathcal{E}_{f2}^\circ)}{RT}\right] \qquad (4.48)$$

從這三式可發現$N_A + N_B + N_C = 0$。

　　若假設第一步驟的速率最慢，則B的濃度將會非常小，使得：

$$\frac{N_A}{F} \approx -k_1^\circ c_A \exp\left[-\frac{\alpha_1 F(\mathcal{E} - \mathcal{E}_{f1}^\circ)}{RT}\right] \qquad (4.49)$$

在足夠的過電位下，Tafel圖的斜率將為$-\dfrac{RT}{\alpha_1 F}$。

　　若第二步驟的速率最慢時，可假設第一步驟處於平衡狀態，且第二步驟的逆反應可忽略，使得：

$$\frac{N_A}{F} = -k_1^\circ c_A \exp\left[-\frac{\alpha_1 F(\mathcal{E} - \mathcal{E}_{f1}^\circ)}{RT}\right] + k_1^\circ c_B \exp\left[\frac{\beta_1 F(\mathcal{E} - \mathcal{E}_{f1}^\circ)}{RT}\right] \approx 0 \qquad (4.50)$$

$$\frac{N_C}{F} \approx k_2^\circ c_B \exp\left[-\frac{\alpha_2 F(\mathcal{E} - \mathcal{E}_{f2}^\circ)}{RT}\right] \qquad (4.51)$$

兩式合併後可得：

$$\frac{N_C}{F} \approx k_2^\circ c_A \exp\left[-\frac{\alpha_2 F(\mathcal{E} - \mathcal{E}_{f2}^\circ)}{RT}\right] \exp\left[-\frac{F(\mathcal{E} - \mathcal{E}_{f1}^\circ)}{RT}\right] \qquad (4.52)$$

相同地，在足夠的過電位下，Tafel圖的斜率將成為$-\dfrac{RT}{(1+\alpha_2)F}$。對於氧化和還原轉移係數大約相等的例子，第一步驟最慢者的Tafel斜率將會是第二步驟最慢者的3倍。同理可證，對於雙電子氧化程序，當第一步驟最慢時，Tafel斜率將為$\dfrac{RT}{\beta_1 F}$；當第二步驟最慢時，Tafel斜率將為$\dfrac{RT}{(1+\beta_2)F}$。

範例4-3

　　有一個還原反應$A + 2e^- \rightleftharpoons B$在298 K下進行，藉由穩態測量，發現在較低的電位下可得到Tafel斜率的數值為40 mV/decade，但在較高的電位下卻得到Tafel斜率的數值為120 mV/decade。假設此程序可能分成兩個單

電子轉移步驟，其中之一是速率決定步驟，且因為在較低和較高電位下，Tafel斜率不同，推測反應可能和中間物D的吸附有關。若從動力學來推論，試判斷哪一個單電子反應屬於速率決定步驟。

解 1. 假設反應的兩階段分別為$A+e^- \rightleftharpoons D$與$D+e^- \rightleftharpoons B$，其中D為吸附物，其覆蓋率為$\theta$。接著可列出A、D和B的反應速率：

$$r_A = -k_1(1-\theta)c_A\exp(-\alpha_1 f\eta) + k_{-1}\theta\exp[(1-\alpha_1)f\eta]$$

$$r_D = k_1(1-\theta)c_A\exp(-\alpha_1 f\eta) - k_{-1}\theta\exp[(1-\alpha_1)f\eta]$$
$$\quad - k_2\theta\exp(-\alpha_2 f\eta) + k_{-2}(1-\theta)c_B\exp[(1-\alpha_2)f\eta]$$

$$r_B = k_2\theta\exp(-\alpha_2 f\eta) - k_{-2}(1-\theta)c_B\exp[(1-\alpha_2)f\eta]$$

其中$f = \dfrac{F}{RT}$，k_1和k_2是兩步驟的正反應速率常數，k_{-1}和k_{-2}是兩步驟的逆反應速率常數。

2. 對於中間物D，可使用穩態假設，亦即$r_D=0$，以得到覆蓋率θ的表示式。從穩態假設還可得知：$r_A+r_B=0$，故電流密度$i = F(-r_A+r_B) = -2Fr_A = 2Fr_B$。為了簡化後續分析，先假設$\alpha_1=\alpha_2=\alpha\approx0.5$。

3. 若將$A+e^- \rightleftharpoons D$視為速率決定步驟時，$k_{-1}\to 0$，並可視第二步驟為快速平衡的反應，亦即$k_2$和$k_{-2}$遠大於$k_1$，故可得到覆蓋率為：$\theta = \dfrac{c_B\exp(f\eta)}{k_2/k_{-2}+c_B\exp(f\eta)}$。在低電位下，第一步驟的速率很慢，使得$\theta\to 0$，亦即$k_2/k_{-2} \gg c_B\exp(f\eta)$，因此電流密度$i \approx 2Fk_1c_A\exp(-\alpha f\eta)$，而其Tafel斜率約為$-118$ mV/decade，但與實驗數據不合。

4. 若將$D+e^- \rightleftharpoons B$視為速率決定步驟時，則第一步驟應屬於快速平衡的反應，使得$k_{-2}\to 0$且k_1和k_{-1}遠大於k_2，故覆蓋率為：$\theta = \dfrac{(k_1/k_{-1})c_A}{(k_1/k_{-1})c_A+\exp(f\eta)}$。在低電位下，第一步驟反應較慢，使得$\theta\to 0$，亦即$(k_1/k_{-1})c_A \ll \exp(f\eta)$，因此電流密度$i \approx 2F\dfrac{k_1k_2}{k_{-1}}c_A\exp[-(1+\alpha)f\eta]$，其Tafel斜率約為$-38$ mV/decade。但在高電位下，第一步驟反應更快，可視$\theta\to 1$，亦即$(k_1/k_{-1})c_A \gg \exp(f\eta)$，使得$i \approx 2Fk_2\exp(-\alpha f\eta)$，Tafel斜率約為$-118$ mV/decade。

5. 因此，從實驗數據可判斷，$D+e^- \rightleftharpoons B$為速率決定步驟之可能性較高。

對於牽涉更多個電子轉移的程序，可表示為$O + ne^- \rightleftharpoons R$，但速率決定步驟為某個單電子反應：$O' + e^- \rightleftharpoons R'$。若已知速率決定步驟的形式電位為$\mathcal{E}^\circ_{f(rds)}$，轉移係數為$\alpha_{rds}$，則全體程序的電流密度可表示為：

$$i = nFk^\circ \left\{ c^s_{O'} \exp\left[-\frac{\alpha_{rds} F(\mathcal{E} - \mathcal{E}^\circ_{f(rds)})}{RT} \right] - c^s_{R'} \exp\left[\frac{(1-\alpha_{rds}) F(\mathcal{E} - \mathcal{E}^\circ_{f(rds)})}{RT} \right] \right\} \tag{4.53}$$

其推導過程與範例4-3類似，中間物O'和R'的濃度可再轉換成反應物O和產物R的濃度。

4-1-3 濃度極化動力學

在電化學程序中，溶液相的質傳現象也會影響程序的整體速率。若質傳速率成為全體流程的瓶頸時，將成為質傳控制程序。此時，電極表面的反應速率將遠大於質傳速率，通常將過電位增加到某種程度後可以滿足此條件。以電鍍程序為例，金屬M的還原反應為：$M^{n+} + ne^- \rightleftharpoons M$。當溶液中含有足夠的支撐電解質時，擴散層內的電遷移現象便可忽略，使得擴散現象主宰質傳，並成為整個程序的速率決定步驟，其細節將於第五章中詳述。假設c^s和c^b分別是M^{n+}在表面與主體區的濃度，由於施加的過電位夠大，逆反應可以忽略，使得Butler-Volmer方程式簡化為：

$$i = i_0 \left[\frac{c^s}{c^b} \exp\left(-\frac{\alpha nF\eta}{RT} \right) \right] \tag{4.54}$$

根據Nernst擴散層理論，在電極表面附近的擴散層內，可以假設M^{n+}濃度呈線性分布（如圖4-5），使擴散通量N_d可用Fick定律表示：

$$N_d = D \frac{c^b - c^s}{\delta} \tag{4.55}$$

其中D是M^{n+}的擴散係數，δ是擴散層的厚度。M^{n+}輸送到電極表面立刻提供還原反應使用，因此產生了電流密度i，故由Faraday定律可得：

$$i = nFN_d = \frac{nFD}{\delta}(c^b - c^s) \tag{4.56}$$

　　在極限情形時，電極表面的M^{n+}將被消耗殆盡，使得$c^s=0$，而得到最大的或飽和的電流密度，也稱為極限電流密度$i_{\lim}$（limiting current density）：

$$i_{\lim} = \frac{nFD}{\delta}c^b \tag{4.57}$$

在擴散控制下，即使未達飽和，其電流密度也可相對於飽和值而表示成比例式：

$$\frac{i}{i_{\lim}} = 1 - \frac{c^s}{c^b} \tag{4.58}$$

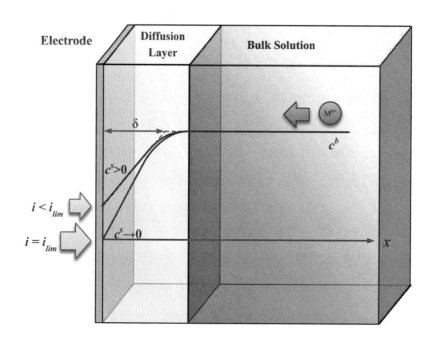

圖4-5　Nernst擴散層理論與極限電流密度

由此比例可求出表面濃度：

$$c^s = c^b(1 - \frac{i}{i_{\lim}}) \tag{4.59}$$

因此，將(4.59)式代入(4.54)式之後，可得到電流密度與過電位的關係：

$$\frac{i}{i_0} = (1 - \frac{i}{i_{\lim}})\exp\left(-\frac{\alpha nF\eta}{RT}\right) \tag{4.60}$$

重新整理後，可表示出過電位：

$$\eta = \frac{RT}{\alpha nF} \ln \frac{i_0}{i_{\lim}} + \frac{RT}{\alpha nF} \ln(\frac{i_{\lim} - i}{i}) \tag{4.61}$$

若將質傳控制的實驗結果畫在縱坐標為過電位η且橫坐標為($\frac{i_{\lim} - i}{i}$)的半對數圖上，將呈現出直線，從其斜率與截距可換算出動力學參數。對於前述的電鍍程序，施加過電位愈負時，電流密度i愈大，但必須施加過電位$\eta \rightarrow \infty$時，才能使$i = i_{\lim}$。另一方面，當η愈負時，c^s將會愈低。然而，在現實情形中，c^s無法下降到0，因為電鍍的逆反應雖慢，但仍然存在，允許電極表面擁有微量的金屬離子。

此外，對於O和R都是離子的電子轉移反應，在氧化電流密度和還原電流密度方面都具有極限狀況，分別表示為$i_{\lim,a}$和$i_{\lim,c}$，使淨電流密度可表示為：

$$\frac{i}{i_0} = (1 - \frac{i}{i_{\lim,c}}) \exp\left(-\frac{\alpha nF\eta}{RT}\right) - (1 - \frac{i}{i_{\lim,a}}) \exp\left(\frac{\beta nF\eta}{RT}\right) \tag{4.62}$$

其中的$i_{\lim,a} < 0$，且需注意$i_{\lim,a}$和$i_{\lim,c}$的絕對值不一定相等，因為它們會受到主體濃度與擴散係數等因素的影響。

為了區分濃度極化與活化極化，我們定義活化極化導致的過電位為η_a，而濃度極化導致的過電位為η_c。由上述結果可以發現，對於正反應為還原的程序，已知其電流密度i為正值，故當$i_0 < i < i_{\lim}$時，根據(4.61)式可定義η_c和η_a：

$$\eta_c = \frac{RT}{\alpha nF} \ln(1 - \frac{i}{i_{\lim}}) < 0 \tag{4.63}$$

$$\eta_a = -\frac{RT}{\alpha nF} \ln(\frac{i}{i_0}) < 0 \tag{4.64}$$

從中可發現濃度極化和活化極化都會使還原程序之過電位更偏負，如圖4-6所示，其原因在於兩種極化都產生了額外的能量需求。因此，為了使還原反應順利進行，必須施加更負的電位才能驅動。另一方面，對於金屬溶解的氧化反應，兩種極化現象依然擁有相同的趨勢，亦即活化極化過電位η_a大於0，濃度極化過電位η_c亦大於0，使施加電位必須更偏正。

Cathodic Polarization

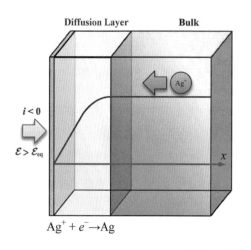

Anodic Polarization

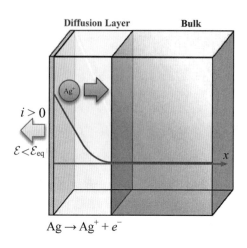

圖4-6 濃度極化效應

　　在實際的電化學程序中，兩種極化會相互伴隨，只是兩者對應的過電位有大小差異。總過電位的大小，將取決於通過電極的電流密度i對交換電流密度i_0和極限電流密度i_{lim}的關係，如圖4-7所示。以下分幾種情形來討論：

　　1. 若$i \to 0$，顯示兩種過電位皆很小，電極接近平衡狀態，此時Butler-Volmer方程式可被線性化而成為：

$$\frac{i}{i_0} = \frac{c_O^s}{c_O^b} - \frac{c_R^s}{c_R^b} - \frac{F\eta}{RT} \tag{4.65}$$

若使用極限電流密度取代表面濃度，則可得到：

$$\frac{\eta}{i} = \frac{RT}{nF}(\frac{1}{i_0} + \frac{1}{i_{lim,c}} - \frac{1}{i_{lim,a}}) \tag{4.66}$$

此式的左側具有電阻的概念，因此右側可以分別對應電荷轉移電阻R_{ct}、還原的質傳電阻$R_{mt,c}$與氧化的質傳電阻$R_{mt,a}$。

　　2. 若i_0很大，屬於快反應，當$i \to i_{lim}$且$i_{lim} \ll i_0$時，電流接近飽和，活化極化輕微，由濃度極化主宰。

　　3. 若i_0很小，屬於慢反應，當$i \gg i_0$且$i_{lim} \gg i_0$時，兩種極化的程度可能相當，極化特性較複雜。由於i_0和i_{lim}有很大的差異，必須視i的範圍來判斷電極程序

的行為。通常，當$\dfrac{i}{i_{\lim}}<0.1$時，濃度極化輕微，電極幾乎只有發生活化極化，程序為反應控制；當$0.1<\dfrac{i}{i_{\lim}}<0.9$時，兩種極化的程度相當，程序為活化與質傳混合控制；當$\dfrac{i}{i_{\lim}}>0.9$時，由濃度極化主宰，程序為質傳控制。

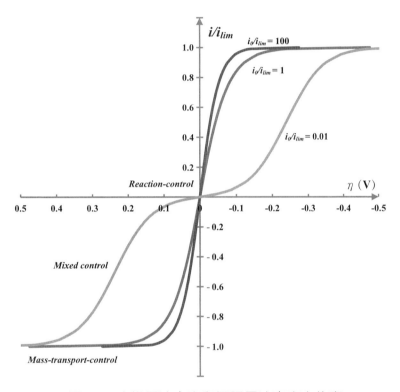

圖4-7　交換電流密度和極限電流密度之效應

　　總結以上，對於Butler-Volmer方程式所敘述的動力學行為，濃度極化效應主要出現在(4.34)式中的濃度比例項，亦即表面濃度對主體濃度的比值。雖然表面濃度難以測量，但從極化曲線可求取極限電流密度，所以使用極限電流密度來解釋動力學是比較好的方法。而活化極化的部分則包含在兩個指數項中，從中可觀察出正向的過電位會增大氧化項而抑制還原項，負向的過電位則相反，但過電位的絕對值愈大時，會引起顯著的濃度極化，使得動力學行為變得複雜。此外，一些電化學系統還存在第三種極化現象，稱為歐姆極化（ohmic polarization）。當電流通過電極後，某些反應會在電極與溶液之界

面產生高電阻的氧化膜，進而導致額外的電位差$(\Delta\Phi)_{Film}=IR_F$，其中R_F代表膜電阻，因此改變了電極程序的行為，但這部分將留在4-4節討論。再者，界面的電子轉移實際上必須透過量子穿隧（quantum mechanical tunneling）效應才能發生，所以反應只能發生在電極表面約20 Å以內的區域。如果上述電流密度公式適用時，從電極到電解液之間的電位差必須落在非常狹窄的範圍內，但擴散層的厚度遠大於20 Å，因此電極電位$\Delta\phi=\phi_M-\phi_S$中，應該只有部分電壓可以推動反應進行。然而，在實驗中若能加入0.1 M以上的支撐電解質，擴散層的厚度則可有效壓縮，使得大部分的電極電位$\Delta\phi$落在表面20 Å的範圍內，前述之電流密度公式得以適用。對於界面附近的量子穿隧效應，將在4-2節中詳述。

範例4-4

有一個電鍍Cd的實驗反應藉由旋轉電極來進行，電解液中含有0.12 M的Cd^{2+}，且已加入高濃度的支撐電解質。在298 K下進行實驗，可得到電流密度i對過電位η之關係（如表4-3所示），試估計此反應的動力學參數。

表4-3　還原Cd實驗數據

過電位η（V）	電流密度i（A/m^2）
−0.2	1.1
−0.3	6.6
−0.4	35
−0.5	120
−0.6	200
−0.7	225
−0.8	230
−0.9	230
−0.95	230
−1.0	250
−1.1	320

解 1. 從實驗數據中發現存在極限電流 $i_{\lim}=230\text{A}/\text{m}^2$，故可假設電流密度與電位的關係滿足(4.60)式，亦即 $i=i_0\left[(1-\dfrac{i}{i_{\lim}})\exp\left(-\dfrac{\alpha nF\eta}{RT}\right)\right]$。此外，還可推論 $\eta<-1.0\text{V}$ 的數據包含了其他反應，所以電流密度超過 $i_{\lim}$。

2. 將 $(\dfrac{i}{1-i/i_{\lim}})$ 定為縱坐標，過電位 η 為橫坐標，作圖後可得到趨勢線為：$(\dfrac{i}{1-i/i_{\lim}})=0.0284\exp(-18.22\eta)$，因此可得 $i_0=0.0284\text{A}/\text{m}^2$，且 $\dfrac{\alpha nF}{RT}=18.22$，亦即 $\alpha n=0.467$。若假設 $\alpha\approx0.5$，則可推測 Cd 的還原中，速率決定步驟應為單電子之轉移反應。

範例4-5

在 298 K 下，有一個溶液中含有 2 mM 的 O 和 1 mM 的 R，兩者會發生反應：$O+e^-\rightleftharpoons R$。已知反應的標準速率常數 $k^\circ=10^{-7}\text{cm/s}$，轉移係數 $\alpha=0.3$，O 和 R 的質傳係數皆為 $k_m=10^{-3}\text{cm/s}$。試求出氧化極限電流密度、還原極限電流密度、交換電流密度，以及過電位分別為 -0.5 V、-0.75 V 和 -1.0 V 時的電流密度。

解 1. 由於質傳係數定義為：$k_m=\dfrac{D}{\delta}$，所以(4.57)式可轉變為 $i_{\lim}=\dfrac{nFD}{\delta}c^b=nFk_mc^b$。由此可推得氧化極限電流密度：$i_{\lim,a}=-(1)(96500)(10^{-5})(1)=-0.965\text{A}/\text{m}^2$；還原極限電流密度則為：$i_{\lim,c}=(1)(96500)(10^{-5})(2)=1.93\text{A}/\text{m}^2$。

2. 已知 $k^\circ=10^{-7}\text{cm/s}$，且 $\alpha=0.3$，再根據(4.32)式，交換電流密度可表示為：
$i_0=Fk^\circ(c_R^b)^\alpha(c_O^b)^{1-\alpha}=(96500)(10^{-9})(1)^{0.3}(2)^{0.7}=1.57\times10^{-4}\text{ A}/\text{m}^2$。

3. 根據(4.62)式，$i=i_0\left[(1-\dfrac{i}{i_{\lim,c}})\exp\left(-\dfrac{\alpha F\eta}{RT}\right)-(1-\dfrac{i}{i_{\lim,a}})\exp\left(\dfrac{(1-\alpha)F\eta}{RT}\right)\right]$，經過重新整理後可得：$i=\dfrac{i_0\left[\exp\left(-\dfrac{\alpha F\eta}{RT}\right)-\exp\left(\dfrac{(1-\alpha)F\eta}{RT}\right)\right]}{1+\dfrac{i_0}{i_{\lim,c}}\exp\left(-\dfrac{\alpha F\eta}{RT}\right)-\dfrac{i_0}{i_{\lim,a}}\exp\left(\dfrac{(1-\alpha)F\eta}{RT}\right)}$。在 $\eta=-0.5\text{V}$ 時，可得到 $i=0.052\text{ A}/\text{m}^2$；在 $\eta=-0.75$ V 時，可得到 $i=0.66\text{ A}/\text{m}^2$；在 $\eta=-1.0$ V 時，可得到 $i=1.75\text{ A}/\text{m}^2$。

範例4-6

有一個電合成反應：$A+2e^-\rightarrow B$，進行時會伴隨副反應：$2H^++2e^-\rightarrow H_2$，已知總電流密度固定為$100\ A/m^2$，A的濃度維持在$0.02\ M$，兩個反應在298 K下的動力學關係分別為：$i_A=2.1c_A^s\exp(-16\mathcal{E})$與$i_H=0.126\exp(-12\mathcal{E})$，兩者單位皆為$A/m^2$，式中的$\mathcal{E}$是電極電位，單位為V，$c_A^s$則是A的表面濃度，單位為$mol/m^3$。試問電流效率達到95%時所施加的電位，以及電合成反應到達極限電流的90%時所施加的電位和此時的電流效率。

解 1.總電流密度$i=i_A+i_H=100\ A/m^2$，且電流效率為95%，所以$i_A=95\ A/m^2$，$i_H=5\ A/m^2$。

2.從H_2反應的動力學可知，$i_H=0.126\exp(-12\mathcal{E})=5$，可得$\mathcal{E}=-0.31V$。

3.從A反應的動力學可知，$i_A=2.1c_A^s\exp(-16\mathcal{E})=95$，故可解得$c_A^s=0.33\ mol/m^3$。

因為$c_A^s=c_A^b(1-\dfrac{i}{i_{\lim}})$，所以可得到$i_{\lim}=96.61\ A/m^2$。

4.到達極限電流的90%時，$c_A^s=c_A^b(1-0.9)=2\ mol/m^3$，且$i_A=2.1c_A^s\exp(-16\mathcal{E})$$=(0.9)(96.61)$，故可解得電位$\mathcal{E}=-0.189\ V$。此時的電流效率$\eta_{CE}=\dfrac{i_A}{i_A+i_H}$

$=\dfrac{(0.9)(96.61)}{(0.9)(96.61)+0.126\exp(12\times0.189)}=98.6\%$。經過比較，可發現過電位的數值增大後，電流效率將會下降。

範例4-7

通常擴散層厚度δ難以測量，但是質傳係數$k_m=\dfrac{D}{\delta}$則可藉由因次分析的關聯式求得，使得極限電流密度成為：$i_{\lim}=nFk_mc^b$。若對反應：$O+ne^-\rightleftharpoons R$，可分別定義O和R的質傳係數為$k_{mO}$和$k_{mR}$，且已知還原和氧化的速率常數為$k_c$和$k_a$，試使用這些質傳係數與速率常數來表示混合控制下的電流密度i。

解 1.已知電流密度為：$i=i_c-i_a=nF(k_cc_O^s-k_ac_R^s)$，但在還原區極限電流密度可表示為：$i_{\lim,c}=nF\dfrac{D_O}{\delta_c}c_O^b=nFk_{mO}c_O^b$

2. 因此，在還原的混合控制區內，假設 $i_a \to 0$，且 $c^s_O > 0$，使得 $i = nF \dfrac{D_O}{\delta_c}(c^b_O - c^s_O)$ $= nFk_{mO}(c^b_O - c^s_O)$，故可得到表面濃度 $c^s_O = c^b_O - \dfrac{i}{nFk_{mO}}$

3. 將表面濃度的關係式代入淨電流密度中，得到 $i = nFk_c(c^b_O - \dfrac{i}{nFk_{mO}})$。令無因次的 Damköhler 數為：$Da_c = \dfrac{k_{mO}}{k_c}$，則整理後可得到混合控制區之還原電流密度為：$i = \dfrac{nFk_c c^b_O}{1 + Da_c}$

4. 對於氧化區出現質傳控制時，其極限電流密度可表示為：$i_{\lim,a} = -nF \dfrac{D_R}{\delta_a} c^b_R$ $= -nFk_{mR} c^b_R$。同理，在混合控制下，$i = -nFk_{mR}(c^b_R - c^s_R)$，使得表面濃度 $c^s_R = c^b_R + \dfrac{i}{nFk_{mR}}$

5. 再令氧化的 Damköhler 數為：$Da_a = \dfrac{k_{mR}}{k_a}$，則整理後可得到混合控制區之氧化電流密度為：$i = -\dfrac{nFk_a c^b_R}{1 + Da_a}$

4-1-4 平行反應動力學

在實際的電化學程序中，一個電極上常會同時發生多種反應，此時可能有電流進出，也可能沒有電流通過，但不代表此刻的電極處於平衡狀態。電解冶金屬於有電流通過的例子，因為金屬在陰極析出時，也會伴隨電解水生成 H_2；而金屬在水中腐蝕則沒有電流輸出，因為金屬發生陽極溶解時，通常會伴隨 O_2 還原成 H_2O，也可能發生 H^+ 還原成 H_2。這些一起發生於相同電極材料上的反應可稱為平行反應（parallel reactions），其動力學行為通常互相獨立，除非某一個反應改變了溶液的溫度或 pH 值，才會影響其他反應的速率。

在發生平行反應的電極上，若能忽略電極的電阻，則此電極僅擁有唯一的電位，但每個反應的平衡電位卻不同，所以每個反應的過電壓皆不相等；而電極與外界流通的電流為每個反應所貢獻之總和，此總和也可能成為0。但需注意，即使電極上的總電流為0，只要每個反應的過電壓不為0，則每個反應都仍然偏離平衡狀態，而偏離平衡狀態的動力學行為皆可使用 Butler-Volmer 方

程式來描述。

假設電極上發生了 N 種反應，其中第 k 種反應可表示為：

$$O_k + n_k e^- \rightleftharpoons R_k \qquad (4.67)$$

則此反應的淨電流密度可使用 Butler-Volmer 方程式表示為：

$$i_k = i_{0,\,k} \left[\frac{c_{Ok}^s}{c_{Ok}^b} \exp\left(-\frac{\alpha_k F \eta_k}{RT}\right) - \frac{c_{Rk}^s}{c_{Rk}^b} \exp\left(\frac{\beta_k F \eta_k}{RT}\right) \right] \qquad (4.68)$$

其中 $i_{0,k}$ 和 η_k 為此反應的交換電流密度和過電位，α_k 和 β_k 分別為還原反應與氧化反應的轉移係數，且 $\alpha_k + \beta_k = n_k$，而上標 s 和 b 仍表示表面與主體區。若再假設每個反應都使用了電極上的所有面積，則總電流密度 i 可表示為每個反應所貢獻的總和：

$$i = \sum_{k=1}^{N} i_k = \sum_{k=1}^{N} i_{0,\,k} \left[\frac{c_{Ok}^s}{c_{Ok}^b} \exp\left(-\frac{\alpha_k F \eta_k}{RT}\right) - \frac{c_{Rk}^s}{c_{Rk}^b} \exp\left(\frac{\beta_k F \eta_k}{RT}\right) \right] \qquad (4.69)$$

在實際的平行反應程序中，$N = 2$ 是最常見的案例。假設兩個反應的平衡電位分別為 $\mathcal{E}_{eq,1}$ 和 $\mathcal{E}_{eq,2}$，交換電流密度分別為 $i_{0,1}$ 和 $i_{0,2}$，且不會發生濃度極化，則可將兩種反應的電流密度對電位的關係繪於 Tafel 圖中。依據 $\mathcal{E}_{eq,1}$ 和 $\mathcal{E}_{eq,2}$ 的正負，以及 $i_{0,1}$ 和 $i_{0,2}$ 的大小，可將雙反應系統區分為四類，但以下僅探討 $\mathcal{E}_{eq,1} > \mathcal{E}_{eq,2}$ 且 $i_{0,1} < i_{0,2}$ 者，其 Tafel 圖可如圖4-8所示，其餘三種系統的行為可依此類推。

在圖4-8中，可依照施加電位 $\mathcal{E}$ 而分成下列五區。

(1) $\mathcal{E} < \mathcal{E}_D$：

在此電位區間內，$\mathcal{E} < \mathcal{E}_{eq,1}$ 且 $\mathcal{E} < \mathcal{E}_{eq,2}$，代表兩種反應都在進行還原，處於互相競爭的狀態，而且電位都偏離平衡較多，故電流呈現 Tafel 行為，總電流密度 i 可表示為兩反應之和：

$$i = i_1 + i_2 = i_{0,\,1} \exp\left(-\frac{\alpha_1 F \eta_1}{RT}\right) + i_{0,\,2} \exp\left(-\frac{\alpha_2 F \eta_2}{RT}\right) \qquad (4.70)$$

其中 $\eta_1 = \mathcal{E} - \mathcal{E}_{eq,1}$ 且 $\eta_2 = \mathcal{E} - \mathcal{E}_{eq,2}$。

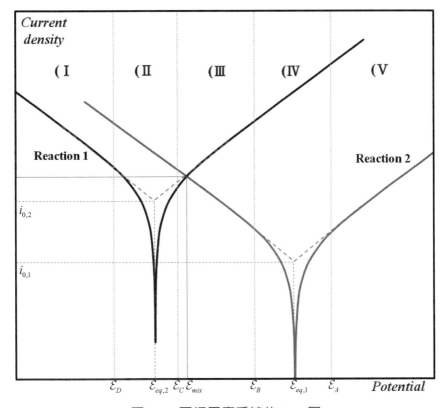

圖4-8　平行反應系統的Tafel圖

(2) $\mathcal{E}_D < \mathcal{E} < \mathcal{E}_C$：

在此電位區間內，仍因 $\mathcal{E} < \mathcal{E}_{eq,1}$，使第1種反應維持還原；但對於第2種反應，則因偏離平衡不遠，其正逆反應速率相當，故使 $|i_2| \ll |i_1|$，其電流可以忽略，所以總電流密度 i 可近似為：

$$i \approx i_{0,1}\exp\left(-\frac{\alpha_1 F \eta_1}{RT}\right) \tag{4.71}$$

(3) $\mathcal{E}_C < \mathcal{E} < \mathcal{E}_B$：

進入此範圍內，由於 $\mathcal{E} < \mathcal{E}_{eq,1}$ 且 $\mathcal{E} > \mathcal{E}_{eq,2}$，使第1種反應以還原為主亦即 $i_1 > 0$，而第2種反應以氧化為主，使 $i_2 < 0$，兩者不再相互競爭，電流彼此抵銷。因此，在區間內的某一個電位 $\mathcal{E}_{mix}$ 下，可得到總電流密度 $i = i_1 + i_2 = 0$，這是常見的金屬腐蝕行為，其中的第2種反應即為金屬溶解，第1種反應則可能是 O_2 消耗或 H_2 生成，而 $\mathcal{E}_{mix}$ 被稱為混合電位

（mixed potential），可證明$\mathcal{E}_{eq,2} < \mathcal{E}_{mix} < \mathcal{E}_{eq,1}$。對於腐蝕反應，此時的半反應電流密度$|i_2|$還可稱為腐蝕電流密度$i_{corr}$，混合電位則可稱為腐蝕電位$\mathcal{E}_{corr}$。若已知兩反應的平衡電位與交換電流密度，並假設$\mathcal{E}_{corr}$偏離$\mathcal{E}_{eq,1}$與$\mathcal{E}_{eq,2}$皆較遠，則可得到總電流密度$i$對$i_{corr}$和$\mathcal{E}_{corr}$的關係：

$$i = i_{corr}\left[\exp\left(-\frac{\alpha_1 F(\mathcal{E}-\mathcal{E}_{corr})}{RT}\right) - \exp\left(\frac{\beta_2 F(\mathcal{E}-\mathcal{E}_{corr})}{RT}\right)\right] \tag{4.72}$$

(4) $\mathcal{E}_B < \mathcal{E} < \mathcal{E}_A$：

在此電位區間內，由於$\mathcal{E} > \mathcal{E}_{eq,2}$，使第2種反應維持氧化；對於第1種反應，因偏離平衡不遠，其正逆反應速率相當，故使$|i_1| \ll |i_2|$，其電流可以忽略，所以總電流密度i可近似為：

$$i \approx -i_{0,2}\exp\left(\frac{\beta_2 F\eta_2}{RT}\right) \tag{4.73}$$

(5) $\mathcal{E} > \mathcal{E}_A$：

在此電位區間內，$\mathcal{E} > \mathcal{E}_{eq,1}$且$\mathcal{E} > \mathcal{E}_{eq,2}$，代表兩種反應都在進行氧化，且屬於互相競爭的狀態，又因電位偏離平衡較多，電流呈現Tafel行為，使總電流密度i可表示為：

$$i = -i_{0,1}\exp\left(\frac{\beta_1 F\eta_1}{RT}\right) - i_{0,2}\exp\left(\frac{\beta_2 F\eta_2}{RT}\right) \tag{4.74}$$

4-2 Marcus動力學

由Butler-Volmer方程式大致可以看出施加電壓或物質濃度對電極程序的影響，但這僅僅是巨觀下尚未深入討論本因的唯象理論，若欲探索微觀的電子轉移原理，則需加入量子力學的理論才能解釋。在推導Butler-Volmer方程式的過程中，我們曾引入轉移係數α和β，但此構想多半源自於經驗，而反應中間狀態的想法則與即將說明的絕熱反應（adiabatic reaction）相似，這種反應是來自於電極和氧化還原物質間的強作用，因此要探究電化學動力學的本質，應該要依循Marcus理論或量子力學的弱作用理論。

在20世紀後半，電化學的微觀理論已逐步建立，貢獻最大的幾位學者包括Marcus、Hush、Levich和Dogonadze。在此先介紹Marcus的理論，因為它

在電化學領域中已有廣泛的應用，而Marcus也因此獲得1992年的諾貝爾化學獎。為了理解電化學反應，可先區分電子轉移的位置。當反應離子被錯合劑包圍時，或被溶劑分子阻隔在電極以外時，所發生的電子轉移稱為外層（out-sphere）反應。對電極而言，反應前後都被溶劑分子覆蓋；對離子而言，反應前後都被錯合劑包圍，所以電子只能從離子端跳躍至電極端，反之亦然。但若被錯合劑包圍的反應離子可以接近電極，並在接觸點分享同一個配位物，則可視此配位物橋接了電極與離子，之後進行的電子轉移過程稱為內層（inner-sphere）反應。在此類反應中，反應物或產物對電極有較強的作用，因為反應過程中牽涉了特性吸附，所以電極的特性會特別影響內層反應。

對於一個外層反應，電子可從電極傳遞給反應物A，使之成為A^-。但若在溶液中另有物質D可以將其電子轉移給A，則可構成一個雙分子反應：

$$D + A \rightleftharpoons D^+ + A^- \qquad (4.75)$$

以下將使用這種雙分子勻相反應來說明Marcus動力學。由於電子透過量子穿隧的方式從一個分子轉移到另一個分子，所以反應速率應當非常快。然而，電子轉移過程牽涉到周圍的介質時，較複雜的分子重排可能會發生。例如水溶液中的離子常被多個水分子包圍，水分子的偶極矩會指向離子產生的電場，當電子轉移發生時，反應物與溶劑的相互作用將出現變化。對於前述的雙分子反應，可能出現下列反應路徑：

$$D + A \rightleftharpoons (D, A) \rightleftharpoons (D, A)^\# \rightleftharpoons (D^+, A^-)^\# \rightleftharpoons (D^+, A^-) \rightleftharpoons D^+ + A^- \qquad (4.76)$$

其中的(D, A)代表D與A形成的錯合物，而$(D, A)^\#$代表兩者的活化錯合物。由(4.76)式可知，電子轉移的反應步驟大致可分成三個階段。在第一階段中，活性成分D和A的周圍結構重新排列，成為反應中間物$(D, A)^\#$；第二階段則進行電子轉移，亦即從而$(D, A)^\#$變成而$(D^+, A^-)^\#$；第三階段則是從反應中間物(D^+, A^-)轉化成穩定的產物D^+與A^-。在全體過程中，牽涉的子步驟包括電子轉移、分子伸縮、溶劑重排或分子結構變化等，但它們往往具有不同的時間規模（time scale），典型的數量級如表4-4所示，從中可發現電子轉移是最快速的步驟。

表4-4 電子轉移過程子步驟之典型時間規模

子步驟	時間規模
電子轉移	10^{-16}s
分子內部的鍵長變化	10^{-14}s
溶劑分子重新排列	10^{-11}s
離子間距變化	10^{-8}s
分子結構變化（包含斷鍵）	大於10^{-8}s

Franck-Condon原理指出，電子轉移的機率達到最大時，轉移之前的能量恰與轉移之後的能量相等。換言之，第一階段中因為重新排列周圍結構而得到的反應中間物經歷電子轉移後不會改變能量，故由此可假設電子轉移前後的原子核之動量與位置不變，亦即在$(D, A)^{\#}$與$(D^{+}, A^{-})^{\#}$的結構必須一致，才能使這個步驟的時間規模縮短至10^{-16}s。

在4-1節的討論中已得知，反應的發生必須經由中間物或過渡狀態，且形成中間物前必須吸收特定的活化能，而藉此活化能來描述反應速率的方法稱為過渡狀態理論（transition state theory）或絕對速率理論（absolute reaction rate theory）。根據過渡狀態理論，電子轉移的速率常數k_{et}可表示為：

$$k_{et} = \kappa \nu \exp(\frac{-E_A}{RT}) \tag{4.77}$$

其中E_A是活化能；κ是電子傳輸係數，介於0和1之間，若反應物與電極之間的作用極強，$\kappa=1$；ν是核運動的頻率因子，相關於化學鍵的振動或溶劑分子的運動，可代表電子越過能量障礙的頻率。

因此，反應速率牽涉了氧化態反應物O、還原態產物R與溶劑S的分子相對位置，故可用核座標來描述自由能，以說明原子間的振動與轉動，或溶劑分子的方位變化對自由能的影響。定義核座標的參數為q，代表分子的間距，且假設反應物與產物的自由能皆與q的簡諧振盪有關，因此呈現出平方關係。若將多維度q加以簡化成單一維度，則可在核座標中畫出兩條相交的拋物線。為了方便說明，先定義反應物O的最低自由能為0，且O與R的最低能量之差即為電子轉移程序之自由能變化ΔG。所以，它們的自由能可分別表示為：

$$G_O(q) = \frac{k}{2}(q - q_O)^2 \tag{4.78}$$

$$G_R(q) = \frac{k}{2}(q - q_R)^2 + \Delta G \tag{4.79}$$

其中 q_O 和 q_R 分別是 O 和 R 在最低能量下的核座標，且已知 $G_O(q_O)=0$ 和 $G_R(q_R)=\Delta G$，k 則相當於化學鍵的彈力常數。若反應物 R 是一個雙原子組成的分子 A—B，產物 P 是 A—B⁻，則 q_O 和 q_R 可以視為 A—B 和 A—B⁻ 的鍵長，而 $G_O(q)$ 和 $G_R(q)$ 則為兩者的伸縮鍵能，但當溶劑分子的作用也考慮進來時，描述方法將更趨複雜。從 O 到 R 中間的過渡狀態，可用核座標 $q_\#$ 來表示。基於 Franck-Condon 原理，電子轉移只發生在反應前後兩種狀態的能量相等時，亦即在 $q_\#$ 處，故使得：

$$G_O(q_\#) = \frac{k}{2}(q_\# - q_O)^2 = G_R(q_\#) = \frac{k}{2}(q_\# - q_R)^2 + \Delta G \tag{4.80}$$

因此可推得：

$$q_\# = \frac{q_O + q_R}{2} + \frac{\Delta G}{k(q_R - q_O)} \tag{4.81}$$

若過渡狀態（兩曲線交點）的能量與 O 的最低能量之差被定為還原反應之活化能 $E_{A,rd}$，經由推導，活化能可以表示為：

$$E_{A,rd} = G_O(q_\#) = \frac{k(q_R - q_O)^2}{8}\left[1 + \frac{2\Delta G}{k(q_R - q_O)^2}\right]^2 \tag{4.82}$$

再定義重組能 λ（reorganization energy）：

$$\lambda = G_O(q_R) = \frac{k(q_R - q_O)^2}{2} \tag{4.83}$$

如圖 4-9 所示，重組能代表了 O 和溶劑 S 組成的結構變換成 R 和溶劑 S 組成的結構時所需之能量。通常重組能 λ 可以分成內層重組能 λ_i 與外層重組能 λ_o，亦即 $\lambda = \lambda_i + \lambda_o$。前者是指離子與溶劑的鍵結進行簡諧振盪；後者是指中心離子的帶電量改變時，外層的溶劑分子的總極化量將隨之變化，進而形成溶劑的重排。因此，活化能 $E_{A,rd}$ 可依重組能而表示為：

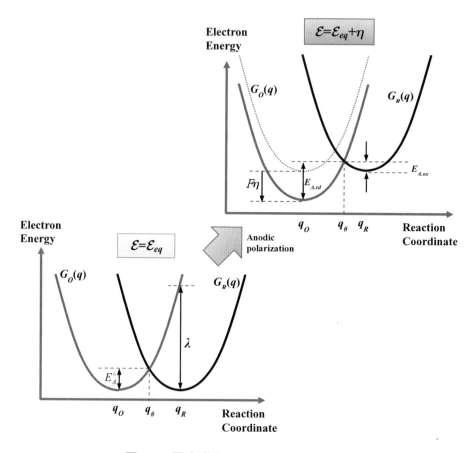

圖4-9 反應進程中的活化能與重組能

$$E_{A,rd} = \frac{\lambda}{4}\left[1+\frac{\Delta G}{\lambda}\right]^2 = \frac{\lambda}{4}\left[1+\frac{F(\mathcal{E}-\mathcal{E}_{eq})}{\lambda}\right]^2 \tag{4.84}$$

其中$\Delta G = F(\mathcal{E}-\mathcal{E}_{eq})$，$\mathcal{E}$為施加電位，$\mathcal{E}_{eq}$為平衡電位。當$\mathcal{E}=\mathcal{E}_{eq}$時，定義$E_{A,rd}=E_A^\circ$，由(4.84)式可知：$E_A^\circ = \frac{\lambda}{4}$。若電極偏離了平衡，反應物和產物的位勢將會改變，使得活化能隨之變化。如圖4-9所示，當$\mathcal{E}$正於$\mathcal{E}_{eq}$時，還原的活化能將會往正向增加，使得還原活化能高於氧化活化能，亦即$E_{A,rd}>E_A^\circ>E_{A,ox}$，所以不利於還原反應發生，反之亦然。由前已知，施加電位偏離平衡電位的量即為過電位η，從微觀的角度來看，過電位η會改變電極內電位ϕ_M對電解液內電位ϕ_S之差，可表示為$\Delta(\phi_M-\phi_S)$。因為電位是相對概念，所以當過電位$\eta<0$時，也可視為ϕ_M不變且ϕ_S往正向移動了$|\eta|$。例如對銀的還原反應：$Ag^+ + e^- \rightleftharpoons Ag$，施

加電位ε時，反應物（$Ag^+ + e^-$）的位勢若比產物Ag的位勢高，則當施加電位往負向移到$\varepsilon - \Delta\varepsilon$時，可視為溶液相中的$Ag^+$之能量正移了$F\Delta\varepsilon$，亦即反應物（$Ag^+ + e^-$）的能量曲線向上提高，所以還原的活化能將會減低，氧化的活化能將會增高。但因為反應物和產物的能量曲線交點也改變了，亦即中間態的能量也提高了，使得還原的活化能實際上只減低了大約$\frac{1}{2}F\Delta\varepsilon$，這個結果等同於4-1節中轉移係數$\alpha = \frac{1}{2}$的情形。然而，轉移係數$\alpha$並非定值，在快速反應中，轉移係數$\alpha$隨著施加電位$\varepsilon$的變化顯著，而且變化是非線性的。

事實上，(4.84)式中的活化能忽略了O和R進入反應位置的靜電功，但可依需求而修正。在忽略其他靜電功的情形下，活化能E_A可由ΔG和λ組成，將(4.84)式代入(4.77)式後，電子轉移速率常數k_{et}將成為：

$$k_{et} = \kappa\nu \exp\left(-\frac{(\Delta G + \lambda)^2}{4RT\lambda}\right) \tag{4.85}$$

由此可知，對於$\Delta G > 0$的反應，隨著ΔG增大，速率常數k_{et}會降低；對於$-\lambda < \Delta G < 0$的反應，速率常數k_{et}將隨著ΔG愈負而增大。但當$\Delta G = -\lambda$時，將會沒有能量障礙，使得速率常數k_{et}到達最大值$k_{et,\max} = \kappa\nu$；而當$\Delta G < -\lambda$時，速率常數k_{et}又會降低，在此區中，反應的驅動力大，但速率常數卻很小，故常稱為反轉區（inverted region）。

儘管藉由Marcus理論可以計算速率常數，但在實務中卻很少運用，所以Marcus理論的價值主要定位於電子轉移程序的詮釋。儘管活化能存在一個最小值，但對於發生在金屬上的電子轉移程序，將不會發生反轉現象，因為能轉移的電子通常只在Fermi能階附近很窄的能態區域內。即便施加電位很負時，在Fermi能階之下仍有許多電子，不需要反轉即可轉移給反應物。當電極本身也參與反應時，將成為非勻相反應，此時即使在低能階出現空軌域，Fermi能階的電子也會優先來填補，並以熱的形式釋放能量。但對於半導體電極，由於表面導帶與價帶的位置是固定的，即使改變電位時也不會變動，因此ΔG維持固定，使得速率常數也能維持固定，此現象與金屬電極非常不同，相關內容將在4-3-3節中討論。若比較非勻相反應和勻相反應，可發現前者的內層重組能會是後者的一半；對於外層重組能，在金屬電極上的非勻相反應者亦為勻相反

應者的一半，但在半導體電極上，則超過勻相反應者的一半。

　　另需注意，實際反應中的反應物或產物分子會接近到足以互相擾動彼此，於是會產生能量耦合的現象，當此現象顯著時，將如圖4-10所示，反應物和產物的能量曲線將在過渡狀態附近分裂成上下兩支，形成一個較低的能階和激發態能階，使得反應僅沿著低能量的路徑進行，這種狀況被稱為絕熱反應（adiabatic reaction），此時的電子傳輸係數$\kappa \approx 1$，代表電子能夠穿隧的機率幾乎為1。另一方面，當能量耦合現象微弱時，能量曲線的分裂很小，使得反應可經由中間態的低能階進入高能階，再到達反應物能量曲線的上半部，反之也可能再落回反應物的低能量狀態，期間內並沒有伴隨大量的電子轉移，這種情形被稱為非絕熱反應（non-adiabatic reaction），此時的$\kappa \ll 1$，因為電子能夠穿隧的機率很小。因此，本節所探討之Marcus理論主要是用來描述絕熱反應，也就是透過電子穿隧效應來進行的電子轉移反應。然而，對於電極與溶質沒有強耦合時所發生的非絕熱反應，則需使用下一節才會提及的Gerischer模型來解釋。

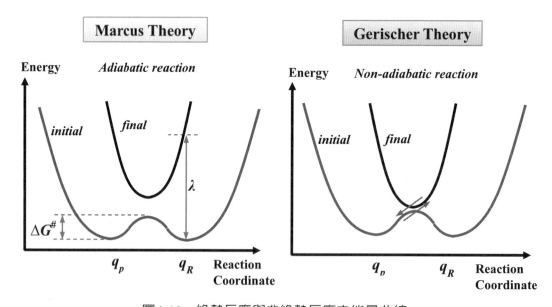

圖4-10　絕熱反應與非絕熱反應之能量曲線

4-3 Gerischer動力學

處理非匀相反應時，另有一種理論可藉由物質的電子能階來闡釋反應機制，此模型主要來自於Gerischer於1960年的貢獻。Gerischer的理論特別適合用於解釋半導體電極的反應，因為在半導體中，電子轉移大致發生在導帶或價帶。儘管電子能階的概念也可以用來描述溶液中的溶質特性，但極性溶劑的作用將會使能階變得複雜。以水分子為例，其偶極矩可以旋轉或平移，使得溶劑化的反應物與產物具有不同的電子能階，但這種現象不會出現在固態材料中。再者，Gerischer模型只適用在電極與溶質沒有強作用力的情形下，也就是4-2節所敘述的非絕熱反應。在探討其理論之前，需先註明，為了標示Gerischer模型中的電子能量，吾人將採取電子物理學中的慣例，使用符號E代表電子能量，慣用單位為eV，而電極電位則以ε表示。以下各小節中，將先介紹溶液中的氧化還原對所具有的電子能量，再分別說明金屬和半導體電極的電子能階，之後再結合這些概念來闡述電化學動力學。

4-3-1 氧化還原對

在溶液中，若存在一對簡單的氧化還原物質O和R，且它們可進行單電子轉移的程序：

$$O+e^- \rightleftharpoons R \tag{4.86}$$

則其電化學位能$\bar{\mu}_{O/R}$可用Nernst方程式來描述：

$$\bar{\mu}_{O/R} = \bar{\mu}_{O/R}^{\circ} + kT \ln\left(\frac{c_O}{c_R}\right) \tag{4.87}$$

其中$\bar{\mu}_{O/R}^{\circ}$是轉由濃度來表示$\bar{\mu}_{O/R}$的參考狀態，k是Boltzmann常數，c_O和c_R分別是O和R的濃度，因此本式是另一種形式的Nernst方程式。如第三章所述，氧化還原對之電化學位能$\bar{\mu}_{O/R}$其實等價於氧化還原對之Fermi能階$E_{F,O/R}$，但條件是固態電極與溶液系統擁有相通的參考能階，因此可令$\bar{\mu}_{O/R} = E_{F,O/R}$。雖然在電化學的慣例中，電位是相對於標準氫電極（SHE）的數值，但在此則使用真空

能階（vacuum level）作爲參考點，以便和固態物理中的慣例一致。

　　對於溶液中的氧化還原對，其電子是定域的（localized），只留在離子或分子的軌域中。而且溶液中所有成分都可以自由地運動，尤其離子的運動會改變靜電場，使極性溶劑分子隨之轉動，再加上離子或分子內部的化學鍵隨時都在轉動與振動，所以各成分的電子能階不斷在變化。因此，有一種比較便利的方法，將各成分的電子能階視爲最高機率能階附近所進行的波動，且此波動以常態分布的形式呈現。而還原態R的電子能階可視爲已占據能態（occupied energy state），氧化態O的電子能階可視爲未占據能態（empty energy state），兩者的能階分布函數會出現重疊。

　　當O是水溶液中的Fe^{3+}離子，且R是Fe^{2+}離子時，則Fe^{3+}的離子能量可代表未占據的電子能階，而Fe^{2+}的離子能量則可代表已占據的電子能階，但這兩者的行爲還牽涉離子周圍的水分子。在此例中，每個離子會與六個水分子直接結合，成爲一個水殼層，例如Fe^{2+}離子會和水分子中的氧互相吸引，使得多個水分子包圍住Fe^{2+}離子，其情形如同圖2-10所示。在水溶液中，此現象稱爲水合（hydration）；若在任意溶劑中，則稱爲溶劑化（solvation），溶質因而能穩定。考慮水合作用後，(4.78)式將成爲：

$$Fe(H_2O)_6^{3+} + e^- \rightleftharpoons Fe(H_2O)_6^{2+} \tag{4.88}$$

　　如果使用Marcus理論，可將水合物的能量對其中的Fe－O之鍵長作圖，進而到兩條曲線，如圖4-9所示，兩者分別代表$Fe(H_2O)_6^{3+} + e^-$與$Fe(H_2O)_6^{2+}$的能量變化。其中，已知前者最低能量出現在鍵長爲2.05 Å處，而後者最低能量出現在鍵長爲2.21 Å處。反應過程中，反應物先轉化成過渡狀態，再轉變成產物。Franck-Condon原理說明了電子轉移過程所需時間的規模約在10^{-16}s，這是非常快速的過程。反應進行時，電子以量子穿隧的方式從電極進入$Fe(H_2O)_6^{3+}$中，使其轉變成$Fe(H_2O)_6^{2+}$。

　　但從Gerischer模型的角度，$Fe(H_2O)_6^{2+}$和$Fe(H_2O)_6^{3+}$的水合層並不相同，因爲溶劑對中心離子的作用不同。此狀況將導致電子轉移中的能量變化有別於熱力學所描述的Fermi能階。對於一個氧化還原對（O/R）系統，溶劑化之R處於平衡時的組態爲$R-S_R$，其中S_R的下標是指溶劑分子S圍繞著R時的型態。以電子之真空能階爲參考點，若$R-S_R$欲釋出一個電子至真空中而成爲e_{vac}^-，則

必須先取得E_R°的電子能量，但釋放電子後只能先轉變成O-S$_R$。基於Franck-Condon原理，溶劑重新排列所需時間比電子轉移更長，因此反應瞬間的產物是O-S$_R$，其中的溶劑分子S仍維持著環繞R時的型態。只有在電子轉移完成後，溶劑分子S才能異動，溶劑重排時將釋放出能量λ_R，才進入平衡狀態O-S$_O$，此能量λ_R即為Marcus理論中的重組能。進行逆反應時，氧化態O-S$_O$必須捕捉一個真空中的電子（e_{vac}^-），再釋放出E_O°的電子能量，使之轉變成R-S$_O$。相似地，電子轉移過程遠快於溶劑重排，必須等待電子轉移完成後，溶劑分子S才能重組，待能量λ_O釋放後，才能進入平衡狀態R-S$_R$。整個正逆反應循環的能量變化可如圖4-11所示。

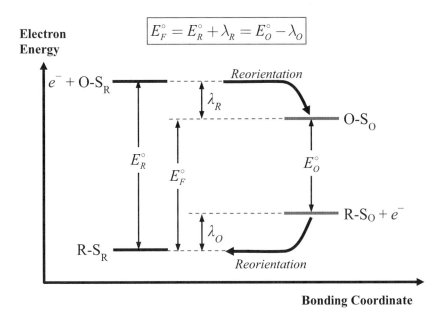

圖4-11　氧化還原循環之能量關係

　　由反應的能量循環關係可發現，在標準狀態下，以往使用的電化學位能$\overline{\mu}_{O/R}$或Fermi能階E_F°是O-S$_O$與R-S$_R$的能量差，可表示為：

$$E_F^\circ = E_R^\circ + \lambda_R = E_O^\circ - \lambda_O \tag{4.89}$$

其中的E_R°亦可理解為游離能（ionization energy），而E_O°則為電子親和能（electron affinity）。若將此能量圖精簡，可類比固態材料，只看電子能量的變化而繪出能階圖，如圖4-12的右側所示，其中E_R°相當於電子已占據之能

態，而E_O°相當於電子未占據之能態，且氧化還原對之Fermi能階E_F°介於兩能態之中。

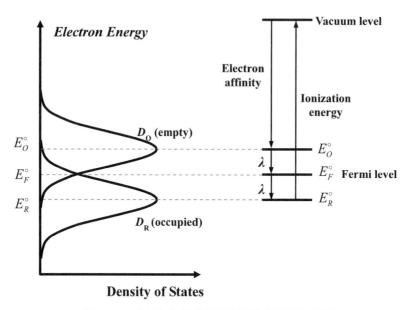

圖4-12　溶液中氧化還原對之電子能量圖

　　再回來考慮溶液系統的電子能量，若反應座標使用離子與溶劑分子間的平均距離來代表，則能量曲線可分成兩支，分別代表E_{O-S_O}與E_{R-S_R}，此情形類似於圖4-9。再假定溶劑分子在能量最小值附近呈現簡諧振盪，使能量曲線可在此範圍內形成拋物線。因為簡諧振盪來自於相同的溶劑分子，可再假設兩拋物線的曲率相同，結果將使兩種重組能相等，亦即$\lambda_R = \lambda_O = \lambda$。

　　若定義兩曲線的最小電子能量為$E_{R-S_R}^\circ$和$E_{O-S_O}^\circ$，則O和R的能態可依據Boltzmann分布而表示，且從(4.89)式可知，$E_{R-S_R}^\circ$和$E_{O-S_O}^\circ$與標準Fermi能階和重組能相關，因此可推得能態分布函數：

$$W_O(E) = W^\circ \exp\left(-\frac{E_{O-S_O} - E_{O-S_O}^\circ}{kT}\right) = W^\circ \exp\left(-\frac{(E - E_F^\circ - \lambda)^2}{4kT\lambda}\right) \tag{4.90}$$

$$W_R(E) = W^\circ \exp\left(-\frac{E_{R-S_R} - E_{R-S_R}^\circ}{kT}\right) = W^\circ \exp\left(-\frac{(E - E_F^\circ + \lambda)^2}{4kT\lambda}\right) \tag{4.91}$$

這兩個函數皆類似(4.85)式，具有高斯（常態）分布的特性。若將此分布函數

視為機率密度函數,且所有電子能量E的機率總和必須為1,亦即:

$$\int_{-\infty}^{\infty} W_O(E)dE = 1 \tag{4.92}$$

$$\int_{-\infty}^{\infty} W_R(E)dE = 1 \tag{4.93}$$

故能推得,$W^\circ = \dfrac{1}{\sqrt{4kT\lambda}}$。如前所述,已知能階$E$純粹取決於溶劑對氧化還原對的交互作用,且函數$W_O(E)$和$W_R(E)$可看作能階$E$未被電子未占據和已被電子占據的機率,再加入O和R的濃度效應,使得兩者的能態密度(density of state)可以被估計出:

$$D_O(E) = c_O W_O(E) \tag{4.94}$$

$$D_R(E) = c_R W_R(E) \tag{4.95}$$

當兩物質的濃度相等時,亦即$c_O = c_R$,可得到形狀一致的能態分布圖,如圖4-11的左側,且在$E = E_F^\circ$時,能態密度將會相等,亦即$D_O(E_F^\circ) = D_R(E_F^\circ)$。此外,經過計算後,可得知能量分布的半高寬:$\Delta E_{1/2} = 0.53\sqrt{\lambda}$ eV。一般的重組能大約具有0.1 eV的數量級,故$\Delta E_{1/2} \approx 0.5$ eV。但當濃度不等時,兩者的能態密度分布曲線也將不同。以圖4-13為例子,對於$c_O < c_R$的溶液,最大能態密度的關係為$D_O(E_O^\circ) < D_R(E_R^\circ)$,且Fermi能階會比同濃度時高。

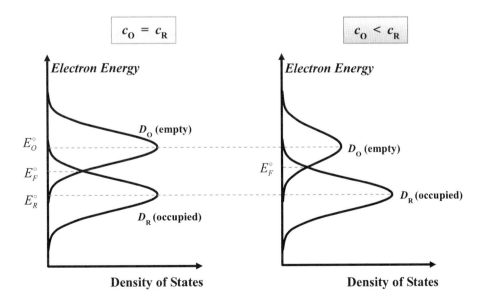

圖4-13 氧化還原對之電子能量與濃度之關係

4-3-2 金屬電極

如2-2節所述，使用能帶理論討論金屬電極時，可發現其能態密度很大，且幾乎呈連續性分布；但對於半導體電極，其能態密度並不連續，將分成導帶與價帶兩區，兩帶之間的能態密度非常小，稱為能隙（energy gap）。固體材料在0 K下，所有電子將填滿E_F以下的能階；大於0 K時，有些許熱能可以提供電子躍至高於E_F的能階，同時也使E_F以下的能階出現電洞。使用Fermi-Dirac分布函數可以預測溫度T下電子占據能階E的機率：

$$f(E) = \frac{1}{1 + \exp(\dfrac{E - E_F}{kT})} \tag{4.96}$$

由此式可發現能量遠大於E_F的能態，被電子占據的機率趨近於0；且在$E = E_F$時，占據機率恰為50%。除了溫度的效應以外，當電極電位往負向增加時，E_F將被提高，反之往正向移動時，E_F則被降低。

值得注意的是，固態材料中的電子能階不會因為電子占據狀態的變化而移動；但是在溶液中，因為溶劑分子對O和R的作用可以不斷變動，故允許電子占據的能階被視為連續的，也因此溶液中不能藉由光來激發電子至未占據能態。

對於金屬電極與含有O/R的溶液所形成之界面，可藉由Gerischer模型中的電子能階概念來解釋電子轉移程序。當溶液中的R發生氧化時，電子會從R的已占據能態傳向金屬中的未占據能態；當O發生還原時，電子會從金屬的已占據能態傳向O的未占據能態。

電子傳遞的速率取決於界面兩側的能態密度，對於溶液側，其能態密度可從(4.94)式和(4.95)式來估計；對於金屬側，若已知能態密度的分布函數為$\rho(E)$，則在單位面積的電極上，能量介於E和$E+dE$之間的電子數為$f(E)\rho(E)dE$，而此能量區間內還可填入的電子數為$[1 - f(E)]\rho(E)dE$。

當O的還原發生在某個特定電子能階E時，其局部速率（local rate）將正比於電極側的電子數量，亦即正比於$f(E)\rho(E)$；同時，此局部速率也將正比於溶液側的未占據能態密度，亦即正比於$D_O(E)$。基於Franck-Condon原理，電子傳遞的速率遠快於溶劑分子重排的速率，因此未占據能態密度$D_O(E)$在電子

傳遞過程中不至於受到溶劑分子重排的影響。接著在整個能量區間對局部速率積分，即可得到總體速率，且藉由Faraday定律可進一步轉換成還原電流密度 i^-：

$$i^- = \int_{-\infty}^{\infty} \varepsilon(E)f(E)\rho(E)D_O(E)dE$$
$$\approx \int_{-\infty}^{E_F} \varepsilon(E)f(E)\rho(E)D_O(E)dE \qquad (4.97)$$

在此式中，電流密度 i^- 的上標－是從電極的角度來定義，代表電極向界面輸出電子，使溶液側發生還原反應；之後討論到溶液側的氧化反應時，將會使用上標＋，代表電極從界面接收電子。此外，(4.97)式中的 $\varepsilon(E)$ 是反應速率換成電流密度的比例函數，會隨電位而變。為了方便後續的說明，吾人定義金屬側的Fermi能階為 E_F，溶液側的Fermi能階為 $E_{F,O/R}$，但當 $c_O = c_R$ 時，Fermi能階將成為 E_F°。

在金屬側，由於 $E > E_F$ 的能階幾乎是空的，使 $f(E)\rho(E)$ 趨近於0，因此 (4.97)式的上限可縮減到 E_F。依據(4.90)式和(4.94)式，可得：

$$D_O(E) = \frac{c_O^s}{\sqrt{4kT\lambda}}\exp\left(-\frac{(E-E_F^\circ-\lambda)^2}{4kT\lambda}\right) \qquad (4.98)$$

再將 $\varepsilon(E)$ 與 $\dfrac{1}{\sqrt{4kT\lambda}}$ 合併至速率常數 k° 中，即可得到隨著反應物的表面濃度 c_O^s、電子能量 E 與溶劑重組能 λ 而變的還原電流密度 i^-：

$$i^- = nFk^\circ c_O^s \int_{-\infty}^{E_F} f(E)\rho(E)\exp\left(-\frac{(E-E_F^\circ-\lambda)^2}{4kT\lambda}\right)dE \qquad (4.99)$$

注意此處使用的電子能量 E 經過轉換後，可表示成施加電位 ε，所以電流密度也會隨施加電位而變，如同Butler-Volmer方程式所述。

另一方面，當R的氧化發生在某個特定能階 E 時，其局部速率將正比於溶液側的已占據能態密度 $D_R(E)$，也正比於電極側還可接納的電子數量，亦即正比於 $[1-f(E)]\rho(E)$。使用類似的方法將局部速率對所有能量積分後，可以得到氧化電流密度 i^+：

$$i^+ = \int_{-\infty}^{\infty} \varepsilon(E)[1-f(E)]\rho(E)D_R(E)dE$$

$$\approx \int_{E_F}^{\infty} \varepsilon(E)[1-f(E)]\rho(E)D_R(E)dE \tag{4.100}$$

相同地,由於金屬側在$E<E_F$的能階幾乎都有電子占據,使$[1-f(E)]\rho(E)$趨近於0,因此積分的下限可縮減到E_F。根據(4.91)式和(4.95)式,可得:

$$D_R(E) = \frac{c_R^s}{\sqrt{4kT\lambda}}\exp\left(-\frac{(E-E_F^\circ+\lambda)^2}{4kT\lambda}\right) \tag{4.101}$$

再將$\varepsilon(E)$與$\dfrac{1}{\sqrt{4kT\lambda}}$合併至速率常數$k^\circ$中,即可得到隨著反應物的表面濃度$c_R^s$、電子能量$E$與溶劑重組能$\lambda$而變的氧化電流密度$i^+$:

$$i^+ = nFk^\circ c_R^s \int_{E_F}^{\infty}[1-f(E)]\rho(E)\exp\left(-\frac{(E-E_F^\circ+\lambda)^2}{4kT\lambda}\right)dE \tag{4.102}$$

當金屬的Fermi能階等於溶液側的氧化還原對之Fermi能階時,亦即$E_F=E_F^\circ$,界面上的電子轉移達到平衡,氧化與還原的速率相等。但當施加電位正於平衡電位時,亦即過電位$\eta=\mathcal{E}-\mathcal{E}_{eq}>0$時,將產生陽極極化,使得$E_F$相對於$E_F^\circ$往下移動$e\eta$,亦即$E_F=E_F^\circ-e\eta$,其中的$e$是單電子電量,作為電位與電子能量間的換算常數。如圖4-14所示,在陽極極化後,金屬側電子能階中的未占據能態與溶液側的已占據能態將會顯著地重疊,因此有利於電子從溶液側轉移到金屬側。相對地,金屬側的已占據能態將難與溶液側的未占據能態重疊,使得電子不易從金屬側轉移到溶液側。換言之,i^+比平衡時更大,i^-比平衡時更小,若引用交換電流密度i_0,則可表示成$i^+>i_0>i^-$。當過電位大到某一程度,可使$i^+\gg i^-$,使氧化反應主導電子轉移。

另一方面,當施加電位負於平衡電位時,亦即過電位$\eta=\mathcal{E}-\mathcal{E}_{eq}<0$,將產生陰極極化,使得金屬的Fermi能階相對於溶液側的氧化還原對之Fermi能階往上移動$|e\eta|$,亦即$E_F=E_F^\circ+|e\eta|=E_F^\circ-e\eta$。如圖4-14所示,在陰極極化後,金屬側電子能階中的已占據能態將與溶液側的未占據能態之重疊擴大,因此有利於電子從金屬側轉移到溶液側。相對地,金屬側的未占據能態將與溶液側的已占據能態的重疊區縮小,使得電子不易從溶液側轉移到金屬側。換言之,i^+比平衡時更小,i^-比平衡時更大,亦即$i^+<i_0<i^-$。當負的過電位大到某一程度後,

將使$i^+ \ll i^-$，使還原反應主導電子轉移。

　　儘管從定性的角度可以藉由Gerischer模型來分析電極極化後對電化學反應的影響，但欲藉由(4.99)式和(4.102)式來量化電流密度時卻有困難，因為這些積分式都不存在解析的答案。然而，這兩個積分皆相關於$\exp(E^2)$和E_F，且當電子能量E遠離E_F一個kT以上時，能得到的積分數值非常小，因此吾人可使用近似法來計算。換言之，(4.99)式可在E_F-kT至E_F的範圍內使用均質定理來估計，使$\int_{E_F-kT}^{E_F} f(E)\rho(E)dE = 1$，因而得到：

$$i^- \approx nFk°c_O^s \exp\left(-\frac{(E_F-E_F°-\lambda)^2}{4kT\lambda}\right) = nFk°c_O^s \exp\left(-\frac{(e\eta+\lambda)^2}{4kT\lambda}\right) \qquad (4.103)$$

同理，(4.102)式可在E_F至E_F+kT的範圍內估計，使$\int_{E_F}^{E_F+kT}[1-f(E)]\rho(E)dE = 1$，因而得到：

$$i^+ \approx nFk°c_R^s \exp\left(-\frac{(E_F-E_F°+\lambda)^2}{4kT\lambda}\right) = nFk°c_R^s \exp\left(-\frac{(e\eta-\lambda)^2}{4kT\lambda}\right) \qquad (4.104)$$

並可依此推導出平衡時的交換電流密度i_0：

$$i_0 = i^+ = i^- = nFk°c_R^s \exp\left(-\frac{\lambda}{4kT}\right) = nFk°c_O^s \exp\left(-\frac{\lambda}{4kT}\right) \qquad (4.105)$$

由於先前已經假設溶液中的$c_O^s=c_R^s$，Fermi能階為$E_F°$，所以(4.105)式中使用任一個濃度代入皆可。但當O和R的濃度不等時，(4.103)式和(4.104)式中的$E_F°$將用(4.87)式所計算出的$E_{F,O/R}$來取代。

　　值得注意的是，氧化或還原電流密度除了受到過電位的影響，也受制於重組能，因此不能像Butler-Volmer方程式一般，得到電流對電位的單純關係。除非當重組能足夠大時，亦即$\lambda \gg |e\eta|$時，(4.103)式和(4.104)式可以化簡為：

$$\begin{aligned} i^- &\approx nFk°c_O^s \exp\left(-\frac{2e\eta\lambda+\lambda^2}{4kT\lambda}\right) \\ &= i_0 \exp\left(\frac{-e\eta}{2kT}\right) = i_0 \exp\left(-\frac{F\eta}{2RT}\right) \end{aligned} \qquad (4.106)$$

$$i^{+} \approx nFk^{\circ}c_R^s \exp\left(-\frac{-2e\eta\lambda + \lambda^2}{4kT\lambda}\right)$$

$$= i_0 \exp\left(\frac{e\eta}{2kT}\right) = i_0 \exp\left(\frac{F\eta}{2RT}\right) \qquad (4.107)$$

此結果相當於Butler-Volmer方程式中的$\alpha = \beta = \frac{1}{2}$，也代表電極可以呈現Tafel行為。對於重組能$\lambda < 1.0$ eV的例子，不能使用近似法，代表電極反應會偏離Tafel行為，但是正向或負向的過電位加大時，本來就會出現質傳控制的現象，因此從Gerischer模型推導而來的偏離行為將難以證明。然而，Miller等人曾進行過相關實驗，藉由覆蓋大約20 Å的硫醇（hydroxythiol）於金片上以避免質傳控制現象，因而驗證了Gerischer模型所預測的偏離行為。

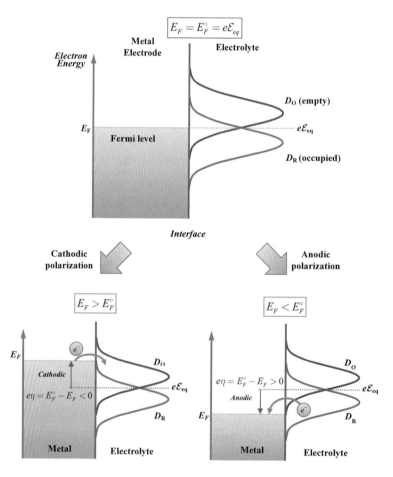

圖4-14 金屬與溶液界面在平衡與極化時的電子能量

範例4-8

　　試從Gerischer動力學模型推導出電極平衡時的電位與成分濃度間的關係，以及非平衡時的氧化反應速率常數對還原反應速率常數之比值。

解 1. 根據(4.98)式，$D_O(E) = \dfrac{c_O^s}{\sqrt{4kT\lambda}} \exp\left(-\dfrac{(E - E_F^\circ - \lambda)^2}{4kT\lambda}\right)$，必須註明此式中的$c_O^s$是表面濃度。當電極處於平衡時，電子能階等於平衡的能階，亦即$E = E_{eq}$，且表面濃度與主體濃度相等，亦即$c_O^s = c_O^b$，故可得到

$$D_O(E_{eq}) = \frac{c_O^b}{\sqrt{4kT\lambda}} \exp\left(-\frac{(E_{eq} - E_F^\circ - \lambda)^2}{4kT\lambda}\right) \text{。}$$

2. 同理，根據(4.101)式，並考慮平衡狀態下，$c_R^s = c_R^b$，可得到

$$D_R(E_{eq}) = \frac{c_R^b}{\sqrt{4kT\lambda}} \exp\left(-\frac{(E_{eq} - E_F^\circ + \lambda)^2}{4kT\lambda}\right) \text{。}$$

3. 此外，在平衡時還滿足$D_O(E_{eq}) = D_R(E_{eq})$，所以可推得：$c_O^b \exp\left(-\dfrac{(E_{eq} - E_F^\circ - \lambda)^2}{4kT\lambda}\right)$

$= c_R^b \exp\left(-\dfrac{(E_{eq} - E_F^\circ + \lambda)^2}{4kT\lambda}\right)$，重新排列此式後可簡化為：

$$\frac{c_O^b}{c_R^b} = \exp\left(\frac{(E_{eq} - E_F^\circ - \lambda)^2 - (E_{eq} - E_F^\circ + \lambda)^2}{4kT\lambda}\right) = \exp\left(\frac{E_F^\circ - E_{eq}}{kT}\right),$$

或表示為：$E_{eq} = E_F^\circ - kT \ln \dfrac{c_O^b}{c_R^b}$ 。

4. 已知電位與電子能階的關係為：$E = -ne\mathcal{E}$，並從每個電子轉換成每1 mol分子的計量基準，透過$F = eN_A$和$k = \dfrac{R}{N_A}$，其中N_A是Avogadro常數，則上式可轉換為$\mathcal{E}_{eq} = \mathcal{E}^\circ + \dfrac{RT}{nF} \ln \dfrac{c_O^b}{c_R^b}$，此即Nernst方程式。

5. 根據(4.103)式和(4.104)式，可列出還原速率常數$k^- \approx k^\circ \exp\left(-\dfrac{(e\eta + \lambda)^2}{4kT\lambda}\right)$和氧化速率常數$k^+ \approx k^\circ \exp\left(-\dfrac{(e\eta - \lambda)^2}{4kT\lambda}\right)$，其中$\eta$是過電位。因此，兩者的比值為：$\dfrac{k^+}{k^-} \approx \exp\left(\dfrac{(e\eta + \lambda)^2 - (e\eta - \lambda)^2}{4kT\lambda}\right) = \exp\left(\dfrac{e\eta}{kT}\right) = \exp\left(\dfrac{F\eta}{RT}\right)$ 。

6. 若再假設施加正向過電壓的能量中有比例 α 用於減緩還原，$(1-\alpha)$ 用於提升氧化，則可令 $k^- = k° \exp\left(-\dfrac{\alpha F\eta}{RT}\right)$，且 $k^+ = k° \exp\left(\dfrac{(1-\alpha)F\eta}{RT}\right)$。再定義還原電流密度為正，氧化者為負，則電極上的總電流密度可表示為：$i = nF(k^- c_O^s - k^+ c_R^s)$ $= nFk°\left[c_O^s \exp\left(-\dfrac{\alpha F\eta}{RT}\right) - c_R^s \exp\left(\dfrac{(1-\alpha)F\eta}{RT}\right)\right]$，即可得到 Butler-Volmer 動力學模型。

　　在 4-1-3 節曾提及，當電子轉移的速率非常快時，電流會受限於氧化還原對的質傳，活性物質的濃度分布將從擴散方程式中求得。例如還原態物質在擴散層內的質傳通量可表示為：$N_R = D_R \dfrac{c_R^b - c_R^s}{\delta}$，此處的 D_R 為擴散係數，c_R^b 與 c_R^s 分別為 R 在主體溶液與電極表面的濃度，而擴散長度 $\delta = \sqrt{\pi D_R t}$（見 5-5-2 節）。此擴散長度與半導體材料中的少數載子之擴散長度 $L = \sqrt{D\tau}$ 之型式相當，但 L 是材料特性（見 4-4-1 節），而 δ 會隨時間而變。若使用旋轉電極來提升質傳速率時，δ 將隨電極轉速 ω 與溶液的動黏度 ν 而變：$\delta = 1.61 D_R^{1/3} \omega^{-1/2} \nu^{1/6}$，這部分將在 5-6-3 節中詳述。

　　當過電壓非常大時，可假設 $c_R^s \to 0$，氧化電流密度到達極限值：$i_{\lim}^+$。而未達極限前的擴散控制電流為 i_d^+，其值將與施加電位相關，此即 Heyrovsky-Ilkovic 方程式，見 (5.139) 式，但也可使用電子能量 E 來表示其關係：

$$E = E_F° + \frac{kT}{e}\ln\left(\frac{D_O}{D_R}\right) + \frac{kT}{e}\ln\left(\frac{i_{\lim}^+}{i_d^+} - 1\right) \tag{4.108}$$

這類擴散控制程序，對應的是可逆反應；而由反應動力學控制的程序，對應的是不可逆反應。

4-3-3 半導體電極

　　在半導體與電解液的界面上，為了達成相平衡，其電化學位能必須一致。溶液側的電化學位能決定於電解質的氧化還原電位，或氧化還原對的電子能階 $E_{F,O/R}$，半導體側則取決於 Fermi 能階 E_F。若 $E_{F,O/R}$ 與 E_F 不一致時，兩側的載子將

會持續移動以達成相平衡。平衡時會有過剩電荷停留在半導體表面附近，形成空間電荷區（space charge region），其範圍約為表面以內100~10000 Å，而且在此區域中還存在著內建電場。因此，這個系統擁有兩組電雙層，一個出現在半導體與電解液的界面上，另一個則在空間電荷區上。

對處於開環電位的n型半導體電極，其E_F通常會高於$E_{F,O/R}$，因此電子將從電極傳送到溶液，並在電極內留下帶正電的空間電荷區，以及電極表面向上彎曲的能帶。因為n型半導體中的多數載子（majority carrier）是電子，所以在空間電荷區中，多數載子已被移除，將成為空乏層（depletion layer）。

對處於開環電位的p型半導體電極，其E_F通常會低於$E_{F,O/R}$，因此電子將從溶液傳進電極，導致電極內出現帶負電的空間電荷區，以及表面能帶向下彎曲。由於p型半導體中的多數載子是電洞，所以空間電荷區中的電洞被移除後也將成為空乏層。

如同金屬電極，置於水溶液中的半導體被改變電位時，E_F也會移動，但表面的能帶位置卻幾乎不受影響，此現象稱為能帶釘紮（band pinning），因為半導體和水的作用強過半導體和氧化還原物質的作用，但在非水溶液則可能出現非釘紮的情形。半導體電極施加偏壓後，偏壓主要落在空間電荷區內，進而改變能帶彎曲的程度，而溶液側的電雙層電壓則維持定值，此原則對非水溶液時也成立。釘紮現象會使偏壓下的表面能帶產生四種變化，以下將分別討論n型半導體與p型半導體。

對於能隙為E_g的n型半導體電極，與含有O和R的電解液達成平衡時，表面能帶會上彎，如圖4-15所示。當電極被施加了陰極過電壓時，E_F將被提升，但在某特定電位下，原本彎曲的表面能帶將被補償成平帶，這時不會有載子流動，而此特定電位被稱為平帶電位$\mathcal{E}_{fb}$（flat band potential），這是第一種情形。接著若再加大陰極過電壓，電位便會負於平帶電位（$\mathcal{E}<\mathcal{E}_{fb}<\mathcal{E}_{eq}$），$E_F$再被提升，使得$E_F$高於表面導帶邊緣能階$E_c^s$，亦即$E_F>E_c^s$，這時空間電荷區將出現過剩的多數載子（電子），形成累積層（accumulation region），使其行為類似金屬，或稱為簡併半導體（degenerate semiconductor）。第三種情形是n型半導體進行陽極極化時，電位會高於平衡電位（$\mathcal{E}>\mathcal{E}_{eq}$），表面仍存在空乏層。但當能量差$e(\mathcal{E}-\mathcal{E}_{fb})>E_g$時，表面能帶的彎曲程度將會更大，進而導致表面的價帶頂端能階E_v^s高於E_F，亦即$E_v^s>E_F$，使電洞累積在表面，形成反轉層

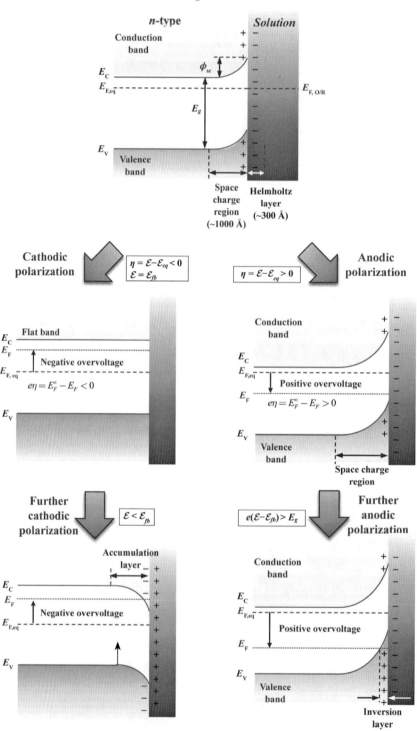

圖4-15　n 型半導體電極極化後能帶之變化

（inversion layer），這是第四種情形。

　　對於能隙為E_g的p型半導體電極，與含有O和R的電解液達成平衡時，表面能帶會下彎。當p型半導體持續加大陽極極化時，會先出現平帶，再形成累積層，但其$\varepsilon_{fb} > \varepsilon_{eq}$；若持續加大陰極極化時，因為電位低於平帶電位（$\varepsilon < \varepsilon_{fb}$），會先形成空乏層，待電位更低時則會形成反轉層。p型半導體與n型半導體相似，都擁有四種能帶變化，但兩者的多數載子不同，使得p型電極的特性較常受到價帶影響，而n型電極則較常受到導帶影響。

　　當電子轉移程序發生在半導體電極時，電極側可經由導帶或價帶來傳遞電子。至於實際的程序會透過導帶或價帶，則需視能帶位置和能態密度而定。若溶液中沒有氧化還原物質，n型半導體與p型半導體材料所顯現的電流－電位特性截然不同。如圖4-16所示，對n型半導體，當$\varepsilon < \varepsilon_{fb}$時，其還原電流主要來自於$H_2$生成，且會隨著提升陰極過電壓而大幅增加，但相同的情況對於p型半導體則沒有顯著的電流，這是因為H^+還原時所需的電子來自於導帶，這時n型半導體的表面導帶擁有電子累積層，可促進H_2生成。如果p型半導體有受到光照，激發出光電子後，則其還原電流也能隨陰極過電壓的增加而提升。相似地，半導體的陽極溶解會藉由價帶進行。p型半導體的氧化電流會隨著提升陽極過電壓而大幅增加，但n型半導體除非受到光照，否則難有顯著的電流。這些結果證實了半導體的陽極溶解需要價帶的電洞，或是電子從溶液側注入到價帶中。但當半導體不會發生陽極溶解時，逐步增大的陽極過電壓會導致H_2O氧化成O_2，此過程中可以觀察到p型半導體的平帶現象。相關於光電化學反應的討論，請參閱4-4-1節。

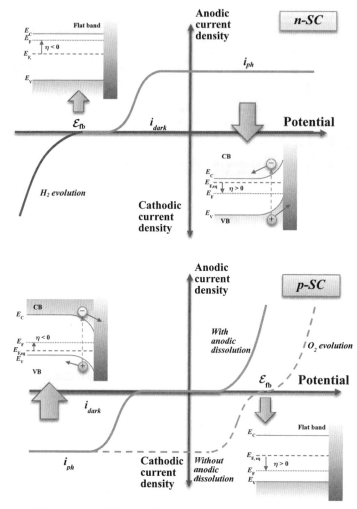

圖4-16　n 型與 p 型半導體在純水中的極化曲線

　　當溶液中有氧化還原物質時，電子的轉移可藉由導帶和價帶之一來進行，但也能夠透過界面的表面態（surface state）進行，表面態會捕捉來自導帶的電子或價帶的電洞。若O和R的平衡電位較負時，其Fermi能階E_F°會較接近導帶邊緣；平衡電位較正時，E_F°則會較接近價帶邊緣。如圖4-17所示，前者的電子轉移預期會發生在導帶，後者則發生在價帶。然而，電子轉移也可能透過少數載子（minority carrier）來進行，因此以下先不論半導體型態和載子類型，只探討導帶轉移程序和價帶轉移程序。

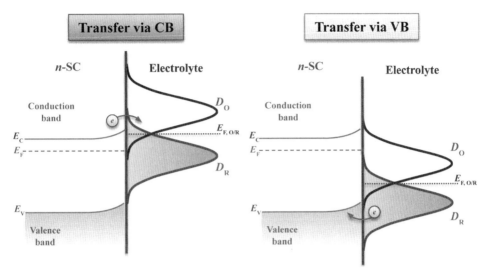

圖4-17　經由導帶與經由價帶的電子轉移程序

　　為了簡化討論，現只考慮經由半導體導帶而發生的電子轉移程序。當反應藉由導帶進行時，總體還原速率應該由導帶最低能階E_c（conduction band minimum，以下簡稱CBM）以上的所有電子能階E傳遞至溶液側未占據能階的速率來決定。相同於金屬電極的例子，基於Franck-Condon原理，電子傳遞的速率遠快於溶劑分子重排的速率，使得溶液中的未占據能態$D_O(E)$在電子傳遞過程中不會發生改變。已知$\varepsilon(E)$是局部速率換成電流密度的比例函數，可隨電子能階E而變，也已知導帶能階E上的電子數量正比於$f(E)\rho(E)$，則經由導帶所進行的還原反應速率可轉換成電流密度i_c^-：

$$i_c^- = \int_{E_c}^{\infty} \varepsilon(E) f(E) \rho(E) D_O(E) dE \tag{4.109}$$

上式中，電流密度i_c^-的上標－代表電極的電子越過界面傳遞給溶液，使O還原成R，下標c則代表反應所需電子來自於導帶。

　　相同於金屬電極的情形，(4.109)式無法化簡成解析函數。在金屬的例子中，假設電子轉移幾乎都發生在電極的Fermi能階E_F附近1 kT內；但對於半導體電極的例子，則可假定電子轉移幾乎都發生在CBM附近，亦即約有90%的電子交換發生在CBM以上的4 kT內（約等於0.1 eV），且出現最大電流密度的能階是在$E = E_c + kT$上。因此，溶液中的O還原成R時，我們選擇位於界

面處的導帶最低能階 E_c^s 所對應的 $D_O(E_c^s)$ 來代表溶液側的平均能態密度。已知 $D_O(E_c^s)=c_O^s W_O(E_c^s)$，故可得到：

$$D_O(E_c^s) = \frac{c_O^s}{\sqrt{4kT\lambda}} \exp\left(-\frac{(E_c^s - E_F^\circ - \lambda)^2}{4kT\lambda}\right) \tag{4.110}$$

因此，透過導帶發生的還原電流密度可利用積分均值定理來簡化成：

$$\begin{aligned} i_c^- &= \int_{E_c}^{\infty} \varepsilon(E)f(E)\rho(E)D_O(E)dE \\ &= D_O(E_c^s)\int_{E_c}^{\infty} \varepsilon(E)f(E)\rho(E)dE \end{aligned} \tag{4.111}$$

再利用積分均值定理一次，可將 $\varepsilon(E)$ 與 $\frac{1}{\sqrt{4kT\lambda}}$ 合併至速率常數 k° 中，得到還原電流密度 i_c^-：

$$i_c^- = nFk^\circ c_O^s \exp\left(-\frac{(E_c^s - E_F^\circ - \lambda)^2}{4kT\lambda}\right)\int_{E_c}^{\infty} f(E)\rho(E)dE \tag{4.112}$$

若電極表面的導帶電子濃度 n_s 為：

$$n_s = \int_{E_c}^{\infty} f(E)\rho(E)dE = N_c \exp(-\frac{E_c^s - E_F}{kT}) \tag{4.113}$$

式中的 N_c 為導帶電子的有效能態密度（effective state density of electrons），定義為 $N_c = 2\left(\frac{2\pi m_e kT}{h^2}\right)^{3/2}$，其中的 m_e 為有效電子質量，與半導體晶格特性有關。所以我們可利用電子濃度 n_s 表示出還原電流密度 i_c^-：

$$i_c^- = nFk^\circ n_s c_O^s \exp\left(-\frac{(E_c^s - E_F^\circ - \lambda)^2}{4kT\lambda}\right) \tag{4.114}$$

然而，必須注意在(4.114)式中的 E_c^s 與 n_s 都是指位於界面處的半導體特性。根據 Boltzmann 分布，表面的電子濃度 n_s 會與半導體主體區的電子濃度 n_b 有關：

$$n_s = n_b \exp(-\frac{e\phi_{sc}}{kT}) \tag{4.115}$$

其中 ϕ_{sc} 是空間電荷區內的電位差，如圖4-15所示。因此，電流密度 i_c^- 將成為：

$$i_c^- = nFk°n_b c_O^s \exp(-\frac{e\phi_{sc}}{kT})\exp\left(-\frac{(E_c^s - E_F° - \lambda)^2}{4kT\lambda}\right) \tag{4.116}$$

當電極被施加了過電壓η後，此過電壓幾乎都會落在空間電荷區內，並且改變ϕ_{sc}，因此i_c^-會受到η的影響。

另一方面，對於透過導帶發生的氧化反應，電子會從溶液側的已占據能態注入電極側的未占據能態。當電子從溶液側傳至CBM以上的特定能階E時，其局部速率將正比於溶液側的已占據能態密度$D_R(E)$；同時，此局部速率也將正比於能階E還可容納的電子數量，亦即正比於$[1-f(E)]\rho(E)$。接著再使用前述方法，將局部速率對CBM以上的電子能量積分後，即可得到經由導帶的氧化電流密度i_c^+：

$$i_c^+ = \int_{E_c}^{\infty} \varepsilon(E)[1-f(E)]\rho(E)D_R(E)dE \tag{4.117}$$

在上式中，電流密度i_c^+的上標+代表電極接收來自溶液側的電子，也代表溶液側的R氧化成O。

由於經由導帶的電子轉移幾乎只發生在CBM以上的幾個kT內，故可使用$D_R(E_c^s)$來代表溶液側的已占據能態。已知$D_R(E_c^s)=c_R^s W_R(E_c^s)$，故可得到：

$$D_R(E_c^s) = \frac{c_R^s}{\sqrt{4kT\lambda}}\exp\left(-\frac{(E_c^s - E_F° + \lambda)^2}{4kT\lambda}\right) \tag{4.118}$$

再利用積分均值定理將$\varepsilon(E)$與$\dfrac{1}{\sqrt{4kT\lambda}}$合併至速率常數$k°$中，使成為：

$$i_c^+ = nFk°c_R \exp\left(-\frac{(E_c^s - E_F° + \lambda)^2}{4kT\lambda}\right)\int_{E_c^s}^{E_c^s+nkT}[1-f(E)]\rho(E)dE \tag{4.119}$$

其中的積分上限被縮小，主要是假設電子轉移只發生在E_c^s以上的nkT內。根據(2.12)式，半導體電極側的能態密度為：

$$\rho(E) = 4\pi\left(\frac{2m_e}{h^2}\right)^{3/2}(E - E_c^s)^{1/2} \tag{4.120}$$

且在E_F以上，電子占據能階的機率$f(E)$非常低，因此可將$[1-f(E)]$近似為1。例如某一種半導體具有$E_c=E_F+4kT$的特性，其$f(E_c)$也只能達到1%。換言之，(4.119)式中的積分可拆開為兩項：

$$\int_{E_c^s}^{E_c^s+nkT}[1-f(E)]\rho(E)dE = \int_{E_c^s}^{E_c^s+nkT}\rho(E)dE - \int_{E_c^s}^{E_c^s+nkT}f(E)\rho(E)dE \tag{4.121}$$

如(4.113)式所述，等號右側第二項約等於電極表面的電子濃度n_s；再根據(4.120)式，右側第一項的積分結果為：

$$\int_{E_c^s}^{E_c^s+nkT}\rho(E)dE = \frac{8\pi}{3}\left(\frac{2nm_ekT}{h^2}\right)^{3/2} \tag{4.122}$$

故當$1<n<1.5$時，此積分結果約等於導帶電子的有效能態密度N_c。且在常溫下，對能隙大於1.0 eV的半導體，其N_c遠大於n_s，足以使第二項積分被忽略。因此，i_c^+可近似為：

$$i_c^+ = nFk^{\circ}N_cc_R^s\exp\left(-\frac{(E_c^s-E_F^{\circ}+\lambda)^2}{4kT\lambda}\right) \tag{4.123}$$

通常半導體表面有能帶釘紮的現象，使E_c^s不會變化，且N_c為半導體材料的固有特性，不會隨施加電位而變。因此，i_c^+幾乎無關於過電位η，吾人可將其視為定值。換言之，此定值與平衡時（$\eta=0$）無異，也就是等同於導帶交換電流密度i_{c0}。然而，如前所述，i_c^-與過電位η有關，但在平衡時（$\eta=0$），i_c^+和i_c^-皆與交換電流密度i_{c0}相等，因此：

$$\begin{aligned}i_{c0} &= nFk^{\circ}n_bc_O^s\exp(-\frac{e\phi_{sc}^{\circ}}{kT})\exp\left(-\frac{(E_c^s-E_F^{\circ}-\lambda)^2}{4kT\lambda}\right)\\ &= nFk^{\circ}N_cc_R^s\exp\left(-\frac{(E_c^s-E_F^{\circ}+\lambda)^2}{4kT\lambda}\right)\end{aligned} \tag{4.124}$$

其中的ϕ_{sc}°是平衡狀態下的空間電荷區電位差。當存在過電位η時，空間電荷區電位差將會變成：$\phi_{sc}=\phi_{sc}^{\circ}+\eta$，使得(4.116)式化簡為：

$$i_c^- = i_{c0}\exp\left(-\frac{e\eta}{kT}\right) \tag{4.125}$$

此式直接說明了i_c^-與過電位η的關係。總結經由導帶所進行的電子轉移程序，可發現氧化的電流不隨過電位而變，還原的電流會隨著過電位往負向增大而提升。

對於經由價帶進行的電子傳遞，其推導過程非常類似經由導帶者。當O

還原成R的反應藉由價帶進行時，總體速率應該由價帶最高能階E_v（valence band maximum，以下簡稱VBM）以下的所有電子能階E傳遞至溶液側未占據能態$D_O(E)$的局部速率之總和來決定。但在價帶中的電子傳輸可使用反向的電洞傳輸來表示，因此以下將採用電洞的觀點來討論。溶液中的電子未占據能態$D_O(E)$將代表電洞已占據能態，電極中的電子已占據能態$\rho(E)$將代表電洞未占據能態。經由價帶進行的反應可表示為：

$$O \rightleftharpoons R + h^+ \tag{4.126}$$

亦即O還原成R之後，將釋出一個電洞h^+，並注入價帶中。基於Franck-Condon原理，電洞傳遞的速率遠快於溶劑分子重排的速率，使得溶液中的$D_O(E)$在電洞傳遞過程中不會發生改變。已知局部速率換成電流密度的比例函數是$\varepsilon(E)$，也已知價帶能階E中還可容納的電洞數量正比於$f(E)\rho(E)$，所以價帶所進行的還原反應速率轉換成電流密度i_v^-後可表示為：

$$i_v^- = \int_{-\infty}^{E_v} \varepsilon(E) f(E) \rho(E) D_O(E) dE \tag{4.127}$$

上式中，電流密度i_v^-的下標v代表反應經由價帶進行，上標－仍代表失去電子。

　　另一方面，在某個VBM以下的特定能階E發生R氧化成O的反應時，電子會從溶液側傳至電極側，也就是電洞從電極側傳至溶液側，其局部速率將正比於溶液側的電洞未占據能態密度，亦即電子已占據能態密度$D_R(E)$；同時，此局部速率也將正比於電極側在能階E的電洞數量，亦即正比於$[1-f(E)]\rho(E)$。使用前述方法，將局部速率對VBM以下的電子能量積分後，即可得到代表價帶氧化反應的電流密度i_v^+：

$$i_v^+ = \int_{-\infty}^{E_v} \varepsilon(E)[1-f(E)]\rho(E) D_R(E) dE \tag{4.128}$$

　　相同地，(4.127)式和(4.128)式都無法化簡成解析函數，但對於經由價帶傳遞電洞（電子）的半導體電極，可假定電洞轉移幾乎只發生在VBM附近，亦即約有90%的電洞交換是在VBM以下的4 kT內進行，且出現最大電流密度的能階約略在$E=E_v-KT$上。因此，吾人選擇位於界面處的價帶最高能階E_v^s所對應的$D_R(E_v^s)$來代表溶液側的平均能態密度。已知$D_R(E_v^s)=c_R^s W_R(E_v^s)$，故可得到：

$$D_R(E_v^s) = \frac{c_R^s}{\sqrt{4kT\lambda}} \exp\left(-\frac{(E_v^s - E_F^\circ + \lambda)^2}{4kT\lambda}\right) \tag{4.129}$$

因此，i_v^+可利用積分均值定理而簡化為：

$$\begin{aligned} i_v^+ &= \int_{-\infty}^{E_v} \varepsilon(E)[1-f(E)]\rho(E)D_R(E)dE \\ &= D_R(E_v^s)\int_{-\infty}^{E_v} \varepsilon(E)[1-f(E)]\rho(E)dE \end{aligned} \tag{4.130}$$

再將$\varepsilon(E)$與$\dfrac{1}{\sqrt{4kT\lambda}}$合併至速率常數$k^\circ$中，可進一步化簡：

$$i_v^+ = nFk^\circ c_R^s \exp\left(-\frac{(E_v^s - E_F^\circ + \lambda)^2}{4kT\lambda}\right)\int_{-\infty}^{E_v}[1-f(E)]\rho(E)dE \tag{4.131}$$

再假設價帶中電極表面的電洞濃度p_s為：

$$p_s = \int_{-\infty}^{E_v}[1-f(E)]\rho(E)dE = N_v \exp(-\frac{E_F - E_v}{kT}) \tag{4.132}$$

其中N_v為價帶電洞的有效能態密度（effective state density of holes），定義為$N_v = 2\left(\dfrac{2\pi m_h kT}{h^2}\right)^{3/2}$，其中的$m_h$為有效電洞質量，與半導體晶格特性有關，且會大於有效電子質量m_e。所以我們利用表面電洞濃度p_s可表示出i_v^+的近似值：

$$i_v^+ = nFk^\circ p_s c_R^s \exp\left(-\frac{(E_v^s - E_F^\circ + \lambda)^2}{4kT\lambda}\right) \tag{4.133}$$

另一方面，對於透過價帶發生的還原反應，電洞會從溶液側已占據能態注入電極側的未占據能態。由於電洞轉移幾乎只發生在VBM附近，因此可假設溶液側的電洞已占據能態密度可用位於界面的價帶最高能階E_v^s的能態密度$W_O(E_v^s)$代表。已知$D_O(E_v^s)=c_O^s W_O(E_v^s)$，且：

$$D_O(E_v^s) = \frac{c_O^s}{\sqrt{4kT\lambda}} \exp\left(-\frac{(E_v^s - E_F^\circ - \lambda)^2}{4kT\lambda}\right) \tag{4.134}$$

再將$\varepsilon(E)$與$\dfrac{1}{\sqrt{4kT\lambda}}$合併至速率常數$k^\circ$中，利用積分均值定理，可得到還原電流密度$i_v^-$為：

$$i_v^- = nFk^\circ c_O^s \exp\left(-\frac{(E_v^s - E_F^\circ - \lambda)^2}{4kT\lambda}\right) \int_{E_v - nkT}^{E_v} f(E)\rho(E)dE \tag{4.135}$$

其中的積分上限被縮小，主要是假設電洞轉移只發生在E_v^s以下的nkT內。已知電極側的電洞能態密度$\rho(E) = 4\pi\left(\dfrac{2m_h}{h^2}\right)^{3/2}(E_v^s - E)^{1/2}$，且當能階在$E_F$以下時，電子占據能階的機率$f(E)$非常高，亦即電洞未占據能階的機率非常低。因此可將(4.135)式中的積分拆開成兩項：

$$\int_{E_v - nkT}^{E_v} f(E)\rho(E)dE = \int_{E_v - nkT}^{E_v} \rho(E)dE - \int_{E_v - nkT}^{E_v} [1 - f(E)]\rho(E)dE \tag{4.136}$$

其中等號右側第二項約等於電極表面的價帶電洞濃度p_s；當$1 < n < 1.5$時，第一項的積分結果約為：

$$\int_{E_v - nkT}^{E_v} \rho(E)dE = \frac{8\pi}{3}\left(\frac{2nm_hkT}{h^2}\right)^{3/2} \approx N_v \tag{4.137}$$

且在常溫下，對能隙大於1.0 eV的半導體，其N_v遠大於p_s，足以使第二項積分被忽略。因此，i_v^-可近似為：

$$i_v^- = nFk^\circ N_v c_O^s \exp\left(-\frac{(E_v^s - E_F^\circ - \lambda)^2}{4kT\lambda}\right) \tag{4.138}$$

　　相似地，由於半導體表面有能帶釘紮的現象，E_v^s不會變化，且N_v為半導體材料的固有特性，不會隨施加電位而變。因此，經由價帶的還原電流密度i_v^-將無關於過電位η，可將其視為定值，且此定值與無過電位時（$\eta = 0$）相同，可定義為價帶交換電流密度i_{v0}。然而，i_v^+與過電位η有關，但在平衡時（$\eta = 0$），i_v^+與i_v^-皆與i_{v0}相等，因此：

$$\begin{aligned}
i_{v0} &= nFk^\circ p_b c_R^s \exp\left(\frac{e\phi_{sc}^\circ}{kT}\right) \exp\left(-\frac{(E_v^s - E_F^\circ + \lambda)^2}{4kT\lambda}\right) \\
&= nFk^\circ N_v c_O^s \exp\left(-\frac{(E_v^s - E_F^\circ - \lambda)^2}{4kT\lambda}\right)
\end{aligned} \tag{4.139}$$

其中的ϕ_{sc}°是平衡狀態下的空間電荷區電位差。當存在過電位η時，空間電荷區電位差會變化成$\phi_{sc} = \phi_{sc}^\circ + \eta$，使得

$$i_v^+ = i_{v0} \exp\left(\frac{e\eta}{kT}\right) \tag{4.140}$$

此式直接指出了i_v^+會隨著過電位η而增加。總結經由價帶的電子轉移程序，還原的電流不隨過電位而變，氧化的電流會隨著過電位往正向增大而提升。

　　至此可知，無論使用Marcus理論或Gerischer理論，都可以得到相似的結果，因為兩種理論都擁有相同的指數函數項，但也可發現這些指數函數項與施加電位無關，因此可將它們合併至速率常數中，使電流密度的表示式更為簡潔。例如經由導帶的氧化電流密度i_c^+可簡化為：

$$i_c^+ = nFk_c^+ N_c c_R^s \tag{4.141}$$

其中的速率常數k_c^+為：

$$k_c^+ = k^\circ \exp\left(-\frac{(E_c^s - E_F^\circ + \lambda)^2}{4kT\lambda}\right) \tag{4.142}$$

經由導帶的還原電流密度i_c^-則為：

$$i_c^- = nFk_c^- n_s c_O^s \tag{4.143}$$

其中的速率常數k_c^-為：

$$k_c^- = k^\circ \exp\left(-\frac{(E_c^s - E_F^\circ - \lambda)^2}{4kT\lambda}\right) \tag{4.144}$$

同理，對於經由價帶的氧化電流密度i_v^+可簡化為：

$$i_v^+ = nFk_v^+ p_s c_R^s \tag{4.145}$$

其中的速率常數k_v^+為：

$$k_v^+ = k^\circ \exp\left(-\frac{(E_v^s - E_F^\circ + \lambda)^2}{4kT\lambda}\right) \tag{4.146}$$

經由價帶的還原電流密度i_v^-則為：

$$i_v^- = nFk_v^- N_v c_O^s \tag{4.147}$$

其中的速率常數k_v^-為：

$$k_v^- = k^\circ \exp\left(-\frac{(E_v^s - E_F^\circ - \lambda)^2}{4kT\lambda}\right) \qquad (4.178)$$

在平衡時，過電位$\eta=0$，氧化電流密度等於還原電流密度，也等於交換電流密度，亦即：

$$i_c^+ = i_c^-\big|_{\eta=0} = i_{c0} \qquad (4.149)$$

$$i_v^+\big|_{\eta=0} = i_v^- = i_{v0} \qquad (4.150)$$

且依本章慣例，將還原電流密度定為正，氧化電流密度定為負，因此經由導帶的總電流密度i_c可表示為：

$$i_c = i_c^- - i_c^+ = i_{c0}\left[\exp\left(-\frac{e\eta}{kT}\right) - 1\right] = i_{c0}\left(\frac{n_s}{n_{s0}} - 1\right) \qquad (4.151)$$

其中i_v^+為定值i_{c0}，而n_{s0}是平衡時的表面導帶電子濃度。同理，i_v^-亦為定值i_{v0}，且當p_{s0}是平衡時的表面導帶電洞濃度時，經由價帶的總電流密度i_v可表示為：

$$i_v = i_v^- - i_v^+ = i_{v0}\left[1 - \exp\left(\frac{e\eta}{kT}\right)\right] = i_{v0}\left(1 - \frac{p_s}{p_{s0}}\right) \qquad (4.152)$$

圖4-18整理了價帶電流密度與導帶電流密度的方向，也顯示了兩者皆可分成得到電子與失去電子兩個分項，而總電流密度則為兩者之和，亦即$i=i_c+i_v$。

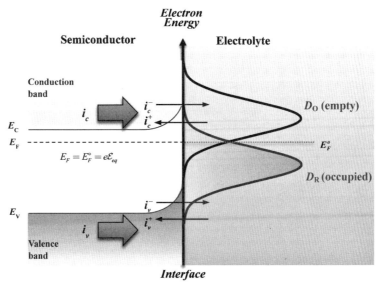

圖4-18　半導體電極之價帶電流密度與導帶電流密度

　　若使用Tafel圖來呈現電流對電位的關係，室溫下經由導帶的反應可在還原區得到一條斜率約為−60 mV/dec之直線，這相當於$\alpha=1$時的情形，但在氧化區則為水平線，相當於$\alpha=0$時的情形；反應經由價帶者，在還原區為水平線，相當於$\alpha=0$時的情形，但在氧化區可得到斜率約為60 mV/dec之直線，相當於$\alpha=1$時的情形。然而，一般金屬通常會出現$\alpha=0.5$的情形。兩種電極間的差異主要來自於施加的過電壓落在不同處，對半導體主要作用在空間電荷區，對金屬則作用在溶液側的Helmholtz層。但當過電位不僅落在空間電荷區，也有部分落在Helmholtz層時，導帶還原反應與價帶氧化反應會出現$\alpha>1$的情形；且導帶氧化反應與價帶還原反應會出現$\alpha<1$的情形，並使得後兩者的電流不再呈現定值，會隨過電壓的數值增加而上升。上述情形是發生在半導體的能帶邊緣位置被固定的假設下，但當半導體具有Fermi能階釘紮的現象時，會使過電位僅落在Helmholtz層中，導致各種反應的α趨近於0.5。對上述各種情形中的半導體電極，其等效轉移係數α整理於表4-5中。

表4-5　半導體電極的等效轉移係數α

轉移係數α	表面能帶釘紮	E_F釘紮
導帶得電子	0	0.5
導帶失電子	1	0.5
價帶得電子	1	0.5
價帶失電子	0	0.5

　　在了解了導帶程序與價帶程序之後，接著來探討n型半導體與p型半導體的差別。已知在n型半導體中，多數載子是電子，少數載子是電洞；在p型半導體中，多數載子是電洞，少數載子是電子。所以電子自溶液側注入半導體的導帶時，儘管從理論上可得到固定的i_c^+，但對於n型半導體，注入的電子屬於多數載子，故可輕易地流動到電極後的導線接點；但對於p型半導體，注入的電子屬於少數載子，情形較為複雜，因為少數載子的輸送有其他的變因，將於稍後說明。相反地，當電子自半導體的導帶注入溶液時，對於n型半導體，電子的數量足夠，並且可隨著增加負向的過電位使表面產生累積層，以提升i_c^-；但對於p型半導體，因為導帶的電子數不足，將使得i_c^-非常低，除非透過如光

照等外部刺激後，才能增加電子數量，改變反應速率。由以上可知，在n型半導體中，經由導帶發生的氧化或還原程序主要是由多數載子－電子之轉移來完成，如圖4-19所示。

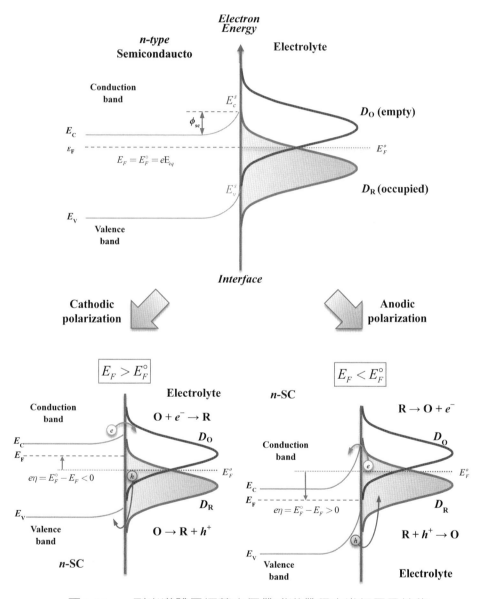

圖4-19　n型半導體電極藉由價帶或導帶程序進行電子轉移

另一方面，經由價帶進行的氧化或還原程序則呈現相反的情形。對於p型半導體，因為有足夠的電洞，且可隨著增加正向過電位使表面產生累積層，進

而提升i_v^+；若發生還原反應時，注入價帶的電洞則可輕易地流至電極後的導線接點。但對於n型半導體，電洞是少數載子，所以i_v^+非常低，必須藉由照光才能提升電洞數量。總結以上現象，在n型半導體上，多數載子的反應經由導帶進行；在p型半導體上，多數載子的反應經由價帶進行，如圖4-20所示。

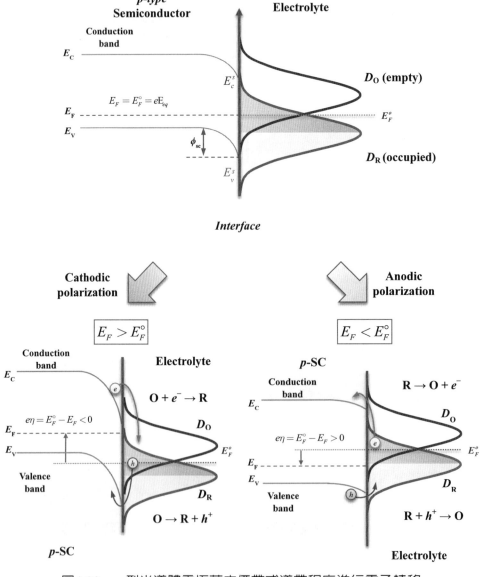

圖4-20　p 型半導體電極藉由價帶或導帶程序進行電子轉移

　　此議題也可從溶液側的氧化還原對之觀點來探討，當O和R的平衡電位較低時，代表其Fermi能階E_F^o較高，因此較易經由半導體的導帶進行反應，例如表4-6中的V^{3+}/V^{2+}；當O和R的平衡電位較高時，其Fermi能階E_F^o較低，因此較易經由半導體的價帶進行反應，例如表4-6中的Ge、Si、GaAs與CdS在Ce^{4+}/Ce^{3+}和Fe^{3+}/Fe^{2+}中。對於ZnO，已知其$E_c \approx -4.4eV$，接近H^+/H_2的能階，所以V^{3+}/V^{2+}的能階比E_c高，適合進行導帶程序；此外，ZnO的$E_v \approx -7.6eV$，因此Ce^{4+}/Ce^{3+}和Fe^{3+}/Fe^{2+}的能階較接近E_c，仍然較適合進行導帶程序。

表4-6　半導體與氧化還原對間的主要電子轉移程序

半導體	能隙（eV）	Ce^{4+}/Ce^{3+} (1.6 V vs. SHE)	Fe^{3+}/Fe^{2+} (0.77 V vs. SHE)	V^{3+}/V^{2+} (-0.26 V vs. SHE)
Ge	0.88	VB	VB	CB
Si	1.1	VB	VB	NA
GaAs	1.4	VB	VB	NA
CdS	2.5	VB	VB	CB
ZnO	3.2	CB	CB	CB
SnO	3.8	CB	CB	CB

VB：價帶程序
CB：導帶程序
NA：尚無資料

　　如前所述，當電子從溶液側進出p型半導體時，因為電子屬於少數載子，故在半導體內部輸送電子的過程中，存在電化學反應以外之變因，例如電子與電洞發生再結合（recombination）而被消耗，或擴散速率無法加大等因素。相似地，如圖4-21所示，當電洞從溶液側進出n型半導體時，也會發生類似的現象。對於特性固定的半導體，通常再結合速率和擴散速率有限，所以當電化學反應速率遠大於前兩者時，整體程序將會受制於再結合或擴散，使總體程序速率到達極限。換言之，當反應牽涉半導體內的少數載子時，存在一個飽和電流密度，或極限電流密度，此現象類似於溶液中的質傳限制情形。對n型半導體，施加正向過電位時會使用到價帶電洞，所以將出現飽和的電流密度$i_{h,\lim}$；對p型半導體，施加負向過電位時會使用到導帶電子，所以會出現飽和的電流

密度$i_{e,\lim}$。

當半導體電極被施加過電壓時,所施加的總過電位η可以分開成三部分:

$$\eta = \eta_{SC} + \eta_H + \eta_T \tag{4.153}$$

其中η_{SC}為作用在空間電荷區的過電位,η_H為Helmholtz層的過電位,η_T為傳導過電位(transport overvoltage)。傳導過電位類似溶液中的濃度過電位,兩者皆因電荷輸送需要能量所致。若半導體電極內傳導的是多數載子,則傳導過電位η_T趨近於0;但當傳導的是少數載子時,則傳導過電位η_T將有別於0。對於n型半導體中的電洞傳導過電位$\eta_{T,h}$和p型半導體中的電子傳導過電位$\eta_{T,e}$,可分別表示為:

$$\eta_{T,h} = \frac{kT}{e}\ln(1 - \frac{i_v^+}{i_{h,\lim}}) \tag{4.154}$$

$$\eta_{T,e} = -\frac{kT}{e}\ln(1 - \frac{i_c^-}{i_{e,\lim}}) \tag{4.155}$$

其中i_v^+是指n型材料中電洞在電極界面處發生反應的電流密度,i_c^-則是p型材料中電子在界面的電流密度,兩者皆代表了少數載子在界面的消耗速率,所以當界面的少數載子消耗殆盡時,電極內分別會出現極限電流密度$i_{h,\lim}$和$i_{e,\lim}$。以界面反應需要電洞的n型半導體為例,在i_v^+非常小時,所需傳導過電位$\eta_{T,h}$趨近於0,但持續增大過電位而使i_v^+變大後,所需傳導過電位$\eta_{T,h}$亦將增大。最終,i_v^+將會受限於半導體內的電洞傳導速率而達到飽和值$i_{h,\lim}$。

若溶液側的E_F°較接近n型半導體的價帶或較接近p型半導體的導帶,則可能使界面反應產生的少數載子注入電極。於較低的過電位下,程序將控制在所注入少數載子之傳導速率;於較高的過電位下,程序的速率將到達少數載子之極限傳導速率,亦即n型半導體中的$i_{h,\lim}$或p型半導體中的$i_{e,\lim}$。

在更高的過電位下,所注入的少數載子還會與多數載子再結合。對於n型半導體,發生再結合時,其速率可表示為電流密度i_{rec}:

$$i_{rec} = i_{h,\lim}\exp(\frac{E_F - E_F^\circ}{\xi kT}) \tag{4.156}$$

其中E_F和E_F°分別是半導體側與溶液側的Fermi能階,而ξ是再結合參數。若再

結合發生在空間電荷區內，ξ=2；若再結合發生在比空間電荷區更深之處，則 ξ=1。總傳導電流密度 i_T 則會因爲再結合而減小：

$$i_T = i_{h,\lim} - i_{rec} = i_{h,\lim}[1 - \exp(\frac{E_F - E_F^{\circ}}{\xi kT})] \tag{4.157}$$

此式也說明了發生少數載子轉移的反應時，其電流與電位的關係仍維持Tafel 方程式的形式，但室溫下的Tafel斜率則可能到達120 mV/dec，因爲再結合可能發生在空間電荷區內（ξ=2），Tafel斜率也可能是60 mV/dec，因爲再結合可能發生在半導體內部（ξ=1）。

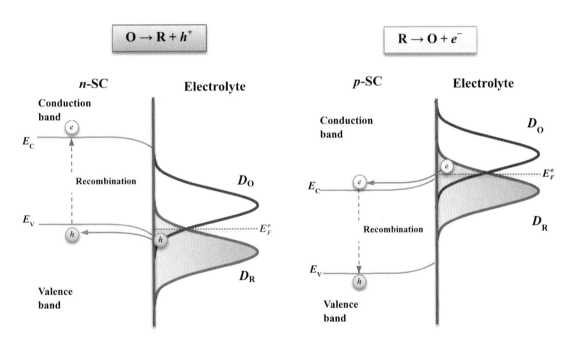

圖4-21　n 型與 p 型半導體電極中的少數載子轉移與再結合現象

　　然而，n-Si在含有F^-的溶液中進行陽極溶解時，常會測得極限電流之2至4倍的結果，此稱爲電流倍增現象（current multiplication），其原因在於這類反應多包含數個步驟，其中幾個程序牽涉了少數載子。例如在一個n型半導體表面，反應物A氧化成A^{n+}的過程中包含以下步驟：

$$A + h^+ \rightarrow A^+ \tag{4.158}$$

$$A^+ + mh^+ \rightarrow A^{n+} + (n-m-1)e^- \tag{4.159}$$

假設中間物A^+的能態接近半導體的導帶邊緣能階E_c^s，則當(4.159)式發生時，會有$(n-m-1)$個電子注入半導體的導帶，並導致了電流放大效應，是原預測的少數載子極限電流的$n/(m+1)$倍，如圖4-22所示。對於n-Si在含有F^-的溶液中的陽極溶解，$n/(m+1)=2\sim4$，此數值不一定是整數。

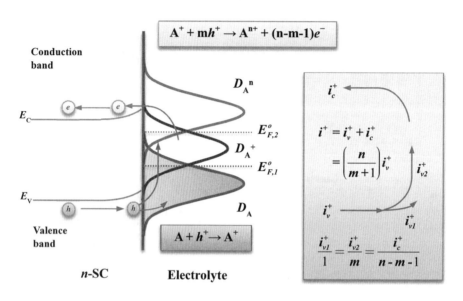

圖4-22　n型半導體電極中的電流倍增現象

> **範例4-9**
>
> 在300 K下，n-Si電極被放入含有0.1 M的O和0.1 M的R之溶液中，透過測量可得到平帶電位$\varepsilon_{fb}=-0.75$V(vs. SHE)，並從電流對電位的曲線可發現陽極極化時，具有穩定的電流密度，約為1×10^{-5}A/cm^2。已知O/R的標準電位為$\varepsilon_{O/R}^o=-0.5$V(vs. SHE)，是單電子轉移反應，重組能$\lambda\approx0.1$eV；n-Si電極的物理特性如表4-7所示，試問：
>
> 1. n-Si電極表面的空間電荷區之電壓為何？
> 2. O/R反應的標準速率常數約為何？
> 3. 施加$\eta=-0.25$V的過電位後，電流密度為何？
> 4. 若將R的濃度增加到0.2 M後，假設平帶電位不變，則氧化電流密度為何？

表4-7　n-Si電極的物理特性

特性	數值
導帶之有效能態密度	$N_c = 2.8 \times 10^{19}$ cm^{-3}
價帶之有效能態密度	$N_v = 1.04 \times 10^{19}$ cm^{-3}
本質載子濃度	$n_i = 1.45 \times 10^{10}$ cm^{-3}
摻雜濃度	$N_d = 1 \times 10^{17}$ cm^{-3}
電子親和力	$\chi = 4.05$ eV
能隙	$E_g = 1.1$ eV
少數載子平均壽命	$\tau_h = 2.5 \times 10^{-3}$ s

解 1. 已知O/R反應的標準電位為$\mathcal{E}^\circ_{O/R} = -0.5$V(vs. SHE)，且$c_O = c_R$，所以$\mathcal{E}_{O/R} = -0.5$V(vs. SHE)，對應的電子能階為$E_{O/R} = -4.5 + 0.5 = -4.0$ eV。由於平帶電位$\mathcal{E}_{fb} = -0.75$ V(vs. SHE)，所以n-Si表面能帶上彎的電位差為$\phi_{SC} = \mathcal{E}_{O/R} - \mathcal{E}_{fb} = 0.25$ V。

2. Si的導帶底端能階為：$E^s_c = -\chi + e\phi_{SC} = -4.05 + 0.25 = -3.8$ eV，代表溶液側O/R的電子能階$E_{O/R} = -4.0$eV較接近導帶底端能階$E^s_c = -3.8$eV，電子轉移應該屬於導帶程序。

3. 根據(4.141)式，陽極極化時的電流密度即為i_{c0}。結合(4.133)式與(4.134)式之後，可得到$i_{c0} = nFN_c c_R k_0 \exp\left(-\dfrac{(E^s_c - E_{O/R} + \lambda)^2}{4kT\lambda}\right) = 10^{-5}$ A/cm^2，其中已知$\lambda \approx 0.1$eV，$E^s_c = -3.8$eV，$N_c = 2.8 \times 10^{19}$cm^{-3}，$c_R = 10^{-4}$mol/cm^3，$n = 1$。因此可計算出標準速率常數$k_0 = 2.13 \times 10^{-22}$cm^4/s。

4. 施加$\eta = -0.25$V的過電位時，根據(4.143)式，亦即$i = i_{c0}\left[\exp\left(-\dfrac{e\eta}{kT}\right) - 1\right]$，故可得$i = 0.157$ A/cm^2。

5. 當R的濃度增加到0.2 M時，假定符合Nernst方程式，$\mathcal{E}_{O/R} = \mathcal{E}^\circ_{O/R} + \dfrac{RT}{F}\ln\dfrac{c_O}{c_R} = -0.5 + \dfrac{(8.31)(300)}{(96500)}\ln\dfrac{0.1}{0.2} = -0.52$ V，使得能階為$E_{O/R} = -4.5 + 0.52 = -3.98$eV。在陽極極化非常大時，電流密度可表示為：

$$i = -i_{c0} = -nFN_c c_R k_0 \exp\left(-\dfrac{(E^s_c - E_{O/R} + \lambda)^2}{4kT\lambda}\right) = -3.05 \times 10^{-5} \text{ A/cm}^2 。$$

從前面的理論介紹，我們可以歸納出n型和p型半導體在表面能帶釘紮下的完整極化行為。以下將分成四類情形加以說明：

1. n型半導體之VBM較接近溶液側的E_F°

如圖4-23所示，此系統在陽極極化時，主要是藉由價帶的少數載子（電洞）來進行。當過電位足夠高時，氧化電流密度會受制於電極內的電洞傳導速率。陰極極化時，在很小的負向過電位下，電洞會從溶液側注入到價帶，所以還原電流密度在此範圍內不會隨著過電位而變。但當負向過電位繼續增大時，因為電極表面的能帶下彎，使得電子可從電極注入溶液側，所以在此範圍內的還原電流密度取決於導帶的多數載子（電子）。當負向過電位加大時，落在空間電荷區的過電位η_{SC}會隨之加大，使能帶更加下彎，電極表面的電子濃度也因此提升，但溶液側的Helmholtz層過電位η_H並不會變化。再加大過電位後，半導體的E_F則會被釘紮（Fermi level pinning，簡稱FLP）在表面導帶，這時所增加的過電位將會改變溶液側的Helmholtz層過電位η_H，使得溶液側的E_F°下移，最終又導致電洞從溶液側注入價帶，所形成的電流密度為i_{FLP}。以下則列出溶液側的E_F°比較接近n型半導體的VBM時，從很大的陽極過電位到很大的陰極過電位之間，總電流密度i所經歷的變化：

$$\begin{cases} i = -i_{h,\text{lim}} & \text{for large positive } \eta \\ i = -i_v^+ & \text{for small positive } \eta \\ i \rightarrow 0 & \text{for } \eta = 0 \\ i = i_v^- = i_{v0} & \text{for small negative } \eta \\ i = i_c^- & \text{for middle negative } \eta \\ i = i_{FLP} & \text{for large negative } \eta \end{cases} \qquad (4.160)$$

由於總電流密度是導帶與價帶電流密度的總和：$i = i_c + i_v$，故在中等的負向過電壓下，$i \approx i_c \gg i_v$，且$i_c^- \gg i_c^+$，使電流密度的對數值與過電壓呈線性關係，在常溫下的Tafel斜率約為60 mV/dec。

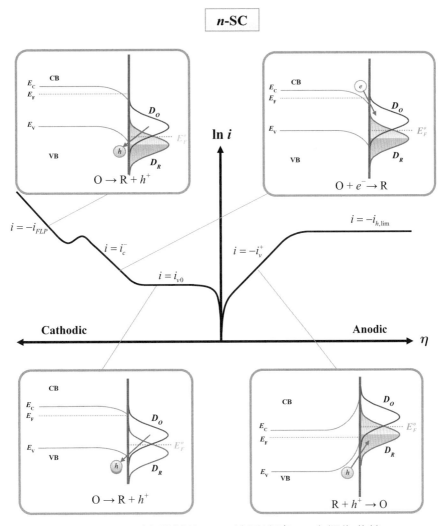

圖4-23　n 型半導體的VBM接近溶液 E_F° 之極化曲線

2. n型半導體之CBM較接近溶液側的 E_F°

　　如圖4-24所示，施加正向過電位時，會產生與電位無關的氧化電流密度 i_c^+，其值等於導帶交換電流密度 i_{c0}；施加負向過電位會產生與電位呈現Tafel關係的還原電流密度 i_c^-。相似地，在非常大的負向過電位下，因爲能帶下彎程度很大，使得半導體的 E_F 被釘紮在表面導帶，過電位的作用將會影響溶液側的 Helmholtz層過電位 η_H，使 E_F° 下移，導致電洞從溶液側注入價帶，還原電流密度爲 i_{FLP}。下列關係爲 E_F° 接近n型半導體的CBM時，過電位從正向到負向之間

的總電流密度i：

$$\begin{cases} i = -i_c^+ = -i_{c0} & \text{for large positive } \eta \\ i \to 0 & \text{for } \eta = 0 \\ i = i_c^- & \text{for negative } \eta \\ i = i_{FLP} & \text{for large negative } \eta \end{cases} \quad (4.161)$$

以 n 型 Z n O 為例，它分別和濃度皆為 0 . 0 1 M 的 C e^{4+} (p H 1 . 5)、Ag(NH$_3$)$_2^{2+}$(pH 12)、Fe(CN)$_6^{3+}$(pH 3.8)與MnO$_4^-$(pH 4.5)的水溶液接觸時，都可以顯現出Tafel斜率為60 mV/dec的陰極極化行為，代表了還原電流密度為i_c^-，且此電流與電極表面的電子濃度成正比。

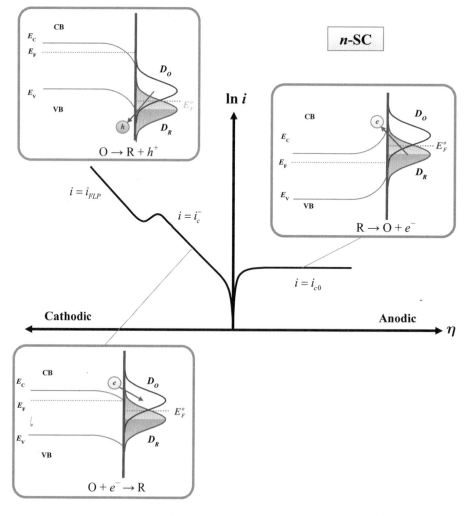

圖4-24　n 型半導體的CBM接近溶液 E_F^o 之極化曲線

3. p型半導體之CBM較接近溶液側的E_F°

如圖4-25所示，在陰極極化時，是透過導帶的少數載子（電子）來進行。尤其在過電位足夠負的情形中，還原電流密度i_c會受制於電極內的電子傳導速率$i_{e,\lim}$。而在正向過電位下，電子會從溶液側注入導帶，氧化電流密度為i_c^+，也等於i_{c0}，但當過電位非常大時，能帶上彎程度也會非常大，使得E_F被釘紮在價帶，增加的過電位將會使溶液側的E_F°上移，最終導致電子從溶液側注入導帶，電流密度由i_{FLP}決定。因此，此系統的電流密度隨著過電位的變化可表示為：

$$\begin{cases} i = -i_{FLP} & \text{for large positive } \eta \\ i = -i_v^+ & \text{for middle positive } \eta \\ i = -i_c^+ = -i_{c0} & \text{for small positive } \eta \\ i \to 0 & \text{for } \eta = 0 \\ i = i_c^- & \text{for small negative } \eta \\ i = i_{e,\lim} & \text{for large negative } \eta \end{cases} \qquad (4.162)$$

4. p型半導體之VBM較接近溶液側的E_F°

如圖4-26所示，在陰極極化時，電洞會從溶液側注入價帶，使得還原電流密度為i_v^-，也等於i_{v0}。在陽極極化時，多數載子（電洞）會從價帶注入溶液側，使得氧化電流密度為i_v^+，與過電位呈現Tafel關係；但當過電位非常大時，能帶上彎程度也會非常大，使得E_F被釘紮在價帶，相同地，電流密度將成為i_{FLP}。

$$\begin{cases} i = -i_{FLP} & \text{for large positive } \eta \\ i = -i_v^+ & \text{for positive } \eta \\ i \to 0 & \text{for } \eta = 0 \\ i = i_v^- = i_{v0} & \text{for negative } \eta \end{cases} \qquad (4.163)$$

由前面的討論可知，反應電流不僅和半導體電極內的載子濃度有關，也和溶液側的氧化還原對之能態密度相關。因此，相對於溶液側活性物質之E_F°，半導體表面之E_c^s和E_v^s會深切影響反應動力學。例如經由導帶的還原反應發生時，可預期的最大還原電流將會發生在E_c^s與溶液側未占據能階E_O°相等時，其中E_O°

約等於$E_F^\circ + \lambda$。當E_c^s與E_O°逐漸分離時,還原電流將隨之下降。

　　討論至此仍需注意,以上所述之電化學特性,僅適用於理想的半導體,因為這項理論必須奠基於三個假設,第一是電子轉移來往於半導體導帶與價帶至溶液中的能階之間,第二是所轉移的電子或電洞只侷限在表面能帶邊緣的小範圍內,第三是表面能帶是被釘紮的,不會隨外加電壓而變。然而,在實際的

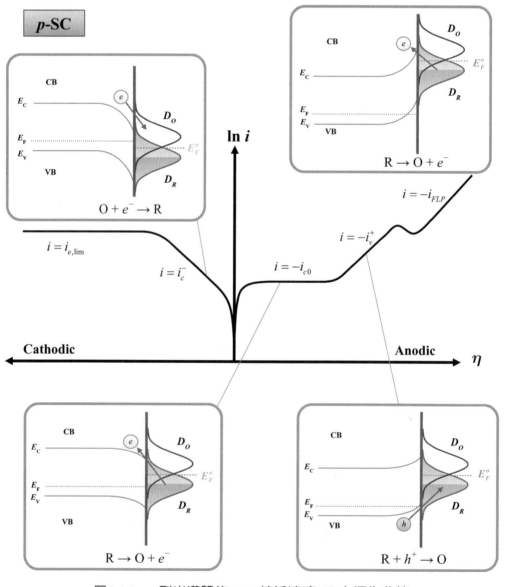

圖4-25　p 型半導體的CBM接近溶液 E_F° 之極化曲線

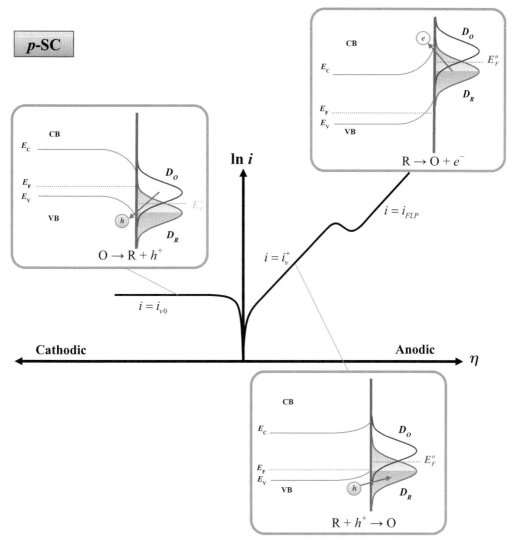

圖4-26　p 型半導體的VBM接近溶液 E_F^o 之極化曲線

半導體電極中，必定存在許多不規則現象。例如半導體的表面出現缺陷（de-fect）時，電子轉移程序會經由表面態（surface state）進行，這些表面態往往位於能隙中，所以違反了第一個假設。當半導體的表面能帶大幅彎曲時，電子有可能出現穿隧現象（tunneling），直接從內部的能階轉移到溶液側，如圖4-27所示，所以違反了第二個假設。此外，當半導體被重度摻雜或表面態的密度非常高時，空間電荷區的電容將與Helmholtz層的電容相當，使得外加的過電壓不全然落於空間電荷區，因此違反了第三個假設。

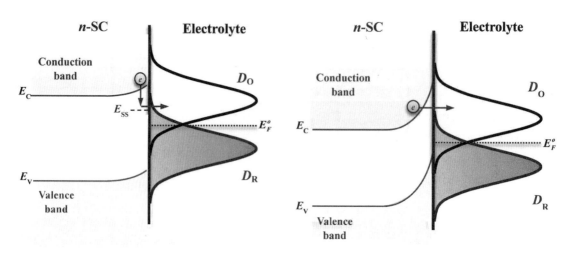

圖4-27　n 型半導體電極藉由表面態或界面穿隧進行電子轉移

　　還有一種非理想行為來自於電極自身可能發生光分解反應（photodecomposition），也就是電極材料被空乏層中的電洞所氧化。但若加入電活性物質 R 到系統中，R 的氧化反應則可能與電極的分解反應相互競爭，使得電極表面的分解反應被抑制。

　　由於真實的半導體材料難以成為完美晶體，其表面可能存有許多缺陷或非晶（amorphous）結構，使得能帶邊緣位置不明確，或在理論能隙中出現些許能階。這些額外的能階將扮演載子陷阱（carrier trap），在光電化學反應中會促進再結合程序。在材料的表面，其鍵結與內部不同時，或發生特性吸附時，都將在能隙中形成表面態（surface state，以下簡稱 SS）。若表面態的密度 N_{ss} 夠高時，將使半導體電極的 Fermi 能階 E_F 被釘紮（Fermi level pinning）；且當其能階 E_{ss} 合適時，還可扮演傳遞電子或電洞的通道。值得注意的是，載子從導帶或價帶轉移到表面態中，可能會伴隨吸熱或放熱；但在表面態與溶液側對應能階之間轉移載子，則是絕熱程序。對一個經由導帶的還原反應而言，若電子從電極轉移到溶液側的未占據能態 D_O，其電流密度 i_c^- 原本可表示為：

$$i_c^- = nFk^\circ n_s c_O^s \exp\left(-\frac{(E_c^s - E_F^\circ - \lambda)^2}{4kT\lambda}\right)$$

$$= nFk^\circ N_c c_O^s \exp(-\frac{E_c^s - E_F}{kT}) \exp\left(-\frac{(E_c^s - E_F^\circ - \lambda)^2}{4kT\lambda}\right) \tag{4.164}$$

但經由表面態ss轉移到溶液側的未占據能態D_O，其電流密度i_{ss}^-則可表示為：

$$i_{ss}^- = nFk^\circ n_{ss} c_O^s \exp\left(-\frac{(E_{ss} - E_F^\circ - \lambda)^2}{4kT\lambda}\right)$$

$$= nFk^\circ N_{ss} c_O^s \exp(-\frac{E_{ss} - E_F}{kT}) \exp\left(-\frac{(E_{ss} - E_F^\circ - \lambda)^2}{4kT\lambda}\right) \tag{4.165}$$

其中N_{ss}是表面態的濃度，而n_{ss}是表面態被電子占據的濃度。接著將(4.164)式和(4.165)式相除後，可得到兩種電流密度的比值：

$$\frac{i_{ss}^-}{i_c^-} = \frac{N_{ss}}{N_c} \exp\left(\frac{(E_c^s - E_{ss})(2\lambda - 2E_F^\circ + E_c^s + E_{ss})}{4kT\lambda}\right) \tag{4.166}$$

因此隨著N_{ss}愈多，且E_c^s與E_{ss}的能量差愈大時，經由表面態轉移電子的可能性愈高。

　　如前所述，半導體電極中的電子穿隧效應也是偏離理想半導體的情形。當過電位愈加愈大時，空間電荷區的電位差也將增大，使得能帶彎曲得更劇烈，因此在較薄的空間電荷區中，就有可能發生電子穿隧效應。尤其當空間電荷區只有3 nm的厚度時，電子會直接穿隧空間電荷區與Helmholtz層，即使電子能階低於表面導帶能階E_c^s也可能轉移進溶液側。例如n型TiO_2電極，若摻雜濃度高達$2\times10^{19}cm^{-3}$，在鹼性溶液中可藉由電子穿隧來進行O_2的還原反應，其電流比經由E_c^s轉移者更大。

　　已知施加足夠大的逆向偏壓於半導體電極時，由於少數載子的輸送限制，會產生極限電流。若逆向偏壓繼續增大，則可能發生崩潰現象（breakdown），使得電流大幅增加。一般的崩潰現象可分為三類，分別是Zener崩潰（Zener breakdown）、突崩潰（avalanche breakdown）與界面穿隧（interface tunneling）。如圖4-28所示，在Zener崩潰中，因為外加偏壓非常大，使得能帶彎曲程度極大，若半導體屬於重度摻雜，這時空間電荷區的厚度較薄，容易使價帶的電子穿隧到導帶，而留下的電洞則可轉移給溶液側，因而獲得額

外的電流。在突崩潰中，由於自由載子獲得加速而擁有大動能，若與晶格碰撞後，則可能被價帶的電子吸收能量而躍遷至導帶，此導帶電子又可以再度碰撞晶格，使得自由載子不斷倍增，電流亦因此加大。發生界面穿隧時，如圖4-28所示，條件是溶液側的已占據能態E_R^o需接近半導體主體區的CBM，儘管E_R^o沒有高於E_c^s，但發生R的氧化後，仍可藉由穿隧現象將電子注入半導體，使得電流高於極限電流。

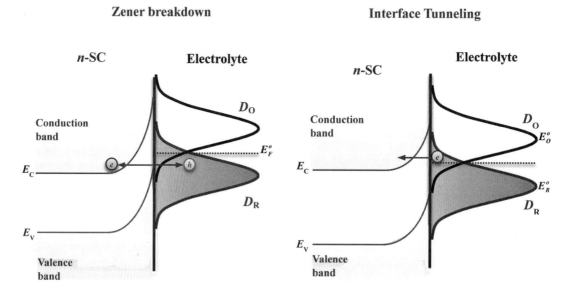

圖4-28　n型半導體電極在逆向偏壓增大後所發生的Zener崩潰與界面穿隧

至此已簡介了半導體電極的動力學模型，根據能帶特性與施加偏壓可加以分類，其結果整理於表4-8中。

表4-8　半導體電極的動力學模型

施加偏壓	等級	n型半導體		P型半導體	
		E_F^o接近CBM	E_F^o接近VBM	E_F^o接近CBM	E_F^o接近VBM
正向	大	FLP 少數載子 價帶程序	FLP 少數載子 價帶程序	FLP 少數載子 價帶程序	FLP 少數載子 價帶程序
	中	Tafel特性 多數載子 導帶程序	Tafel特性 多數載子 導帶程序	Tafel特性 多數載子 價帶程序	Tafel特性 多數載子 價帶程序
	小		飽和低電流 少數載子 價帶程序	飽和低電流 少數載子 導帶程序	
反向	小	飽和低電流 多數載子 導帶程序	Tafel特性 少數載子 價帶程序	Tafel特性 少數載子 導帶程序	飽和低電流 多數載子 價帶程序
	中				
	大		少數載子擴散限制 導帶程序	少數載子擴散限制 導帶程序	
	極大	崩潰效應	崩潰效應	崩潰效應	崩潰效應

4-4 動力學應用

4-4-1 光電化學反應

　　在4-3-3節曾提及半導體中的電子轉移程序可能會牽涉少數載子，所以光激發所創造的電子電洞對將會顯著地影響反應，而電子與電洞的再結合亦然。當半導體電極被能量大於能隙E_g的光線照射後，光子將被吸收而產生電子電洞對，兩者之一必為少數載子，其數量將大幅增加，另一為多數載子，其增加量相對於主體含量則可忽略。以n型半導體為例，當其接觸溶液時，由於電極表面的能帶上彎，形成空間電荷區，具有內建電場，所以照光後所生成的電洞會往電極表面移動，而光生電子則會往主體區傳遞（如圖4-29）。相似的情形也會發生在照光的p型半導體上，因為電極表面的能帶下彎，將使光生電子往表

面移動。因此，我們可從中歸納，在空間電荷區內的光生少數載子會因電場而移往電極表面；而在主體區的光生少數載子雖可擴散進入厚度為d_{sc}的空間電荷區，朝電極表面接近，但在擴散中途，常與多數載子再結合。

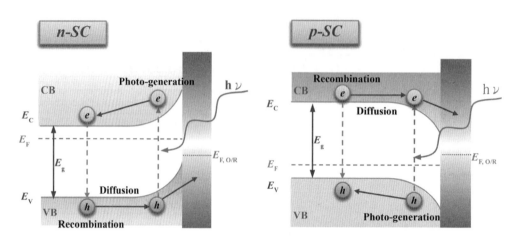

圖4-29　n 型與 p 型半導體的光生載子程序

　　半導體吸收光子後，內部的載子重新分布，因此改變了表面特性，進而影響電化學反應速率。這類照光輔助的程序，特別稱之為光電化學反應（photo-electrochemical reaction）。光電化學反應相關於光吸收深度、載子擴散長度與空間電荷區厚度，其速率取決於溶液側的質傳速率與半導體側的載子傳送速率，使其動力學有別於沒有照光下的電子轉移程序。以下將分別介紹典型的光電化學反應之動力學模型。

　　在n型半導體中，光的吸收深度與波長有關，若波長較大，吸收深度亦較大，若波長較短，則吸收深度有可能小於空間電荷區的厚度d_{sc}。對於原始強度為I_0的光線，隨著進入半導體材料後，其強度會隨穿透深度z而呈指數性衰減，亦即在深度z的強度將衰減為$I(z)=I_0\exp(-\alpha z)$，其中α是吸收係數，會隨光的波長而變，且有效的吸收深度將會與α^{-1}具有相同的數量級。例如圖4-30所示，Si被不同波長的光線照射時，在紫外光區有較強的吸收，所以光線穿透的深度大約小於10 nm，但被紅外光照射時，由於吸收較弱，使光線能夠穿透到100 μm的深度。因此，對單位體積的半導體而言，光子被吸收的數量將成為$\alpha I(z)=\alpha I_0\exp(-\alpha z)$，此量也被視為載子的產生速率。

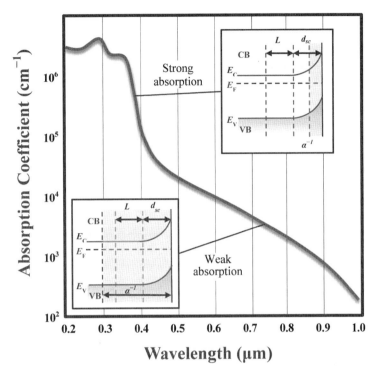

圖4-30　半導體的光吸收特性

　　發生強吸收時，可假設$\alpha^{-1}<d_{sc}$，在n型半導體的空間電荷區內產生的電洞，都可以藉由內建電場移動到電極表面，以提供R氧化成O的反應所需。發生弱吸收時，在空間電荷區之外也將有光生電洞，但這些少數載子發生再結合之前，平均只能前進L的距離，若此載子的擴散係數為D，平均壽命（lifetime）為τ，則擴散距離約為$L=\sqrt{D\tau}$，所以當$\alpha^{-1}>d_{sc}+L$時，在$(d_{sc}+L)$之外的光生電洞幾乎都因為再結合而消失。總結以上，已知半導體的空間電荷區會形成內建電場，若再定義電極表面的位置為$z=0$，則內建電場會引導$z<d_{sc}$內的光生少數載子前往電極表面；而在$d_{sc}<z<(d_{sc}+L)$的少數載子，必須依靠擴散才能移進空間電荷區，並再循內建電場前往電極表面；即使光子能夠進入$z>d_{sc}+L$的較深處，所生成的少數載子將被多數載子結合而無法到達電極表面。

　　透過照光，半導體能產生比不照光時更多的額外電流。因此，吾人可定義不照光時的電流密度為暗電流密度i_{dark}，照光產生的額外電流密度為光電流密度i_{ph}，兩者之和為照光下的總電流密度i，亦即：

$$i = i_{dark} + i_{ph} \qquad (4.167)$$

已知主體區的少數載子發生再結合之前，平均只能前進L的距離，所以只有在$z < d_{sc} + L$之內的光生少數載子可以到達電極表面，以參與電化學反應。對於穩定態下的n型半導體，在空間電荷區之外（$z > d_{sc}$）的電洞密度p可由擴散方程式來描述：

$$D\frac{d^2 p}{dz^2} - \frac{p - p_b}{\tau} + \alpha I_0 \exp(-\alpha z) = 0 \qquad (4.168)$$

其中D是擴散係數，τ是壽命，I_0是入射光強度，α是吸收係數。(4.169)式的第一項代表電洞擴散，第二項代表再結合消耗，第三項代表光產生。由於主體區的厚度通常遠大於空間電荷區，故可假設主體區的末端位於$z \to \infty$之處，且電洞濃度為定值，亦即$p = p_b$。另已知在空間電荷區的邊緣$z = d_{sc}$，電洞密度$p = p_d$，由此邊界條件可解得電洞從主體區注入空間電荷區的擴散電流密度i_d為：

$$i_d = -eD\frac{dp}{dz}\bigg|_{z=d_{sc}} = i_{d0}(\frac{p_d}{p_b} - 1) - eI_0 \frac{\alpha L}{1 + \alpha L}\exp(-\alpha d_{sc}) \qquad (4.169)$$

其中$i_{d0} = \dfrac{eDn_i^2}{N_d L}$，$e = 1.6 \times 10^{-19}$C，為單電子電量；$n_i^2$是平衡時電子與電洞密度的乘積，是半導體的固有特性；擴散長度$L = \sqrt{D\tau}$，也是固有特性；N_d是摻雜濃度。在n型半導體中，由於還原電流密度為順向（forward），定義為正值，所以電洞的擴散電流密度$i_d < 0$，但i_{d0}只與半導體的特性相關，屬於材料參數，故定為正值。

對於空間電荷區內，可假設光生電洞沒有發生再結合，使所有的電洞皆能朝著電極表面傳送而產生電流密度i_{sc}：

$$i_{sc} = -e\int_0^{d_{sc}} \alpha I(z)dz = -eI_0[1 - \exp(-\alpha d_{sc})] \qquad (4.170)$$

因此，當溶液側的E_F^o較接近半導體電極的VBM時，其價帶電流密度i_v可表示為空間電荷區外的電洞擴散電流密度i_d與空間電荷區內的電洞傳遞電流密度i_{sc}的總和：

$$i_v = i_d + i_{sc} = -eI_0[1 - \frac{\exp(-\alpha d_{sc})}{1+\alpha L}] + i_{d0}(\frac{p_d}{p_b} - 1) \tag{4.171}$$

需注意 $i_v < 0$，且 $i_{sc} < 0$。為了簡化，再定義產生電流密度（generation current density）：

$$i_g = -i_{d0} - eI_0\left[1 - \frac{\exp(-\alpha d_{sc})}{1+\alpha L}\right] \tag{4.172}$$

則 i_v 可成為：

$$i_v = i_g + i_{d0}(\frac{p_d}{p_b}) \tag{4.173}$$

由4-3-3節的討論已知，還原電流被規定為正，氧化電流為負，所以 i_v 與過電壓 η 之間的關係為：

$$i_v = i_{v0}\left[1 - \exp(\frac{e\eta}{kT})\right] \tag{4.174}$$

再代入 i_{d0} 和 i_g 後，i_v 可成為：

$$i_v = \frac{i_g + i_{d0}\exp(\frac{-e\eta}{kT})}{1 + \frac{i_{d0}}{i_{v0}}\exp(\frac{-e\eta}{kT})} \tag{4.175}$$

當半導體沒有照光時，等同於 $I_0 = 0$，此時 $i_g = -i_{d0}$，且 $i_v = i_{dark}$，並可表示為：

$$i_{dark} = -i_{d0}\left[\frac{1 - \exp(\frac{-e\eta}{kT})}{1 + \frac{i_{d0}}{i_{v0}}\exp(\frac{-e\eta}{kT})}\right] \tag{4.176}$$

在足夠大的陽極極化下，暗電流密度 $i_{dark} \to -i_{d0}$，但照光時的總電流密度 $i_v \to i_g$，從兩者之差可決定光電流密度 i_{ph}：

$$i_{ph} = i_v - i_{dark} = i_g + i_{d0} = -eI_0\left[1 - \frac{\exp(-\alpha d_{sc})}{1+\alpha L}\right] \tag{4.177}$$

當吸收極弱時，$\alpha^{-1} \gg d_{sc} + L$，代表 $\alpha L \ll 1$ 且 $\alpha d_{sc} \ll 1$，從(4.177)式可發現，$i_{ph} \approx -e\alpha I_0(L + d_{sc})$，代表幾乎只在深度 $(L + d_{sc})$ 以內的光生載子可貢獻到光電流；當吸收極強時，$\alpha^{-1} \ll d_{sc}$，可得到 $i_{ph} \approx -eI_0$，代表光電流與半導體的特性無關。

另一方面，陰極極化時的行為則取決於比值 $\dfrac{i_{d0}}{i_{v0}}$。i_{d0} 代表電洞（少數載子）在主體區的產生與再結合速率，其值與材料特性有關；i_{v0} 則代表電洞在電極界面上的傳遞速率，其值決定在動力學。因此，$\dfrac{i_{d0}}{i_{v0}}$ 之比值主導整個程序的速率，亦即速率決定步驟取決於光產生－再結合程序或電極表面反應之一。以下將分成兩種情形來說明：

1. 速率決定步驟為界面反應

進行 $O \to R + h^+$ 的反應時，電洞會注入價帶，但當反應速率很慢時，$i_{v0} \ll i_{d0}$，可得知在較大的陰極極化時，暗電流密度將成為：

$$i_{dark} = -i_{d0}\left[\frac{\exp(\dfrac{e\eta}{kT}) - 1}{\exp(\dfrac{e\eta}{kT}) + \dfrac{i_{d0}}{i_{v0}}}\right] \to i_{v0} \tag{4.178}$$

代表沒有照光下，電流密度會趨向一個穩定值，亦即出現飽和電流的現象（$i_{dark} \to i_{v0}$）。

2. 速率決定步驟為光產生－再結合

當光產生－再結合決定程序之速率時，$i_{v0} \gg i_{d0}$，則價帶電流密度 i_v 將成為：

$$i_v = i_{d0}[\exp(-\frac{e\eta}{kT}) - 1] + i_{ph} \tag{4.179}$$

此結果與 p-n 接面或半導體－金屬接面中，少數載子傳遞所決定的電流相同。若此程序發生在較大的陽極過電位下，則 i_v 可簡化為：

$$i_v = -i_{d0} + i_{ph} = i_g \tag{4.180}$$

代表氧化電流也會出現飽和現象，從 (4.175) 式也可得到相同的結果。若此程序發生在較大的陰極過電位下，其暗電流密度仍會趨近於 i_{v0}，也會出現電流平台區，這從 (4.174) 式中也可發現相同的結果。

　　對p型半導體，其電流－電位關係也可依此類推。由於p型半導體中的氧化電流爲順向，n型半導體中的還原電流爲順向，因此可總結，在光生少數載子主導的程序中，其光電流爲逆向，且會受限於再結合速率，有時還會受限於非理想晶體的表面態。

　　對於溶液側E_F^s接近n型半導體VBM的情形，吾人可再從理論面詳細分析其光導體電極之電流－電位曲線，以說明少數載子的效應。已知在不照光時，溶液側活性物質的平衡電位爲$\mathcal{E}_{O/R}^\circ$，與平衡能階的關係爲：$e\mathcal{E}_{O/R}^\circ=E_{SHE}^\circ-E_F^\circ$；而未接觸溶液的n型半導體在平帶電位爲$\mathcal{E}_{fb}$時，沒有電流通過，亦即$i_{dark}=0$。即使當半導體的電位$\mathcal{E}>\mathcal{E}_{fb}$時，價帶中沒有足夠的電洞轉移給溶液側的R，所以電流密度極低。但當n型電極照光時，價帶電洞數量增加，只要電位$\mathcal{E}>\mathcal{E}_{fb}$，使能帶上彎，即可藉由空間電荷區的內建電場來分離電子與電洞對，以減少電洞被結合，並導引電洞注入溶液側，進而形成可觀測的氧化光電流密度i_g，但有時會受到表面態的影響而無法得到足夠的光電流。當半導體與溶液接觸後，其電位$\mathcal{E}=\mathcal{E}_{O/R}^\circ$，此時表面能帶上彎，且$E_v^s$低於$E_F^\circ$。若此時的電位正於平帶電位，亦即$\mathcal{E}_{O/R}^\circ>\mathcal{E}_{fb}$，即使照光後不再施加過電位，也可發生電荷轉移反應，此即光氧化（photo-oxidation）現象。總結以上，對於具有$\mathcal{E}_{O/R}^\circ>\mathcal{E}_{fb}$特性的n型半導體電極，其電流－電位曲線可如圖4-31所示，照光後可發生氧化反應的條件則$\mathcal{E}>\mathcal{E}_{fb}$；但對於鈍性金屬電極，可發生氧化反應的條件則是$\mathcal{E}>\mathcal{E}_{O/R}^\circ$，代表半導體的反應電位範圍比鈍性金屬多出了$(\mathcal{E}_{O/R}^\circ-\mathcal{E}_{fb})$的區間。

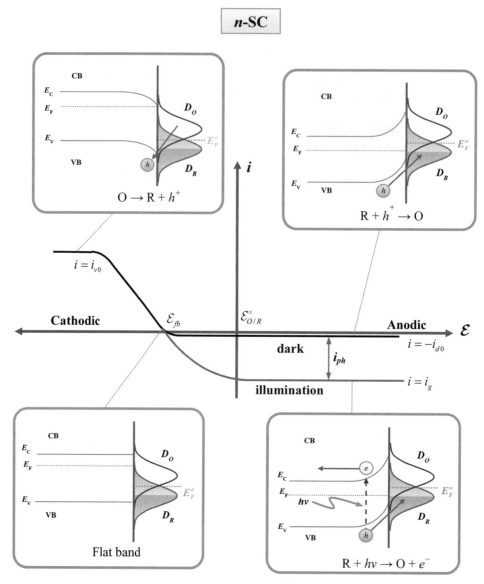

圖4-31　照光的 n 型半導體（VBM接近溶液 E_F^o）之極化曲線

　　對於p型電極，當溶液側的 E_F^o 與CBM接近時，其 i-$\mathcal{E}$ 行為與前述之n型電極相反，即使在電極與電解液平衡時照光，也能因為表面能帶下彎，使光生電子受到內建電場的引導而注入溶液側，輔助O還原成R，產生陰極光電流密度 i_g，此即光還原（photo-reduction）現象。照光後能夠促進還原反應的條件是 $\mathcal{E}<\mathcal{E}_{fb}$，因為符合此條件時表面能帶下彎。由於p型電極的 $\mathcal{E}_{fb}>\mathcal{E}_{O/R}^o$，所以除了 $\mathcal{E}<\mathcal{E}_{O/R}^o$ 時能發生還原反應，在 $\mathcal{E}_{O/R}^o<\mathcal{E}<\mathcal{E}_{fb}$ 的電位範圍內亦可進行反應。

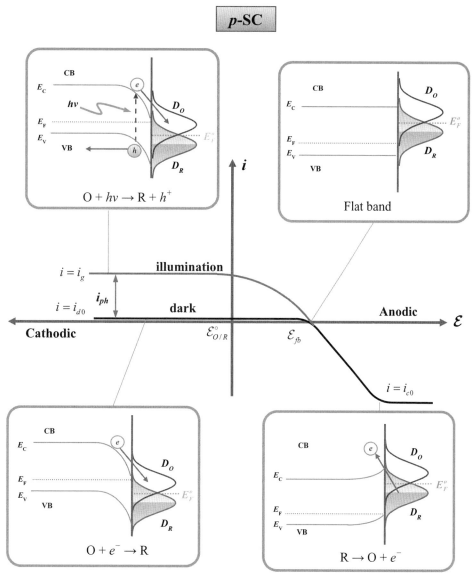

圖4-32　照光的 p 型半導體（CBM接近溶液 E_F^o）之極化曲線

　　然而，對於 $\mathcal{E}_{O/R}^\circ$ 比 $\mathcal{E}_{fb}$ 負的n型電極，平衡時即使照光也無法觀察到光效應。因為此時的表面能帶向下彎曲，使得電子累積在表面附近，有無照光都能使O還原成R。另一方面，對於 $\mathcal{E}_{O/R}^\circ$ 比 $\mathcal{E}_{fb}$ 正的p型電極，也會使表面累積電洞，因而無法呈現出光效應。

　　由上述討論可知，光電極的平帶電位 $\mathcal{E}_{fb}$ 對於反應的重要性。如(3.30)式所述之Mott-Schottky方程式，半導體的平帶電位可以從空間電荷區的電容測量

中求得,也能從中證明能階位置會隨溶液的pH值而變。至於暗電流,則偏向多數載子的轉移速率。在過去的研究中,大部分集中在n型材料的還原反應,少數才聚焦在p型材料的氧化反應,因為後者反應中消耗的電洞也可能導致材料的腐蝕,而非全然轉移到溶液中的氧化還原對,這部分會在4-4-2節中討論。

若穿越電極界面的少數載子主要來自受熱激發時,所得到的電流將會偏低。在平衡時,載子的生成與再結合速率相同,且不受施加電位的影響,如同(4.176)式,暗電流i_{dark}趨近於$-i_{d0}$,但在一般狀態下,i_{d0}太小而難以偵測。然而,半導體受到光照後,只要入射光的能量大於能隙,電流即可大幅提升。隨著照射光的波長減少,光電流將顯著提升並到達飽和,此極限電流是所有被激發的少數載子都能到達電極與溶液的界面而用在反應,使得界面處的少數載子濃度趨近於0,亦即量子效率幾乎達到100%,此時光電流將正比於光強度。

對於某些n型半導體電極,當施加電位負於平帶電位$\mathcal{E}_{fb}$時,還能藉由導帶進行電子轉移程序,此時產生的還原暗電流可能來自於H_2的生成。但在照光後,施加正於$\mathcal{E}_{fb}$的電位,將會產生顯著的氧化光電流,這可能來自於半導體的自身腐蝕反應。

理論上,n型材料的表面能帶會上彎,所以只要電位正於$\mathcal{E}_{fb}$即可產生光電流,但在某些實際的n型電極中,必須施加比$\mathcal{E}_{fb}$大更多的電位,才能引發光電流,其原因主要來自於光生載子在材料內部或表面發生了再結合。此時從測得的電流－電位曲線中,將得到一個光電流起始電位$\mathcal{E}_{ph}$,且可發現$\mathcal{E}_{ph}>\mathcal{E}_{fb}$。表面會發生再結合有兩個原因,一是存在表面態,另一是表面溶解反應速率太慢。當半導體的陽極溶解反應很慢時,電洞消耗速率低,使得表面可以累積電洞,因此施加電位若在光電流起始電位與平帶電位之間,亦即$\mathcal{E}_{fb}<\mathcal{E}<\mathcal{E}_{ph}$,能帶將比平常平坦,多數載子也更易留在表面,進而導致再結合速率增加,無法產生電流。然而,一組E_F^o接近VBM的O和R被加入溶液後,$\mathcal{E}_{ph}$將不再如此偏向正電位,而會比較接近平帶電位$\mathcal{E}_{fb}$,因為O的氧化與再結合競爭,提升了電流。總結以上包含表面態的半導體電極之電流－電位行為,可如圖4-33所示。

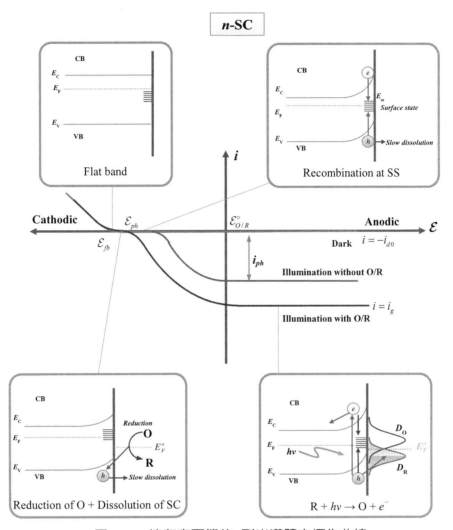

圖4-33　擁有表面態的n型半導體之極化曲線

　　以動力學模型來描述表面電子濃度n_s和表面態中的電子占據機率f時，可分別表示為：

$$\frac{dn_s}{dt} = g - k_n n_s N_{ss}(1-f) - k_c^- c_O n_s \tag{4.181}$$

$$N_{ss} \frac{df}{dt} = k_n n_s N_{ss}(1-f) - k_p p_s N_{ss} f - k_{ss}^- c_O f N_{ss} \tag{4.182}$$

其中g是電子產生速率，N_{ss}是表面態的密度，k_n和k_p為電子與電洞的捕捉速率常數，k_c^-和k_{ss}^-分別是導帶和表面態釋放電子的速率常數。因此，經由導帶和表

面態的電流密度分別為：

$$i_c^- = nFk_c^- c_O n_s \tag{4.183}$$

$$i_{ss}^- = nFk_{ss}^- c_O f N_{ss} \tag{4.184}$$

使得總電流密度i為：

$$i = i_c^- + i_{ss}^- \tag{4.185}$$

當電子陷入表面態後，表面能帶不再釘紮，因為Helmholtz層的電位差將會引起變化：

$$\Delta\phi_H = \phi_H - \phi_H^\circ = \frac{efN_{ss}}{C_H} \tag{4.186}$$

其中ϕ_H°為起始的Helmholtz層電位差，C_H為對應的電容。由於外加的過電壓已有一部份落在Helmholtz層，使得表面導帶邊緣比無表面態時低$e\Delta\phi_H$，所以導帶還原速率常數必須修正為：

$$k_c^- = k_{c0}^- \exp\left[-\frac{(E_c^s - E_F^\circ - e\Delta\phi_H - \lambda)^2}{4kT\lambda}\right] \tag{4.187}$$

而表面態的速率常數則成為：

$$k_{ss}^- = k_{ss0}^- \exp\left[-\frac{(E_{ss} - E_F^\circ - e\Delta\phi_H - \lambda)^2}{4kT\lambda}\right] \tag{4.188}$$

其中E_{ss}是表面態能階，k_{c0}^-和k_{ss0}^-都是標準速率常數。半導體被照光時，只要強度超過某個程度，表面態幾乎被填滿，亦即$f \to 1$，致使電子從表面態傳遞給R的速率更快。

　　光促進的程序大都牽涉到少數載子，其反向過程則為少數載子從氧化還原對注入到半導體中，但先決條件是標準電位必須非常接近能帶邊緣位置。例如標準電位非常正的$Ce^{3+/4+}$，其值約為1.6 V vs. SHE，與n型Ge、Si、GaAs、InP、GaP半導體接觸時，即符合上述條件。將Ge或GaAs置入鹼性的$Fe(CN)_6^{3-/4-}$溶液也可能發生電洞注入。若對於價帶較低且能隙較大的半導體，例如TiO_2，則難以發生少數載子注入。此外，4-3-3節中已討論過，少數載子注入時的還原電流最終會受到擴散限制而達到飽和。

在圖4-33中，吾人還可發現n型半導體與O/R接觸後，在$\mathcal{E}_{fb}<\mathcal{E}<\mathcal{E}_{ph}$的區間內電流趨近於0。透過旋轉環盤電極系統（rotating ring-disk elecreode，簡稱RRDE）進行分析，可發現電極慢速溶解，且此時有O被還原，但總電流仍為0。因此，吾人可推測還原反應生成的電洞被注入價帶，以提供半導體進行陽極溶解，所測得的無電流電位即為混合電位或腐蝕電位，兩個半反應的電流即為腐蝕電流。

範例4-10

在300 K下，若n-Si電極放入含有0.1 M的$Fe(CN)_6^{3-}$和0.1 M的$Fe(CN)_6^{4-}$之溶液中，從電流對電位的曲線可發現平帶電位$\mathcal{E}_{fb}=0.1V$(vs. SHE)。當光線照射電極後，可觀察到氧化極限電流的現象，且此時Si的吸光係數$\alpha=2\times10^6 cm^{-1}$。已知n-Si的電極面積為1 cm^2，其他相關的物理特性如表4-9所示，試問：

1. 照光後的開路電壓為何？
2. 照光後的短路電流密度為何？
3. 照光後的氧化極限電流密度為何？
4. 所使用的光源強度為何？

表4-9　n-Si的電極的物理特性

特性	數值
電子擴散係數	$D_e = 34.6$ cm^2/s
電洞擴散係數	$D_h = 12.3$ cm^2/s
導帶之有效能態密度	$N_c = 2.8\times10^{19} cm^{-3}$
價帶之有效能態密度	$N_v = 1.04\times10^{19} cm^{-3}$
本質載子濃度	$n_i = 1.45\times10^{10} cm^{-3}$
摻雜濃度	$N_d = 1\times10^{17} cm^{-3}$
電子親和力	$\chi = 4.05$ eV
能隙	$E_g = 1.1$ eV
少數載子平均壽命	$\tau_h = 2.5\times10^{-3}$s

解 1. 在 n-Si 中，電洞是少數載子，所以電洞的擴散長度 $L = \sqrt{D\tau_h}$
$= \sqrt{(12.3)(2.5 \times 10^{-3})} = 0.175\,\mathrm{cm}$。因此，$\alpha^{-1} \ll L$，屬於強吸收。

2. 已知 $Fe(CN)_6^{3-}$ 和 $Fe(CN)_6^{4-}$ 之標準電位為 $\mathcal{E}_{O/R}^\circ = 0.36\,\mathrm{V}$(vs. SHE)，所以對應的能階為 $E_{O/R}^\circ = -4.5 - 0.36 = -4.86$ eV。因為平帶電位 $\mathcal{E}_{fb} = 0.1\,\mathrm{V}$(vs. SHE)，所以能帶上彎的電位差為 $\phi_{sc} = \mathcal{E}_{O/R}^\circ - \mathcal{E}_{fb} = 0.26\,\mathrm{V}$。Si 表面的價帶頂端能階為：$E_v^s = -\chi - E_g + e\phi_{sc} = -4.89$ eV，代表電洞可以在沒有過電壓時傳遞到溶液側，而電流為 0 時的光電壓 $\eta_{OC} = \mathcal{E}_{fb} - \mathcal{E}_{O/R}^\circ = 0.1 - 0.36 = -0.26\,\mathrm{V}$。

3. 根據 (4.171) 式，電流對過電壓的關係為 $i = i_{d0}[\exp(-\frac{e\eta}{kT}) - 1] + i_{ph}$，其中
$i_{d0} = \frac{eD_h n_i^2}{N_d L} = \frac{(1.6 \times 10^{-19})(12.3)(1.45 \times 10^{10})^2}{(1 \times 10^{17})(0.175)} = 2.36 \times 10^{-14}$ A/cm^2。已知電流為 0 時的光電壓 $\eta_{OC} = -0.26\,\mathrm{V}$，所以可用來計算沒有施加過電壓時的短路電流密度 $i_{sc} = i_{ph} = -i_{d0}[\exp(-\frac{e\eta_{OC}}{kT}) - 1] = -5.46 \times 10^{-10}$ A/cm^2。

4. 當陽極極化非常大時，所產生的極限電流密度可表示為：$i_{\lim} = -i_{d0} + i_{ph}$ $= -5.46 \times 10^{-10}$ A/cm^2，與短路電流密度差異很小。

5. 由於半導體對此光線屬於強吸收，照光後的電流密度 $i_{ph} = -eI_0$，所以光強度為：$I_0 = -\frac{i_{ph}}{e} = \frac{5.46 \times 10^{-10}}{1.6 \times 10^{-19}} = 3.41 \times 10^9$ 1/cm$^2 \cdot$s。

當半導體電極與適當的對應電極連結後，可組成光電化學池，能將光能轉換成電能或化學能。依其運作原理，可將光電化學池分成三類，如圖 4-34 所示。第一類是光伏電池（photovoltaic cell），其中半導體工作電極與對應電極的半反應互為逆向程序。在理想的操作中，電解液的組成將不會被改變，因此光能會不斷轉換成電能而輸出。第二類是光電解池（photoelectrolytic cell）或光電合成池（photoelectrosynthetic cell），在對應電極上的反應與工作電極可能不同，所以通常會在電解液中裝置隔離膜。此類光電化學池的淨反應在不照光時無法自發，但照光後可以進行，最終將光能轉換為化學能。當 n 型半導體作為工作電極時，電解液中的 O/R 之 $E_{F,O/R}$ 需高於價帶邊緣能階 E_v，對應電極的 O′/R′ 之電位 $\mathcal{E}_{O'/R'}$ 則需低於半導體的平帶電位 $\mathcal{E}_{fb}$，光電化學反應才能進行，否則要透過外加電壓才能驅使反應進行。第三類是光催化池（photocatalytic cell），在對應電極上的反應與工作電極不同，即使不照光，其淨反

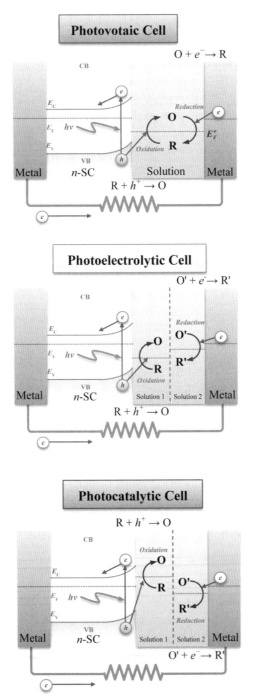

應仍會自發，只是速率極慢，但照光後有助於克服活化能，使反應迅速進行。以下將分別說明光伏電池、光電解池與光催化池的原理。

圖4-34 三種典型的光電化學池

1. 光伏電池

典型的光伏電池可由n型半導體電極、含有氧化還原對的電解液與對應電極組成，但O/R的Fermi能階$E_{F,O/R}$必須接近於半導體表面的價帶邊緣能階E_v^s，平衡時半導體的能帶向上彎曲。此系統受到光照後，會激發出電子電洞對，而價帶電洞會傳遞給溶液中的R，而導帶電子則往背接觸的金屬移動，再穿越外部導線後到達對應電極，以提供溶液中的O進行還原。因為整個系統內沒有物質損失，理論上只要照光即可永續操作。

光伏電池的電流密度i對過電位η之關係如(4.179)式所示，雖然其特性與p-n接面等固態元件相似，但主要的差異在於光電化學池可同時藉由少數載子與多數載子的遷移來形成電流。例如氧化還原對的$E_{F,O/R}$接近於n型半導體的E_v^s時，或接近於p型半導體的E_c^s時，都可藉由少數載子來運作系統。當光伏電池照光後，即使處於開路（open circuit），沒有電流（$i=0$）產生，也會存在光電壓η_{ph}，從(4.179)式可得到：

$$\eta_{ph} = -\frac{kT}{e}\ln\left(1-\frac{i_{ph}}{i_{d0}}\right) \tag{4.189}$$

此時因為氧化光電流和還原暗電流互相抵消而沒有淨電流，所以成為開路狀態。但需注意，在n型半導體中，$i_{ph}<0$，且$\eta_{ph}<0$。當過電壓$\eta=0$時，可得到$i=i_{ph}$，又可稱為短路光電流密度。此外，光伏系統的能量轉換效率μ_E可表示為最大輸出功率P_{max}對入射光功率P_0之比值：

$$\mu_E = \frac{P_{max}}{P_0} \tag{4.190}$$

而最大功率P_{max}則取決於照光的電流密度對電位之曲線形狀。當最大功率出現時，施加偏壓為η_{ph}^{max}，電流密度為i_{ph}^{max}，且滿足

$$P_{max} = i_{ph}^{max}\eta_{ph}^{max} \tag{4.191}$$

此即照光的電流密度－電位曲線與座標軸所包圍之最大矩形面積，其數值會受到半導體能隙的影響。一般而言，光電流密度i_{ph}和開環光電壓η_{ph}^{max}皆增大時，能量轉換效率μ_E也會加大；暗電流密度i_{d0}愈小時，η_{ph}愈大，使μ_E也愈大。此外，在光伏電池的研究中，還會使用填充因子FF（fill factor）來描述特性：

$$FF = \frac{i_{ph}^{\max} \eta_{ph}^{\max}}{i_{ph} \eta_{ph}} \tag{4.192}$$

而能量轉換效率μ_E與填充因子FF關係為：

$$\mu_E = \frac{FF \cdot i_{ph} \cdot \eta_{ph}}{P_0} \tag{4.193}$$

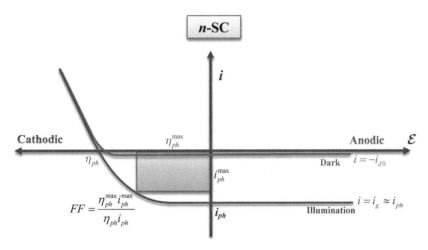

圖4-35　n型半導體光伏電池的最大功率

　　自從1970年代起，許多光伏系統已被研究過，但在半導體－溶液界面處可能出現析氫、析氧或陽極腐蝕反應，若能適當選擇氧化還原物質，上述三種反應可被抑制，例如使用乙腈（CH_3CN）或甲醇（CH_3OH）作為溶劑即為一種方法。對於n型半導體，較穩定的溶液系統中通常包含S^{2-}/S_n^{2-}、Se^{2-}/Se_n^{2-}或I^-/I_3^-。除了n-Si/(Fc^0/Fc^+)的系統已被證實是少數載子元件之外，其餘系統則大都沒有被確認過是多數或少數載子元件，但在大多數的案例中，順向暗電流屬於多數載子轉移程序，且當再結合速率不大時，多數載子電流將遠大於少數載子電流，這使得多數載子元件具有較高的順向電流密度和較低的光電壓。對於n型半導體材料，具有低於2 eV的能隙時，容易發生陽極腐蝕而無法穩定，因此在陽極上會有數種反應互相競爭，彼此受到熱力學的影響，也受到動力學的控制；但對於p型半導體材料，照光時將扮演陰極，因為所激發的電子會傳遞到溶液側，導致還原光電流，所以很少有p型材料發生分解反應，但此時H_2的

生成會同時發生而導致競爭，且大部分的p型半導體都具有較大的光電流啓始電壓，代表半導體表面的再結合較快或陷阱較多。n型半導體材料的陽極腐蝕問題，或p型半導體材料的表面再結合問題，都可藉由表面修飾來抑制，通常的方法是沉積金屬在半導體表面上。

1990年代起，染料敏化電池（dye-sensitized cell，簡稱DSC）被開發出，系統中特別使用了可吸附在半導體表面的染料來接收光線，之後電子會從激發態染料傳遞到半導體導帶，而導帶電子將繼續移動到背接觸的導電薄膜，再穿越外部導線後到達對應電極，以提供溶液中的O進行還原反應而形成R，R再擴散至染料附近後，將電子轉移給之前失去電子的染料分子，以完成整個迴路。在典型的DSC中，半導體材料爲TiO_2，溶液的氧化還原物質爲I^-/I_3^-，對應電極爲Pt，如圖4-36所示，整個系統屬於多數載子元件。由於染料分子隔開了半導體材料與溶液，所以半導體比較不會腐蝕，但染料分子本身的穩定性卻會形成新問題，因爲氧化的染料有可能會和溶劑反應。此外，電子在TiO_2中的遷移率比在純Si中小100倍，所以DSC只能提供$10\sim20$ mA/cm^2的電流密度。

驅動DSC的主要原因來自於TiO_2與溶液中活性物質的電化學位能之差，兩者的電化學位能皆可對應到各自的Fermi能階。當DSC不受光照且不加電壓時，整個電池內的E_F都相同，但施加過電壓η後，兩極的E_F產生差異。已知TiO_2中的導帶電子濃度n_c在穩定態下滿足：

$$D_n \frac{d^2 n_c}{dz^2} - \frac{n_c}{\tau} + \eta_{inj}\alpha I_0 \exp(-\alpha z) = 0 \tag{4.194}$$

其中D_n是TiO_2中電子的擴散係數，τ是電子的壽命，η_{inj}是電子從染料注入TiO_2的機率，α是染料的吸收係數，I_0是入射光的強度。若$z=0$是TiO_2的表面，$z=d$則是多孔TiO_2層的厚度。因此，搭配(4.194)式的邊界條件包括：

$$n_c\big|_{z=0} = n_c^\circ \exp(-\frac{e\eta}{kT}) \tag{4.195}$$

$$\frac{dn_c}{dz}\bigg|_{z=d} = 0 \tag{4.196}$$

若電子的擴散長度爲L_n，亦即$\sqrt{\tau D_n}$，則求解(4.194)式後，可得到電流密度i：

$$i = -e\eta_{inj}I_0[1-\exp(-\alpha z)] + i_0\left[\exp(-\frac{e\eta}{kT})-1\right] \tag{4.197}$$

其中的$i_0 = \dfrac{eD_n n_c^\circ d}{L_n^2} = \dfrac{e n_c^\circ d}{\tau}$，相當於交換電流密度。此式右側第一項說明了電子的產生，第二項說明了電子的擴散。再類比(4.170)式，(4.197)式右側第一項可視為光電流密度i_{ph}，亦即：

$$i_{ph} = -e\eta_{inj} I_0[1 - \exp(-\alpha z)] \tag{4.198}$$

施加足夠的陽極過電壓（反向偏壓）於系統，可使系統短路，並得到短路電流密度為：

$$i_{sc} \approx i_{ph} - i_0 \tag{4.199}$$

當系統不照光且擴散長度L_n足夠大時，施加反向偏壓下的電流密度i_0會很小，而順向電流密度會以指數型式增加；照光時，i_0的數值明顯小於i_{ph}，而順向電流則變化不大。在順向偏壓下，電子會從透明導電薄膜進入TiO_2，再傳遞給I_3^-，所以黑暗中測量順向電流可偵測活性物質I_3^-與透明導電薄膜是否直接接觸，這通常是效率降低的其中一個因素。

對於開路光電壓，可以從(4.197)式推導而得：

$$\eta_{ph} = -\frac{mkT}{e}\ln\left(1 - \frac{i_{ph}}{i_0}\right) \tag{4.200}$$

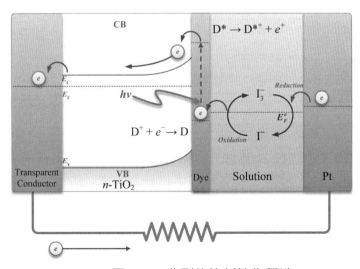

圖4-36　典型的染料敏化學池

其中m是理想因子，若總電流密度由再結合主導時，$m=2$；若由擴散主導，則$m=1$；通常的情況會介於1與2之間。

　　如前所述，光電化學系統若要擁有高能量轉換效率，就需要夠高的光電壓η_{ph}或夠低的交換電流密度i_0，然而轉換效率受到熱力學的限制而存在上限，此數值已由Ross等人推導而得。在未照光的平衡狀態下，半導體內再結合速率i_{rec}會與黑體輻射速率i_{bb}相等，亦即$i_{rec}=i_{bb}$。照光時，假設能量大於能隙的光子可被吸收，小於能隙的光子則否，所以非平衡狀態的再結合速率i_{rec}可表示為：

$$i_{rec} = \zeta i_{bb} \exp(\frac{\Delta E_F}{kT}) \qquad (4.201)$$

其中ζ為非輻射性對輻射性再結合的比例，ΔE_F為電子和電洞的準Fermi能階之差。若半導體的光激發速率為i_e，則當$i_e=i_{rec}$時，電子和電洞的準Fermi能階之差將達到最大值，可表示為：

$$\Delta E_{F,\max} = kT \ln\left(\frac{i_e}{i_{rec}}\right) \qquad (4.202)$$

此$\Delta E_{F,\max}$將會等於光伏電池所能得到的最大光電壓，其值明顯小於半導體的能隙。經由推導可發現，當光伏系統的功率達到最大時，輸出光電壓$\eta_{ph}^{\max}$所對應的準Fermi能階差應為：

$$\Delta E_F = \Delta E_{F,\max} - kT \ln\left(\frac{\Delta E_{F,\max}}{kT}\right) \qquad (4.203)$$

在量子效率為100%的假設下，$i_{ph}=i_e$，使最大輸出功率$P_{\max}$成為：

$$P_{\max} = \frac{i_e \Delta E_F}{e}\left(1 - \frac{kT}{\Delta E_{F,\max}}\right) \qquad (4.204)$$

因此，對於1.2 eV能隙的半導體，其最高能量轉換效率$\mu_E=28\%$。由前述已知，在非理想半導體構成的光伏系統中，因為會發生表面態捕捉載子，以及空間電荷區內的再結合，使得光電流的起始電壓偏正，所以出現最大效率的光電壓$\eta_{ph}^{\max}$減小，能量轉換效率亦減低。

2. 光電解池

在光電解（photoelectrolysis）程序中，主要利用空間電荷區的內建電場來分離被光激發出的電子與電洞，再用以分解反應物。對n型半導體陽極，電洞會移向表面而將水分子氧化，電子則遷移到陰極處將水分子還原，陰陽兩極可以是獨立的兩片電極，但也可以並存於單片（monolithic）材料上，而製作成光化學二極體（photochemical diode）。此外，半導體表面還可吸附上染料，以協助光電解的進行。當染料吸收光子時會進入激發狀態，激發後可將自身的載子注入到半導體中，而吸光氧化的染料可以氧化水分子，吸光還原的染料可以還原水分子，達到光電解的效果。再者，透過全固態元件中的p-n接面來產生足夠的光電壓也可以分解水，而此元件亦可製作成單片式。

雙片式光電解槽存在許多類型。第一種是由n型半導體電極和金屬電極組成，兩者以外部線路相連，如圖4-37所示。當半導體接受光照時，光生電洞會與H_2O反應而生成O_2，而在金屬側則生成H_2，這兩個反應的能階分別為$E^\circ_{O_2}$與$E^\circ_{H_2}$，前者比後者低1.23 eV。尚未光照時，系統處於平衡，所以各物質的E_F一致，且此時的E_F介於$E^\circ_{O_2}$與$E^\circ_{H_2}$之間，其位置相關於溶液中的H_2和O_2含量。當半導體接受光照時，入射光的能量要大於半導體的能隙，且導帶邊緣能階要高於$E^\circ_{H_2}$，價帶邊緣能階要低於$E^\circ_{O_2}$，滿足這些條件才能有效分解水。因為陽極發生的O_2生成屬於多電子程序，存在較高的過電位，所以價帶邊緣能階必須低於$E^\circ_{O_2}$才能克服能量障礙。

第二種是使用p型半導體電極和金屬電極組成光電解池，H_2將在半導體表面生成，而O_2則在金屬表面生成，能帶的條件相同，可如圖4-37所示。除了能帶結構必須符合上述條件，用於光分解的半導體材料還要具有穩定性，因此只有少數氧化物半導體適用，例如$SrTiO_3$、$KTaO_3$或ZrO_2。其中$SrTiO_3$已被深入研究，但它的缺點是能隙為3.4 eV，只能吸收極少比例的陽光。其他的氧化物如WO_3和Fe_2O_3，雖然具有大約2.0 eV的能隙，得以吸收可見光，但是它們的CBM卻低於$E^\circ_{H_2}$。

一般的n型材料生成H_2較為簡單，但生成O_2較為困難，因為氧化反應中包含了4個子步驟。有研究者探究了過渡金屬氧化物，發現其d軌域會改變價帶，例如具有黃鐵礦結構的n型RuS_2與FeS_2都可以用來生成O_2，且RuS_2在水中

會生成RuO_2，產生額外的能階，使RuO_2扮演生成O_2的催化劑。RuO_2層還會將表面能階釘紮，所以照光後，RuO_2的內部能帶會產生1.8 eV的下移，使得原本高於$E_{O_2}^o$的價帶邊緣在照光後低於$E_{O_2}^o$。再經過陽極極化後，表面的RuO_2能階會更低，更有助於將光生電洞傳遞給水分子，但不施加偏壓則難以反應。FeS_2則較易發生陽極溶解，故不穩定。若使用p型材料，可預期在溶液中較為穩定，因為p型半導體照光時相當於陰極極化，所以沒有陽極溶解的疑慮。然而，目前僅有少數的p型材料可供使用，而且所有的p型材料產生光電流的起始電壓皆較負。目前已知具有最高效率的p型材料是InP，它擁有1.3 eV的能隙，但因為能隙不夠大，仍需施加若干偏壓才能分解水。為了提高效率或降低再結合速率，可在InP表面沉積Ru，可達到的最高效率約為12%。

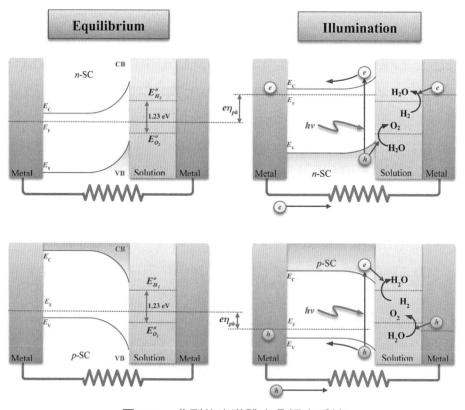

圖4-37　典型的半導體光分解水系統

另一種雙片式的光電化學池是由一個n型半導體電極和一個p型半導體電極組成，如圖4-38所示，操作時可在兩側分別照光，預期的效率會更高。若每

個電極都吸收一個光子，最後將淨產生一對電子和電洞，且此光電洞和光電子分別是n型半導體和p型半導體中的少數載子，它們的能量差可能會大於照射到單邊的光能，所以小能隙的半導體也適用於此類系統。目前已有多種組合經過測試，其中以能隙為3.1 eV的n-TiO$_2$和2.25 eV的p-GaP的系統是不需要電壓就可以分解水的例子，反而n-TiO$_2$和Pt的系統必須外加電壓才能分解水，因為n-TiO$_2$的導帶邊緣和$E_{H_2}^o$接近。

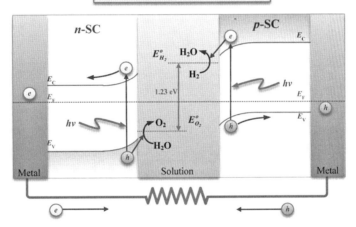

圖4-38　n 型與 p 型半導體雙片式光分解水系統

　　光電解槽若縮減成無需外部線路的單片式系統，可稱為光化學二極體，但其中的電極必須包含兩層材料，其一為金屬，另一為半導體，半導體可以是n型或p型，而金屬和半導體間必須形成歐姆接觸（ohmic contact）。通常在半導體的表面沉積白金即可構成光化學二極體，例如在TiO$_2$上附著Pt或RuO$_2$後，可以提高光催化性。但金屬沉積在半導體表面時，通常不會形成歐姆接觸，而是形成Schottky能障，所以此接面會構成一個獨立的光伏系統而改變光化學二極體的特性。除了薄膜型半導體外，微粒型半導體也常被使用，但它們的粒徑可能小於空間電荷區的厚度，使得可供分離電子電洞對的電場非常小，所以電荷轉移反應會完全受制於動力學，並導致效率降低。這類光化學二極體若用來分解水，有一個缺點要解決，因為半導體粒子上會同時產生H$_2$與O$_2$。若用高分子膜將半導體粒子固定在其內部，且在膜的兩側接觸不同的溶液，就

可以在兩側分別產生H_2與O_2。

　　另一種光化學二極體則是在n型和p型半導體間形成歐姆接面，如圖4-39所示。元件照光時將會吸收兩個光子，兩個半導體中的多數載子會在歐姆接面區再結合，之後留下產生一對電子和電洞，這對少數載子的能量差可能會大於入射的光能，以驅動更難進行的反應。

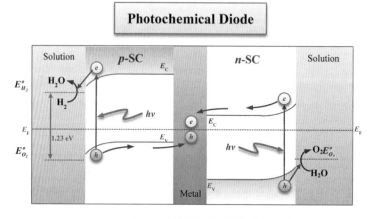

圖4-39　n-p型半導體單片式光分解水元件

　　還有一種想法是利用固態光伏電池來驅動光電化學池，簡稱為光伏電解池（photovoltaic electrolytic cell）。透過堆疊式製作，固態光伏電池的能量轉換效率已可到達30%，而電解水的效率不難超過80%，因此兩者組合之後，理論上可以到達24%的能量轉換效率。這種合成系統可以透過兩個獨立元件相連，也可在單片基材上製作，但它與光化學二極體仍有顯著差異。例如光伏電解槽的內部擁有四層半導體薄膜，而光化學二極體只有兩層；光伏電解槽中主要的光活性界面是p-n接面，而光化學二極體中則是半導體與溶液的接面；光伏電解槽中的n型材料會覆蓋一層金屬作為陽極，p型材料也會覆蓋金屬而作為陰極，所以系統會成為多數載子元件，但在光化學二極體中，n型與p型材料直接扮演陽極與陰極。此外，光伏電解槽中必須包含一層透明導電薄膜以連接兩邊的p-n結構，並且要在此形成歐姆接觸；而兩側照光面的金屬必須沉積成島狀，這些金屬不但要保護光電極免於腐蝕，也要共催化生成氣體。對於單片式的p-GaAs/n-GaAs/p-GaInP$_2$堆疊元件，是由p-GaInP$_2$與溶液接觸形成底部接面，其能隙為1.83 eV，能吸收可見光，而頂部接面是由p型與n型GaAs構

成，其能隙為1.4 eV，可吸收近紅外光，p-GaAs側再由Pt連接到外部線路。若以生成H_2為目標，此pnp系統的轉換效率可達12.4%，此數值已經非常接近16%的理論值。操作中，每一個p-n接面都會吸收一個光子，然後從p-GaInP$_2$的導帶傳出一個電子提供給H^+以生成H_2。之後，另一個效率可達18.3%的光伏電解槽也被提出，是由p-AlGaAs/n-AlGaAs/p-Si/n-Si堆疊而成，在p-AlGaAs側沉積RuO_2作為陽極以產生O_2，在n-Si側沉積Pt作為陰極以產生H_2。在AM0的模擬陽光照射下，此pnpn系統可產生1.6 V的開環電壓，最大功率密度可達到4.6 mW/cm^2。

　　若計算光伏電解槽的能量轉換效率，則需同時考慮光伏轉換效率與電解效率，前者可由光伏電池所能得到的光電流和光電壓來探討，後者則從氧化與還原程序的過電位η_a和η_c來考慮。整體轉換效率μ_T可表示為：

$$\mu_T = \frac{P_{stor}}{P_0} = \frac{i_{ph}\Delta E_{stor}}{eP_0}\left(1 - \frac{kT}{\Delta E_{F,\max}}\right) \tag{4.205}$$

其中P_{stor}和ΔE_{stor}分別是可儲存的功率和化學能，其條件為：

$$\Delta E_{F,\max} \geq \Delta E_{stor} + e\eta_a - e\eta_c \tag{4.206}$$

假設$\Delta E_{stor}=1.23$eV，可知能量轉換效率會隨著過電位而降低。在$\eta_a=\eta_c=0$的理想情形下，最高理論效率為27%。但若採用雙層堆疊光伏系統來搭配電解，最高理論效率可達到42%。但在實際情形中，單層光伏電解槽的效率約為10%，雙層光伏電解槽的效率約為16%。

3. 光催化池

　　已知半導體受到光照時會產生電子電洞對，藉由空間電荷區的內建電場可予以分離，但電荷分離後的能帶彎曲度將比不照光時減小。因此，可以透過準熱力學的概念，將光生載子形成後的半導體描述成具有新的Fermi能階E_F'，對比於不照光的Fermi能階E_F，兩者的差額將代表光電壓ε_{ph}的產生：

$$\varepsilon_{ph} = \frac{\Delta E_F}{e} = \frac{E_F' - E_F}{e} \tag{4.207}$$

這種準熱力學的近似假設還可構成準Fermi能階之概念，用以表示此時電子與

電洞的電化學位能。若尙未照光前，電子與電洞的濃度分別爲n_0與p_0，照光產生的電子與電洞濃度則分別爲Δn與Δp，則對n型半導體而言，$\Delta n \ll n_0$，使電子的準Fermi能階$E_{F,n}$可以表示爲：

$$E_{F,n} = E_c + kT \ln\left(\frac{n_0 + \Delta n}{N_c}\right) \approx E_c + kT \ln\left(\frac{n_0}{N_c}\right) \tag{4.208}$$

此$E_{F,n}$與不照光的E_F差距很小。然而，照光後的電洞準Fermi能階$E_{F,p}$將成爲：

$$E_{F,p} = E_v - kT \ln\left(\frac{p_0 + \Delta p}{N_v}\right) \tag{4.209}$$

當Δp與p_0相當時，表面附近的$E_{F,p}$將會明顯偏離無光照下的E_F，也明顯偏離$E_{F,n}$，而此偏移的$E_{F,p}$將可能加速界面反應的進行。例如溶液中存在能階爲E_F°的氧化還原對時，且與半導體達成平衡，經過照光後，可使$E_{F,p} < E_F^\circ$，代表光生電洞可以促進溶液中的氧化反應。相似地，在p型半導體中，照光後$\Delta p \ll p_0$，但Δn可能與n_0相當，使得$E_{F,n}$偏移，當$E_{F,n} > E_F^\circ$時，光生電子即可促進溶液中的還原反應。這兩類照光後加速反應的現象都可稱爲光電催化（photoelectro-chemical catalysis）。

從(3.254)式與(3.256)式已知，照光前電子與電洞濃度之乘積與半導體的能隙E_g有關，可表示爲：

$$n_0 p_0 = N_c N_v \exp\left(-\frac{E_g}{kT}\right) \tag{4.210}$$

因此對n型半導體照光後，可產生電子與電洞的準Fermi能階分裂，亦即：

$$E_{F,n} - E_{F,p} \approx E_F - E_F' = E_g + kT \ln\left(\frac{n_0 \Delta p}{N_c N_v}\right) \tag{4.211}$$

由此可知，對於能隙E_g較大的半導體，容易產生較大的光電壓，以推動溶液側的反應，所以如TiO_2或$SrTiO_3$等大能隙的氧化物半導體常能展現良好的光電催化特性。然而，能隙E_g較大的半導體只能吸收短波長的光線，使得太陽光的催化效果不佳，因爲陽光中的紫外光能量僅占5%以下。

若能調整半導體的能隙，或抑制內部的載子再結合，也可以呈現有效的光催化性。常用的能隙調整方法包含四類，第一類是摻雜金屬元素至半導體中以吸收可見光；第二類是混合大能隙材料與小能隙材料以形成能隙居中的固溶

體；第三類是使大能隙材料吸附光敏性物質，如前述的染料敏化電池，其原理將於後續說明；第四類則是開發新的單相多元氧化物材料，以其中的O提供價帶電子，金屬提供未占據的導帶，而得到適當的能隙。

另一方面，常用於抑制載子再結合的方法也可分成三類，第一類是金屬修飾法，使用Fermi能階較高的金屬與半導體連接，以形成歐姆接面，待半導體接受光照之後，光生電子會流向金屬，因而避免了再結合。最常使用的修飾劑是Ni或Pt族金屬，例如Pt修飾的p-InP半導體用於光分解水反應時，可比未修飾者在更偏正的電位析出H_2，代表修飾後催化特性更佳。第二類是複合法，因為第二種半導體材料加入後，一方面吸收光譜的範圍將會擴大，另一方面可以引導光電子傳遞以避免再結合。目前被研究較多的系統是CdS-TiO_2，其中CdS的能隙約為2.4 eV，TiO_2的能隙約為3.2 eV，當光線照射在CdS後，躍遷到CdS導帶的電子會傳遞到相鄰的TiO_2之導帶中，而光生電洞則留在CdS的價帶中，因為CdS的導帶與價帶邊緣能階都比TiO_2高。第三類方法則是將半導體材料製成奈米粒子，因為光生載子可以更快速地輸送至溶液界面，可有效減低再結合的機率，量子效率趨近於100%。此外，粒徑縮小到100 nm以內還會展現量子尺寸效應，使能隙擴大，亦即導帶變負以強化電子的還原力，而價帶變正以加大電洞的氧化力。再者，半導體的比表面積增大，可提供更多的光催化活性位置。

由於小能隙的半導體往往容易發生光腐蝕現象，因為光生電洞可能會促進材料本身的氧化。因此，大能隙半導體與光敏劑（photosensitizer）組成的光電催化系統成為另一種重要的研究課題，其成果已經應用在太陽電池或廢水處理等領域中。光敏劑通常是有機染料或過渡金屬的錯合物，吸收光線後將成為激發態分子，之後可將電子釋放到半導體的導帶中而產生光電流。目前常被研究的氯化三(雙吡啶)合釕(II)（tris(bipyridine)ruthenium(II) chloride，常簡寫為Ru(bipy)$_3$Cl$_2$）即屬於光敏分子，溶於水後可形成Ru(bipy)$_3^{2+}$離子，能吸收紫外光和可見光。由於Ru(bipy)$_3^{2+}$被激發後可成為三線態（triplet），但基態屬於單線態（singlet），且三線態回到基態的速度慢，所以激發態的壽命較長，此時的Ru(II)將有機會發生電子轉移而變為Ru(I)或Ru(III)。然而，這些光敏分子發生氧化或還原反應的電位並不相等，與Fe^{3+}和Fe^{2+}間的氧化還原不同。如圖4-40所示，基態的光敏分子S還原成S$^-$時，電子需從電子予體

（donor）傳遞至最低未占據分子軌域（lowest unoccupied molecular orbital，簡稱為LUMO）；S氧化成S^+時，電子是從最高已占據分子軌域（highest occupied molecular orbital，簡稱為HOMO）傳給電子受體（acceptor），或電洞從電子受體傳至HOMO。因此，S的氧化和還原所需能量不同，對應的電位亦不同，而Fe^{3+}和Fe^{2+}間的可逆轉換則擁有相同電位。

由於光敏分子的HOMO與LUMO之間具有能量差ΔE，當光能足夠時，光敏分子將會吸收其能量而使電子從HOMO躍遷至LUMO，如同半導體中的價帶電子躍遷至導帶，而形成電子電洞對。換言之，HOMO與LUMO之間的能量差即類似於半導體的能隙，可用來衡量此分子是否容易被激發，當能量差愈小時，分子愈易成為激發態。當激發態的光敏分子S^*氧化成S^+時，電子是從LUMO傳遞給電子受體；當S^*還原成S^-時，電洞則從HOMO傳遞給電子予體，兩種程序所需能量不同，對應電位也不同。與基態相比，因為照光激發光敏分子後，分子內相當於儲存了ΔE^*的能量，可使氧化或還原都更容易進行。因此，將基態和激發態分子發生氧化或還原的情形表達成反應能階時，即可發現$E_F^\circ(S^*/S^+) > E_F^\circ(S/S^+)$，以及$E_F^\circ(S/S^-) > E_F^\circ(S^*/S^-)$；而且還可發現$E_F^\circ(S/S^-)$高於$E_F^\circ(S^*/S^+)$，以及$E_F^\circ(S^*/S^-)$高於$E_F^\circ(S/S^+)$，代表激發態的能隙小於基態的能隙。

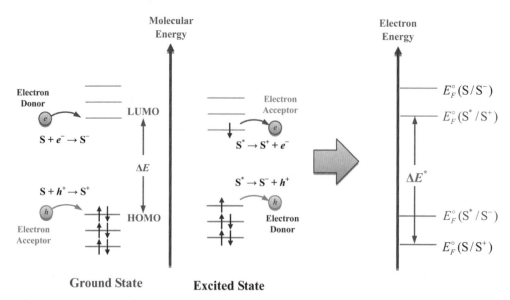

圖4-40　光敏劑分子在激發前後的分子能量與電荷轉移後的電子能量

　　列出光敏分子的氧化或還原能階後，即代表Gerischer模型可被引用。當光敏分子與能階適當的半導體材料接觸時，可在兩材料的界面間傳遞載子。如圖4-41所示，當光敏分子的$E_F^\circ(S^*/S^+)$略高於n型半導體的導帶邊緣能階E_c時，導帶電子可以轉移給基態的光敏分子而使之還原成S^-，但反應非常慢，因為電子未占據的能態E_S°比E_c高一些；但在照光後，激發態的光敏分子反而容易將電子注入至導帶而氧化成S^+，因為此時的已占據能態$E_{S^*}^\circ$與導帶邊緣重疊。

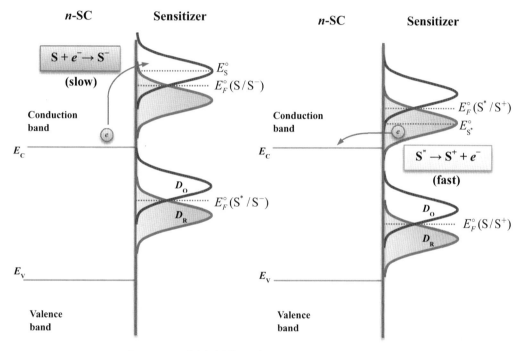

圖4-41　光敏劑分子與 n 型半導體間的電荷轉移

　　另一方面，如圖4-42所示，當光敏分子的$E_F^\circ(S^*/S^-)$略低於p型半導體的價帶邊緣能階E_v時，半導體雖可將電洞轉移至基態的光敏分子而氧化成S^+，但反應性很慢，因為電子已占據的能態E_S°比E_v低一些；但在照光後，激發態的光敏分子S^*反而容易將未占據能態$E_{S^*}^\circ$的電洞注入至價帶而還原成S^-，因為此時的未占據能態$E_{S^*}^\circ$與價帶邊緣重疊。上述這兩種現象都是照光後得以改變載子傳遞的方向，所以具有光電催化的效果。

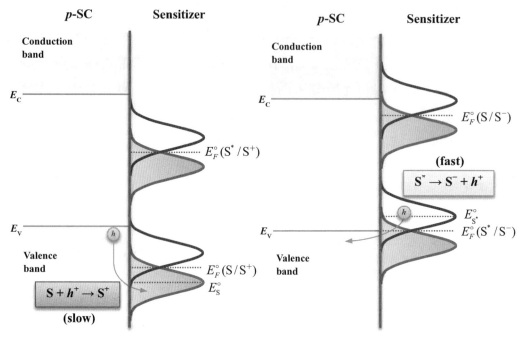

圖4-42　光敏劑分子與 p 型半導體間的電荷轉移

　　常見的n型半導體光敏化系統之光電流曲線與圖4-33所示者相同，會從平帶電位起產生光電流，且隨著過電位增大，光電流亦增大，但在某個電位時將會到達極限值。此外，提升光強度也可以加大光電流。

　　總結以上，對於吸附在半導體表面的光敏分子S，照光激發成S*後，可能出現三種變化，第一種是馳豫（relaxation）而回到基態，第二種是釋放電子而成為S^+，第三種是接收電子而成為S^-，但第三種程序必須有電子予體在溶液中才會發生。當溶液中添加某種電子予體D時，如果D的能階接近光敏分子S的HOMO，D將會接收HOMO的電洞而氧化，使激發態的光生電子難以和HOMO的電洞再結合，多數注入半導體的導帶，導致此情形的光電流比未添加D時更高，此現象稱為超敏化（super-sensitization），其步驟可表示為：

$$S + h\nu \rightarrow S^*$$
$$S^* + D \rightarrow S^- + D^+ \qquad (4.212)$$
$$S^- \rightarrow S + e^-$$

但若添加某種電子受體A時，由於A的能階接近光敏分子的LUMO，激發

態的光生電子將傾向於傳遞給A，而難以注入半導體的導帶，使得此情形的光電流比未添加A時更低，此現象稱為反敏化（anti-sensitization），其步驟可表示為：

$$S + h\nu \to S^*$$
$$S^* + A \to S^+ + A^-$$

(4.213)

當光敏分子逐漸氧化成S^+後，光電流會逐漸降低，此時可加入再生劑R，由R供給電子至S^+，使之還原回基態光敏劑：

$$S^+ + R \to S + R^-$$

(4.214)

之後，基態光敏劑即可再進行光電催化，而加入再生劑的程序可稱為共敏化（co-sensitization）。因此，半導體、光敏劑與添加劑的能階皆需匹配，才能使光電催化產生足夠的量子效率。

4-4-2 腐蝕（Corrosion）與分解（Decomposition）

在一個足夠大的電極表面上，可能同時發生正向與逆向的氧化還原半反應，但也可能同時發生反應物和生成物都不同的氧化半反應與還原半反應，此時的電極甚至不用接線到外部電源即可進行反應。對此類無需通電的反應，可視為電極上擁有微小的氧化區和微小的還原區，兩區直接短路相連，在反應物與產物的組合中，以平衡電位較高者進行還原，平衡電位較低者進行氧化，兩個半反應的速率相等，最終構成一個微電池（micro-cell）。即使以導線連接電極至檢測器，也不會測到任何淨電流，因為氧化電流與還原電流已經在局部相互抵消。

使用原電池的標準，陰極接收電子為高電位，陽極釋出電子為低電位，所以陰極反應之平衡電位為$\mathcal{E}_{c,eq}$要高於陽極反應之平衡電位為$\mathcal{E}_{a,eq}$。在定溫定壓下，總反應的自由能變化為$\Delta G = -nF(\mathcal{E}_{c,eq} - \mathcal{E}_{a,eq}) < 0$，可證明微電池進行著自發反應。但在忽略電極本身電阻的假設下，陰陽兩極都在同一個電極材料上，其電位應該同為$\mathcal{E}$；又因為陽極擁有過電位$\eta_a = \mathcal{E} - \mathcal{E}_{a,eq} > 0$，陰極擁有過電位$\eta_c = \mathcal{E} - \mathcal{E}_{c,eq} < 0$，所以可得到$\mathcal{E}_{a,eq} < \mathcal{E} < \mathcal{E}_{c,eq}$。由於局部區域的過電位皆非0，代表系統

仍處於不平衡狀態，故此時的電極電位並非平衡電位，但可稱之爲混合電位
（mixed potential）。

　　最常見的微電池即爲金屬的腐蝕或溶解。所以在金屬腐蝕的過程中，金屬
表面會發生陽極氧化的反應：

$$M \rightarrow M^{n+} + ne^- \qquad (4.215)$$

使用電化學位能可以表示出(4.215)式的平衡電位：

$$\mathcal{E}_{a,eq} = \frac{1}{nF}(\overline{\mu}_{M^{n+}} - \overline{\mu}_M) \qquad (4.216)$$

若對應的陰極還原反應是：

$$Y + me^- \rightarrow Y^{m-} \qquad (4.217)$$

其中的Y可以是另一種金屬或溶液中的物質。相同地，使用電化學位能可以表
示出(4.217)式的平衡電位：

$$\mathcal{E}_{c,eq} = \frac{1}{mF}(\overline{\mu}_Y - \overline{\mu}_{Y^{m-}}) \qquad (4.218)$$

最終必須滿足：

$$\frac{1}{mF}(\overline{\mu}_Y - \overline{\mu}_{Y^{m-}}) - \frac{1}{nF}(\overline{\mu}_{M^{n+}} - \overline{\mu}_M) > 0 \qquad (4.219)$$

腐蝕反應才會自然發生。

　　在電極上也有可能出現兩個以上的半反應，但只要多個反應的淨電流爲
0，此時的電極電位仍稱爲混合電位，且混合電位的值必定介於最高反應平衡
電位和最低反應平衡電位之間，因爲在眾多反應中至少有一個進行陽極氧化，
同理至少有一個要進行陰極還原。當混合電位確定後，其中一個反應的平衡電
位若高於混合電位，則進行還原；若低於混合電位，則進行氧化。

　　當電極電位變化時，氧化與還原反應的過電位也會改變，並且有淨電流輸
出，藉由測量後可得到電流對電位的曲線，但此曲線包含了氧化半反應的極化
曲線與還原半反應的極化曲線。以腐蝕爲例，常假定金屬表面上只有兩種反應
發生，其一是金屬的溶解，如(4.215)式，另一個是陰極反應，常見的例子是
水還原成氫氣或氧氣變爲水。再假設電極表面附近的質傳速率夠快，濃度極化

現象可忽略，所以腐蝕程序將由反應控制。此外，若施加在電極的電位遠離兩個反應的平衡電位時，可忽略它們的逆向反應，使得兩個反應的電流密度i_a與i_c都能用Tafel方程式來近似，亦即：

$$i_a = i_{0a} \exp\left(\frac{(1-\alpha_a)n_a F}{RT}(\mathcal{E}-\mathcal{E}_{a,eq})\right) = i_{0a}\exp\left(\frac{\mathcal{E}-\mathcal{E}_{a,eq}}{\beta_a}\right) \tag{4.220}$$

$$i_c = i_{0c} \exp\left(-\frac{\alpha_c n_c F}{RT}(\mathcal{E}-\mathcal{E}_{c,eq})\right) = i_{0c}\exp\left(-\frac{\mathcal{E}-\mathcal{E}_{c,eq}}{\beta_c}\right) \tag{4.221}$$

但需注意，此時的陰陽極反應並非正逆反應，所以i_{0a}與i_{0c}是兩個反應各自的交換電流密度，不會相等。而α_a與n_a分別為氧化反應的轉移係數與參與電子數，兩者將決定β_a；α_c與n_c分別為還原反應的轉移係數與參與電子數，兩者將決定β_c。其中還需注意，$\alpha_a+\alpha_c$不一定等於1，且$\beta_a>0$，$\beta_c>0$。

當輸出電流為0時，代表兩個半反應的速率相等，亦即$i_a=i_c$，此時的電位稱為腐蝕電位$\mathcal{E}_{corr}$，也就是此電極的混合電位。在此電位下，兩個相等的半反應電流密度被定義為腐蝕電流密度i_{corr}，可從(4.220)式和(4.221)式求得：

$$i_{corr} = i_{0a}\exp\left(\frac{\mathcal{E}_{corr}-\mathcal{E}_{a,eq}}{\beta_a}\right) = i_{0c}\exp\left(-\frac{\mathcal{E}_{corr}-\mathcal{E}_{c,eq}}{\beta_c}\right) \tag{4.222}$$

所以對於有淨電流輸出時，可將淨電流密度i表示為：

$$\begin{aligned}
i &= i_{0c}\exp\left(-\frac{\mathcal{E}-\mathcal{E}_{c,eq}}{\beta_c}\right) - i_{0a}\exp\left(\frac{\mathcal{E}-\mathcal{E}_{a,eq}}{\beta_a}\right) \\
&= i_{corr}\left[\exp\left(-\frac{\mathcal{E}-\mathcal{E}_{corr}}{\beta_c}\right) - \exp\left(\frac{\mathcal{E}-\mathcal{E}_{corr}}{\beta_a}\right)\right]
\end{aligned} \tag{4.223}$$

由此式可知，當$\mathcal{E}>\mathcal{E}_{corr}$時，$i_a>i_c$，金屬電極發生陽極極化；當$\mathcal{E}<\mathcal{E}_{corr}$時，$i_a<i_c$，金屬電極發生陰極極化，從實驗測得的電流－電位曲線可如圖4-43所示，且應符合(4.223)式所描述。

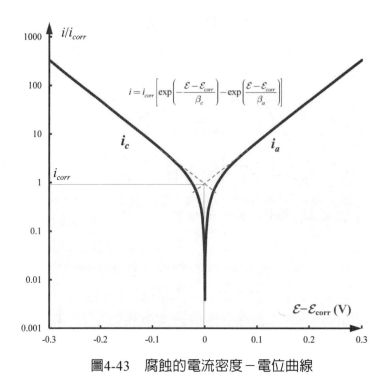

圖4-43　腐蝕的電流密度－電位曲線

但若還原反應的部分受限於溶液中的質傳速率時，(4.221)式將修正為：

$$i_c = i_{0c}(1 - \frac{i_c}{i_{\lim}})\exp\left(-\frac{\mathcal{E} - \mathcal{E}_{c,eq}}{\beta_c}\right) \tag{4.224}$$

其中的$i_{\lim}$為極限電流密度。已知$\mathcal{E}=\mathcal{E}_{corr}$時，$i_c=i_{corr}$，所以：

$$i_{corr} = i_{0c}(1 - \frac{i_{corr}}{i_{\lim}})\exp\left(-\frac{\mathcal{E}_{corr} - \mathcal{E}_{c,eq}}{\beta_c}\right) \tag{4.225}$$

接著可依此將還原電流密度調整為：

$$i_c = \frac{i_{corr}\exp\left(-\dfrac{\mathcal{E} - \mathcal{E}_{corr}}{\beta_c}\right)}{1 - \dfrac{i_{corr}}{i_{\lim}}\left[1 - \exp\left(-\dfrac{\mathcal{E} - \mathcal{E}_{corr}}{\beta_c}\right)\right]} \tag{4.226}$$

因此，總反應產生的淨電流密度i為：

$$i = i_{corr}\left\{\exp\left(\frac{\mathcal{E}-\mathcal{E}_{corr}}{\beta_a}\right) - \frac{\exp\left(-\dfrac{\mathcal{E}-\mathcal{E}_{corr}}{\beta_c}\right)}{1 - \dfrac{i_{corr}}{i_{\lim}}\left[1 - \exp\left(-\dfrac{\mathcal{E}-\mathcal{E}_{corr}}{\beta_c}\right)\right]}\right\} \tag{4.227}$$

由此式可知，金屬腐蝕的動力學取決於 $\mathcal{E}_{corr}$、i_{corr} 與 $i_{\lim}$ 等參數，較為單純，而半導體電極的腐蝕或溶解則較為複雜，因為其電子轉移過程中還需考慮導帶與價帶能階，以及反應是由多數載子或少數載子主導等因素。

　　對於發生金屬腐蝕的系統，其 $\mathcal{E}_{corr}$、i_{corr} 與 $i_{\lim}$ 等參數易受溶液組成而改變，且 $\mathcal{E}_{corr}$ 和 i_{corr} 並沒有一致性的變動。如圖4-44所示，假設在金屬與溶液的界面上具有氧化的極化曲線1A和還原的極化曲線1C，透過(4.223)式可求出系統的腐蝕電位 $\mathcal{E}_1$ 和腐蝕電流密度 i_1。但當溶液中加入某種表面吸附劑之後，金屬的陽極氧化速率被抑制，使得氧化的極化曲線成為2A，再疊加1C後可計算出偏正的腐蝕電位 $\mathcal{E}_2$，亦即 $\mathcal{E}_2 > \mathcal{E}_1$，但腐蝕電流密度 i_2 卻會減低，亦即 $i_2 < i_1$。若金屬表面在高電壓下會形成鈍化膜，使電流密度受到限制，故氧化極化曲線成為3A，疊加1C後所計算出的腐蝕電位 $\mathcal{E}_3$ 將會更高，亦即 $\mathcal{E}_3 > \mathcal{E}_2 > \mathcal{E}_1$，且腐蝕電流密度 i_3 也更低，亦即 $i_3 < i_2 < i_1$。然而，當溶液中存在某種弱氧化劑時，還原極化曲線將成為2C，此時的腐蝕電位 $\mathcal{E}_4$ 雖然偏正，亦即 $\mathcal{E}_4 > \mathcal{E}_1$，但腐蝕電流密度 i_4 卻會增加，亦即 $i_4 > i_1$，代表氧化劑會促進腐蝕速率。但當溶液中存在某種強氧化劑時，還原極化曲線將成為3C，若金屬不會鈍化，則可得到很大的腐蝕電流密度 i_5，是上述中腐蝕最快者；若金屬會鈍化，則其腐蝕電位 $\mathcal{E}_6$ 是上述中的最高者，但腐蝕電流密度 i_6 卻是上述中的較低者，此時的強氧化劑也可稱為鈍化劑，能夠產生陽極保護作用，是常用的防蝕方法。

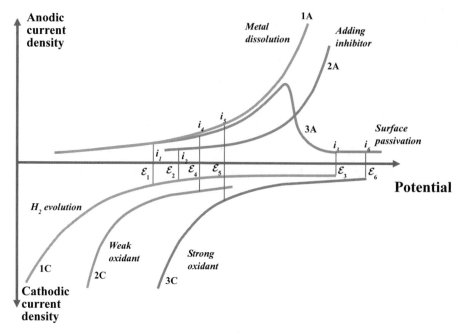

圖4-44　多種金屬腐蝕的極化曲線

範例4-11

　　在pH = 3且含有活性為1的Fe^{2+}溶液中放入一塊Fe片後，於298 K下可測得氧化反應之交換電流密度$i_0 = 2 \times 10^{-5} A/m^2$，Tafel斜率的絕對值為0.06 V。若施以負的過電位時，可測得此溶液產生H_2的交換電流密度$i_0 = 1.6 \times 10^3 A/m^2$，Tafel斜率的絕對值為0.12 V。試從這些結果估算Fe片的腐蝕電位與腐蝕電流密度。

解 1. 對於Fe氧化成Fe^{2+}，在活性為1時，查表可知$\mathcal{E}_{eq,Fe} = -0.44V$。假設反應滿足Tafel動力學，則可得：

$$\eta_A = \mathcal{E} - \mathcal{E}_{eq,Fe} = -\frac{2.303RT}{\beta nF}\log i_0 + \frac{2.303RT}{\beta nF}\log|i_{Fe}|$$

$$= -(0.06)(\log 2 \times 10^{-5}) + 0.06\log|i_{Fe}| = 0.282 + 0.06\log|i_{Fe}|$$

　　2. 對於H_2的還原，$\mathcal{E}_{eq,H} = -(0.059)(3) = -0.177$ V，且假設反應滿足

$$\eta_C = \mathcal{E} - \mathcal{E}_{eq,H} = \frac{2.303RT}{\alpha nF}\log i_0 - \frac{2.303RT}{\alpha nF}\log i_{H_2}$$
$$= (0.12)(\log 1.6\times 10^{-3}) - 0.12\log i_{H_2} = -0.336 - 0.12\log i_{H_2}$$

3. 在腐蝕電位下，$\mathcal{E}=\mathcal{E}_{corr}$，且 $i_{Fe}=i_{H_2}=i_{corr}$，可解得 $i_{corr}=0.011\,\mathrm{A/m^2}$，以及 $\mathcal{E}_{corr}=-0.28\,\mathrm{V}$。

範例4-12

承範例4-11，若在原本含有活性約為1的Fe^{2+}溶液中放入添加劑，使得氧化反應之交換電流密度$i_0=2\times 10^{-7}\,\mathrm{A/m^2}$，Tafel斜率的絕對值為0.06 V。施以負的過電位時，所測得H_2的反應動力學並未改變。試從這些結果推算目前Fe片的腐蝕電位與腐蝕電流密度，並評估此添加劑的作用。

解 1. 對於含有添加劑的溶液，假設反應滿足

$$\eta_A = \mathcal{E} - \mathcal{E}_{eq,Fe} = -(0.06)(\log 2\times 10^{-7}) + 0.06\log|i_{Fe}| = 0.40 + 0.06\log|i_{Fe}|$$

2. 對於H_2的還原，仍維持$\eta_C = -0.336 - 0.12\log i_{H_2}$

3. 在腐蝕電位下，$\mathcal{E}=\mathcal{E}_{corr}$，且$i_{Fe}=i_{H_2}=i_{corr}$，可解得$i_{corr}=2.36\times 10^{-3}\,\mathrm{A/m^2}$，以及$\mathcal{E}_{corr}=-0.197\,\mathrm{V}$，代表此添加劑具有緩蝕的作用。

對於一些能隙小於3.0 eV的半導體，和溶液接觸後雖然電位會到達穩定值，但卻不屬於穩定狀態，因為半導體仍然持續分解，且溶液中也不斷有還原反應發生。若半導體分解的平衡電位為$\mathcal{E}_{SC}$，溶液中還原反應的平衡電位為$\mathcal{E}_{O/R}$，則可發現半導體的電極電位會介於兩者之間，雖然這時沒有電流輸出，但仍不能視為平衡。常見的情形如Si浸泡於水中，即使Si沒有被施加陽極過電位，仍將持續溶解。

對這類半導體進行陽極極化時，將更容易觀察到溶解的現象。在溶解過程中，常牽涉多個載子的轉移，例如電極材料中的共價鍵被打斷時，由價帶而來的電洞會被消耗在溶解反應中。因此，陽極溶解多半發生在p型半導體不照光時，以及n型半導體被照光時，前者是由多數載子主導溶解程序，後者則由少數載子控制。對某些特殊案例，溶解現象也會出現在陰極極化中。

早期對半導體電化學的探討中，多以Si和Ge作為主要研究對象，因為它

們被製作成電子元件時，材料的反應性或表面的穩定性都會影響元件特性。對Ge而言，在鹼性溶液中會發生以下反應：

$$Ge + 2OH^- + \gamma h^+ \rightleftharpoons GeO^{2+} + (4-\gamma)e^- + H_2O \qquad (4.228)$$

其中，$0 \leq \gamma \leq 4$，代表可能有4個載子牽涉在Ge的溶解反應中。經由前人的研究發現，$\gamma \approx 2.4$，代表Ge的溶解反應不僅透過消耗價帶的電洞來進行，也藉由電子注入導帶而完成。Beck和Gerischer對此提出一種反應機制，如圖4-45所示。在第一個階段中，電洞會陷在表面，導致Ge－Ge鍵斷裂，但此步驟是可逆的，意味著電洞可被熱量擾動而再生，並移動到鄰近位置。當Ge－Ge鍵斷裂後，內部的Ge原子將擁有未成對電子，表面的Ge原子則會捕捉電洞。這個表面的Ge原已連接兩個OH基，此時可能會改變其鍵角而擺離表面，此過程將是整個溶解程序的速率決定步驟。第三個階段則是斷鍵時擁有未成對電子的Ge原子再捕捉一個電洞，並於第四個階段中捕捉一個水分子而在Ge上產生OH基並釋出H^+。同一時刻，擺離表面的Ge原子將再捕捉一個水分子而形成第三個OH基。最後一個階段中，連接了3個OH基的Ge原子釋出兩個電子與相鄰的Ge原子斷鍵，並再吸收一個水分子而產生第四個OH基，然後以$Ge(OH)_4$的型式脫離Ge晶體。此外，最後階段斷裂的Ge－Ge鍵位於晶體表面，其鍵能比晶體內部的Ge－Ge鍵更弱，因此所對應的價電子能階高於晶體的價帶，此即表面態。總結以上，共有兩種路徑可以進行溶解，第一種是從晶體內部傳導四個電洞至表面態上，使得整體程序的$\gamma=4$；第二種則是吸收熱能從表面態激發兩個電子至導帶上，然後與價帶的兩個電洞再結合，使整體程序的$\gamma=2$。既然實驗結果證實$2 \leq \gamma \leq 4$，代表了兩種反應路徑都有可能。由於Ge的能隙為0.65 eV，所以從表面態以熱激發方式將電子送入導帶是有可能的，但對於能隙為1.1 eV的Si，透過表面態進行反應的機制則不可行。

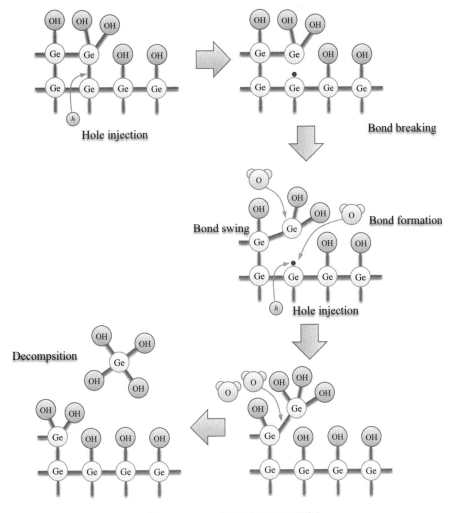

圖4-45　Ge溶解的反應機制

　　相較於Ge，Si的陽極溶解反應則更複雜，因為Si的表面容易形成不溶於水的氧化物，然而這種不溶性的氧化物也提升了Si在電晶體製造中的應用性。若使用HF溶液，則可去除氧化物，但稀HF與濃HF溶液的作用不同。在濃HF溶液中，Si的陽極極化行為與Ge類似，亦即p-Si的氧化電流密度會隨著過電位以指數方式遞增，但不照光的n-Si則會達到飽和電流密度。實驗發現，常溫下p-Si氧化之Tafel斜率為60 mV/dec，代表電流密度十分理想地正比於表面的電洞濃度，也意味著反應全部透過價帶電洞轉移。實驗中也證實，反應中只消耗了兩個電洞，並非四個，且溶解的Si中約有20%會轉變成非晶Si（amorphous Si，以下簡稱a-Si），另外的80%進入溶液。同時，Si表面會冒出大量H_2。因此，p-Si的溶解機制仍然有別於p-Ge。對於4A族的Si，二價的離子應該是不穩定的，所以形成二價Si之後還會有變化。根據推測，在高濃度HF中，Si接收兩個電洞後會發生以下反應：

$$Si + 2HF + 2h^+ \rightleftharpoons SiF_2 + 2H^+ \tag{4.229}$$

然後不穩定的SiF_2又會進行不均反應（disproportionation），使得部分的二價Si轉變成四價Si，部分又還原回零價Si，所以才會在表面發現a-Si。這個不均反應可以表示為：

$$2SiF_2 \rightleftharpoons Si + SiF_4 \tag{4.230}$$

之後，a-Si遇水會氧化並伴隨H_2生成，而氧化物再被HF溶解：

$$Si + 2H_2O \rightleftharpoons SiO_2 + 2H_2 \tag{4.231}$$

$$SiO_2 + 6HF \rightleftharpoons H_2SiF_6 + 2H_2O \tag{4.232}$$

而SiF_4也會被HF溶解：

$$SiF_4 + 2HF \rightleftharpoons H_2SiF_6 \tag{4.233}$$

其中的H_2SiF_6可以溶解在水中。實驗發現，當過電位移除後，仍可觀察到H_2生成，代表a-Si遇水氧化是較慢且自發的步驟。

　　在濃度低於0.1 M的HF中，p-Si的溶解機制將會不同。當施加了氧化過電位時，電流密度會增加但不是以指數方式遞增，因為反應速率到達一個最大值之後將會減緩下來。若使用旋轉電極來觀察，則發現電流密度會隨轉速ω提升，但又不是正比於$\omega^{1/2}$，代表電流不全然被擴散控制。在低電位的反應中，如圖4-46所示，原本有兩個Si－H鍵的表面原子會接收一個電洞與F^-，並促使Si－H鍵斷開，同時釋放一個電子後形成Si－F鍵。在下一個階段中，HF還會使Si－Si鍵斷開，並轉為Si－F鍵，逐漸形成含有二價Si的$HSiF_3$，遇水溶解後，再氧化成SiF_4，同時伴隨H_2生成，而SiF_4會再被HF溶解而成為H_2SiF_6。過程中，Si－F鍵形成時，會改變背後兩個Si－Si鍵的極性，使其較易斷裂。這就是低電位時p-Si不受光照的反應機構，其步驟可表示如下：

$$Si + \gamma h^+ + 3HF \rightleftharpoons HSiF_3 + 2H^+ + (2-\gamma)e^- \qquad (4.234)$$

$$HSiF_3 + HF \rightleftharpoons SiF_4 + H_2 \qquad (4.235)$$

$$SiF_4 + 2HF \rightleftharpoons H_2SiF_6 \qquad (4.236)$$

當施加電位較高時，p-Si進入了電流平台區。因為在這個電壓範圍內，Si表面的HF被快速消耗，使得HF來不及從溶液主體區補充，致使電流受到質傳限制。這時表面的Si會先和水反應而形成SiO_2，等待後續到達的HF才能反應成可溶性的H_2SiF_6。其反應機構如下：

$$Si + 4h^+ + 2H_2O \rightleftharpoons SiO_2 + 4H^+ \qquad (4.237)$$

$$SiO_2 + 6HF \rightleftharpoons H_2SiF_6 + 2H_2O \qquad (4.238)$$

之後，再增加過電位卻會使電流下降，這種負電阻的現象正是鈍化的特徵。相對地，在較小的過電位下，隨之而生的H_2會攪拌表面的溶液，所以當所施加的過電位增大後，失去攪拌效應，使HF的輸送變慢，此時的電流密度將同時取決於氧化膜的厚度與HF的輸送速率。

總結以上關於p-Si在低濃度HF中的溶解，在電位較低時，會先形成二價Si，所以這時也會發現H_2，如(4.235)式所述；但當電位較高時，p-Si的反應則有所不同，不會有H_2產生，且Si會轉變為四價，溶解反應主要透過價帶進行，如(4.237)式所述。

至於n-Si，其陽極溶解會受到照光強度的影響。在低強度時，產生氧化光電流的量子效率為4；但在高強度時，產生氧化光電流的量子效率為2，這兩者都是典型的電流倍增效應。當量子效率大於1時，代表部分的多電子轉移程序是藉由價帶的電洞完成。所以在低光照強度時，溶解的第一步驟是藉由光生電洞來進行，後續的幾個步驟則是由無需光激發的3個電子來完成。在高光照強度時，溶解過程中會冒出H_2，代表Si會轉變為二價後再溶解。

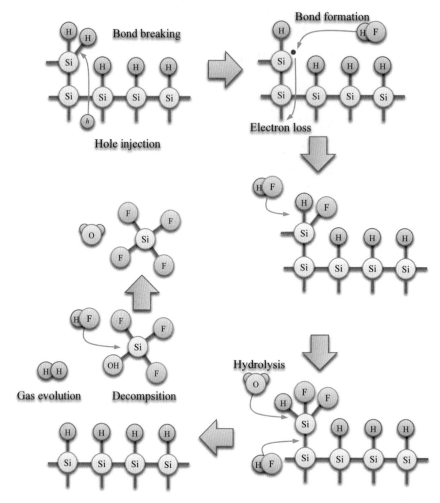

圖4-46　Si 溶解的反應機制

　　在化合物半導體中，溶解時也常會伴隨成膜反應，但有的薄膜可以進一步溶解，有的卻難以溶解而阻礙了後續的反應。例如SiC在H_2SO_4中施加陽極過電位，能維持穩定的氧化電流，因為反應後SiC的表面會吸收電洞而形成多孔性的SiO_2，並釋出CO或CO_2；但SiC在濃HF中則會在表面生成非晶SiC層，此情形類似前述的p-Si。對於p-GaP，其氧化暗電流非常低，因為在表面會形成Ga_2O_3，且Ga_2O_3難以溶解。對於InP，其溶解行為較複雜，因為施加陰極過電位時，表面易出現還原的In，施加陽極過電位時，這些In又會氧化成In_2O_3。此外，GaAs在酸性或鹼性溶液中也可進行陽極溶解，產物為Ga^{3+}與AsO_3^{3-}，其反應幾乎經由價帶進行。

　　在大部分的半導體溶解反應中，因爲它們的價帶邊緣皆低於H^+/H_2的能階，所以施加陰極過電位時，主要經由半導體的導帶來轉移載子，使H_2O還原成H_2；但也有部分化合物半導體會發生金屬還原或直接分解，且依據水溶液中的酸鹼性，這些金屬層可能會進一步轉成氧化層，例如前述之InP還原成In，並再形成In_2O_3的反應。

　　若在溶液中加入適當的反應物，半導體電極也可能在無過電位下溶解。例如加入標準電位非常正的Ce^{3+}/Ce^{4+}後，Ce^{4+}可以注入電洞到半導體的價帶，提供陽極溶解使用。對一個p型半導體，其典型的極化曲線如圖4-47所示。還原反應從電位$\mathcal{E}_{O/R}$開始發生，而半導體溶解從電位$\mathcal{E}_{diss}$開始發生，通常在$\mathcal{E}_{O/R} > \mathcal{E}_{diss}$的情形下，O變成R的還原反應會促進半導體溶解。若p型電極在氧化劑中仍能維持穩定，表示其溶解電流很低，也可推測其腐蝕電位偏正（圖4-47的左側），因爲在腐蝕電位下，O的還原電流等於溶解電流，兩者皆需夠低，才能使電極穩定。但若腐蝕電位偏負時（圖4-47的右側），兩種電流皆增大，電極變得不穩定。

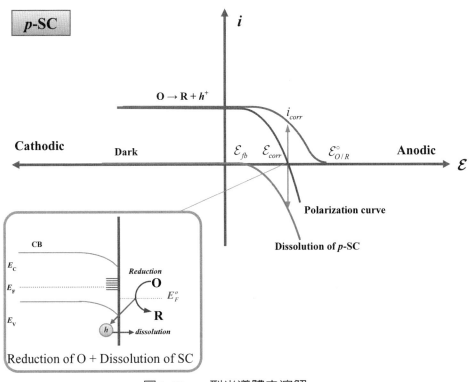

圖4-47　p型半導體之溶解

　　對一個n型半導體，即使在溶液中加入反應物，陽極極化區的總電流仍非常低，這是由於溶解電流受限於表面電洞密度。

　　除了元素型半導體，化合物半導體電極也可以建立一個腐蝕反應的標準電位。化合物半導體MX可能發生的還原反應或氧化反應為：

$$MX + ne^- + L \rightleftharpoons M + X_{comp}^{z-} \tag{4.239}$$

$$MX + nh^+ + L \rightleftharpoons M_{comp}^{z+} + X \tag{4.240}$$

其中的M是金屬元素，X為非金屬元素，L是錯合劑，下標comp代表被錯合。因此，相對於標準氫電極（SHE），MX的還原和氧化反應自由能可以分別表示成ΔG_R和ΔG_O。所以對應的兩種腐蝕能階可表示為：

$$E_{corr}^n = E_{SHE}^{\circ} + \frac{e}{nF}\Delta G_R \tag{4.241}$$

$$E_{corr}^p = E_{SHE}^{\circ} - \frac{e}{nF}\Delta G_O \tag{4.242}$$

　　其中e是單電子電量，而E_{corr}^n與E_{corr}^p分別是電子與電洞引起的腐蝕能階，$E_{SHE}^{\circ} = -4.44$ eV。如圖4-48所示，若這兩個腐蝕能階都位於半導體的能隙之內，則氧化或還原反應都可能發生。若欲發生氧化反應，則E_{corr}^p必須調整到高於E_v^s；若欲發生還原反應，則E_{corr}^n必須調整到低於E_c^s。因此，當這兩者都位於半導體的能隙之外，此半導體將會維持穩定。但是這些推論的應用有限，因為溶解反應發生時，其動力學通常還牽涉吸附、表面化學反應或晶面方位等因素。

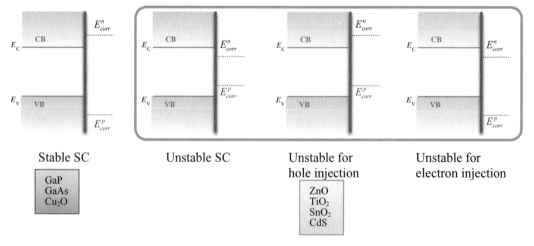

圖4-48　化合物半導體之溶解

　　化合物半導體的陽極溶解與溶液中的氧化反應可能互相競爭，實際的競爭情形則同時取決於熱力學和動力學效應。例如n-ZnO在水中照光的分解反應為：

$$ZnO + H^+ + h^+ \rightleftharpoons Zn^{2+} + \frac{1}{2}H_2O_2 \qquad (4.243)$$

此過程不涉及Zn的氧化數變化，但卻相關於Zn−O的斷鍵。若溶液中加入了HCOOH後，則會發生以下反應：

$$HCOO^- + h^+ \rightleftharpoons HCOO\cdot \qquad (4.244)$$

$$HCOO\cdot \rightleftharpoons H^+ + CO_2 + e^- \qquad (4.245)$$

此時可能測得增大的氧化光電流，實際倍率約落在1和2之間。然而，電流倍增效應，並不代表ZnO溶解得更快，也可能因爲HCOOH捕捉了價帶電洞，反而抑制ZnO的分解，之後從自由基再度氧化成CO_2時，注入電子到ZnO的導帶，致使電流增大。

　　由於一般的極化曲線無法完全反映競爭系統的狀況，所以前人使用了旋轉盤環電極（簡稱RRDE）來分析，其中圓盤的部分是半導體，圓環的部分是Pt，因爲此裝置可個別分析上述兩種反應。在半導體圓盤所產生的氧化態物質O，會流動到Pt圓環上，此時Pt施加了O的陰極過電位，故可將O還原成R，再予以分析。通常，兩種競爭反應的量化程度可用穩定因子s（stability factor）作爲指標：

$$s = \frac{i_{O/R}}{i_{Total}} = \frac{i_{O/R}}{i_{O/R} + i_{corr}} \qquad (4.246)$$

其中$i_{O/R}$與i_{corr}分別是O還原成R與半導體腐蝕的電流密度，而i_{Total}爲兩者之和。從熱力學的角度，氧化還原對的能階$E_{O/R}$必須高於腐蝕能階E_{corr}^p才能使O變成R；相反地，若$E_{O/R}$低於E_{corr}^p時，半導體會溶解。然而，部分實驗結果顯示，這種說法過於簡化，因爲兩種競爭反應的動力學才是主因。通常實驗中會選擇n型半導體電極，因爲透過調制光照強度可以在圓環區測得微小的電流。以間歇性照光（chopped light）的操作方式，在圓盤電極上可以測得同相的方波光電流，並在圓環電極上測得延遲的還原電流。例如使用n-GaAs時，可測得

穩定因子s會隨著增加光照強度而減小；使用n-CdS時，可測得穩定因子s的最大值會趨近於1。若以S代表半導體表面的分子，S·$^{+}$代表其表面自由基，X^{-}表示溶液中的陰離子，溶解反應需要m個電洞，則競爭反應可分別表示為：

$$\begin{aligned} &S+h^{+} \rightleftharpoons S\cdot^{+} \\ &S\cdot^{+} +(m-1)h^{+} +mX^{-} \rightleftharpoons SX_{m} \end{aligned} \tag{4.247}$$

$$\begin{aligned} &R+h^{+} \rightleftharpoons O \\ &S\cdot^{+} +R \rightleftharpoons S+O \end{aligned} \tag{4.248}$$

由此可知，R的氧化不只透過半導體價帶的電洞，也可注入一個電子至表面自由基的導帶來完成，而這些自由基可視為反應的中間物，因為半導體表面初期的斷鍵，可以藉由注入電子來修補，穩定維持住半導體電極。當半導體溶解時，形成SX$_{m}$的第一步驟可能只是S·$^{+}$與X^{-}結合的純化學反應，也可能是S·$^{+}$接收電洞的電化學反應，但只有後者的穩定因子s會隨光照強度而變。此外，若溶解時表面生成覆蓋的薄膜也可能使s隨光強度提升而減少。

4-4-3 錯合（Complexation）與吸附（Adsorption）

電子轉移除了透過外層（out-sphere）模式在電極與水合離子間交換載子外，也可藉由錯合與吸附來進行反應。當發生錯合時，離子與螯合劑（chelating agent）或配位基（ligand）在水溶液中先配位組合；而發生吸附時，反應物會先與電極表面接觸，之後才會進行電子轉移程序，最終再脫離配位基或電極而回到溶液中。

例如一個典型的單電子反應：$O+e^{-} \rightleftharpoons R$，其Fermi能階為$E_F^{\circ}$。現若存在配位基L，反應將變成：$O\text{-}L+e^{-} \rightleftharpoons R\text{-}L$。從能量的觀點，此程序可分成三個步驟進行：

$$O+L \rightleftharpoons O\text{-}L \tag{4.249}$$

$$O\text{-}L+e^{-} \rightleftharpoons R\text{-}L \tag{4.250}$$

$$R\text{-}L \rightleftharpoons R+L \tag{4.251}$$

已知(4.249)式的錯合自由能變化為ΔG_O^{comp}，且(4.251)式的錯合自由能變化

爲$-\Delta G_R^{comp}$。(4.250)式則代表透過錯合物所進行的電子轉移，其Fermi能階爲 $E_{F,comp}^{\circ}$。這三者與原始反應的E_F°有以下關係：

$$F(E_{F,comp}^{\circ} - E_F^{\circ}) = -e(\Delta G_O^{comp} - \Delta G_R^{comp}) \tag{4.252}$$

由此可知，若O與L的錯合能力大於R與L，亦即$-\Delta G_O^{comp} > -\Delta G_R^{comp}$，將使 $E_{F,comp}^{\circ} > E_F^{\circ}$。相反地，若O與L的錯合能力小於R與L，亦即$-\Delta G_O^{comp} < -\Delta G_R^{comp}$，將使$E_{F,comp}^{\circ} < E_F^{\circ}$。這種Fermi能階的平移效應將會改變反應發生的可能性，例如原始的水合離子可視爲和水錯合，因此重組能λ亦可視爲錯合自由能。若反應物與產物對配位基的錯合自由能相當於兩者水合時的重組能差，故當$-e(\Delta G_O^{comp} - \Delta G_R^{comp}) \approx 2F\lambda$時，$E_F^{\circ}$可被提升$2\lambda$，使得無錯合時的未占據能態轉變成錯合後的已占據能態，亦即$E_O^{\circ} \approx E_{R,comp}^{\circ}$；當$-e(\Delta G_O^{comp} - \Delta G_R^{comp}) \approx -2F\lambda$時，$E_F^{\circ}$被降低$2\lambda$，使得無錯合時的已占據能態轉變成錯合後的未占據能態，亦即$E_R^{\circ} \approx E_{O,comp}^{\circ}$，因此反應將會大幅改變。

假定兩個錯合步驟達到平衡，將使：

$$\frac{c_{R-L}}{c_L c_R} = \exp(\frac{-\Delta G_R^{comp}}{kT}) \tag{4.253}$$

$$\frac{c_{O-L}}{c_L c_O} = \exp(\frac{-\Delta G_O^{comp}}{kT}) \tag{4.254}$$

在金屬電極上，仿造水合離子的現象，錯合物的氧化電流密度i_{comp}^+可表示爲：

$$i_{comp}^+ = nFk^{\circ}c_{R-L} \exp\left(-\frac{(E_F - E_{R,comp}^{\circ})^2}{4kT\lambda_{comp}}\right) \tag{4.255}$$

其中E_F是電極的Fermi能階，λ_{comp}是配位基導致的重組能，並假設O與L和R與L重組所需的能量相同，使得$\lambda_{comp} = E_F^{\circ} - E_{R,comp}^{\circ} = E_{O,comp}^{\circ} - E_F^{\circ}$。若已知金屬電極上水合的重組能爲$\lambda_{aq}$，可定義水合離子的氧化電流密度爲$i_{aq}^+$爲：

$$i_{aq}^+ = nFk^{\circ}c_R \exp\left(-\frac{(E_F - E_R^{\circ})^2}{4kT\lambda_{aq}}\right) \tag{4.256}$$

其中$E_R^{\circ} = E_F^{\circ} - \lambda_{aq}$。故使得：

$$\frac{i^+_{comp}}{i^+_{aq}} = c_L \exp\left(-\frac{\Delta G^{comp}_R}{kT}\right) \exp\left(\frac{(E_F - E^\circ_{R,comp})^2}{4kT\lambda_{comp}} - \frac{(E_F - E^\circ_R)^2}{4kT\lambda_{aq}}\right) \tag{4.257}$$

由此可知，增加配位基的濃度時，電流密度將會提升。而且對於$E_F > E^\circ_R$的情形，氧化反應原本難以發生，但經由錯合作用，可能使$E^\circ_{R,comp} > E_F$，代表氧化反應易於發生，如圖4-49所示。從施加電位的角度，原本的氧化反應需要較高的正向過電位，但在錯合作用下，發生反應的正向過電位可以減少。

　　錯合作用的效應在半導體電極上更為顯著，因為這種電極是透過能帶邊緣來進行電子轉移。例如半導體表面導帶邊緣能階高於溶液側已占據能態的情形下，亦即$E^s_c > E^\circ_R$，氧化反應根本難以發生，但經由錯合作用來提升溶液側已占據能態後，使得$E^\circ_{R,comp} > E^s_c$，則氧化反應得以發生，如圖4-49所示。相同地，對於經由價帶轉移電洞的反應，我們也可發現錯合作用平移溶液側的能態分布後，將會改變反應的可能性。

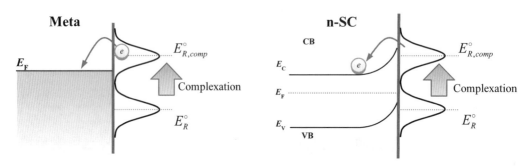

圖4-49　金屬與半導體上之錯合作用

　　描述外層電子轉移的錯合模型也可運用在內層（inner-sphere）電子轉移的吸附模型。當離子直接吸附在金屬電極表面時，會有部分水分子脫離中心離子，故使得水合離子的電子能階產生平移。藉由類似的方法，水合離子的Fermi能階平移可表示為：

$$F(E^\circ_{F,ad} - E^\circ_F) = -e(\Delta G^{ad}_O - \Delta G^{ad}_R) \tag{4.258}$$

其中$E^\circ_{F,ad}$是平移後的Fermi能階，ΔG^{ad}_O與ΔG^{ad}_R分別是O與R對電極的吸附自由能變化。由此可知，若O對電極的吸附能力大於R對電極，亦即$-\Delta G^{ad}_O > -\Delta G^{ad}_R$，將使$E^\circ_{F,ad}$被提升。相反地，若O對電極的吸附能力小於R對電極，亦

即 $-\Delta G_O^{ad} > -\Delta G_R^{ad}$，將使 $E_{F,ad}^{\circ}$ 被降低。

再者，由於接觸性吸附會降低重組能，亦即吸附時的重組能 $\lambda_{ad} < \lambda_{aq}$，故使溶液側的未占據能態和已占據能態變得更接近。此外，接觸性吸附還會促使吸附物的外圍電子軌域與電極表面的軌域重疊，可增加Helmholtz層的電場強度，故能有效提升電極表面的反應物濃度。因為電子從電極到水合離子的穿隧距離約為1.5 nm，在0.1 M下可供電子穿隧的有效反應物之表面濃度約為 10^{17} m^{-2}，而在相同情形下藉由接觸性吸附的有效表面濃度約為 10^{19} m^{-2}，所以接觸性吸附的反應速率應該比較快，反應電流密度比較大。當水合離子的已占據能態比半導體電極的導帶還低時，氧化反應的可能性極小，但是透過吸附，可以提高已占據能態，此時即可注入電子到電極內而發生氧化反應。

4-4-4 電結晶與鈍化

在電鍍工業或電解冶金工業中，都會牽涉從電解液析出金屬的過程，此即電沉積程序（electrodeposition）。在沉積的期間，會依序經歷反應物質傳、前置轉換、電子轉移、成核（nucleation）、晶核成長與成膜的步驟，其中電子轉移、成核與晶核成長可合稱為電結晶（electrocrystallization）。金屬的電結晶可以發生在其他材料上，也可以發生在前一次形成的金屬薄膜上，但這些底材都必須具有導電性，以扮演陰極。若在其他材料上結晶，新相與底材的結合力可能比同質材料更強，使析出反應得以發生在正於平衡電位的情形，此現象稱為欠電位沉積（underpotential deposition），但沉積物累積一個原子層之後，即成為同質材料連接，無法在更正的電位下沉積。例如將Ag置入含有 Pb^{2+} 的溶液中，即可在正於 Pb/Pb^{2+} 的平衡電位下，沉積出一到三個Pb原子層，但之後若欲繼續沉積Pb，則需將電極電位調整至負於 Pb/Pb^{2+} 平衡電位的數值，才能有效鍍膜，因此後段的程序稱為過電位沉積（overpotential deposition）。

由於各種產品的需求不同，故對結晶物的要求亦不同，例如在電解精煉程序中希望得到具有附著力且結構緻密的薄膜，在電解製取金屬粉末的程序中，則希望得到鬆散或粒狀的沉積物，所以電結晶的操作條件會依產品而變化。此外，除了起始條件的設定外，因為電沉積過程中持續在電極表面產生新的晶體

相，改變了表面型態，使其動力學更爲複雜。因此，電結晶的動力學必須同時考慮電子轉移與結晶的行爲。

　　然而，在進行電結晶之前，反應物必須經過質傳程序才能從溶液的主體區接近電極界面，這些現象會在第五章中詳述。此外，到達電極表面附近後，金屬離子還必須經歷前置轉換，才能接收電極傳遞的電子。對於水合離子，主要的前置轉換是部分水分子的脫離，脫離後金屬離子得以吸附在電極上。對於金屬錯合物，也必須脫離部分配位基（ligand），使配位數降低，才能進行後續的電子轉移，但有些配位基可以扮演電子傳遞的橋梁，反而可以使金屬還原的活化能降低，例如NH_3或CN^-都有此功用。再者，發生電子轉移的物種，也不一定是原本的錯合物，例如在NaCN和NaOH中進行Zn的電沉積時，會先發生配位基的轉換，再降低配位數，才轉移電子，形成表面吸附物之後，將會擴散進入晶格，使晶體成長，其步驟可表示爲：

$$Zn(CN)_4^{2-} + 4OH^- \rightleftharpoons Zn(OH)_4^{2-} + 4CN^- \tag{4.259}$$

$$Zn(OH)_4^{2-} \rightleftharpoons Zn(OH)_2 + 2OH^- \tag{4.260}$$

$$Zn(OH)_2 + 2e^- \rightleftharpoons Zn(OH)_{2\ (ad)}^{2-} \tag{4.261}$$

$$Zn(OH)_{2\ (ad)}^{2-} \rightleftharpoons Zn_{(lattice)} + 2OH^- \tag{4.262}$$

其中(4.259)式代表Zn的配位基從CN^-轉換成OH^-，$Zn(OH)_{2\ (ad)}^{2-}$是指吸附物，$Zn_{(lattice)}$是指晶格原子。

　　進行金屬電結晶時，可細分成幾個步驟，首先是陽離子還原而形成吸附原子（adatom）或吸附離子，如同(4.261)式中的$Zn(OH)_{2\ (ad)}^{2-}$，這些吸附物會在電極表面上擴散到合適的位置，遷移之中還會逐漸脫離水合層。對於理想的結晶過程，吸附原子停駐的位置將隨底材形貌而有多種選擇。例如底材表面上常見的形貌包括表面空位（vacancy）、邊緣空位（edge vacancy）、扭結位置（kink）和台階邊緣位置（step edge），如表2-1所示。假設水合離子的內層有6個水分子包圍著陽離子，當吸附原子在某個平台（terrace）上形成時，它可能只與底層的一個原子鍵結，其他方向則仍被水分子包圍。若吸附原子停留在邊緣位置時，它可能與底層和側邊的兩個原子鍵結，代表從平台移至台階邊緣的過程中必須脫去一個水分子。若吸附原子停留在扭結位置時，它可能與一個底層原子和兩個側向的原子鍵結，亦即共有三個原子與其鍵結，代表從邊緣

位置移至扭結位置的過程中又需脫去一個水分子。若吸附原子停留在邊緣空位時，它可能與一個底層原子和三個側向的原子鍵結，亦即共有四個原子與其鍵結，所以填入邊緣空缺比進入扭結位置需要多脫離一個水分子。若吸附原子從平台填入表面空位時，將會與一個底層原子和四個側向的原子鍵結，亦即只留著上方連結的水分子。上述鍵結情形顯示，從附著與自由表面到填入表面空位，金屬原子必須逐漸脫離水合層，所需活化能則逐步提高，代表從外界給予足夠的能量才能產生良好的結晶物。經過歸納，影響電結晶動力學的關鍵因素有四項，分別為還原過電位、電雙層結構、金屬成核與晶粒成長，四項因素又會彼此影響。

　　還原過電位是析出金屬的基本驅動力，因為電極與溶液的界面必須擁有足夠的電壓才能克服反應活化能與表面的濃度差。對於克服活化能的過程，可使用交換電流密度i_0來探討。在水溶液中可進行電沉積的金屬大致可分成三類，第一類是i_0較大的金屬，例如Pb、Cd或Sn，其值約在$10^{-3}\sim10^{-1}$ A/cm^{2}之間，還原反應容易進行，外加能量主要用於克服濃度過電位或結晶程序；第二類是i_0中等的金屬，例如Bi、Cu或Zn，其值約在$10^{-4}\sim10^{-6}$ A/cm^{2}之間；第三類是i_0較小的金屬，例如Fe、Co或Ni，其值約在$10^{-7}\sim10^{-9}$ A/cm^{2}之間，所以電子轉移慢於吸附物在表面的遷移，其動力學可用Butler-Volmer方程式描述。

　　再者，陰極的極化還必須超過某種程度才能使晶核穩定生成，否則結晶物會再溶解而回到溶液中，這種穩定生成的狀態代表晶核必須超過某個最小尺寸。當極化程度增大時，成核的最小尺寸將可減小，而且此時的電流密度會提升，使得小晶核的生成數量增多，晶粒將變得細緻。晶粒的尺寸通常會隨晶體成長的速率而變，當晶體成長的速率大於晶核生成的速率時，晶粒的尺寸較大；反之，當晶體成長的速率小於晶核生成的速率時，晶粒的尺寸則較小。一般而言，晶體成長所需能量比晶核生成的能量小，所以使用定電流模式進行電結晶時，初期所需的過電位較偏負，待晶核生成後，所需過電位會稍微往正向偏移，因為後續的成長需要較少能量。當生成的晶核較小時，總表面積較大，所以表面能較高，溶解的趨勢也較強，除非有更多的外部能量輸入，因此每一個外加電位都會對應一個最小晶核尺寸，當過電位愈偏負，愈小的晶核得以穩定存在而不溶解，同時晶核生成速率愈大，即使經過成長後，每顆晶粒的尺寸仍都較小，最終能得到較細緻的沉積物。然而，太高的過電位則會導致海綿狀

或樹枝狀結晶，致使沉積物的結構鬆散，附著力不足。因此，控制陰極的過電位對電結晶具有關鍵性的影響。

　　對於金屬成核，可分為二維成核模式與三維成核模式，如圖4-50所示，前者是指沿著底層形成片狀物，後者則可往底材上方延伸而成為柱狀物或半球狀物。在實際的電極表面上，幾乎無法出現大面積的完美晶面，表面多半充滿了突起、空缺、錯位或台階等缺陷，但這些缺陷也會扮演成核的活性位置。若將成核視為一種隨時間發展的程序，成核的速率常數為k，則表面核點數量N可簡略表示為：

$$N = N_0[1 - \exp(-kt)] \tag{4.263}$$

其中N_0代表核點的最大數量，可視為活性位置的總量。若速率常數k很小，在成核的初期，核點數量可近似為隨著時間線性增加，亦即$N=N_0kt$，故可稱為連續成核（progressive nucleation）模式；若速率常數k很大，在成核的初期，核點數量即已到達極限值，亦即$N=N_0$，則可稱為瞬時成核（instanta-neous nucleation）模式，這兩種情形將會導致不同的電沉積速率。在核點穩定生成後，將進入晶體成長階段。成長的前期是由各晶核往側向延伸，之後則會出現晶核成長區的重疊，因而導致多種複雜的結構。因此，後續將介紹幾種簡化型的電結晶理論，結合成核與成長模型即可描述電沉積中電流對過電位的關係，亦即電結晶的動力學行為。

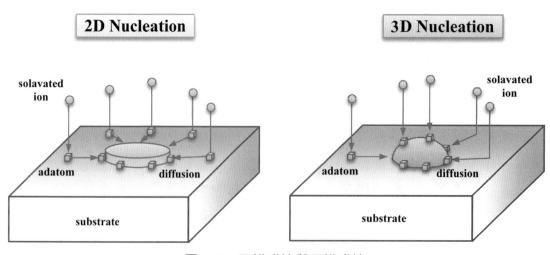

圖4-50　二維成核與三維成核

在1920年代，德國研究者Kossell和Volmer首先提出了完美晶面上的電結晶理論，主要用來描述二維晶核的生成速率與最小尺寸對過電位的關係。在晶核產生的過程中，主要分成電子轉移與新相生成兩步驟，但前者會釋放能量，後者則需吸收能量。考慮一種圓片形的晶核生成於電極表面，其自由能變化可表示為：

$$\Delta G = \frac{\rho}{M}(\pi r^2 h)(nF\eta_c) + (2\pi rh + \pi r^2)\sigma_1 + \pi r^2 \sigma_2 - \pi r^2 \sigma_3 \qquad (4.264)$$

其中ρ與M是析出金屬的密度與分子量，r和h是圓片形晶核的半徑與厚度，σ_1、σ_2與σ_3則分別是金屬對溶液、金屬對底材與底材對溶液的界面張力，而n和η_c則為金屬還原反應所需電子數和過電位，且已知$\eta_c<0$。從(4.264)式中可發現，半徑r較小時，可能使$\Delta G>0$，因為小晶核易於溶解，故難以穩定存在；但當r較大時，$\Delta G<0$，使晶核產生成為自發性程序。由於ΔG會隨著r先增大再減小，故定義自由能達到最大值ΔG_c的晶粒尺寸為臨界半徑r_c，用以作為晶核穩定生成的標準。由$\frac{\partial \Delta G}{\partial r}=0$可得：

$$r_c = \frac{h\sigma_1}{-\frac{\rho}{M}h(nF\eta_c) - (\sigma_1 + \sigma_2 - \sigma_3)} \qquad (4.265)$$

$$\Delta G_c = \frac{-\pi h^2 \sigma_1^2}{\frac{\rho}{M}h(nF\eta_c) + (\sigma_1 + \sigma_2 - \sigma_3)} \qquad (4.266)$$

若陰極過電位足夠負時，可使$-\frac{\rho}{M}h(nF\eta_c) \gg (\sigma_1 + \sigma_2 - \sigma_3)$，則$\Delta G_c$可近似為：

$$\Delta G_c = -\frac{\pi h \sigma_1^2 M}{\rho nF\eta_c} \qquad (4.267)$$

當沉積物已經蓋滿底材時，可發現$\sigma_1=\sigma_3$且$\sigma_2=0$，此時的ΔG_c與(4.267)式相同。若以類似Arrhenius方程式的模式建立能量變化與成核速率R_n的關係，則可表示為：

$$R_n = A\exp(\frac{\Delta G_c}{RT}) = A\exp(-\frac{k_{n2}}{\eta_c}) \qquad (4.268)$$

其中$k_{n2} = \frac{\pi h \sigma_1^2 M}{\rho nFRT}$。因此可知，陰極過電位$\eta_c$的量愈大，成核速率$R_n$愈大，且臨

界尺寸r_c愈小，使結晶物愈細緻；反之，陰極過電位η_c的量愈小，結晶物則顯得粗大。

對於三維成核的情形，則可假設在電極上出現半球狀核點，其自由能ΔG為：

$$\Delta G = \frac{2\pi r^3 \rho}{3M}(nF\eta_c) + 2\pi r^2 \sigma_1 + \pi r^2(\sigma_2 - \sigma_3) \tag{4.269}$$

其中r為半球核點的半徑。相似地，當ΔG具有最大值時，可定義臨界半徑r_c與臨界自由能ΔG_c：

$$r_c = -\frac{M(2\sigma_1 + \sigma_2 - \sigma_3)}{\rho nF\eta_c} \tag{4.270}$$

$$\Delta G_c = \frac{\pi M^2(2\sigma_1 + \sigma_2 - \sigma_3)^3}{3(\rho nF\eta_c)^2} \tag{4.271}$$

所以成核速率R_n可表示為：

$$R_n = A\exp(\frac{\Delta G_c}{RT}) = A\exp(-\frac{k_{n3}}{\eta_c^2}) \tag{4.272}$$

其中$k_{n3} = -\frac{\pi M^2(2\sigma_1 + \sigma_2 - \sigma_3)^3}{3RT(\rho nF)^2}$。若成核過程是電沉積的速率決定步驟，則其速率將正比於沉積速率，也正比於電流密度i，所以在二維成核模型中，將會發現$\ln i$與$\frac{1}{\eta_c}$成線性關係；在三維成核模型中，$\ln i$則與$\frac{1}{\eta_c^2}$成線性關係。

另一方面，除了成核需要外部能量，吸附原子進入晶格位置也需要能量。假設平衡時吸附原子的濃度為c_{ad}°，但往負向多施加過電位η_d後，可使表面的吸附原子濃度提升到c_{ad}，這三者的關係可類比濃度過電位而表示成：

$$\eta_d = -\frac{RT}{nF}\ln(\frac{c_{ad}}{c_{ad}^\circ}) \tag{4.273}$$

其中$c_{ad} > c_{ad}^\circ$且$\eta_d < 0$。若電子轉移與吸附原子擴散共同控制電結晶程序時，電流密度可表示為：

$$i = i_0\left[\frac{c_{max} - c_{ad}}{c_{max} - c_{ad}^\circ}\exp(-\frac{\alpha nF\eta}{RT}) - \frac{c_{ad}}{c_{ad}^\circ}\exp(\frac{\beta nF\eta}{RT})\right] \tag{4.274}$$

其中c_{max}是表面被吸附原子完全覆蓋時的濃度，所以$(c_{max}-c_{ad})$可視為表面還可以再吸附的濃度，而等式右側第二項則表示吸附原子的溶解。當施加的過電位很小時，$c_{ad} \ll c_{max}$且$c_{ad} \approx c_{ad}^{\circ}$，可得到：

$$\eta = -\frac{RT}{nF}\left(\frac{i}{i_0} + \frac{c_{ad} - c_{ad}^{\circ}}{c_{ad}^{\circ}} \right) \tag{4.275}$$

等式右側的第一項說明了電子轉移的過電壓η_{ct}，第二項則是表面擴散的過電壓η_d，從(4.273)式也可得到相同的結果。通常在較低的過電位下，η_d較重要，由表面擴散控制電結晶程序；但在足夠高的過電位下，η_{ct}則較顯著，使電子轉移控制電結晶程序。

　　在電雙層中，若有離子或分子吸附於電極界面，必然會大幅影響金屬析出的速率，也會改變析出的位置，由此再影響電結晶的結構，進而改變鍍層的性質，因此在電鍍程序中常會使用特殊添加劑，藉由其吸附現象來改變鍍物品質。這些有機添加劑中常含有O、S或N原子，例如硫脲（thiourea）是尿素中的氧被硫取代而形成的化合物，會以特性吸附的方式改變電雙層結構，加大極化程度，故可使鍍物的晶粒變得細緻。

　　此外，晶粒成長的模式與鍍物品質密切相關，因為底層的型態會導致不同結構的鍍物，尤其底層無法避免缺陷出現。常見的缺陷包括空洞、台階或錯位，如圖4-51所示，而這些缺陷又會改變結晶的發展過程。但在平整的表面上，晶體成長的模式可簡化為兩類，第一類是層狀成長（layer growth），第二類是三維成長（3D growth）。前者是指晶體沿著表面的四周擴展，直至表面被覆蓋，之後再進行下一層成長。在層狀成長模式中，台階是基本的表面構造，且此台階可以只有單原子的高度，也可以擁有多原子的高度，進行成長時相當於台階往其垂直方向推進。但當底層表面存在錯位的台階時，如圖4-51(E)所示，後續的吸附原子會傾向擴散至台階邊緣，較少產生新的晶核，不斷沉積後將使台階向前推進。若台階有一個端點，則台階將出現螺旋式推進，但不會消失，持續進行後將使表面升高一個原子層的高度，形成層狀或塔狀結晶物。但當底材表面不只出現一條錯位的台階時，將使結晶過程變得複雜，因為吸附原子會先擴散至某些台階，使得各台階螺旋成長的速率不同，甚至旋轉方向也不同。

在三維成長模式中，晶核本身就是三維物體，待眾多晶核成長後，彼此會接觸而合併，接著再成為網絡，最終再補滿空隙而成為連續體。成長的過程中，當表面已充滿許多微小的晶粒後，側向成長的速率將會明顯小於縱向成長速率，所以晶體較易朝縱向延伸而形成柱狀結構，但相鄰的柱狀晶體會彼此競爭空間，其中以表面能較低者擁有較快的成長速率。

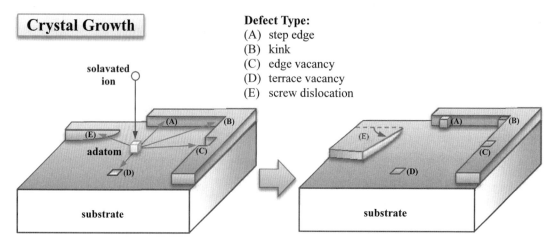

圖4-51　晶體成長與表面缺陷

無論晶體成長屬於何種模式，皆必須與成核程序競爭能量，因此陰極過電位的大小會影響能量的分配，致使沉積物的結構受到改變。理論上，成核速率愈大，沉積物的晶粒愈細緻；沿著底材表面的晶體成長速率愈大，較可能得到平整的鍍層；垂直於底材的晶體成長速率愈大，則較容易得到纖維狀或柱狀的鍍物。實務上，欲得到緻密的沉積物，必須提高過電位，亦即增大電流密度，但需注意質傳限制與副反應的問題。因為過電位超過某種程度時，表面的陽離子濃度不足，將會引導晶體往溶液主體區成長，以克服後續反應的濃度過電位，因而導致樹枝狀的沉積物。再者，過電位升高後，H^+還原成H_2的可能性增大，一方面消耗了施加能量，一方面又會產生OH^-，進而導致某些金屬陽離子形成沉澱物，破壞了沉積品質。

當金屬電極的表面覆蓋一層導電性較差的薄膜時，則會出現不一樣的反應情形，例如半導體或金屬的表面沉積上氧化物。如果此薄膜的厚度僅有1~2 nm，則電子仍可輕易地穿隧到溶液側，不受此薄膜的影響。但若薄膜的厚度

大於2 nm時，主要參與反應的物質將變成溶液與覆蓋的薄膜，也就是電子轉移將發生在薄膜與溶液的界面上。

對於覆蓋膜極薄的情形，其效應僅止於阻礙電子穿隧。以還原反應為例，其電流密度可表示為：

$$i^- = \int_{-\infty}^{\infty} \varepsilon(E) f(E) \rho(E) D_O(E) dE$$
$$\approx nFk^\circ c_O \int_{-\infty}^{E_F} \omega(E) f(E) \rho(E) \exp\left(-\frac{(E - E_F^\circ - \lambda)^2}{4kT\lambda}\right) dE \tag{4.276}$$

其中的$\omega(E)$是指在電子能階E的穿隧機率，通常與所穿隧的距離d和能障ΔE_b有關，可表示為：

$$\omega(E) = \exp\left(-\frac{2d\sqrt{2m_e \Delta E_b}}{\hbar}\right) \tag{4.277}$$

一般而言，若薄膜有15個原子層時，厚度約為2 nm，會形成0.1 eV的能障，故允許電子穿隧的機率為1%。若不考慮穿隧機率，隨著電子能階E，金屬電極有無覆膜其實擁有相似的行為，唯有覆膜者的電流密度較無膜者低一些。從實驗可證實，Pt表面上覆蓋一層非常薄的PtO時，在定電位下，電流的對數值會與PtO的厚度成線性關係，亦即$\ln i^- \propto d$，符合(4.277)式的估計。

以上是針對外層電子轉移時的情形，但對於內層電子轉移，也就是透過吸附中間物進行反應時，有覆蓋薄膜的金屬電極可能會出現比純金屬電極更高的電流密度，因為所覆蓋的薄膜可能扮演觸媒的角色，促進電子轉移的發生。Pt表面上覆蓋一層薄的PtO時，可以催化CO氧化成CO_2，但當PtO的厚度增加時，氧化電流密度反而會下降。

當覆膜的厚度增加時，因為電子穿隧困難，所以薄膜內的電子能階將會影響電子轉移，而表面發生的反應將由覆膜與溶液的能態分布來決定。假設薄膜與金屬可形成歐姆接觸，但與溶液處的界面處會形成空間電荷區，則在溶液側發生反應時，有三種載子轉移的途徑。如圖4-52所示，第一種是從表面導帶邊緣E_c^s傳遞電子，第二種是由價帶邊緣E_v^s傳遞電洞，第三種則是載子從溶液側直接穿隧到空間電荷區的內部。

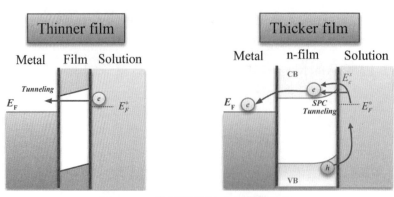

圖4-52　金屬電極上之覆膜效應

　　相反地，對於覆膜非常薄的金屬電極，在薄膜的能隙中仍有電子轉移，且於金屬的Fermi能階處出現最大電流密度；而對於覆膜較厚的金屬電極，電流僅出現在導帶與價帶附近。例如在Nb電極上，若覆蓋了一層12 nm厚的n型Nb_2O_5，已知其能隙為5.3 eV，電極置入pH 4.6的 0.25 M $Fe(CN)_6^{3-/4-}$後，在室溫下可測得$\alpha=0$的陽極極化曲線，以及$\alpha=1$的陰極極化曲線，此結果符合n型半導體電極的特性，也代表沒有從金屬直接穿隧到溶液的電流。

　　又例如Sn的表面以陽極氧化的方式可形成厚度低於2.5 nm的n型SnO_2，具有3.7 eV的能隙，當其置入pH 9.1的硼酸緩衝溶液時，由於溶液中含有0.25 M的$Fe(CN)_6^{3-/4-}$，所以可測得在陰極或陽極區都呈現出$\alpha \approx 0.5$的極化曲線，此結果顯示了Sn金屬電極的特性，而非SnO_2半導體的特性，亦即電子直接穿隧了氧化層。但隨著SnO_2的厚度增加後，電流密度會下降。尤其當SnO_2厚度加大到10 nm之後，極化曲線的陽極區呈現出$\alpha<0.5$，代表經由導帶轉移電子的特性，且此現象隨著氧化層增厚而更加明顯，完全掩蓋了電子直接從Sn穿隧到溶液側的現象。若再從中分析交換電流密度i_0，則可發現隨著SnO_2的厚度增大，i_0會下降，代表反應愈難進行。

　　上述的氧化覆膜主要發生在小面積的電極，但在足夠大的電極上，氧化膜的形成類似電鍍膜，只會從表面中的局部區域開始出現，之後才形成疏鬆的多孔結構，再逐漸縮小孔洞。然而，有些氧化膜會成長得比較緻密，足以產生保護底材的作用；有些則維持疏鬆，反而會促進底材的溶解，此即間隙腐蝕現象；有些氧化膜的結構則可加以控制，例如Al基材在特定條件下可在表面生

成具有規律孔洞的Al_2O_3膜，稱為陽極氧化鋁（anodic aluminum oxide，簡稱為AAO），膜中的孔洞筆直、尺寸固定，且以六角形的規則均勻分布，其分布密度和孔徑可藉由製程參數而調整，前者的範圍約從每1 cm^2中包含10^9個到10^{12}個孔洞，後者則可能從10 nm到300 nm。製造AAO時，必須將Al置入硫酸、磷酸或草酸中電解，藉由陽極氧化作用，即可產生筆直的孔道。所得到的AAO可作為模板，利用轉印技術即能製作出規則排列的奈米材料。

多數的金屬放置於水溶液後無法處於熱力學穩定的狀態，尤其溶液偏向酸性或含有O_2時，更易導致金屬氧化。但有一些金屬雖然也會氧化，速率卻很慢，例如Fe、Al、Cr、Ni或Ti等，這種相對穩定的狀態可稱為鈍化，此現象有助於金屬提升實用性。使金屬進入鈍化狀態的方法可分為兩種，其一為自然鈍化，另一為強制鈍化，後者又可以再分成陽極極化與添加氧化劑兩類。欲探討鈍化現象的動力學，可藉由慢速的電位掃描法得到如圖4-53所示之電流密度對電位的曲線。圖中的陽極電流密度曲線可區分為四個區域，陰極電流密度曲線則是指溶液中分別含有O1、O2、O3或O4幾種氧化劑。如前所述，水溶液中最常見的氧化劑為H^+和O_2，但欲強制金屬進入鈍化狀態，則可加入Fe^{3+}、$Cr_2O_7^{2-}$、MnO_4^-或Ce^{4+}等氧化劑，以促使表面生成氧化膜，此處僅以四種特性不同的氧化劑代號來說明鈍化現象。

對浸泡於水中的金屬施加陽極過電位時，可在$\mathcal{E}=\mathcal{E}_P$時（A點）得到最大電流密度$i_P$。當金屬位於曲線OA內的電位，將持續溶解而形成陽離子，此時的電極屬於活化（active）狀態，但這些陽離子在電極表面持續累積後，將會發生質傳控制現象，使得電流密度下降，此現象將在5-5-3節中說明。若將陽極過電位繼續加大，則電流密度曲線進入AB段，稱為過活化（trans-active）狀態，此時表面可能附著金屬鹽，也可能出現氧化物，但這些物質的導電性較差，且會減少電極與溶液的接觸面積，因而降低了電流。當電位到達B點時，亦即$\mathcal{E}=\mathcal{E}_F$，電流密度減低至較小的數值，此時表面覆膜的溶解與生成速率相等，即使再增大電位，電流也幾乎維持在小範圍內，代表電極進入鈍化（passive）狀態，此現象會維持到電位上升至C點，亦即$\mathcal{E}=\mathcal{E}_T$時，因為再增高電位將會發現電流開始顯著加大，而後續的CD曲線稱為過鈍化（trans-passive）狀態。B點電位$\mathcal{E}_F$被稱為Flade電位，C點電位$\mathcal{E}_T$被稱為過鈍化電位，這兩個電位不只相關於金屬種類，也會隨著溶液的特性而變。當金屬進入過鈍化狀

態後，常會發現大量O_2在電極表面產生，但也有可能沒有氣泡出現，因為如Cr、Mo或W等金屬擁有多重氧化態，在OA階段先形成低價陽離子，在AB階段形成低價氧化膜，而在CD階段則可形成高價陽離子，使氧化膜溶解。氧化膜溶解時會先形成細孔，在孔口與孔內間出現氧化劑的濃度差，進而促進孔內的溶解並擴大孔洞，此現象稱為孔蝕（pitting corrosion）。

　　另一方面，添加適當的氧化劑於溶液中，也可以促使金屬進入鈍化狀態。如圖4-52所示，所加入的氧化劑O1會與金屬組成平行反應系統。在4-1-4節中曾提及，兩者將會達到混合電位$\mathcal{E}_1$，因為$\mathcal{E}_1$位於活化區，故此時的金屬將可持續溶解，不會進入鈍化狀態，O1也將持續消耗，兩者的電流密度皆等於$|i_1|$。若添加的氧化劑O2具有更偏正的平衡電位$\mathcal{E}_{eq,O2}$，則混合電位$\mathcal{E}_{2a}$也更偏正，且溶解反應的電流密度$|i_2|$更大。若O2的平衡電位$\mathcal{E}_{eq,O2}$超過Flade電位$\mathcal{E}_F$時，還可能出現另一個混合電位$\mathcal{E}_{2b}$，此時的金屬即已進入鈍化狀態。為了能確保金屬在O2的溶液中能夠鈍化，可以先通入數值為$|i_P|$的氧化電流密度，使金屬的極化程度超過$\mathcal{E}_P$，之後金屬的電位即可逐漸移向$\mathcal{E}_{2b}$而進入鈍化狀態。若在溶液中添加更強的氧化劑O3，則可得到唯一的混合電位$\mathcal{E}_3$，且能確定落在鈍化區內。若添加的氧化劑O4擁有更偏正的平衡電位，將可能導致落在過鈍化區內的混合電位$\mathcal{E}_4$，導致表面溶解或孔蝕，還可能引起氣泡生成。總結以上，若添加的氧化劑可以導致金屬的自發性鈍化，至少必須滿足兩個條件：

　　1.氧化劑的平衡電位$\mathcal{E}_{eq,O}>\mathcal{E}_F$；

　　2.在電位$\mathcal{E}=\mathcal{E}_P$時，氧化劑的還原電流密度$i_c>|i_P|$。

　　所以在上述各情形中，只有O3和O4符合這兩個條件，但加入O4卻會進入過鈍化區。

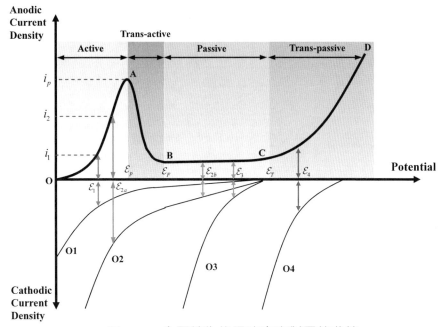

圖4-53　金屬鈍化的電流密度對電位曲線

現今製造積體電路（IC）的過程中，已經廣泛使用了雙鑲嵌銅製程（dual damascene copper process），其中有一個重要步驟稱爲化學機械研磨（chemical-mechanical polishing，簡稱爲CMP），可將覆蓋於晶圓表面的Cu平坦化。由於CMP所用的研磨漿料中含有氧化劑，故可先鈍化Cu表面，再透過高硬度的研磨粒子刮除鈍化層，使新的金屬表面露出，之後再度鈍化並刮除突起處，周而復始地操作後，最終可達到全面性的平坦。研磨漿中最常使用的成分是85 wt%的H_3PO_4，所生成的鈍化層可能是Cu_2O，也可能是磷酸鹽。已發表的研究曾提出兩種鈍化機制，其一稱爲鹽膜（salt film）模型，另一稱爲受體（acceptor）模型。前者是指Cu溶解後形成Cu^{2+}，這些陽離子逐漸累積在電極表面後，最後會與磷酸根產生磷酸鹽而沉澱，可能的鹽類形式爲$(Cu^{2+})_x(H_2PO_4^-)_y$。此時電極表面的Cu^{2+}濃度已達溶解度之上限，即使加大陽極極化的程度，其擴散速率仍無法提升，不但使Cu的溶解程序受限，也同時令表面鈍化。然而，有些研究者認爲此鹽膜並不存在，電極表面只會出現高電阻的氧化膜或難流動的黏滯層，因而傾向採納受體模型，這些受體將作爲錯合劑，使吸附在表面的陽離子利於溶解而進入溶液，而最簡單的受體即爲水分子，因

此受體模型即代表Cu^{2+}的水合過程。在濃磷酸中，水分子的比例原已較低，且在電極不斷進行水合後，表面的水分變得更稀少，若欲繼續進行水合程序，則需從主體區輸送水分子至表面，因而導致受體擴散速率限制整體程序的狀況，此時表面吸附物將轉而輔助金屬形成氧化物，與溶解反應競爭，致使電極表面鈍化。

對於Cu的溶解與鈍化，前人曾提出下列反應機構：

$$Cu + H_2O \underset{k_{-1}}{\overset{k_1}{\rightleftharpoons}} (CuOH)_{ad} + H^+ + e^- \tag{4.278}$$

$$(CuOH)_{ad} \underset{k_{-2}}{\overset{k_2}{\rightleftharpoons}} (CuOH^+)_{ad} + e^- \tag{4.279}$$

$$(CuOH^+)_{ad} + H^+ \underset{k_{-3}}{\overset{k_3}{\rightleftharpoons}} (Cu^{2+})_{ad} + H_2O \tag{4.280}$$

$$(Cu^{2+})_{ad} + xH_2O \underset{k_{-4}}{\overset{k_4}{\rightleftharpoons}} (Cu^{2+} \cdot xH_2O)_{aq}^s \tag{4.281}$$

$$(Cu^{2+} \cdot xH_2O)_{aq}^s \overset{k_5}{\longrightarrow} (Cu^{2+} \cdot xH_2O)_{aq}^b \tag{4.282}$$

$$Cu + (CuOH)_{ad} \overset{k_6}{\longrightarrow} (Cu_2O)_{ad} + H^+ + e^- \tag{4.283}$$

$$(Cu_2O)_{ad} \underset{k_{-7}}{\overset{k_7}{\rightleftharpoons}} Cu + (CuO)_{ad} \tag{4.284}$$

$$(CuOH^+)_{ad} \underset{k_{-8}}{\overset{k_8}{\rightleftharpoons}} (CuO)_{ad} + H^+ \tag{4.285}$$

其中的下標ad表示吸附狀態，aq表示水合狀態，而上標s與b則分別代表電極表面與溶液主體區。在一系列的步驟中，以水合過程與Cu^{2+}從表面擴散至主體區的速率最慢，主要的原因是表面的水分子稀少。若以w代表水，1代表Cu^+，2代表Cu^{2+}，3代表H^+，則總電流密度i可以表示為溶解部分與鈍化部分之和。已知受限於擴散的溶解電流密度i_{diss}為：

$$i_{diss} = -\frac{D_2}{\delta}(c_2^s - c_2^b) \tag{4.286}$$

其中的D_2為Cu^{2+}之擴散係數，δ為擴散層厚度，負號代表氧化。同時，水分子從主體區擴散至表面的速率也會限制i_{diss}：

$$i_{diss} = -\frac{D_w}{\delta}(c_w^b - c_w^s) \tag{4.287}$$

但因其他幾個步驟可視為準平衡狀態，使得$c_2^s = k(c_w^s)^x$，其中的k相關於(4.278)式至(4.281)式中的正逆反應之速率常數，所以會受到電位的影響。為了簡化此模型，可先假設$x=1$，實際情形可由此模型擴展。接著結合(4.286)式和(4.287)式可得到：

$$i_{diss} = -\frac{D_w D_2}{\delta(D_w + kD_2)}(kc_w^b - c_2^b) \tag{4.288}$$

當陽極極化程度足夠大時，可發現$D_w \ll kD_2$，且因$kc_w^b \gg c_2^b$，所以$i_{diss} \approx -\frac{D_w}{\delta}c_w^b$，代表電位即使再增加，也無法提高溶解電流，這時可能會引發鹽類沉澱。

再者，(4.283)式是指表面吸附的CuOH將結合內部的Cu原子而成為氧化物，由此導致的鈍化電流密度i_{pass}將正比於CuOH在表面的覆蓋率θ_1：

$$i_{pass} = -k_6\theta_1 \tag{4.289}$$

若表面吸附物符合Langmuir關係，且不考慮Cu_2O後續氧化成CuO的情形，則可得到：

$$\theta_1 = \frac{1}{\left(\dfrac{k_{-1}}{k_1} + \dfrac{k_2 k_3}{k_{-2} k_{-3}}\right)c_3^s} \tag{4.290}$$

當極化程度不高時，$k_{-1}c_3^s \gg k_1$，故分母中的第二項可以忽略而得到$\theta_1 = \dfrac{k_1}{k_{-1}c_3^s}$；若極化程度增大，$\theta_1$會先隨著過電位而提升，但分母中的第二項也將擴大，逐漸與第一項的大小相當，甚至在某個電位後會顯著地超越，反而使第一項足以忽略，使θ_1隨著過電位而降低。從整個過程觀察，可發現θ_1存在著最大值。

結合這兩部分的電流密度後，可再將第j個電化學步驟的速率常數表示成過電位η的函數，亦即$k_j = -i_{0,j}\exp(\dfrac{\beta_j F}{RT}\eta)$與$k_{-j} = i_{0,j}\exp(-\dfrac{\alpha_j F}{RT}\eta)$，其中$i_{0,j}$代表該步驟的交換電流密度，$\alpha_j$與$\beta_j$分別為還原與氧化的轉移係數，且已知$\alpha_j + \beta_j = 1$。於是，可清楚地發現總電流密度$i$隨著過電位$\eta$而變：

$$i_{diss} = \frac{-D_w D_2}{\delta(D_w + K_3 K_4 D_2)}\left[K_3 K_4 c_w^b \exp(\frac{2F\eta}{RT}) - c_2^b\right] \tag{4.291}$$

$$i_{pass} = \frac{-i_{0,6}\exp(\dfrac{\beta_6 F\eta}{RT})}{c_3^s\left[\exp(-\dfrac{F\eta}{RT}) + K_3\exp(\dfrac{F\eta}{RT})\right]} \tag{4.292}$$

$$i = i_{diss} + i_{pass} = f(\eta, c_w^b, c_2^b, c_3^s) \tag{4.293}$$

其中$K_3 = k_3/k_{-3}$，$K_4 = k_4/k_{-4}$，兩者都代表平衡常數。從式(4.291)至(4.293)式所

模擬出的電流密度曲線將會符合圖4-53所顯示的實驗數據關係，此模型可呈現溶解時的電流峰（peak）與鈍化後的電流平台區（plateau）。

　　總結以上，電極除了在陰極極化時可以形成鍍膜，也可能在陽極極化下生成覆膜，兩種現象都可以擴展金屬材料的實用性。以電鍍膜為例，可以帶給工件更美觀或更堅硬的外表；以陽極氧化膜為例，可以增強金屬的抗蝕性，也可以製成介電層或平坦層，以利於應用在電子元件中。

4-4-5 氣體反應與電催化

　　電解水已被認為是主要的氫能源技術，而由鹼氯工業生產氯氣也是重要的化學工業，這兩種程序皆牽涉電極上生成氣體的反應。與4-4-4節的固態薄膜類似，新生成的氣體相覆蓋在電極上，將會影響電極的後續反應。此外，電極本身的特性，也會影響氣體相的產生。常見的電解產生氣體程序中，可得到的產物包括H_2、O_2、Cl_2和CO_2，有時這些氣體是主產物，但有時會是副產物，降低了主反應的產量。因此，探究氣體生成的機制對於控制主產物的生產速率非常重要，以下將以H_2與O_2為例，簡介氣體反應的機制。

　　無論H_2或O_2的反應，都會牽涉吸附程序。研究吸附的方法，可分為線性充電法和循環伏安法。使用線性充電法時，可記錄電量Q對電位$\mathcal{E}$的變化關係，並依此計算微分電容C_d：

$$C_d = \frac{1}{A}\frac{dQ}{d\mathcal{E}} \tag{4.294}$$

其中A是電極的面積。若將白金片浸泡於1 M的HCl溶液中，使得電極上達成H原子的吸附平衡後，可開始施加正向掃描的電位。已吸附H原子的電極表示為M－H，未吸附者表示為M，故正向電位將導致H原子的氧化反應：

$$M\text{-}H \rightleftharpoons H^+ + M + e^- \tag{4.295}$$

如圖4-54所示，電量Q會隨著電位$\mathcal{E}$而增加，代表H原子不斷脫附，因為由此計算的微分電容C_d約在20 F/m^{2}的範圍，比一般的電雙層電容的0.5 F/m^{2}大許多，所以可推斷電量的變化來自於H原子脫附。繼續增大電位後，電量將會進入平緩區，此時H原子幾乎已經全部脫附，微幅增加的電量是由於電雙層的充

電。再加大電位後，電量又開始大幅增加，此時代表水被氧化產生O_2，這些O_2會逐漸吸附在電極上。

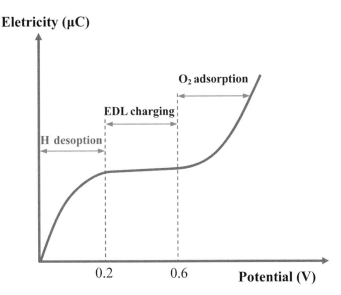

圖4-54　白金電極在酸性溶液中的充電曲線

　　使用循環伏安法探討H_2和O_2的吸附時，常見的方法是將白金片浸泡至0.5 M的H_2SO_4中，電位先朝正向增加，到達某個大於1.0 V的電位後再轉成往負向掃描，如圖4-55所示。首先，在正向掃描時，於0 V(vs. SHE)附近會出現兩個電流峰，代表M－H逐漸進行脫附；之後約在0.4~0.6 V間電流降到很低，表示H已幾乎全部脫附，只進行電雙層充電；之後又再出現很寬的電流峰，代表電解水產生O_2，且伴隨O_2吸附在電極上。待電位以逆向掃描後，將出現O_2的陰極還原峰，但其峰電位與陽極峰電位有顯著差異，代表O_2的氧化生成與還原消耗屬於不可逆反應，主要原因是電極吸附的含氧物種不只有O_2，可能還有O、OH、OH^-、O^{2-}或O_2^-、H_2O_2、HO_2^-或HO_2等，情形非常複雜。然而，待電位降低，又在0.4～0.8 V間出現電雙層充電現象，之後則為H_2被還原出，且逐漸吸附在電極上，從中可發現兩個H相關的還原峰與兩個氧化峰的電位幾乎一致，代表H的吸附幾乎屬於可逆反應。

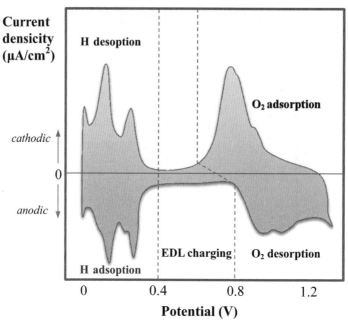

圖4-55　白金電極在酸性溶液中的充電曲線

　　在酸性溶液中，若要在金屬上電解產生H_2，則需透過H^+的還原與吸附，以形成$M-H$，之後兩個相鄰的$M-H$經歷複合而成為H_2，最後再從金屬脫附。整個程序可分成兩個步驟：

$$H^+ + M + e^- \rightleftharpoons \text{M-H} \qquad\qquad (4.296)$$

$$2\text{M-H} \rightleftharpoons H_2 + 2M \qquad\qquad (4.297)$$

然而，金屬表面出現$M-H$後，也可以和另一個H^+進行還原反應，直接產生H_2再脫附，因此第二步驟可成為：

$$\text{M-H} + H^+ + e^- \rightleftharpoons H_2 + M \qquad\qquad (4.298)$$

若(4.296)式是產生H_2的速率決定步驟，則程序的速率r可表示為：

$$r = k_1 c_{H^+} (1-\theta) \qquad\qquad (4.299)$$

其中k_1是對應的速率常數，c_{H^+}是H^+的濃度，θ是吸附H的覆蓋率，介於0和1之間。換言之，$(1-\theta)$是未覆蓋H的表面比率。利用Faraday電解定律，(4.299)式可轉換成電流密度i，且當覆蓋率不高時，電流密度i將表示為：

$$i = Fk_1 c_{\mathrm{H}^+} = Fk_1^\circ c_{\mathrm{H}^+} \exp\left(-\frac{\alpha_1 F\eta}{RT}\right) \tag{4.300}$$

其中k_1°是標準速率常數，α_1是轉移係數，約為0.5。將(4.300)式轉成對數表示法之後，即可得到Tafel公式，且在25℃下，可得到Tafel斜率為118 mV。

但若(4.297)式才是速率決定步驟時，H^+的還原速率遠快於第二步驟，使其接近可逆狀態，故正逆反應的速率相等，可表示為：

$$k_{1f} c_{\mathrm{H}^+} (1-\theta) = k_{1b}\theta \tag{4.301}$$

其中k_{1f}和k_{1b}分別為正向與逆向反應的速率常數。相似地，當電極被施加過電位η時，(4.301)式可再轉變成：

$$k_{1f}^\circ c_{\mathrm{H}^+} (1-\theta) \exp\left(\frac{-\alpha_1 F\eta}{RT}\right) = k_{1b}^\circ \theta \exp\left(\frac{(1-\alpha_1)F\eta}{RT}\right) \tag{4.302}$$

其中k_{1f}°和k_{1b}°分別為正向與逆向反應的標準速率常數。由(4.302)式可以計算出覆蓋率θ：

$$\theta = \frac{\dfrac{k_{1f}^\circ}{k_{1b}^\circ} c_{\mathrm{H}^+} \exp\left(-\dfrac{F\eta}{RT}\right)}{1 + \dfrac{k_{1f}^\circ}{k_{1b}^\circ} c_{\mathrm{H}^+} \exp\left(-\dfrac{F\eta}{RT}\right)} \tag{4.303}$$

若過電位足夠大時，覆蓋率θ可趨近於：

$$\theta = \frac{k_{1f}^\circ}{k_{1b}^\circ} c_{\mathrm{H}^+} \exp\left(-\frac{F\eta}{RT}\right) \tag{4.304}$$

因為(4.297)式是最慢步驟，故整體程序的速率r必須由此步驟的正反應速率來決定，亦即：

$$r = k_2 \theta^2 = k_2 \left[\frac{k_{1f}^\circ}{k_{1b}^\circ} c_{\mathrm{H}^+} \exp\left(-\frac{F\eta}{RT}\right)\right]^2 \tag{4.305}$$

轉換成電流密度後可表示為：

$$i = 2Fk_2 \left[\frac{k_{1f}^\circ}{k_{1b}^\circ} c_{\mathrm{H}^+}\right]^2 \exp\left(-\frac{2F\eta}{RT}\right) \tag{4.306}$$

相似地，將(4.306)式轉成對數表示法之後，也可得到Tafel公式，並在25℃下，得到Tafel斜率為29.5 mV。

若考慮(4.298)式是速率決定步驟時，整體程序的速率r可表示為：

$$r = k_3 c_{H^+} \theta \tag{4.307}$$

其中k_3為對應的速率常數，會隨過電位而變。在足夠的過電位下，可使覆蓋率θ趨近於(4.304)式，且可將反應速率轉換為電流密度i而得到：

$$i = Fk_3^\circ \left(\frac{k_{1f}^\circ}{k_{1b}^\circ} \right) c_{H^+}^2 \exp\left(-\frac{(1+\alpha_3)F\eta}{RT} \right) \tag{4.308}$$

其中k_3°是標準速率常數，α_3是轉移係數，可假設為0.5，這使得Tafel斜率約為40 mV。但當過電位更高時，(4.296)式的逆反應可以忽略，代表$\theta \to 1$，使得電流密度i成為：

$$i = Fk_3^\circ c_{H^+} \exp\left(-\frac{\alpha_3 F\eta}{RT} \right) \tag{4.309}$$

當α_3約為0.5時，Tafel斜率為118 mV。

因此，藉由Tafel斜率或H^+濃度的反應級數，可以推測H吸附的反應機制，對於鹼性溶液也能使用類似的方法。然而，在不同的電極材料上，H的吸附現象略有差異，例如在Hg電極上，可測得Tafel斜率為118 mV，代表(4.296)式為其速率決定步驟，覆蓋率θ不高；但在Ni或Fe上，覆蓋率θ較高，吸附的H可能往電極內部擴散，(4.297)式可能是速率決定步驟，但整體程序更可能是由反應與擴散混合控制；在平滑的Pt或Pd上，當極化程度不大時，(4.297)式是速率決定步驟，但極化程度較大時，(4.298)式則成為速率決定步驟。

表4-10中整理了生成H_2的三種速率決定步驟與Tafel斜率間的關係。

表4-10　生成H_2的速率決定步驟與Tafel斜率之關係

反應機構	速率決定步驟	過電位範圍	Tafel斜率	H^+之反應級數
(4.296)→(4.297)	(4.296)	全部	118 mV	1
	(4.297)	低	30 mV	2
(4.296)→(4.298)	(4.296)	全部	118 mV	1
	(4.298)	低	40 mV	2

另一方面，O_2的還原常發生在燃料電池或金屬腐蝕中；且在電解或電鍍工業中，有時也會發生H_2O氧化成O_2的反應，所以O_2的反應也是電化學工程中的重要議題。O_2與H_2O間的氧化還原反應可表示為：

$$O_2 + 4H^+ + 4e^- \rightleftharpoons 2H_2O \qquad (4.310)$$

由於反應牽涉四個電子，所以可能存在多種中間物，使得反應機制非常複雜。根據前人的實驗結果，可分成兩類機制。第一類稱為二電子反應路徑，在酸性溶液中O_2會先形成中間物H_2O_2，之後H_2O_2會再還原成H_2O，或出現不均反應而變化成H_2O：

$$O_2 + 2H^+ + 2e^- \rightleftharpoons H_2O_2 \qquad (4.311)$$

$$H_2O_2 + 2H^+ + 2e^- \rightleftharpoons 2H_2O \qquad (4.312)$$

$$H_2O_2 \rightleftharpoons \frac{1}{2}O_2 + H_2O \qquad (4.313)$$

但在鹼性溶液中，O_2會先形成中間物HO_2^-：

$$O_2 + H_2O + 2e^- \rightleftharpoons HO_2^- + OH^- \qquad (4.314)$$

$$HO_2^- + H_2O + 2e^- \rightleftharpoons 3OH^- \qquad (4.315)$$

$$HO_2^- \rightleftharpoons \frac{1}{2}O_2 + OH^- \qquad (4.316)$$

例如Hg電極吸附了O_2時，可進行第一類反應路徑，所以進行掃描電位後可得到兩個電流峰，代表反應分成兩個雙電子轉移步驟。

第二類稱為四電子反應路徑，過程中不會形成H_2O_2，但會先進行O－O斷鍵，產生兩組吸附物M－O，它們再接收四個電子而成為H_2O：

$$O_2 + 2M \rightleftharpoons 2M\text{-}O \qquad (4.317)$$

$$2\text{M-O} + 4\text{H}^+ + 4e^- \rightleftharpoons 2\text{H}_2\text{O} + 2\text{M} \tag{4.318}$$

例如在Ir電極上，即會發生上述反應。這兩種O_2還原的反應路徑，也可以分別推導出對應的電流密度，並表示成Tafel公式，再經由實驗得到的Tafel斜率即可推測反應路徑。

由前述可知，O_2還原比H^+還原的反應機制複雜，但氧化生成O_2的機制比O_2還原更爲複雜，主要因爲O_2反應的標準電位在酸性與鹼性環境中分別爲1.23 V和0.40 V，大部分使用的金屬電極在1.23 V下都會形成表面氧化層，而此氧化層對反應速率的影響極大，且會依厚度而有不同的作用，此現象已在4-4-4節中說明。以Pt而言，沒有氧化層的反應速率比存在氧化層快100倍。因此，實際進行生成O_2的電極通常是金屬氧化物，而氧化物的厚度、晶型或導電性都會影響O_2析出，例如Pt的氧化層較不易導電，反應速率減慢，使得Pt無法作爲良好的析氧電極。純Pt在酸性溶液中析出O_2的機制可表示爲：

$$\text{Pt} + \text{H}_2\text{O} \rightleftharpoons \text{Pt-OH} + \text{H}^+ + e^- \tag{4.319}$$

$$4\text{Pt-OH} \rightleftharpoons 2\text{H}_2\text{O} + 4\text{Pt} + \text{O}_2 \tag{4.320}$$

但Ni電極於鹼性溶液中，會先形成氧化物Ni_2O_3，之後再從氧化物產生O_2，其過程可表示爲：

$$\text{Ni}_2\text{O}_3 + 2\text{OH}^- \rightleftharpoons \text{Ni}_2\text{O}_4 + \text{H}_2\text{O} + 2e^- \tag{4.321}$$

$$2\text{Ni}_2\text{O}_4 \rightleftharpoons 2\text{Ni}_2\text{O}_3 + \text{O}_2 \tag{4.322}$$

由於各階段都可能成爲速率決定步驟，甚至受到過電位的影響，所以析氧反應的極化曲線在不同的電位下會有相異的Tafel斜率。

從上述生成H_2或O_2的反應可知，電極材料不只負責連接外部電源，還提供活性位置並影響反應速率。若在反應之後，電極本身沒有發生淨變化，且擁有提升反應速率的功能，則此電極可稱爲電催化劑（electrocatalyst）。以電解1 M的$H_2SO_{4(aq)}$生成H_2爲例，在Pb電極上的交換電流密度約爲2.5×10^{-10} mA/cm^2，但在Pd電極上的交換電流密度卻可達到4.0mA/cm^2，兩者相距10個數量級。若在Cu電極上的交換電流密度只有4.5×10^{-5}mA/cm^2，顯然將Pd材料附著在Cu上可扮演電催化劑。

電催化劑與其他類型的觸媒至少有三處不同，例如電極電位會改變電催化

效應，溶劑與支撐電解質也會影響電催化作用，且電催化不需高溫環境。目前可用作電催化劑的材料包括單一金屬、合金、金屬氧化物與過渡金屬錯合物。例如Pt、Ir或Ni-Mo合金可用於催化H_2生成，RuO_2可用於鹼氯工業的陽極。鹼氯工業的陽極主要要求Cl_2生成的過電位低，且交換電流密度大，但O_2生成的過電位則要高，以免Cl_2的選擇率不足，由此開發出的電極稱為形穩陽極（dimensionally stable anode，簡稱DSA），也稱為不溶性陽極，是由Ti基材上沉積一層微米級的RuO_2所構成，即使在強酸中也能維持穩定，並能使產生Cl_2的電流效率達到99%。

　　此外，約在1920年代，美國工程師Murray Raney在研究植物油氫化的過程中，成功地採用過一種多孔結構的鎳鋁合金作為催化劑，之後又被推廣到其他有機合成或電解工業中。這種多孔的含鎳合金被稱為蘭尼鎳（Raney Ni），製造時是以濃NaOH溶液處理鎳鋁合金，使其中的鋁被溶解而留下了微孔，最終製成細小的灰色粉末，但每顆粉末微粒都具有多孔結構，使其表面積大幅增加，因而產生高催化活性。在電解反應中可用來催化H_2生成，也可用於催化O_2生成。

　　然而，雖然許多催化劑已被成功地開發出來，但是針對獨特反應而設計的催化劑卻鮮少能完全轉移至另一種電極反應上，因為每一種反應的機制可能不同，反應中間物的尺寸不同，以及反應所需環境亦不同，致使某種電催化劑無法適用於各種反應。即使如此，也有某些特性是通用的，例如催化劑的比表面積必須夠大，被雜質吸附的能力必須夠小，在反應中能夠維持穩定而不分解，因為比表面積較大時可提供較多的活性位置，雜質吸附較少時可避免催化劑中毒，不被電解液溶解則可更耐用，這些條件皆適用於每一種反應。目前已知的高比表面積催化劑除了包括蘭尼鎳之外，還可使用載體來承擔催化材料，而最常使用的載體是碳材，例如活性碳等，將催化材料附著在載體上可以增加其分散性，也可減低高價催化材料的用量，所以經濟效益更能有效提升。

4-5 總　結

　　在許多電化學池的操作過程中，都明顯偏離了平衡狀態，例如進行充電或放電的電池。因此，只要有電流通過電化學池，都會牽涉反應動力學。在本章中，吾人先從動力學的巨觀角度探討外部能量與反應物濃度對動力學的影響；之後再從電極材料與溶液中氧化還原對的微觀特性，說明電子轉移程序的機制，透過電子能階的概念，氧化與還原程序的驅動力與速率間的關係可獲得解釋。闡述了動力學的模型後，可使用這些模型來解釋光電化學反應、溶解與腐蝕、吸附、錯合、覆膜和氣體生成等程序。然而，在推論的過程中可發現，一個電極程序不只相關於界面的電子轉移，也相關於電極側或溶液側的質傳現象，兩者都有可能會成為電極程序的速率決定步驟。因此，在第五章中，將繼續說明電化學池中的質傳現象，以用於解釋質傳控制程序。有效整合第四章和第五章的內容，方能完整地理解電化學工程。

參考文獻

[1] A. C. West, **Electrochemistry and Electrochemical Engineering: An Introduction**, Columbia University, New York, 2012.

[2] A. J. Bard and L. R. Faulkner, **Electrochemical Methods: Fundamentals and Applications**, Wiley, 2001.

[3] A. J. Bard, G. Inzelt and F. Scholz, **Electrochemical Dictionary**, 2nd ed., Springer-Verlag, Berlin Heidelberg, 2012.

[4] C. M. A. Brett and A. M. O. Brett, **Electrochemistry: Principles, Methods, and Applications**, Oxford University Press Inc., New York, 1993.

[5] D. Pletcher, **A First Course in Electrode Processes**, RSC Publishing, Cambridge, United Kingdom, 2009.

[6] E. Gileadi, **Electrode Kinetics for Chemical Engineers and Materials Scientists**, Wiley-VCH, New York, 1993.

[7] E. Gileadi, **Physical Electrochemistry: Fundamentals, Techniques and Applications**, Wiley-VCH, Weinheim, Germany, 2011.

[8] G. Kreysa, K.-I. Ota and R. F. Savinell, **Encyclopedia of Applied Electrochemistry**, Springer Science+Business Media, New York, 2014.

[9] G. Prentice, **Electrochemical Engineering Principles**, Prentice Hall, Upper Saddle River, NJ, 1990.

[10] H. Hamann, A. Hamnett and W. Vielstich, **Electrochemistry**, 2nd ed., Wiley-VCH, Weinheim, Germany, 2007.

[11] H. Wendt and G. Kreysa, **Electrochemical Engineering**, Springer-Verlag, Berlin Heidelberg GmbH, 1999.

[12] J. Koryta, J. Dvorak and L. Kavan, **Principles of Electrochemistry**, 2nd ed., John Wiley & Sons, Ltd. 1993.

[13] J. Wang, **Analytical Electrochemistry**, 3rd ed., Wiley-VCH, Hoboken, NJ, 2006.

[14] K. B. Oldham, J. C. Myland and A. M. Bond, **Electrochemical Science and Technology: Fundamentals and Applications**, John Wiley & Sons, Ltd., 2012.

[15] L. Kiss, **Kinetics of electrochemical metal dissolution**, Elsevier, 1988.

[16] N. Perez, **Electrochemistry and Corrosion Science**, Kluwer Academic Publishers, Boston, MA, 2004.

[17] N. Sato, **Electrochemistry at Metal and Semiconductor Electrodes**, Elsevier, 1998.

[18] P. Monk, **Fundamentals of Electroanalytical Chemistry**, John Wiley & Sons Ltd., 2001.

[19] R. G. Compton, E. Laborda and K. R. Ward , **Understanding Voltammetry: Simulation of Electrode Processes**, Imperial College Press, 2014.

[20] R. Memming, **Semiconductor Electrochemistry**, WILEY-VCH Verlag GmbH, 2001.

[21] S. N. Lvov, **Introduction to Electrochemical Science and Engineering**, Taylor & Francis Group, LLC, 2015.

[22] S. R. Morrison, **Electrochemistry at Semiconductor and Oxidized Metal Electrodes**, Plenum Press, 1988.

[23] V. Lehmann, **Electrochemistry of Silicon**, Wiley-VCH Verlag GmbH, 2002.

[24] V. S. Bagotsky, **Fundamentals of Electrochemistry**, 2nd ed., John Wiley & Sons,

Inc., Hoboken, NJ, 2006.

[25]W. Plieth, **Electrochemistry for Materials Science**, Elsevier, 2008.

[26]X. G. Zhang, **Electrochemistry of Silicon and Its Oxide**, Kluwer Academic Publishers, 2004.

[27]Z. Chen, H. N. Dinh and E. Miller, **Photoelectrochemical Water Splitting: Standards, Experimental Methods, and Protocols**, Springer, 2013.

[28]吳輝煌，**電化學工程基礎**，化學工業出版社，2008。

[29]李爲民、王龍耀、許娟，**新能源與化工概論**，五南出版社，2012。

[30]郁仁貽，**實用理論電化學**，徐氏文教基金會，1996。

[31]張鑒清，**電化學測試技術**，化學工業出版社，2010。

[32]郭鶴桐、姚素薇，**基礎電化學及其測量**，化學工業出版社，2009。

[33]陸天虹，**能源電化學**，化學工業出版社，2014。

[34]楊綺琴、方北龍、童葉翔，**應用電化學**，第二版，中山大學出版社，2004。

[35]萬其超，**電化學之原理與應用**，徐氏文教基金會，1996。

[36]謝德明、童少平、樓白楊，**工業電化學基礎**，化學工業出版社，2009。

第 5 章

電化學輸送現象

重點整理

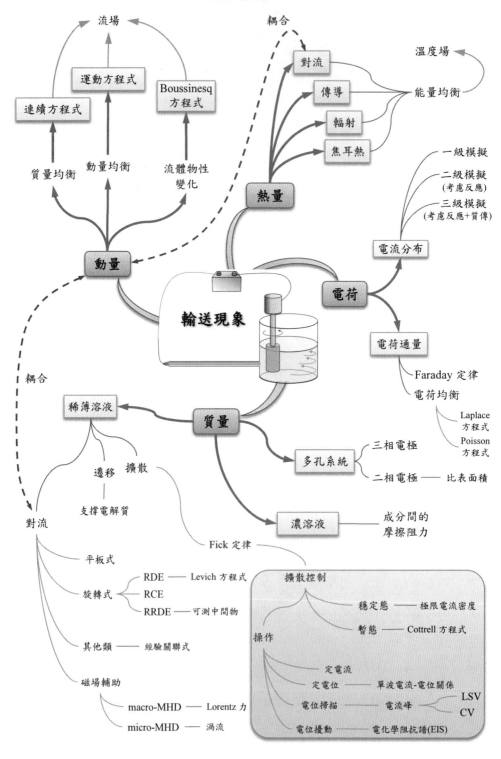

　　電化學程序的速率不僅受限於電子轉移，也常取決於電極表面附近的反應物之輸送現象，例如擴散（diffusion）或對流（convection）；也有一些程序的速率是由溶液中的電位差所主宰，此電位差會導致離子的遷移（ion migration），如圖5-1所示。雖然擴散現象的描述方法會因物質濃度之高低而有差別，但使用稀薄溶液的理論即可模擬一般的電化學系統，然而也有某些情況無法運用稀薄溶液的理論，例如液－液接面電位差或個別離子的活性係數等問題，此時必須採用濃溶液理論。對流現象則來自於流體的運動，導致流體運動的原因包括兩種。原因之一是反應開始進行後，溶液中的濃度與溫度分布隨著時間改變，使得局部流體的密度產生差異，此差異將驅動流體變換位置；或是反應後可能生成氣體，氣體脫離電極後，在上浮至液面的期間中會帶動溶液，這些現象都歸類為自然對流（free convection）。原因之二則是電化學系統外加了機械裝置，例如攪拌葉片、幫浦或電磁鐵等，使流體受到外力影響而移動、轉動或振動，這些現象歸類為強制對流（forced convection）。整體而言，電解液中的離子輸送將與電極動力學共同決定電流密度。因此，流體輸送、熱量輸送與質量輸送將影響電化學反應器的行為，如何藉這些輸送現象來提升電流效率與反應選擇率，實為電化學工程的重要目標。

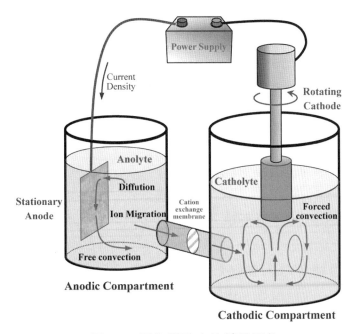

圖5-1　電化學池內的輸送現象

5-1 流體力學

　　由於電化學系統中常包含溶液態的電解質,因此溶液的運動會影響溶質的分布,進而改變電極程序的速率。欲探討電解液的運動,必須從質量變化與動量變化著手。

　　在密度為ρ的流體中,可先切割成無限多個微小的控制體積(control volume),再從中進行質量均衡。因此可發現,控制體積內的累積速率等於穿越其邊界進出的淨速率,化簡成微分方程式後,可表示為:

$$\frac{\partial \rho}{\partial t} = -\nabla \cdot (\rho \mathbf{v}) \tag{5.1}$$

此式稱為連續方程式(continuity equation)。式中左側為局部累積速率,右側為單位體積的流體動量散度(divergence)之負號,亦即聚集程度,因此連續方程式代表著流體在某一點的累積量來自於環境,此即質量均衡的概念。若某種流體的密度不隨時間與空間而變,則連續方程式將化簡為:

$$\nabla \cdot \mathbf{v} = 0 \tag{5.2}$$

這種流體稱為不可壓縮流體(incompressible fluid),一般的稀薄水溶液可視為不可壓縮的流體,但空氣不能。

　　另一方面,對於同一個控制體積,也可以進行動量均衡,利用控制體積內的動量累積速率等於穿越其邊界進出內部的淨速率加上施加外力產生動量的速率,也可以化簡成微分型式的均衡方程式,亦即運動方程式(equation of motion):

$$\frac{\partial \rho \mathbf{v}}{\partial t} + \nabla \cdot (\rho \mathbf{v} \mathbf{v}) = -\nabla p - \nabla \cdot \tau + F \tag{5.3}$$

其中p為壓力,τ為應力,F為本體力(body force)。壓力或應力代表作用在控制體積表面的力量,亦即單位面積受力;本體力代表作用在整個控制體積的力量,亦即單位體積受力,在重力場中可以表示為ρg,但若溶液並非電中性而帶有電荷密度ρ_e,則在電場E中還會受到$\rho_e E$的本體力,若電化學系統處於外加磁場B中,且溶液中具有電流密度i,還會受到$i \times B$的磁力。由此動量均衡方

程式可發現，等號右側為單位體積的外力，左側為單位體積的動量變化率，所以和牛頓的運度方程式完全一致。

　　前述(5.3)式中的應力τ，相關於速度梯度，由於大部分的電解液都屬於牛頓流體（Newtonian fluid），因此應力τ滿足下列關係：

$$\tau = -\mu[\nabla \mathbf{v} + (\nabla \mathbf{v})^{\dagger}] + \frac{2}{3}\mu(\nabla \cdot \mathbf{v})\mathbf{I} \tag{5.4}$$

其中I是單位張量，μ是流體的黏度，其數值會隨著溫度、壓力與溶液組成而變。由於速度梯度$\nabla \mathbf{v}$仍是張量，加上了轉置張量$(\nabla \mathbf{v})^{\dagger}$後，可得到對稱的應力張量，所以張量$\tau$中的兩個非對角線元素相等，例如：

$$\tau_{xy} = \tau_{yx} = -\mu(\frac{\partial \mathbf{v}_x}{\partial y} + \frac{\partial \mathbf{v}_y}{\partial x}) \tag{5.5}$$

而在對角線上的其中一個元素為：

$$\tau_{xx} = -2\mu(\frac{\partial \mathbf{v}_x}{\partial x}) + \frac{2}{3}\mu(\nabla \cdot \mathbf{v}) \tag{5.6}$$

其他元素則可依此類推。

　　若電解液屬於不可壓縮牛頓流體，代表其密度與黏度在定溫下皆為定值，則其運動方程式可化簡為：

$$\rho\frac{\partial \mathbf{v}}{\partial t} + \rho\mathbf{v} \cdot \nabla \mathbf{v} = -\nabla p - \mu\nabla^2 \mathbf{v} + F \tag{5.7}$$

此式稱為Navier-Stokes方程式。Navier是法國最著名的工程師之一，曾跟隨Fourier學習，在1822年，他改進了Euler描述的無黏性理想流體之運度方程式，而得到此結果，但其推導過程中仍有缺陷。約在20年後，英國教授Stokes亦使用微積分來描述流體的運動行為，重新用正確的方式推導出運動方程式，因此與Navier齊名。

　　再者，描述物體運動的方式有兩種，其一是追蹤個別物體的軌跡，探討其動量與能量如何與其他物體交換，此類型稱為Lagrange描述；但當個別物體如流體般難以定義時，需以連續體（continuum）來考慮其移動與變形，此類型則稱為Euler描述。在Euler描述中，無需追蹤流體質點的運動情形，只需在處於某位置和時間的控制體積（control volume）內探討場變數（field variable），這些場變數包括壓力場、速度場，或加速度場，統稱為流場（flow field），而控制體積可視為一個開放系統。以觀察河水流動為例，Lagrange 描述相當於探針被放置在河水中並順流而下，Euler描述則相當於將探針固定 在河床上。因此，就實驗測量而言，後者是比較便利的方法。場變數在流場中 的實質變化行為，可分成兩部分，第一是相對於整體的局部（local）變化， 第二是整體性的對流變化。其中前者是場變數隨時間而呈現的非穩定變化狀態 （unsteady state），後者則是場變數隨位置而分布所產生的變化狀態，當系 統達到穩定態後，前者的效應變為0，後者則可能不為0。將此概念應用於加 速度場時，必須注意流體之加速度並非速度對時間的偏微分，因為它只代表空 間中某定點上的速度時變率，只能稱為在地加速度（local acceleration），實 際上應該討論的是流動加速度a（convective acceleration），這種流動加速 度代表流體內特定成分的速度變化率，這些成分可以是流體粒子或漂浮的樹葉 等，亦即與流體一起移動時的速度實質微分（substantial derivative）：

$$a = \frac{dv}{dt} = \frac{\partial v}{\partial t} + v_x \cdot \frac{\partial x}{\partial t} + v_y \cdot \frac{\partial y}{\partial t} + v_z \cdot \frac{\partial z}{\partial t} = \frac{\partial v}{\partial t} + v \cdot \nabla v = \frac{Dv}{Dt} \tag{5.8}$$

其中的算符$\frac{D}{Dt}$即代表實質微分，對於其他的物理量也可計算其實值微分。例 如連續方程式，可將密度時變率轉換成實質微分型式，而得到：

$$\frac{D\rho}{Dt} = -\rho \left(\frac{\partial v_x}{\partial x} + \frac{\partial v_y}{\partial y} + \frac{\partial v_z}{\partial z} \right) = -\rho(\nabla \cdot v) \tag{5.9}$$

而運動方程式的實質微分型式可表示為：

$$\rho \frac{Dv}{Dt} = -\nabla p - \nabla \cdot \tau + F \tag{5.10}$$

然而，(5.3)式、(5.7)式或(5.10)式都只適用於溫度不變的系統，當系統內發 生熱量傳送的現象時，會形成溫度分布，進而使局部流體的密度隨著溫度而 變。因此，對於非等溫系統，流體的密度與黏度會隨溫度與壓力而變，其運動 方程式必須加以修正才能使用。若在某個平均溫度$\bar{T}$下，流體密度ρ以泰勒級 數展開，可得：

$$\rho = \rho|_{\bar{T}} + \frac{d\rho}{dT}\bigg|_{\bar{T}} (T - \bar{T}) + \cdots \cdots \tag{5.11}$$

再定義體積膨脹係數 β：

$$\beta = \frac{1}{V}\left(\frac{\partial V}{\partial T}\right)_p = \frac{1}{(1/\rho)}\left(\frac{\partial(1/\rho)}{\partial T}\right)_p = -\frac{1}{\rho}\left(\frac{\partial \rho}{\partial T}\right)_p \tag{5.12}$$

已知 $T = \bar{T}$ 時，$\rho = \bar{\rho}$，$\beta = \bar{\beta}$，且 $\left.\dfrac{d\rho}{dT}\right|_{\bar{T}} = -\bar{\rho}\bar{\beta}$，所以(5.11)式經過線性化後可得：

$$\rho = \bar{\rho} - \bar{\rho}\bar{\beta}(T - \bar{T}) \tag{5.13}$$

因此，(5.7)式加以修正後可成為：

$$\rho\frac{D\mathbf{v}}{Dt} = -\nabla \cdot \tau - \nabla p + \bar{\rho}g - \bar{\rho}\bar{\beta}(T - \bar{T})g \tag{5.14}$$

此式稱為Boussinesq方程式。對於強制對流問題，$-\bar{\rho}\bar{\beta}(T-\bar{T})g$ 可忽略，故得到：

$$\rho\frac{D\mathbf{v}}{Dt} = -\nabla \cdot \tau - \nabla p + \bar{\rho}g \tag{5.15}$$

對於自然對流問題，$(-\nabla p + \bar{\rho}g)$ 可忽略，故得到：

$$\rho\frac{D\mathbf{v}}{Dt} = -\nabla \cdot \tau - \bar{\rho}\bar{\beta}(T - \bar{T})g \tag{5.16}$$

在分析流體運動狀態時，還可以利用因次分析（dimensional analysis）的方法來轉換運動方程式，例如先選取系統內的某一段距離 L_0 為特徵長度，某一個速度 $\mathbf{v}_0$ 為特徵速度，某一個壓力 p_0 為參考壓力，接著可以得到無因次的長度 $\breve{x} = \dfrac{x}{L_0}$、$\breve{y} = \dfrac{y}{L_0}$ 與 $\breve{z} = \dfrac{z}{L_0}$，無因次時間 $\breve{t} = \dfrac{\mathbf{v}_0}{L_0}t$，無因次速度 $\breve{\mathbf{v}} = \dfrac{\mathbf{v}}{\mathbf{v}_0}$，以及無因次壓力 $\breve{p} = \dfrac{p - p_0}{\rho \mathbf{v}_0^2}$。而不可壓縮牛頓流體之運動方程式經過重整後，再將本體力合併到壓力中，可表示成無因次的型式：

$$\frac{D}{D\breve{t}}\breve{\mathbf{v}} = -\breve{\nabla}\breve{p} + \left(\frac{\mu}{\rho L_0 \mathbf{v}_0}\right)\breve{\nabla}^2\breve{\mathbf{v}} \tag{5.17}$$

其中算符 $\dfrac{D}{D\breve{t}} = \left(\dfrac{L_0}{\mathbf{v}_0}\right)\dfrac{D}{Dt}$，而 $\breve{\nabla} = L_0\nabla$。此外，再定義(5.17)式中的無因次組合 $\dfrac{\rho L_0 \mathbf{v}_0}{\mu} = \text{Re}$，稱為雷諾數（Reynolds number），使得(5.17)式中的速度場與壓

力場僅由Re決定。對於簡單圓管內的流動，若取特徵長度爲圓管直徑D，特徵速度爲管內平均速度$\bar{v}$，則透過實驗可發現，當$Re = \dfrac{\rho D \bar{v}}{\mu} < 2100$時，流體不發生側向的混合，流動方向層次分明，稱爲層流（laminar flow）；當Re>4000時，流體可能形成漩渦，引起流體側向混合，稱爲紊流（turbulent flow）；當2100<Re<4000時，爲過渡區域，無法明顯區分層流或紊流。如果將墨汁滴入層流系統中，可預期墨點會沿著管路方向水平前進；但若滴入紊流系統中，墨汁會迅速分散到整根管子的內外層，使得滴入點下游處的大部分液體被染色。因此，由Re可以快速判別流動的型態，並以此預測流體對電化學反應的影響。

然而，必須注意的是只有在圓管中的不可壓縮牛頓流體才可使用Re>4000與Re<2100來區別流動狀態，在其他幾何結構的系統中，Re的特徵值將會不同，例如沿著斜板下滑的流體，若定義其特徵長度爲液膜厚度之4倍，且特徵速度爲平均速度時，紊流會出現在Re>1500的情形中。

總結以上，若欲求解一個等溫系統的層流問題，需考慮以下：
1. 連續方程式；
2. 運動方程式；
3. 應力對速度的關係；
4. 壓力與密度之狀態方程式；
5. 黏度對密度的關係。

再配合適當的邊界條件與初始條件，即可求解速度分布與壓力分布。然而，流動的對象即使是不可壓縮的牛頓流體，仍然會導致非線性的偏微分方程式，所以只有在少數特例才能產生解析解。從純數學的角度，尋找Navier-Stokes方程式的解法仍在持續發展，因此Clay數學促進會在2000年列出21世紀有待解決的七大難題中，即包含了Navier-Stokes方程式。但從工程學的角度，在20世紀已經發展出多種數值方法，足以得到Navier-Stokes方程式的近似解，並沒有因爲難以推導答案而延遲流體應用工程的發展。

5-2 質量輸送

5-2-1 稀薄電解液

電解液中的質量傳送包括三種現象，分別是擴散、對流和遷移。描述質量傳送的物理量為質傳通量（mass flux），定義為單位時間內通過單位面積的物質數量，物質數量可由質量表示，也可用莫耳數表示。

遷移是帶電物質特有的質傳現象，所以不帶電的原子或分子不會產生遷移，亦即陰陽離子才會出現遷移現象。此外，遷移必須發生在有電位差異的區域，若電位梯度$\nabla\phi$愈大，則遷移通量也愈大。負的電位梯度即為電場強度E，可表示為$E = -\nabla\phi$。離子遷移的方向將取決於電場強度與離子本身的電性，成分j的遷移通量$N_{m,j}$正比於離子濃度c_j、離子的電荷數z_j與電場強度E，比例常數則稱為離子遷移率μ_j（ionic mobility）。因此，遷移通量$N_{m,j}$可表示為：

$$N_{m,j} = z_j \mu_j c_j E \tag{5.18}$$

對於稀薄溶液，離子遷移率μ_j可利用Einstein-Stokes方程式將其關聯到擴散係數D_j：

$$\mu_j = \frac{D_j F}{RT} \tag{5.19}$$

因此在溶液中擴散能力強的離子，其遷移能力也較強。已知電場強度即為負的電位梯度，故可將成分j的遷移通量$N_{m,j}$表示為：

$$N_{m,j} = -\frac{z_j F}{RT} D_j c_j \nabla\phi \tag{5.20}$$

另一方面，擴散現象發生在物質的活性有差異時，在一般情形中，活性的差異可轉由濃度梯度來代表，尤其在二成分系統中，成分j的擴散通量$N_{d,j}$可正比於濃度梯度，但擴散的方向則是朝著濃度遞減處進行，因此表示為：

$$N_{d,j} = -D_j \nabla c_j \tag{5.21}$$

其中的比例常數為擴散係數D_j，負號代表高濃度區的物質會往低濃度區擴散，此即Fick第一定律。然而，此擴散定律只適用於二成分系統，對於最簡單的電

解液，至少包含了H^+、OH^-和H_2O，理論上不能採用Fick第一定律。但是當溶液中的各種溶質皆非常稀薄時，則可忽略它們之間的相互影響，而只考慮各成分對水分子的關係，視為假想的二成分系統，而得以使用Fick第一定律來近似擴散現象。至於高濃度的電解液系統，則必須加以修正。

由於擴散與遷移可視為物質相對於溶液的運動，所以對靜止的觀察者，物質的實質運動應該是物質相對於溶液的運動加上溶液本身的運動，其中電解液本身的流動即為對流現象。換言之，成分j的對流通量$N_{c,j}$應正比於流體速度$\mathbf{v}$，也同時正比於物質在溶液中的含量，因此可表示為：

$$N_{c,j} = c_j \mathbf{v} \tag{5.22}$$

流體的速度會因位置與時間而變，必須由溶液的運動方程式求得。然而，當質傳現象發生後，流體的密度亦隨之而變，所以流體的速度通常無法單獨或優先求得，只有在特別的假設下可將運動方程式獨立出來，先得到流場分布再探討質傳現象。

結合上述三種質傳模式，可計算出物質在電化學系統中的總質傳通量N_j：

$$N_j = N_{m,j} + N_{d,j} + N_{c,j} = -\frac{z_j F}{RT} D_j c_j \nabla\phi - D_j \nabla c_j + c_j \mathbf{v} \tag{5.23}$$

此即Nernst-Planck方程式，但適用的對象是稀薄溶液。對於溶質濃度較高的溶液，則必須加以修正。

一個定點也可視為無限小的控制體積，所以質傳通量的散度$\nabla \cdot N_j$可代表成分j從控制體積流出之速率，再透過質量均衡，可得知成分j在控制體積內的累積速率會等於穿越邊界的淨速率，亦即：

$$\frac{\partial c_j}{\partial t} = -\nabla \cdot N_j \tag{5.24}$$

但當成分j在溶液中會發生勻相化學反應時，尚需考慮反應生成或消耗的速率R_j。若成分j為反應物則取$R_j < 0$，若為生成物則取$R_j > 0$，因此含有勻相化學反應的質量均衡方程式應表示為：

$$\frac{\partial c_j}{\partial t} = -\nabla \cdot N_j + R_j \tag{5.25}$$

再將(5.23)式代入後，可得到：

$$\frac{\partial c_j}{\partial t} = \frac{z_j F}{RT} \nabla \cdot (D_j c_j \nabla \phi) + \nabla \cdot (D_j \nabla c_j) - \nabla \cdot (c_j \mathbf{v}) + R_j \tag{5.26}$$

當擴散係數D_j爲定值，且電解液屬於不可壓縮流體時，(5.26)式可化簡爲：

$$\frac{\partial c_j}{\partial t} = \frac{z_j F}{RT} D_j c_j \nabla^2 \phi + \frac{z_j F}{RT} D_j (\nabla c_j \cdot \nabla \phi) + D_j \nabla^2 c_j - \mathbf{v} \cdot \nabla c_j + R_j \tag{5.27}$$

此式說明了成分j的濃度、流體速度和溶液電位之間的耦合關係。在此仍需強調，(5.27)式忽略了各種成分之間的交互影響，因此只適用於稀薄溶液。且從此式可以明顯發現，即使溶液是稀薄的，也可能發生化學反應，而使該成分與其他成分產生關聯。因此，若欲求解成分j的濃度分布，還需聯立運動方程式、電位方程式與其他成分的質量均衡方程式，所以濃度分布的解析解極爲難求。

5-2-2 高濃度電解液

在高濃度電解液中，離子質傳的方程式將有別於稀薄溶液。因爲在濃溶液中，離子間的相互作用不能忽略，以H_2SO_4溶液爲例，在濃度爲0.001 M時其平均活性係數爲0.83，但濃度增大成1.0 M時，平均活性係數減爲0.13，可發現各離子間的作用明顯地隨濃度而增強。爲了考慮離子間的作用，吾人可引入摩擦阻力的概念。由於成分j在空間中存在莫耳分率梯度∇x_j，故能驅動擴散，但其他成分會因成分j本身的運動而產生摩擦，進而抵抗擴散。此摩擦作用應該正比於成分j與其他成分間的相對速度，也正比於兩成分的含量，若再加入比例常數後，可得到擴散驅動力與摩擦力抗衡的關係：

$$-\nabla x_j = \sum_{i \neq j} \frac{1}{D_{ij}} x_i x_j (\mathbf{v}_i - \mathbf{v}_j) \tag{5.28}$$

其中的$\frac{1}{D_{ij}}$爲成分i對成分j的摩擦係數，$(\mathbf{v}_i - \mathbf{v}_j)$爲兩成分的相對速度。已知$N_i = c_i \mathbf{v}_i$和$N_j = c_j \mathbf{v}_j$，所以(5.28)式也可改用成分濃度來表示：

$$-\nabla c_j = \sum_{i \neq j} \frac{x_j N_i - x_i N_j}{D_{ij}} \tag{5.29}$$

此式稱爲Stefan-Maxwell方程式，其中摩擦係數的倒數與擴散係數的概念接

近，且單位相同。若使用電化學位能$\overline{\mu}_j$的梯度來整合擴散和遷移的驅動力，則可得到更廣義的質量輸送方程式。類比Stefan-Maxwell方程式，先定義K_{ij}是成分i對成分j的摩擦係數，再定義包含了溶劑的總濃度為$c_T = \sum_i c_i$，則成分j的輸送方程式將可表示為：

$$c_j\nabla\overline{\mu}_j = \sum_i K_{ij}(\mathbf{v}_i - \mathbf{v}_j) = RT\sum_i \frac{c_i c_j}{c_T D_{ij}}(\mathbf{v}_i - \mathbf{v}_j) \tag{5.30}$$

根據Newton第三運動定律，$K_{ij}=K_{ji}$，或$D_{ij}=D_{ji}$。對N成分系統，共有$\dfrac{N(N-1)}{2}$個摩擦係數需要考慮。此外，在定溫定壓下，整個系統還需滿足Gibbs-Duhem關係：

$$\sum_j c_j\nabla\overline{\mu}_j = \sum_i\sum_j K_{ij}(\mathbf{v}_i - \mathbf{v}_j) = 0 \tag{5.31}$$

若將上述理論用在簡單的二元電解液，可假設系統中只包含陽離子、陰離子和溶劑分子，則其輸送方程組可簡化為：

$$\begin{cases} c_+\nabla\overline{\mu}_+ = K_{0+}(\mathbf{v}_0 - \mathbf{v}_+) + K_{+-}(\mathbf{v}_- - \mathbf{v}_+) \\ c_-\nabla\overline{\mu}_- = K_{0-}(\mathbf{v}_0 - \mathbf{v}_-) + K_{+-}(\mathbf{v}_+ - \mathbf{v}_-) \end{cases} \tag{5.32}$$

其中下標0代表溶劑分子，下標＋代表陽離子，下標－代表陰離子。若欲表示濃溶液中成分j的質量均衡，還需結合5-3節中的電荷輸送關係，才能敘述得更簡潔，故此部分留在下一節中說明。

5-3 電荷輸送

　　當電化學系統不處於平衡狀態時，電流會通過電解液，代表了離子在溶液中的輸送。若只考慮離子的帶電量，而不區分離子的種類，則所有電荷的淨輸送通量應為單位時間內通過單位面積的電量，此即電荷通量，但也可以轉換成電流密度，所以電流密度可由所有電荷之輸送加總而得。假設溶液中的N種離子之間都沒有吸引或排斥作用，藉由法拉第常數F，可將質傳通量轉換成電流密度i，亦即：

$$i = \sum_{j=1}^{N} z_j F N_j \tag{5.33}$$

在(5.33)式中代入Nernst-Planck方程式後，可發現成分濃度與電位對電流密度的效應：

$$i = -\frac{F^2}{RT}\sum_{j=1}^{N} z_j^2 D_j c_j \nabla\phi - F\sum_{j=1}^{N} z_j D_j \nabla c_j + F\mathbf{v}\sum_{j=1}^{N} z_j c_j \tag{5.34}$$

由於電雙層的區域只占整體溶液的一小部分，所以在絕大部分的溶液中，皆可假設溶液維持電中性，使得離子的分布必須滿足：

$$\sum_{j=1}^{N} z_j c_j = 0 \tag{5.35}$$

所以(5.34)式右側的第三項可予以消去而成為：

$$i = -\frac{F^2}{RT}\sum_{j=1}^{N} z_j^2 D_j c_j \nabla\phi - F\sum_{j=1}^{N} z_j D_j \nabla c_j \tag{5.36}$$

由此可知，欲求得電流密度，尚需濃度分布與電位分布。濃度分布的部分相關於各物質的質量均衡，其中可能牽涉各成分間的勻相反應速率，亦即(5.25)式。若將系統中所有成分之質量均衡方程式相加後，則可得到整個系統的質量均衡：

$$\sum_{j=1}^{N} z_j F \frac{\partial c_j}{\partial t} = -\nabla\cdot\left(F\sum_{j=1}^{N} z_j N_j\right) + F\sum_{j=1}^{N} z_j R_j \tag{5.37}$$

在(5.37)式中，右側第一項可根據(5.33)式而化簡成$-\nabla\cdot i$，第二項將為0，因為整體質量不會因化學反應而變。因此達到穩定態（steady state）後，可得到：

$$\nabla\cdot i = 0 \tag{5.38}$$

此即電荷均衡（charge balance）方程式。在穩定態下，使用(5.36)式，可將(5.38)式展開成：

$$\nabla\cdot i = -\sum_j Fz_j u_j(\nabla c_j \cdot \nabla\phi) - \sum_j Fz_j u_j c_j \nabla^2\phi - \sum_j Fz_j D_j \nabla^2 c_j = 0 \tag{5.39}$$

因此，濃度分布與電位分布可透過(5.25)式和(5.39)式，以及適當的邊界條件

而求解出。

在溶液的主體區內,可假設各成分j都均勻地分布,不存在濃度梯度,亦即$\nabla c_j = 0$,所以(5.39)式可化簡成:

$$\nabla^2 \phi = 0 \tag{5.40}$$

代表在主體區的電位分布符合Laplace方程式的型式。再定義溶液的導電度κ為:

$$\kappa = \frac{F^2}{RT} \sum_{j=1}^{N} z_j^2 D_j c_j \tag{5.41}$$

使得(5.36)式可以表示成歐姆定律的型式:

$$i = -\kappa \nabla \phi \tag{5.42}$$

接著,可定義成分j的遷移數t_j(tranference number)為其遷移電流對總遷移電流的比值,亦即:

$$t_j = \frac{z_j^2 D_j c_j}{\sum_{j=1}^{N} z_j^2 D_j c_j} \tag{5.43}$$

則成分j所貢獻的遷移通量可簡化為:

$$N_{m,j} = \frac{t_j}{z_j F} i \tag{5.44}$$

由(5.41)式可知,當系統中加入了高濃度的支撐電解質(supporting electrolyte)後,溶液的導電度將會大幅提高,使得電化學池的歐姆過電壓降低。另從(5.43)式可發現,成分j的遷移數將因此大幅降低,所以它所貢獻的遷移通量亦將降低,使得主體區的電流幾乎取決於支撐電解質的遷移,這是電化學分析或反應工程中常使用的方法。

相對地,在電極表面附近,濃度梯度無法忽略,成分j的擴散效應將會顯著影響反應速率。例如在一維的平板電極系統中含有某種二元電解質,且能完全解離成濃度c_+帶電量z_+的陽離子與濃度c_-帶電量z_-的陰離子,兩者需滿足電中性條件:

$$z_+ c_+ + z_- c_- = 0 \tag{5.45}$$

假設電極上發生了快速的還原反應，且在電極表面附近，出現流體邊界層，對流效應可忽略，使得電化學程序之速率可由擴散與遷移現象共同控制。因此，在電極表面（$x=0$）之陽離子與陰離子質傳通量可分別表示為：

$$N_+ \big|_{x=0} = -\frac{z_+ F}{RT} D_+ c_+ \frac{d\phi}{dx}\bigg|_{x=0} - D_+ \frac{dc_+}{dx}\bigg|_{x=0} \tag{5.46}$$

$$N_- \big|_{x=0} = -\frac{z_- F}{RT} D_- c_- \frac{d\phi}{dx}\bigg|_{x=0} - D_- \frac{dc_-}{dx}\bigg|_{x=0} \tag{5.47}$$

由於還原反應不牽涉陰離子，所以 $N_- \big|_{x=0} = 0$，若再搭配電中性條件，則可求出電極表面的電位梯度：

$$\frac{d\phi}{dx}\bigg|_{x=0} = -\left(\frac{RT}{z_- F c_-}\frac{dc_-}{dx}\right)_{x=0} = -\left(\frac{RT}{z_- F c_+}\frac{dc_+}{dx}\right)_{x=0} \tag{5.48}$$

將(5.48)式代入(5.46)式後可得：

$$N_+ \big|_{x=0} = -D_+\left(1-\frac{z_+}{z_-}\right)\frac{dc_+}{dx}\bigg|_{x=0} \tag{5.49}$$

根據(5.43)式，兩種離子的遷移數可分別表示為：

$$t_+ = \frac{z_+^2 D_+ c_+}{z_+^2 D_+ c_+ + z_-^2 D_- c_-} = \frac{z_+ D_+}{z_+ D_+ - z_- D_-} \tag{5.50}$$

$$t_- = \frac{z_-^2 D_- c_-}{z_+^2 D_+ c_+ + z_-^2 D_- c_-} = \frac{-z_- D_-}{z_+ D_+ - z_- D_-} \tag{5.51}$$

因此，從陽離子的表面質傳通量 $N_+ \big|_{x=0}$ 可計算出陰極的電流密度：

$$i\big|_{x=0} = z_+ F N_+ \big|_{x=0} = -F z_+ D_+\left(1-\frac{z_+}{z_-}\right)\frac{dc_+}{dx}\bigg|_{x=0} \tag{5.52}$$

或使用兩種離子的遷移數來表示：

$$i\big|_{x=0} = -\frac{z_+ F}{1-t_+}\left(D_+ t_- + D_- t_+\right)\frac{dc_+}{dx}\bigg|_{x=0} \tag{5.53}$$

另一方面，對於位在 $x=L$ 的陽極，也可假設只有陰離子進行氧化反應，而陽離子不參與反應，所以經過相似的推導之後，可得到陽極的電流密度：

$$i|_{x=L} = \frac{z_- F}{1-t_-}\left(D_+ t_- + D_- t_+\right)\frac{dc_-}{dx}\bigg|_{x=L} \tag{5.54}$$

通常陰陽離子的擴散係數不相等，所以在無電流通過的情形下，擴散效應與遷移效應會互相牽制，直至兩種離子的分布達到某種平衡狀態，並且形成內建電場 E_d，此現象類似固態二極體中的p-n接面。根據(5.36)式，內建電場 E_d 可表示為：

$$E_d = -\nabla\phi = \frac{F}{\kappa}\sum_j z_j D_j \nabla c_j \tag{5.55}$$

總結以上，在電極表面的擴散層內，因為必然存在濃度梯度，故電位梯度可表示為：

$$\nabla\phi = -\frac{i}{\kappa} - \frac{F}{\kappa}\sum_j z_j D_j \nabla c_j = -\frac{i}{\kappa} - E_d \tag{5.56}$$

當電極上沒有電流通過時，此電位梯度只包含內建電場；當有電流通過時，已形成的內建電場將使電化學系統偏離歐姆定律。

對於高濃度的二元電解質溶液，假設只包含陽離子、陰離子和溶劑分子，則其電流密度 $i = F(z_+ N_+ + z_- N_-)$。已知電解質起始濃度為 c，兩離子的計量係數分別為 v_+ 和 v_-，且假設 $v = v_+ + v_-$，故解離後的濃度為 $c_+ = v_+ c$ 和 $c_- = v_- c$。由於陰陽離子的遷移數可用來描述遷移通量，而且定溫定壓下的Gibbs-Duhem關係可說明擴散通量，使兩種離子的質傳通量可以表示為：

$$N_+ = c_+ \mathbf{v}_+ = -\frac{v_+ D}{(v_+ + v_-)RT}\frac{c_T}{c_0}c\nabla\bar{\mu}_e + \frac{it_+}{z_+ F} + c_+ \mathbf{v}_0 \tag{5.57}$$

$$N_- = c_- \mathbf{v}_- = -\frac{v_- D}{(v_+ + v_-)RT}\frac{c_T}{c_0}c\nabla\bar{\mu}_e + \frac{it_-}{z_- F} + c_- \mathbf{v}_0 \tag{5.58}$$

其中 c_T 是包含了溶劑的總濃度；$\bar{\mu}_e = v_+ \bar{\mu}_+ + v_- \bar{\mu}_-$ 為電解液的平均電化學位能，由第二章已知它可直接測量；遷移數為 $t_+ = 1 - t_- = \dfrac{z_+ D_{0+}}{z_+ D_{0+} - z_- D_{0-}}$；輸送特性 $D = \dfrac{D_{0+} D_{0-}(z_+ - z_-)}{z_+ D_{0+} - z_- D_{0-}}$，可透過下式關聯到有效擴散係數 D_{eff}：

$$D_{eff} = D\frac{c_T}{c_0}\left(1 + \frac{d\ln\gamma_\pm}{dm}\right) \tag{5.59}$$

其中的 $\gamma_\pm$ 是平均活性係數，m 是重量莫耳濃度。利用(5.59)式，使電化學位能

梯度成為：$\dfrac{D}{\nu RT}\dfrac{c_T}{c_0}c\nabla\overline{\mu}_e = D_{eff}\left(1-\dfrac{d\ln c_0}{d\ln c}\right)\nabla c$，接著可使質量均衡方程式表示為：

$$\frac{\partial c}{\partial t} + \nabla\cdot(c\mathbf{v}_0) = \nabla\cdot\left[D_{eff}\left(1-\frac{d\ln c_0}{d\ln c}\right)\nabla c\right] - \frac{i\cdot\nabla t_+}{z_+\nu_+ F} \tag{5.60}$$

若使用質量平均速度 $\mathbf{v}=\dfrac{1}{\rho}\sum_j \rho_j\mathbf{v}_j$ 作為整個電解液的參考速度，則可直接將質傳與流力方程式連結，其中 $\rho_j = M_j c_j$ 是成分 j 的密度，M_j 是成分 j 的分子量。因此二元電解液中的質量均衡方程式可改寫為：

$$\rho\left(\frac{\partial\omega_e}{\partial t} + \mathbf{v}\cdot\nabla\omega_e\right) = \nabla\cdot(\rho D_{eff}\nabla\omega_e) - \frac{M_e i\cdot\nabla t'_+}{z_+\nu_+ F} \tag{5.61}$$

其中 $\omega_e = \dfrac{\rho_+ + \rho_-}{\rho}$ 是電解質的平均質量分率，$M_e = \nu_+ M_+ + \nu_- M_-$ 是電解液的平均分子量，$t'_+ = \dfrac{\rho_- + \rho_0 t_+^0}{\rho}$。而陽離子之質傳通量為：

$$N_+ = -\nu_+\frac{\rho D_{eff}}{M_e}\nabla\omega_e + \frac{it'_+}{z_+ F} + c_+\mathbf{v} \tag{5.62}$$

陰離子的形式類似。

若對一個半反應：$s_- M_-^{z-} + s_+ M_+^{z+} + s_0 M_0 \rightleftharpoons ne^-$，達成平衡時的電化學位能關係為：

$$s_-\nabla\overline{\mu}_- + s_+\nabla\overline{\mu}_+ + s_0\nabla\overline{\mu}_0 = -nF\nabla\phi \tag{5.63}$$

利用 Gibbs-Duhem 方程式，(5.63)式還可化簡為：

$$s_-\nabla\overline{\mu}_- + s_+\nabla\overline{\mu}_+ = \frac{s_+}{\nu_+}\nabla\overline{\mu}_e - \frac{n}{z_-}\nabla\overline{\mu}_- \tag{5.64}$$

又因為 $n=-(s_+ z_+ + s_- z_-)$，所以

$$-F\nabla\phi = \left(\frac{s_+}{n\nu_+} - \frac{s_0 c}{nc_0}\right)\nabla\overline{\mu}_e - \frac{1}{z_-}\nabla\overline{\mu}_- \tag{5.65}$$

將(5.57)式和(5.58)式代入(5.32)式，整理後可得：

$$\frac{1}{z_-}\nabla\overline{\mu}_- = -\frac{F}{\kappa}i - \frac{t_+^0}{z_+\nu_+}\nabla\overline{\mu}_e \tag{5.66}$$

其中的 $\dfrac{1}{\kappa}=-\dfrac{RT}{c_T z_+ z_- F^2}\left(\dfrac{1}{D_{+-}}+\dfrac{c_0 t_-^0}{c_+ D_{0-}}\right)$。再結合(5.65)式和(5.66)式後可得：

$$i=-\kappa\nabla\phi-\dfrac{\kappa}{F}\left(\dfrac{s_+}{n v_+}+\dfrac{t_+^0}{z_+ v_+}-\dfrac{s_0 c}{n c_0}\right)\nabla\bar\mu_e \qquad (5.67)$$

此式可說明高濃度溶液中，電流密度與其驅動力之間的關係。

　　若溶液中的溶質濃度稀薄，亦即 $c_j\ll c_0$ 且 $c_0\approx c_T$ 時，質傳方程式將成為：

$$c_j\nabla\bar\mu_j=\dfrac{RT c_j}{D_{0j}}(\mathbf{v}_0-\mathbf{v}_j) \qquad (5.68)$$

且 $N_j=-\dfrac{D_{0j}}{RT}c_j\nabla\bar\mu_j+c_j\mathbf{v}_0$，此結果與前述稀薄溶液之理論相同。

範例5-1

　　有一個反應槽被用於電解NaCl溶液，原料輸入陽極室，在陽極進行的反應為：$Cl^-\to\frac{1}{2}Cl_2+e^-$，在陰極則發生反應：$H_2O+e^-\to\frac{1}{2}H_2+OH^-$，兩極以隔離膜分開，但陰極室的溶液出口位置較低，且隔離膜只允許 OH^- 透過。已知隔離膜的厚度為0.005 m，OH^- 在其中的有效擴散係數為 2.33×10^{-9} m^2/s，原料溶液的導電度為38.5 S/m。反應室的溫度控制在100℃，水在此溫度下的密度為958 kg/m^3。此外，在陽極室每產生1 kg的 Cl_2 會伴隨0.52 kg的 H_2O 蒸發，在陰極室每產生1 kg的 H_2 會伴隨50 kg的 H_2O 蒸發。若電極面積為4 m^2，系統操作在4800 A的定電流模式下，希望出口處可以得到3.5 M的NaOH溶液，則隔離膜內的 OH^- 分布為何？滲透速率為何？溶液的輸入流量為何？

解 1. 因為隔離膜只允許 OH^- 透過，所以先考慮隔離膜內 OH^- 的質傳通量。若定義陽極側的薄膜表面為 $x=0$，往陰極側為正向，則 OH^- 的質傳通量可表示為：$N_{OH}=-D_{eff}\dfrac{dc_{OH}}{dx}+\dfrac{D_{eff}F c_{OH}}{RT}\dfrac{d\phi}{dx}+u c_{OH}$，其中 u 是流速。

2. 由還原反應可推測陰極室中的 OH^- 濃度較高，所以擴散沿著 $-x$ 方向；電場從陽極指向陰極，所以 OH^- 的遷移也沿著 $-x$ 方向，而電位梯度還可表

示爲：$\dfrac{d\phi}{dx}=-\dfrac{i}{\kappa_{eff}}$，其中的$\kappa_{eff}$代表薄膜內的有效導電度；因爲陽極室的溶液入口高於陰極室的出口，所以對流沿著$+x$方向。

3. 在穩定態下，由於隔離膜內不發生任何反應，根據(5.24)式可得$\dfrac{dN_{OH}}{dx}=0$，所以可解出N_{OH}爲一定值。假設輸入的溶液爲中性，幾乎不含OH^-，故在$x=0$處，$c_{OH}\to0$。若d爲隔離膜的厚度，則在$x=d$處，可假設反應生成的OH^-將導致擴散和遷移現象，但不改變對流作用，故從(5.36)式可得到電流密度：$i=FD_{eff}\dfrac{dc_{OH}}{dx}\Big|_{x=d}-\dfrac{D_{eff}F^2c_{OH}}{RT}\dfrac{d\phi}{dx}\Big|_{x=d}$。

4. 上式中的濃度分布可從Nernst-Planck方程式求得。定義兩個無因次數，一個爲$Pe=\dfrac{ud}{D_{eff}}$，另一個爲$\Phi=\dfrac{Fid}{RT\kappa_{eff}}=4.85$，使得濃度分布成爲：

$$c_{OH}=(\dfrac{i}{Fu})\left\{\dfrac{1-\exp\left[(Pe-\Phi)\dfrac{x}{d}\right]}{\dfrac{\Phi}{Pe}-\exp(Pe-\Phi)}\right\}$$。藉由後續計算出的滲透速率u，即可求得

Pe，並得到c_{OH}的表示式。

5. 在本例中，出口的流率爲：

$$Q_{out}=\dfrac{I}{F(c_{OH}^{out}-c_{OH}^{in})}=\dfrac{4800}{(96500)(3500)}=1.42\times10^{-5}\ \text{m}^3/\text{s}$$。

所以隔離膜內的流速爲：$u=\dfrac{1.42\times10^{-5}}{4}=3.55\times10^{-6}\ \text{m/s}$。

6. 對於系統內的水進行質量均衡，可得到$Q_{in}=Q_{out}+Q_v+Q_d$，後兩者分別爲蒸發速率與分解速率。

7. 已知每產生1 kg的H_2會消耗36 kg的H_2O，亦即每產生1 mol的H_2會消耗0.036 kg的H_2O，所以$Q_d=(\dfrac{0.036}{958})\dfrac{(4800)}{(2)(96500)}=9.35\times10^{-7}\ \text{m}^3/\text{s}$。

8. 相似地，每產生1 mol的H_2會伴隨0.1 kg的H_2O蒸發，每產生1 mol的Cl_2會伴隨0.037 kg的H_2O蒸發，所以$Q_v=(\dfrac{0.137}{958})\dfrac{(4800)}{(2)(96500)}=3.56\times10^{-6}\ \text{m}^3/\text{s}$。

9. 因此，入口流量$Q_{in}=1.42\times10^{-5}+3.56\times10^{-6}+9.35\times10^{-7}=1.87\times10^{-5}\ \text{m}^3/\text{s}$。

5-4 熱量輸送

已知在定溫定壓下，通用的質量輸送方程式可表示為(5.30)式。但考慮溫度與密度會變化的系統時，(5.30)式需修正為：

$$c_j(\nabla\bar{\mu}_j+\bar{S}_j\nabla T-\frac{M_j}{\rho}\nabla\rho)=RT\sum_i\frac{c_ic_j}{c_TD_{ij}}\left[\mathbf{v}_i-\mathbf{v}_j+\left(\alpha_i-\alpha_j\right)\frac{\nabla T}{T}\right] \qquad (5.69)$$

其中$\bar{S}_j$是成分j的部分克分子熵（partial molar entropy）；α_j是成分j的熱擴散係數（thermal diffusivity），在二元電解液中，熱擴散係數接近定值。由(5.69)式可發現，溫度梯度也是質傳的驅動力之一，所以溶液中存在溫度梯度時，也會改變局部的溶液組成。然而，在工業系統中，熱擴散現象往往不顯著。

對於一個多成分電解液系統，若已知系統內的電化學位能梯度$\nabla\bar{\mu}_j$、密度梯度$\nabla\rho$和溫度梯度∇T後，即可推導出電流密度i的關係式：

$$i=-\frac{\kappa}{F}\sum_j\frac{t_j}{z_j}\left(\nabla\bar{\mu}_j+\bar{S}_j\nabla T-\frac{M_j}{\rho}\nabla\rho\right)-F\sum_j z_jc_j\left(\alpha_i-\alpha_j\right)\frac{\nabla T}{T} \qquad (5.70)$$

從相反的角度來思考，只要找到電位分布後，吾人也可以計算出系統內的溫度分布，且原來用於非電解質系統的熱量均衡方程式也可應用於電解質系統。因此，在熱力學第一定律中考慮流體的動能，即可表示出熱量均衡方程式：

$$\rho c_p\frac{DT}{Dt}=-\nabla\cdot q-\tau:\nabla\mathbf{v}-\left(\frac{\partial\ln\rho}{\partial\ln T}\right)_p\frac{Dp}{Dt}+\sum_j\bar{H}_j\left(\nabla\cdot N_{d,j}+\nabla\cdot N_{m,j}-R_j\right) \qquad (5.71)$$

其中$\bar{H}_j$是成分j的部分焓，單位為J/mol；c_p是比熱，單位為J/kg·K。方程式右側第一項是熱傳導效應；第二項是黏性熱耗散，與流體的相對運動有關；第三項是壓力效應；第四項是擴散、遷移與化學反應的綜合效應。對於最後一項，若溶液中的溫度、壓力與組成皆均勻，且無化學反應發生時，則$\bar{H}_j=\bar{\mu}_j$且$N_{m,j}=\dfrac{it_j}{z_jF}$，可使本項化簡為：

$$-\nabla \cdot \sum_j \bar{H}_j N_{m,j} = -\sum_i N_{m,j} \cdot \nabla \bar{H}_j = -i \cdot \nabla \phi = \frac{i^2}{\kappa} \tag{5.72}$$

此即焦耳熱（Joule heating）效應，是熱傳的一種來源，或稱為熱傳的源項（source term）。

　　若從巨觀的角度觀察電化學系統，當有電流通過時，電解液和電極都會產生焦耳熱，而電解槽則會向環境散熱。因此，對於電流密度為 i 的電解槽，若不考慮輻射現象，則系統熱量 Q 的累積速率可表示為：

$$\frac{dQ}{dt} = \frac{i^2}{\kappa}V + iA_e\eta - h_w A_w(T_w - T_s) \tag{5.73}$$

其中 V 是溶液體積，κ 是電解液的導電度，η 是施加於電極的過電位，A_e 是電極的表面積，A_w 是槽壁的表面積，h_w 是槽壁散熱到環境的熱傳係數，T_w 是槽壁的溫度，T_s 是環境的溫度。若能連結總熱量 Q 與平均溫度 T 或槽壁溫度 T_w，則(5.73)式可用以求得溫度的動態變化。

　　對於燃料電池或液流電池這類流動式電化學池，其溫度分布也會受到物質流率的影響。由於在實際操作中，所施加的槽電壓必須提供單位電荷反應所需的焓 ΔH，因此可先定義熱中性槽電壓 ΔE_{th}（thermoneutral cell voltage）為：

$$\Delta E_{th} = \frac{\Delta H}{nF} \tag{5.74}$$

其中 n 為參與反應的電子數。所以在此電位下，電解液的溫度將不會隨著反應進行而變。但當施加電壓 ΔE_{cell} 有別於 ΔE_{th} 時，則系統內的溫度將受到焦耳熱的影響。若先忽略器壁散熱，則溫度變化的關係為：

$$\dot{m}c_p(T_{out} - T_{in}) = iA_e(\Delta E_{cell} - \Delta E_{th}) \tag{5.75}$$

其中 $\dot{m}$ 為質量流率，c_p 為溶液的比熱，T_{in} 為入口溫度，T_{out} 為出口溫度。

　　此外，電解液的特性往往會隨溫度而變，例如導電度。對於 NaOH 或 HCl 等電解液，在同濃度下，導電度會隨溫度而上升，但到達某一個特定溫度時，會出現最大值，之後再增加溫度則會使導電度下降。因此當電解液的溫度落差大時，局部的歐姆電位差會有所不同。

　　總結以上，若電化學系統到達穩定態，則熱量均衡方程式可簡化為進入系

統的熱速率q'_{in}必等於離開的熱速率q'_{out}，亦即$q'_{in}=q'_{out}$。這些熱流的來源可能包括電流、傳導、對流、輻射、物質輸送或熱交換，如圖5-2所示。其中電流導致焦耳熱；傳導則來自於熱量穿過系統的器壁，其速率可用Fourier第一定律表示；對流則發生於兩相的界面上，與流體速度或固體幾何形狀有關，其速率可用熱傳係數來估計；輻射現象則發生在系統與環境有溫度差異時，如果系統的溫度不高，常可忽略輻射現象，若需考慮時，可使用Stefan-Boltzmann定律來估計其速率；來自物質輸送的熱流則牽涉物質的質傳通量、溫度與比熱；若電化學系統有搭配熱交換器，則交換的熱量將相關於冷卻或加熱的流體之物性和熱交換的面積。

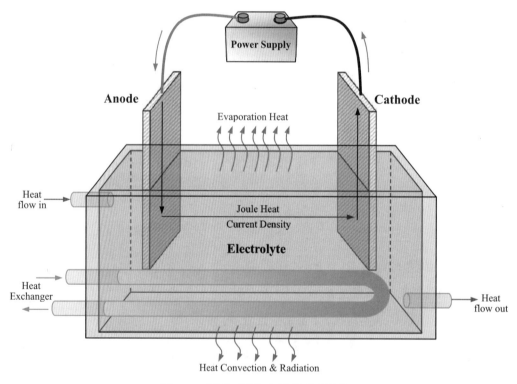

圖5-2　電化學池內的熱量傳送

然而在實際操作系統的過程中，穩定態往往無法實現，因為在開啟或關閉系統的一段期間內，系統溫度必會隨時間而變，且整體操作過程中也難以達到恆溫的條件，而且電流導致的焦耳熱可以作為增溫的熱源，使得質傳係數、擴散係數或反應速率都隨之增加。對於靜止的系統，焦耳熱可能較大；但對於流

動的系統，溶液運動可輔助熱交換；對於沒有上蓋的系統，溶液的蒸發可以帶走許多熱量。

　　至此可知，熱傳現象非常複雜，所以在放大反應裝置時，往往難以預估放大的效應，而比較有效的方法則是直接檢測試量產系統，以取得系統放大後的熱量均衡訊息。

範例5-2

　　對一個提煉鋁的電解槽，操作溫度固定在1250 K以維持原料處於融熔狀態。由於電解反應產生之CO_2大約是CO的四倍，因此總反應可表示為：$Al_2O_3 + \frac{5}{3}C \rightarrow 2Al + \frac{4}{3}CO_2 + \frac{1}{3}CO$，其他的電解程序條件如表5-1所示。已知陰極的面積為28 m^2，底部由三層材料構成，由內而外分別是40 cm厚的石墨、絕緣材料與不鏽鋼外殼，從底部散出的熱量占全部散熱的15%。若不鏽鋼殼較薄，可假設內部的溫度相同，且已知石墨與沉積物的界面溫度為1250 K，試計算絕緣層的厚度為何？

表5-1　電解鋁程序中的相關參數

物種	ΔH^o（kcal/mol at 298 K）	c_p（cal/mol-K）
Al_2O_3	−399	
$Al_{(l)}$	0	7.0
$Al_{(s)}$	0	4.8+0.00322T
CO_2	−94	10.6
CO	−26	6.6+0.0012T

物性		
Al的熔點	933 K	
Al的熔化熱	2520 cal/mol	
石墨的熱傳導度	5.1 W/m-K	
絕緣層的熱傳導度	0.4 W/m-K	
融熔原料的導電度 κ	200 S/m	
Al還原的平衡電位	−1.2 V	

製程參數	
總電流I	10^5 A
電流效率μ_{CE}	90%
兩極間距d	4 cm
電極面積A	28 m^2
電解槽底面積	30 m^2
製程參數	
兩極接線的歐姆電位差	1.0 V
陽極過電位η_A	0.5 V
陰極過電位η_C	-0.1 V
操作溫度	1250 K
環境溫度T_∞	298 K
對流熱傳係數h	1.27 W/m$^2\cdot$K

解 1. 陽極室電解液的歐姆電位差為：$\Delta\Phi_S = \dfrac{Id}{A\kappa} = \dfrac{(10^5)(0.04)}{(28)(200)} = 0.71$ V。

2. 槽電壓為：

$$\Delta E_{cell} = \Delta E_{eq} + \eta_A - \eta_C + \Delta\Phi_{ohm} = 1.2 + 0.5 + 0.1 + 1.0 + 0.71 = 3.51 \text{ V}$$

3. 從能量均衡可知：$\dot{n}\Delta H = Q - W = Q + I\Delta E_{cell}$，其中$\dot{n}$是流率，$W$是指系統對外界作功速率，$Q$是系統吸熱速率，對電解槽而言，電功率$W<0$。

4. 對於總反應中每1 mol的Al$_2$O$_3$：

$$\Delta H^\circ = 2\Delta H^\circ_{Al} + \frac{4}{3}\Delta H^\circ_{CO_2} + \frac{1}{3}\Delta H^\circ_{CO} - \Delta H^\circ_{Al_2O_3} - \frac{5}{3}\Delta H^\circ_C = 262 \text{ kcal/mol}，而$$

$$\Delta H = \Delta H^\circ + \sum_j \int_{298}^{1250} n_j c_{p,j}\, dT \text{（kcal/mol）}。$$

5. 對於CO$_2$，

$$\int_{298}^{1250} n_{CO_2} c_{p,CO_2}\, dT = (\frac{4}{3})(10.6)(1250 - 298) = 13455 \text{ cal/mol}。$$

對於CO，

$$\int_{298}^{1250} n_{CO} c_{p,CO}\, dT = (\frac{1}{3})[(6.6)(1250 - 298) + (0.0006)(1250^2 - 298^2)]$$

$$= 2389 \text{ cal/mol}$$

對於Al，在933 K會熔化，所以其吸熱將分成三階段，包含固態吸熱、

熔化熱與液態吸熱，

$$\int_{298}^{933} n_{Al(s)} c_{p,Al(s)} dT + \Delta H_m + \int_{933}^{1250} n_{Al(l)} c_{p,Al(l)} dT$$
$$= (2)[(4.8)(933-298)+(0.00161)(933^2-298^2)+2520+(7)(1250-933)]$$
$$= 18091 \text{ cal/mol}$$

6. 因此，$\Delta H = 262+13.455+2.389+18.091 = 296$ kcal/mol $= 1237$ kJ/mol。

7. 因爲每1 mol的 Al_2O_3 還原時牽涉6個電子，所以平均反應速率爲：

$$r_{Al_2O_3} = \frac{\mu_{CE} I}{nF} = \frac{(0.9)(10^5)}{(6)(96500)} = 0.155 \text{ mol/s}，且 \dot{n} = r_{Al_2O_3} = 0.155 \text{ mol/s}。$$

8. $Q = \dot{n}\Delta H - I\Delta E_{cell} = (0.155)(1237) - (10^5)(3.51)/1000 = -159$ kW，負號表示放熱，且輸入電能中有45%將轉成熱能。已知放熱中的15%會穿越底部的陰極到電解槽的外部，因此熱傳通量爲：$q'' = (0.15)\dfrac{159}{30} = 796$ W/m^2。

9. 從電解槽進入石墨的熱傳以傳導爲主，熱能離開電解槽時則包括自然對流與輻射。假設不鏽鋼的溫度爲 T_s，環境溫度爲 T_∞，則對流的熱通量爲：$q''_{conv} = 1.27(T_S - T_\infty)$ W/m^2，輻射通量爲：$q''_{rad} = 5.67\times10^{-8}(T_S^4 - T_\infty^4)$ W/m^2。已知 $T_\infty = 298$ K，且 $q''_{conv} + q''_{rad} = 796$ W/m^2，可解得 $T_S = 377$ K。

10. 三層材料的傳導中，可忽略不鏽鋼，所以傳導通量爲：$q''_{cond} = \dfrac{(T_E - T_S)}{d_G/k_G + d_I/k_I}$

$= \dfrac{(1250-377)}{0.4/5.1 + d_I/0.4} = 796$ W/m^2，由此可得到絕緣層的厚度爲：$d_I = 0.41$ m $= 41$ cm。

範例5-3

　　一個操作在90℃和1 atm下的電解水反應槽，內附熱交換器，反應期間施加定電流2000 A，其他的條件如表5-2所示。試計算熱交換器的熱傳速率必須爲何？

表5-2　電解水程序中的相關參數

反應器組件	規格
電極面積	1 m^2
兩極間距	0.02 m
反應槽外壁面積	0.5 m^2

反應器組件	規格
槽壁厚度	0.025 m
槽壁放射度	0.90
槽壁熱傳導度	0.335 W/m·K
槽壁外的對流熱傳係數	20.55 W/m²·K

反應條件	規格
原料濃度	25% KOH（m=5.94 mol/kg）
原料導電度	152 S/m
原料溫度	30℃
反應器外的空氣溫度	30℃
水的飽和蒸汽壓關係	$\ln(p_{H_2O}^{\circ}) = 37.04 - \dfrac{6276}{T+273} - 3.416\ln(T+273)$
水的蒸汽壓關係	$\ln(p_{H_2O}) = 0.016 - 0.138m + 0.1933\sqrt{m} + 1.024\ln(p_{H_2O}^{\circ})$
水的蒸發熱	$\Delta H_V = (596 - 0.565T)$ kcal/kg
水的比熱	75 J/mol·K
陽極過電位	$\eta_A = 0.144 + 0.062\log i$ （V）
陰極過電位	$\eta_C = -0.146 - 0.062\log i$ （V）
水的標準分解電壓	$E_d^{\circ} = 1.175$ V at 90℃
水的分解電壓	$E_d = E_d^{\circ} + 0.0156\ln\left[\dfrac{p_{H_2O}^{\circ}(p - p_{H_2O})^{1.5}}{p_{H_2O}}\right]$ （V） at 90℃
熱中性槽電壓	$\Delta E_{th} = 1.471$ V at 90℃

T的單位為℃，m的單位為mol/kg，p的單位為atm，i的單位為A/m²

解 1. 在90℃，可透過水的飽和蒸汽壓關係計算出：$p_{H_2O}^{\circ} = 0.684$ atm；當濃度為 m=5.94 mol/kg時，可計算出水的蒸氣壓為 $p_{H_2O} = 0.486$ atm。

2. 由水的蒸氣壓可計算出分解電壓為：E_d=1.165V。

3. 操作在2000 A/m²下，可計算出陰陽極的總過電壓：

$\eta_A - \eta_C = 0.29 + 0.124\log(2000) = 0.699$ V。

4. 因此，總施加電壓ΔE_{cell}為：

$$\Delta E_{cell} = E_d + \eta_A - \eta_C + \frac{id}{\kappa} = 1.165 + 0.699 + \frac{(2000)(0.02)}{(152)} = 2.127 \text{ V} \text{ 。}$$

5. 在穩定態操作下，根據能量均衡可知，輸入電功率除了用於克服反應所需的焓之外，其他的能量將轉為溶液加熱q_H、蒸發熱q_V、槽壁散熱q_W與交換器散熱q_{Ex}，所以總熱傳速率為：$q = q_H + q_V + q_W + q_{Ex}$。

6. q亦為克服反應所需的焓以外的電功率，故可表示為：

$$q = I(\Delta E_{cell} - \Delta E_{th}) = (2000)(1)(2.127 - 1.471) = 1312 \text{ W} \text{ 。}$$

7. 蒸發熱傳速率可表示為：$q_V = n_{H_2O} M_{H_2O} \Delta H_V$，其中$M_{H_2O}$為水的分子量，$n_{H_2O}$為水的莫耳流率，必須從水的蒸氣壓估計，而$90\,°C$下的蒸發熱為 $\Delta H_V = 596 - (0.565)(90)$ kcal/kg $= 2282$ kJ/kg。已知反應生成的H_2和O_2之速率為水消耗速率的1.5倍，所以$n_{H_2} + n_{O_2} = \frac{1.5I}{2F} = \frac{(1.5)(2000)(1)}{(2)(96500)} = 0.0155$ mol/s。

在氣相中，$p_{H_2O} + p_{H_2} + p_{O_2} = p = 1$ atm，由於前面已得到$p_{H_2O} = 0.486$ atm，故

$$n_{H_2O} = \frac{p_{H_2O}}{p - p_{H_2O}}(n_{H_2} + n_{O_2}) = \frac{0.486}{1 - 0.486}(0.0155) = 0.0147 \text{ mol/s}$$，而蒸發熱傳速率為

$$q_V = n_{H_2O} M_{H_2O} \Delta H_V = (0.0147)(0.018)(2278) = 0.601 \text{ kW} = 601 \text{ W} \text{ 。}$$

8. 原料的加熱速率可分為加熱反應用去的水和加熱蒸發的水，前者的流率為$\frac{I}{2F} = \frac{(2000)(1)}{(2)(96500)} = 0.0103$ mol/s，後者已知為0.0147 mol/s。因此，總加熱速率為$q_H = (0.0103 + 0.0147)(75)(90 - 30) = 112$ W。

9. 對於槽壁向外的散熱，在穩態下，槽壁內的熱傳導速率會等於槽壁外的對流與輻射速率之和，亦即$\frac{k}{L}(T - T_W) = h(T_W - T_{air}) + \sigma\varepsilon(T_W^4 - T_{air}^4)$，其中$T_W$是外壁溫度，目前雖然未知，但代入數據後可得：$\frac{0.335}{0.025}(363 - T_W)$ $= (20.55)(T_W - 303) + (5.67 \times 10^{-8})(0.9)(T_W^4 - 303^4)$，因此可從中計算出$T_W = 323$ K。接著可進一步得到槽壁散熱速率：$q_W = \frac{kA}{L}(T - T_W) = \frac{(0.335)(0.5)(363 - 323)}{0.025}$ $= 268$ W。

10. 總結以上，可計算出熱交換速率：

$$q_{Ex} = q - (q_H + q_V + q_W) = 1312 - (601 + 112 + 268) = 331 \text{ W} \text{ 。}$$

5-5 擴散控制系統

　　如第四章所述，一個完整的電化學程序包含了輸送現象、表面吸附脫附，以及電子轉移。若電極上剛有電流通過時，在溶液側會出現離子移動，當電雙層已經建立後，後續的電流則提供溶液中的反應物進行電子轉移，因此接近電極表面的反應物將持續消耗，使其濃度隨著時間遞減，並在空間中形成濃度梯度，此梯度又將引起後續的擴散現象。對反應物而言，其擴散是沿著接近電極表面的方向進行；對生成物而言，擴散則是朝遠離電極表面的方向發生。

　　對此現象，Nernst曾提出一種不嚴謹的模型，但此模型可適用於大部分的電化學系統。他將整個電解液區分成三部分，包括溶液主體區和兩個緊鄰電極表面的擴散邊界層（diffusion layer）。假設主體區經過足夠的攪拌，能使成分j的濃度均勻地維持在c_j^b；但在擴散邊界層內，由於成分j不斷在表面反應，使表面濃度下降到c_j^s，且從主體區到表面之間，濃度會連續地從c_j^b降低到c_j^s，此變化導致了擴散現象。因為擴散邊界層內的反應物持續消耗，所以也常被稱為消耗層（depletion layer）。擴散邊界層的厚度將影響擴散的速率，但其厚度會隨著反應時間或溶液攪拌而變化。一般的擴散邊界層厚度可從靜止溶液中的0.01公分，到攪拌溶液中的0.0001公分，而溶液的對流作用會減少此厚度。另需注意，擴散邊界層的概念雖然相似於流體邊界層，但兩種邊界層的厚度不同。

　　從反應物的角度來看，在反應開始時，因為不存在濃度差異而使擴散速率為0，但當反應物開始消耗之後，表面濃度降低，也提供了擴散的驅動力。後續的發展則必須依賴動力學因素與輸送因素的相對關係而定，前者包括過電位或速率常數等，後者則常為擴散係數。如圖5-3所示，若對反應很快的系統，擴散的速率將持續追趕反應速率，直至某個特定的濃度梯度被建立後，方能使擴散速率能與電子轉移的速率匹配，亦即反應物運送至電極表面的速率恰等於電子轉移中被消耗的速率，此時表面濃度仍會不斷下降，且為了維持穩定的擴散速率，擴散層的厚度會持續增加。然而，當表面濃度下降到近乎達成平衡狀態時，擴散速率將無法追上反應速率，此時稱為擴散限制（diffusion-limited）。但若對反應很慢的系統，在某個特定的濃度梯度被建立之前，擴散的速

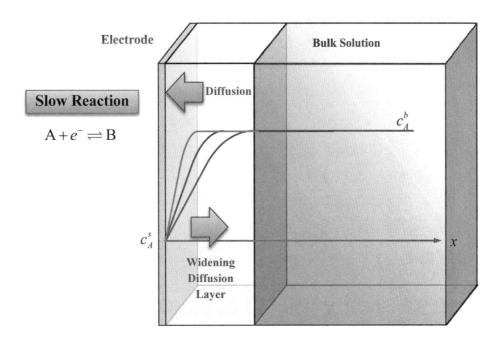

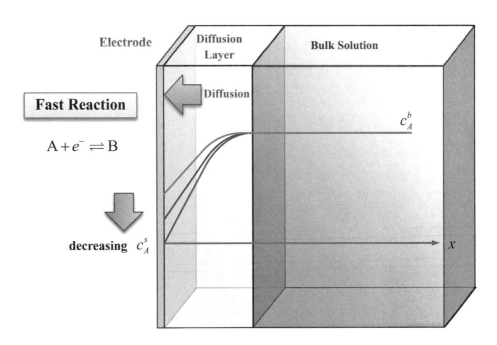

圖5-3　擴散邊界層內的濃度變化

率皆大於反應速率，待表面濃度下降到近乎達成平衡狀態的情形時，會再透過擴散邊界層的厚度增加來減緩擴散速率，直至擴散速率等於電子轉移的速率。這兩種情形在時間經歷夠久之後，都可進入穩定狀態（steady state），此狀態下的濃度分布將不會隨時間而變，在設計良好的電化學分析系統中皆可觀察到這些現象。然而，需注意現實的工業系統中，除非電解液的體積遠大於擴散邊界層的空間，且反應物之初含量也遠高於反應中之消耗量，才會出現穩定態，所以上述假設並不適用於常見的工業電解或電鍍程序。在以下的小節中，吾人將依序探討穩定態與非穩態的擴散控制系統，再說明慢反應的擴散控制系統。

5-5-1 穩態擴散

即使是電解液維持靜止的系統，也難以避免溶液內部出現自然對流現象，因此僅存在擴散現象的系統只是一種理想狀況。但對電化學裝置加以設計，仍可約略區隔出純擴散效應。如圖5-4所示，對一個體積夠大的容器，在側面連通一根足夠長的毛細管，並使電解液充滿毛細管與容器，接著在毛細管和容器相接的一端放置對應電極，容器內安裝攪拌器並加入支撐電解質，另一端則安置工作電極。反應開始後，可預期在毛細管內的質傳現象將以擴散爲主，在容器內將以對流爲主，所添加的支撐電解質將主宰遷移現象，使反應成分j的遷移數t_j縮小到得以忽略。隨著反應進行，反應物的消耗量愈來愈大，使擴散層厚度從工作電極端往外逐漸增大。但在毛細管與容器相接的一端，由於受到強烈攪拌，可視此處的濃度恆維持定值c_j^b。因此，當擴散層的厚度延展到整根毛細管的長度L時，即無法再增大，只能藉由降低表面濃度c_j^s來提升濃度梯度。由於遷移速率已被忽略，只有擴散速率可以匹配反應速率，故在c_j^s大於平衡濃度的情形下，整個系統將到達穩定態，成爲穩態擴散控制的程序。對於毛細管內，可視爲一維空間，使成分j的擴散通量$N_{d,j}$可使用一維的Fick定律描述：

$$N_{d,j} = -D_j \frac{dc_j}{dx} = -D_j \frac{c_j^b - c_j^s}{L} \tag{5.76}$$

其中的負號代表擴散沿著$-x$方向，D_j是成分j的擴散係數。另一方面，成分j的電化學反應速率r_j可使用Faraday定律表示：

$$-r_j = \frac{i}{nF} \tag{5.77}$$

已知擴散通量等於反應速率，亦即 $N_{d,j}=r_j$，所以可將電流密度化簡為：

$$i = nFD_j \frac{c_j^b - c_j^s}{L} \tag{5.78}$$

雖然表面濃度無法完全減少到0，但常常可以到達一個非常微小的數值，因此可假設一種極限狀況，令 $c_j^s=0$，以呈現固定擴散層厚度下可得到的最大濃度梯度，並轉換為最大電流密度 i_{lim}：

$$i_{lim} = nFD_j \frac{c_j^b}{L} \tag{5.79}$$

從中可定義質傳係數 $k_m = \frac{D_j}{L}$，使得：

$$i_{lim} = nFk_m c_j^b \tag{5.80}$$

此時的電流密度也常稱為極限電流密度（limiting current density）或穩態擴散電流密度。藉由電位掃描實驗可得到電流密度 i 對過電位 η 的曲線，再藉由 i-η 曲線的外插，可以找出極限電流密度 i_{lim}，之後可依(5.80)式計算出質傳係數 k_m，或在已知擴散層厚度 L 的情形下，依(5.79)式求出成分 j 的擴散係數 D_j。

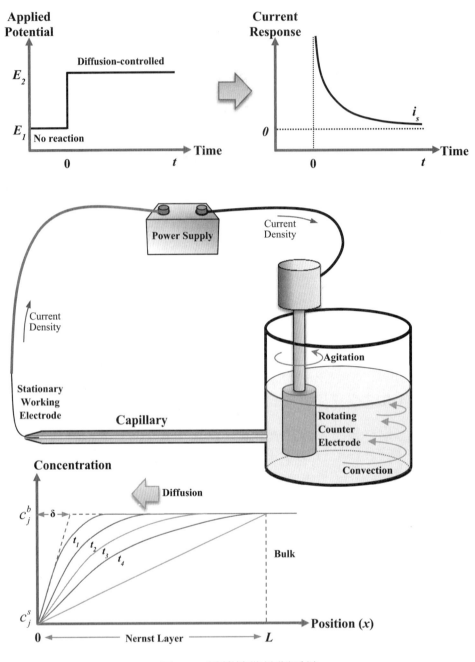

圖5-4　穩態擴散控制系統

範例5-4

使用0.1 mM的$AgClO_4$溶液進行電鍍時，在298 K下可測得穩態的極限電流密度為16 $\mu A/cm^2$。已知Ag^+的擴散係數為$1.72\times10^{-5}cm^2/s$，以及遷移數為0.48，試估計電極表面的擴散層厚度與質傳係數。

解 1.若含有支撐電解質，則可使用(5.79)式計算極限電流密度 $i_{\lim}=nFD_j\dfrac{c_j^b}{\delta}$

$=(1)(96500)(1.72\times10^{-9})\dfrac{(0.1)}{\delta}=0.16$，所以擴散層厚度為$\delta=104\ \mu m$。

2.但在本例中並沒有添加支撐電解質，使得$t_{Ag}=0.48$，故需使用(5.44)式表示出遷移通量：$N_m=\dfrac{t_{Ag}i}{F}$。由此可知，總電流密度i應為擴散與遷移效應的總和，可表示為：$i=nF(N_d+N_m)=-nFD_{Ag}\dfrac{dc_{Ag}}{dx}\Big|_{x=0}+t_{Ag}i$，整理後可得到 $i=-\dfrac{nFD_{Ag}}{(1-t_{Ag})}\dfrac{dc_{Ag}}{dx}\Big|_{x=0}$。當$Ag^+$的表面濃度降為0時，可得到極限電流密度 $i_{\lim}=\dfrac{nFD_{Ag}}{1-t_{Ag}}\dfrac{c_{Ag}^b}{\delta}=\dfrac{(1)(96500)(1.72\times10^{-9})}{1-0.48}\dfrac{(0.1)}{\delta}=0.16$，因此擴散層厚度為$\delta=200\mu m$。

3.質傳係數為：$k_m=\dfrac{D_{Ag}}{\delta}=8.6\times10^{-6}$ m/s。

5-5-2 非穩態擴散

在達成穩態之前，成分j的濃度分布將隨時間而變。從成分j的質量均衡，可得到Fick第二定律：

$$\frac{\partial c_j}{\partial t}=D_j\nabla^2 c_j \qquad (5.81)$$

在5-5-1節敘述的一維毛細管裝置中，可進一步化簡(5.81)式而得到：

$$\frac{\partial c_j}{\partial t}=D_j\frac{\partial^2 c_j}{\partial x^2} \qquad (5.82)$$

已知起始條件為$t=0$時，各處濃度均與主體濃度相同，亦即：

$$c_j(x,0) = c_j^b \tag{5.83}$$

然而，此系統的邊界條件較難界定。為了尋求數學處理的方便性，可將系統操作在反應速率極快的情形下，以假設表面濃度在反應開始後能夠立即下降到0，亦即：

$$c_j(0,t) = c_j^s = 0 \tag{5.84}$$

但欲求得(5.82)式的定解，還需要另一個邊界條件。因此，常見的作法是假設擴散層的厚度遠小於溶液主體區的尺寸，進而成為一種半無限（semi-infinite）的情形。所以另一個邊界條件可表示為：

$$\lim_{x \to \infty} c_j(x,t) = c_j^b \tag{5.85}$$

　　欲獲得半無限微分方程式的定解，可採取Laplace變換或組合變數法（combination of variables），在此使用後者求解。組合變數法的原理是假定空間與時間兩個變數經過某種形式組合成新的自變數之後，可使得應變數成為此自變數單獨決定的函數，然而本法困難之處即在於尋找組合變數的形式。對此，吾人定義無因次變數Γ：

$$\Gamma = \frac{x}{2\sqrt{D_j t}} \tag{5.86}$$

使成分j的濃度c_j只隨Γ而變。因此，(5.86)式代入(5.82)式後，將簡化成常微分方程式：

$$\frac{d^2 c_j}{d\Gamma^2} + 2\Gamma \frac{dc_j}{d\Gamma} = 0 \tag{5.87}$$

接著，透過連續積分可求得：

$$\int_{c_j}^{c_j^b} dc_j = c_j^b - c_j = a \int_{\Gamma}^{\infty} \exp(-\Gamma^2) d\Gamma \tag{5.88}$$

雖然等式右側的積分式無法再化簡為常用解析函數，但可使用誤差函數$erf(\Gamma)$（error function）來表示：

$$erf(\Gamma) = \frac{2}{\sqrt{\pi}} \int_0^{\Gamma} \exp(-\Gamma^2) d\Gamma = \frac{2}{\sqrt{\pi}} \left(1 - \int_{\Gamma}^{\infty} \exp(-\Gamma^2) d\Gamma\right) \tag{5.89}$$

其中應用了誤差函數的特性：

$$\lim_{\Gamma \to \infty} erf(\Gamma) = \frac{2}{\sqrt{\pi}} \int_0^{\infty} \exp(-\Gamma^2) d\Gamma = 1 \tag{5.90}$$

接著，使用電極表面上的邊界條件即可求出待定常數a，之後再將變數Γ還原回時間與位置，可得到濃度變化的定解：

$$c_j(x,t) = c_j^b erf(\frac{x}{2\sqrt{D_j t}}) \tag{5.91}$$

從Faraday定律還可發現，電流密度正比於擴散通量，但因為擴散方向與座標軸向相反，所以表示為：

$$i = -nF \left. N_{d,j} \right|_{x=0} = nFD_j \left. \frac{\partial c_j}{\partial x} \right|_{x=0} = \frac{nF}{2} \sqrt{\frac{D_j}{t}} \left. \frac{\partial c_j}{\partial \Gamma} \right|_{\Gamma=0} = nFc_j^b \sqrt{\frac{D_j}{\pi t}} \tag{5.92}$$

此式稱為Cottrell方程式，它描述了施加足夠大的固定過電位之後，將導致擴散限制，在此情形下的電流密度會反比於時間的平方根，並持續遞減到0，也就是擴散層厚度將會逐漸增加到無窮大。

另一方面，當電極表面的反應物A逐漸消耗時，也會伴隨生成物B不斷形成。若其反應表示為：

$$A + e^- \to B \tag{5.93}$$

則兩者的濃度分布可由質量均衡方程式描述：

$$\frac{\partial c_A}{\partial t} = D_A \frac{\partial^2 c_A}{\partial x^2} \tag{5.94}$$

$$\frac{\partial c_B}{\partial t} = D_B \frac{\partial^2 c_B}{\partial x^2} \tag{5.95}$$

其中的D_A和D_B分別為兩者之擴散係數。若反應發生前不存在B，則搭配這兩式的起始條件與半無限邊界條件分別為：

$$c_A(x,0) = c_A^b \tag{5.96}$$

$$c_B(x,0) = 0 \tag{5.97}$$

$$\lim_{x \to \infty} c_A(x,t) = c_A^b \tag{5.98}$$

$$\lim_{x \to \infty} c_B(x,t) = 0 \tag{5.99}$$

在電極表面處（$x=0$），相同地假設A被完全消耗殆盡：

$$c_A(0,t) = 0 \tag{5.100}$$

另已知B的產生速率等於A的消耗速率，使得A接近電極的擴散通量等於B離開電極之擴散通量：

$$D_A \frac{\partial c_A}{\partial x}\bigg|_{x=0} = -D_B \frac{\partial c_B}{\partial x}\bigg|_{x=0} \tag{5.101}$$

接著再度利用組合變數法，假設：

$$\Gamma_A = \frac{x}{2\sqrt{D_A t}} \tag{5.102}$$

$$\Gamma_B = \frac{x}{2\sqrt{D_B t}} \tag{5.103}$$

可使(5.94)式和(5.95)式被化簡成常微分方程式。於是，利用誤差函數可求得A的濃度分布：

$$c_A(x,t) = c_A^b erf\left(\frac{x}{2\sqrt{D_A t}}\right) \tag{5.104}$$

在求解B的濃度分布時，由於A與B的擴散通量等式可轉換為：

$$\sqrt{D_A} \frac{\partial c_A}{\partial \Gamma_A}\bigg|_{\Gamma_A=0} = -\sqrt{D_B} \frac{\partial c_B}{\partial \Gamma_B}\bigg|_{\Gamma_B=0} = 2c_A^b \sqrt{\frac{D_A}{\pi}} \tag{5.105}$$

因此，可得到B的濃度分布：

$$c_B(x,t) = c_A^b \sqrt{\frac{D_A}{D_B}}\left[1 - erf\left(\frac{x}{2\sqrt{D_B t}}\right)\right] \tag{5.106}$$

由此分布可發現，當B的擴散能力優於A時，電極表面的B濃度將比A的主體濃度低，亦即$D_B > D_A$之時，$c_B^s < c_A^s$；反之，當A的擴散能力優於B時，電極表面的B濃度將比A的主體濃度高，亦即$D_B < D_A$之時，$c_B^s > c_A^s$。

　　在一般的分析實驗中，最簡單的電化學系統包含了兩片平板電極與相應的容器，若對工作電極施加足夠高的過電位後，所得電流常無法符合上述理論，例如在數十個微秒之內，電流雖然也來自於溶液中的離子移動，但只進行電雙層的充電，一段時間之後才會發生電子轉移反應，使電流變化符合Cottrell方程式的預測。在反應持續一段時間後，因為生成物與反應物的密度不同，故隨著生成物的含量提高，所致之自然對流愈顯著。此對流現象將會攪拌溶液，使得對流與擴散同時進行。再者，電極反應通常也會伴隨熱量轉換，因而破壞定溫的假設，同時提供對流的驅動力。因此，欲了解電化學系統的完整行為，必須同時考慮擴散與對流，在理論面上較為困難。常見的近似方法是採用Nernst假設，亦即在電極與溶液界面的剪應力足以抵消對流作用，使得表面一段區域內可視為對流現象不存在，此區域即為擴散邊界層。此假想的擴散層如圖5-4所示，從電極表面畫一條濃度分布曲線的切線，再延伸至主體濃度，即可顯示其厚度δ，或表示為：

$$c_A(\delta,t)=c_A^b \qquad (5.107)$$

所以當穩定態到達時，反應物A的表面通量將成為：

$$N_{d,A}\big|_{x=0} = \frac{D_A c_A^b}{\delta} \qquad (5.108)$$

而穩態電流密度i_s為：

$$i_s = \frac{nFD_A c_A^b}{\delta} \qquad (5.109)$$

在實驗中幾乎無法觀測出擴散層厚度δ，但可藉由改變主體濃度求得穩態電流對濃度的線性關係，進而求出質傳係數k_m：

$$k_m = \frac{D_A}{\delta} \qquad (5.110)$$

此質傳係數與電子轉移速率常數的因次相同，可藉以比較反應與質傳的相對關係。如前所述，所計算出的擴散層厚度δ約為數十個微米，這代表了只考慮擴散現象的模型中，當擴散層厚度發展到數十微米時，將面臨自然對流的攪拌作用，因此符合Cottrell方程式所預測的實驗存在時間限制，超過特定時間後，

所得電流必將偏離Cottrell方程式。

5-5-3 電化學可逆性

前述討論都只集中在快速電子轉移的系統，但對於不夠快速的反應，則需同時考量質傳現象與反應動力學。以A還原成B為例，可表示為：

$$A + e^- \; \overset{k_c}{\underset{k_a}{\rightleftharpoons}} \; B \tag{5.111}$$

已知進行還原時的速率常數為k_c，進行氧化時的速率常數為k_a，如（4.21)式和（4.22)式所述，兩者皆可使用動力學理論表示為：

$$k_c = k^\circ \exp\left(-\frac{\alpha F}{RT}(E - E_f^\circ) \right) \tag{5.112}$$

$$k_a = k^\circ \exp\left(\frac{(1-\alpha)F}{RT}(E - E_f^\circ) \right) \tag{5.113}$$

其中的k°為標準速率常數，與施加電位E無關，而E_f°為形式電位。在一維的系統中，若A和B的擴散係數同為D，則可將它們在擴散層內的質傳通量用相同的質傳係數k_m表示：

$$N_A = k_m(c_A^s - c_A^b) \tag{5.114}$$

$$N_B = k_m(c_B^s - c_B^b) \tag{5.115}$$

且兩者的關係為$N_A = -N_B$。已知A朝向電極的表面通量等於A的淨消耗速率：

$$-N_A = -r_A = (k_c c_A^s - k_a c_B^s) \tag{5.116}$$

所以經過整理後，可得到：

$$-N_A = N_B = \frac{-k_c k_m c_A^b + k_a k_m c_B^b}{k_m + k_c + k_a} \tag{5.117}$$

對工作電極施加一個非常負的過電位時，還原速率常數會遠大於氧化速率常數，若還原速率常數也遠大於質傳係數時，亦即$k_c \gg k_a$且$k_c \gg k_m$時，則穩態電流密度$i_s = -Fr_A = -FN_A$，故由(5.117)式可得：

$$i_s = Fk_m c_A^b = \frac{FDc_A^b}{\delta} \tag{5.118}$$

此式代表反應幾乎不可逆。若對工作電極施加一個非常正的過電位時，可使氧化速率常數遠大於還原速率常數，若氧化速率常數也遠大於質傳係數時，亦即$k_a \gg k_c$且$k_a \gg k_m$時，則化簡(5.117)式後可得：

$$i_s = -Fk_m c_B^b = -\frac{FDc_B^b}{\delta} \tag{5.119}$$

這種情形下的反應也是不可逆的，且上述兩種狀況都屬於質傳控制（mass transport-controlled），因為質傳是最慢的步驟。但當質傳係數遠大於正逆反應的速率常數時，亦即$k_m \gg k_a$且$k_m \gg k_c$時，則穩態電流密度：

$$i_s = F(k_c c_A^b - k_a c_B^b) \tag{5.120}$$

此結果與速率定律式相同，代表整個程序受到反應控制（reaction-controlled），或稱為動力學控制（kinetics-controlled）。如第四章所述，由於k_a和k_c皆受到施加電位的影響，因此在反應控制下的電流密度也將隨著電位而變。當兩個速率常數與質傳係數相當時，電流的行為比較複雜，稱為混合控制。

總結以上，若將施加電位的因素獨立出來，只討論標準速率常數k^o遠大於質傳係數k_m時，亦即$k^o \gg k_m$時，如圖5-5所示，可發現電流對電位的曲線將只出現一個單波，且單波的中心位於形式電位E_f^o，施加電位稍微偏離E_f^o就可使電流變化很大，此情形稱為電化學可逆（electrochemically reversible）。相反地，當$k_m \gg k^o$時，如圖5-5所示，會出現兩個波，正於形式電位E_f^o的這一側，代表了氧化單向反應，負於形式電位E_f^o的那一側，則代表了還原單向反應，而施加電位稍微偏離E_f^o時電流都很小，因為速率常數很小，必須施加足夠的過電位才能驅使反應，這類情形稱為電化學不可逆（electrochemically irreversible）。若標準速率常數與質傳係數相當時，亦即$k_m \approx k^o$時，屬於上述兩者的中間狀態，雙波曲線不明顯，此情形稱為電化學準可逆（electrochemically quasi-reversible）。於此必須說明，可逆性的判斷往往與外界的擾動或測量的時間規模有關。例如施加的過電位足夠小時，或過電位的變化率遠小於反應平衡重建的速率時，系統被視為具有可逆性，此時的反應物種活性與施加電位

可用熱力學中的Nernst方程式來描述；但若變更實驗條件時，系統可能變為不可逆，必須引入動力學才能說明。

在電化學程序中，反應驅動力的施加可包括固定電位法、固定電流法、脈衝電位法、線性電位法與擾動電位法等，前三者常用於電化學工業，後兩者則常用於電化學分析，例如循環伏安法和電化學阻抗譜。因此，接下來的段落將依序介紹固定電位操作、固定電流操作、線性電位操作與擾動電位操作中的輸送現象與電化學反應可逆性的關聯，在這些程序中，施加電位可以維持固定，也可能以不同的模式隨著時間變動。

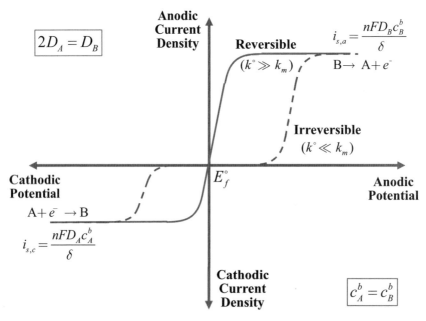

圖5-5　可逆與不可逆電極之穩態伏安圖（$c_A^b = c_B^b$）

1. 定電位操作

對於前述之電化學可逆反應，在電極上施加固定的電位E後，電極程序不一定會受制於質傳，且反應物之表面濃度不至於下降到0，因此必須修正質量均衡方程式的邊界條件，以符合實際情形。相同地，考慮(5.111)式的單電子可逆反應，已知未反應前不存在B，則A和B的質量均衡方程式，以及對應的起始條件和邊界條件分別為：

$$\frac{\partial c_A}{\partial t} = D_A \frac{\partial^2 c_A}{\partial x^2} \tag{5.121}$$

$$\frac{\partial c_B}{\partial t} = D_B \frac{\partial^2 c_B}{\partial x^2} \tag{5.122}$$

$$c_A(x,0) = c_A^b \tag{5.123}$$

$$c_B(x,0) = 0 \tag{5.124}$$

$$\lim_{x \to \infty} c_A(x,t) = c_A^b \tag{5.125}$$

$$\lim_{x \to \infty} c_B(x,t) = 0 \tag{5.126}$$

然而,在電極表面處($x=0$),由於反應屬於電化學可逆,故A和B的表面濃度對於施加電位E應滿足Nernst方程式:

$$E = E_f^\circ + \frac{RT}{nF} \ln \frac{c_A(0,t)}{c_B(0,t)} = E_f^\circ + \frac{RT}{nF} \ln \frac{c_A^s}{c_B^s} \tag{5.127}$$

此處由於是單電子反應,故$n=1$,但考量公式的通用化,後續仍維持n的標示。爲了簡化推導過程,再定義兩者表面濃度之比值爲一個特定參數θ:

$$\theta = \frac{c_A^s}{c_B^s} = \exp\left(\frac{nF}{RT}(E - E_f^\circ) \right) \tag{5.128}$$

另已知電極表面上兩者的擴散通量也將平衡,亦即:

$$D_A \frac{\partial c_A}{\partial x}\bigg|_{x=0} = -D_B \frac{\partial c_B}{\partial x}\bigg|_{x=0} \tag{5.129}$$

之後再度利用組合變數法,令

$$\Gamma_A = \frac{x}{2\sqrt{D_A t}} \tag{5.130}$$

$$\Gamma_B = \frac{x}{2\sqrt{D_B t}} \tag{5.131}$$

於是可將(5.121)式與(5.122)式化簡爲常微分方程式。於此再定義兩者擴散係數比值之平方根爲一個特定參數ξ:

$$\xi = \frac{\sqrt{D_A}}{\sqrt{D_B}} \tag{5.132}$$

經過連續積分後，可解出A與B的濃度分別對Γ_A與Γ_B的關係：

$$c_A = c_A^b + a\int_{\Gamma_A}^{\infty} \exp(-\Gamma_A^2)d\Gamma_A \tag{5.133}$$

$$c_B = b\int_{\Gamma_B}^{\infty} \exp(-\Gamma_B^2)d\Gamma_B \tag{5.134}$$

其中的a和b是待定常數。利用在$x=0$的兩個邊界條件，可列出a和b的聯立方程式，且這兩者與參數ξ和參數θ有關，求解後可得：

$$a = -\frac{c_A^b}{1+\xi\theta}\sqrt{\frac{2}{\pi}} \tag{5.135}$$

$$b = \frac{c_A^b\xi}{1+\xi\theta}\sqrt{\frac{2}{\pi}} \tag{5.136}$$

此時利用誤差函數$erf(\Gamma)$，可將濃度分布分別簡化為：

$$c_A(x,t) = \frac{c_A^b}{1+\xi\theta}\left[\xi\theta + erf(\frac{x}{2\sqrt{D_At}})\right] \tag{5.137}$$

$$c_B(x,t) = \frac{c_A^b\xi}{1+\xi\theta}\left[1 - erf(\frac{x}{2\sqrt{D_Bt}})\right] \tag{5.138}$$

再利用Faraday定律，亦即電流密度正比於擴散通量的關係（此處$n=1$），可得到：

$$i(t) = -nFN_{d,A}\Big|_{x=0} = nFD_A\frac{\partial c_A}{\partial x}\Big|_{x=0} = \frac{nF}{2}\sqrt{\frac{D_A}{t}}\frac{\partial c_j}{\partial \Gamma_A}\Big|_{\Gamma_A=0}$$

$$= \frac{nFc_A^b}{1+\xi\theta}\sqrt{\frac{D_A}{\pi t}} = \frac{i_d}{1+\xi\theta} \tag{5.139}$$

其中的i_d是從Cottrell方程式求得的動態電流密度，它描述了施加足夠負的固定過電位E之後所產生的擴散限制情形。但從(5.139)式可發現，施加的過電位即使不夠負時，其電流密度也會隨著時間平方根而成反比，並一直遞減到0，且其值為擴散限制電流密度的$\frac{1}{1+\xi\theta}$倍。此外，A和B的表面濃度也可以用參數θ和ξ表示，或使用i對i_d的比值表示：

$$c_A^s = \frac{\xi\theta}{1+\xi\theta}c_A^b = c_A^b\left(1-\frac{i}{i_d}\right) \tag{5.140}$$

$$c_B^s = \frac{\xi}{1+\xi\theta}c_A^b = \xi c_A^b\left(\frac{i}{i_d}\right) \tag{5.141}$$

　　另由θ的定義可知，當過電位非常負時，亦即$\theta\rightarrow0$，此時$i\rightarrow i_d$，也代表了Cottrell方程式只為(5.139)式的一個特例。若將(5.128)式代入(5.139)式，則可得到：

$$E = E_f^\circ - \frac{RT}{nF}\ln\xi + \frac{RT}{nF}\ln\frac{i_d(t)-i(t)}{i(t)} \tag{5.142}$$

　　在對應的實驗中，通常會從通電後選取一個固定的取樣時間τ，以記錄每一次固定電位下測得的電流，最終可以收集到一組電流i對電位E的關係，繪於i-E圖中將呈現出單波的曲線，如圖5-6所示。因為反應發生前不存在B，故在偏正的電位下$i(\tau)=0$，但當電位往負向增加後，還原電流開始加大，此電流曲線經過一個反曲點之後逐漸飽和，在非常負的電位下電流將趨近於$i_d(\tau)$。分析實驗數據時，因為$i(\tau)=i_d(\tau)$的電位實際上應該出現在$E\rightarrow-\infty$之處，難從有限數據中標定或外插，因此常用的作法是取$i(\tau)=\dfrac{i_d(\tau)}{2}$之電位來標示反應特性，此處稱為半波電位$E_{1/2}$（half-wave potential）。從(5.142)式中可知：

$$E_{1/2} = E_f^\circ - \frac{RT}{nF}\ln\xi \tag{5.143}$$

此半波電位$E_{1/2}$位於電流曲線陡升的區域，較容易標定，且當A和B的擴散係數接近時，亦即$\xi\rightarrow1$時，此電位幾乎等於形式電位E_f°，所以$E_{1/2}$亦可視為此半反應的特徵參數。使用了$E_{1/2}$後，電流密度i對電位E之關係即可化簡為：

$$E = E_{1/2} + \frac{RT}{nF}\ln\frac{i_d(\tau)-i(\tau)}{i(\tau)} \tag{5.144}$$

由此式可以看出半反應影響i-E曲線的兩個重要特性，一是半波電位$E_{1/2}$，另一是擴散限制電流密度$i_d(\tau)$。為了更精準求得這兩個參數，上式也可繪製在半對數圖中，取縱座標為$\log\left(\dfrac{i_d-i}{i}\right)$，橫坐標為電位$E$，理論上可在圖中繪出一

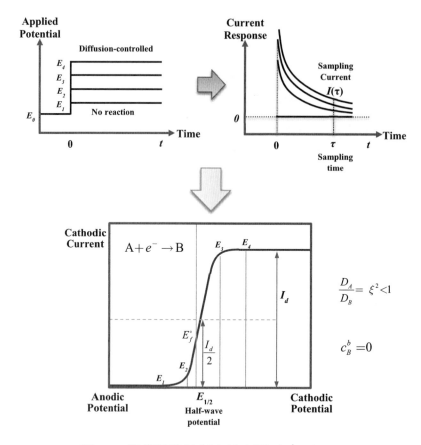

圖5-6　穩態擴散控制之伏安圖（c_B^b=0）

條直線，斜率為$2.303\dfrac{RT}{nF}$，在25℃下其值為$\dfrac{59.1}{n}$ mV。這項特定的斜率有兩個用途，其一是判別本反應是否屬於電化學可逆，另一則是從中計算參與反應的電子數n。另一個輔助判定可逆性的方法是取第一四分位和第三四分位電流密度之差，亦即$E=E_{1/4}$時$i(\tau)=\dfrac{1}{4}i_d(\tau)$，且$E=E_{3/4}$時$i(\tau)=\dfrac{3}{4}i_d(\tau)$。在25℃下，可得$\left|E_{3/4}-E_{1/4}\right|=\dfrac{56.4}{n}$ mV。

範例5-5

　　若使用滴汞電極在298 K下分析金屬M的還原，可得到表5-3的電位對電流關係。試從中求出極限電流、金屬離子的價數與半波電位。另已知金屬離子的濃度爲3 mM，汞在毛細管內的質量流量爲3.3 mg/s，每一汞滴從成長到脫離毛細管所需時間爲2.5 s，試求出金屬離子的擴散係數。

表5-3　滴汞電極的電位對電流關係

E vs. SCE (V)	$I(\mu A)$
-0.97	2.13
-0.98	4.26
-0.99	7.72
-1.01	17.1
-1.02	20.6
-1.03	22.8
-1.04	25.0
-1.05	25.0

解 1. 由實驗數據可發現，極限電流$I_d = 25\mu A$。

2. 根據(5.144)式，取縱座標爲$\log\left(\dfrac{I_d - I}{I}\right)$，橫坐標爲電位$E$，可在圖中繪出一條直線，其斜率爲$\dfrac{0.0591}{n} = 0.0293$，所以可得$n=2$。

3. 當$\log\left(\dfrac{I_d - I}{I}\right) = 0$時，$E = E_{1/2} = -1.0$ V vs. SCE。

4. 每一個汞滴即將脫離時，其半徑爲：

$$r = \left(\frac{3mt}{4\pi\rho_{Hg}}\right)^{1/3} = \left(\frac{(3)(3.3\times10^{-6})(2.5)}{(4\pi)(13600)}\right)^{1/3} = 5.25\times10^{-4} \text{ m}。$$

5. 若使用Cottrell方程式來估計極限電流密度，可得到$i_d = \dfrac{I_d}{4\pi r^2} = nFc_M\sqrt{\dfrac{D}{\pi t}}$，所以擴散係數爲：

$$D = \frac{t}{16\pi}\left(\frac{I_d}{r^2 nFc_M}\right)^2 = \frac{2.5}{16\pi}\left(\frac{25\times10^{-6}}{(5.25\times10^{-4})^2(2)(96500)(3)}\right)^2 = 1.22\times10^{-9} \text{ m}^2/\text{s}$$

　　然而，上述結果只能描述通電之前不存在B的情形。若對於通用的狀況，成分B的起始條件應為：

$$c_B(x,0) = c_B^b \tag{5.145}$$

使得B的濃度分布修正為：

$$c_B = c_B^b + b\int_{\Gamma_B}^{\infty} \exp(-\Gamma_B^2)d\Gamma_B \tag{5.146}$$

利用在$x=0$的兩個邊界條件，可聯立解出a和b：

$$a = -\frac{c_A^b - \theta c_B^b}{1+\xi\theta}\sqrt{\frac{2}{\pi}} \tag{5.147}$$

$$b = \frac{(c_A^b - \theta c_B^b)\xi}{1+\xi\theta}\sqrt{\frac{2}{\pi}} \tag{5.148}$$

利用誤差函數$erf(\Gamma)$可將濃度分布表示為：

$$c_A(x,t) = c_A^b\theta\left(\frac{\xi+\zeta}{1+\xi\theta}\right) + c_A^b\left(\frac{1-\zeta\theta}{1+\xi\theta}\right)erf(\frac{x}{2\sqrt{D_A t}}) \tag{5.149}$$

$$c_B(x,t) = c_A^b\left(\frac{\xi+\zeta}{1+\xi\theta}\right) - c_A^b\xi\left(\frac{1-\zeta\theta}{1+\xi\theta}\right)erf(\frac{x}{2\sqrt{D_B t}}) \tag{5.150}$$

其中的參數ζ定義為兩成分的主體濃度比值：

$$\zeta = \frac{c_B^b}{c_A^b} \tag{5.151}$$

因此，A和B的表面濃度分別為：

$$c_A^s = c_A^b\theta\left(\frac{\xi+\zeta}{1+\xi\theta}\right) \tag{5.152}$$

$$c_B^s = c_A^b\left(\frac{\xi+\zeta}{1+\xi\theta}\right) \tag{5.153}$$

但電流密度在有無B之下都可以用A的濃度表示成：

$$i = i_d\left(1 - \frac{c_A^s}{c_A^b}\right) = i_d\left(\frac{1-\zeta\theta}{1+\xi\theta}\right) \tag{5.154}$$

換言之，即使反應開始時已存在B，其電流密度仍會隨著時間的平方根成反比，並一直遞減到0，且為Cotrell電流密度的$\dfrac{1-\zeta\theta}{1+\xi\theta}$倍。

　　至此，我們已經了解電化學可逆系統中的電流對電位關係，以及各成分的濃度變化，但對於準可逆或不可逆系統，則無法使用Nernst方程式來表示A和B的表面濃度。因此，若欲求解A和B的濃度分布，必須借助電子轉移的動力學行為，才能描述電極表面的現象。以A還原成B的準可逆系統為例，仍可表示成(5.111)式。已知進行還原時的速率常數為k_c，進行氧化時的速率常數為k_a，還原與氧化的動力學理論可分別表示為(5.112)式和(5.113)式，且可將電流密度表示為：

$$i = nF(k_c c_A^s - k_a c_B^s) \tag{5.155}$$

再利用在電極表面的擴散通量與電流密度成正比，可得到：

$$\frac{i}{nF} = D_A \left. \frac{\partial c_A}{\partial x} \right|_{x=0} = -D_B \left. \frac{\partial c_B}{\partial x} \right|_{x=0} = k_c c_A^s - k_a c_B^s \tag{5.156}$$

需註明此處$n=1$。仿造先前的組合變數法，再定義參數H：

$$H = \frac{k_c}{\sqrt{D_A}} + \frac{k_a}{\sqrt{D_B}} \tag{5.157}$$

由(5.112)式和(5.113)式，定義兩個速率常數的比值θ為：

$$\theta = \frac{k_a}{k_c} = \exp\left(\frac{nF}{RT}(E - E_f^\circ) \right) \tag{5.158}$$

再透過擴散係數平方根的比值ξ，將H表示為：

$$H = \frac{k_c}{\sqrt{D_A}}(1 + \xi\theta) \tag{5.159}$$

接著求解質量均衡方程式，以得到電流密度i：

$$i = nF(k_c c_A^b - k_a c_B^b)\exp(H^2 t)\left[1 - erf(H\sqrt{t})\right] \tag{5.160}$$

對於開始時沒有B的情形，其電流密度i將成為：

$$i = \left(\frac{i_d}{1+\xi\theta}\right) H\sqrt{\pi t}\exp(H^2 t)\Big[1 - erf(H\sqrt{t})\Big] \tag{5.161}$$

若假設 $\lambda = H\sqrt{t}$，代表一種無因次的動力學參數，則(5.161)式都將成爲 λ 的函數：

$$i = \left(\frac{i_d}{1+\xi\theta}\right) F(\lambda) \tag{5.162}$$

事實上(5.162)式可以通用於電化學可逆、準可逆與不可逆的情形，其中的函數 $F(\lambda)$ 即代表了動力學對系統的總效應。當 λ 足夠大時，將可得到 $F(\lambda) \to 1$，表示反應快速，換言之動力學效應微弱，系統將受制於擴散現象；但當 λ 足夠小時，可得到 $F(\lambda) \to 0$，表示反應非常慢，動力學的效應顯著，系統將受制於反應動力學。

　　若對於特定反應，λ 將成爲施加電位 E 的函數，因爲其中的 k_c 與 θ 都會隨著 E 而變。當反應前不存在 B 且施加的正向過電位足夠大時，代表 θ 很大，將可得到 $i \to 0$；但當負向過電位足夠大時，代表 θ 接近於0，或 k_c 增大，使得 $F(\lambda) \to 1$，表示 $i \to i_d$，這兩種情形顯示出電流對電位的關係仍然呈現單波的曲線。然而，隨著不可逆性增加，還原電流曲線將往負向電位偏移，而氧化電流曲線將往正向電位偏移，亦即動力學效應將會拉寬電流曲線，如圖5-7所示。

　　對於不可逆的還原反應，可視爲 $k_a \to 0$，所以對應的電流密度 i 將成爲：

$$i = nFk_c c_A^b \exp(\frac{k_c^2 t}{D_A})\left[1 - erf(k_c\sqrt{\frac{t}{D_A}})\right] \tag{5.163}$$

(5.163)式也可表示爲：

$$i = i_d F(\lambda) \tag{5.164}$$

其中 $\lambda = k_c\sqrt{\dfrac{t}{D_A}}$。由此式可發現，當 $F(\lambda)=0.5$ 時，$\lambda=0.433$，且電位爲半波電位 $E_{1/2}$。已知 k_c 對電位 E 的關係爲(5.112)式，且取樣時間設定爲 τ，則可得到半波電位 $E_{1/2}$ 與形式電位 E_f° 之差：

$$E_{1/2} - E_f^\circ = \frac{RT}{\alpha F}\ln\left(2.31k^\circ\sqrt{\frac{\tau}{D_A}}\right) \tag{5.165}$$

這個結果有助於計算轉移係數α與標準速率常數k°。

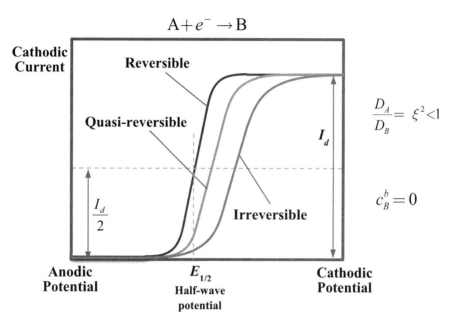

$$\text{A} + e^- \rightarrow \text{B}$$

圖5-7　慢反應之穩態擴散控制伏安圖（$c_B^b=0$）

2. 定電流操作

接著介紹固定電流的電極程序，亦即操作在固定反應速率下的系統。對於 (5.111)式的單電子可逆反應，已知在反應未發生前不存在B，所以A與B的質量均衡方程式、起始條件與邊界條件可分別描述為：

$$\frac{\partial c_A}{\partial t} = D_A \frac{\partial^2 c_A}{\partial x^2} \tag{5.166}$$

$$\frac{\partial c_B}{\partial t} = D_B \frac{\partial^2 c_B}{\partial x^2} \tag{5.167}$$

$$c_A(x,0) = c_A^b \tag{5.168}$$

$$c_B(x,0) = 0 \tag{5.169}$$

$$\lim_{x \to \infty} c_A(x,t) = c_A^b \tag{5.170}$$

$$\lim_{x \to \infty} c_B(x,t) = 0 \tag{5.171}$$

但由於電流密度已被設定為定值i，因此根據Faraday定律，在電極表面上還有一個邊界條件為：

$$D_A \frac{\partial c_A}{\partial x}\bigg|_{x=0} = -D_B \frac{\partial c_B}{\partial x}\bigg|_{x=0} = \frac{i(t)}{nF} \qquad (5.172)$$

需注意此處是單電子反應，故$n=1$，但考量公式的通用化，仍維持n的標示。若使用Laplace變換，(5.166)式和(5.167)式也能轉換成常微分方程式，再加以求解後即可得到：

$$\overline{c}_A(x,s) = \frac{c_A^b}{s} + a(s)\exp\left(-\sqrt{\frac{s}{D_A}}x\right) \qquad (5.173)$$

$$\overline{c}_B(x,s) = b(s)\exp\left(-\sqrt{\frac{s}{D_B}}x\right) \qquad (5.174)$$

此外，(5.172)式所述之邊界條件也能透過Laplace變換而成為：

$$D_A \frac{\partial \overline{c}_A}{\partial x}\bigg|_{x=0} = -D_B \frac{\partial \overline{c}_B}{\partial x}\bigg|_{x=0} = \frac{\overline{i}(s)}{nF} \qquad (5.175)$$

由此可解出$a(s)$與$b(s)$。因為施加的電流密度i為定值，所以可得：

$$\overline{i}(s) = \frac{i}{s} \qquad (5.176)$$

再透過Laplace逆變換，即可解出A和B的濃度分布：

$$c_A(x,t) = c_A^b - \frac{i}{nFD_A}\left[2\sqrt{\frac{D_A t}{\pi}}\exp\left(-\frac{x^2}{4D_A t}\right) - x + x\,erf\left(\frac{x}{2\sqrt{D_A t}}\right)\right] \qquad (5.177)$$

$$c_B(x,t) = \frac{i}{nFD_B}\left[2\sqrt{\frac{D_B t}{\pi}}\exp\left(-\frac{x^2}{4D_B t}\right) - x + x\,erf\left(\frac{x}{2\sqrt{D_B t}}\right)\right] \qquad (5.178)$$

兩者的表面濃度又分別為：

$$c_A^s = c_A^b - \frac{2i}{nF}\sqrt{\frac{t}{\pi D_A}} \qquad (5.179)$$

$$c_B^s = \frac{2i}{nF}\sqrt{\frac{t}{\pi D_B}} \qquad (5.180)$$

由此可知，經歷某一段過渡時間τ之後，A的表面濃度可下降至0，此段時間為：

$$\tau = \pi D_A \left(\frac{nF c_A^b}{2i} \right)^2 \tag{5.181}$$

此式稱為Sand方程式，是由H. J. S. Sand於1901年提出。從(5.172)式中，可再定義一個過渡時間常數：

$$\frac{i\sqrt{\tau}}{c_A^b} = \frac{nF\sqrt{\pi D_A}}{2} \tag{5.182}$$

由此可知，在定溫下，只要系統內發生的反應相同，其過渡時間常數應為定值。然而，此結果的適用性不高，因為多數的電化學程序可能牽涉勻相化學反應、吸附、脫附或對流現象，使得這項特性鮮少被應用。

在已知過渡時間τ之下，表面濃度可使用更精簡的表示法：

$$c_A^s = c_A^b \left(1 - \sqrt{\frac{t}{\tau}} \right) \tag{5.183}$$

$$c_B^s = \xi c_A^b \sqrt{\frac{t}{\tau}} \tag{5.184}$$

其中$\xi = \sqrt{D_A / D_B}$。對於電化學可逆的系統，兩個表面濃度應該滿足Nernst方程式，所以代入(5.183)式和(5.184)式之後，可得到：

$$E = E_f^\circ - \frac{RT}{nF} \ln \xi + \frac{RT}{nF} \ln \frac{\sqrt{\tau} - \sqrt{t}}{\sqrt{t}} \tag{5.185}$$

從此式可發現，當$t = \dfrac{\tau}{4}$時，等式右側第三項為0，此時的電位稱為四分波電位$E_{1/4}$（quarter-wave potential）：

$$E_{1/4} = E_f^\circ - \frac{RT}{nF} \ln \xi \tag{5.186}$$

當A與B的擴散係數非常接近時，$E_{1/4}$約等於形式電位E_f°，所以可用來標定反應。使用定電流法來分析電極系統時，可將數據中的$\ln \dfrac{\sqrt{\tau} - \sqrt{t}}{\sqrt{t}}$置於縱軸，電位

E則爲橫軸，理想的結果將爲直線，在25℃下的斜率爲$\dfrac{59.1}{n}$ mV。

對於不可逆系統的單電子反應：

$$\mathrm{A}+e^- \xrightarrow{\ k_c\ } \mathrm{B} \tag{5.187}$$

使用標準速率常數$k°$後，可將電流密度表示爲：

$$i = nFk°c_A^s \exp\left(-\frac{\alpha F(E-E_f°)}{RT}\right) \tag{5.188}$$

根據(5.181)式和(5.183)式，可消去濃度與電流密度而得到電位隨時間的變化：

$$E = E_f° + \frac{RT}{\alpha F}\ln\left(\frac{2k°}{\sqrt{\pi D_A}}\right) + \frac{RT}{\alpha F}\ln\left(\sqrt{\tau}-\sqrt{t}\right) \tag{5.189}$$

由此可知，當施加的電流愈大時，τ將愈小，使不可逆系統的電位比可逆系統更偏向負方，但是在一般分析實驗中，工作電極與參考電極之間的歐姆電位差也會使測得的電位偏移，這兩種偏移必須加以區別。

對於準可逆系統，則需考慮逆反應的動力學，因此系統在通電之初假設已存在B，故在定電流操作下，包含濃度極化的電極動力學可表示爲：

$$i = i_0\left[\frac{c_A^s}{c_A^b}\exp\left(-\frac{\alpha F\eta}{RT}\right) - \frac{c_B^s}{c_B^b}\exp\left(\frac{(1-\alpha)F\eta}{RT}\right)\right] \tag{5.190}$$

其中η爲過電位。類比(5.179)式，可得知A和B的表面濃度爲：

$$c_A^s = c_A^b - \frac{2i}{F}\sqrt{\frac{t}{\pi D_A}} \tag{5.191}$$

$$c_B^s = c_B^b + \frac{2i}{F}\sqrt{\frac{t}{\pi D_B}} \tag{5.192}$$

接著將(5.191)式和(5.192)式代入(5.190)式，則可得到電流密度對電位的隱式（implicit expression）：

$$\frac{i}{i_0} = \left[1 - \frac{2i}{Fc_A^b}\sqrt{\frac{t}{\pi D_A}}\right]\exp\left(-\frac{\alpha F\eta}{RT}\right) - \left[1 + \frac{2i}{Fc_B^b}\sqrt{\frac{t}{\pi D_B}}\right]\exp\left(\frac{(1-\alpha)F\eta}{RT}\right) \tag{5.193}$$

如果實驗中，所施加的電流非常小，僅對平衡系統進行微擾動，則(5.193)式可透過線性化的方法縮減爲：

$$\eta = \frac{RT}{F}i\left[\frac{2}{F}\sqrt{\frac{t}{\pi}}\left(\frac{1}{c_A^b\sqrt{D_A}}+\frac{1}{c_B^b\sqrt{D_B}}\right)+\frac{1}{i_0}\right] \tag{5.194}$$

所得到的實驗數據可繪製在縱軸爲過電位η，橫軸爲$\sqrt{t}$的座標圖上，理想狀況下將可得到截距爲$1/i_0$的直線。

　　然而，無論系統的可逆性爲何，因爲操作在定電流下，電極的電位會隨時改變，此結果將會導致電雙層電容的充放電現象，進而改變電子轉移的電流。電雙層的充放電屬於非法拉第程序，電子轉移則爲法拉第程序，所對應的電流密度分別爲i_{nf}與i_f。若已知電雙層電容爲C_d，則非法拉第電流密度可表示爲：

$$i_{nf} = -C_d\frac{dE}{dt} \tag{5.195}$$

在此，兩種電流密度之和$i_{nf}+i_f=i$爲定值。在前述的電流微擾動系統中，若加入電雙層充放電的因素，則經過線性化之後的電位可表示爲：

$$\eta = \frac{RT}{F}i\left[\frac{2}{F}\sqrt{\frac{t}{\pi}}\left(\frac{1}{c_A^b\sqrt{D_A}}+\frac{1}{c_B^b\sqrt{D_B}}\right)+\frac{1}{i_0}-\frac{RT}{F}C_d\left(\frac{1}{c_A^b\sqrt{D_A}}+\frac{1}{c_B^b\sqrt{D_B}}\right)^2\right] \tag{5.196}$$

其中等式右側的第三項包含了C_d，代表電雙層充放電的效應。因此，藉由直線截距所計算出的i_0，將會因爲此項目而產生偏差。此外，若工作電極的表面出現了吸附區或氧化區，則施加的總電流I必須修正爲：

$$I = I_f + I_{nf} + I_{ox} + I_{ad} \tag{5.197}$$

其中I_{ad}與I_{ox}分別是吸附區與氧化區占去的電流，其面積不確定，可能沒有覆蓋整個電極，因此總電流密度不能表示爲各電流密度之和，使得定電流分析的功用受限。

3.線性電位操作

　　施加線性電位至電極上，可以得到不同的電流回應，可藉此分析電極反應的特性，故常用於電分析的實驗中，稱爲線性掃描伏安法（linear sweep

voltammetry，簡稱爲LSV）。電位以線性增加或減少的速率稱爲掃描速率
（scan rate），此速率對測得的伏安曲線影響很大。若施加電位的起點E_0不會
導致反應進行，此時測得的電流來自於非法拉第程序，隨著電位增加，電雙層
持續充電，直至某個電位之後，電流開始大幅度上升，代表法拉第程序開始進
行，亦即電荷轉移反應產生了電流，且因半反應的速率常數會隨電位提升，故
電流逐漸增大。然而，達到某個電位後，電極表面的反應物濃度將顯著降低，
反而導致電流減小，因而出現了電流峰（peak），代表反應物的輸送限制了
電極程序的速率。在所測得的伏安曲線中，峰電流（peak current）、峰電位
（peak potential）和峰形都會依反應特性或掃描速率而變，因此可藉由伏安
圖來反推電極程序的特性，成爲分析化學的有利工具。以下將分別討論可逆
型、不可逆型與準可逆型的反應系統，並且說明掃描速率的效應。

　　已知電極界面能夠進行可逆的反應：$A + e^- \rightleftharpoons B$，對電極施加不引起反應的
起始電位E_0後，開始隨時間以線性方式增加負電位，則電位可表示爲：

$$E = E_0 - vt \tag{5.198}$$

其中v是掃描速率。若電極程序進入擴散控制，則A和B在電極表面處的濃度應
滿足Nernst方程式：

$$E = E_f^\circ + \frac{RT}{nF} \ln \frac{c_A^s}{c_B^s} = E_0 - vt \tag{5.199}$$

且兩者在電極表面的擴散通量將會均衡：

$$D_A \frac{\partial c_A}{\partial x}\bigg|_{x=0} = -D_B \frac{\partial c_B}{\partial x}\bigg|_{x=0} \tag{5.200}$$

(5.199)式和(5.200)式共同組成了質量均衡方程式在$x=0$的邊界條件。已知未
反應前不存在B，A的起始濃度$c_A(x,0) = c_A^b$，且電解液視爲半無限，所以可使用
Laplace變換來求解質量均衡方程式。爲了簡化推導過程，定義兩者的表面濃
度比值可由特定參數θ與a決定：

$$\frac{c_A^s}{c_B^s} = \exp\left(\frac{nF}{RT}(E_0 - vt - E_f^\circ)\right) = \theta \exp\left(-\frac{nF}{RT}vt\right) = \theta \exp(-at) \tag{5.201}$$

其中$\theta = \exp\left(\dfrac{nF}{RT}(E_0 - E_f^\circ)\right)$且$a = \dfrac{nF\nu}{RT}$。注意此處雖然討論的是單電子反應，代表$n=1$，但考量公式的通用化，後續仍維持$n$的標示。接著採用Laplace變換，將A和B的質量均衡方程式轉換為：

$$\overline{c}_A(x,s) = \frac{c_A^b}{s} + A(s)\exp\left(-\sqrt{\frac{s}{D_A}}\,x\right) \tag{5.202}$$

$$\overline{c}_B(x,s) = B(s)\exp\left(-\sqrt{\frac{s}{D_B}}\,x\right) \tag{5.203}$$

(5.200)式的邊界條件也可透過Laplace變換而成為：

$$D_A \left.\frac{\partial \overline{c}_A}{\partial x}\right|_{x=0} = -D_B \left.\frac{\partial \overline{c}_B}{\partial x}\right|_{x=0} = \frac{\overline{i}(s)}{nF} \tag{5.204}$$

由此可解出$A(s)$與$B(s)$對電流密度$\overline{i}(s)$的關係：

$$B(s) = \frac{\overline{i}(s)}{nF\sqrt{D_B s}} = -A(s)\sqrt{\frac{D_A}{D_B}} = -A(s)\xi \tag{5.205}$$

其中的$\xi = \sqrt{D_A/D_B}$。將(5.205)式代回(5.202)式和(5.203)式，接著再透過Laplace逆變換，即可解出A和B的濃度分布，也能同時得到兩者的表面濃度：

$$c_A^s = c_A^b - \frac{1}{\sqrt{\pi D_A}} \int_0^t \frac{i(\tau)}{nF\sqrt{t-\tau}}\,d\tau \tag{5.206}$$

$$c_B^s = \frac{1}{\sqrt{\pi D_B}} \int_0^t \frac{i(\tau)}{nF\sqrt{t-\tau}}\,d\tau \tag{5.207}$$

由於(5.206)式和(5.207)式必須滿足(5.201)式，故可得到：

$$\int_0^t \frac{i(\tau)}{nF\sqrt{t-\tau}}\,d\tau = \frac{\sqrt{\pi D_A}}{1 + \theta\xi \exp(-at)}\,c_A^b \tag{5.208}$$

由此可知，電流密度i可從(5.208)式積分得到，但因(5.208)式不存在解析解，故僅能透過數值方法求得。先定義一個無因次電流密度$\chi(at)$：

$$\chi(at) = \frac{i(at)}{nFc_A^b\sqrt{a\pi D_A}} \tag{5.209}$$

其值可透過數值方法求出，例如25℃下的數值列於表5-4。因此，電流密度隨著時間的變化可以透過$\chi(at)$而表示成：

$$i = nFc_A^b\sqrt{a\pi D_A}\chi(at) \qquad\qquad (5.210)$$

由於施加電位與時間成線性關係，所以(5.210)式也同時代表了電流密度對電位的關係，典型的結果如圖5-8所示，可發現線性掃描的伏安曲線中存在著電流峰。

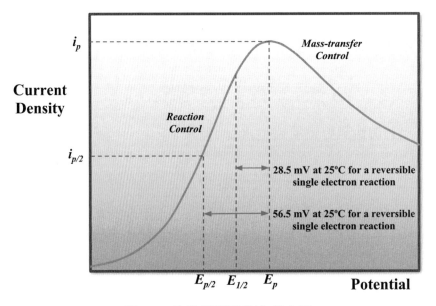

圖5-8　線性掃描電位之伏安圖

表5-4　無因次電流密度$\chi(at)$之數值解

$n(E-E_{1/2})$mV	$\sqrt{\pi}\chi(at)$	$n(E-E_{1/2})$mV	$\sqrt{\pi}\chi(at)$	$n(E-E_{1/2})$mV	$\sqrt{\pi}\chi(at)$
120	0.009	20	0.269	−28.5	0.4463
100	0.020	15	0.298	−30	0.446
80	0.042	10	0.328	−35	0.443
60	0.084	5	0.355	−40	0.438
50	0.117	0	0.380	−50	0.421
45	0.138	−5	0.400	−60	0.399
40	0.160	−10	0.418	−80	0.353

$n(E-E_{1/2})$mV	$\sqrt{\pi}\chi(at)$	$n(E-E_{1/2})$mV	$\sqrt{\pi}\chi(at)$	$n(E-E_{1/2})$mV	$\sqrt{\pi}\chi(at)$
35	0.185	−15	0.432	−100	0.312
30	0.211	−20	0.441	−120	0.280
25	0.240	−25	0.445	−150	0.245

從表5-4中可發現，$\sqrt{\pi}\chi(at)$的最大值約為0.4463，所對應的即為峰電流密度i_p：

$$i_p = 0.4463c_A^b\sqrt{\frac{n^3F^3D_Av}{RT}} \tag{5.211}$$

式中顯示了i_p正比於主體濃度c_A^b，也正比於掃描速率v的平方根。發生峰電流的電位稱為峰電位E_p，其值與掃描速率v無關。另外可發現E_p與半波電位$E_{1/2}$的關係為：

$$E_p = E_{1/2} - 1.109\frac{RT}{nF} \tag{5.212}$$

對於25℃下的單電子反應，E_p與$E_{1/2}$相差28.5 mV。另可定義出現峰電流密度i_p之一半時的電位為半峰電位$E_{p/2}$（half-peak potential），它與半波電位$E_{1/2}$的關係為：

$$E_{p/2} = E_{1/2} + 1.09\frac{RT}{nF} \tag{5.213}$$

對於無法預先知道半波電位$E_{1/2}$的反應，可從線性掃描電位實驗得到伏安圖後，計算峰電位E_p和半峰電位$E_{p/2}$之差，對一個完全可逆的反應，其差值必須為：

$$|E_p - E_{p/2}| = 2.20\frac{RT}{nF} \tag{5.214}$$

對於25℃下的單電子反應，兩者約相差56.5 mV。

當線性伏安法用於電化學不可逆反應：$A+e^- \rightarrow B$，A的質量均衡方程式位於電極表面的邊界條件將轉變為：

$$\frac{i(t)}{nF} = D_A\frac{\partial c_A}{\partial x}\bigg|_{x=0} = k°c_A^s\exp\left(-\frac{\alpha nF}{RT}(E-E_f°)\right) \tag{5.215}$$

經過類似的求解步驟後，再令$b = \dfrac{\alpha n F v}{RT}$，則可得到不可逆反應的電流密度：

$$i = n F c_A^b \sqrt{b \pi D_A} \chi(bt) \tag{5.216}$$

且可發現$\sqrt{\pi} \chi(bt) = 0.4958$時會出現峰電流密度$i_p$：

$$i_p = 0.4958 c_A^b \sqrt{\dfrac{\alpha n^3 F^3 D_A v}{RT}} \tag{5.217}$$

式中指出i_p仍然正比於主體濃度c_A^b與掃描速率v的平方根。接著，也可得到峰電位E_p與半峰電位$E_{p/2}$的差值：

$$| E_p - E_{p/2} | = 1.875 \dfrac{RT}{\alpha n F} \tag{5.218}$$

對於25℃下的單電子反應，E_p與$E_{1/2}$相差$\dfrac{47.7}{\alpha F}$ mV。但需注意，不可逆系統的峰電位E_p與掃描速率v有關，有別於可逆系統。

對於準可逆反應，質量均衡方程式位於電極表面的邊界條件將轉變為：

$$\dfrac{i(t)}{nF} = k^\circ \exp\left(-\dfrac{\alpha n F}{RT}(E - E_f^\circ) \right) \left[c_A^s - c_b^s \exp\left(\dfrac{nF}{RT}(E - E_f^\circ) \right) \right] \tag{5.219}$$

經過相似的求解步驟後，可發現電流密度會受到α和參數Λ的影響，而後者的定義為：

$$\Lambda = k^\circ \sqrt{\dfrac{RT}{n F D_A^{1-\alpha} D_B^\alpha v}} \tag{5.220}$$

當$\Lambda > 10$時，伏安曲線與可逆系統接近；當Λ愈小時，則愈趨近不可逆系統，峰電位E_p愈傾向於延後出現，且峰電流密度i_p愈低，亦即伏安曲線較為扁平。

在電分析實驗中，為了測試反應系統的可逆性，還可使用循環電位掃描法，或稱為循環伏安法（cyclic voltammetry，簡稱為CV）。以可逆的還原反應$A + e^- \rightarrow B$為例，在第一階段中，先施加負向增加的電位，使B持續產生，之後於某個時刻λ切換電位方向，改朝正向線性增加，由於電極附近的B具有反應性，故可發生氧化反應$B \rightarrow A + e^-$。當正向增加的電位回到起點E_0後，即完成一個循環，此時還可進行第二循環的掃描。在電流隨時間而變的曲線中，可於第一階段發現電流峰，第二階段觀察到電流谷，電流的極大值和極小值都源

自於電極表面的質傳控制現象。

　　由於兩階段的電位變化可分別表示為：

$$E=E_0-vt \quad \text{for} \quad 0 \le t \le \lambda \tag{5.221}$$

$$E=E_0-2v\lambda+vt \quad \text{for} \quad \lambda \le t \le 2\lambda \tag{5.222}$$

所以吾人可使用(5.221)式和(5.222)式將電流對時間的曲線轉換成電流對電位的曲線，亦即伏安曲線，整體結果如圖5-9所示，從中可發現經歷一個循環後，可得到封閉的曲線。由於常有研究者習慣將氧化段繪於伏安圖上半部，所以電流的最大與最小值都稱為峰電流。但無論循環伏安圖中的座標如何配置，有四個數據特別值得注意，分別是還原峰電位E_{pc}、還原峰電流密度i_{pc}、氧化峰電位E_{pa}與氧化峰電流密度i_{pa}。在實驗過程中，第一階段常稱為正向掃描，第二階段稱為逆向掃描，從正向掃描得到的峰電流密度較為明確，只需扣除非法拉第電流即可求得，但在逆向掃描時，所出現的最小電流會受到切換電位E_λ的影響，因為迴轉的時間較早，會得到位置較高的電流谷，反之迴轉時間較遲，會得到位置較低的電流谷，但在理論上兩者的逆向峰電流密度應該相同，因此必須準確訂定逆向電流峰的基線（base line），才能得到有效的峰電流密度。

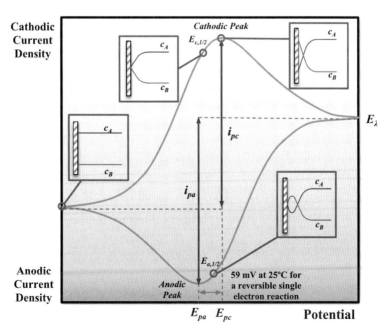

圖5-9　可逆反應之循環掃描伏安圖

　　對於可逆性反應，陰極電流峰與陽極電流峰具有固定的特性，包括兩個峰電流必須相等，且正比於掃描速率的平方根；兩個峰電位的差額也必須為定值，但與掃描速率無關：

$$\left| \frac{i_{pa}}{i_{pc}} \right| = 1 \tag{5.223}$$

$$\left| E_{pa} - E_{pc} \right| = 2.3 \frac{RT}{nF} \tag{5.224}$$

對一個發生在25℃下的單電子反應，峰電位的差額約為59 mV。

　　然而，對於準可逆反應，掃描速率的快慢將會大幅影響陰極電流峰與陽極電流峰的形狀，例如兩峰的分離程度會隨著掃描速率而增大。對於不可逆反應，正向掃描的產物B將難以氧化回A，使得逆向過程中不易出現等價的電流峰，這是不可逆系統的特點。對於多步驟的電子轉移程序，在正向掃描的過程中，將會陸續出現數個電流峰，但這些電流峰可能足以辨識，但也可能互相重疊，而且後續的峰電流密度也因為基線不明而難以估計其數值。由此可知，循環伏安法雖然已被廣泛使用，但它的用途往往僅止於定性，因為定量上的諸多限制反而使其他方法被優先採用。

4. 擾動電位操作

　　另一方面，採用擾動電位法時，常見的策略是施加一個正弦電位於工作電極上，週期性地改變電極界面的特性，以從中觀測電化學特性。當電極程序受到擴散控制時，成分A的擴散可使用Fick第二定律描述：

$$\frac{\partial c_A}{\partial t} = D_A \frac{\partial^2 c_A}{\partial x^2} \tag{5.225}$$

在半無限的條件下，從(5.225)式可解出成分A的濃度分布。但當電極電位受到擾動時，濃度分布也將產生擾動。已知濃度的穩態值為$\overline{c}_A$，電位擾動的頻率為ω，則濃度隨時間的變化可表示為：

$$c_A = \overline{c}_A + \text{Re}\left\{ \tilde{c}_A \exp(j\omega t) \right\} \tag{5.226}$$

其中$j = \sqrt{-1}$；Re代表引數中的實部；$\tilde{c}_A$為濃度波動，但以複數表示，因為濃度

波動可能與電位波動不同步，此處引用複數將有利於求解擾動下的濃度分布。由於穩態下，$\frac{\partial \bar{c}_A}{\partial t} = 0$，故將(5.226)式代入(5.225)式後，可得到$\tilde{c}_A$的微分方程式：

$$D_A \frac{\partial^2 \tilde{c}_A}{\partial x^2} - j\omega \tilde{c}_A = 0 \qquad (5.227)$$

若使用半無限的條件，則(5.227)式的兩個邊界條件將成為：

$$\tilde{c}_A(0) = \tilde{c}_A^s \qquad (5.228)$$

$$\lim_{x \to \infty} \tilde{c}_A(x) = 0 \qquad (5.229)$$

代表在電極表面的擾動為定值，在極端遠處則不受擾動。因此，可解得：

$$\tilde{c}_A(x) = \tilde{c}_A^s \exp(-x\sqrt{\frac{j\omega}{D_A}}) \qquad (5.230)$$

已知電流密度i取決於施加電位E和表面濃度c_A^b，故可表示為兩者的函數：$i = i(E, c_A^s)$。在小幅度的擾動下，可將電流密度的Taylor展開式線性化，化簡後可得到電流的擾動：

$$\tilde{i} = \left(\frac{\partial i}{\partial E}\right)_{c_A^s} \tilde{E} + \left(\frac{\partial i}{\partial c_A^s}\right)_E \tilde{c}_A^s \qquad (5.231)$$

在2-4節中曾提及，施加電位對法拉第電流密度的比值稱為電荷轉移電阻R_{ct}，所以在(5.231)式中的第一個偏微分項可視為電荷轉移的電導，或表示為：

$$-\left(\frac{\partial i}{\partial E}\right)_{c_A^s} = \frac{1}{R_{ct}} \qquad (5.232)$$

在(5.231)式中的第二個偏微分項則代表電位不變下的電流密度對表面濃度之關係。對於表面濃度的波動$\tilde{c}_A^s$，可從質傳控制下的法拉第定律來推導，去除了穩態值之後，再代入(5.230)式的微分，可得到$\tilde{c}_A^s$與$\tilde{i}$的關係：

$$\frac{\tilde{i}}{nF} = D_A \left(\frac{d\tilde{c}_A}{dx}\right)_{x=0} = -\sqrt{j\omega D_A} \tilde{c}_A^s \qquad (5.233)$$

將(5.232)式和(5.233)式共同代入(5.231)式後，經過重新整理，可得到電位擾

動 $\tilde{E}$ 對 $\tilde{i}$ 的關係：

$$\tilde{E} = -R_{ct}\tilde{i} - \left(\frac{\partial i}{\partial c_A^s}\right)_E \frac{R_{ct}}{nF\sqrt{j\omega D_A}}\tilde{i} \tag{5.234}$$

由於施加擾動電位後，可測得電流擾動，並得到兩者的比值，此值即為系統的總阻抗。在2-4節已提及，界面反應的總阻抗扣除溶液電阻與電雙層電容後，將剩下電荷轉移電阻 R_{ct} 和質傳阻抗 Z_W，因此從（5.234）式可發現：

$$Z_W = -\left(\frac{\partial i}{\partial c_A^s}\right)_E \frac{R_{ct}}{nF\sqrt{j\omega D_A}} \tag{5.235}$$

已知 $\dfrac{1}{\sqrt{j}} = \dfrac{1-j}{\sqrt{2}}$，所以定義參數 σ 為：

$$\sigma = -\left(\frac{\partial i}{\partial c_A^s}\right)_E \frac{R_{ct}}{nF\sqrt{2D_A}} \tag{5.236}$$

雖然式中的 $(\partial i/\partial c_A^s)_E$ 目前未知，但卻可以透過電極動力學來求得。得知了 σ 以後，質傳阻抗 Z_W 即可化簡為：

$$Z_W = \frac{\sigma}{\sqrt{\omega}} - j\frac{\sigma}{\sqrt{\omega}} \tag{5.237}$$

從中可發現 Z_W 的實部與虛部的絕對值相等。在擾動電位的實驗中，因為電流與電位的關係複雜，所以通常不會以伏安圖來呈現系統特性，常用的數據圖則是系統總阻抗隨著頻率變化的Bode圖，或總阻抗的虛部對實部的Nyquist圖，典型的結果顯示於圖5-10中。

　　電化學系統中最簡單的等效電路也顯示於圖5-10中，是由溶液電阻 R_S 與電極界面的總阻抗 Z_E 串聯，Z_E 則是由電雙層電容 C_{dl} 與反應阻抗 Z_F 的並聯所組成，電流行經電雙層電容時稱為非法拉第程序，行經反應阻抗時稱為法拉第程序。如前所述，反應阻抗 Z_F 還可以分解成電荷轉移電阻 R_{ct} 和質傳阻抗 Z_W。在擾動電位的實驗中，會先從高頻開始測試，再逐漸降低電位波動的頻率。然而，在極高頻率的擾動下，從(5.237)式可發現，質傳阻抗 Z_W 將會消失，代表電極程序受到反應控制，所以只剩下溶液電阻 R_S、電荷轉移電阻 R_{ct} 與電雙層電容 C_{dl} 的效應。在Nyquist圖中，常以虛部阻抗的負值 (Z_j) 對實部阻抗的正值 (Z_i) 作圖，由 R_S、R_{ct} 與 C_{dl} 組合的阻抗將在圖中呈現出一個半圓。相對地，在低

頻的擾動下，(5.237)式所述的質傳阻抗Z_W將會成為一條斜率為1的直線，且頻率愈低，Z_W愈大，如圖5-10所示。

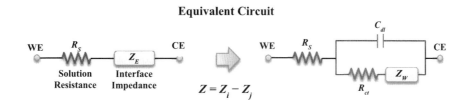

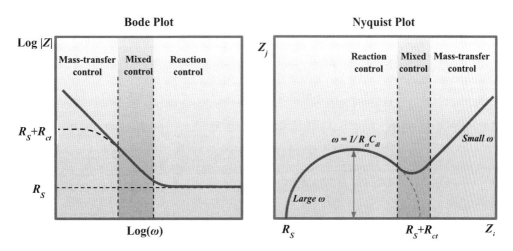

圖5-10 擾動電位法之阻抗譜

所施加的擾動電位實際上可以拆解成穩態電位$\bar{E}$和波動電位，亦即 $E = \bar{E} + \mathrm{Re}\{\tilde{E}\exp(j\omega t)\}$，其中$\tilde{E}$是波動的振幅。當穩態電位$\bar{E}$恰等於平衡電位$E_{eq}$時，工作電極將會在四分之一週期後切換極性，代表陰陽極輪流出現在溶液界面，如同工作電極連接上交流電源，因此這時的電化學阻抗譜也稱為交流阻抗譜（AC impedance spectroscopy）。

從第四章已知，電極動力學可使用Butler-Volmer方程式描述：

$$i = i_0\left[\frac{c_A^s}{c_A^b}\exp\left(-\frac{\alpha nF\eta}{RT}\right) - \frac{c_B^s}{c_B^b}\exp\left(\frac{(1-\alpha)nF\eta}{RT}\right)\right] \qquad (5.238)$$

等號右側即代表了前述的電流密度函數$i(E, c_A^s, c_B^s)$，但此處不只相關於成分A的表面濃度，也關聯到成分B的表面濃度。在交流阻抗譜的實驗中，通常所施加

的交流電只擁有微小的振幅，不會讓工作電極偏離平衡太遠，所以(5.238)式可以線性化而成為：

$$i = i_0 \left[\frac{c_A^s}{c_A^b} \left(1 - \frac{\alpha nF\eta}{RT} \right) - \frac{c_B^s}{c_B^b} \left(1 - \frac{(1-\alpha)nF\eta}{RT} \right) \right] \qquad (5.239)$$

此時還可假設 $\frac{c_A^s}{c_A^b} \approx \frac{c_B^s}{c_B^b} \approx 1$，使得(5.239)式進一步成為：

$$i = i_0 \left[\frac{c_A^s}{c_A^b} - \frac{c_B^s}{c_B^b} - \frac{nF\eta}{RT} \right] \qquad (5.240)$$

又因為 $\eta = E - E_{eq}$，所以整理(5.240)式後，可得到電位 E 對電流密度 i 的關係：

$$E - E_{eq} = \frac{RT}{nF} \left(\frac{c_A^s}{c_A^b} - \frac{c_B^s}{c_B^b} - \frac{i}{i_0} \right) \qquad (5.241)$$

由此式可接著算出微擾動下的電荷轉移電阻 R_{ct}：

$$R_{ct} = -\frac{1}{\left(\dfrac{\partial i}{\partial E} \right)} = \frac{RT}{nFi_0} \qquad (5.242)$$

在電位不變下，電流密度 i 對兩成分的表面濃度之微分則為：

$$\frac{\partial i}{\partial c_A^s} = \frac{i_0}{c_A^b} = \frac{RT}{nFc_A^b R_{ct}} \qquad (5.243)$$

$$\frac{\partial i}{\partial c_B^s} = -\frac{i_0}{c_B^b} = -\frac{RT}{nFc_B^b R_{ct}} \qquad (5.244)$$

根據(5.240)式，電流擾動可表示為：

$$\tilde{i} = \left(\frac{\partial i}{\partial E} \right) \tilde{E} + \left(\frac{\partial i}{\partial c_A^s} \right) \tilde{c}_A^s + \left(\frac{\partial i}{\partial c_B^s} \right) \tilde{c}_B^s \qquad (5.245)$$

將(5.242)式、(5.243)式和(5.244)式代入後，可推得參數 σ：

$$\sigma = \frac{RT}{(nF)^2} \left(\frac{1}{c_A^b \sqrt{2D_A}} + \frac{1}{c_B^b \sqrt{2D_B}} \right) \qquad (5.246)$$

接著只需代入(5.237)式即可得到質傳阻抗 Z_W，代表兩成分的擴散係數和主體

濃度將會決定交流阻抗譜中的質傳效應。

5-5-4 球形電極系統

　　除了平板以外，電極系統還有許多其他類的幾何外形，例如懸汞電極（hanging mercury electrode）的液滴可視爲球狀，端點絕緣的細線電極（wire electrode）之側面可視爲圓柱狀，而電分析中廣泛使用的旋轉盤電極（rotating disk electrode）雖然仍爲平面，但物質也會沿著徑向擴散。因此，當要處理這些有別於平板電極的系統時，質量均衡方程式必須使用向量－張量形式：

$$\frac{\partial c_A}{\partial t} = D_A \nabla \cdot \nabla c_A \tag{5.247}$$

其中的算符$\nabla \cdot \nabla$也可表示爲∇^2，且必須依照所用座標來展開成微分項。例如在球座標中，若已知應變數在各角度對稱，則∇^2可簡化爲：

$$\nabla^2 = \frac{\partial^2}{\partial r^2} + \frac{2}{r}\frac{\partial}{\partial r} \tag{5.248}$$

因此對於懸汞電極，可假設爲球對稱，使得反應物A的質量均衡方程式成爲：

$$\frac{\partial c_A}{\partial t} = D_A \left(\frac{\partial^2 c_A}{\partial r^2} + \frac{2}{r}\frac{\partial c_A}{\partial r} \right) \tag{5.249}$$

相似地，在半無限電解液的假設下，其起始條件與邊界條件分別爲：

$$c_A(r,0) = c_A^b \tag{5.250}$$

$$c_A(R,t) = c_A^s \tag{5.251}$$

$$\lim_{r \to \infty} c_A(r,t) = c_A^b \tag{5.252}$$

其中R爲汞電極的半徑。在表面反應速率極快的情形下，還能假設表面濃度$c_A^s \to 0$，因此吾人可採用一個組合變數ω_A：

$$\omega_A = r c_A \tag{5.253}$$

使得質量均衡方程式轉變爲標準型的拋物線偏微分方程式：

$$\frac{\partial \omega_A}{\partial t} = D_A \frac{\partial^2 \omega_A}{\partial r^2} \qquad (5.254)$$

此時再假設新變數 Γ：

$$\Gamma = \frac{r-R}{2\sqrt{D_A t}} \qquad (5.255)$$

可使(5.254)式轉變爲常微分方程式：

$$\frac{d^2 \omega_A}{d\Gamma^2} + 2\Gamma \frac{d\omega_A}{d\Gamma} = 0 \qquad (5.256)$$

之後，透過連續積分並使用誤差函數即能得到 ω_A 的解。接著運用電極表面上的邊界條件，再將變數 Γ 還原回時間與徑向位置，即可得到濃度變化的定解：

$$c_A(r,t) = c_A^b \left[1 - \frac{R}{r} \left(1 - erf(\frac{r-R}{2\sqrt{D_A t}}) \right) \right] \qquad (5.257)$$

爲了精簡(5.257)式，還可使用誤差補函數（complementary error function）：

$$erfc(x) = 1 - erf(x) \qquad (5.258)$$

使得濃度分布成爲：

$$c_A(r,t) = c_A^b \left[1 - \frac{R}{r} erfc\left(\frac{r-R}{2\sqrt{D_A t}} \right) \right] \qquad (5.259)$$

接著可使用電極表面的擴散通量來計算電流密度 i：

$$i = -nF \left. N_{d,A} \right|_{r=R} = nFD_A \left. \frac{\partial c_A}{\partial r} \right|_{r=R} = \frac{nF}{2} \sqrt{\frac{D_A}{t}} \left. \frac{\partial c_A}{\partial \Gamma} \right|_{\Gamma=0}$$
$$= nFD_A c_A^b \left(\sqrt{\frac{1}{\pi D_A t}} + \frac{1}{R} \right) \qquad (5.260)$$

此結果與平板電極的Cottrell方程式不同，因爲(5.260)式多出了等號右側的第二項，儘管第一項等於平板電極的Cottrell電流密度 i_d。如前所述，對平板電極施加足夠大的固定過電位之後，其電流密度 i_d 將會隨著時間一直遞減到0，然而相同的條件施加在球狀電極時，最終的電流密度不會下降到0，而是一個

穩定值：

$$\lim_{t\to\infty} i = \frac{nFD_A c_A^b}{R} \tag{5.261}$$

但在實際的分析實驗中，當擴散層增厚到毫米等級之後，對流現象會出現，因此這個穩態電流難以用實驗來驗證，除非將電極的尺寸縮小到微米等級，方可縮短接近穩態的時間，以利於觀察穩態電流。這類球半徑小於25 μm的電極稱為微電極（microelectrode），其電化學特性有別於一般肉眼可辨識的大電極（macroelectrode）。在微電極上，經過一段時間t後，在$r-R \ll 2\sqrt{D_A t}$的範圍內，濃度分布可近似為：

$$c_A(r,t) = c_A^b \left(1 - \frac{R}{r}\right) \tag{5.262}$$

使其電流密度i成為：

$$i = nFD_A \frac{\partial c_A}{\partial r}\bigg|_{r=R} = \frac{nFD_A c_A^b}{R} \tag{5.263}$$

代表微電極只需經歷更短的時間，即可出現穩態電流。相對地，大電極在短時間內，因為$R \gg 2\sqrt{D_A t}$，使得(5.260)式右側的第二項遠小於第一項，故其行為類似平板電極。待更長的時間後，成分A的側向擴散已不可忽略，才使得球形電極的行為開始異於平板電極。至於其他形狀的大電極與微電極之特性，會在電化學分析的章節中詳述。

範例5-6

一個溶液中含有1 mM的O，其擴散係數為10^{-5} cm^2/s，可進行單電子轉移而還原成R。若有兩個工作電極，一個為平面型，一個為圓球型，兩者皆具有0.02 cm^{2}的面積，且都操作在擴散限制下，試問經歷多少時間之後，兩電極所測得的電流會有10%的差距？此外，兩個電極系統經過10 s的操作後，產生的R有多少比例的差距？

解 1.根據(5.92)式，在平面電極上測到的擴散控制電流密度為$i_{planar} = nFc_A^b \sqrt{\dfrac{D_A}{\pi t}}$。

2. 根據(5.260)式，在圓球電極上測到的擴散控制電流密度為

$$i_{spherical} = nFD_A c_A^b \left(\sqrt{\frac{1}{\pi D_A t}} + \frac{1}{R} \right)。且已知圓球半徑為 R = \sqrt{\frac{2 \times 10^{-6}}{4\pi}} = 4.0 \times 10^{-4} \text{ m}。$$

3. 當兩者差距10%時，亦即 $D_A \left(\sqrt{\frac{1}{\pi D_A t}} + \frac{1}{R} \right) = 1.1 \sqrt{\frac{D_A}{\pi t}}$，可經整理後得到：

$$t = \frac{R^2}{100\pi D_A} = \frac{(4.0 \times 10^{-4})^2}{(100\pi)(10^{-9})} = 0.5 \text{ s}。$$

4. 根據Faraday定律，R的產生量正比於消耗電荷量。在固定面積下，此量亦正比於電流密度對時間的積分。因此平面電極的積分為：

$$\int_0^{t'} i_{planar} dt = nFc_A^b \sqrt{\frac{D_A}{\pi}} \int_0^{t'} \frac{dt}{\sqrt{t}} = 2nFc_A^b \sqrt{\frac{D_A t'}{\pi}}，圓球電極的積分為：\int_0^{t'} i_{spherical} dt =$$

$$nFD_A c_A^b \int_0^{t'} \left(\sqrt{\frac{1}{\pi D_A t}} + \frac{1}{R} \right) dt = nFc_A^b \left(2\sqrt{\frac{D_A t'}{\pi}} + \frac{D_A t'}{R} \right)。當 t' = 10 \text{ s} 時，兩個系統的差$$

距比例為：$\dfrac{\sqrt{\pi D_A t'}}{2R} = \dfrac{\sqrt{(\pi)(10^{-9})(10)}}{(2)(4.0 \times 10^{-4})} = 22\%$。

　　總結以上，5-5節所討論的內容牽涉擴散控制與混合控制的電化學系統，從理論面必須透過各成分的質量均衡方程式與適宜的起始與邊界條件，才能求得反應物或生成物隨著時間與空間的變化情形，之後得以轉換為電流對電位的關係，使系統的電化學行為更加清晰。從實驗的角度，由於微小區域內的濃度分布無法測量，通常只能觀察工作電極與參考電極間的電位差，以及工作電極與對應電極間的電流，因此在實務面卻是先得到電性，再從中推理系統內的動力學與輸送現象。然而兩種方法可以互相印證，以確定實驗設計的合宜性或理論推導的合理性。

5-6 對流控制系統

　　在電化學系統中包含了擴散、對流與遷移三種輸送現象，但因一般離子在水溶液中的擴散係數約在 10^{-5} cm²/s的等級，使得純粹擴散所導致的質傳速率相當緩慢。因此，有許多電化學系統被設計成電解液可相對於電極而運動，產

生相對運動的方式分成三種，第一是驅使電極相對於靜止溶液而移動、振動或轉動，常見的例子是電化學分析中的旋轉盤電極系統；第二是驅動溶液流過靜止的電極，常見的例子是高效液相層析儀（HPLC）所連接的電化學感測器；第三則是電極與溶液都在運動，常見的例子是工業電鍍廢水的重金屬回收裝置，其中的電極維持定速旋轉，溶液則持續流經電極。無論電化學系統屬於上述何類，主要都是藉由對流現象來維持反應物或生成物的高質傳速率。

　　藉由對流作用來輔助電化學程序的優點是較快進入穩定態，並使分析實驗得到更精確的結果，因為電雙層的效應比較不會影響分析。儘管此方法能夠快速進入穩定態，使程序中的各種變數不隨時間而變，但仍可藉由流體相對電極的轉速或移速來觀察時間規模（time scale）的效應，以調整反應的電化學可逆性。然而，對流系統的缺點是重現流場有其困難，且欲使用數學模型模擬程序時，將面臨非常複雜的非線性微分方程式，難以求得解析答案。因此，少數具有解析函數解的電化學系統已被廣泛地設計成分析儀器或工業裝置，因為這類系統具有易控制且能再現的流場特性。以下即分節介紹這些廣為應用的對流式電極系統。

5-6-1 流場與質傳

　　如5-2節所述，在稀薄溶液中，吾人可使用Nernst-Planck方程式來表示成分j的總質傳通量，其中包含了遷移、擴散和對流作用。若電解液中已加入高濃度的支撐電解質，則稀薄成分j的遷移通量將會減小到足以忽略。此外，對流作用中的流速$\mathbf{v}$必須連結流體力學的運動方程式才能解析，而擴散作用中的濃度c_j則需關聯到該成分的質量均衡方程式，因此問題非常複雜。但在本節中，吾人只討論沒有發生勻相反應、擴散係數固定、成分j的含量稀薄且電解液屬於不可壓縮流體的系統，因為其結果較為單純。因此，忽略了遷移現象後，成分j的質量均衡方程式可簡化為：

$$\frac{\partial c_j}{\partial t} = -D_j \nabla^2 c_j + \mathbf{v} \cdot \nabla c_j \tag{5.264}$$

相較於純擴散的電極系統，對流式系統中多考慮了等式右側的第二項，而這一項中的流速$\mathbf{v}$必須關聯到流體力學中的連續方程式與運動方程式。

對於不可壓縮的牛頓流體，在定溫下其密度與黏度皆能維持定值，所以連續方程式與運動方程式可以簡化為：

$$\nabla \cdot \mathbf{v} = 0 \qquad\qquad (5.265)$$

$$\rho \frac{\partial \mathbf{v}}{\partial t} + \rho \mathbf{v} \cdot \nabla \mathbf{v} = -\nabla p - \mu \nabla^2 \mathbf{v} + F \qquad\qquad (5.266)$$

在此僅考慮層流的型態與重力場的作用，所以流速不得過快，且單位體積所承受的本體力$F=\rho g$。

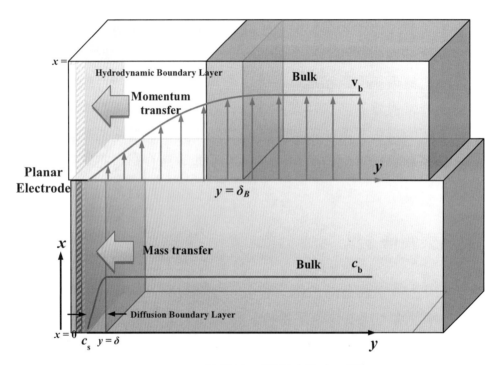

圖5-11　擴散邊界層與流體邊界層

由於此時對流與擴散並存，在求解問題之前可先討論最接近電極表面的溶液現象。以平板電極外的層流為例，如圖5-11所示，電解液沿著平行於電極的x方向流動，在主體區的流速為$\mathbf{v}_b$，在電極與溶液界面處的流速則為0，速度往遠離電極表面的y方向遞增，直至$y=\delta_B$處，流速到達$\mathbf{v}_b$。因此可定義表面$y=0$至主體區邊緣$y=\delta_B$以內的區域為流體邊界層（hydrodynamic boundary layer），或稱為Prandtle邊界層。已知電解液的密度ρ與黏度μ，從(5.265)式和(5.266)式可得到速度場的近似解，並推導出流體邊界層的有效厚度δ_B：

$$\delta_B \approx \sqrt{\frac{\nu x}{\mathbf{v}_b}} \tag{5.267}$$

其中ν稱為動黏度（kinematic viscosity），是黏度對密度的比值，亦即$\nu = \frac{\mu}{\rho}$，其SI制單位與擴散係數同為m^2/s。但需注意，此流體的邊界層與成分j的擴散邊界層具有完全迥異的概念，前者指的是速度變化的區域，代表動量在其間傳遞，傳遞的速率受到動黏度影響；而後者指的是濃度變化的區域，代表物質在其間傳遞，傳遞的速率受到擴散係數影響。以一般的水溶液為例，典型的動黏度具有$10^{-6}\,m^2/s$的數量級，而典型的離子擴散係數則擁有$10^{-9}\,m^2/s$的數量級，兩者相距1000倍，這個倍數意味著濃度隨距離的變化比速度顯著許多，可如圖5-11所示。根據輸送現象的近似理論，擴散邊界層厚度與流體邊界層厚度之比值大致符合下列關係：

$$\frac{\delta}{\delta_B} \approx \left(\frac{D_j}{\nu} \right)^{1/3} \tag{5.268}$$

代表在一般的水溶液中，擴散層厚度δ僅為流體邊界層厚度δ_B之$1/10$。若將(5.268)式代入(5.267)式，則可得：

$$\delta \approx D_j^{1/3} \nu^{1/6} \mathbf{v}_b^{-1/2} x^{1/2} \tag{5.269}$$

因此可知，沿著流動方向，擴散層將會增厚，且隨著流速愈快時，擴散層則會愈薄，代表在對流式的電化學系統中，擴散層的特性將隨流場而變，有別於靜止的擴散系統。

在對流系統中，吾人可將成分j自表面往主體區增濃的區域視為擴散層，如圖5-11所示，其有效厚度則可從表面$y=0$處的濃度梯度來預測，亦即：

$$\delta = \frac{c_j^b - c_j^s}{\left(\dfrac{\partial c_j}{\partial y} \right)_{y=0}} \tag{5.270}$$

當系統操作在質傳限制下，因為在擴散層內朝向電極的擴散通量將正比於電流密度，亦即：

$$i = nFD_j \left(\frac{c_j^b - c_j^s}{\delta} \right) \qquad (5.271)$$

所以電流密度約可表示為：

$$i = nFD_j^{2/3} v^{-1/6} \mathbf{v}_b^{1/2} x^{-1/2} (c_j^b - c_j^s) \qquad (5.272)$$

由此可發現，在對流式系統中，電流密度 i 與 $D_j^{2/3}$ 成正比；但在純擴散式系統中，電流密度 i 與 D_j 成正比。

5-6-2 對流式平板電極

以下將使用近似法求解穩定態下的對流式平板電極系統，在求解過程中，會先從連續方程式與運動方程式找出速度分布，再將速度代入質量均衡方程式以求得濃度分布。基於對稱關係，可假設速度場為二維，亦即 $\mathbf{v}=(\mathbf{v}_x, \mathbf{v}_y)$，因此從連續方程式可得到：

$$\frac{\partial \mathbf{v}_x}{\partial x} + \frac{\partial \mathbf{v}_y}{\partial y} = 0 \qquad (5.273)$$

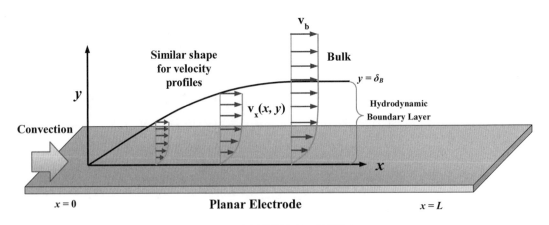

圖5-12　平板電極外的對流

如圖5-12所示，因為流體邊界層的尺寸遠小於一般電極之長度或寬度，

故主要的動量變化將發生在y方向上；相對之下，x方向的動量變化則可忽略。此外，再假設壓力與重力之作用可抵消，故可得到簡化形式的x分量運動方程式：

$$\mathbf{v}_x \frac{\partial \mathbf{v}_x}{\partial x} + \mathbf{v}_y \frac{\partial \mathbf{v}_x}{\partial y} = \nu \frac{\partial^2 \mathbf{v}_x}{\partial y^2} \tag{5.274}$$

若電解液的體積足夠，還可以使用半無限假設，使得對應的邊界條件成為：

1. $x=0$處，$\mathbf{v}_x=\mathbf{v}_b$且$\mathbf{v}_y=0$；
2. $y=0$處，$\mathbf{v}_x=0$且$\mathbf{v}_y=0$；
3. $y\to\infty$處，$\mathbf{v}_x=\mathbf{v}_b$且$\mathbf{v}_y=0$；

其中$x=0$代表電極迎接溶液之端點。

至此，求解運動方程式的條件已足夠，然而處理的過程卻仍然困難。但我們可以先分析方程式中各項之數量級，以利於後續求解工作。若將邊界層內的速度$\mathbf{v}_x$和$\mathbf{v}_y$平均化，且使用算符O表示數量級（order of magnitude），則可使微分項的數量級換算為以下關係：

$$O(\frac{\partial \mathbf{v}_x}{\partial x}) = O(\frac{\mathbf{v}_b - \mathbf{v}_x}{x}) \approx O(\frac{\mathbf{v}_b}{x}) \tag{5.275}$$

$$O(\frac{\partial \mathbf{v}_y}{\partial y}) = O(\frac{\mathbf{v}_y\big|_{y=\delta_B}}{\delta_B}) \tag{5.276}$$

此結果共同代入(5.273)式後可得到：

$$O(\mathbf{v}_y\big|_{y=\delta_B}) \approx O(\frac{\mathbf{v}_b}{x}\delta_B) \tag{5.277}$$

再將(5.277)式應用於(5.274)式中，可得到：

$$O(\mathbf{v}_b \frac{\mathbf{v}_b}{x}) + O(\mathbf{v}_y\big|_{y=\delta_B} \cdot \frac{\mathbf{v}_b}{\delta_B}) = O(\nu \frac{\mathbf{v}_b}{\delta_B^2}) \tag{5.278}$$

整理後可知：

$$O(\delta_B) \approx O(\sqrt{\frac{\nu x}{\mathbf{v}_b}}) \tag{5.279}$$

此結果與(5.267)式的概念一致。接著，可再考慮流體邊界層的內部。雖然電

極上各位置的邊界層厚度不同，但其速度分布曲線可能具有相似的形狀，所以可假設速度分布曲線只隨著某一個無因次參數而變，如此將可簡化求解過程。因此，定義此無因次參數為：

$$\psi = y \sqrt{\frac{\mathbf{v}_b}{\nu x}} \tag{5.280}$$

此方法與5-5節所述的組合變數法相似。假設$f(\psi)$為分布曲線的形狀函數，它可能不屬於解析函數，但仍可用數值方法求得此函數隨ψ遞增的情形。所以可令：

$$\mathbf{v}_x = \mathbf{v}_b f(\psi) \tag{5.281}$$

再將(5.281)式代入(5.273)式中，並整理為：

$$\frac{\partial \mathbf{v}_y}{\partial y} = -\frac{\partial \mathbf{v}_x}{\partial x} = -\mathbf{v}_b \left(\frac{df}{d\psi} \right) \left(\frac{\partial \psi}{\partial x} \right) = \frac{\mathbf{v}_b \psi}{2x} f' \tag{5.282}$$

接著對(5.282)式積分而得到：

$$\begin{aligned}
\mathbf{v}_y &= \mathbf{v}_y \Big|_{y=0} + \int_0^{\psi} \frac{\mathbf{v}_b \psi}{2x} f' \left(\frac{\partial y}{\partial \psi} \right) d\psi \\
&= \frac{1}{2} \sqrt{\frac{\nu \mathbf{v}_b}{x}} \int_0^{\psi} \psi f' d\psi \\
&= \frac{1}{2} \sqrt{\frac{\nu \mathbf{v}_b}{x}} \left[\psi f - \int_0^{\psi} f d\psi \right]
\end{aligned} \tag{5.283}$$

因為固液界面的流體不會滑動，故已知$\mathbf{v}_y \big|_{y=0} = 0$。再者，吾人可對於穩定態下的質量均衡方程式，使用相同的數量級分析法，使得成分A在兩個方向上的濃度變化關係為：

$$O(\frac{\partial^2 c_A}{\partial x^2}) \ll O(\frac{\partial^2 c_A}{\partial y^2}) \tag{5.284}$$

因此成分A的均衡方程式可簡化為：

$$\mathbf{v}_x \frac{\partial c_A}{\partial x} + \mathbf{v}_y \frac{\partial c_A}{\partial y} = D_A \frac{\partial^2 c_A}{\partial y^2} \tag{5.285}$$

對應的邊界條件則為：

1. $x=0$處，$c_A = c_A^b$；

2. $y=0$處，$c_A = c_A^s$；

3. $y \to \infty$處，$c_A = c_A^b$。

其中c_A^b和c_A^s分別是主體濃度與表面濃度。再一次，基於濃度分布曲線的形狀在不同電極位置具有相似性，可定義一個只隨著ψ而變的無因次參數β：

$$\beta = \frac{c_A - c_A^s}{c_A^b - c_A^s} \tag{5.286}$$

接著再將(5.281)式和(5.283)式代入(5.285)式，使其成為：

$$\frac{\partial^2 \beta}{\partial y^2} = \frac{\mathbf{v}_b f}{D_A} \frac{\partial \beta}{\partial x} + \frac{1}{2D_A} \sqrt{\frac{\nu \mathbf{v}_b}{x}} \left[\psi f - \int_0^\psi f d\psi \right] \frac{\partial \beta}{\partial y} \tag{5.287}$$

其中三個微分項可利用連鎖律化簡：

$$\frac{\partial \beta}{\partial x} = \left(\frac{d\beta}{d\psi} \right) \left(\frac{\partial \psi}{\partial x} \right) = -\frac{\psi}{2x} \beta' \tag{5.288}$$

$$\frac{\partial \beta}{\partial y} = \left(\frac{d\beta}{d\psi} \right) \left(\frac{\partial \psi}{\partial y} \right) = \sqrt{\frac{\mathbf{v}_b}{\nu x}} \beta' \tag{5.289}$$

$$\frac{\partial^2 \beta}{\partial y^2} = \left(\frac{d^2 \beta}{d\psi^2} \right) \left(\frac{\partial \psi}{\partial y} \right) \left(\frac{\partial \psi}{\partial y} \right) = \frac{\mathbf{v}_b}{\nu x} \beta'' \tag{5.290}$$

這三式共同代入(5.287)式後，可發現$\mathbf{v}_b$和x都被消去，且再使用質傳現象中常見的無因次Schmidt數：

$$Sc = \frac{\nu}{D_A} \tag{5.291}$$

可使質量均衡方程式化簡為常微分方程式：

$$\beta'' = -\left(\frac{Sc}{2} \int_0^\psi f d\psi \right) \beta' = -\Lambda \beta' \tag{5.292}$$

其中使用$\Lambda = \dfrac{Sc}{2} \displaystyle\int_0^\psi f d\psi$以縮減符號。同時，邊界條件也將轉為：

1. $\psi=0$處，$\beta=0$；

2. $\psi \to \infty$處，$\beta=1$。

上述的(5.292)式可以經過兩次積分後解出β，並藉由兩個邊界條件得到：

$$\beta = \frac{\int_0^\psi \exp\left(-\int_0^\psi \Lambda d\psi\right) d\psi}{\int_0^\infty \exp\left(-\int_0^\psi \Lambda d\psi\right) d\psi} \tag{5.293}$$

此解可以透過數值方法繪出濃度分布曲線，從中可發現當Sc增大時，擴散層的厚度將減小。如果Sc夠大時，擴散層的厚度將遠小於流體邊界層的厚度，一般水溶液之Sc≈1000，屬於此近似解的適用範圍。此時可利用Taylor展開式將電極表面附近的形狀函數$f(\psi)$近似為：

$$f(\psi) \approx \left(\frac{df}{d\psi}\right)_{\psi=0} \psi = 0.332\psi \tag{5.294}$$

使用此近似結果後，可得到：

$$\Lambda = \frac{Sc}{2}\int_0^\psi 0.332\psi d\psi = (0.083 \ Sc)\psi^2 \tag{5.295}$$

以及無因次濃度分布函數：

$$\beta = \frac{\int_0^\psi \exp\left(-0.0277Sc\psi^3\right) d\psi}{\int_0^\infty \exp\left(-0.0277Sc\psi^3\right) d\psi} \tag{5.296}$$

(5.296)式的分母可使用Gamma函數來計算，亦即：

$$\int_0^\infty \exp\left(-0.0277Sc\psi^3\right) d\psi = 1.101Sc^{-1/3}\int_0^\infty t^{-2/3}e^{-t}dt$$
$$= 1.101Sc^{-1/3}\Gamma(\frac{1}{3}) = 2.95Sc^{-1/3} \tag{5.297}$$

其中$\Gamma(1/3)=2.679$。因此，無因次濃度分布函數可簡化為：

$$\beta = 0.339Sc^{1/3}\int_0^\psi \exp\left(-0.0277Sc\psi^3\right) d\psi \tag{5.298}$$

雖然此積分式無法展開成解析函數，但仍可用以計算物質的表面擴散通量：

$$N_A\big|_{y=0} = -D_A\left(\frac{\partial c_A}{\partial y}\right)_{y=0} = -D_A(c_A^b - c_A^s)\left(\frac{d\beta}{d\psi}\right)_{\psi=0}\left(\frac{\partial\psi}{\partial y}\right)_{y=0}$$

$$= -D_A(c_A^b - c_A^s)(0.339\mathrm{Sc}^{1/3})\sqrt{\frac{\mathbf{v}_b}{\nu x}} \qquad (5.299)$$

$$= -0.339 D_A^{2/3}\nu^{-1/6}\mathbf{v}_b^{1/2}x^{-1/2}(c_A^b - c_A^s)$$

在質傳控制下，表面擴散通量正比於局部的電流密度，所以：

$$i(x) = -nFN_A\big|_{y=0} = 0.339 nFD_A^{2/3}\nu^{-1/6}\mathbf{v}_b^{1/2}x^{-1/2}(c_A^b - c_A^s) \qquad (5.300)$$

此結果指出了電流密度 i 會沿著流體前進方向而減小，與 x 的平方根成反比，且 i 還會隨流速提高而增大。

範例5-7

某電解液以 0.5 cm/s 流經一個 25 cm 長、寬度 5 cm 的平板電極，且已知電解液的動黏度為 0.009 cm^2/s，帶一價正電的活性離子之濃度為 2 mM，擴散係數為 7.2×10^{-6} cm^2/s。試估計此系統的極限電流與平均質傳係數。

解 1. 首先計算 $\mathrm{Sc} = \dfrac{\nu}{D} = \dfrac{0.009}{7.2\times10^{-6}} = 1250$，所以在表面濃度降為 0 時，可使用 (5.300) 式計算局部極限電流密度：

$$\begin{aligned}
i_{\lim}(x) &= 0.339 nFD_A^{2/3}\nu^{-1/6}\mathbf{v}_b^{1/2}x^{-1/2}c_A^b\\
&= (0.339)(1)(96500)(7.2\times10^{-10})^{2/3}(9\times10^{-7})^{-1/6}(0.005)^{1/2}(2)x^{-1/2}\\
&= (0.038x^{-1/2})\ \mathrm{A/m^2}
\end{aligned}$$

2. 因此，總極限電流為：

$$\begin{aligned}
I_{\lim} &= \int_0^L i_{\lim}(x)wdx = \int_0^{0.25}(0.038x^{-1/2})(0.05)dx\\
&= (0.076\sqrt{0.25})(0.05) = 1.9\times10^{-3}\ \mathrm{A}
\end{aligned}$$

3. 因為 $I_{\lim} = nFAk_m c_A^b$，所以平均質傳係數為：

$$k_m = \frac{I_{\lim}}{nFAc_A^b} = \frac{1.9\times10^{-3}}{(1)(96500)(0.25)(0.05)(2)} = 7.88\times10^{-7}\ \mathrm{m/s}$$

4. 在本例中，$\mathrm{Sh} = \dfrac{k_m L}{D_A} = \dfrac{(7.88\times10^{-7})(0.25)}{7.2\times10^{-10}} = 273$。

5. 已知本例的 $Re = \dfrac{v_b L}{v} = \dfrac{(0.005)(0.25)}{9 \times 10^{-7}} = 1389$，且 $Sc = 1250$，所以從關聯式也可

以先求得 $Sh = 0.678 Re^{1/2} Sc^{1/3} = 273 = \dfrac{I_{\lim} L}{nFAD_A c_A^b}$，再從 Sh 推算出 $I_{\lim}$ 和 k_m。

另一種與平板電極接近的是管道式電極系統（channel electrode），其中的架構是矩形電極被安置在管道的側壁上，電解液從其表面流過。常見的管道截面為方形，而流動狀態常設定在層流，以使系統具有再現性。由於管內流動屬於層流，故其 Reynolds 數的範圍必須滿足：

$$Re = \frac{2h v_0}{v} < 2000 \tag{5.301}$$

其中 h 是管道高度的一半，v_0 是最大流速，v 為動黏度。若 $Re > 2000$ 時，流動狀態轉變為紊流，將難以控制或重現。在此種上下與左右皆對稱的流道中，流體的速度分布將受限於四面側壁，使得最大流速出現在管道截面的幾何中心處。若定義流動沿著 x 方向，上部為 y 方向，側邊為 z 方向，則從管道入口（$x=0$）開始，上下兩管壁都將形成流體邊界層，當兩個沿著 x 方向逐漸增厚的邊界層相接時，流動將成為完全發展（fully developed）型態，使下游處之流速分布不會隨著 x 而變。若管道在 z 方向的寬度 w 遠大於 y 方向的高度 $2h$，則可從運動方程式求得管道截面上的速度分布：

$$v_x = v_0 \left[1 - \left(\frac{y-h}{h} \right)^2 \right] \tag{5.302}$$

$$v_y = v_z = 0 \tag{5.303}$$

此結果顯示了速度呈拋物線分布。若電解液中含有成分 A，在穩定態下，其質量均衡方程式可表示為：

$$v_x \frac{\partial c_A}{\partial x} + v_y \frac{\partial c_A}{\partial y} + v_z \frac{\partial c_A}{\partial z} = D_A \left(\frac{\partial^2 c_A}{\partial x^2} + \frac{\partial^2 c_A}{\partial y^2} + \frac{\partial^2 c_A}{\partial z^2} \right) \tag{5.304}$$

從數量級分析可知，在 x 方向上，對流效應比擴散效應更顯著，亦即：

$$v_x \frac{\partial c_A}{\partial x} \gg D_A \frac{\partial^2 c_A}{\partial x^2} \tag{5.305}$$

此外，由於寬度遠大於高度，可合理假設z方向上的濃度一致，所以$D_A \dfrac{\partial^2 c_A}{\partial z^2} \to 0$。因此，成分A的質量均衡方程式可化簡為：

$$\mathbf{v}_0 \left[1 - \left(\frac{y-h}{h} \right)^2 \right] \frac{\partial c_A}{\partial x} = D_A \frac{\partial^2 c_A}{\partial y^2} \tag{5.306}$$

然而，這個方程式仍然難以直接求解，所以Levich使用了線性化的近似法，將接近電極附近（$y \to 0$）的速度分布簡化為：

$$\mathbf{v}_x = \mathbf{v}_0 \left[1 + \left(\frac{y-h}{h} \right) \right] \left[1 - \left(\frac{y-h}{h} \right) \right] \approx 2\mathbf{v}_0 \left(\frac{y}{h} \right) \tag{5.307}$$

所以成分A的質量均衡方程式可轉變為：

$$2\mathbf{v}_0 \left(\frac{y}{h} \right) \frac{\partial c_A}{\partial x} = D_A \frac{\partial^2 c_A}{\partial y^2} \tag{5.308}$$

再假設一個無因次變數ψ為：

$$\psi = y \left(\frac{\mathbf{v}_0}{h D_A x} \right)^{1/3} \tag{5.309}$$

接著，採用組合變數法，使濃度成為只依賴ψ的單變數函數，進而將質量均衡方程式轉變為常微分型態：

$$\frac{d^2 c_A}{d\psi^2} + \frac{2}{3} \psi^2 \frac{dc_A}{d\psi} = 0 \tag{5.310}$$

若系統操作在質傳控制下，且將電解液體積視為極大，電極表面極微小，則可使用半無限的假設，列出邊界條件：

1. 在$y \to \infty$處，$\psi \to \infty$，且$c_A = c_A^b$；
2. 在$y = 0$處，$\psi = 0$，且$c_A = 0$。

利用這兩個條件，將(5.310)式積分兩次，即可得到成分A的濃度分布：

$$c_A = c_A^b \frac{\displaystyle\int_0^\psi \exp\left(-\frac{2}{9} \psi^3 \right) d\psi}{\displaystyle\int_0^\infty \exp\left(-\frac{2}{9} \psi^3 \right) d\psi} \tag{5.311}$$

其中的分母可使用Gamma函數計算，亦即：

$$\int_0^\infty \exp\left(-\frac{2}{9}\psi^3\right)d\psi = \left(\frac{1}{6}\right)^{1/3}\int_0^\infty t^{-2/3}e^{-t}dt$$
$$= \left(\frac{1}{6}\right)^{1/3}\Gamma\left(\frac{1}{3}\right) = 1.474 \qquad (5.312)$$

其中$\Gamma(1/3)=2.679$。已知電極在流動方向上的長度為d_e，寬度為w_e，所以極限電流I_{lim}可表示為：

$$I_{lim} = nFw_e\int_0^{d_e} D_A\left(\frac{\partial c_A}{\partial x}\right)dx \qquad (5.313)$$

將(5.311)式代入(5.313)式，可得到：

$$I_{lim} = 1.017nF(w_e d_e^{2/3}h^{-1/3})D_A^{2/3}\mathbf{v}_0^{1/3}c_A^b \qquad (5.314)$$

或計算出平均電流密度i_{lim}：

$$i_{lim} = 1.017nFd_e^{-1/3}h^{-1/3}D_A^{2/3}\mathbf{v}_0^{1/3}c_A^b \qquad (5.315)$$

此結果與平板電極系統相似，都與擴散係數的2/3次方成正比。

5-6-3 對流式旋轉電極

另一種廣為使用的電極系統為旋轉盤電極（rotating disk electrode，常簡稱為RDE），主要的結構是圓柱形絕緣材料的底面鑲嵌了金屬圓盤，而圓盤的背面可接線至電源供應器，圓盤的正面則與溶液接觸，如圖5-13所示。此外，圓盤電極將會接在可調控轉速的馬達上，操作時將以定速旋轉，預期周圍的溶液會被帶動而產生對流現象，與常見的攪拌葉片擁有相似的特性。在旋轉電極正下方的流體，將因為無法跟上電極的轉速而往徑向甩開，此即離心作用，而從徑向離開的流體會被排開到容器的側壁並再下沉至底部，於接近底部時會被吸入容器的中心區，亦即轉軸的下方，然後再上浮至旋轉電極之正下方，完成整個迴圈的繞行。旋轉盤電極系統的特點是其流體力學方程式與對流擴散方程式都擁有精確解，使得實際操作時可以對照理論。只要操作時避免轉速過高，並採用適合的容器，紊流或渦流等不具再現性的現象將可排除。

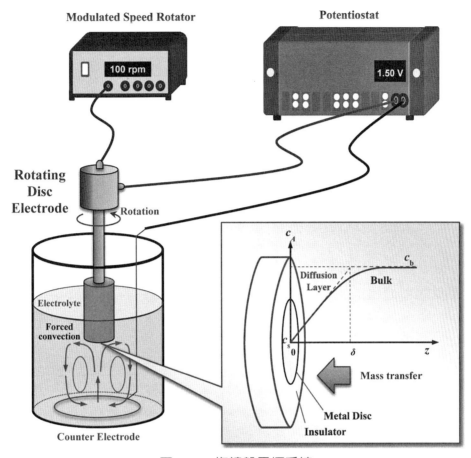

圖5-13　旋轉盤電極系統

在旋轉盤附近的穩態流動已由von Karman與Cochran解出，他們考慮了旋轉盤的對稱性，使用圓柱座標(r,θ,z)來求解。定義電極的轉軸為$r=0$，旋轉盤的表面為$z=0$，向下為$+z$方向。因此，速度向量可表示為：$\mathbf{v}=(\mathbf{v}_r,\mathbf{v}_\theta,\mathbf{v}_z)$，且假設速度場為軸對稱，亦即$\mathbf{v}=(\mathbf{v}_r(r,z),\mathbf{v}_\theta(r,z),\mathbf{v}_z(r,z))$與角度$\theta$無關，使得不可壓縮流體的連續方程式表示為：

$$\nabla\cdot\mathbf{v}=\frac{1}{r}\frac{\partial}{\partial r}(r\mathbf{v}_r)+\frac{\partial\mathbf{v}_z}{\partial r}=0 \tag{5.316}$$

在運動方程式方面，也必須使用圓柱座標進行三個方向的動量均衡，但其中的重力效應被合併至壓力效應中，使三個方程式成為：

$$\rho\left(\mathbf{v}_r\frac{\partial\mathbf{v}_r}{\partial r}+\mathbf{v}_z\frac{\partial\mathbf{v}_r}{\partial z}-\frac{\mathbf{v}_\theta^2}{r}\right)=-\frac{\partial p}{\partial r}+\mu\left[\frac{\partial}{\partial r}\left(\frac{1}{r}\frac{\partial}{\partial r}(r\mathbf{v}_r)\right)+\frac{\partial^2\mathbf{v}_r}{\partial z^2}\right] \qquad (5.317)$$

$$\rho\left(\mathbf{v}_r\frac{\partial\mathbf{v}_\theta}{\partial r}+\mathbf{v}_z\frac{\partial\mathbf{v}_\theta}{\partial z}+\frac{\mathbf{v}_r\mathbf{v}_\theta}{r}\right)=\mu\left[\frac{\partial}{\partial r}\left(\frac{1}{r}\frac{\partial}{\partial r}(r\mathbf{v}_\theta)\right)+\frac{\partial^2\mathbf{v}_\theta}{\partial z^2}\right] \qquad (5.318)$$

$$\rho\left(\mathbf{v}_r\frac{\partial\mathbf{v}_z}{\partial r}+\mathbf{v}_z\frac{\partial\mathbf{v}_z}{\partial z}\right)=-\frac{\partial p}{\partial z}+\mu\left[\frac{\partial}{\partial r}\left(\frac{1}{r}\frac{\partial}{\partial r}(r\mathbf{v}_z)\right)+\frac{\partial^2\mathbf{v}_z}{\partial z^2}\right] \qquad (5.319)$$

從(5.316)式到(5.319)式都會受限於一個明顯的邊界條件，也就是在旋轉盤的表面上，流體對應固體不滑動，亦即在$z=0$處的速度為：

$$\mathbf{v}=(\mathbf{v}_r,\mathbf{v}_\theta,\mathbf{v}_z)=(0,\ r\omega,\ 0) \qquad (5.320)$$

其中的ω為角速度，在此為定值。因為圓盤以穩定的角速度旋轉，受其牽引的流體理應以類似的模式流動，所以速度分量$\mathbf{v}_\theta$通常具有以下型式：

$$\mathbf{v}_\theta=r\cdot g(z) \qquad (5.321)$$

其中的未知函數$g(z)$將只隨著距離圓盤的高度z而變。此假設意味著角方向的流速將與轉軸的間距r成正比，愈偏向外側，角流速愈快，這是一般旋轉體的特性。而這種假設也代表著速度分量$\mathbf{v}_\theta$擁有變數分離的特性，可以使用分離變數法（saparation of variables）來求解。若其$\mathbf{v}_r$、$\mathbf{v}_z$和p也相似，則可將已分離變數的$\mathbf{v}_\theta$代入(5.318)式而得到：

$$\rho\left(2\mathbf{v}_r g(z)+r\mathbf{v}_z g'(z)\right)=r\mu g''(z) \qquad (5.322)$$

經過整理後可表示為：

$$vg''(z)=\mathbf{v}_z g'(z)+\frac{2\mathbf{v}_r}{r}g(z) \qquad (5.323)$$

其中v是動黏度。已知方程式的左側為z的函數，若右側也要成為z的函數，則必須要求：

$$\mathbf{v}_r=r\cdot f(z) \qquad (5.324)$$

$$\mathbf{v}_z=h(z) \qquad (5.325)$$

此結果說明了$\mathbf{v}_r$也可分離變數，且$\mathbf{v}_z$與徑向距離r無關。接著，再假設壓力與徑向無關，亦即$p=p(z)$，則可將三個速度分量與壓力的假設代入連續方程式與運

動方程式而得到：

$$h' + 2f = 0 \tag{5.326}$$

$$vf'' - hf' - f^2 + g^2 = 0 \tag{5.327}$$

$$vg'' - hg' - 2fg = 0 \tag{5.328}$$

$$vh'' - hh' - \frac{p'}{\rho} = 0 \tag{5.329}$$

圓盤表面的邊界條件則轉變爲在$z=0$處，$f=0$、$g=\omega$且$h=0$。然而，欲求得定解還需要一些邊界條件。1921年，von Karman提出此圓盤的尺寸必須爲無限大，且與其接觸的流體亦擁有無限大的體積，使求解域成爲三維的半無限空間，才有利於求解。因此可多加一個邊界條件，亦即$z\rightarrow\infty$時，$f=0$且$g=0$，則上述四個常微分方程式存在定解。然而，這些方程式明顯屬於非線性，只能使用級數法求解。Cochran在1934年首先運用數值方法，求出無因次速度與壓力的無窮級數解。Cochran假設一個無因次高度：

$$\gamma = z\sqrt{\frac{\omega}{v}} \tag{5.330}$$

使三個速度分量表示爲：

$$\mathbf{v}_r = r\omega \cdot F(z) = r\omega\left(a\gamma - \frac{1}{2}\gamma^2 - \frac{b}{3}\gamma^3 + ...\right) \tag{5.331}$$

$$\mathbf{v}_\theta = r\omega \cdot G(z) = r\omega\left(1 + b\gamma + \frac{a}{3}\gamma^3 + ...\right) \tag{5.332}$$

$$\mathbf{v}_z = \sqrt{v\omega} \cdot H(z) = \sqrt{v\omega}\left(-a\gamma^2 + \frac{1}{3}\gamma^3 + \frac{b}{6}\gamma^4 + ...\right) \tag{5.333}$$

其中有兩個關鍵的常數，分別是$a=0.5102$和$b=-0.6159$，此結果雖只適用於$\gamma \ll 1$時，但足以涵蓋圓盤表面的擴散層。在緊鄰圓盤表面處（$\gamma \rightarrow 0$），可得到：

$$\mathbf{v}_r \approx 0.51rz\omega^{3/2}v^{-1/2} \tag{5.334}$$

$$\mathbf{v}_z \approx -0.51z^2\omega^{3/2}v^{-1/2} \tag{5.335}$$

(5.334)式的正號說明流體向外滑出圓盤，(5.335)式的負號則代表流體向上接近圓盤。相似於平板電極，在旋轉盤表面也會有一層液體似乎被圓盤牽引而旋

轉，此即流體邊界層。若定義邊界層邊緣的速度v_z為主體區速度v_z^b之80%，則經過推導可得到邊界層的厚度δ_B：

$$\delta_B = 3.6\sqrt{\frac{v}{\omega}} \tag{5.336}$$

對於水，動黏度約為$0.01\ \mathrm{cm^2/s}$，在轉速為$100\ \mathrm{rad/s}$時，邊界層的厚度約為$0.036\ \mathrm{cm}$。但也有別的研究者使用不同的定義方式，例如定義離心速度v_r到達最大值之處視為流體邊界層的邊緣，則可得到：

$$\delta_{B2} \approx \sqrt{\frac{v}{\omega}} \tag{5.337}$$

而當$z = 3\delta_{B2} \approx 3\sqrt{v/\omega}$時，離心速度$v_r$與切向速度$v_\theta$都會大幅度縮減。總而言之，流體邊界層是一個人為假想的薄層，依需求而使用。

對於電化學系統，更重要的是尋找物質濃度的分布，因此需要求解成分A的質量均衡方程式。在穩定態下，沒有額外的勻相化學反應發生時，圓柱座標中具有軸對稱性質的質量均衡方程式，可表示為：

$$\mathbf{v}_r \frac{\partial c_A}{\partial r} + \mathbf{v}_z \frac{\partial c_A}{\partial z} = D_A \left[\frac{\partial}{\partial r}\left(\frac{1}{r}\frac{\partial}{\partial r}(rc_A) \right) + \frac{\partial^2 c_A}{\partial z^2} \right] \tag{5.338}$$

若吾人假設旋轉盤電極的面積不大，通過表面的電流密度一致，則其下方的濃度分布可視為只有一維分布，與平板電極系統相當，亦即假設$\dfrac{\partial c_A}{\partial r} = 0$。接著代入前面解出的(5.335)式，可將質量均衡方程式化簡為：

$$\frac{d^2 c_A}{dz^2} = -\left(\frac{z^2}{B} \right) \frac{dc_A}{dz} \tag{5.339}$$

其中$B = 1.96 D_A \omega^{-3/2} v^{1/2}$。至此，旋轉盤電極系統的質量均衡方程式已成為可直接積分求解的常微分方程式，但還需要兩個邊界條件，才能得到定解。其中之一來自於電極系統假設已進入質傳控制狀態，使得表面濃度下降為c_A^s；另一個則是使用半無限條件，視無限遠處的主體區濃度不曾改變：

1. $z=0$處，$c_A = c_A^s$；
2. $z \to \infty$處，$c_A = c_A^b$。

(5.339)式經過積分後，再將邊界條件1代入，可求得：

$$c_A = c_A^s + a\int_0^z \exp(-\frac{z^3}{3B})dz \tag{5.340}$$

其中的常數a可再從邊界條件2得到：

$$a = \frac{c_A^b - c_A^s}{\int_0^\infty \exp(-\frac{z^3}{3B})dz} = \frac{c_A^b - c_A^s}{(3B)^{1/3}\Gamma(\frac{4}{3})} = 1.119(3B)^{-1/3}(c_A^b - c_A^s) \tag{5.341}$$

將(5.341)式代回(5.340)式後，使A的濃度分布成為：

$$\frac{c_A - c_A^s}{c_A^b - c_A^s} = 1.119(3B)^{-1/3}\int_0^z \exp(-\frac{z^3}{3B})dz \tag{5.342}$$

再者，旋轉盤電極上的電流密度i可透過表面擴散通量求得：

$$i = nFD_A\left(\frac{dc_A}{dz}\right)_{z=0} = nFD_A a$$
$$= 0.62nFD_A^{2/3}\omega^{1/2}\nu^{-1/6}(c_A^b - c_A^s) \tag{5.343}$$

當表面濃度c_A^s下降到0時，A還原成B的極限電流密度$i_{\lim,c}$為：

$$i_{\lim,c} = 0.62nFD_A^{2/3}\omega^{1/2}\nu^{-1/6}c_A^b \tag{5.344}$$

此式即為Levich方程式，主要應用於質傳控制下的旋轉電極系統。從(5.344)式可發現，極限電流密度$i_{\lim,c}$將與$D_A^{2/3}$成正比，與對流式的平板電極系統相同。此外，極限電流密度$i_{\lim,c}$也與$\omega^{1/2}$成正比，因此可以藉由調整轉速來完成一系列的極限電流密度測量。對於質傳係數，也同樣透過轉速來調整，其關係可表示為：

$$k_m = \frac{i_{\lim,c}}{nFc_A^b} = 0.62D_A^{2/3}\omega^{1/2}\nu^{-1/6} \tag{5.345}$$

或是擴散層厚度也可使用轉速來調整：

$$\delta = \frac{D_A}{k_m} = 1.61D_A^{1/3}\omega^{-1/2}\nu^{1/6} \tag{5.346}$$

故當電極轉動愈快，擴散層會愈薄。因此，藉由Levich方程式可以得知電極

旋轉如何控制質傳，使系統運作具有調控性與再現性。

另一方面，旋轉盤電極也可應用在B氧化成A的反應，若已知成分B在主體區的濃度為c_B^b，在電極表面的濃度為c_B^s，則成分B的質傳速率也會達到極限值，使得氧化電流密度受限，透過相似的推導，可得到：

$$i_{\lim,a} = -0.62nFD_B^{2/3}\omega^{1/2}\nu^{-1/6}c_B^b \tag{5.347}$$

其中的負號代表氧化。

範例5-8

旋轉盤電極被用來測量某種A離子還原的電子轉移反應，已知離子的擴散係數為$D_A=6\times10^{-10}$ m²/s，溶液的動黏度為$\nu=1\times10^{-6}$ m²/s。

1. 試求出轉速分別為500 rpm和2000 rpm時的質傳係數。
2. 若電極維持靜止，試求出施加足夠大的定電位1 ms和10 s時的質傳係數。
3. 使用半徑為1 μm和25 μm的微型圓盤電極時，將電極維持靜止，並施加足夠大的定電位，試求出到達穩定態之後的質傳係數。

解 1. 根據（5.345）式，$k_m = 0.62D_A^{2/3}\omega^{1/2}\nu^{-1/6} = (0.62)(6\times10^{-10})^{2/3}(1\times10^{-6})^{-1/6}\omega^{1/2}$，所以在500 rpm下，可得到$k_m=3.2\times10^{-5}$ m/s；在2000 rpm下，可得到$k_m=6.4\times10^{-5}$ m/s。

2. 根據(5.92)式，$i = nFc_A^b\sqrt{\dfrac{D_A}{\pi t}} = nFk_mc_A^b$，可得到$k_m = \sqrt{\dfrac{D_A}{\pi t}}$。因此在1 ms時，

$$k_m = \sqrt{\frac{(6\times10^{-10})}{\pi(0.001)}} = 4.4\times10^{-4} \text{ m/s}$$；在10 s時，$k_m=4.4\times10^{-6}$ m/s。

3. 對於微型圓盤電極，因為會發生側向或徑向擴散，所以不能使用(5.92)式來預測質傳係數，必須從質量均衡開始推導。對反應物A，其擴散方程式可表示為：$\dfrac{\partial c_A}{\partial t} = D_A\left[\dfrac{\partial^2 c_A}{\partial r^2} + \dfrac{1}{r}\dfrac{\partial c_A}{\partial r} + \dfrac{\partial^2 c_A}{\partial z^2}\right]$；在開始時（$t=0$）或在無窮遠處（$r\to\infty$），濃度皆為$c_A^b$；但在質傳控制下，電極表面處（$r\leq R$, $z=0$）的濃度將會降至0；而在電極之外的表面處（$r>R$, $z=0$），

其通量爲0，亦即$\left.\frac{\partial c_A}{\partial z}\right|_{z=0,r>R}=0$。綜合上述條件，可解得極限電流密度

$I_{\lim}=nFAD_A\left.\frac{\partial c_A}{\partial z}\right|_{z=0,r\leq R}=\frac{4nFAD_Ac_A^b}{\pi R}f(\frac{4D_At}{R^2})$，其中已知圓盤電極的表面積$A=\pi R^2$。

當$t<\frac{R^2}{4D_A}$時，$f(\frac{4D_At}{R^2})=0.89(\frac{4D_At}{R^2})^{-0.5}+0.79+0.094(\frac{4D_At}{R^2})^{0.5}$；但當$t>\frac{R^2}{4D_A}$

時，$f(\frac{4D_At}{R^2})=1+0.72(\frac{4D_At}{R^2})^{-0.5}+0.056(\frac{4D_At}{R^2})^{-1.5}+...$。因此，在長時間之後，

$f(\frac{4D_At}{R^2})\to 1$。所得到的穩定態極限電流將成爲：$I_{\lim,ss}=\frac{4nFAD_Ac_A^b}{\pi R}=nFAk_mc_A^b$，

代表質傳係數$k_m=\frac{4D_A}{\pi R}$。當$R=1\mu m$時，$k_m=\frac{4D_A}{\pi R}=\frac{(4)(6\times10^{-10})}{(\pi)(1\times10^{-6})}=7.64\times10^{-4}$ m/s；

當$R=25\mu m$時，$k_m=3.06\times10^{-5}$ m/s。

4. 總結這三種情形，可發現微型圓盤電極可以提供更大的質傳係數，所以更適合用於分析快速的電子轉移反應。

範例5-9

　　一個旋轉盤電極放在0.1 M的$CuSO_4$溶液中，已知電解液還包含了高濃度的Na_2SO_4，且黏度爲0.012 g/cm-s，密度爲1.1 g/cm³。調整電極的轉速後，可測得對應的電流密度，如表5-5所示。試從中求出Cu^{2+}的擴散係數。

表5-5　電極轉速對電流密度之關係

轉速（rpm）	極限電流密度（A/m²）
60	310
120	438
240	620
480	876
960	1240
2000	1580

解 1. 根據(5.344)式，

$$i_{\lim,c} = 0.62nFD_A^{2/3}\omega^{1/2}v^{-1/6}c_A^b$$

$$= (0.62)(2)(96500)(\frac{0.0012}{1100})^{-1/6}(100)D_A^{2/3}\omega^{1/2}$$

$$= 1.18\times10^8 D_A^{2/3}\omega^{1/2}$$

2. 因此，將極限電流對轉速平方根作圖，可得到斜率為$1.18\times10^8 D_A^{2/3}=124$的直線，所以可得到$D_A=1.07\times10^{-9}$ m²/s。然而，當轉速為2000 rpm時，電流密度已偏離直線。

範例5-10

一個面積為0.3 cm²的旋轉盤電極放在含有2 mM的Fe^{3+}與1 mM的Sn^{4+}的溶液中，溶液體積共計50 mL。電解液中還包含了1 M的HCl，且動黏度為0.01 cm²/s。設定電極的轉速後，可測得對應的質傳係數為0.005 cm/s。假設兩種陽離子的擴散係數皆為5×10^{-6} cm²/s，試求出設定的轉速。若對此溶液進行電位掃描分析，從1.3 V往-0.4 V(vs. SHE)變化的過程中，何種離子最先被還原？其極限電流密度為何？待第二種離子也被還原後，則第二次的極限電流密度為何？

解 1. 根據(5.344)式，$i_{\lim,c} = 0.62nFD_A^{2/3}\omega^{1/2}v^{-1/6}c_A^b = nFk_mc_A^b$，所以轉速為：

$$\omega = \left(\frac{k_m}{0.62D_A^{2/3}v^{-1/6}}\right)^2 = \left(\frac{(0.005)}{0.62(5\times10^{-6})^{2/3}(0.01)^{-1/6}}\right)^2 = 164 \text{ rad/s} = 1565 \text{ rpm}。$$

2. 查表可知，$Fe^{3+}+e^- \rightleftharpoons Fe^{2+}$的標準電位為0.771 V，$Sn^{4+}+2e^- \rightleftharpoons Sn^{2+}$的標準電位為0.15 V，故可推論$Fe^{3+}+e^- \rightleftharpoons Fe^{2+}$的還原反應會先發生。

3. 當電位降低到0.771 V以下後，達到第一個極限電流，其值為：

$$I_{\lim,1} = n_1 FAk_m c_{Fe}^b = (1)(96500)(0.3\times10^{-4})(5\times10^{-5})(2) = 2.9\times10^{-4} \text{ A} = 0.29 \text{ mA}。$$

4. 當電位降低到0.15 V以下後，達到第二個極限電流，其值為：

$$I_{\lim,2} = I_{\lim,1} + n_2 FAk_m c_{Sn}^b = 2.9\times10^{-4} + (2)(96500)(0.3\times10^{-4})(5\times10^{-5})(1)$$

$$= 5.8\times10^{-4} \text{ A} = 0.58 \text{ mA}$$

若電極表面的反應極為快速，可視為平衡狀態，使得施加電位與A、B的表面濃度符合Nernst方程式，亦即：

$$E = E_f^\circ + \frac{RT}{nF}\ln\left(\frac{c_A^s}{c_B^s}\right) \tag{5.348}$$

由於此時的電流密度正比於質傳速率，故可得：

$$i = -nFk_m(c_B^b - c_B^s) = \frac{i_{\lim,a}}{c_B^b}(c_B^b - c_B^s) \tag{5.349}$$

其中的負號代表氧化。因此，成分B之表面濃度可使用電流密度與主體濃度來表示，而對成分A之表面濃度亦同：

$$c_A^s = c_A^b\left(1 - \frac{i}{i_{\lim,c}}\right) \tag{5.350}$$

$$c_B^s = c_B^b\left(1 - \frac{i}{i_{\lim,a}}\right) \tag{5.351}$$

將其代入(5.348)式後可得到：

$$\begin{aligned}E &= E_f^\circ + \frac{RT}{nF}\ln\left(\frac{c_A^b}{c_B^b}\right) + \frac{RT}{nF}\ln\left(\frac{1-\frac{i}{i_{\lim,c}}}{1-\frac{i}{i_{\lim,a}}}\right)\\ &= E_f^\circ + \frac{RT}{nF}\ln\left((\frac{i_{\lim,c}}{-i_{\lim,a}})(\frac{D_B}{D_A})^{2/3}\right) + \frac{RT}{nF}\ln\left(\frac{1-\frac{i}{i_{\lim,c}}}{1-\frac{i}{i_{\lim,a}}}\right)\\ &= E_f^\circ + \frac{RT}{nF}\ln\left(\frac{D_B}{D_A}\right)^{2/3} + \frac{RT}{nF}\ln\left(\frac{i_{\lim,c}-i}{i-i_{\lim,a}}\right)\end{aligned} \tag{5.352}$$

此式可以說明旋轉盤電極操作在質傳控制條件下的電流對電位之關係，將其曲線繪製於座標圖中，可呈現出單波形狀，從施加較正的電位起，電流密度為$i_{\lim,a}$，再隨負電位的方向逐漸提升電流密度，直到一個足夠的負電位後，電流密度達到飽和，代表出現了極限電流密度$i_{\lim,c}$，整體曲線呈現單波段的上升。當電流恰等於兩個極限電流的中間值之時，也就是位於單波的中段處，(5.352)式右側第三項將為0，故可定義此時的電位為半波電位$E_{1/2}$：

$$E_{1/2} = E_f^{\circ} + \frac{RT}{nF}\ln\left(\frac{D_B}{D_A}\right)^{2/3} \tag{5.353}$$

若兩個成分的擴散係數非常接近，則半波電位將趨近於形式電位E_f°，可用以標示A與B之間的反應特性。再者，電流對電位之關係可化簡為：

$$E = E_{1/2} + \frac{RT}{nF}\ln\left(\frac{i_{\lim,c} - i}{i - i_{\lim,a}}\right) \tag{5.354}$$

若電極表面的反應並不快速，無法視為平衡狀態，則需使用電極動力學的理論來描述，例如Butler-Volmer方程式，或更基礎的速率定律式：

$$i = nF(k_c c_A^s - k_a c_B^s) \tag{5.355}$$

若繼續使用表面濃度對電流密度與主體濃度的關係，則可得：

$$i = \frac{nF(k_c c_A^b - k_a c_B^b)}{1 + nF\left(\dfrac{k_c c_A^b}{i_{\lim,c}} - \dfrac{k_a c_B^b}{i_{\lim,a}}\right)} = \frac{nF(k_c c_A^b - k_a c_B^b)}{1 + 1.61\omega^{-1/2}\nu^{1/6}(k_c D_A^{-2/3} + k_a D_B^{-2/3})} \tag{5.356}$$

在此式中的兩個速率常數k_c與k_a皆與施加電位E有關，因此本式仍可轉換成電流密度對電位的關係。

當施加電位非常負時，氧化反應可以忽略，亦即$k_a \to 0$，使得電流密度i成為：

$$i = \frac{nFk_c c_A^b}{1 + 1.61\omega^{-1/2}\nu^{1/6}k_c D_A^{-2/3}} = \frac{nFk_c c_A^b}{1 + \dfrac{k_c}{k_m}} \tag{5.357}$$

其中k_m為質傳係數。當$k_c/k_m \ll 1$時，電極程序屬於反應動力學控制，因為$i \to nFk_c c_A^b$；相反地，當$k_c/k_m \gg 1$時，電極程序才屬於質傳控制，因為$i \to nFk_m c_A^b$。因此，在其他條件不變之下，若將轉速ω不斷調高，則會使k_c/k_m下降，當此比值小到某個程度時，程序將轉變成反應動力學控制，使得電流密度偏離Levich方程式的描述，所以一般的旋轉盤電極不會操作在過高的轉速下，以免脫離具有高度再現性的Levich方程式控制區（如圖5-14）。

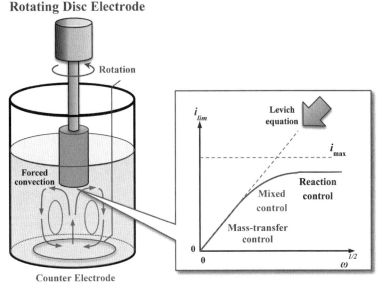

Rotating Disc Electrode

圖5-14　旋轉盤電極系統的質傳控制區域

範例5-11

　　旋轉盤電極放在含有2 mM的A^{3+}與1 mM的A^+的溶液中，已知$A^{3+}+2e^- \rightleftharpoons A^+$為快速反應，其形式電位$E_f^\circ=-0.50V$(vs. SHE)。經過穩態測量後，可得到氧化極限電流密度$i_{lim,a}=-2.4$ μA，以及還原極限電流密度$i_{lim,c}=4.0$ μA。電解液中包含了高濃度的支撐電解質，試求出半波電位$E_{1/2}$。若在此溶液中加入1.0 M的錯合劑HL，將發生反應：$A^{3+}+4L^- \rightleftharpoons AL_4^-$，其平衡常數為$10^{16}$。若錯離子$AL_4^-$的擴散係數為$A^{3+}$的一半，則半波電位會有何變化？

解 1.根據（5.344）式，$i_{lim,c}=0.62nFD_{A^{3+}}^{2/3}\omega^{1/2}v^{-1/6}c_{A^{3+}}^b$ ；且根據（5.347）式，

$i_{lim,a}=-0.62nFD_{A^+}^{2/3}\omega^{1/2}v^{-1/6}c_{A^+}^b$ 。所以極限電流之比值$\dfrac{i_{lim,c}}{-i_{lim,a}}=\dfrac{D_{A^{3+}}^{2/3}c_{A^{3+}}^b}{D_{A^+}^{2/3}c_{A^+}^b}$，可得到

$$\left(\frac{D_{A^+}}{D_{A^{3+}}}\right)^{2/3}=\frac{i_{lim,c}}{-i_{lim,a}}\frac{c_{A^+}^b}{c_{A^{3+}}^b}=\frac{(4.0)(1)}{(2.4)(2)}=0.833$$

2.根據(5.353)式，半波電位為：

$$E_{1/2} = E_f^\circ + \frac{RT}{2F} \ln\left(\frac{D_{A^+}}{D_{A^{3+}}}\right)^{2/3} = -0.5 + \frac{(8.31)(298)}{(2)(96500)} \ln(0.833) = -0.502 \text{ V}$$

3. 若加入錯合劑，$K_C = \dfrac{c_{AL_4^-}}{c_{A^{3+}} c_{L^-}^4} = 10^{16}$，則還原電位 $E = E_f^\circ + \dfrac{RT}{2F} \ln\left(\dfrac{c_{A^{3+}}}{c_{A^+}}\right)$

$= E_f^\circ - \dfrac{RT}{2F} \ln K_C + \dfrac{RT}{2F} \ln\left(\dfrac{c_{AL_4^-}}{c_{A^+} c_{L^-}^4}\right)$。假設 L^- 的濃度遠超過 A^{3+}，反應期間維持定值，且將還原反應視為：$AL_4^- + 2e^- \rightleftharpoons A^+ + 4L^-$ 時，其半波電位可表示為：

$$E_{1/2}^{comp} = E_f^\circ - \frac{RT}{2F} \ln K_C - \frac{2RT}{F} \ln c_{L^-} + \frac{RT}{2F} \ln\left(\frac{D_{A^+}}{D_{AL_4^-}}\right)^{2/3}。$$

4. 又已知 $D_{AL_4^-} = 0.5 D_{A^{3+}}$，且原半波電位為 $E_{1/2} = E_f^\circ + \dfrac{RT}{2F} \ln\left(\dfrac{D_{A^+}}{D_{A^{3+}}}\right)^{2/3}$，則新的半波電位將成為：$E_{1/2}^{comp} = E_{1/2} - \dfrac{RT}{2F} \ln K_C - \dfrac{2RT}{F} \ln c_{L^-} + \dfrac{RT}{3F} \ln 2$。換言之，半波電位的偏移量為：$\Delta E_{1/2} = -\dfrac{RT}{2F}\left(\ln 10^{16} + 4\ln 1 - \dfrac{2}{3}\ln 2\right) = -0.467 \text{ V}$，代表還原反應更不易發生。

　　因為旋轉盤電極上的反應產物會隨著流體從徑向離開電極，故在靜止溶液中的逆向電位法或逆向電流法不易使用在此系統中。逆向方法的主要目的是測試電子轉移反應的可逆性，所以為了加強旋轉電極的應用性，有研究者設計出一種旋轉環盤電極（rotating ring-disk electrode，常簡稱為RRDE），亦即在旋轉盤的外圍多加上一個同心圓環電極，如圖5-15所示。在操作時，圓盤電極上可施加負向過電位，使反應物A還原成產物B，但B會被甩開到圓環上，而在圓環電極上則施加正向過電位，使B能夠氧化回A。此外，也可不施加電位於旋轉環盤電極中的圓盤，只有圓環扮演電極，在相同的轉速與面積下，旋轉圓環上的質傳速率會比旋轉圓盤上更大，且流動為徑向，然而此類系統的數學模擬非常複雜。

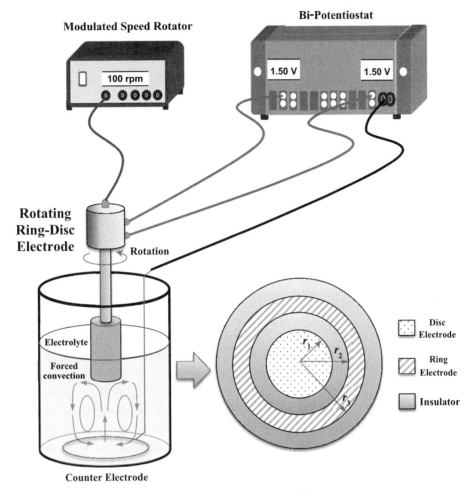

圖5-15　旋轉環盤電極系統

假設一個圓盤的半徑為r_1，與其同心的圓環之內徑為r_2，外徑為r_3，兩者構成一個旋轉環盤電極系統。若系統穩定地操作在角速度ω之下，則成分A的軸對稱質量均衡方程式仍可表示為(5.338)式。

若先考慮在圓環電極上施加電位但圓盤電極不通電的例子，則可假設沿著圓環徑向之擴散效應遠小於對流效應，因此可忽略(5.338)式右側的第一項而成為：

$$\mathbf{v}_r \frac{\partial c_A}{\partial r} + \mathbf{v}_z \frac{\partial c_A}{\partial z} = D_A \frac{\partial^2 c_A}{\partial z^2} \tag{5.358}$$

此系統的邊界條件有三個：

1. 在主體區，$z \to \infty$，且 $c_A = c_A^b$；

2. 在圓環電極表面，$z=0$ 且 $r_2 \leq r \leq r_3$，$c_A = 0$；

3. 在圓環電極的內部，$z=0$ 且 $r < r_2$，$\dfrac{\partial c_A}{\partial z} = 0$。

其中第二個條件說明了圓環電極上施加過電位足以使程序進入質傳控制，第三個條件則假設圓環內部並沒有往軸向的質傳通量，只存在徑向通量。之後將無限大圓盤的流場代入此問題中，亦即使用(5.334)式和(5.335)式。再定義 $B = 1.96 D_A \omega^{-3/2} v^{1/2}$，則質量均衡方程式可簡化為：

$$rz\frac{\partial c_A}{\partial r} - z^2\frac{\partial c_A}{\partial z} = B\frac{\partial^2 c_A}{\partial z^2} \tag{5.359}$$

此方程式較難求解。但求出濃度分布後可以依此求解圓環電極上的電流，然而圓環上的電流密度只具有軸對稱特性，在徑向上並不均勻。因此只能解出總電流：

$$\begin{aligned}I_R &= nFD_A \int_{r_2}^{r_3}\left(\frac{\partial c_A}{\partial z}\right)_{z=0} 2\pi r dr \\ &= 0.62 nF\pi(r_3^3 - r_2^3)^{2/3} D_A^{2/3}\omega^{1/2}v^{-1/6}(c_A^b - c_A^s)\end{aligned} \tag{5.360}$$

在極限狀況下，表面濃度 $c_A^s = 0$，可得到圓環極限電流 $I_{R,\text{lim}}$：

$$I_{R,\text{lim}} = 0.62 nF\pi(r_3^3 - r_2^3)^{2/3} D_A^{2/3}\omega^{1/2}v^{-1/6}c_A^b \tag{5.361}$$

或將圓環電流 I_R 表示成：

$$I_R = I_{R,\text{lim}}\left(1 - \frac{c_A^s}{c_A^b}\right) \tag{5.362}$$

若 I_R 與(5.344)式推得的旋轉盤電極電流 I_D 作比較，可發現兩者的比值為：

$$\frac{I_R}{I_D} = (\frac{r_3^3}{r_1^3} - \frac{r_2^3}{r_1^3})^{2/3} = \beta^{2/3} \tag{5.363}$$

已知 $r_1 < r_2 < r_3$，且當圓盤面積與圓環面積相等時，亦即 $\pi r_1^2 = \pi(r_3^2 - r_2^2)$ 時，可以證明通過圓環的電流大於通過圓盤者。因此，旋轉圓環電極的靈敏度比旋轉盤電極更好，但它的缺點是製作程序較困難，因而較少使用。

如前所述，在旋轉環盤電極中，可以分別施加不同的電位於圓環和圓盤，

所以這種系統通常會搭配雙恆電位儀（bipotentiostat），但也可以透過分壓器（voltage divider）合併至單一恆電位儀上進行實驗。使用旋轉環盤電極之目的通常有兩類，第一類是進行收集（collection）實驗，意指圓盤電極所生成的產物將流動到圓環上加以偵測；第二類則是屏蔽（shielding）實驗，是指主體區的反應物通過圓盤時，受其反應而擾動濃度，並在圓環上偵測此擾動情形。

在收集實驗中，圓盤電極被施以電位E_D，透過還原反應$A + ne^- \to B$可測得電流I_D；圓環電極則被施以電位E_R，透過氧化反應$B \to A + ne^-$可測得電流I_R。假設E_R足夠大，可視爲圓環上的反應速率遠大於質傳速率，使成分B的濃度在此降爲0，藉以分析圓盤電極產生的B有多少會被圓環電極所收集。已知成分B的穩態軸對稱質量均衡方程式爲：

$$rz\frac{\partial c_A}{\partial r} - z^2\frac{\partial c_A}{\partial z} = B\frac{\partial^2 c_A}{\partial z^2} \tag{5.364}$$

其中$B = 1.96 D_A \omega^{-3/2} v^{1/2}$，且對應的邊界條件包括：

1. 在圓盤表面，$z=0$且$0 \le r \le r_1$，$D_A\left(\frac{\partial c_A}{\partial z}\right)_{z=0} = -D_B\left(\frac{\partial c_B}{\partial z}\right)_{z=0} = \frac{I_D}{nF\pi r_1^2}$；

2. 在圓環表面，$z=0$且$r_2 \le r \le r_3$，$c_B = 0$；

3. 在圓盤與圓環之間，$z=0$且$r_1 < r < r_3$處，$\frac{\partial c_B}{\partial z} = 0$。

其中第一個條件是指圓盤電極之電流密度正比於擴散速率，第二個條件是指圓環電極進入質傳控制，第三個條件則是指兩電極間沒有電流通過。另已知主體區不存在成分B，只有濃度爲c_A^b的成分A。故經過整理，可得到圓環電流I_R爲：

$$I_R = nFD_B \int_{r_2}^{r_3}\left(\frac{\partial c_B}{\partial z}\right)_{z=0} 2\pi r dr \tag{5.365}$$

透過Laplace轉換可以求解濃度分布與電流密度。將推得的兩個電流密度相比，可定義RRDE系統的收集效率N（collection efficiency）：

$$N = -\frac{I_R}{I_D} = \frac{\int_{r_2}^{r_3} \left(\frac{\partial c_B}{\partial z}\right)_{z=0} r dr}{\int_{0}^{r_1} \left(\frac{\partial c_B}{\partial z}\right)_{z=0} r dr} \tag{5.366}$$

由此式可以發現收集效率N只與電極的尺寸有關,和轉速、擴散係數或主體區濃度無關。所以再定義兩個參數:

$$\alpha = \left(\frac{r_2}{r_1}\right)^3 - 1 \tag{5.367}$$

$$\beta = \frac{r_3^3}{r_1^3} - \frac{r_2^3}{r_1^3} \tag{5.368}$$

則收集效率N可表示為:

$$N = 1 - F(\frac{\alpha}{\beta}) + \beta^{2/3}[1 - F(\alpha)] - (1 + \alpha + \beta)^{2/3}[1 - (1 + \alpha + \beta)F(\frac{\alpha}{\beta})] \tag{5.369}$$

其中所用到的函數$F(x)$為:

$$F(x) = \frac{1}{4} + \frac{\sqrt{3}}{4\pi} \ln\left(\frac{(1 + x^{1/3})^3}{1 + x}\right) + \frac{3}{2\pi} \tan^{-1}\left(\frac{2x^{1/3} - 1}{\sqrt{3}}\right) \tag{5.370}$$

由這些結果可知,當圓盤與圓環的間隙愈寬時,收集效率N將愈大,且當圓環的尺寸愈大時,收集效率N也會愈大。

在屏蔽實驗中,圓盤電極相當於開路(open),因此無反應發生,電流$I_D = 0$;但在圓環電極則被施以電位E_R,發生還原反應$A + ne^- \rightarrow B$,可測得電流I_R^0,此時的狀況相同於前述之旋轉圓環電極系統。但當圓盤電極突然被施加電位後,產生了還原電流I_D,將使流至圓環電極的成分A減少,也代表了流到圓環電極的成分B增加,且會使圓環電極上的電流減少了NI_D,其中的N即為收集實驗中的收集效率。所以受擾動的圓環電流I_R將成為:

$$I_R = I_R^0 - NI_D \tag{5.371}$$

其中I_R^0為$I_D = 0$下的圓環電流。當圓盤與圓環電極都被操作在質傳控制的情形時,將出現極限電流:

$$I_{R,\lim} = I_{R,\lim}^0 - NI_{D,\lim} = I_{R,\lim}^0(1 - N\beta^{-2/3}) \qquad (5.372)$$

從(5.372)式中的比例因子$(1-N\beta^{-2/3})$可發現，在質傳控制下，I_R將因圓盤電極的擾動而減少，減低的倍率稱為屏蔽因子（shielding factor）。實際上，從圓環電極的電流對電位曲線可觀察出，屏蔽現象只是整個曲線的下移（如圖5-16)，所以導致了極限電流下降。

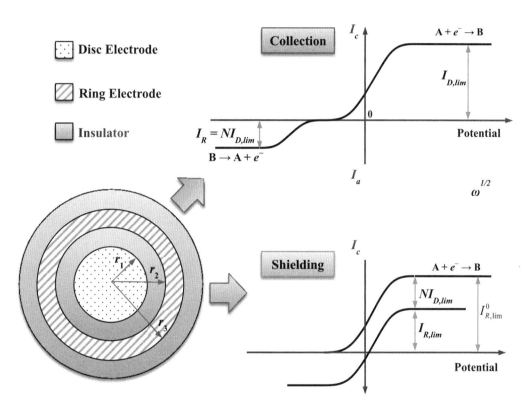

圖5-16　旋轉圓盤電極與圓環電極上的電流

範例5-12

一個含有5 mM的$K_3Fe(CN)_6$和0.1 M的HCl的溶液具有0.01 cm^2/s的動黏度，置於旋轉環盤電極（RRDE）系統中。已知圓環的內半徑為0.188 cm，外半徑為0.325 cm，電極的轉速為48.6 rps。當圓盤無電流時，圓環上可測得還原極限電流為1380 μA。當圓盤被施以某電位時，可

測得302 μA的電流，圓環上則可測得還原極限電流爲1200 μA。試由這些數據估計$Fe(CN)_6^{3-}$的擴散係數，以及RRDE的收集效率。當電極的轉速增爲100 rps時，圓盤在相同電位下，電流將變爲何？圓環的還原極限電流將爲何？RRDE的收集效率又爲何？

解 1. 電極上所進行反應爲：$Fe(CN)_6^{3-} + e^- \rightleftharpoons Fe(CN)_6^{4-}$，所以$n=1$。以下使用A代表$Fe(CN)_6^{3-}$。

2. 當圓盤無電流時，根據(5.361)式，$I_{R,lim} = 0.62nF\pi(r_3^3 - r_2^3)^{2/3} D_A^{2/3} \omega^{1/2} v^{-1/6} c_A^b$，所以可由此得到$Fe(CN)_6^{3-}$的擴散係數：

$$D_A = \left[\frac{I_{R,lim}}{0.62nF\pi(r_3^3 - r_2^3)^{2/3} \omega^{1/2} v^{-1/6} c_A^b} \right]^{3/2}$$

$$= \left[\frac{1.38 \times 10^{-3}}{(0.62)(1)(96500)(\pi)(0.00325^3 - 0.00188^3)^{2/3}(2\pi \times 48.6)^{1/2}(10^{-6})^{-1/6}(5)} \right]^{3/2}$$

$$= 8.8 \times 10^{-10} \text{ m}^2/\text{s}$$

3. 根據(5.371)式，可重新整理得到收集效率$N = \dfrac{I_R^0 - I_R}{I_D} = \dfrac{1380 - 1200}{302} = 0.60$。

4. 已知圓盤和圓環的電流與轉速的平方根成正比，因此收集效率N將會維持0.6，但新的圓盤電流$I_D' = I_D\left(\dfrac{\omega'}{\omega}\right)^{1/2} = 302\left(\dfrac{100}{48.6}\right)^{1/2} = 433$ μA，新的圓環極限電流$I_{R,lim}' = I_{R,lim}\left(\dfrac{\omega'}{\omega}\right)^{1/2} = 1200\left(\dfrac{100}{48.6}\right)^{1/2} = 1720$ μA。

範例5-13

一個旋轉環盤電極（RRDE）系統被用來分析含有5 mM的$CuCl_2$和0.5 M的HCl的溶液，已知溶液的動黏度爲0.011 cm^2/s，圓盤電極的半徑爲0.175 cm，電極轉速爲32 rps，收集效率爲0.53。首先以圓盤爲工作電極，圓環不加電位，可得到兩個波段的電流曲線，兩個極限電流如表5-6所示。之後以圓環爲工作電極，圓盤不加電位，亦可得到雙波段電流曲線，其極限電流如表5-6所示。試求：

1. Cu^{2+}的擴散係數。

2. 此系統的屏蔽因子。

3. 若使用RRDE進行屏蔽實驗，對圓盤電極施加-0.1 V，對圓環電極也施加-0.1 V，求此時圓環上可得到的極限電流。

4. 若使用RRDE進行收集實驗，對圓盤電極施加-0.1 V，對圓環電極也施加$+0.4$ V，求此時圓環上的電流。

表5-6　圓盤與圓環極限電流

電位範圍（vs. Ag/AgCl）	$I_{D,\text{lim}}$ $(I_R=0)$	$I_{R,\text{lim}}$ $(I_D=0)$
0.0 V $\sim$ -0.2 V	300 μA	1000 μA
-0.38 V $\sim$ -0.6 V	610 μA	2100 μA

解 1. 以下以符號A代表Cu^{2+}，B代表Cu^{+}。根據(5.344)式，$i_{\text{lim},c}=0.62nFD_A^{2/3}\omega^{1/2}\nu^{-1/6}c_A^b$

$=\dfrac{3\times10^{-4}}{\pi(0.00175)^2}=31.2$ A/m^2，所以可先計算Cu^{2+}的擴散係數：

$$D_A=\left(\frac{i_{\text{lim},c}}{0.62nF\omega^{1/2}\nu^{-1/6}c_A^b}\right)^{3/2}$$

$$=\left(\frac{31.2}{0.62(1)(96500)(32\times2\pi)^{1/2}(1.1\times10^{-6})^{-1/6}(5)}\right)^{3/2}$$

$$=6.46\times10^{-10}\ \text{m}^2/\text{s}$$

2. 當$I_D=0$時，根據(5.361)式，$I_{R,\text{lim}}=0.62nF\pi(r_3^3-r_2^3)^{2/3}D_A^{2/3}\omega^{1/2}\nu^{-1/6}c_A^b$，可得到參

數$\beta=\dfrac{r_3^3-r_2^3}{r_1^3}=\left(\dfrac{I_{R,\text{lim}}}{0.62nF\pi r_1^2 D_A^{2/3}\omega^{1/2}\nu^{-1/6}c_A^b}\right)^{3/2}=\left(\dfrac{1000}{300}\right)^{3/2}=6.08$。因此，屏蔽因子

為$(1-N\beta^{-2/3})=1-(0.53)(6.08)^{-2/3}=0.84$。

3. 因為$E_D=E_R=-0.1$ V時，兩部分電極都出現極限電流，所以符合(5.372)式，亦即$I_{R,\text{lim}}=I_{R,\text{lim}}^0-NI_{D,\text{lim}}=I_{R,\text{lim}}^0(1-N\beta^{-2/3})=(1000)(0.84)=840$ μA。

4. 當$E_D=-0.1$ V且$E_R=+0.4$ V時，可假設Cu^{+}到達圓環後立刻被氧化，根據(5.366)式，此情形下的圓環電流為：$I_R=-NI_D=-(0.53)(300)=-159$ μA。

5-6-4 其他對流式電極

在對流電極系統中，構造最簡單的要屬平板電極，再現性最佳的要屬旋轉

盤電極，但兩者皆需操作在層流狀態下。而在工業應用中，流速太慢可能會降低產率，所以常見的操作模式反而屬於紊流。也有可能是裝置的流道複雜，即使操作於層流狀態，但仍難以使用數學模型尋找解析解。因此，工程師為了理解或設計電極系統，常使用因次分析（dimension analysis）的方法，將牽涉在質傳系統內的所有物理量組合，形成多個無因次參數（dimensionless number），再藉由實驗取得數據以擬合這些無因次參數間的關係，進而建立出適用於特定系統的數學模型，這類公式又常稱為經驗關聯式（empirical correlation）。

但實際上，這套方法中引用的無因次參數皆其來有自，例如在流體力學中，可使用連續方程式與運動方程式（動量均衡方程式）來統御問題，如同5-2節所述，當所有物理量轉變成無因次形式之後，運動方程式將成為：

$$\frac{D}{D\breve{t}}\breve{\mathbf{v}} = -\breve{\nabla}\breve{p} + (\frac{1}{\text{Re}})\breve{\nabla}^2\breve{\mathbf{v}} \tag{5.373}$$

其中的ˇ代表變數已無因次化。(5.373)式說明了所求解的速度分布或壓力分布最終可表示成Reynolds數（Re）的函數，所以Re是流體力學中最重要的無因次參數。但是從更廣義的角度來觀察流體力學，也必須考慮熱傳效應導致流體密度隨著溫度的變化，以及質傳效應導致流體密度隨著濃度的變化，使得修正後的動量均衡方程式成為：

$$\frac{D\mathbf{v}}{Dt} = \bar{v}\,\nabla^2\mathbf{v} - \frac{1}{\bar{\rho}}\nabla p - g\bar{\beta}(T-\bar{T}) - g\bar{\zeta}(c_A - \bar{c}_A) \tag{5.374}$$

其中$\bar{T}$和$\bar{c}_A$分別為參考溫度與參考濃度，$\bar{\rho}$與$\bar{v} = \frac{\bar{\mu}}{\bar{\rho}}$為參考狀態下的密度與動黏度，$\bar{\beta} = -\left(\frac{1}{\rho}\frac{\partial\rho}{\partial T}\right)_{\bar{c}_A}$且$\bar{\zeta} = -\left(\frac{1}{\rho}\frac{\partial\rho}{\partial c_A}\right)_{\bar{T}}$，兩者皆為密度膨脹係數，此方程式稱為Boussinesq方程式。

在熱傳現象方面，相關的物性包括熱傳導度k，比熱c_p，以及熱擴散係數$\alpha = \frac{k}{\rho c_p}$。若能將這些物性視為定值，則熱量均衡方程式可化簡為：

$$\frac{DT}{Dt} = \alpha\nabla^2 T \tag{5.375}$$

相同地，在質傳現象方面，成分A的質量均衡方程式也可化簡為：

$$\frac{Dc_A}{Dt} = D_A \nabla^2 c_A \tag{5.376}$$

接著在系統中選取特徵長度L_0、特徵速度$\mathbf{v}_0$和特徵壓力p_0，且再選擇兩個特徵溫度T_0和T_1，以及兩個特徵濃度c_{A0}和c_{A1}，則可得到無因次的長度$\breve{x} = \frac{x}{L_0}$、$\breve{y} = \frac{y}{L_0}$與$\breve{z} = \frac{z}{L_0}$，無因次時間$\breve{t} = \frac{\mathbf{v}_0}{L_0}t$，無因次速度$\breve{\mathbf{v}} = \frac{\mathbf{v}}{\mathbf{v}_0}$，無因次壓力$\breve{p} = \frac{p - p_0}{\rho \mathbf{v}_0^2}$，無因次溫度$\breve{T} = \frac{T - T_0}{T_1 - T_0}$，以及無因次濃度$\breve{c}_A = \frac{c_A - c_{A0}}{c_{A1} - c_{A0}}$。這將使得輸送現象的四個主要的方程式成為：

$$\breve{\nabla} \cdot \breve{\mathbf{v}} = 0 \tag{5.377}$$

$$\frac{D\breve{\mathbf{v}}}{D\breve{t}} = (\frac{1}{\mathrm{Re}})\breve{\nabla}^2 \breve{\mathbf{v}} - \breve{\nabla}\breve{p} - (\frac{\mathrm{Gr_T}}{\mathrm{Re}^2})\breve{g}\breve{T} - (\frac{\mathrm{Gr_c}}{\mathrm{Re}^2})\breve{g}\breve{c}_A \tag{5.378}$$

$$\frac{D\breve{T}}{D\breve{t}} = \frac{1}{\mathrm{Re}\,\mathrm{Pr}}\breve{\nabla}^2 \breve{T} \tag{5.379}$$

$$\frac{D\breve{c}_A}{D\breve{t}} = \frac{1}{\mathrm{Re}\,\mathrm{Sc}}\breve{\nabla}^2 \breve{c}_A \tag{5.380}$$

其中算符$\frac{D}{D\breve{t}} = (\frac{L_0}{\mathbf{v}_0})\frac{D}{Dt}$，算符$\breve{\nabla} = L_0 \nabla$，而$\breve{g}$為無因次重力加速度。這一系列輸送現象方程式牽涉的無因次參數共計有

1. Reynolds數：$\mathrm{Re} = \frac{L_0 \mathbf{v}_0}{\nu}$；

2. Prandtl數：$\mathrm{Pr} = \frac{\nu}{\alpha}$；

3. 熱傳Grashof數：$\mathrm{Gr_T} = \frac{gL_0^3 \bar{\beta}(T_1 - T_0)}{\nu^2}$；

4. 質傳Grashof數：$\mathrm{Gr_c} = \frac{gL_0^3 \bar{\zeta}(c_{A1} - c_{A0})}{\nu^2}$；

5. Schmidt數：$\mathrm{Sc} = \frac{\nu}{D_A}$；

6. Froude數：$\mathrm{Fr} = \frac{\mathbf{v}_0^2}{gL_0}$，此參數主要出現在圓盤電極等旋轉系統。

在邊界條件上，對流式系統的固液界面上，可以列出熱傳速率對溫度梯度

的關係，以及質傳速率對濃度梯度的關係，因而需要熱傳係數與質傳係數來輔助描述。經過無因次化之後，對流熱傳係數將可使用Nusselt數：$Nu = \dfrac{hL_0}{k}$來描述，而對流質傳係數將可使用Sherwood數：$Sh = \dfrac{k_m L_0}{D_A}$來描述。在強制對流系統中，無因次化的邊界條件將包含：

　　1. $Nu = f_1(Re, Pr)$；

　　2. $Sh = f_2(Re, Sc)$。

若系統只存在自然對流，則無因次化的邊界條件將更改為：

　　1. $Nu = f_3(Gr_T, Pr)$；

　　2. $Sh = f_4(Gr_c, Sc)$。

藉由實驗來尋找函數f_1、f_2、f_3或f_4的型式即可得到經驗關聯式，例如一顆球體懸於無限大的流動溶液中，可得到經驗關聯式：$Nu = 2 + 0.6 Re^{1/2} Pr^{1/3}$，擁有了這項經驗式之後，就可以用於探討球體外的溫度分布或熱傳速率。

　　總結以上，使用因次分析法可產生經驗關聯式，有助於理解或修改複雜系統的輸送現象與反應工程。對於電化學系統，在實驗中記錄極限電流密度，就可以求出質傳速率或質傳係數，亦即得到Sherwood數：

$$Sh = \frac{i_{\lim} L_0}{nF D_A c_A^b} \tag{5.381}$$

再藉由幾何結構、流場或物性參數的變化，可找出$Sh = f_2(Re, Sc)$。由(5.381)式可知，電化學系統透過測量電流即可回饋到系統設計，比非電化學系統的評估更簡單、快速又精準。一般測得極限電流密度的原則是電極程序必須操作在質傳控制下，例如施加電位時，可以持續記錄電流，而得到電流對電位的曲線，當極限電流出現時，意味電流達到飽和，也代表此曲線會出現平台區，再增加少許電位也不會提升電流，此時即為質傳控制狀態。然而，有些系統的電流對電位曲線不存在平台區，因為其他程序也可能導致電流，故可藉由控制實驗條件來找出這類背景電流，再予以扣除後，仍可得到電流平台區。另有一些系統的電流對電位曲線無法出現飽和電流，因為電解液中的其他成分可能在不高的電位下發生反應，使得副反應電流疊加在主反應電流上，構成了沒有平台區的電流－電位曲線，所以這類系統不適合使用因次分析法來探討，反而應該

先釐清主副反應間的動力學問題。

　　因此，為了避免動力學因素干擾因次分析，常見的方法是使用反應特性明確的參考電解液，例如加入高濃度H_2SO_4的稀薄$CuSO_4$溶液，或是含有$Fe(CN)_6^{4-}/Fe(CN)_6^{3-}$氧化還原對的鹼性溶液，因為前者會發生明確的$Cu$沉積反應，後者則是具有電化學可逆性的快速反應，兩者都適合用來尋找$Sh=f_2(Re, Sc)$的關聯式。

　　此外，對於電極面積較大的系統，電極上局部位置的質傳速率通常不同，例如電解液的上游區和下游區的電流密度必有差別，所以$Sh=f_2(Re, Sc)$關聯式會隨位置而不同，因而失去了經驗式的便利性。此外，透過電表測得的數據為總極限電流I_{lim}，除以電極總面積A後也只能得到平均極限電流密度，所以此時能夠描述系統的指標只是平均Sherwood數：

$$Sh_{av} = \frac{I_{lim}L_0}{nFAD_Ac_A^b} \tag{5.382}$$

其中的下標av代表平均值。

　　對於5-6-2節討論的平板電極系統，若已知沿著流動方向的長度為L，則可使用L為特徵長度而得到層流狀態下的經驗式：

$$Sh_{av} = \frac{I_{lim}L}{nFAD_Ac_A^b} = 0.67\,Re^{1/2}\,Sc^{1/3} \tag{5.383}$$

但此式僅適用於$Re<3\times10^5$的層流範圍。若系統操作在$Re>3\times10^5$的紊流狀態時，其經驗式將變為：

$$Sh_{av} = 0.03\,Re^{0.8}Sc^{1/3} \tag{5.384}$$

若系統是由兩個直放的平板電極組成，即使電解液沒有加以攪拌，也會因為陰陽極反應導致濃度重新分布而產生自然對流。例如在電解精煉Cu時，陽極的Cu板會持續溶解成Cu^{2+}，而陰極則不斷有Cu析出，使得陽極表面的Cu^{2+}濃度高於主體區濃度，而陰極表面的Cu^{2+}濃度則低於主體區濃度，這也代表了陽極表面的溶液密度高於主體區密度，而陰極表面的溶液密度低於主體區密度。所以，開始電解之後，溶液的內部將出現自然循環。如圖5-17所示，在陽極區，溶液會往下流動；在陰極區，溶液將向上流動；主體區則隨時補充兩極的流動，最終構成一個慢速的循環，間接提升了電極表面的質傳速率。通常兩個電

極的間距不會很小，所以兩股方向相反的流動不至於相互干擾，或甚至可以視為單電極上發生單方向的對流，故其經驗式在層流狀態下可表示為：

$$\text{Sh}_{av}=0.66(\text{GrSc})^{0.25} \tag{5.385}$$

若進入了紊流範圍，則經驗式將成為：

$$\text{Sh}_{av}=0.31(\text{GrSc})^{0.28} \tag{5.386}$$

這兩個經驗式中所用到的特徵長度皆為電極在流動方向的尺寸L。但當電極的間距縮小時，使得兩股流動有相互作用，則其經驗式將修正為：

$$\text{Sh}_{av}=0.19(\text{GrSc})^{1/3} \tag{5.387}$$

其中所使用的特徵長度為兩電極之間距d。另需注意，在這些自然對流的情況中，流體的效應皆使用Gr描述，而非Re。

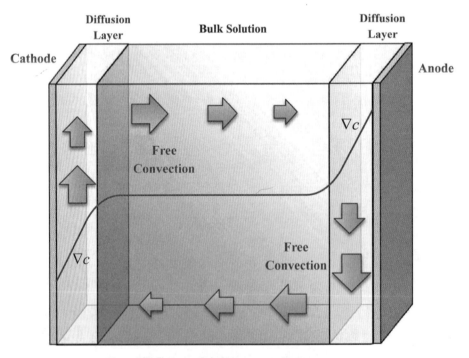

圖5-17　電解槽內的自然對流

在工業電解合成程序中，常用到雙極式電解槽（bipolar electrolytic cell）。如圖5-18所示，其架構是由交替排列的陰陽極組成，排列的方式可能是平行板或同軸圓柱，流體會由電極板間隙的一端流到另一端，也可以從鑽孔的電極板上方進入電極間隙，再沿徑向朝外流出。

若已知平行板電極的間距為$2h$，流動方向的長度為L，則在層流狀態下（Re<3000），經驗式為：

$$Sh_{av} = 2.54 \, Re^{1/3} \, Sc^{1/3} (\frac{2h}{L})^{1/3} \tag{5.388}$$

這個經驗式中所用到的特徵長度為電極板的間距$2h$。當Re>3000時，進入紊流區，經驗式將成為：

$$Sh_{av} = 0.023 \, Re^{0.8} Sc^{1/3} \tag{5.389}$$

從中可知電極的尺寸效應已不再影響質傳係數。這類電極系統的理論分析中，流向側壁的效應常被忽略，因為側壁的間距通常遠大於電極板的間隙。但當側壁的間距縮小到等於電極板的間隙時，亦即成為正方形管道時，在紊流下的經驗式將成為：

$$Sh_{av} = 0.0115 \, Re^{0.9} Sc^{1/3} \tag{5.390}$$

比較(5.389)式可發現側壁的效應。

對於從電極板的中心孔洞進入電極間隙的系統，流體最終會沿徑向流出，所以其徑向流速在滿足連續方程式之下必須為：

$$\mathbf{v}_r = \frac{R}{r} \mathbf{v}_0 \tag{5.391}$$

其中R與$\mathbf{v}_0$分別為特徵半徑與特徵速度，所以流速會朝外遞減，因而可預測質傳速率也會朝外遞減。若已知電極板的間隙高度為$2h$，並作為特徵長度，則其經驗式為：

$$Sh_{av} = 1.66(\frac{h}{r})^{2/3} Re^{1/3} Sc^{1/3} \tag{5.392}$$

所以質傳係數會朝外遞減，且正比於$r^{-2/3}$。

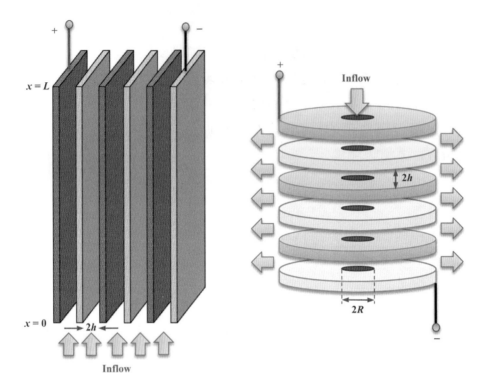

圖5-18   典型的雙極式電解槽

對於旋轉電極系統，在5-6-3節已經討論過旋轉盤電極與旋轉環盤電極，並可求得數值解。由於系統中的流場因電極之旋轉而生，所以電極的轉速ω爲關鍵參數，故其Reynolds數應修正爲：

$$\mathrm{Re} = \frac{R^2\omega}{v} \tag{5.393}$$

其中R爲電極的半徑。當$\mathrm{Re} < 2 \times 10^5$時，屬於層流範圍。一般的電解液之動黏度約爲$0.01$ cm^2/s，所以對轉速爲100 rpm（10.5 rad/s）的電極，只有在$r < 13.8$ cm時屬於層流區，以外則將出現過渡區或紊流區；若轉速提升到1000 rpm，則層流區將會縮小到$r < 4.4$ cm的區域。這些情形說明了5-6-3節提及的數值解具有侷限性，對於分析實驗用的小電極系統，爲了可以使用理論解，其轉速需設定上限；但對工業應用的大電極系統，勢必涵蓋層流與紊流區，必須透過經驗式才能較準確地描述其質傳行爲。在層流狀態下，其關聯式可從Levich方程式求得：

$$\text{Sh}_{av}=0.6\text{Re}^{1/2}\text{Sc}^{1/3} \tag{5.394}$$

但在紊流狀態下,則需透過實驗求取經驗式:

$$\text{Sh}_{av}=0.01\text{Re}^{0.87}\text{Sc}^{1/3} \tag{5.395}$$

兩式中所用到的特徵長度皆為電極半徑R。

此外,在工業應用中,以兩個同心圓柱作為陰陽極的旋轉電極也是廣泛使用的系統,稱為旋轉圓柱電極(rotating cylinder electrode,簡稱為RCE)。一般的操作中,流體會從兩個圓柱的間隙中沿軸向流過,理論上類似雙平行板電極,但此系統的優點是內部或外部的圓柱可以旋轉,使得流體可採取螺旋的路線前進,增加在系統內的滯留時間,更有利於廢水處理或金屬回收等程序。然而,螺線式流動的數學模型相對困難,因此透過實驗求取經驗式成為常見的應對方法。

類似於旋轉盤電極,RCE系統的Reynolds數應該使用轉速來表示,但是此系統的特徵長度有兩個,其一為內圓柱的直徑d_1或半徑r_1,另一個為外圓柱的直徑d_2或兩圓柱的直徑差(d_2-d_1),而下列Reynolds數與Sherwood數皆選擇d_1為特徵長度:

$$\text{Re}=\frac{d_1(r_1\omega)}{\nu}=\frac{d_1^2\omega}{2\nu} \tag{5.396}$$

$$\text{Sh}=\frac{k_m d_1}{D_A} \tag{5.397}$$

若要計算特徵速度時,可用旋轉半徑r_1乘上角速度ω。在1954年,M. Eisenberg對此系統提出了相關的經驗式:

$$\text{Sh}=0.0791\text{Re}^{0.7}\text{Sc}^{0.356} \tag{5.398}$$

然而,此經驗式只能使用在100<Re<160000時。後來在1972年,D. R. Gabe則考慮到兩個圓柱間的液體屬於Taylor-Couette流動,而Taylor-Couette流動的型態應該是由另一個無因次數-Taylor數(Ta)來決定,其定義為:

$$\text{Ta}=\frac{(d_2-d_1)\mathbf{v}}{2\nu}(\frac{d_2-d_1}{d_1})^{1/2}=\frac{(d_2-d_1)^{3/2}d_1^{1/2}\omega}{4\nu} \tag{5.399}$$

當Ta<40時,將呈現Couette流動的層流狀態,類似兩個平行板間的流動;當

40<Ta<1700時，將呈現帶有渦流（vortex）的層流狀態，如圖5-19所示；當Ta>1700時，則呈現紊流狀態。後來，Mizushina探討了60<Ta<2000內的RCE系統，提出經驗式：

$$Sh=0.74Ta^{0.5}Sc^{0.333} \tag{5.400}$$

但Sh中的特徵長度定為(d_2-d_1)。若要更精確地對照實際使用的RCE系統，其他的尺寸因素也必須被考慮進去，例如圓柱的高度與容器的高度等。此外，若存在軸向的流動，RCE系統可成為連續式反應器，其軸向速率所導致的Reynolds數（Re_a）也應該加入經驗式中，定義為$Re_a = \dfrac{\rho(d_2-d_1)\mathbf{v}}{\mu}$，其中v是速度的軸向分量。由於存在軸向流動，所以這種RCE系統會接近塞流反應器（plug flow reactor，簡稱PFR），但若沒有軸向流動，則系統比較接近連續攪拌槽反應器（continuous stirred tank reactor，簡稱CSTR）。

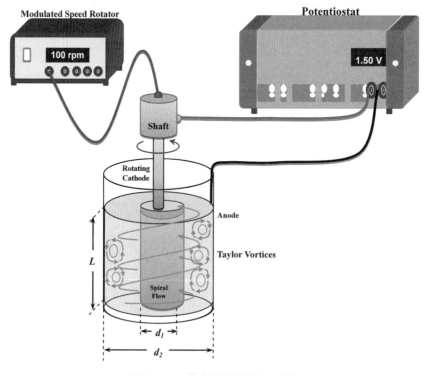

圖5-19　旋轉圓柱電極系統

範例5-14

　　一個旋轉圓柱反應器以批次方式操作，輸入的溶液體積為0.2 m³，反應操作在質傳控制下，操作時間為8 h。已知內圓柱的半徑為0.05 m，長度為1 m，兩極的間距為0.05 m，轉速最大可達50 rpm。已知電解液的動黏度為2.0×10^{-6} m²/s，溶質的擴散係數為8.0×10^{-10} m²/s。則其質傳係數可到達多少？

解 1. 已知$Sc = \dfrac{\nu}{D} = \dfrac{2.0 \times 10^{-6}}{8.0 \times 10^{-10}} = 2500$。

2. 轉速：$\omega = 2\pi \dfrac{50}{60} = 5.23$ rad/s。因此，$Re = \dfrac{2r_1^2 \omega}{\nu} = \dfrac{(2)(0.05)^2(5.23)}{2.0 \times 10^{-6}} = 13083$。

3. 故可計算$Ta = \dfrac{(d_2 - d_1)^{3/2} d_1^{1/2} \omega}{4\nu} = \dfrac{(0.05)^{3/2}(0.05)^{1/2}(5.23)}{(2.0 \times 10^{-6})} = 6537$。

4. 若使用Eisenberg提出的經驗式，亦即(5.398)式，可得到：

$Sh = 0.0791 Re^{0.7} Sc^{0.356} = 0.0791(13083)^{0.7}(2500)^{0.356} = 976$，

所以可得到質傳係數$k_m = \dfrac{Sh \cdot D}{d_1} = 7.8 \times 10^{-6}$ m/s。

5. 若使用Mizushina提出的經驗式，亦即(5.400)式，$Sh = 0.74 Ta^{0.5} Sc^{0.333} = 810$，

所以可得到質傳係數$k_m = \dfrac{Sh \cdot D}{d_2 - d_1} = 6.5 \times 10^{-6}$ m/s。因為(5.400)式的適用範圍為$60 < Ta < 2000$，因此$k_m = 7.8 \times 10^{-6}$ m/s應較為準確。

範例5-15

　　一個旋轉圓柱反應器採取連續式操作，已知內圓柱的半徑為0.15 m，長度為1 m，以25 rpm旋轉，兩極的間距為0.01 m。電解液的動黏度為2.0×10^{-6} m²/s，溶質的擴散係數為8.0×10^{-10} m²/s。當軸向速率為0.01 m/s或0.1 m/s時，其質傳係數分別為何？前人的研究提出，若$Re_a < 300$，則$Sh = 0.38(\dfrac{d_2}{d_1} Ta)^{0.5} Sc^{1/3}$；若$300 < Re_a < 800$，則$Sh = 0.12(\dfrac{d_2}{d_1} Ta)^{0.4}(Re_a Sc)^{1/3}$。

解 1. 已知$Sc = \dfrac{\nu}{D} = \dfrac{2.0 \times 10^{-6}}{8.0 \times 10^{-10}} = 2500$。

2. 轉速 $\omega = 2\pi \dfrac{25}{60} = 2.62$ rad/s。

3. 軸向速率 $\mathbf{v}=0.01$ m/s時，$Re_a = \dfrac{(0.01)(0.01)}{2.0 \times 10^{-6}} = 50$；$\mathbf{v}=0.1$ m/s時，$Re_a = 500$。

4. $Ta = \dfrac{(d_2 - d_1)^{3/2} d_1^{1/2} \omega}{4\nu} = \dfrac{(0.01)^{3/2}(0.15)^{1/2}(2.62)}{(2.0 \times 10^{-6})} = 507$。

5. 當軸向速率為 0.01 m/s時，$Sh = 0.38(\dfrac{d_2}{d_1} Ta)^{0.5} Sc^{1/3} = 120$，所以可得到質傳係數 $k_m = 4.80 \times 10^{-6}$ m/s。

6. 當軸向速率為 0.1 m/s時，$Sh = 0.12(\dfrac{d_2}{d_1} Ta)^{0.4} (Re_a Sc)^{1/3} = 160$，所以可得到質傳係數 $k_m = 6.41 \times 10^{-6}$ m/s。

在4-4-5節中，曾經提及氣體的電解常發生在電化學工業程序中，例如鹼氯工業或電解水工業都伴隨著氣體的產生。當氣體吸附在電極上，以及氣泡脫離進入溶液都會使電解程序變得更複雜，使得建立這類系統的數學模型十分困難。

在電解程序中，氣體產物的行為取決於電流密度，當電流密度很小時，氣體將以低含量的方式溶解在溶液中，並透過質傳作用而遠離電極；當電流密度夠大時，溶液中溶解的氣體已達飽和，使氣泡吸附在電極表面，表面的氣泡獲得補充後將逐漸成長，待擴大至某一尺寸後，所受浮力與溶液的拖曳力足以抗衡界面附著力，然後氣泡會脫離電極而浮至液面，之後新的氣泡又會在電極表面成核與成長；當電流密度更大時，氣體的產率更快，在表面的成核位置更多，使成長後的氣泡彼此接觸而連結，最終形成氣膜而覆蓋住整個電極表面，並大幅抑制電解速率。此外，也有一些氣體產物進入溶液後，會發生化學反應而被消耗，使得吸附氣泡的情形不易出現。

由於電解產生氣體的程序牽涉氣泡的成核、成長、脫離與上浮，很難達到穩定狀態，且易受質傳現象的影響，因此難以建立數學模型，一般會使用經驗式來估計程序的操作過程。關於氣體析出與質傳現象的相互影響可分為三種理論。第一種理論稱為穿透效應（penetration effect），是指氣泡成長後會脫離表面，並將動量轉移給周圍的液體，因而產生額外的攪拌對流，促進局部的質傳速率，但氣泡周而復始的產生與脫離，也會使質傳現象產生週期性的變化。

由此理論得到的經驗式為：

$$\mathrm{Sh}_{av} = \frac{2.76}{C} \mathrm{Re}^{1/2} \mathrm{Sc}^{1/2} (1-\theta)^{1/2} \tag{5.401}$$

其中的θ為氣泡在電極表面的覆蓋率，而C為形狀因子，對半球形氣泡，$C=1.59$；對球形氣泡，$C=2.0$。對於(5.401)式中的Re，必須使用氣泡的平均直徑作為特徵長度，且使用氣體在溶液中的流速作為特徵速度。

第二種理論是微對流效應（microconvection effect），是指氣泡成長時，周圍的溶液被推擠而導致對流，愈遠離氣泡，此效應愈弱。由此理論得到的經驗式為：

$$\mathrm{Sh}_{av} = 0.93 \mathrm{Re}^{0.487} \mathrm{Sc}^{1/2} [\sqrt{\theta}(1-\sqrt{\theta})]^{1/2} \tag{5.402}$$

第三種理論是巨對流效應（macroconvection effect），是指氣泡上浮時，周圍的溶液被排開而導致二相流，由此理論得到的經驗式為：

$$\mathrm{Sh}_{av} = a\mathrm{Re}^{1/3} \mathrm{Sc}^{1/3} \tag{5.403}$$

其中的a為常數。

5-7 多孔電極系統

在電化學工業中，常使用多孔電極來提升整體程序的速率，尤其當表面反應的速率太慢時，大比表面積的多孔電極可以補償生產速率。此外，多孔電極還可以扮演容器的角色，可將反應物儲存在孔洞中，燃料電池即為一例。再者，由於多孔電極內的電流路徑縮短，使得歐姆電位降也減小，故可提升能量效率。另外，也有一些程序必須經由電吸附才能完成，使用大比表面積的多孔電極也能展現良好的效果。

多孔電極的理論模擬至少可分成兩種類型，包括二相電極（two-phase electrode）和三相電極（three-phase electrode）。前者是指電解液充滿所有孔洞，反應物藉由質傳效應到達電極表面以進行反應；後者則認為氣體反應物會溶解在電解液中並藉由擴散到達電極表面，反應發生在氣－液－固三相界面

上。

　　二相電極理論還可分爲兩種模型，第一種是分散孔模型，是指電極由不相連的孔洞通道組成，所以可應用平板電極的理論來分析每個孔洞，且所有孔洞電流的總和即爲電極總電流。第二種是均勻模型，是指多孔電極是由電極固體與電解液組成，且這兩者都是等向性（isotropic）的連續介質，模型中所使用的電極性質將會視爲兩介質特性的加權平均，所以在分析或運用時較爲便利。

　　對於均勻模型，由於已假設電極是由固體網狀物和電解液網狀物組成，所以其中的反應速率將與整體多孔電極的性質有關，例如孔隙度ε、比表面積a或平均導電度等。而固體網狀物的電位ϕ_S和電解液網狀物的電位ϕ_L都被視爲連續函數，將會隨著時間與空間而變。若已知孔洞內的溶液含有成分j，且其質傳通量爲N_j，則在孔洞內壁上，成分j的生成速率可表示爲：

$$r_j = a(n \cdot N_j) \tag{5.404}$$

其中a爲比表面積，亦即單位體積內的電極表面積；n爲孔洞內壁的單位法向量。成分j生成後，在溶液中的濃度將爲c_j，但在均勻多孔介質內的表觀濃度（apparent concentration）則爲εc_j。在溶液中的電流密度i_L是由帶電離子的輸送所造成，所以可表示爲：

$$i_L = F\sum_j z_j N_j \tag{5.405}$$

而固體部分的電流密度i_S與溶液中的電流密度i_L將組成總電流密度i。

　　在多孔電極內進行電化學程序時，已知成分j的質量均衡方程式可表示爲：

$$\frac{\partial \varepsilon c_j}{\partial t} = a(n \cdot N_j) - \nabla \cdot N_j \tag{5.406}$$

另一方面，對於電荷均衡，若忽略了電雙層的效應，可表示爲：

$$\nabla \cdot i = \nabla \cdot i_S + \nabla \cdot i_L = 0 \tag{5.407}$$

當程序進入穩定態後，由(5.406)式可發現：

$$\nabla \cdot i_L = F\sum_j z_j (\nabla \cdot N_j) = aF\sum_j z_j (n \cdot N_j) \tag{5.408}$$

並由此定義平均法拉第電流密度i_F為：

$$i_F = F \sum_j z_j (n \cdot N_j) \tag{5.409}$$

由於Butler-Volmer方程式可以計算出平均電流密度i_F，所以(5.408)式將成為：

$$\nabla \cdot i_L = a i_0 \left\{ \exp\left[-\frac{n\alpha F \eta}{RT}\right] - \exp\left[\frac{n(1-\alpha)F\eta}{RT}\right]\right\} \tag{5.410}$$

其中的過電位η定義為：$\eta = \phi_S - \phi_L - E_{eq}$，$E_{eq}$為平衡電位。但若多孔電極內會發生電雙層充電的現象，且所導致的非法拉第電流密度為i_{nF}，則(5.408)式必須修正為：

$$\nabla \cdot i_L = a i_F + a i_{nF} = a i_F + a \frac{\partial q}{\partial t} \tag{5.411}$$

其中q為表面電荷密度。

另一方面，固體網狀物中的電流可使用歐姆定律描述：

$$i_S = -\sigma \nabla \phi_S \tag{5.412}$$

其中σ為固體網狀物的有效導電度，其值必須從純固體電極的導電度修正，通常與孔隙度ε有關。

在溶液中的物質輸送方面，仍然有擴散、遷移與對流三種模式，故質傳通量可由這三種效應組成，若再考慮溶液網狀物占據整體電極的比例為孔隙度ε，則成分j的質傳通量可表示為：

$$\frac{N_j}{\varepsilon} = -D_{eff} \nabla c_j - z_j F \mu_j c_j \nabla \phi_L + \frac{\mathbf{v}}{\varepsilon} c_j \tag{5.413}$$

其中μ_i為成分j的離子遷移率；D_{eff}為有效擴散係數，或稱為分散係數（dispersion coefficient），其值和擴散係數D_j、孔洞半徑、孔洞形狀與流體速率有關。另需注意，(5.413)式只適用於稀薄溶液，若使用對象為濃稠溶液，則有其他理論可描述。至此可知，在多孔電極內的電化學程序非常複雜，難以精確地描述，通常只能進行簡化性分析。

其中有一種簡化方法是假設多孔電極內的溶液區具有均勻的組成，且忽

略電雙層效應；而且假設多孔電極的一端接觸金屬集流體（current collec-tor），另一端則接觸電解液主體區。經此化簡，電極動力學將只受限於兩種網狀物的導電度、電極長度與電極電位。

　　若根據電極的對稱性，可使用一維模型來描述多孔電極。如圖5-20所示，令$x=0$為電極接觸溶液主體區的位置，$x=L$為電極連結集流體的位置，其中的L為電極長度，所以(5.407)式可簡化為：

$$\frac{di_S}{dx} + \frac{di_L}{dx} = 0 \tag{5.414}$$

固體部分可使用歐姆定律表示：

$$i_S = -\sigma \frac{d\phi_S}{dx} \tag{5.415}$$

而溶液部分也可轉變成歐姆定律的型式：

$$i_L = -\kappa \frac{d\phi_L}{dx} \tag{5.416}$$

其中的溶液導電度則由各離子的移動所貢獻：

$$\kappa = \varepsilon F^2 \sum_j z_j^2 \mu_j c_j \tag{5.417}$$

根據(5.410)式，電極動力學的方程式將成為：

$$\frac{di_L}{dx} = a i_0 \left\{ \exp\left[-\frac{n\alpha F\eta}{RT}\right] - \exp\left[\frac{n(1-\alpha)F\eta}{RT}\right] \right\} \tag{5.418}$$

上述方程式的邊界條件為：

　　1. $x=0$處，$i_S=0$，$i_L=i_T$，$\phi_L=0$；

　　2. $x=L$處，$i_S=i_T$，$i_L=0$。

　　條件1代表電極接觸主體溶液之處，總電流密度i_T完全流入孔洞中的溶液，而條件2代表電極接觸集流體之處，總電流密度i_T完全來自於孔洞固體，$\phi_L=0$僅是取$x=0$處作為電位的參考點。然而，在多孔電極內部，電流會沿著介質前進；在固液界面上，電流會從孔洞溶液流進孔洞固體，反之亦可，而反應速率將正比於(di_L/dx)。然而，在多孔電極內部的反應速率並不均勻，因為電

流會尋找電阻較低的路徑前進。除非表面反應速率非常慢，使電流幾乎沿著連續介質前進，電流分布才有可能較為均勻。換言之，介質本身的導電度會影響電流路徑的選擇，反應電阻與介質電阻將成為相互競爭的對象。若將多孔電極內部假想成一個等效電路，可如圖5-20所示，兩個水平方向的電阻代表固體介質與溶液介質的電阻，而垂直方向的電阻則代表電子轉移反應的電阻。

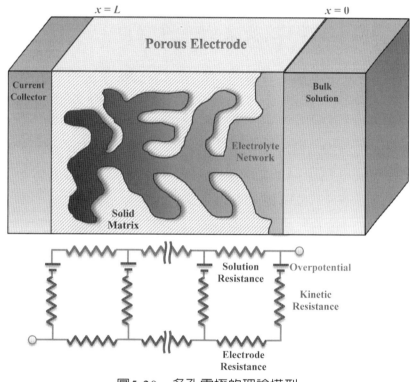

圖5-20　多孔電極的理論模型

由於(5.415)式、(5.416)式和(5.418)式難以求解，故常假設$\sigma \gg \kappa$，以得到近似解。對於過電位較小的情形，Butler-Volmer方程式可簡化成線性關係，亦即：

$$\frac{di_L}{dx} = \frac{anFi_0}{RT}\eta \tag{5.419}$$

或透過(5.416)式表示為：

$$-\frac{d}{dx}\left(\kappa\frac{d\phi_L}{dx}\right)=\frac{anFi_0}{RT}(\phi_S-\phi_L-E_{eq}) \qquad (5.420)$$

且從(5.414)式可知：

$$\sigma\frac{d^2\phi_S}{dx^2}+\kappa\frac{d^2\phi_L}{dx^2}=0 \qquad (5.421)$$

從中可解得過電位分布爲：

$$\eta(x)=\eta(0)\frac{\cosh[(x-L)/L^*]}{\cosh(L/L^*)} \qquad (5.422)$$

其中$\eta(0)$是電極接觸主體溶液之處的過電位，而特徵長度L^*則定義爲：

$$L^*=\sqrt{\frac{\sigma RT}{anFi_0}} \qquad (5.423)$$

此特徵長度代表反應電阻$(RT/anFi_0)$對固體電阻$1/\sigma$之比值。另一方面，通過多孔電極的總電流密度i_T也可積分求得：

$$
\begin{aligned}
i_T &=\int_0^L(i_s+i_L)dx=i_L(0)=i_S(L)\\
&=\eta(0)\sqrt{\frac{nFai_0\sigma}{RT}}\tanh(L/L^*)
\end{aligned} \qquad (5.424)
$$

當電極長度$L\geq2L^*$時，$\tanh(L/L^*)\to1$，使得總電流密度i_T可簡化爲：

$$i_T=\eta(0)\sqrt{\frac{nFai_0\sigma}{RT}} \qquad (5.425)$$

由此式可觀察到，總電流密度i_T與過電位$\eta(0)$成正比，但卻不是與i_0成正比，此特性與平板電極不同。若定義多孔電極的特徵電流密度i^*爲：

$$i^*=\sqrt{\frac{ai_0\sigma RT}{nF}} \qquad (5.426)$$

則總電流密度i_T可轉變爲：

$$i_T=\frac{nFi^*}{RT}\eta(0) \qquad (5.427)$$

此型式即非常類似於平板電極的反應動力學。

再者，若過電位夠大時，電極動力學可使用Tafel方程式來描述。當多孔電極作為陰極時，其動力學可表示為：

$$\frac{di_L}{dx} = ai_0 \exp\left[-\frac{n\alpha F\eta}{RT}\right] \tag{5.428}$$

或作為陽極時可表示為：

$$\frac{di_L}{dx} = -ai_0 \exp\left[\frac{n(1-\alpha)F\eta}{RT}\right] \tag{5.429}$$

以陽極的狀況為例，可求得最終的總電流密度為：

$$
\begin{aligned}
i_T &= -\sqrt{\frac{4ai_0\sigma RT}{nF}} \exp\left[\frac{(1-\alpha)nF}{2RT}\eta(0)\right] \\
&= -2i^* \exp\left[\frac{(1-\alpha)nF}{2RT}\eta(0)\right]
\end{aligned} \tag{5.430}
$$

從中可發現，在過電位不高時，多孔電極的極化程度比平板電極小。但因多孔電極的Tafel斜率較大，所以在過電位逐漸升高後，多孔電極的特性會逐漸接近平板電極。當極化程度很高時，多孔電極的Tafel斜率會成為平板電極的兩倍。

然而，在一般情形中，$\sigma \gg \kappa$的假設可能無法適用，所以為了有效求解電位的微分方程式，可引入四個無因次參數來輔助，包括陽極對陰極的轉移係數比值$(1-\alpha)/\alpha$、固體介質對溶液介質的導電度比值σ/κ、無因次電流密度$\breve{i}$，與無因次交換電流密度$\breve{i}_0$，後兩者的定義如下：

$$\breve{i} = \frac{(1-\alpha)nFi_T L}{RT}\left(\frac{1}{\sigma} + \frac{1}{\kappa}\right) \tag{5.431}$$

$$\breve{i}_0 = \sqrt{\frac{(1-\alpha)nFai_0 L^2}{RT}\left(\frac{1}{\sigma} + \frac{1}{\kappa}\right)} \tag{5.432}$$

無因次電流密度$\breve{i}$與無因次交換電流密度$\breve{i}_0$代表了介質電阻對反應電阻的競爭，如果$\breve{i}$和$\breve{i}_0$的數值很大，意味著介質的效應較大而使反應速率不均勻；反之，兩者數值較小時，反應速率較低但分布較均勻。

對於$\sigma/\kappa = 1$的特例情形，電位與電流的近似解較容易求得。從中可發現，當$\breve{i}$較小時，多孔電極內部的反應速率較為均勻；但當$\breve{i}$較大時，多孔電極兩端

的反應速率比中心處大很多。若調整比值σ/κ，可發現$\sigma/\kappa<1$時，反應傾向於發生在$x=L$附近；若$\sigma/\kappa>1$時，反應傾向於發生在$x=0$附近。

多孔電極的總電位差$\Delta\phi$可表示為：$\phi_S(L)-\phi_L(0)$，因為前面已經假設了$\phi_L(0)=0$，所以在線性極化的條件下可得到：

$$\Delta\phi = \phi_S(L) = \frac{i_T L}{\sigma+\kappa}\left[1+\frac{2+(\frac{\sigma}{\kappa}+\frac{\kappa}{\sigma})\cosh \breve{i}_0}{\breve{i}_0 \sinh \breve{i}_0}\right] \tag{5.433}$$

在過電位較大時，多孔電極的總電位差$\Delta\phi$較複雜，當$\breve{i}$較小時，$\Delta\phi$會隨著$\breve{i}$以固定程度增加，與兩介質的導電度無關；但當$\breve{i}$較大時，若固體與溶液的導電度相等，則$\Delta\phi$會隨著$\breve{i}$大幅增加；若兩者的導電度不等時，$\Delta\phi$隨著$\breve{i}$增加的幅度較小。

三相電極理論比二相電極理論複雜許多，且不具有通用性，因為每個特殊模型會取決於不同的物理量。例如多孔氣體擴散電極包括了雙孔模型或雙網絡模型，前者是指電極中可分成粗孔與細孔，甚至包含交叉微孔，若控制氣體壓力後，可在粗孔中充滿氣體，細孔中充滿溶液；後者則是指親水性電催化劑和疏水性介質的組合，因此可假設電催化劑中充滿溶液，而疏水性介質中充滿氣體，但此類模型與氣體壓力無關。

5-8 磁場輔助電極系統

一個完整的電化學工程問題應當是三種輸送現象與電學現象的耦合系統。在5-6節所述的系統中，主要是藉由機械裝置使電極與電解液產生相對運動，所形成的強制對流可以加速物質的輸送。由於電化學程序的速率同時取決於表面反應和物質輸送，當前者速率遠快於後者時，電流密度會達到極限值，若此時能提高物質輸送的速率，則程序的總體速率也能增加，此即製造對流的主要目的。近年來，除了使用機械裝置來製造流場外，也出現了施加磁場產生對流的方法，一般稱為磁流體力學（magnetohydrodynamics，以下簡稱MHD）效應，而在磁場中所進行的電解程序則可稱為磁電解（magnetoelectrolysis）。

　　早在19世紀時，Faraday即已開始探討磁場問題與電解問題，且相關的磁電解研究至今都沒有中斷過，但眾多的結果卻缺乏再現性，且鮮少建立理論機制，直到近幾十年才有更大規模的研究企圖釐清磁電解現象，因而形成了電化學的新分支。在這個主題中，因為融合了電化學、流體力學與電磁學，所以具有跨領域的特質，雖然已有一些共同的結論被歸納出，但在某些議題上仍存在歧見。為了逐步說明磁電解程序，本節先從不含電化學反應的磁流體力學現象著手，再深入包含了電化學反應的磁電解系統。

5-8-1 磁流體力學

　　從電磁學的角度探討磁流體力學現象（MHD）時，可發現移動的導電流體與環境中的磁場交互作用後，會使運動物體產生感應電流，感應電流又會再形成感應磁場，進而影響環境中的磁場，而且變化的磁場與電流還會產生電磁力，因而改變該物質的運動軌跡。從流體力學的角度，因為流體本身的運動與導電特性，使電磁場不斷改變，而變化的電磁場又回來影響流體運動，所以形成了MHD現象。

　　在1832年，Ritchie是首位探討MHD現象的研究者，他提出了MHD幫浦的基本原理，試圖用磁力來抽送流體。在1930年，Williams實際應用MHD原理來輸送管道中的液態金屬，而不使用機械裝置。但發展至今，MHD理論已經廣泛應用在天文物理學、地球物理學與冶金學等領域中，至於運用磁場來影響電化學程序的構想雖然由來已久，且在電化學領域中已形成新分支，但仍然不斷出現新結果，進而擴展出不同的應用面。

　　傳統的MHD研究常分成兩類，其一是無黏性的壓縮流體流動，例如電漿；另一是有黏性的不可壓縮流動，例如液態金屬，這兩類皆屬於高導電流體。後續有許多研究者又展示了MHD原理也可以控制導電度不高的電解液，驅使其流動於管道中，例如一些微流體（microfluid）元件已可使用MHD原理來驅動微型迴圈中的液體。除了抽送作用以外，MHD還能提供攪拌作用，其力量來自於電場與磁場相互影響，之後會產生次級流動，以協助攪拌或混合。雖然MHD法是有潛力的微流體技術，但在通電過程中會伴隨著氣泡生成、電極腐蝕和電解液耗損等問題，使其應用受限。然而，當電解液添加了可

逆的氧化還原對之後，即可控制電極上的反應，有效減輕上述問題，目前已知的可用物質包括$FeCl_2/FeCl_3$或$K_4[Fe(CN)_6]/K_3[Fe(CN)_6]$，電極則為低活性的Pt。

　　對於電解液MHD的研究，可追溯至1972年的Mohanta與Fahidy，他們曾進行過酸性$CuSO_4$溶液在外加磁場中的電鍍反應。實驗發現，在0.05 M的溶液中，其陰極極限電流可以被0.7 T的磁場提升30%。他們認為電流與磁場引起的Lorentz力可用來調整流體的流動，使邊界層的厚度縮小。Lorentz力與電流密度i和磁通量密度B有關，其向量式可表示為：

$$F_L = i \times B \tag{5.434}$$

在以下討論中，會將磁通量密度B簡稱為磁場。

　　若導電度κ為定值的溶液發生了MHD現象，則磁場B可用以下方程組來描述：

$$\nabla \cdot B = 0 \tag{5.435}$$

$$\frac{\partial B}{\partial t} - \nabla \times (\mathbf{v} \times B) + D_m \nabla \times (\nabla \times B) = 0 \tag{5.436}$$

其中$D_m = \dfrac{1}{\mu_m \kappa}$，稱為磁擴散係數（magnetic diffusivity），而μ_m是磁導率（magnetic permeability）。類比於質量均衡，(5.435)式常稱為磁場的連續方程式，而(5.436)式則稱為磁感應方程式。

　　事實上，無散度的磁場已經隱含在(5.436)式中，這可由此式左右取散度計算而得到：$\dfrac{\partial(\nabla \cdot B)}{\partial t} = 0$，因為對任何向量$\mathbf{u}$而言，$\nabla \cdot (\nabla \times \mathbf{u}) = 0$，所以$(\mathbf{v} \times B)$和$(\nabla \times B)$的散度都將成為0。再根據向量恆等式：

$$\nabla \times (\nabla \times B) = -\nabla^2 B + \nabla(\nabla \cdot B) = -\nabla^2 B \tag{5.437}$$

可使(5.436)式化簡為：

$$\frac{\partial B}{\partial t} - \nabla \times (\mathbf{v} \times B) - D_m \nabla^2 B = 0 \tag{5.438}$$

由(5.438)式可發現，D_m與$\nabla^2 B$相乘，類似質量均衡方程式中的$D\nabla^2 c$，因此D_m被稱為磁擴散係數。根據(5.435)式，已知磁場B無散度，故可選取一個向量位

勢A，以滿足：$B = \nabla \times A$，於是(5.436)式即可轉變成A的微分方程式：

$$\nabla \times \left(\frac{\partial A}{\partial t} - \mathbf{v} \times (\nabla \times A) + D_m \nabla \times (\nabla \times A) \right) = 0 \tag{5.439}$$

對任何一個純量勢ϕ，必定具有$\nabla \times \nabla \phi = 0$的性質，所以(5.439)式可將其旋度去除而得到：

$$\frac{\partial A}{\partial t} - \mathbf{v} \times (\nabla \times A) + D_m \nabla \times (\nabla \times A) = -\nabla \phi \tag{5.440}$$

若再使用庫倫規範（Coulomb gauge），亦即選取$\nabla \cdot A = 0$，且透過類似(5.437)式的向量恆等式，可得到：

$$\frac{\partial A}{\partial t} - \mathbf{v} \times (\nabla \times A) + D_m \nabla^2 A = -\nabla \phi \tag{5.441}$$

將(5.441)式取散度後將成為：

$$\nabla \cdot \left(-\frac{\partial A}{\partial t} - \nabla \phi + \mathbf{v} \times (\nabla \times A) \right) = 0 \tag{5.442}$$

已知電磁學中的Maxwell-Faraday方程式敘述了磁場變化感應出電場E的關係：

$$\nabla \times E = -\frac{\partial B}{\partial t} = -\frac{\partial (\nabla \times A)}{\partial t} \tag{5.443}$$

若再適當選取純量勢ϕ，且基於$\nabla \times \nabla \phi = 0$，則可從(5.443)式中計算出電場$E$：

$$E = -\nabla \phi - \frac{\partial A}{\partial t} \tag{5.444}$$

同時，(5.442)式可因此簡化為$\nabla \cdot (E + \mathbf{v} \times B) = 0$。根據廣義的Ohm定律，已知電流密度$i = \kappa(E + \mathbf{v} \times B)$，所以可發現(5.442)式中已經隱含了電荷均衡，亦即$\nabla \cdot i = 0$。至此可知，(5.441)式和(5.442)式可聯立求解電磁場位勢A和ϕ。

　　另一方面，由於電解液一般可視為不可壓縮流體，故其速度和壓力場可由連續方程式和運動方程式描述，亦即：

$$\nabla \cdot \mathbf{v} = 0 \tag{5.445}$$

$$\frac{\partial \mathbf{v}}{\partial t} + (\mathbf{v} \cdot \nabla)\mathbf{v} - \nu\nabla^2\mathbf{v} + \frac{\nabla p}{\rho} = \frac{F_L}{\rho} \tag{5.446}$$

在MHD現象中的本體力即為Lorentz力：$F_L = i \times B$。若電場E不隨時間變化，則從電磁學中的Ampère-Maxwell方程式可推得：$i = \frac{1}{\mu_m}\nabla \times B$，這使得(5.446)式成為：

$$\frac{\partial \mathbf{v}}{\partial t} + (\mathbf{v} \cdot \nabla)\mathbf{v} - \nu\nabla^2\mathbf{v} + \frac{\nabla p}{\rho} - \frac{1}{\rho\mu_m}(\nabla \times B) \times B = 0 \tag{5.447}$$

描述MHD現象的統御方程式即為(5.435)式、(5.436)式、(5.445)式和(5.447)式所構成的組合，但這四個方程式中卻只存在三個變數，亦即$\mathbf{v}$、p和B，所以通常會加入一個假變數q，在求解域Ω中滿足$\nabla^2 q = 0$，在求解邊界Γ上符合$q = 0$。因此，(5.436)式可修正為：

$$\frac{\partial B}{\partial t} - \nabla \times (\mathbf{v} \times B) + D_m\nabla \times (\nabla \times B) + \nabla q = 0 \tag{5.448}$$

以使方程式與變數的總數達成一致。在求解方程組的過程中，還能透過因次分析的方法來簡化問題。對於MHD現象，通常需要特徵長度L_0，特徵速度$\mathbf{v}_0$，施加磁場B_0，以組成三個重要的無因次數：$Re = \frac{\mathbf{v}_0 L_0}{\nu}$、$Re_m = \mu_m\kappa\mathbf{v}_0 L_0$與$Ha = B_0 L_0\left(\frac{\kappa}{\rho\nu}\right)^{1/2}$，其中$Re_m$代表磁對流相對於擴散之效應，稱為磁Reynolds數，而Ha代表電磁力相對於黏滯力的效應，稱為Hartmann數。

　　至此為止，吾人僅討論到電磁場與流體間的交互作用，尚未觸及化學反應與質量傳送，因此在下一小節中，將會探究活性成分的濃度如何受到MHD現象的影響；以及電極程序到達質傳控制時，活性成分的輸送如何回饋到MHD現象。

5-8-2 磁電解原理

　　1975年，Aogaki等人設計了一種方管電極槽來評估磁電解中的流動狀態，因此從Navier-Stokes方程式得到一個近似解，說明了極限電流會隨磁場

而變。同時Aogaki也首先指出，擴散層厚度δ會從無磁場下的84 μm縮小到1 T磁場下的28 μm，此結果相似於Mohanta和Fahidy的推論。在電解槽中欲進行銅電鍍反應之電流計時（chronoamperometry）測量，需從無反應發生之電極電位開始，再躍升至質傳擴散控制電位，使其暫態電流密度i符合Cottrell方程式，亦即i正比於$t^{-1/2}$，如(5.92)式所示。無論磁場是否施加，從i-$t^{-1/2}$曲線的線性區皆可算得相同的擴散係數。在沒有施加磁場的情形中，偏離線性的原因通常有兩類，一是通電的短時間內會發生電雙層充電，二是長時間後會出現自然對流，阻礙了擴散層的成長。但在磁場中，由於更強的對流現象被導引出，使擴散層厚度減少，故在長時間後，電流密度將會因為磁場的作用而增加。Aogaki所提出的理論主要應用在層流系統，他發現極限電流密度$i_{\lim}$正比於$B^{1/3}c_b^{4/3}$，其中c_b是主體濃度。Aogaki認為Lorentz力可以形成穿越中空電解槽且平行於電極表面的均勻流動，例如在正方形截面的槽中若施加了1 T磁場，則會產生數量級為0.1 m/s的均勻流動，但對比於旋轉盤電極系統，磁對流的流速略低。然而，在電極附近加大磁場，則可能引起紊流，且隨著磁場強度增加，轉變為紊流的臨界電流密度會顯著減少。另一方面，在固定磁場下，逐漸增大電流密度，也將使層流轉為紊流，這兩種情形都證實了Lorentz力的效應。

當外加磁場不足以大到改變擴散層的結構時，磁場的施加可視為MHD擾動模式，因此可使用小幅度擾動來修正傳統的MHD方程式。以Fahidy所進行的電鍍銅為例，當系統從無磁場轉為施加平行於陰極表面的0.7 T中等磁場時，極限電流密度$i_{\lim}$會從20 A/m^{2}增加到25.6 A/m^2。他認為受磁場影響的極限電流密度$i_{\lim}$可從無磁場下的極限電流密度$i_{\lim}^0$修正，修正項與磁場B之強度有關：

$$i_{\lim} = i_{\lim}^0 + a_1 B^{m_1} \tag{5.449}$$

分析實驗數據後，可計算出$a_1 = 10.916$，$m_1 = 1.6435$。藉由比較$i_{\lim}$和B的數據，Fahidy還估計出擴散層厚度δ與磁場B的關係：

$$\delta = \delta^0 - a_2 B^{m_2} \tag{5.450}$$

其中δ^0是無磁場下的擴散層厚度，a_2和m_2仍為常數。Chopart等人也對銅在磁

場中的電解進行了研究,他們發現磁場會在圓盤電極上導引出速度梯度γ,使得極限電流密度成為:

$$i_{\lim}=0.678FD^{2/3}c_b d^{5/3}\gamma^{1/3} \tag{5.451}$$

其中的d是電極的直徑。後來Aaboubi等人則提出$\gamma=kBc_b$,k為常數。換言之,他們的推論與Aogaki相同,$i_{\lim}$亦會正比於$B^{1/3}c_b^{4/3}$。

從這些早期的磁電解研究可知,只要施加小於1 T的中等強度磁場,電解液中的質傳速率就可以被提升,主要原因是流體受到了電磁力的作用,導引出額外的對流,並壓縮擴散邊界層的厚度,使得在擴散控制下的電解程序擁有更大的電流密度,亦即更快的程序速率。然而,磁電解的理論牽涉了流體力學、質量傳送、電磁學與電化學工程,所以系統中的四類方程式不但屬於非線性,也具有強耦合性,通常難以求解,若欲取得精確解,則需仰賴數值方法。以下簡介磁電解系統的理論基礎。

處於磁場中的電解液除了承受電磁力之外,還會產生其他後續效應,例如感應電動勢$(\mathbf{v}\times B)$。當系統通電後,雖然主體區的質傳是以電場E導致的遷移現象與溶液的對流現象為主,但在電極附近的質傳還包含了濃度梯度導致的擴散。因此,結合了對流、遷移與擴散後,成分j的質傳通量可使用Nernst-Planck方程式表示為:

$$N_j = -D_j\nabla c_j - \frac{z_j F}{RT}D_j c_j(\nabla\phi + \mathbf{v}\times B) + c_j\mathbf{v} \tag{5.452}$$

其中ϕ是電位。相較於(5.23)式,(5.452)式多出了感應電動勢的效應。

在(5.452)式中,尚需註明的是磁場B是指總磁場,總磁場除了含有外加磁場B_0以外,還包括感應磁場b。當外加磁場B_0為定值時,感應磁場b的數量級可從外加磁場B_0和磁雷諾數$Re_m=\mu_m\kappa\mathbf{v}_0 L_0$來估計:

$$\frac{b}{B_0} \approx Re_m\left(1 + \frac{E_0}{\mathbf{v}_0 B_0} + \frac{zFDc}{\kappa\mathbf{v}_0 B_0\delta}\right) \tag{5.453}$$

其中E_0是無磁場下的電場。在一般情形中Re_m約為10^{-8},而(5.453)式中的括號數值約為10^3,因此感應磁場b的效應可以忽略。對於速度v小於1 cm/s,磁場

B小於1 T，電場強度$\nabla\phi$小於1000 V/m的情形，$\dfrac{|\mathbf{v}\times B|}{|\nabla\phi|}<10^{-5}$，使感應電動勢的作用亦可忽略。因此，在磁電解系統中，稀薄成分j的質傳通量仍可使用既有的Nernst-Planck方程式來描述。

　　對於一個含有高濃度支撐電解質的溶液，若其中僅含有單一種電活性物質，則可假設溶液的導電度κ為定值。操作電解程序時，在足夠大的過電位下，電活性物質的反應速率將會遠遠快於質傳速率，使系統受到質傳控制。而活性成分的質傳通量將由Nernst-Planck方程式來描述，所以正比於質傳通量的電流密度i可表示為：

$$i = -zFD\nabla c - \kappa\nabla\phi \tag{5.454}$$

為了簡化表示，定義有效位勢ϕ_{eff}（effective potential）為：

$$\phi_{eff} = \frac{zFD}{\kappa}c + \phi \tag{5.455}$$

可使得電流密度$i = -\kappa\nabla\phi_{eff}$，成為Ohm定律的型式。當系統被施以固定強度的磁場B，所產生的電磁力可表示為$F_L = i \times B = -\kappa\nabla\phi_{eff} \times B$。

　　如圖5-21所示，在一個平板電極系統中，已知電解液主要沿著x方向流動，電極表面垂直於y方向，則當固定磁場B施加於z方向時，電磁力的旋度為：

$$\nabla \times F_L = -(\kappa B\nabla^2\phi_{eff})e_z = 0 \tag{5.456}$$

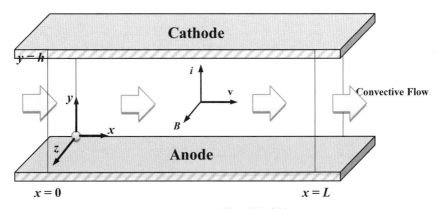

圖5-21　磁電解系統

其中e_z是z方向的單位向量。因為從電荷均衡可知$\nabla \cdot i = 0$，所以$\nabla^2 \phi_{eff} = 0$，亦即$\nabla \times F_L = 0$。由於壓力梯度∇p的旋度亦為0，所以(5.456)式代表電磁力如同壓力梯度般，將會導致對流。

結合了流體力學、質量傳送和電荷均衡後，即可列出磁電解系統的統御方程式：

$$\nabla \cdot \mathbf{v} = 0 \tag{5.457}$$

$$\rho \frac{\partial \mathbf{v}}{\partial t} + \rho (\mathbf{v} \cdot \nabla) \mathbf{v} = -\nabla p + \mu \nabla^2 \mathbf{v} - \kappa \nabla \phi_{eff} \times B \tag{5.458}$$

$$\frac{\partial c}{\partial t} + \mathbf{v} \cdot \nabla c = D \nabla^2 c \tag{5.459}$$

$$\nabla^2 \phi_{eff} = 0 \tag{5.460}$$

其中的重力作用已被涵蓋至壓力效應中。(5.457)式至(5.460)式所搭配的邊界條件將出現在流道的入口、出口和四面側壁上，但側壁又分為電極區和絕緣區，它們將共同決定電流密度、電位、濃度和壓力的關係。如圖5-21所示，已知陰極位於$y=h$處，由於受到質傳控制，故可假設活性成分消耗殆盡，因此陰極上的邊界條件應為：

$$
\begin{aligned}
&i_n = zFD(\nabla c)_n = \kappa(\nabla \phi_{eff})_n \\
&c = 0 \\
&\mathbf{v} = 0
\end{aligned}
\tag{5.461}
$$

其中的下標n代表邊界的法方向。由於陰極表面濃度下降到0，透過電中性假設，活性成分位於陽極($y=0$)之濃度則會上升到主體濃度的兩倍。因此陽極上的邊界條件應為：

$$
\begin{aligned}
&i_n = zFD(\nabla c)_n = \kappa(\nabla \phi_{eff})_n \\
&c = 2c_b \\
&\mathbf{v} = 0
\end{aligned}
\tag{5.462}
$$

在絕緣壁上，無電流通過，也無物質穿越，所以邊界條件應為：

$$
\begin{aligned}
&i_n = \kappa(\nabla \phi_{eff})_n = 0 \\
&(\nabla c)_n = 0 \\
&\mathbf{v} = 0
\end{aligned}
\tag{5.463}
$$

此外，已知管道的長度為L，所以還有兩個邊界分別位於電解液的入口處($x=0$)

與出口處($x=L$)。在入口處的邊界條件包括：

$$(\nabla \phi_{eff})_n = 0$$
$$c = c_b \tag{5.464}$$
$$p = p_0$$

在出口處則為：

$$(\nabla \phi_{eff})_n = 0$$
$$c = c_b \tag{5.465}$$
$$p = p_L$$

以下將分三種情形討論，分別是管道兩端無壓差、小管道兩端有壓差與大管道兩端有壓差。

　　若系統沒有外加壓力時，對流完全由磁場產生，故可推論電磁力與慣性力的數值相當，由此可得到特徵速度約為：$\mathbf{v}_0 \approx \left(\dfrac{zFDc_bB_0}{\rho} \right)^{1/2}$，並可計算出：$\mathrm{Re} = \left(\dfrac{zFDc_bB_0L_0^2}{\rho v^2} \right)^{1/2}$。這時的Re也可視為一種磁Grashoff數（$\mathrm{Gr_m}$），因為電磁力取代了重力。雖然典型的MHD問題常用Hartmann數（Ha）描述，但在此情形中，可用Re取代它來描述流動。

　　對於管道高度h較小的二維系統，經求解後可得知，速度約呈現拋物線分布，並且從濃度分布可發現擴散邊界層。由於小通道中的黏滯效應較顯著，所以電磁力與黏滯力約略相當，亦即$F_L \approx \mu \nabla^2 \mathbf{v}$，使用特徵物理量表示則成為：$\mu \dfrac{\mathbf{v}_0}{\delta_B^2} \approx \dfrac{zFDc_bB_0}{\delta}$，由此可得到特徵速度$\mathbf{v}_0$：

$$\mathbf{v}_0 \approx \frac{zFDc_bB_0\delta_B^2}{\mu\delta} \tag{5.466}$$

其中δ是擴散邊界層的厚度，δ_B是流體邊界層的厚度，若進入完全發展狀態後，$\delta_B = h/2$。再假設流體邊界層內的橫向速度$\mathbf{v}_x$為線性變化，所以完全發展狀態區域內的速度可估計為：$\mathbf{v}_x \approx \dfrac{\mathbf{v}_0}{\delta_B}\delta = \dfrac{2\mathbf{v}_0\delta}{h}$，且隨著$x$方向的變化為：$\dfrac{\partial \mathbf{v}_x}{\partial x} \approx \dfrac{2\mathbf{v}_0\delta}{hL}$；從連續方程式又可知，縱向速度$\mathbf{v}_y$隨著$y$方向的變化亦為：$\dfrac{\partial \mathbf{v}_y}{\partial y} \approx \dfrac{2\mathbf{v}_0\delta}{hL}$，所以縱

向速度約為：$\mathbf{v}_y \approx \dfrac{2\mathbf{v}_0\delta_d^2}{hL}$。另由(5.459)式可知，沿著$y$方向的對流項和擴散項相當，亦即：$(\dfrac{2\mathbf{v}_0\delta^2}{hL})(\dfrac{c_b}{\delta}) \approx D(\dfrac{c_b}{\delta^2})$，所以可得到擴散邊界層的厚度約為：

$$\delta \approx \left(\frac{2\mu L}{zFc_bhB_0}\right)^{1/2} \propto c_b^{-1/2}B_0^{-1/2} \tag{5.467}$$

使用(5.467)式可計算出極限電流密度$i_{\lim}$：

$$i_{\lim} \approx \left(\frac{zFDc_b}{\delta}\right) \propto c_b^{3/2}B_0^{1/2} \tag{5.468}$$

在管道高度h較大的系統中，黏滯效應較微弱，所以電磁力與慣性力約略相當，使得$\rho\mathbf{v}_x\dfrac{\partial\mathbf{v}_x}{\partial x} \approx \rho\dfrac{\mathbf{v}_0^2}{L} \approx \dfrac{zFDc_bB_0}{\delta}$，所以可得到特徵速度為：

$$\mathbf{v}_0 \approx \left(\frac{zFDc_bB_0L}{\rho\delta}\right)^{1/2} \tag{5.469}$$

由(5.459)式可知，y方向的對流項和擴散項相當，且已知$\dfrac{\delta_B}{\delta} \approx (\dfrac{\nu}{D})^{1/3} = \mathrm{Sc}^{1/3}$，所以可得到擴散邊界層的厚度為：

$$\delta \approx \mathrm{Sc}^{2/9}\left(\frac{\rho DL}{zFc_bB_0}\right)^{1/3} \propto c_b^{-1/3}B_0^{-1/3} \tag{5.470}$$

使用(5.470)式可計算出極限電流密度$i_{\lim}$：

$$i_{\lim} \approx \left(\frac{zFDc_b}{\delta}\right) \propto c_b^{4/3}B_0^{1/3} \tag{5.471}$$

此結論與Aogaki等人在早期研究中發現的極限電流密度對磁場之關係完全一致。然而，在此模型中，尚未考慮陰陽兩極的反應動力學，只有簡略的使用電中性條件。

若在電極上考慮反應：$O + ne^- \rightleftharpoons R$，則可使用Butler-Volmer方程式描述反應動力學或電流密度，亦即：

$$e_n \cdot N_R = -e_n \cdot N_O = k_c c_O^s \exp(-\frac{\alpha nF}{RT}\eta) - k_a c_R^s \exp(\frac{(1-\alpha)nF}{RT}\eta) \tag{5.472}$$

其中e_n是電極表面的單位法向量，c_O^s和c_R^s是表面濃度，速率常數$k_c = \dfrac{i_0}{nFc_O^b}$，且

$k_a = \dfrac{i_0}{nFc_R^b}$，過電位$\eta = (\phi_S - \phi_L) - E_{eq}$，$\phi_S$是電極的電位，$\phi_L$是電解液中電雙層邊緣

的電位，E_{eq}是跨越電雙層的平衡電位差。進行無因次化時，無因次的表面通

量會正比於Damköhler數，定義爲：$Da = \dfrac{k_c h}{D_O}$或$Da = \dfrac{k_a h}{D_R}$，其中D_O和D_R是兩成分

的擴散係數。

　　在通道兩端無壓差的情形中，模擬結果如圖5-22所示，可發現形成了濃
度邊界層。因爲濃度邊界層隨著x方向而增大，所以電極上的電流密度會隨著
x方向而減小。當通道兩端有壓差時，可發現流體的速度分布幾乎獨立於x方
向，且經由推導可知，在y方向上呈現拋物線分布，約可表示爲：

$$\mathbf{v}_x = 4\mathbf{v}_{\max}\left[\left(\frac{y}{h}\right) - \left(\frac{y}{h}\right)^2\right] \tag{5.473}$$

其中$\mathbf{v}_{\max}$爲最大速度，與壓力梯度和電流有關，可表示爲：

$$\mathbf{v}_{\max} = \frac{h}{8FD_R c_b B}\left(\kappa B \nabla \phi + \frac{p_L - p_0}{L}\right) \tag{5.474}$$

　　若計算電極之間的平均速度，可得到：$\bar{\mathbf{v}}_x = \dfrac{2}{3}\mathbf{v}_{\max}$，並發現施加愈大的電
壓，可得到愈大的平均流速。但當電流密度到達極限時，速度也會受到限制。
另一方面，當通道兩端加壓後，會使流速增加，並使濃度邊界層減薄，導致電
流密度增大。

　　對於施加較大磁場的情形，所得到的濃度分布會往下游偏斜，且會出現逆
時針的渦流，如圖5-23所示。若電解液原本不含O只含有R，陽極反應後將形
成$\dfrac{\partial c_O}{\partial y} < 0$的情形。因爲外加磁場$B$沿著$z$方向，電流沿著$y$方向，所以Lorentz
力將沿著x方向，導致了偏斜的濃度分布。

　　若電位差隨時間進行線性變化時，施加較大磁場的行爲類似穩定態下的質
傳限制行爲，也就是電流峰會隨磁場加大而成爲電流平台。增加電位掃描速率
時，電流密度也會隨之增加。磁場B增大時，磁對流效應將加強，使質傳速率
增大，並導致更大的峰電流。

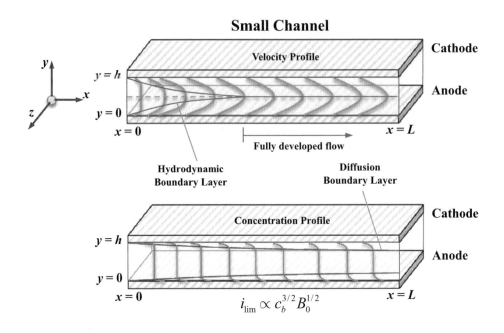

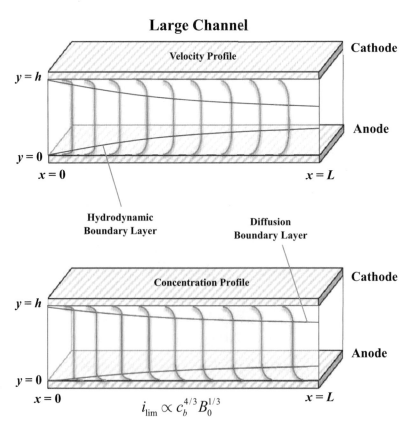

圖5-22　磁電解系統之穩態速度與濃度模擬

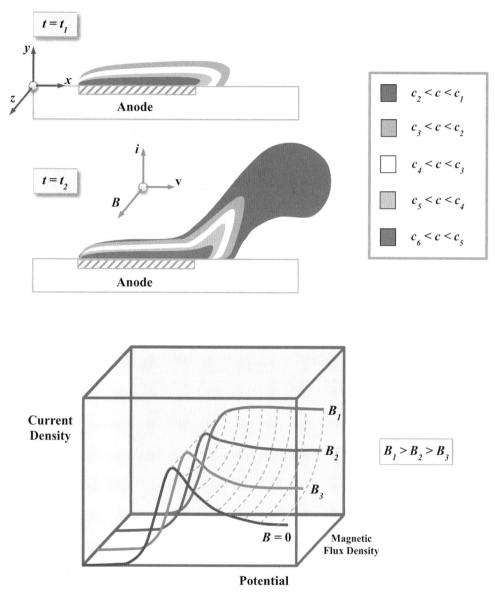

圖5-23　磁電解系統之暫態模擬

5-8-3 磁電解應用

　　由前面的小節可知，以磁場來提升質傳速率的磁電解已成為電化學領域中的新方法。在既有文獻中，可歸納出磁場分別在反應動力學、質量傳送和沉積

物結構這幾個方面的作用。

　　只要施加小於1 T的中等強度磁場，就可以顯著地提升質傳速率，其根本原因來自於電磁力。電磁力的作用如同電動馬達一般，可以攪拌電解液，使擴散層厚度縮小，進而提升質傳控制區的極限電流。特別在電鍍銅時，陰極電解液可能出現10%的密度變化，因而導致自然對流。若在此時施加磁場，且電磁力的數量級可與浮力相比，電解液的流動狀態將會改變。然而，磁場主要的作用只在於提升銅離子朝向陰極的傳送速率，不會影響銅離子轉變為銅金屬的機制。磁場對於接近平衡電位時的反應沒有顯著效應，因為此時的電極程序取決於反應動力學，而非質傳。因此，最顯著的磁場效應將會出現在質傳控制區，而非反應控制區。例如施加1 T磁場後，在0.75 M的$CuSO_4$溶液（pH = 0.5）中，極限電流密度會從1200 A/m^2提升到3600 A/m^2，所以1T下的鍍銅速率將成為無磁場者的3倍。從5-8-2節已知，極限電流密度i除了隨著$B^{1/3}$而增加，也會隨著$c^{4/3}$而變，故在高濃度的溶液中，磁場的效應會更顯著。

　　磁場對電鍍物的一些重要效應也陸續被發現，被鍍物通常會先在電極邊緣產生，而非電極表面的正中央。在水平放置的電極上，析出的鍍物會如雪花般，其碎形尺寸與表面型態將受到外加電壓和活性成分濃度的影響。但當外加磁場改成垂直電極表面時，鍍物將以螺旋狀成長，如圖5-24所示。若比較這兩種鍍物的結構，可發現沒有磁場下的鍍物大致沿著徑向成長。但若施加了垂直表面的磁場，將會出現角方向的成長趨勢，因而產生枝葉狀的螺旋圖案；尤其當磁場方向反轉時，鍍物之螺旋方向也會因此相反。再者，若電極垂直放置時，施加平行於電極表面的磁場則會得到繩索形狀的圖案，因為電磁力與重力可能同向或反向，使鍍物傾向於直線延伸。從上述結果可知，磁場會強烈影響被鍍物的型態。

　　若磁場僅施加在平坦電極中的一小處，如圖5-25所示，則此區域內的電流分布均勻，可形成一致的MHD對流。若磁場範圍涵蓋整個電極，則無法避免非均勻電流出現在電極邊緣處，因此施加垂直電極表面的磁場後，必會形成繞行電極周邊的MHD對流。若電極的表面不平坦，或源自於陰極上的電鍍速率不均勻，也會導致方向不一致的電流分布，在外加磁場下，表面突起處的周圍將會出現次級渦流（secondary vortices），又可稱為micro-MHD現象。總體而言，在電鍍過程中施加磁場，一方面會產生MHD對流，進而增進電鍍

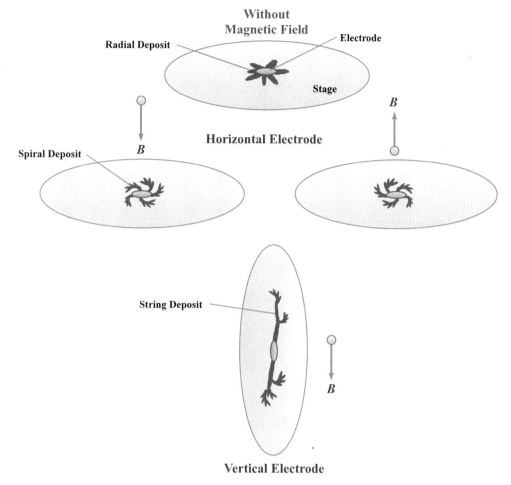

圖5-24　磁場對電鍍物之影響

速率；另一方面會形成micro-MHD渦流，進而影響鍍膜的表面型態、紋理織構與粗糙度，這些結果都相關於磁場與電流的方向。Aogaki與Morimoto曾指出，當磁場平行於電極表面時，會抑制樹狀結構，但基於micro-MHD效應，二維成長會被加速且鍍膜更平坦；當磁場垂直於電極表面時，鍍膜較為粗糙。所以在磁場的作用下，鍍物的表面粗糙度可能被降低，也可能被加大，但是鍍膜速率總是被提升，因為離子輸送被磁場加快。當鐵磁性材料放在磁場中電鍍時，表面的突起物會使局部磁場改變，使得磁場梯度的效應開始作用，此效應將在後面探討。除了表面狀態，磁場還會引導金屬結晶織構沿著某個特定方向發展，有時還會伴隨晶粒形狀的改變，例如在垂直電極的磁場中可從圓形晶粒

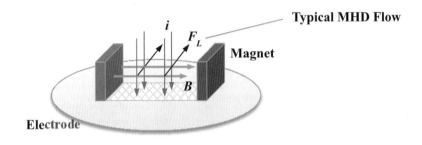

Parallel Magnetic Field

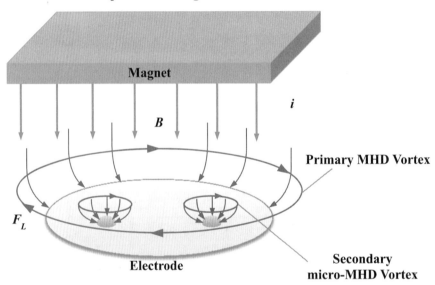

Perpendicular Magnetic Field

圖5-25　電極附近的磁場作用

轉變成針狀晶粒。此外，磁場也會影響金屬或氣體的成核。在電沉積金屬時，常發現成核的數目會隨著磁場作用而增加。在磁場下，核點能更快地穩定以輔助後續的成長，但其機制尚不明朗。

　　總結以上，磁場導致的最大效應是提升極限電流密度與改變鍍物型態，至於磁場對電子轉移動力學或電化學平衡的效應則尚有爭議，原因在於研究者必須先消除磁場對質傳的作用才能細究這些效應，但此類實驗通常難以設計與

執行。由於磁場對反應動力學的影響不大，所以主要的論點都集中在提升質傳速率，因此合理推論磁場可以有效促進活性成分接近或遠離電極表面。在磁場作用下，質傳速率的提升必來自某種磁力。經過前人的整理，有四種可能的磁力會導致質傳速率上升。首先是Lorentz力，可表示為：$F_L=i\times B$，會導致電荷垂直磁場而動。其次是電動力（electrokinetic force），源自於平行電極的磁場。當電荷在電雙層內移動時，會受到此磁場的作用而產生感應電場$E_{//}$，感應電場又會影響電荷，而此電動力可表示為：

$$F_E=\frac{\sigma_d E_{//}}{\delta_B} \tag{5.475}$$

其中δ_B為流體邊界層厚度，σ_d為電雙層的電荷密度。另有兩種力量源自於磁能梯度，其一稱為順磁梯度力（paramagnetic gradient force），可表示為：

$$F_P=\frac{\chi_m B^2\nabla c}{2\mu_0} \tag{5.476}$$

其中χ_m為離子的莫耳磁化率（magnetic susceptibility），μ_0是真空磁導率，其值為$4\pi\times10^{-7}$ T/A-m。順磁梯度力是來自於擴散層內順磁離子的濃度梯度所導致的磁化率差異，而另一種力來自於非均勻的磁場源，稱為磁場梯度力（field gradient force），可表示為：

$$F_{\nabla B}=\frac{\chi_m cB\cdot\nabla B}{\mu_0} \tag{5.477}$$

施加在單一離子的Lorentz力可表示為：$F_L=q\mathbf{v}\times B$，此力作用在離子上可使速率增加原值的10^{-5}，因此Lorentz力對單一離子的影響其實可以忽略。同理，電動力與磁場梯度力的效應也微小得足以忽略。已知擴散驅動力可表示為$F_D=-RT\nabla c$，與順磁梯度力的方向相同，且兩者都與濃度梯度成正比，但在常溫下且磁場為1 T時，$F_P/F_D\approx10^{-6}$，因此擴散作用會明顯地覆蓋順磁梯度的作用，代表有無磁場的擴散幾乎沒有差異。

即使電解液中含有反磁性離子，例如Zn^{2+}，磁場仍能提升其質傳速率，並提升極限電流密度i_{lim}，因此可推斷磁場的主要作用在於增加濃度梯度。若使用線性假設：$\nabla c\approx\frac{c}{\delta}$，則可推論擴散層厚度δ是磁場影響的主要物理量。從5-8-2節中的模擬結果可發現，磁場強度遞增時，擴散層厚度會遞減，致使陰

陽極表面的質傳通量增加。

　　在固定電壓下，擴散層厚度會隨時間的平方根成長，直到自然對流形成。自然對流起因於溶液的密度差，它可防止擴散層繼續向主體溶液延伸，因而使濃度梯度進入穩定態；藉由攪拌溶液形成的強制對流亦然，也會限制擴散層的厚度，施加0.5 T磁場所引導的對流相當於10 rpm旋轉的電極所產生之對流。若以i-$t^{-1/2}$圖來呈現，長時間後電流密度將因自然對流偏離直線關係；當施加磁場時，偏離現象會更快發生，代表了磁場會產生額外的對流現象。

　　在無磁場作用下，擴散層厚度δ是電位與濃度的函數，因此可觀察到均勻的厚度；但若施加了磁場後，Lorentz力大致會在主體溶液中導引出平行電極表面的切線速度，進而形成厚度為δ_B的流體邊界層。已知$\delta_B > \delta$，所以在邊界層內的速度梯度將會攪伴擴散層內的溶液而減少其厚度。因此，磁場的淨效應是增加朝向電極的擴散速率，進而提升極限電流。

　　以電鍍反應為例，尤其在加入高濃度支撐電解質後，磁場提升電鍍速率的效果更顯著。因為在靜止的主體溶液中，輸送現象主要依賴離子遷移，例如在H_2SO_4中加入$CuSO_4$後，配成銅離子濃度為0.75 M且pH = 0.5的溶液，使離子遷移數分別為$t_{H^+}=0.44$、$t_{HSO_4^-}=0.21$和$t_{Cu^{2+}}=0.32$，可發現磁場和支撐電解質間的交互作用才是磁致對流的主因。若沒有添加支撐電解質，磁場的效應隨即減少，因為主體溶液的導電度會明顯下降。在擴散層內，主電流則是由Cu^{2+}所貢獻，但電中性物質的輸送也會受到磁場影響，因為Lorentz力將以本體力的型態作用在流體元素上，以形成對流並提升質傳速率。前人的實驗已發現，極限電流密度i約與$B^{1/3}$成正比，代表小磁場提昇質傳的比例會比較顯著。

　　為了探討磁場對反應動力學的效應，可從極限電流密度i約與$B^{1/3}$成正比的觀點來著手，若能施加足夠大的磁場，或採用足夠強的對流，則可消除磁場增強質傳之比例，如此便可分離出磁場對反應的作用。從實驗數據可發現，有無施加磁場下的Tafel圖皆很相似，微小的差距只能歸因於磁場增進質傳的作用，而非改變反應的證據。因此可推論，磁場幾乎不會改變非勻相反應速率，其原因可能是磁能相較於熱能與靜電位能都顯得微小，即使磁場增大到6 T，磁能亦遠小於活化能或熱能，因此不足以改變電化學平衡電位。但對於鐵磁材料，磁能可能只小於熱能一個數量級，所以有可能使平衡偏移。

　　總結以上，在表5-7中整理了磁電解系統中的主要力量，其中四種無關於

磁場，分別是擴散、遷移、自然對流和強制對流之驅動力，但也有五種來自於磁場，其數量級皆列在表中以供比較。

表5-7　磁電解系統中的主要力量

本體力之類型	表示式	典型值（N/m³）
擴散驅動力	$RT\nabla c$	10^{10}
遷移驅動力	$zFc\nabla\phi$	10^{10}
強制對流驅動力	$\dfrac{\rho r^2\omega^2}{2\delta_B}$	10^{5}
自然對流驅動力	$\Delta\rho g$	10^{3}
黏滯拖曳力	$\mu\nabla^2\mathbf{v}$	10^{2}
Lorentz力	$i\times B$	10^{3}
順磁梯度力	$\dfrac{\chi_m B^2\nabla c}{2\mu_0}$	10^{4}
磁場梯度力	$\dfrac{\chi_m cB\cdot\nabla B}{\mu_0}$	10^{1}
電動力	$\dfrac{\sigma_d E_{//}}{\delta_B}$	10^{3}
磁阻尼力	$\kappa\mathbf{v}\times B\times B$	10^{1}

在這些來自磁場的力量中，Lorentz力會提升極限電流密度；順磁梯度力只在擴散層內有意義，因為此區域內才有順磁物質的濃度梯度，由於此力的方向相同於擴散驅動力，且它們在室溫下的比值為10^{-6}，意味著順磁梯度力的效應可以忽略，除非對象是鐵磁性物質。當非均勻磁場被使用時，磁場梯度力可能會達到Lorentz力的1%，它會稍微干擾Lorentz力的效應，使磁場的影響減低。若磁場梯度遠大於1 T/m時，它反而會成為主導者。此外，水溶液中的磁阻尼力（magnetic damping force）：$F=\kappa\mathbf{v}\times B\times B$則可忽略，因為電解液的導電度不高，但對於液態金屬，此力的數量級將會升高到不能忽視，尤其利用磁場來控制矽晶成長時，這種力量是關鍵因素，其特點是沿著磁場方向的流動不受阻礙，但垂直於磁場的流動則會被牽制。

在無關於磁場的力量中，擴散驅動力只適用於擴散層內，於主體溶液區

則無作用；遷移驅動力雖然表面上遠大於強制對流驅動力，但有效電場通常只落在Helmholtz層內。在靜止的溶液中，主體溶液區的遷移速率會受限於擴散層內的擴散速率，而穿越主體溶液區的遷移電流是為了彌補電極附近的電荷不平衡，以維持電中性。在攪拌的溶液中，對流是主要質傳機制，且質傳通量是巨觀可測的。故從實驗數據來分析，Lorentz力的效用可等價於旋轉電極的扭力，當磁通量密度到達0.5 T時，可類比10 rpm轉速所造成的對流。對一般水溶液，約可使用$\delta_B \approx 10\delta$的近似狀況，使上述類比關係成為：

$$\omega \approx \sqrt{\frac{20nFDcB}{\rho r^2}} \tag{5.478}$$

因此磁場的作用等價於電極旋轉，兩者的效應都會隨著濃度上升而增加，亦會隨電極半徑減少而增加。

除了上述的作用力之外，從密度梯度產生的自然對流也是不可忽略的效應。由於電化學反應開始進行後，反應物消耗與產物生成所造成的密度差，會導引出自然對流。例如在垂直放置的陰極附近，因為離子消耗降低了局部密度，使表面的電解液向上流動。因此，在特別設計的電解槽中，可透過MHD對流與自然對流的交互作用，使鍍層的厚度更均勻。

如圖5-26所示，當施加磁場平行於電極表面時，在陰極表面附近，已知自然對流的驅動力向上，Lorentz力可能與之反向，也可能與之同向，但兩種情形中的極限電流都會因磁場而提升。由於系統涉及自然對流，電解液的流動必須使用Boussinesq方程式來描述：

$$\nabla \cdot \mathbf{v} = 0 \tag{5.479}$$

$$\rho \frac{\partial \mathbf{v}}{\partial t} + \rho(\mathbf{v} \cdot \nabla)\mathbf{v} = -\nabla p + \nu \nabla^2 \mathbf{v} - \rho\beta_c(c - c_b)g + i \times B \tag{5.480}$$

其中β_c是濃度變化時的體膨脹係數，c_b是主體溶液的濃度。若溶液的導電度能夠維持不變，則電流密度i可表示為：$i = -\kappa\nabla\phi - zFD\nabla c$，其中$\phi$是電位。若使用(5.455)的有效位勢$\phi_{eff}$，則電流密度可簡化為：$i = -\kappa\nabla\phi_{eff}$。再利用電荷守恆式：$\nabla \cdot i = 0$，可得到$\phi_{eff}$的Laplace方程式：

$$\nabla^2 \phi_{eff} = 0 \tag{5.481}$$

此外，溶液中的離子尚需滿足質量均衡：

$$\frac{\partial c}{\partial t}+(\mathbf{v}\cdot\nabla)c = D\nabla^2 c \tag{5.482}$$

上述方程組對應的邊界條件包括在器壁處無滑動；在自由表面有速度；在電極表面受到擴散控制，亦即：$\frac{\partial \phi_{eff}}{\partial e_n}=\frac{zFD}{\kappa}(\frac{\partial c}{\partial e_n})$；在陰極處反應極快，使$c=0$；在陽極處因電中性限制而使$c=2c_b$；在器壁處不導電且沒有質傳通量，使得$\frac{\partial \phi_{eff}}{\partial e_n}=\frac{\partial c}{\partial e_n}=0$。

　　模擬後的結果顯示，垂直電極附近的濃度梯度將會引起自然對流。已知重力指向$-z$方向，陰極放置於xz平面上，當磁場沿著$-x$方向時，自然對流和Lorentz力造成的對流之方向恰相反，當B增加時，極限電流密度i反而降低。當磁場沿著$+x$方向時，極限電流密度i會隨著B而增加。當磁場沿著$+z$方向時，可明顯發現xz平面上出現一般的MHD對流。

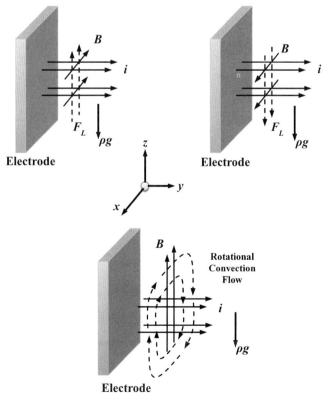

圖5-26　垂直電極表面的磁場作用

　　雖然磁場對金屬電鍍或金屬溶解的效應已被深入探究過，但是磁場用於氣體生成的反應則是近年才有研究者涉獵，例如在2007年，Takami等人在電解水時施加了磁場，發現無論是酸性或鹼性環境下，槽電壓、歐姆電位降和活化過電位都能被磁場而改善，進而提升電解水的能量效率，然而此研究沒有提出完整的機制分析。在2009與2011年，J. M. D. Coey的團隊分別探討了氧氣與氫氣生成反應受到外加磁場的影響，試圖提出效率上升的解釋。在電解水時，必須格外重視電極附近的對流與質傳，以及電極上的活性面積或氣泡覆蓋率，因為質傳速率或活性面積會決定電流的上限。一般情形下，強制對流與氣泡覆蓋率有關，當對流作用增加時，氣泡覆蓋率會下降，故可提高產氣效率。已知施加磁場後，Lorentz力可導引電解液產生MHD對流，故能同時減低電極過電位、氣泡覆蓋率與氣泡尺寸。Coey團隊的實驗發現，在氣泡附近的電流尤其不均勻，會產生局部性微對流，亦即前述之micro-MHD 效應。他們還發現，施加垂直電極的磁場時，氣泡尺寸的分布範圍窄於無磁場時。若藉由分布曲線中的最大值來選取氣泡脫離（break-off）的代表性尺寸，可發現脫離尺寸會從無磁場下的0.6 mm縮小到75 mT磁場下的0.4 mm，且電流密度可從2.2 A/m^{2}提升到3.0 A/m^2。施加平行電極的磁場時，氣泡的脫離尺寸和分布範圍也會縮小，與垂直磁場的效果類似。關於氣泡受到磁場影響的機制，可如圖5-27所示。

　　當磁場平行電極表面時，由於電場與磁場互相垂直，Lorentz力會在主體溶液區導引出典型的MHD對流，附著於表面的氣泡會扮演流動的障礙物，因而產生拖曳力。此現象有助於壓縮氣泡尺寸，並促使其脫離，故能減輕極化現象。再者，氣泡間的聚集現象也會被促進，使氣泡滯留在表面的時間縮短，這種效應和強制對流相似，它們都可以促使氣泡聚集並降低氣泡的覆蓋率。

　　對於垂直電極的磁場，在主體溶液區，電場與磁場幾乎同向，Lorentz力非常小；但在電極表面，氣泡的存在彎折了電流路徑，故能形成較大的Lorentz力和不可忽略的MHD對流。因此，在MHD對流的作用下，氣泡尺寸與覆蓋率仍比無磁場時小，代表磁場與電極即使垂直，其淨效應依然有助於氣泡的脫離。

Without Magnetic Field

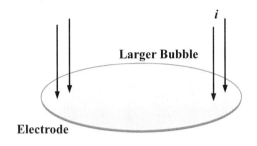

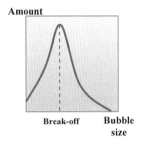

With Parallel Magnetic Field

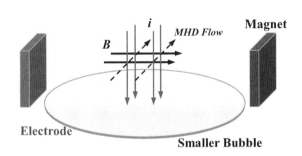

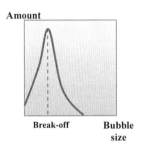

With Perpendicular Magnetic Field

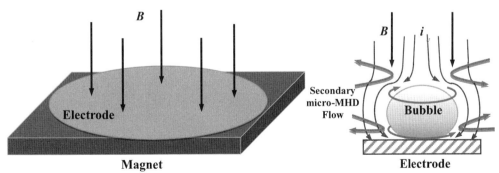

圖5-27　產氣電極上的磁場作用

　　為了探討氣泡、流體運動與電流密度間的關係，可採用模擬的方法。模擬中將使用圓柱座標，並定義上下邊界分別為陰陽兩極，再假設有一個半徑為R_0

的氣泡產生於下邊界的中心，且假設氣泡的導電度$\sigma_B=0$。當施加的磁場與電極表面垂直時，若氣泡尚未產生，則不會形成Lorentz力；但在氣泡出現後，電流密度向量將沿著氣泡彎曲，不再與磁場方向平行，使Lorentz力產生，此Lorentz力將在氣泡附近導致渦流。使用連續方程式與Navier-Stokes方程式可描述氣泡附近的流動：

$$\nabla \cdot \mathbf{v}=0 \tag{5.483}$$

$$\rho(\mathbf{v}\cdot\nabla)\mathbf{v}=-\nabla p+\mu\nabla^2\mathbf{v}-\frac{\mu}{K}\mathbf{v}+F_L \tag{5.484}$$

其中K是補償函數。已知磁場沿著z方向，所以Lorentz力F_L將只存在θ方向的分量，亦即：

$$F_L|_\theta=i_rB_z=-\kappa B_z(\frac{\partial\phi}{\partial r}) \tag{5.485}$$

因此本問題具有軸對稱的型式，使得θ方向的Navier-Stokes方程式可以忽略。再假設溶液的導電度κ爲定值，可使電流密度遵循歐姆定律：$i=-\kappa\nabla\phi$，但感應電流$\kappa(\mathbf{v}\times B)$太小而可忽略。透過電荷守衡：$\nabla\cdot i=0$，可得到電位的Laplace方程式：

$$\frac{1}{r}\frac{\partial}{\partial r}\left(r\kappa\frac{\partial\phi}{\partial r}\right)+\frac{\partial}{\partial z}\left(\kappa\frac{\partial\phi}{\partial z}\right)=0 \tag{5.486}$$

已知導電度κ在溶液中爲定值，在氣泡中則爲0。(5.486)式的邊界條件屬於Dirichelet型，亦即在上邊界爲$\phi=\phi_T$；在下邊界爲$\phi=\phi_B$。若給定電場E_z，則$\phi_T=E_zh$，$\phi_B=0$，其中h爲兩電極的間距。在對稱軸與側邊界上，已知$\frac{\partial\phi}{\partial r}=0$。在固體電極表面的速度符合不滑動的邊界條件；在氣泡表面則使用補償函數K來描述，亦即在液體側，$K\to\infty$；在氣體側，$K\to 0$。

　　若忽略了浮力與表面張力的效應後，模擬的結果顯示，氣泡周圍會出現彎曲的電流線。在氣泡的上半部，電流擁有遠離氣泡的r分量，在下半部則有朝向軸心的r分量，所以會導致θ方向的Lorentz力：$F_L|_\theta=i_rB_z$，此力在氣泡的上半部會朝向$-\theta$方向，在下半部會朝向$+\theta$方向。若從氣泡上方觀察，此渦流在氣泡上半部是順時針方向，在下半部則是逆時針方向，但因爲氣泡上半部的電流

線彎曲程度大，使i_r亦較大，造成偏大的Lorentz力，所以氣泡上半部的渦流速率較快。當液體擁有旋轉速率v_θ時，就會產生離心加速度$\frac{v_\theta^2}{r}$，致使流體得到徑向速度分量v_r。基於質量均衡，氣泡上方的流體必須來補充，因而產生出二次流動（secondary flow），導致雙重漩渦。這種情形與旋轉電極非常類似，其流動型態會使氣泡上方壓力較低，故而產生一個升力使氣泡脫離表面。相較於模擬結果，真實電解過程中的氣泡數量眾多，彼此會互相聚集，聚集而成的大氣泡脫離時，將會在下方產生微對流，改變氣泡附近的壓力場，促進其他的氣泡離開固體表面。

範例5-16

有一個平板電極系統，陽極位於$y=0$處，陰極位於$y=2h$處，兩極的間距$2h=0.2$ cm，長度皆為$L=20$ cm，其側壁保持絕緣。已知電解槽操作在質傳控制下，若再施加一個沿著z方向的磁場，其磁通量密度為$B=0.75$ T，則會使原本靜止的電解液開始沿著x方向流動。已知電解液的黏度為0.01 g/cm·s，其中含有濃度皆為0.1 M的Fe^{2+}和Fe^{3+}，其擴散係數皆為$D=6\times10^{-6}$cm²/s。此外，溶液中也含有高濃度的支撐電解質，使導電度能夠維持定值。試問：

1. 若在電極系統的出入口施加壓差，使電解液維持靜止，則此壓差應為何？
2. 若出入口沒有壓差時，到達穩定態的速度分布為何？
3. 假設擴散層的厚度相對於電極間距非常小，則其極限電流密度為何？
4. 若磁通量密度加倍，且Fe^{2+}和Fe^{3+}之濃度減半時，極限電流密度將為何？

解 1. 從磁場導致的本體力即為Lorentz力：$F_L=i\times B$，使得穩定態下的運動方程式成為$\mu\nabla^2\mathbf{v}+\nabla p=i\times B$。

2. 由於電解槽操作在質傳控制下，所以$i=i_{lim}$，且$F_L=i_{lim}B$，將會驅使電解液沿著x方向流動。

3. 假設u是速度的x分量，且在y方向的變化遠大於x方向的變化，故可得到

$$\mu\frac{d^2u}{dy^2}+\frac{dp}{dx}=i_{\lim}B \, \circ$$

4. 當出入口施加壓差使電解液維持靜止時，$\frac{dp}{dx}=i_{\lim}B$，所以壓差爲：
$\Delta P=P_2-P_1=i_{\lim}BL \, \circ$

5. 若出入口沒有壓差時，$\mu\frac{d^2u}{dy^2}=i_{\lim}B$。由於$y=0$和$y=2h$處，$u=0$，可解得速度分布爲：$u(y)=-\frac{i_{\lim}B}{2\mu}(y^2-2hy)$，其最大速度爲：$u_{\max}=\frac{i_{\lim}Bh^2}{2\mu}$。

6. 根據（5.306）式，活性成分的質量均衡方程式可簡化爲：
$u_{\max}\left[1-\left(\frac{y-h}{h}\right)^2\right]\frac{\partial c}{\partial x}=D\frac{\partial^2 c}{\partial y^2}$。因爲擴散層的厚度相對於電極間距非常小，故可透過線性化的方法，將接近電極附近的質量均衡方程式簡化爲：
$2u_{\max}\left(\frac{y}{h}\right)\frac{\partial c_A}{\partial x}=D_A\frac{\partial^2 c_A}{\partial y^2}$。再配合$y=0$，$c\to0$的質傳控制條件；以及$y\to\infty$，$c=c_b$的擴散層厚度極薄之條件，可以求出如同(5.311)式的濃度分布：
$\dfrac{c}{c_b}=\dfrac{\displaystyle\int_0^\psi \exp\left(-\frac{2}{9}\psi^3\right)d\psi}{\displaystyle\int_0^\infty \exp\left(-\frac{2}{9}\psi^3\right)d\psi}$，其中$\psi=y\left(\dfrac{u_{\max}}{hDx}\right)^{1/3}$。透過Gamma函數，可求出分母部分爲：$\displaystyle\int_0^\infty \exp\left(-\frac{2}{9}\psi^3\right)d\psi=\left(\frac{1}{6}\right)^{1/3}\Gamma\left(\frac{1}{3}\right)=1.474$。

7. 已知電極在x方向上的長度爲L，z方向的寬度爲W，所以極限電流$I_{\lim}$可表示爲：$I_{\lim}=nFW\displaystyle\int_0^L D\left(\frac{\partial c}{\partial x}\right)dx=\frac{nFWDc_b}{1.474}\int_0^L\left(\frac{\partial}{\partial x}\int_0^\psi \exp\left(-\frac{2}{9}\psi^3\right)d\psi\right)dx$，經過化簡後可得到平均極限電流密度$i_{\lim}=1.017nFL^{-1/3}h^{-1/3}D^{2/3}u_{\max}^{1/3}c_b$。

8. 因爲$u_{\max}=\dfrac{i_{\lim}Bh^2}{2\mu}$，所以重新整理上式後可得到平均極限電流密度爲：
$$i_{\lim}=0.725(nF)^{3/2}\left(\frac{hD^2}{\mu L}\right)^{1/2}B^{1/2}c_b^{3/2}$$
$$=(0.725)(96500)^{3/2}\left(\frac{(0.2)(6\times10^{-10})^2}{(0.001)(20)}\right)^{1/2}(0.75)^{1/2}(100)^{3/2}=35.7\ \text{A/m}^2$$

9. 所以最大速度$u_{\max}=\dfrac{i_{\lim}Bh^2}{2\mu}=\dfrac{(35.7)(0.75)(0.002)^2}{(2)(0.001)}=0.0534$ m/s；使電解液維持

靜止的反向壓差為：$\Delta P = i_{lim}BL = (35.7)(0.75)(0.2) = 5.36$ Pa。

10. 若 B=1.5 T，c_b=0.05 M 時，極限電流密度將為：

$$i'_{lim} = \left(\frac{B'}{B}\right)^{1/2}\left(\frac{c'_b}{c_b}\right)^{3/2} i_{lim} = (2)^{1/2}(0.5)^{3/2}(35.7) = 17.9 \text{ A/m}^2。$$

5-9 電流分布

　　設計一個電化學系統時，均勻的電位分布或電流分布常為重要指標，因為擁有均勻電位的電極表面，才能確定反應動力學或溶液輸送的特性，以提高產品選擇率（selectivity）與電流效率（current efficiency）；或更直接地擁有均勻的電流密度分布，可以確立反應速率，以提升產品的總產率（through-put）與能量效率（energy efficiency）。從總體觀點來看，一個電化學槽的外加電壓ΔE_{app}可由幾個項目組成：

$$\Delta E_{app} = \Delta E_{eq} + \eta_A - \eta_C + I\sum_k R_k \tag{5.487}$$

其中ΔE_{eq}是陰陽極的平衡電位差，η_A和η_C分別是陽極和陰極的過電位，I是總電流，R_k是電化學槽中的第k種電阻。可能導致電阻的來源包括電極材料、溶液、隔離膜與電極表面的覆蓋膜，而且電極與溶液的數量或相對位置也會影響電阻的大小。在本章的前幾個小節中，已經初步探討過施加電壓對電流分布的影響，然而在多數案例中，都採取了對稱性的假設，大多將問題簡化成一維狀況，以便於得到隨著空間或時間變化的電流函數。但在實際的工業應用中，往往採用更複雜的電化學系統，例如電極形狀、電極排列、槽體幾何結構或電解液出入口等特性，都有別於一維案例，因此系統中的電場或流場勢必較為複雜，甚至不能均勻分布，若設計不良反而會導致產品良率不佳或能量效率不佳。例如在電解合成程序中，若電位分布不均將導致副反應發生，致使電流效率下降。在電池的操作中，若電解液輸送不佳將會導致活性材料閒置，降低電池的輸出特性。在電鍍程序中，若電流分布不均將導致鍍膜厚度變異，使產品品質下降。在腐蝕防制的程序中，若電位分布不均將導致保護能力下降，使得

局部腐蝕發生。

　　爲了改良電化學系統的表現，調整電位、電流、速度與濃度的分布將成爲首要任務，而影響這些分布的主要因素包括系統的幾何架構、溶液特性、電極特性、反應動力學與輸送現象。但因爲影響的因素很多，常見的方法是分階段來評估系統的設計，以電流分布爲例，可分爲一級分布（primary distribution）、二級分布（secondary distribution）與三級分布（tertiary distribution）。在一級電流分布的模擬中，將只考慮電極與電化學槽的配置問題，忽略化學反應與質傳現象的效應，所計算出的結果僅能代表電位分布的高低方向與電流分布的疏密情形，可提供定性判斷的依據。在二級電流分布的模擬中，除了考慮電化學槽內的幾何配置問題，也納入電極表面所發生的電化學反應，但仍忽略質傳效應，所計算出的結果已能代表電化學反應與電流分布的相互關係，可提供活性極化影響程序的依據。在三級電流分布的模擬中，除了考慮電化學槽內的配置問題和化學反應，也將考量質傳的效應，所計算出的結果，可作爲物質濃度變化的定量依據，其電流分布將會非常接近現實的情形。然而，從數學工作的角度，求解三級電流分布所需的時間與計算成本非常高，二級分布次之，一級分布最低廉，因此在現實的應用中可能基於有限的成本，不一定要選擇求解三級電流分布，二級分布所提供的訊息也許能夠滿足設計者的需求。但隨著數值模擬的方法持續發展，以及硬體資源不斷進步，求解三級電流分布的工作已經逐漸普遍化。

　　在5-2-1節中，我們已經得知不可壓縮的溶液中若含有稀薄成分j，其擴散係數D_j爲定值，且會發生勻相化學反應速率R_j時，成分j的質量均衡方程式可表示爲：

$$\frac{\partial c_j}{\partial t} = \frac{z_j F}{RT} D_j c_j \nabla^2 \phi + \frac{z_j F}{RT} D_j (\nabla c_j \cdot \nabla \phi) + D_j \nabla^2 c_j - \mathbf{v} \cdot \nabla c_j + R_j \qquad (5.488)$$

此處所指的勻相化學反應是發生在電解液中，由其他溶質成分轉變成溶質j的反應，而電極表面的反應通常屬於非勻相反應，例如Cu^{2+}還原成Cu而附著在電極上，但這類電子轉移反應都只發生在電解液的邊界（boundary）上，屬於數學模型的邊界條件。而電解液所占據的空間則爲數學模型的求解域（domain），依據系統的對稱性可將求解域化簡成一維（1D）或二維（2D）的情

形，或不具對稱性而必須維持三維（3D）的情形；而對應於一維、二維與三維求解域的邊界之性質則分別為點、曲線與曲面。此處需注意，所用維度愈多，可得到的訊息愈完整，但求解的過程愈困難。

　　此外，欲得到整個系統的電流分布，還需求解溶液中其他成分的質量均衡方程式，若已知求解域中包含了N個成分，則可列出每個成分的質傳通量N_j：

$$N_j = -\frac{z_j F}{RT} D_j c_j \nabla\phi - D_j \nabla c_j + c_j \mathbf{v} \tag{5.489}$$

其中$j = 1$到N。接著可將(5.489)式代入(5.488)式而得到每個成分的質量均衡關係，之後再將所有成分的質量均衡方程式乘以該成分的電荷數z_j後加總，可得到：

$$F\frac{\partial}{\partial t}\sum_j z_j c_j = -F\nabla\cdot\left(\sum_j z_j N_j\right) + F\sum_j z_j R_j \tag{5.490}$$

但這些成分在電化學系統內的絕大部分區域都會滿足電中性條件，亦即：

$$\sum_j z_j c_j = 0 \tag{5.491}$$

且系統內的總質量不會因為內部發生的勻相反應而改變，因此：

$$\sum_j z_j R_j = 0 \tag{5.492}$$

所以，原式只剩下等號右側的第一項，而這一項恰好是電流密度的散度：

$$F\nabla\cdot\left(\sum_j z_j N_j\right) = \nabla\cdot i = 0 \tag{5.493}$$

此即電荷均衡方程式。將(5.489)式代入後，再使用電中性條件，可得到：

$$\nabla\cdot i = -\sum_j Fz_j u_j(\nabla c_j\cdot\nabla\phi) - \sum_j Fz_j u_j c_j \nabla^2\phi - \sum_j Fz_j D_j \nabla^2 c_j = 0 \tag{5.494}$$

在前述一級電流分布與二級電流分布的模擬過程中，無需考慮各成分濃度的變化，亦即可視為：

$$\nabla c_j = 0 \tag{5.495}$$

使(5.494)式得以化簡為：

$$\nabla^2 \phi = 0 \tag{5.496}$$

代表電位分布符合Laplace方程式的型式。若再定義溶液的導電度：

$$\kappa = \frac{F^2}{RT} \sum_{j=1}^{N} z_j^2 D_j c_j \tag{5.497}$$

則可將電流密度表示成歐姆定律的型式：

$$i = -\kappa \nabla \phi \tag{5.498}$$

由此可知，只要求出系統內的電位分布之後，即可得到電流分布。這個結果也說明了電流密度的方向恰好是等電位曲面的法向量，若在二維系統中，電流密度所指方向洽與等電位線正交，也就是帶電物質會沿著該位置上具有最大電位差的方向移動。

　　雖然一級電流分布與二級電流分布的模擬過程中使用到相同的統御方程式，但是兩者仍有差異，此差異主要出現在電極的表面。在求解一級電流分布的過程中，假設電極表面的電荷轉移沒有能量障礙，亦即不受反應活化能的限制，可以順利轉移電子，且假設電極材料的導電度σ_E遠大於電解液的導電度κ，故此表面電位ϕ_S與施加電位ϕ_{app}被視為相等，亦即$\phi_S = \phi_{app}$，尤其在定電位操作下，將形成電位等於常數的情形。而在非電極的邊界上，例如電化學槽的器壁，則視其導電度σ_w遠小於電解液的導電度κ，故此表面不允許電流通過，使電位在法方向e_n上的導數為0，亦即$\left.\frac{\partial \phi}{\partial e_n}\right|_{wall} = 0$，這兩類的邊界條件都有助於解出(5.496)式。

　　最常見的對稱性電化學槽為平板電極系統，若能假設電極的面積相對槽壁非常小，則可假設槽壁的邊緣能延伸到無窮遠處。另一方面，再假設電極鑲嵌於槽壁中，可使電解液的兩個邊界成為平面。已知陰陽極之長度皆為L，且間距為h，使用保角映射（comformal mapping）的方法可解出(5.496)式。例如使用Schwarz-Christoffel變換，可將兩端無限延伸的求解域轉換成直角座標的上半平面，進而得到一級電流分布：

$$\frac{i}{i_{av}} = \frac{\varepsilon \cosh \varepsilon}{K(\tanh^2 \varepsilon)\sqrt{\sinh^2 \varepsilon - \sinh^2(2x\varepsilon / L)}} \tag{5.499}$$

其中i_{av}是平均電流密度，參數$\varepsilon = \pi L / 2h$，K是第一類完全橢圓積分函數。此外$x=0$和$x=L$分別代表電極的兩個邊緣。圖5-28顯示了模擬結果，從中可發現，電極兩端的電流密度會趨近於無窮大，與實際情形不合。電化學槽的器壁與電極相接時通常包括三種情形，第一種是壁面與電極面的夾角很小時，電流密度會趨近於0；第二種是壁面與電極面的夾角接近垂直時，電流密度會有一個收斂值；而第三種是器壁與電極共面時，電流密度會趨近於無窮大。然而，實際的電極表面必存在過電位，會抑制電流密度大幅增加。因此，在槽壁與電極的交會處，電流密度必然是有限值，但這卻是一級電流分布無法呈現的結果。即使如此，電化學系統的幾何特性仍能藉由一級電流分布顯現，並且可以確定電極邊緣處會出現高估的電流密度，這對電化學槽的設計仍有助益。

範例5-17

一個旋轉圓柱反應器的內部包含兩個圓柱電極，已知兩圓柱的直徑分別為0.05 m與0.065 m，長度皆為0.2 m，電解液的導電度為200 S/m。在定電流200 A的操作下，若使用一級電流分布的假設，則電解液的歐姆電位差為何？

解 1. 已知$\nabla^2 \phi = 0$，並假設內電極（$r=r_1$）的電位$\phi = 0$，外電極（$r=r_2$）的電位$\phi = \Delta E$。則根據對稱性，電位方程式可化簡為：$\frac{d}{dr}(r\frac{d\phi}{dr}) = 0$，並解得電位分布為：$\phi(r) = \frac{\Delta E}{\ln(r_2 / r_1)}\ln(r / r_1)$。

2. 因此，電流密度可表示為：$i = -\kappa\frac{d\phi}{dr} = -\frac{\kappa}{r}\frac{\Delta E}{\ln(r_2 / r_1)}$。由於總電流$I$為定值，所以$|\Delta E| = \frac{I}{2\pi L\kappa}\ln(r_2 / r_1) = \frac{(200)}{(2\pi)(0.2)(200)}\ln(\frac{0.065}{0.05}) = 0.21$ V。

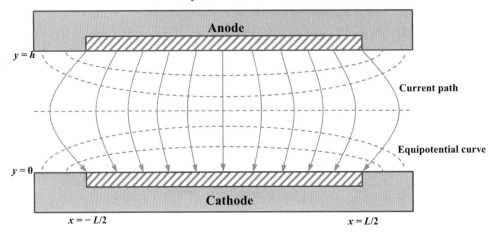

Primary current distribution

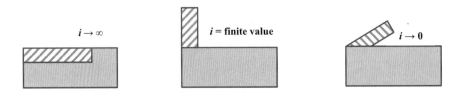

Electrode edge effect

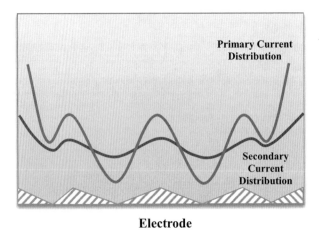

Surface roughness effect

圖5-28　平板電極系統的模擬

　　對於求解二級電流分布，所使用的統御方程式仍為(5.496)式，但在邊界條件上有所變化。由於二級電流分布必須將反應動力學納入考量，所以在電雙層的兩側的電位變化需被細究。位於電雙層的金屬側，電位記為ϕ_S，其下標代表固體；而位於電雙層的溶液側，電位記為ϕ_L，其下標代表液體。已知電極與電解液界面之平衡電位為E_{eq}，則施加的過電位η可表示為：

$$\eta = \phi_S - \phi_L - E_{eq} \tag{5.500}$$

對於陽極（下標為A），$\eta_A > 0$，亦即$\phi_{S,A} > \phi_{L,A} + E_{eq,A}$；對於陰極（下標為C），$\eta_C < 0$，亦即$\phi_{S,C} < \phi_{L,C} + E_{eq,C}$。從外部能量驅動電解槽的角度來理解，施加在陽極的是高電位$\phi_{S,A}$，施加在陰極的是低電位$\phi_{S,C}$，使得：

$$(\phi_{L,A} - \phi_{L,C}) = (\phi_{S,A} - \phi_{S,C}) - (\eta_A - \eta_C) - (E_{eq,A} - E_{eq,C}) \tag{5.501}$$

由此可定義施加電位差$\Delta E_{app} = \phi_{S,A} - \phi_{S,C}$，平衡電位差$\Delta E_{eq} = E_{eq,A} - E_{eq,C}$。因為兩極都存在過電位，使溶液內從陽極到陰極的溶液電位差$\Delta \phi_L$會小於上述兩者的差額：

$$\Delta \phi_L = \phi_{L,A} - \phi_{L,C} = \Delta E_{app} - \Delta E_{eq} - (\eta_A - \eta_C) \tag{5.502}$$

已知通過溶液的電流為I，電極面積為A，且電解液的比電阻為R_S，則從陽極區到陰極區的溶液電位差將滿足：

$$\Delta \phi_L = \frac{I}{A} R_S \tag{5.503}$$

因為$\phi_{S,A} > \phi_{S,C}$，故可推論出陽極區的溶液電位將高於陰極區的電位。在求解二級電流分布中，由於不考慮濃度分布或濃度過電位，故溶液電阻視為定值是合理的假設，所以溶液中的電位幾乎呈線性分布。然而，二級電流分布中必須考慮活化過電位，因此要使用Butler-Volmer方程式來描述電流密度與過電位的關係，以作為(5.496)式的邊界條件。沒有濃度分布的Butler-Volmer方程式具有下列型式：

$$i = i_0 \left[\exp\left(-\frac{\alpha F \eta}{RT} \right) - \exp\left(\frac{\beta F \eta}{RT} \right) \right] \tag{5.504}$$

但需注意，(5.504)式只能用在單一電極上，對於陽極和陰極，會有不同的交

換電流密度i_0與轉移係數α。在某些定電壓操作的情形中,(5.504)式可被簡化,例如偏離平衡不大時,可將其線性化而成為:

$$\eta = iR_{ct} \tag{5.505}$$

其中的R_{ct}為電荷轉移電阻。此外,當定電壓操作在偏離平衡很大時,方程式可簡化為:

$$\eta = a + b\ln i \tag{5.506}$$

其中的a和b都是常數,相關於溫度、交換電流密度與轉移係數,此式亦稱為Tafel方程式。

一般而言,多考慮了反應動力學之後,所得到的二級電流分布將比一級電流分布更均勻。從電極中心C和端點E來做比較,可發現端點E的電流路徑比中心C更長,使得溶液電阻的關係為$R_C > R_E$,所以從一級分布得到的電流密度關係為$i_{C1} < i_{E1}$,其中的下標1表示一級分布,且已知電極與器壁共面時,$i_{E1} \to \infty$。然而在二級分布中,兩個位置都需考慮電荷轉移電阻R_{ct},使得兩位置的電流密度之比例成為:

$$\frac{i_{E2}}{i_{C2}} = \frac{R_C + R_{ct}}{R_E + R_{ct}} < \frac{R_C}{R_E} = \frac{i_{E1}}{i_{C1}} \tag{5.507}$$

其中的下標2表示二級分布。從(5.507)式可知,在二級分布中兩位置的電流密度差異會小於一級分布之差。且當電荷轉移電阻R_{ct}愈大時,兩位置的電阻差異愈小,亦即電流密度愈均勻。基於二級分布中使用到電荷轉移電阻R_{ct}與溶液電阻R_S之比例,故可定義一個無因次的Wagner數(Wa)來表示電流分布的均勻程度:

$$\mathrm{Wa} = \frac{R_{ct}}{R_S} = \left(\frac{d\eta}{di}\right)\left(\frac{\kappa}{L}\right) \tag{5.508}$$

其中κ為溶液的導電度,L為特徵長度,可選擇電極的尺寸或兩極之間距。若Wa$=0$,可退化成一級電流分布;若Wa愈大,則電流分布愈均勻。在設計電化學系統時,為了得到均勻的電流分布,必須要求較大的Wa,故可縮小系統的特徵尺寸,提高溶液的導電度,或加大電荷轉移電阻。當系統操作在較大的過

電位下，Wa可近似爲：

$$\text{Wa} = \left(\frac{b}{i}\right)\left(\frac{\kappa}{L}\right) \tag{5.509}$$

其中的b是Tafel方程式的斜率，如(5.506)式所示。(5.509)式指出操作電流愈高時，分布愈不均勻，而且Tafel斜率也會影響電流分布，代表除了電化學槽的幾何架構以外，反應的本質也會與電流分布相關。

　　若邁入三級電流分布的模擬後，濃度分布也必須被考慮，致使各成分的質量均衡方程式都應納入數學模型中。已知系統中有N個成分的濃度與c_j(j=1 to N)溶液中的電位ϕ_L爲待解變數，因此有N個成分的質量均衡和電中性條件可以作爲統御方程式。所搭配的邊界條件仍可分爲具有反應的電極表面與不導電的槽壁，前者必須使用包含濃度極化的反應動力學來描述，亦即：

$$i_k = i_{k0}\left[\frac{c_O^s}{c_O^b}\exp\left(-\frac{\alpha_k F \eta}{RT}\right) - \frac{c_R^s}{c_R^b}\exp\left(\frac{\beta_k F \eta}{RT}\right)\right] \tag{5.510}$$

(5.510)式中的濃度c_O^b與c_R^b代表溶液主體區內的濃度，c_O^s與c_R^s則代表電極表面的濃度，而下標k表示電極表面發生的第k種電子轉移反應，濃度下標中的O與R則代表第k種電子轉移反應中的氧化態與還原態物質。當各種反應的電流密度加總後可得到電極表面上的局部電流密度i_s，並與總物質通量相關：

$$i_s = \sum_k i_k = -\frac{F^2}{RT}(\nabla\phi_L)_s\sum_{j=1}^{N} z_j^2 D_j c_j^s - F\sum_{j=1}^{N} z_j D_j (\nabla c_j)_s \tag{5.511}$$

式中的s皆代表電極表面。此外，還必須考慮質傳控制的狀況，亦即可能出現極限電流密度i_{lim}。但對於不導電的槽壁，其邊界條件爲：

$$\left.\frac{\partial c_j}{\partial e_n}\right|_{wall} = \left.\frac{\partial \phi_L}{\partial e_n}\right|_{wall} = 0 \tag{5.512}$$

其中e_n是指槽壁的法方向。至此可知，一個單純的鹽類電解質水溶液中可能含有H^+、OH^-、主鹽陽離子與主鹽陰離子四種帶電物質，加上溶液的電位後，代表至少有5個變數必須求解，將使模擬工作極其困難，而需仰仗數值方法與計算硬體。

　　以平行板電極系統爲例，利用數值方法求得三級電流分布後，可發現流體

沿著平板表面流動時，因為考慮了擴散層隨著流動方向的變化性，致使電流密度不再呈現兩端對稱的型態，亦即在上游端點之電流密度較下游端點大，而在中心附近之電流密度較小，但當整個電極都到達質傳控制的狀態時，電流密度之最小值將出現在下游端點。總體而言，加上濃度極化的效應後，電流密度的分布將更為均勻。

若對於表面凹凸不平的電極進行模擬，其表面起伏的程度將會影響模擬的結果。假設表面的凸點與凹點的高度差為d，擴散層厚度為δ，當$d \gg \delta$時，三級電流分布將比二級分布更均勻；但當$d \ll \delta$時，三級電流分布將變得不均勻，因為側向的質傳效應變得顯著，使凸點與凹點的差異性擴大，此情形在電鍍或電解拋光中常見，值得特別探究。

範例5-18

有一個平板電極系統，如圖5-29所示，被隔離膜分成等體積的陽極室與陰極室。陽極進行的反應為$Fe^{2+} \rightarrow Fe^{3+} + e^-$，陰極的反應為：$Cr^{3+} + e^- \rightarrow Cr^{2+}$，兩者的動力學方程式如表5-8所示。已知兩電極室的高度皆為0.5 cm；電解液含有支撐電解質，以及1 M的Fe^{2+}、0.5 M的Fe^{3+}、0.5 M的Cr^{2+}與1 M的Cr^{3+}，導電度為1.05 S/cm；隔離膜只允許Cl^-通過，厚度為0.05 cm，具有比電阻$R_F = 2.5\,\Omega \cdot cm^2$。假設電解液為理想溶液，試求出對電解槽施加2.0 V過電壓時的二級電流分布與施加總電壓。

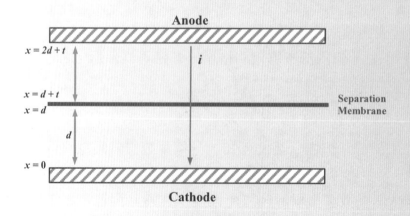

圖5-29　有隔離膜之平板電極系統

表5-8　陰極與陽極的反應與動力學關係

反應	過電位（V）	電流密度（A/cm²）
$Fe^{2+} \rightarrow Fe^{3+} + e^-$	η_A	$i_a = -0.01 \cdot \exp(19.5\eta_A)$
$Cr^{3+} + e^- \rightarrow Cr^{2+}$	η_C	$i_c = 0.07 \cdot \exp(-19.5\eta_C)$

解 1. 因為兩極面積相同，使得電流密度 $i=-i_a=i_c$，所以可得到兩極的過電位關係為：$\eta_A + \eta_C = \dfrac{1}{19.5}\ln(\dfrac{0.07}{0.01}) = 0.1$ V。

2. 又因為外加過電壓為 $(\phi_{S,A} - \phi_{S,C}) - (E_A - E_C) = 2.0$ V $= \eta_A - \eta_C + i(\dfrac{2d}{\kappa} + R_F)$，其中的 $\phi_{S,A}$ 與 $\phi_{S,c}$ 是陽極和陰極固體側電位，E_A 和 E_C 是陽極和陰極反應的平衡電位，所以代入數據後，兩極的過電位關係又可表示為 $\eta_A - \eta_C + 0.242\exp(-19.5\eta_C) = 2.0$ V。

3. 聯立求解這兩式後，可得到 $\eta_C = -0.1$ V 與 $\eta_A = 0.2$ V，且 $i = 0.492$ A/cm²。

4. 假設此電解槽為一維系統，且令陰極表面為 $x=0$，隔離膜面對陰極室的一側是 $x=d=0.005$m，面對陽極室的一側是 $x=d+t=0.0055$m，陽極表面是 $x=2d+t=0.0105$m。

5. 通電時，陰極為低電位，故令 $\phi_{S,c}=0$，根據(5.500)式，陰極表面 $x=0$ 的溶液電位為 $\phi_L(0) = \phi_{S,c} - E_C - \eta_C$。在 $x=d$，多出陰極溶液的歐姆電位差，所以 $\phi_L(d) = \phi_L(0) + \dfrac{id}{\kappa}$。由於只考慮二級電流分布，因此 $\dfrac{d^2\phi_L}{dx^2} = 0$，可假設 $\phi_L(x) = Ax + B$，兩個邊界條件為 $\phi_L(0) = -E_C - \eta_C = B$，與 $\phi_L(d) = -E_C - \eta_C + \dfrac{id}{\kappa} = Ad + B$，可得到 $A = \dfrac{i}{\kappa} = \dfrac{0.492}{1.05} = 0.469$ V/cm。

6. 在陽極室的隔離膜表面 $x=d+t$，其電位比隔離膜的另一側還多出歐姆電位差，所以 $\phi_L(d+t) = \phi_L(0) + \dfrac{id}{\kappa} + iR_F$。在陽極表面 $x=2d+t$，溶液電位為 $\phi_L(2d+t) = \phi_{S,A} - E_A - \eta_A = \phi_L(0) + 2\dfrac{id}{\kappa} + iR_F$。相同地，因為 $\dfrac{d^2\phi_L}{dx^2} = 0$，可假設 $\phi_L(x) = Cx + D$，使得 $C(d+t) + D = \phi_L(0) + \dfrac{id}{\kappa} + iR_F$，且 $C(2d+t) + D = \phi_L(0) + 2\dfrac{id}{\kappa} + iR_F$。可解出 $C = \dfrac{i}{\kappa} = \dfrac{0.492}{1.05} = 0.469$ V/cm 與 $D = \phi_L(0) - \dfrac{it}{\kappa} + iR_F = \phi_L(0) + 1.21$ V。

7. 若電解液可視爲理想溶液，則陰極的平衡電位爲：$E_C = E_C° + \dfrac{RT}{F} \ln \dfrac{c_{Cr^{3+}}}{c_{Cr^{2+}}}$

$$= -0.41 + \dfrac{(8.31)(298)}{(96500)} \ln(\dfrac{1}{0.5}) = -0.392 \text{ V} \text{，故 } \phi_L(0) = -E_C - \eta_C = 0.392 - (-0.1)$$

$$= 0.492 \text{ V} \text{。}$$

8. 由於陽極的平衡電位爲：$E_A = E_A° + \dfrac{RT}{F} \ln \dfrac{c_{Fe^{3+}}}{c_{Fe^{2+}}} = 0.77 + \dfrac{(8.31)(298)}{(96500)} \ln(\dfrac{0.5}{1}) = 0.752$

V，且因爲 $\phi_L(2d+t) = \phi_{S,A} - E_A - \eta_A = 2.191$ V，所以陽極固體側的電位爲：

$\phi_{S,A} = 0.752 + 0.2 + 2.191 = 3.143$ V。代表外部電源共需施加 3.143 V。

5-10 總　結

　　電化學工業已經擁有悠久的歷史，舉凡金屬提煉、化學品生產、化學電池、表面製程、電化學加工與環境處理皆涉及電化學反應。然而，電化學工程的問題不僅在於電極表面反應，還需考量系統內的輸送現象，例如電解液流動所帶來的動量傳遞、反應吸放熱所產生的熱量傳遞，以及反應物或生成物遷移所導致的質量傳遞。對實際的工業應用而言，有時會採取靜止的系統，例如乾電池或鉛酸電池；有時卻會選擇流動或攪拌的系統，例如電鍍、重金屬廢水的處理或液流電池。但即使原本設定爲靜止的電解系統也會因爲反應物消耗或生成物形成，而導致局部電解液之密度差異，進而產生自然對流。此外，電解液內的帶電離子必會受到電場的牽引而移動，而外加電位差或自發電動勢是電化學槽必然存在的情形，致使系統內的電位分布（或電流分布）也成爲關鍵因素。因此，一個完整的電化學工程問題，應當是輸送現象、化學動力學與電磁學的耦合系統。

　　由於電化學程序的速率可使用電流密度表示，此速率同時取決於表面反應和物質輸送，當前者速率遠快於後者時，電流密度會達到極限值，此時若能加快物質輸送，程序的速率則能增加。本章所討論的內容牽涉質傳控制與混合控制的電化學系統，從理論面必須透過各成分的質量均衡方程式，與適宜的起始

條件與邊界條件，才能求得反應物或生成物隨著時間與空間的變化情形，之後再轉換為電流對電位的關係，使系統的電化學行為更加明確。從實驗的角度，由於微小區域內的濃度分布無法測量，通常只能觀察工作電極與參考電極間的電位差，以及工作電極與對應電極間的電流，因此在實務面卻是先得到電性，再從中推理系統內的動力學與輸送現象，但理論與實驗可以互相印證，以確定實驗設計的合宜性或理論推導的合理性。

　　然而，從實驗室中的電解操作轉變成工廠中的電解程序，必須理解反應器的形態與操作模式，並且還要探討程序設計與最佳化的細節，才能有效應用於工業生產，而這些課題將在第六章中介紹。

參考文獻

[1] A. Alemany, Ph. Marty and J. P. Thibault, **Transfer Phenomena in Magnetohydro-dynamic and Electroconducting Flows**, Springer Science+Business Media Dordrecht, 1999.

[2] A. C. West, **Electrochemistry and Electrochemical Engineering: An Introduction**, Columbia University, New York, 2012.

[3] A. J. Bard and L. R. Faulkner, **Electrochemical Methods: Fundamentals and Applications**, Wiley, 2001.

[4] A. J. Bard, G. Inzelt and F. Scholz, **Electrochemical Dictionary**, 2nd ed., Springer-Verlag, Berlin Heidelberg, 2012.

[5] C. M. A. Brett and A. M. O. Brett, **Electrochemistry: Principles, Methods, and Applications**, Oxford University Press Inc., New York, 1993.

[6] D. Pletcher and F. C. Walsh, **Industrial Electrochemistry**, 2nd ed., Blackie Academic & Professiona1, 1993.

[7] D. Pletcher, **A First Course in Electrode Processes**, RSC Publishing, Cambridge, United Kingdom, 2009.

[8] F. Goodridge and K. Scott, **Electrochemical Process Engineering**, Plenum Press,

New York, 1995.

[9]　G. Kreysa, K.-I. Ota and R. F. Savinell, **Encyclopedia of Applied Electrochemistry**, Springer Science+Business Media, New York, 2014.

[10]G. Prentice, **Electrochemical Engineering Principles**, Prentice Hall, Upper Saddle River, NJ, 1990.

[11]H. Hamann, A. Hamnett and W. Vielstich, **Electrochemistry**, 2nd ed., Wiley-VCH, Weinheim, Germany, 2007.

[12]H. Wendt and G. Kreysa, **Electrochemical Engineering**, Springer-Verlag, Berlin Heidelberg GmbH, 1999.

[13]J. H. Masliyah and S. Bhattacharjee, **Electrokinetic and Colloid Transport Phenomena**, JohnWiley & Sons, Inc., 2006.

[14]J. Koryta, J. Dvorak and L. Kavan, **Principles of Electrochemistry**, 2nd ed., John Wiley & Sons, Ltd. 1993.

[15]J. Newman and K. E. Thomas-Alyea, **Electrochemical Systems**, 3rd ed., John Wiley & Sons, Inc., 2004.

[16]K. B. Oldham, J. C. Myland and A. M. Bond, **Electrochemical Science and Technology: Fundamentals and Applications**, John Wiley & Sons, Ltd., 2012.

[17]K. Izutsu, **Electrochemistry in Nonaqueous Solutions**, Wiley-VCH Verlag GmbH, 2002.

[18]P. Monk, **Fundamentals of Electroanalytical Chemistry**, John Wiley & Sons Ltd., 2001.

[19]R. B. Bird,W. E. Stewart and E. N. Lightfoot, **Transport Phenomena**, 2nd ed., John Wiley & Sons Inc., 2006.

[20]R. G. Compton, E. Laborda and K. R. Ward , **Understanding Voltammetry: Simulation of Electrode Processes**, Imperial College Press, 2014.

[21]S. N. Lvov, **Introduction to Electrochemical Science and Engineering**, Taylor & Francis Group, LLC, 2015.

[22]V. S. Bagotsky, **Fundamentals of Electrochemistry**, 2nd ed., John Wiley & Sons, Inc., Hoboken, NJ, 2006.

[23]吳輝煌，電化學工程基礎，化學工業出版社，2008。

[24]郁仁貽，**實用理論電化學**，徐氏文教基金會，1996。

[25]張鑒清，**電化學測試技術**，化學工業出版社，2010。

[26]郭鶴桐、姚素薇，**基礎電化學及其測量**，化學工業出版社，2009。

[27]楊綺琴、方北龍、童葉翔，**應用電化學**，第二版，中山大學出版社，2004。

[28]萬其超，**電化學之原理與應用**，徐氏文教基金會，1996。

[29]謝德明、童少平、樓白楊，工業**電化學基礎**，化學工業出版社，2009。

第 6 章

電化學反應工程與程序設計

重點整理

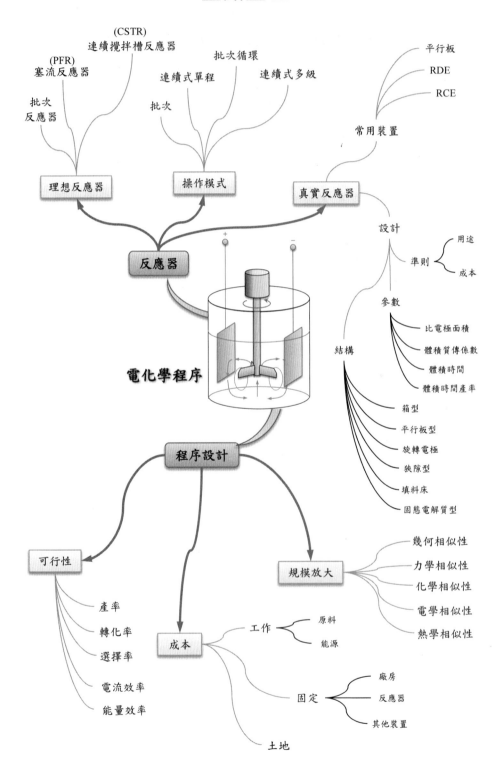

　　因應現代社會的需求，大規模的工業生產有其必要性，而且可以促進技術發展的良性循環。當產業界以特定技術製造產品時，優先要求低成本的原料與能源，以取得利潤並維持產業的經營與發展。研究人員所肩負的最大任務即為轉化實驗室的方法，以成為大規模量產技術。轉變的過程中，必定會面臨程序的選擇、裝置的設計、操作的調整與品質的監控等議題；接著還必須從生產面連結到社會面，故要考量工業安全衛生、環境保護或法令規定。換言之，生產面與社會面都會影響產品的成本，所以必須從經濟學的角度來思考工業生產的問題。在本章中，將針對電化學反應工程與程序設計，先從反應器的形態與設計理論開始，再討論到程序設計與最佳化的問題，期能概括說明電化學程序在工業界的應用模式。

6-1 電化學反應器

6-1-1 反應器類型

　　電化學反應器的特性主要基於兩方面的理論，其一是微觀動力學模型（micro-kinetic model），另一為巨觀動力學模型（macro-kinetic model）。前者即為第四章所述之電化學反應動力學，是從反應活化能或質傳現象來探討的反應速率模型；後者則是從整體反應器的角度，來觀察電流或電位分布與反應產率的關聯性。

　　在第四章中，我們已得知反應速率會正比於電流密度，而電流密度i可使用Butler-Volmer方程式來描述，在沒有濃度過電位的情形下，可表示為：

$$i = i_0 \left[\exp\left(-\frac{\alpha nF\eta}{RT} \right) - \exp\left(\frac{\beta nF\eta}{RT} \right) \right] \tag{6.1}$$

若過電位η夠大時，會發生質傳限制現象，電流密度會達到極限值$i_{\lim}$。藉由$i_{\lim}$，質傳控制或混合控制下的電流密度i可改寫為：

$$i = i_{\lim} \left\{ 1 - \exp\left(-\frac{nF|\eta|}{RT} \right) \right\} \tag{6.2}$$

然而，(6.1)式描述的反應控制狀態或(6.2)式表示的質傳控制狀態只屬於單電極反應，若要探討整個電化學槽的電流－電位關係，則可外加電壓ΔE_{app}以測量總電流I，並將其關聯到陰陽極的過電位與溶液的電位降：

$$\Delta E_{app} = \Delta E_{eq} + \eta_A - \eta_C + \frac{IR_S}{A} \tag{6.3}$$

其中ΔE_{eq}是陰陽兩極的平衡電位差，而外加電壓ΔE_{app}也可稱為槽電壓ΔE_{cell}，A是電極面積，R_S是溶液比電阻。等號右側的第四項代表溶液的歐姆電位降$\Delta \Phi_{ohm}$，使用總電流I來表示此項，可確保其值為正，亦即$\Delta \Phi_{ohm}$必會消耗ΔE_{app}。η_A和η_C分別是陽極和陰極的過電位，過電位又可細分為活化過電位與濃度過電位，前者來自於反應活化能，後者則來自於質傳現象。若這些物理量都會隨著位置而變，則(6.3)式中的各項都是平均值。

　　討論巨觀動力學時，必須從反應器中各個位置的質量均衡開始，再搭配電極表面上所有位置的電流－電位關係，以及電解液中每個位置的濃度與質傳速率，方可建立出巨觀的反應器模型。尤其當質傳控制的條件成立時，溶液的流速分布也將影響反應。

　　電化學反應器與其他的化學反應器雖然存有差異，但在總體型態上大致類似。一般的理想反應器可大略分為三類，如圖6-1所示，分別為批次反應器（batch rector）、塞流反應器（plug flow reactor，以下簡稱為PFR）與連續攪拌槽反應器（continuous stirred-tank reactor，以下簡稱為CSTR）。

　　對於批次反應器，會先將含有反應物的溶液加入容器內，並給予一段時間以進行反應，完成之後再排出含有產物的溶液，之後再從中分離出產物。無論是反應物或產物，隨著反應時間的進行，反應物的濃度將逐漸減低，而產物的濃度會逐漸增高。在充足的攪拌作用下，可假定容器內各處的濃度一致，因此這類反應器主要是由反應時間來控制程序。

　　對於塞流反應器（PFR），常使用管狀的容器讓含有反應物的流體從一端持續輸入，進入管內的反應物不僅隨著時間往前推進，也會逐漸透過化學反應而轉變為產物，並從另一端離開反應器。在理想的操作情形中，程序會達到穩定態，流體的速度將會影響反應器內的軸向濃度分布，因此這類反應器主要是由流速來控制程序。

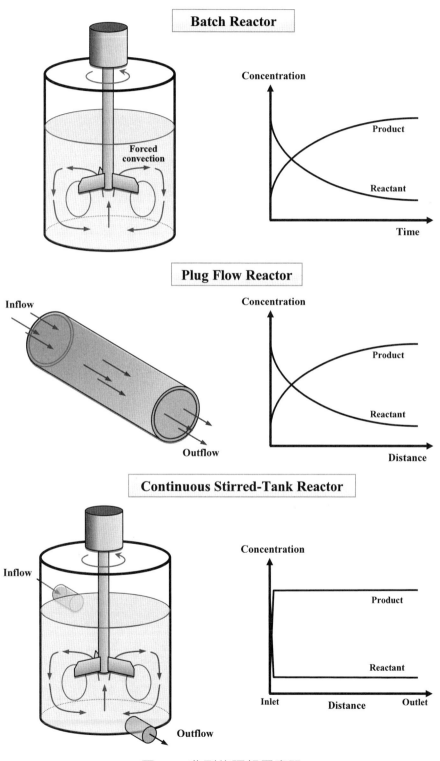

圖6-1　典型的理想反應器

對於連續攪拌槽反應器（CSTR），也使用槽式容器，並持續攪拌溶液。含有反應物的溶液會連續流入容器內，而含有產物的溶液也會從出口連續流出。相同地，在充足的攪拌作用下，可假設容器內各處的濃度一致，且流出溶液的濃度也等於容器內各處的濃度。

6-1-2 操作模式

前述反應器被使用於電化學反應時，可透過管路的安排而出現多種操作模式。其中最常用的四種模式分別是批次操作、連續式單程（single pass）操作、批次循環操作與連續式多級（cascade）操作。以下即分別討論在這四種操作中質傳控制程序的濃度變化情形。

1. 批次操作

考慮一個具有攪拌功能的反應槽，如圖6-2所示，其體積為V。加入槽內的溶液中含有初始濃度為c_{A0}的反應物A，當反應進行到時刻t，反應物A的反應速率為$r_A(t)$，濃度降低為$c_A(t)$。由於A不斷被消耗，所以$r_A(t)<0$。

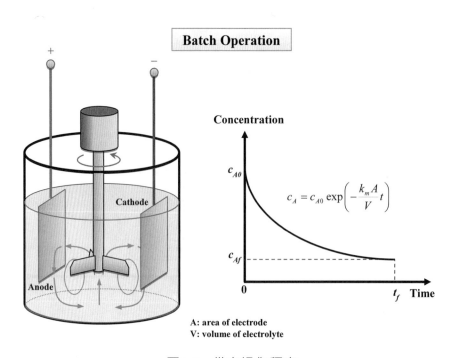

A: area of electrode
V: volume of electrolyte

圖6-2　批次操作程序

接著，可針對反應物A進行質量均衡，以得到濃度的變化：

$$\frac{dc_A}{dt} = r_A \tag{6.4}$$

反應速率$r_A(t)$可依據反應的型態表示成速率定律，以常見的一級反應爲例，可表示爲：

$$r_A(t) = -k_A c_A(t) \tag{6.5}$$

其中k_A爲速率常數，如第四章所述，速率常數k_A會受到溫度或電極電位的影響。使用Faraday定律後，反應速率可以換算爲電流密度$i(t)$或電流$I(t)$，使得質量均衡方程式成爲：

$$\frac{dc_A}{dt} = -\frac{I(t)}{nFV} = -\frac{i(t)A}{nFV} \tag{6.6}$$

其中n爲參與反應的電子數，A爲電極的面積。但當電化學程序操作在質傳控制狀態下，電流達到飽和，則此極限電流$I_{\lim}(t)$可表示爲：

$$I_{\lim}(t) = nFA k_m c_A(t) \tag{6.7}$$

其中k_m爲質傳係數。接著將(6.7)式代入(6.6)式，可發現此狀態下的電化學程序類似一級反應：

$$\frac{dc_A}{dt} = -\frac{k_m A c_A(t)}{V} \tag{6.8}$$

已知$t=0$時，$c_A=c_{A0}$，所以(6.8)式經過積分後，可得到成分A之濃度隨時間衰減的情形，亦即：

$$c_A = c_{A0} \exp\left(-\frac{k_m A}{V}t\right) \tag{6.9}$$

由此可知，提升質傳能力、增大電極面積或縮小反應槽體積時，濃度遞減的速率將加快。若已經設定了轉化率X，則最終剩餘濃度$c_{Af} = c_{A0}(1-X)$，且反應所需時間t_f可表示爲：

$$t_f = \frac{V}{k_m A} \ln\frac{c_{A0}}{c_{Af}} = \frac{V}{k_m A} \ln\left(\frac{1}{1-X}\right) \tag{6.10}$$

或是同時設定了轉化率X和所需時間t_f，使最小電極面積$A_{\min}$成為：

$$A_{\min} = \frac{V}{k_m t_f} \ln\left(\frac{1}{1-X}\right) \tag{6.11}$$

當電化學程序並非操作在質傳控制狀態下，電流小於極限值$I_{\lim}(t)$，則此時的電流$I(t)$可表示為：

$$I(t) = nFAk_m(c_A - c_{A0}) = nFAk_m\gamma c_A \tag{6.12}$$

其中的$\gamma = (c_A - c_{A0})/c_A$，是一個無因次的濃度，所以在混合控制下，反應所需時間將轉變為：

$$t_f = \frac{V}{k_m A} \int_{c_{A0}}^{c_{Af}} \frac{dc_A}{\gamma c_A} \tag{6.13}$$

欲計算(6.13)式的積分，需要電流I對施加電壓ΔE_{app}的關係式。例如在給定的ΔE_{app}下，透過(6.3)式中過電位η、電流I與無因次濃度γ間的關係，便可求出(6.13)式的積分。

　　若反應器內進行的還原反應為$A + ne^- \rightarrow B$，且電化學程序操作在反應控制狀態下，陰極的電流密度i_c則可表示為：

$$i_c = i_0 \exp\left(-\frac{\alpha_c F}{RT}\eta_c\right) = nFk°(c_B^b)^{\alpha_c}(c_A^b)^{n-\alpha_c} \exp\left(-\frac{\alpha_c F}{RT}\eta_c\right) \tag{6.14}$$

若A的轉化率為X_A，則電流密度i_c亦可轉變成：

$$i_c = nFk°c_{A0}^n X_A^{\alpha_c}(1-X_A)^{n-\alpha_c} \exp\left(-\frac{\alpha_c F}{RT}\eta_c\right) \tag{6.15}$$

根據Faraday定律：

$$-V\frac{dc_A}{dt} = Vc_{A0}\frac{dX_A}{dt} = \frac{i_c A}{nF} \tag{6.16}$$

所以在定電流操作時，可以簡單地求得轉化率：

$$X_A(t) = \int_0^t \frac{i_c A}{nFVc_{A0}} dt = \frac{i_c At}{nFVc_{A0}} \tag{6.17}$$

但對於定電位操作，則需透過積分才能計算出轉化率：

$$\int_0^{X_A} \frac{dX_A}{X_A^{\alpha_c}(1-X_A)^{n-\alpha_c}} = \frac{k_c c_{A0}^{n-1} A t}{V} \exp\left(-\frac{\alpha_c F}{RT}\eta_c\right) \tag{6.18}$$

另有一些修正批次操作的模式也曾被討論，例如電解液連續加入槽中，但反應槽沒有出口；或產物連續排放離開反應槽，但電解液沒有新增。這些操作都可稱為半批次式（semi-batch），這類程序中可能出現反應物濃度遞減過快，固態產物重新溶解，或產物累積槽內影響攪拌作用等情形。

範例6-1

　　一個旋轉圓柱反應器以批次方式操作在質傳控制下，已知置入的溶液體積為 $0.05\,m^3$，內圓柱的半徑為 $0.05\,m$，長度為 $1\,m$，兩極的間距為 $0.05\,m$，轉速最大可達 $50\,rpm$。另已知電解液的動黏度為 $2.0\times10^{-6}\,m^2/s$，活性成分的擴散係數為 $8.0\times10^{-10}\,m^2/s$。在操作 $8\,h$ 後，試求出活性成分的濃度下降若干比例？

解 1. 已知 $Sc = \dfrac{\nu}{D} = \dfrac{2.0\times10^{-6}}{8.0\times10^{-10}} = 2500$。

2. 轉速 $\omega = 2\pi\dfrac{50}{60} = 5.23\ \text{rad/s}$。因此，$Re = \dfrac{2r_1^2\omega}{\nu} = \dfrac{(2)(0.05)^2(5.23)}{2.0\times10^{-6}} = 13083$。

3. 若使用 Eisenberg 提出的經驗式，亦即 (5.398) 式，可得到：

$Sh = 0.0791 Re^{0.7} Sc^{0.356} = 0.0791(13083)^{0.7}(2500)^{0.356} = 976$，所以可得到質傳係數 $k_m = \dfrac{Sh\cdot D}{d_1} = 7.8\times10^{-6}\ \text{m/s}$。

4. 根據 (6.9) 式，可得：

$\dfrac{c_A}{c_A} = \exp\left(-\dfrac{k_m A}{V}t\right) = \exp\left(-\dfrac{(7.8\times10^{-6})(2\pi)(0.05)(1)}{(0.05)}(8)(3600)\right) = 0.244$，所以濃度下降 75.6%。

範例6-2

　　一個批次反應器的體積為 $0.7\,L$，電極面積為 $30\,cm^2$，用來進行定電壓的電鍍銅反應。已知程序操作在質傳控制下，銅離子的起始濃度為 $0.1\,M$，質傳係數為 $3.3\times10^{-5}\,m/s$，進入極限電流的過電位約

為 -0.9 V。但在電鍍過程中，會發生 H_2 析出的副反應，其動力學關係為：$i_H = 1.3 \times 10^{-4} \exp(-12\eta)$ A/m²，其中 η 為過電位，其單位為 V。試問：

1. 銅離子濃度降為 0.001M 需時多久？此刻的電流效率為何？
2. 當系統改以 2.5A 的定電流模式操作時，起始電壓為何？起始電流效率為何？操作 5h 後的電流效率為何？

解 1. 根據 (6.10) 式，$t_f = \dfrac{V}{k_m A} \ln \dfrac{c_{A0}}{c_{Af}} = \dfrac{0.7 \times 10^{-3}}{(3.3 \times 10^{-5})(30 \times 10^{-4})} \ln \dfrac{0.1}{0.001} = 32500$ s ≈ 9 h。

2. 因為系統操作在質傳控制下，根據 (6.7) 式，

$i_{\lim}(t_f) = nFk_m c_A(t_f) = (2)(96500)(3.3 \times 10^{-5})(0.001 \times 10^3) = 6.37$ A/m²。

3. 由於副反應的電流密度為：$i_H = 1.3 \times 10^{-4} \exp(12 \times 0.9) = 6.37$ A/m²，所以電流效率為 $\eta_{CE} = \dfrac{6.37}{6.37 + 6.37} = 50\%$。

4. 改以 2.5A 的定電流模式操作時，起始的極限電流密度為 $i_{\lim}(0) = nFk_m c_{A0} = (2)(96500)(3.3 \times 10^{-5})(0.1 \times 10^3) = 637$ A/m²，極限電流為 1.9A，電流效率為 $\eta_{CE} = \dfrac{1.9}{2.5} = 76\%$。

5. 因為總電流為 2.5A，所以析氫反應的電流為 0.6A，電流密度為：

$i_H = 1.3 \times 10^{-4} \exp(-12\eta) = \dfrac{0.6}{30 \times 10^{-4}} = 200$ A/m²，可求得起始過電壓為 -1.19V，所以程序處於質傳控制下。因為銅離子濃度隨時間降低，使析氫反應的電流持續增高，施加過電壓也將持續增負，所以程序能夠一直維持在質傳控制下。

6. 當系統操作 5h 後，根據 (6.9) 式，濃度下降為 $c_A = c_{A0} \exp\left(-\dfrac{k_m A}{V} t\right) = 7.84 \times 10^{-3}$ M，此時的電流密度為：$i_{\lim}(5\text{ h}) = nFk_m c_A(5\text{ h}) = 50$ A/m²，電流為 0.15A，電流效率為 $\eta_{CE} = 6\%$。

範例6-3

　　一個批次反應器的比電極面積為 200 m^{-1}，用來進行 A 的氧化，以製造主產物 B，但 A 也會發生副反應而生成無價值的 C，兩個反應的電流與電

壓關係如表6-1所示。已知原料中含有1.0 M的A，B的分子量為128 g/mol，反應器被操作在固定200 A/m²下，轉化率的目標設定在80%，B的產量設定為10^5 kg/year，B的產率設定在93.5%。假定反應器的操作時間與溶液更換時間相等，試求出所需電極面積，以及每批次的操作時間、起始電壓和終止電壓。

表6-1　主反應與副反應的動力學關係

反應	I (A/m²)對E (V)關係
A → B + 2e⁻	$i_1 = 2Fc_A \cdot 10^{-9} \exp(10E)$
A → C + 2e⁻	$i_2 = 2Fc_A \cdot 10^{-9} \exp(5E)$

c_A為A的濃度，單位是mol/m³

解 1. 根據(6.6)式，在定電流模式下，$\dfrac{dc_A}{dt} = -\dfrac{iA}{nFV} = -c_{A0}\dfrac{dX_A}{dt}$為定值，可解出轉化率為：$X_A = \dfrac{ait}{nFc_{A0}}$，其中$a = 200\,\mathrm{m}^{-1}$。從中再求得$X_A = 0.8$時，操作時間$t = 3860$s。由於更換溶液也需要3860s，故每回合共需7720s。

2. 每一年可運作的回合數為$N = \dfrac{(3600)(24)(365)}{7720} < 4085$，每回合的產量應為$W_B = \dfrac{10^5}{4084} = 24.5$ kg，或$n_B = \dfrac{W_B}{M_B} = 191$ mol。

3. 假設反應器的體積為V，B的產率為Y_B，則B的產量$n_B = Vc_{A0}X_AY_B$，因此所需體積為：$V = \dfrac{191}{(1000)(0.8)(0.935)} = 0.256\,\mathrm{m}^3$，而所需之電極面積為$A = aV = (200)(0.256) = 51.1\,\mathrm{m}^2$。

4. 由於$i = 2Fc_A \cdot 10^{-9}[\exp(10E) + \exp(5E)] = 200$ A/m²，所以起始電壓E_0滿足：$\exp(10E_0) + \exp(5E_0) = \dfrac{200}{(2)(96500)(1000)(10^{-9})} = 1036$，從中可解出$E_0 = 0.70$V。

5. 在每一回合結束時，$E = E_f$且$c_A = c_{A0}X_A = 0.2$ M，使最終電壓E_f滿足$\exp(10E_f) + \exp(5E_f) = 5180$，從中可得$E_f = 0.86$V。

2. 連續式單程操作

考慮一種可進行單程操作的連續式反應器，反應物Λ隨著溶液流入反應

器,在流動過程中會逐漸轉變成產物B,直至反應器的出口為止。已知溶液的體積流率為Q,反應物A在入口處的濃度為c_{Ai},在出口處的濃度為c_{Ao}。由於程序已達穩定態,反應物A在流動過程中的濃度將不再隨時間而變,只會有空間的分布。在反應物A的質量均衡中,可使用Faraday定律來連結總電流與濃度間的關係,亦即:

$$c_{Ai}Q - c_{Ao}Q = \frac{I}{nF} \tag{6.19}$$

但已知反應物A會隨著位置而變,使得電極各處的電流密度不均勻,所以局部電流密度i積分後,才能得到總電流I。

　　在單程操作的連續式反應器中,代表性的例子是PFR,如圖6-3所示。若定義溶液沿著x方向前進,且入口處為$x=0$,則反應物A的濃度c_A會隨著軸向距離x而變。

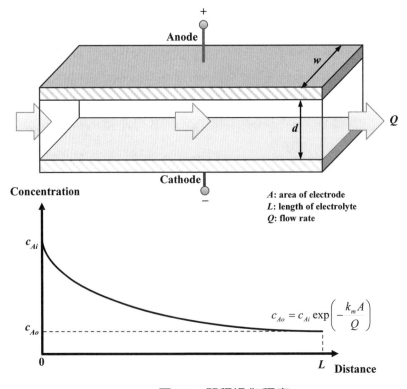

圖6-3　單程操作程序

當程序操作在質傳控制時，局部電流密度$i_{\lim}(x)$可表示為：

$$i_{\lim}(x)=nFk_m c_A(x) \tag{6.20}$$

而總極限電流$I_{\lim}$則可透過積分得到：

$$I_{\lim} = \int_0^x i_{\lim}(x)wdx = \int_0^x nFk_m c_A(x)wdx \tag{6.21}$$

其中w是電極的寬度，亦可視為單位長度的電極面積。通常在流速夠快下，可假設側向擴散的效應遠低於軸向對流的效應，因此主要的濃度梯度會出現在軸向上。接著從(6.19)式和(6.21)式，可發現沿著軸向的濃度變化為：

$$\frac{dc_A}{dx} = -\frac{1}{nFQ}\frac{dI_{\lim}}{dx} = -\frac{k_m w}{Q}c_A \tag{6.22}$$

定義PFR內的滯留時間$\tau = \dfrac{wx}{aQ}$，其中a為比電極面積，代表單位反應器體積內擁有的電極面積。對於平行板電極，若兩極間距為d，則$a = \dfrac{1}{d}$。使用滯留時間後，(6.22)式將成為：

$$\frac{dc_A}{d\tau} = -ak_m c_A \tag{6.23}$$

若從入口積分至出口，可求得出入口的濃度關係：

$$c_{Ao} = c_{Ai}\exp\left(-ak_m\tau\right) = c_{Ai}\exp\left(-\frac{k_m A}{Q}\right) \tag{6.24}$$

其中A為總電極面積。而轉化率X_A可從(6.24)式求出：

$$X_A = 1 - \frac{c_{Ao}}{c_{Ai}} = 1 - \exp\left(-ak_m\tau\right) = 1 - \exp\left(-\frac{k_m A}{Q}\right) \tag{6.25}$$

而總極限電流$I_{\lim}$也可表示為入口濃度的關係式：

$$I_{\lim} = nFQc_{Ai}X_A = nFQc_{Ai}\left[1 - \exp\left(-\frac{k_m A}{Q}\right)\right] \tag{6.26}$$

但當反應較慢時，雖然過電位會隨著流動方向而變，但可假設濃度的變化不大，致使溶液的導電度沒有明顯差異。如5-9節所述，這時可使用Laplace方

程式求解溶液的電位分布,進而得到一級電流分布,以近似溶液中的現象,亦即:

$$-\kappa \frac{d\phi}{dx} = i(x) = \frac{I(x)}{wL} \tag{6.27}$$

其中κ是溶液導電度,ϕ是溶液電位,L是電極的軸向長度。若兩電極的間距為d,則溶液的歐姆電位降可表示為:

$$\Delta\Phi_{ohm} = \frac{IR_S}{A} = \frac{Id}{wL\kappa} \tag{6.28}$$

對於符合Tafel動力學行為的陰陽極反應,由(6.3)式與(6.28)式可知,施加電位ΔE_{app}對總電流I的關係可表示為:

$$\Delta E_{app} = \Delta E_{eq} + \left(a_a + b_a \log \frac{I}{wL} \right) - \left(a_c + b_c \log \frac{I}{wL} \right) + \frac{Id}{wL\kappa} \tag{6.29}$$

範例6-4

　　反應:$A + 2e^- \rightarrow B$欲在平行板反應器中進行,已知產物B的分子量為100,A在電解液中的含量為$100\ mol/m^3$,反應的轉化率為45%。每年預計操作8000小時,生產目標為125公噸的B。平板電極的寬度為0.5 m,兩極間距為0.5 cm。電解液的比重為1.05,黏度為$1.5 \times 10^{-3}\ kg/m \cdot s$,A和B的擴散係數皆為$6 \times 10^{-10}\ m^2/s$。假設電流效率可達100%,試問必須使用面積多大的電極才能完成生產目標?

解 1. 先計算平均反應速率:$r_B = \dfrac{\Delta W_B}{M_B \Delta t} = \dfrac{125 \times 10^6}{(100)(8000)(3600)} = 0.043\ mol/s$。

2. 再計算總電流:$I = nFr_B = (2)(96500)(0.043) = 8376A$。

3. 根據(6.25)式,可得到出口的A濃度為:$c_{Ao} = c_{Ai}(1 - X_A) = 55\ mol/m^3$。

4. 再從(6.19)式可得到流率$Q = \dfrac{I}{nF(c_{Ai} - c_{Ao})} = 9.6 \times 10^{-4}\ m^3/s$,以及流速

$u = \dfrac{Q}{Wd} = \dfrac{9.6 \times 10^{-4}}{(0.5)(0.005)} = 0.386\ m/s$。

5. 在方形管道中,可使用等效直徑d_{eff}來類比圓管的流動,其關係為:

$$d_{eff} = \frac{2Wd}{W+d} = \frac{(2)(0.5)(0.005)}{0.5+0.005} = 0.0099 \text{ m} \text{ 。}$$

6. 因此，$\text{Re} = \dfrac{\rho d_{eff} u}{\mu} = \dfrac{(1050)(0.0099)(0.386)}{1.5 \times 10^{-3}} = 2675$，接近紊流狀態，可以使用

關聯式：$\text{Sh} = 0.023 \text{Re}^{0.8} \text{Sc}^{1/3} = \dfrac{k_m d_{eff}}{D}$，其中 $\text{Sc} = \dfrac{\mu}{\rho D} = 2381$，因此可得到質傳

係數：$k_m = 1.03 \times 10^{-5} \text{m/s}$。

7. 根據(6.24)式，可得到最小電極面積為：

$$A = -\frac{Q}{k_m} \ln \frac{c_{Ao}}{c_{Ai}} = -\frac{9.6 \times 10^{-4}}{1.03 \times 10^{-5}} \ln \frac{55}{100} = 56 \text{ m}^2 \text{ 。}$$

範例6-5

　　有一個平行板電極的PFR被用來回收金屬M，假設電流效率可達100%。已知溶液中含有0.05 M的MSO_4，其中M^{2+}、H^+和SO_4^{2-}的擴散係數依序為1×10^{-9} m^2/s、9.3×10^{-9} m^2/s和1×10^{-9} m^2/s。反應器採取定電壓操作，陽極進行O_2生成的反應，陰陽極的間距為5 mm，兩極同為1 m寬。若電解液的流速為0.1 m/s，金屬M的還原反應之動力學關係為：$i = 2Fk_c c_M^s$，其中c_M^s為表面濃度，k_c是平均速率常數。另也已知，在溶液中加入高濃度的H_2SO_4時，能測得質傳係數$k_m = 4 \times 10^{-5}$ m/s；但不添加高濃度的H_2SO_4時，則會測得平均速率常數$k_c = 3.6 \times 10^{-5}$ m/s。若欲透過此系統回收95%的A，則其滯留時間需為何？

解 1. 若有添加支撐電解質時，活性成分的遷移可被忽略，故 $\dfrac{i}{2F} = D \dfrac{(c_M^b - c_M^s)}{\delta}$

$= k_m (c_M^b - c_M^s)$，其中c_M^b是主體濃度。若沒有添加支撐電解質時，則需考慮

遷移效應，使$\dfrac{i}{2F} = D \dfrac{(c_M^b - c_M^s)}{\delta} + \dfrac{it_M}{2F}$，其中$t_M$是$M^{2+}$的遷移數，化簡後可得

到：$\dfrac{i}{2F} = \dfrac{D}{(1-t_M)\delta}(c_M^b - c_M^s) = k_m'(c_M^b - c_M^s)$，亦即$k_m' = \dfrac{k_m}{1-t_M}$，其中$k_m = 4 \times 10^{-5}$ m/s，

但k_m'和t_M未知。

2. 從動力學關係：$\dfrac{i}{2F} = k_c c_M^s$，可求出$\dfrac{c_M^s}{c_M^b} = \dfrac{k_m'}{k_m' + k_c}$，其中$k_c = 3.6 \times 10^{-5}$ m/s。

3. 從電中性條件可知，$2c_M^b + c_H = 2c_S$，其中 c_H 與 c_S 分別代表 H^+ 和 SO_4^{2-} 的濃度。根據遷移數的定義：$t_M = \dfrac{4D_M c_M^b}{4D_M c_M^b + D_H c_H + 4D_S c_S}$。已知 $c_H = 2c_S - 2c_M^b$，$c_S = 0.05$ M，$D_M = D_S = 1 \times 10^{-9}$ m^2/s，$D_H = 9.3 \times 10^{-9}$ m^2/s，故可計算出 t_M 對 c_M^b 的關係：$t_M = \dfrac{4c_M^b}{1130 - 14.6 c_M^b}$。

4. 根據(6.23)式，已知 $\dfrac{dc_M^b}{d\tau} = -a k_m' c_M^b = -a k_c c_M^s$，故可將滯留時間表示為：

$$\tau = \frac{1}{ak_c} \int_{c_{M1}}^{c_{M0}} \frac{dc_M^b}{c_M^s} = \frac{1}{a} \int_{c_{M1}}^{c_{M0}} \left(\frac{1}{k_c} + \frac{1}{k_m'} \right) \frac{dc_M^b}{c_M^b} = \frac{1}{a} \int_{c_{M1}}^{c_{M0}} \left(\frac{1}{k_c} + \frac{1-t_M}{k_m} \right) \frac{dc_M^b}{c_M^b}$$，代入 t_M 對 c_M^b 的關係式之後，且已知出口濃度 $c_{M1} = (1 - 0.95)c_{M0} = 2.5$ mM，故可得到 $\tau = 757$ s。

除了PFR以外，CSTR也屬於單程操作的例子，但此反應器的出口濃度 c_{Ao} 與反應槽內各處的濃度相同，有別於PFR。但也由於攪拌均勻，使得局部電流密度都相同，故總極限電流可以直接使用出口濃度 c_{Ao} 來表示：

$$I_{\lim} = nFAk_m c_{Ao} \tag{6.30}$$

再藉由質量均衡，可得到出口濃度 c_{Ao} 與入口濃度 c_{Ai} 間的關係：

$$c_{Ai} - c_{Ao} = \frac{I_{\lim}}{nFQ} = \frac{k_m A}{Q} c_{Ao} \tag{6.31}$$

或表示成：

$$c_{Ao} = \frac{c_{Ai}}{1 + \dfrac{k_m A}{Q}} \tag{6.32}$$

基於(6.32)式，轉化率 X_A 為：

$$X_A = 1 - \frac{c_{Ao}}{c_{Ai}} = \frac{k_m A}{Q + k_m A} \tag{6.33}$$

使總極限電流 $I_{\lim}$ 成為：

$$I_{\lim} = nFQc_{Ai} X_A = nFQc_{Ai} \frac{k_m A}{Q + k_m A} \tag{6.34}$$

　　若總電流未達飽和，亦即CSTR沒有操作在質傳控制的條件下，這時出口的濃度c'_{Ao}小於質傳控制下的c_{Ao}，但仍可使用Faraday定律和質量均衡來求得：

$$c_{Ai}Q - c'_{Ao}Q = \frac{I}{nF} = \gamma k_m A c_{Ao} \tag{6.35}$$

其中的γ為無因次的濃度，其值小於1，定義如下：

$$\gamma = \frac{c_{Ai} - c'_{Ao}}{c_{Ai} - c_{Ao}} < 1 \tag{6.36}$$

所以，為了達到預定的產量，在此條件下操作的CSTR必須增大電極面積為A'，使$A' = A/\gamma$。

　　假設在CSTR中的陰極與陽極反應分別是$A + ne^- \rightarrow B$與$C \rightarrow D + ne^-$，兩極的電流密度則可表示為：

$$\begin{aligned} i_c &= i_{0c} \exp\left(-\frac{\alpha_c F}{RT}\eta_c\right) \\ &= nFk_c^\circ c_A^{n-\alpha_c} c_B^{\alpha_c} \exp\left(-\frac{\alpha_c F}{RT}\eta_c\right) \end{aligned} \tag{6.37}$$

$$\begin{aligned} i_a &= -i_{0a} \exp\left(\frac{(n-\alpha_a)F}{RT}\eta_a\right) \\ &= -nFk_a^\circ c_C^{\alpha_a} c_D^{n-\alpha_a} \exp\left(\frac{(n-\alpha_a)F}{RT}\eta_a\right) \end{aligned} \tag{6.38}$$

其中k_c^o和k_a^o分別為陰陽極半反應的標準速率常數，α_c和α_a為兩者的轉移係數。若定義陰極與陽極的轉化率分別為：

$$X_c = 1 - \frac{c_{Ao}}{c_{Ai}} \tag{6.39}$$

$$X_a = 1 - \frac{c_{Co}}{c_{Ci}} \tag{6.40}$$

其中下標i和o分別表示入口與出口，則兩極的電流密度都可使用轉化率來表示：

$$i_c = nFk_c c_{Ai}^n X_c^{\alpha_c}(1-X_c)^{n-\alpha_c} \exp\left(-\frac{\alpha_c F}{RT}\eta_c\right) \tag{6.41}$$

$$i_a = -nFk_a c_{Ci}^n X_a^{n-\alpha_a} (1-X_a)^{\alpha_a} \exp\left(\frac{(n-\alpha_a)F}{RT}\eta_a\right) \qquad (6.42)$$

由於進出兩極的總電流I相等,所以$I=i_c A_c=-i_a A_a$,其中A_c和A_a分別為陰極和陽極的面積。從陰極反應的質量均衡可得到:

$$c_{Ai} - c_{Ao} = \frac{I}{nFQ} = \frac{i_c A_c}{nFQ} \qquad (6.43)$$

接著,可計算出陰極反應的轉化率:

$$X_c = \frac{i_c A_c}{nFQc_{Ai}} \qquad (6.44)$$

對於陽極,也可將轉化率X_a表示為:

$$X_a = \frac{-i_a A_a}{nFQc_{Ci}} \qquad (6.45)$$

接著將(6.44)式和(6.45)式分別代入(6.41)式和(6.42)式可得到兩極的過電位,最後再透過(6.3)式,即可得到施加電位ΔE_{app}對總電流I的關係。

　　從這兩種反應器可以比較出,在電極面積、質傳係數與流量皆相同的情形下,CSTR的轉化率將會低於PFR的轉化率;若再給定相同的入口濃度後,PFR將擁有較高的極限電流。然而,真實的反應槽無法提供完全均勻的攪拌,使得槽內各處的質傳狀況不同,且當轉化率X_A欲被提高時,通常會嘗試降低流率Q,但也因此導致質傳係數k_m減小,且會造成熱量或產物累積在反應器內。因此,使用有回流的反應器可以促進槽內溶液的冷卻與混合;若再針對出口濃度c_{Ao}進行回饋控制,將有助於監控整個程序。

範例6-6

　　一個CSTR被用來處理含有單價金屬的廢水,已知廢水的導電度為0.5 S/m,原含有0.1 M的金屬,處理後剩下0.05 M。操作時,流率被控制在0.1 cm³/s,兩電極的間距為15 cm。對於金屬回收的反應,兩極的平衡電壓為1.67 V,陽極的動力學關係為:$i = 0.13\exp(\frac{\eta}{0.06})$ A/m²,陰極的動力學關係為:$i = 2.43\left(\frac{c_s}{c_b}\right)\exp(-\frac{\eta}{0.12})$ A/m²,其中η是過電位,單位為V,c_s和

c_b分別是表面濃度和主體濃度。試問：

1. 若施加電壓較高，使系統操作在質傳控制下，可測得的電流密度為5 A/m^2，則質傳係數為何？電極面積為何？

2. 若施加電壓變為2.0 V，系統操作在混合控制下，則電流密度為何？表面濃度為何？

解 1. 根據(6.30)式，可先計算出質傳係數為：

$$k_m = \frac{i_{lim}}{nFc_{Ao}} = \frac{5}{(1)(96500)(50)} = 1.03 \times 10^{-6} \text{ m/s} 。$$

2. 由(6.31)式可知，$c_{Ai} - c_{Ao} = \dfrac{k_m A}{Q} c_{Ao}$，所以可得到電極面積為：

$$A = \frac{(c_{Ai} - c_{Ao})Q}{k_m c_{Ao}} = \frac{(100-50)(10^{-7})}{(1.03 \times 10^{-6})(50)} = 0.0965 \text{ m}^2 。$$

3. 動力學關係經過整理後，可得到陽極過電位：$\eta_A = 0.122 + 0.06 \ln i$；在陰極，因為$\dfrac{c_s}{c_b} = 1 - \dfrac{i}{i_{lim}}$，所以陰極過電位：$-\eta_C = -0.107 - 0.12\ln(1 - \dfrac{i}{5}) + 0.12\ln i$。

4. 由(6.3)式可知，施加電壓為：$\Delta E = \Delta E_{eq} + \eta_A - \eta_C + \dfrac{id}{\kappa}$，代入數據後可得到：$2.0 = 1.67 + 0.122 + 0.06\ln i - 0.107 - 0.12\ln(1-\dfrac{i}{5}) + 0.12\ln i + \dfrac{i(0.15)}{(50)}$，從中可解出電流密度為：$i = 2.98 \text{A/m}^2$。

5. 因此，表面濃度為：$c_s = c_b\left(1 - \dfrac{i}{i_{lim}}\right) = 0.05\left(1 - \dfrac{2.98}{5}\right) = 0.02 \text{ M}$。

範例6-7

有一個CSTR用於A的氧化反應，主產物為B。已知反應器的比電極面積為75m^{-1}，輸入的原料中含有2 M的A，不含B和C；在CSTR內A將氧化成B，之後B又會氧化成C，兩個步驟都是單電子轉移反應，其動力學關係如表6-2所示。若A的最大轉化率必須達到95%，且B的產率必須超過90%，則施加電壓與滯留時間應為何？

表6-2　串聯反應的動力學關係

反應	速率常數（1/s）	電流密度（A/m²）
$A + e^- \rightarrow B$	$k_1 = 1.0 \times 10^{-4} \exp(6E)$	$i_1 = \dfrac{Fk_1 c_A}{a}$
$B + e^- \rightarrow C$	$k_2 = 6.0 \times 10^{-8} \exp(12E)$	$i_2 = \dfrac{Fk_2 c_B}{a}$

E為施加電壓，單位為V；a為比電極面積，單位為m^{-1}

解 1. 因為B的產率為90%，所以 $\dfrac{i_1}{i_1 + i_2} = 0.9$，亦即 $\dfrac{i_1}{i_2} = 9 = \dfrac{k_1 c_A}{k_2 c_B} = \dfrac{k_1 c_{Ai}(1 - X_A)}{k_2 c_B}$。

2. 由於 $i_1 = \dfrac{Fk_1 c_A}{a} = \dfrac{FQ(c_{Ai} - c_A)}{A}$，其中$A$是電極面積。令滯留時間 $\tau = \dfrac{V_R}{Q} = \dfrac{A}{aQ}$，其中$V_R$是反應器的體積，故可得到 $\dfrac{c_A}{c_{Ai}} = \dfrac{1}{1 + k_1 \tau}$。

3. 對於B，$\dfrac{FQc_B}{A} = i_1 - i_2 = \dfrac{F}{a}(k_1 c_A - k_2 c_B)$，使得 $\dfrac{c_B}{c_{Ai}} = \dfrac{k_1 \tau}{(1 + k_1 \tau)(1 + k_2 \tau)}$。當 c_B 具有最大值時，$\dfrac{dc_B}{d\tau} = 0$，可解得 $\tau = \dfrac{1}{\sqrt{k_1 k_2}}$，以及 $X_A = 1 - \dfrac{c_A}{c_{Ai}} = \dfrac{1}{1 + \sqrt{k_2 / k_1}}$ 和

$\dfrac{c_{B,\max}}{c_{Ai}} = \dfrac{1}{(1 + \sqrt{k_2 / k_1})^2} = X_A^2$。

4. 從 $\dfrac{i_1}{i_2} = 9 = \dfrac{k_1(1 - X_A)}{k_2 X_A^2} = \dfrac{k_1(1 - 0.95)}{k_2(0.95)^2}$，可得到 $\dfrac{k_1}{k_2} = 162 = \dfrac{1.0 \times 10^{-4} \exp(6E)}{6.0 \times 10^{-8} \exp(12E)}$，所以施加電壓為$E = 0.388$V。

5. $i_1 = \dfrac{Fk_1 c_A}{a} = (\dfrac{96500}{75})(1.0 \times 10^{-4}) \exp(6 \times 0.388)(2000)(1 - 0.95) = 132$ A/m²，

$i_2 = \dfrac{i_1}{9} = 14.7$ A/m²，總電流為 $i = i_1 + i_2 = 147$ A/m²。

6. 滯留時間 $\tau = \dfrac{1}{\sqrt{k_1 k_2}} = 12400$ s $= 3.45$ h。

範例6-8

有一個CSTR用於A的氧化反應，但A可能氧化成B，也可能氧化成C，而C是主產物，兩種反應都牽涉雙電子轉移。此外，系統內還會出現副反應，其動力學關係如表6-3所示。已知入口溶液含有1M的A，反應後A的轉化率可達92%，且C的產率可達95%，C的產量爲1.8 kg/h，分子量爲186，反應器的電極面積爲24300 cm²，則所需電壓、質傳係數、總電流與電流效率應爲何？

表6-3 並聯反應的動力學關係

反應	動力學關係式 (mol/m² · s)
$A + 2e^- \rightarrow B$	$\dfrac{i_1}{2F} = 2.6 \times 10^{-9} \exp(10E) = k_1$
$A + 2e^- \rightarrow C$	$\dfrac{i_2}{2F} = 8.67 \times 10^{-9} c_A^s \exp(10E) = k_2 c_A^s$
$2H^+ + \dfrac{1}{2}O_2 + 2e^- \rightarrow H_2O$	$\dfrac{i_3}{2F} = 2.6 \times 10^{-11} \exp(15E) = k_3$

E爲施加電壓，單位爲V

解

1. 對於A，其反應速率爲：$-V\dfrac{dc_A}{dt} = \dfrac{I_1}{2F} + \dfrac{I_2}{2F} = A(k_1 + k_2 c_A^s)$，其中$k_1$和$k_2$爲速率常數，$A$是電極面積，$V$是反應器體積。假設擴散層的質傳係數爲$k_m$，則反應速率亦可表示爲：$-V\dfrac{dc_A}{dt} = k_m A(c_A - c_A^s)$。

2. 對於C，反應速率爲$V\dfrac{dc_C}{dt} = \dfrac{I_2}{2F} = \dfrac{1800}{(3600)(186)} = 2.68 \times 10^{-3}$ mol/s，所以可得到$I_2 = 519$A，或$i_2 = \dfrac{519}{2.43} = 210$ A/m²。

3. C的產率可表示爲：$Y_C = \dfrac{c_C}{c_{Ai} - c_A} = \dfrac{i_2}{i_1 + i_2} = \dfrac{210}{i_1 + 210} = 0.95$，所以$i_1 = 11$ A/m²。

   由於$i_1 = 2Fk_1 = 2F \times 2.6 \times 10^{-9} \exp(10E)$，可再計算出$k_1 = 5.73 \times 10^{-5}$ mol/m²·s，以及施加電壓$E = 1.0$V。

4. 因爲$\dfrac{i_2}{2F} = 8.67 \times 10^{-9} c_A^s \exp(10E)$，可得到A的表面濃度爲：

   $c_A^s = \dfrac{(210)\exp(-10)}{(2)(96500)(8.67 \times 10^{-9})} = 5.70$ mol/m³。

5. 由於 $X_A=0.92$，所以 $c_A=(1000)(1-0.92)=80\,mol/m^3$。$c_C=0.95(c_{Ai}-c_A)$ $=874\ mol/m^3$。且可再得到質傳係數：

$$k_m=\frac{i_1+i_2}{2F(c_A-c_A^s)}=\frac{210+11}{(2)(96500)(80-5.7)}=1.54\times10^{-5}\ m/s。$$

6. 對於副反應，因為已知 $E=1.0\,V$，可得到 $i_3=16\,A/m^2$。因此總電流為 237A，電流效率為：$\eta_{CE}=\dfrac{210}{237}=88.6\%$。

3. 批次循環操作

　　批次循環操作是一種較具彈性的模式，因為在反應槽的外部多加一個儲液槽可以進行反應物的前處理、協助添加活性物質、控制pH值、取樣分析、排氣、進行固液分離或透過熱交換器來調整溫度。若儲液槽的體積 V_T 遠大於反應槽的體積 V，則整個系統的行為會非常類似CSTR，且溶液在儲液槽內的滯留時間會較長。在此操作模式下，反應物A的出口濃度 c_{Ao} 與入口濃度 c_{Ai} 都將會是時間的函數。

　　如圖6-4所示，現有一個PFR搭配攪拌均勻的儲液槽，已知反應器輸出的溶液中含有濃度為 c_{Ao} 的A成分，之後將會送至儲液槽，在槽內攪拌後將成為濃度 c_{Ai}，再送回到反應器。對於儲液槽，其質量均衡方程式可表示為：

$$V_T\frac{dc_{Ai}}{dt}=Q(c_{Ao}-c_{Ai}) \tag{6.46}$$

所以結合(6.24)式和(6.46)式可得到：

$$\frac{dc_{Ai}}{dt}=\frac{Qc_{Ai}}{V_T}\left[\exp\left(-\frac{k_mA}{Q}\right)-1\right] \tag{6.47}$$

再定義儲液槽內的滯留時間 τ_T 為：

$$\tau_T=\frac{V_T}{Q} \tag{6.48}$$

則從(6.47)式可解得入口濃度 c_{Ai}：

$$c_{Ai}(t)=c_A^0\exp\left(-\frac{t}{\tau_T}\left[1-\exp\left(-\frac{k_mA}{Q}\right)\right]\right)=c_A^0\exp\left(-\frac{t}{\tau_T}X_A^{PFR}\right) \tag{6.49}$$

Batch-Recirculation Operation

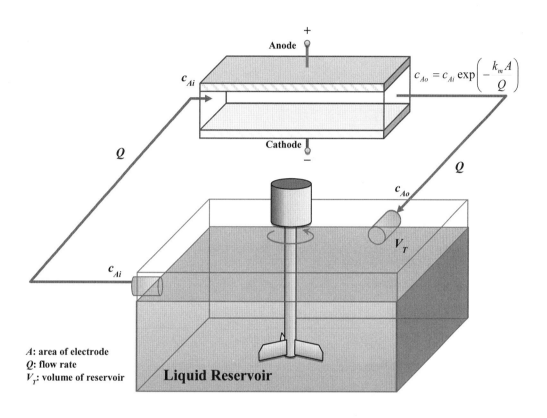

圖6-4　批次循環程序

其中c_A^0為起始濃度，X_A^{PFR}為單程操作的PFR擁有的轉化率。然而，批次循環操作的轉化率X_A必須定義為：

$$X_A(t) = 1 - \frac{c_{Ai}(t)}{c_A^0} = 1 - \exp\left(-\frac{t}{\tau_T} X_A^{PFR}\right) \qquad (6.50)$$

會隨時間逐漸趨近100%。

另一方面，若與儲液槽相接的是CSTR，則可從質量均衡方程式求得入口濃度的近似解：

$$c_{Ai}(t) = c_A^0 \exp\left(-\frac{t}{\tau_T}\left(1 - \frac{1}{1 + k_m A / Q}\right)\right) = c_A^0 \exp\left(-\frac{t}{\tau_T} X_A^{CSTR}\right) \qquad (6.51)$$

其中X_A^{CSTR}爲單程操作之CSTR所擁有的轉化率。因此，含有CSTR的批次循環操作之轉化率爲：

$$X_A(t) = 1 - \frac{c_{Ai}(t)}{c_{A0}} = 1 - \exp\left(-\frac{t}{\tau_T} X_A^{CSTR}\right) \tag{6.52}$$

如圖6-5所示，若操作中並非全部回流，而只有比例$r = Q_R/(Q+Q_R)$會流入儲液槽，且槽中有新原料加入，使其質量均衡方程式成爲：

$$Qc_A^0 + Q_R c_{Ao} = (Q+Q_R)c_{Ai} \tag{6.53}$$

從中可求得反應器的入口濃度c_{Ai}：

$$c_{Ai} = (1-r)c_A^0 + rc_{Ao} \tag{6.54}$$

當反應器屬於PFR時，已知：

$$c_{Ao} = c_{Ai} \exp\left(-\frac{k_m A}{Q+Q_R}\right) \tag{6.55}$$

所以可求得出口濃度c_{Ao}：

$$c_{Ao} = \frac{(1-r)c_A^0}{\exp\left(\dfrac{k_m A}{Q+Q_R}\right) - r} \tag{6.56}$$

所以部分回流操作的轉化率爲：

$$X_A(t) = 1 - \frac{c_{Ao}}{c_A^0} = \frac{1 - \exp\left(-\dfrac{k_m A}{Q+Q_R}\right)}{r - \exp\left(-\dfrac{k_m A}{Q+Q_R}\right)} \tag{6.57}$$

Batch-Recirculation Operation

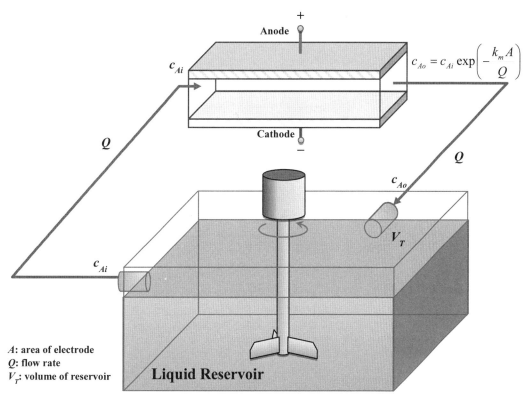

$$c_{Ao} = c_{Ai} \exp\left(-\frac{k_m A}{Q}\right)$$

A: area of electrode
Q: flow rate
V_T: volume of reservoir

Liquid Reservoir

圖6-5　部分回流之批次循環程序

範例6-9

　　一個全回流的批次循環系統被用來處理含重金屬的廢水，已知儲存槽的體積為100 L，反應器的體積為5 L，電極的比表面積為100 m^{-1}，操作在質傳控制下，廢水的流率為2.5×10^{-4} m^2/s，質傳係數為3×10^{-5} m/s。試評估5 h內處理相同體積的廢水時，系統內使用批次反應器、塞流反應器或連續攪拌反應器的效果將會最好？

解 1.在反應器內的滯留時間為$\tau_R = \dfrac{0.005}{0.00025} = 20$ s，在儲存槽的內的滯留時間為

$$\tau_T = \frac{0.1}{0.00025} = 400 \text{ s}，共計420 \text{s}。$$

2. 電極面積為$(0.005)(100) = 0.5 \text{m}^2$。

3. 使用PFR時，根據(6.50)式，

$$X_A(t) = 1 - \exp\left(-\frac{t}{\tau_T}\left[1 - \exp\left(-\frac{k_m A}{V}\tau_R\right)\right]\right)$$

$$= 1 - \exp\left(-\frac{(5)(3600)}{400}\left[1 - \exp\left(-(3\times10^{-5})(100)(20)\right)\right]\right) = 0.927$$

4. 使用CSTR時，根據(6.52)式，

$$X_A(t) = 1 - \exp\left(-\frac{t}{\tau_T}\left(1 - \frac{1}{1 + k_m A/Q}\right)\right)$$

$$= 1 - \exp\left(-\frac{(5)(3600)}{400}\left(1 - \frac{1}{1 + (3\times10^{-5})(0.5)/(2.5\times10^{-4})}\right)\right) = 0.921$$

5. 使用批次反應器時，根據(6.9)式，

$$X_A(t) = 1 - \exp\left(-\frac{k_m A}{V}t\right) = 1 - \exp\left(-\frac{(3\times10^{-5})(0.5)}{0.105}(5)(3600)\right) = 0.923$$

6. 因此，以PFR的效果最佳。

4. 連續式多級操作

　　多級操作系統可使連續流動的反應物達成高轉化率，但操作的級數將受限於成本而無法過多。對於N級串聯的PFR系統，可假想為反應槽內的電極面積放大成N倍，使第N級的出口濃度可以快速求得：

$$c_{A,N} = c_{Ai} \exp\left(-\frac{N k_m A}{Q}\right) \tag{6.58}$$

而總轉化率為：

$$X_A = 1 - \frac{c_{A,N}}{c_{Ai}} = 1 - \exp\left(-\frac{N k_m A}{Q}\right) \tag{6.59}$$

　　對於N級串聯的CSTR系統，由於可將第K級反應槽的出口濃度轉為第(K+1)級反應槽的入口濃度，所以第N級的出口濃度亦可迅速求得：

$$c_{A,N} = \frac{c_{Ai}}{\left(1+k_m A/Q\right)^N} \tag{6.60}$$

而總轉化率可表示為：

$$X_A = 1-\frac{c_{A,N}}{c_{Ai}} = 1-\frac{1}{\left(1+k_m A/Q\right)^N} \tag{6.61}$$

此外，在設計流道時，也可從入口開始分流到N個相等的PFR，所以每個反應槽的流量為Q/N，若操作在質傳控制的條件下，每個反應槽的出口應可測得濃度為：

$$c_{Ao} = c_{Ai} \exp\left(-\frac{Nk_m A}{Q}\right) \tag{6.62}$$

這種情形可稱為並聯式操作，雖然其出口濃度的公式與串聯操作者相同，但因為並聯式操作中的每一個反應器的流量較小，是故質傳係數也較低，因此濃度將會低於串聯式。

範例6-10

一個五級CSTR系統用於處理廢水，可以回收30%的重金屬，但若目標設定在80%，則還需要幾個單元的CSTR？

解 1. 根據(6.60)式，第5級的轉化率為：$X_5 = 1-\frac{c_5}{c_0} = 1-\frac{1}{\left(1+k_m A/Q\right)^5} = 0.3$，故可求得$\frac{k_m A}{Q} = 0.074$。

2. 假設第N級的轉化率必須超過0.8，則$X_N = 1-\frac{1}{\left(1+0.074\right)^N} > 0.8$，可求得$N > 22.5$，因此還需要18個CSTR單元。

範例6-11

某一溶液中含有100 ppm的金屬離子M^{2+}，欲使用串級旋轉圓柱電解槽（rotating cylinder electrode reactors）來回收。已知溶液的密度為1000 kg/m^3，黏度為0.0011 kg/m·s，M^{2+}的擴散係數為3.67×10^{-10} m^2/s，

M的分子量為65。當直徑為0.45 m、長度為1.2 m的內圓柱電極旋轉時，周圍流速被控制在1 m/s，而外部電極的直徑則為0.48 m。若整個系統操作在質傳控制下，可以回收90%的金屬，且每小時可處理0.3 m³的溶液，則所需反應器的單元數為何？系統總電流為何？

解 1.對於本例使用的RCE，其旋轉具有攪拌作用，使其特性介於PFR與CSTR之間。

2.當RCE擁有軸向流動時，其等效直徑$d_e = d_2 - d_1 = 0.03$ m，所以：

$$\text{Re}_a = \frac{\rho d_e \mathbf{v}}{\mu} = \frac{4\rho Q}{\pi(d_1 + d_2)\mu} = \frac{(4)(1000)(0.3/3600)}{\pi(0.45 + 0.48)(0.0011)} = 104 \text{。}$$

3.再者，RCE的轉速為$\omega = \dfrac{2\mathbf{v}}{d_1} = \dfrac{(2)(1)}{(0.45)} = 4.44$ rad/s。旋轉的效應可由Ta估計，

而 $\text{Ta} = \dfrac{\rho(d_2 - d_1)^{3/2} d_1^{1/2} \omega}{4\mu} = \dfrac{(1000)(0.03)^{3/2}(0.45)^{1/2}(4.44)}{(4)(0.0011)} = 3521 \text{。}$

4.$\text{Sc} = \dfrac{\mu}{\rho D} = \dfrac{0.0011}{(1000)(3.67 \times 10^{-10})} = 2997 \text{。}$

5.根據範例5-15所提供的關聯式，當$\text{Re}_a < 300$時，

$$\text{Sh} = 0.38(\frac{d_2}{d_1}\text{Ta})^{0.5}\text{Sc}^{1/3} = (0.38)(\frac{0.48}{0.45})^{0.5}(3521)^{0.5}(2997)^{1/3} = 336 \text{。}$$

所以，質傳係數$k_m = \dfrac{\text{Sh} \cdot D}{d_e} = \dfrac{(336)(3.67 \times 10^{-10})}{(0.03)} = 4.11 \times 10^{-6}$ m/s。

6.參數$\dfrac{k_m A}{Q} = \dfrac{\pi k_m d_1 L}{Q} = \dfrac{(4.11 \times 10^{-6})(0.45\pi)(1.2)}{(0.3/3600)} = 0.084 \text{。}$

7.若將RCE視為PFR，則轉化率可根據(6.59)式而表示為：

$$X = 1 - \exp\left(-\frac{N k_m A}{Q}\right) > 0.9 \text{，因此可得} N > 27.5 \text{。}$$

8.若將RCE視為CSTR，則轉化率可根據(6.61)式而表示為：

$$X = 1 - \frac{1}{\left(1 + k_m A/Q\right)^N} > 0.9 \text{，因此可得} N > 28.5 \text{。}$$

9.因此至少29級RCE可達到90%的回收率。

10. 起始濃度 $c_0 = \dfrac{(100 \times 10^{-6})(1000)}{(0.065)} = 1.538 \text{ mol/m}^3$，所以可計算出整個系統的總

電流為：$I = nFQc_0X = (2)(96500)(0.3)(1.538)(0.9) = 80145 \text{A}$。

　　上述四種操作模式的介紹僅限於理想反應器，而探討真實反應系統時，則需思考批次反應器中的攪拌不均勻性和溶液體積的變化性；也必須考量流動反應器中反應物往側壁的質傳效應；還需顧慮攪拌反應器中從入口到出口的每股支流間的差異性。

　　此外，尤其在實際的電化學系統中，電流和電位的分布也有別於理想反應器，而且並非所有的電化學程序都操作在質傳控制的條件下，此時就必須考慮反應動力學的效應。以批次反應器為例，如果電化學程序操作在定電流的條件下，可以預見溶液中的反應物A會愈來愈少，這種濃度降低的現象可使用Faraday定律來描述，亦即：

$$c_{A0} - c_A(t) = \frac{\eta_{CE}It}{nFV} \tag{6.63}$$

其中 η_{CE} 是電流效率（current efficiency），會隨著時間而變。但因為反應進行後，A的濃度逐漸下降，也導致極限電流 $I_{\lim}(t)$ 的減低。在定電流操作下，初期的 $I < I_{\lim}(t)$，直至某一個特定時間 τ_{MT} 之後，$I > I_{\lim}(t)$，此時多出的電流必會引起其他副反應，使得電流效率 η_{CE} 變得更低。在 $t < \tau_{MT}$ 時，已知轉化率可表示為：

$$X_A(t) = \frac{c_{A0} - c_A(t)}{c_{A0}} = \frac{\eta_{CE}It}{nFVc_{A0}} \tag{6.64}$$

若初期由反應控制下的電流效率能維持定值 η_R，其中的下標R代表反應控制，則轉化率與時間成線性關係（如圖6-6），也代表了產率（yield）為定值。但在 $t = \tau_{MT}$ 時，開始進入質傳控制區，代表 $I = I_{\lim}(\tau_{MT})$，此時的A成分之濃度為：

$$c_A(\tau_{MT}) = c_{A0} - \frac{\eta_R I \tau_{MT}}{nFV} = \frac{I}{nFAk_m} \tag{6.65}$$

超過這個時間之後（$t > \tau_{MT}$），用於主反應的電流都只能維持在極限電流 $I_{\lim}(t)$。由於 $t > \tau_{MT}$ 進入質傳控制，故可使用(6.9)式來描述A成分的變化：

Galvanostatic Batch Operation

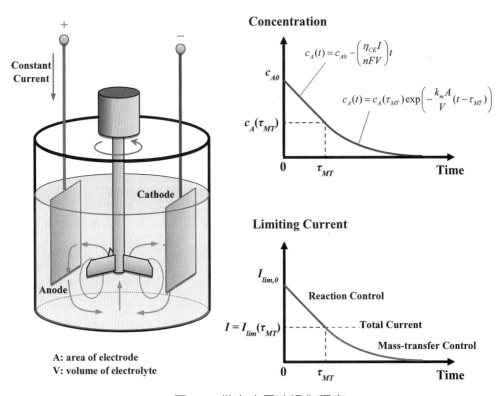

圖6-6 批次定電流操作程序

$$c_A(t) = c_A(\tau_{MT}) \exp\left(-\frac{k_m A}{V}(t - \tau_{MT})\right) \tag{6.66}$$

已知$I_{\lim}(t) = nFAk_mc_A(t)$小於總電流$I$，所以質傳控制下的電流效率$\eta_{MT}(t)$為：

$$\eta_{MT}(t) = \frac{nFAk_mc_A(t)}{I} = \exp\left(-\frac{k_m A}{V}(t - \tau_{MT})\right) \tag{6.67}$$

由此可知，此階段的電流效率會持續降低，但轉化率仍會上升：

$$X_A(t) = \frac{c_{A0} - c_A(t)}{c_{A0}} = 1 - \exp\left(-\frac{k_m A}{V}(t - \tau_{MT})\right) \tag{6.68}$$

然而轉化率上升時不再與時間成線性關係，當操作時間愈久時，轉化率的增加程度愈小。

　　總結以上的討論，對連續式操作而言，反應器經過長期使用後將會到達穩定狀態，所以常用於大型程序，例如鹼氯工廠、電解水工廠或銅鋁鎂鋅之電解提煉工廠。然而，對於貴金屬的電解精煉或高價值的有機物電解合成，則適用小型程序的批次操作，常見的例子如過氯酸（perchloric acid）的生產。此外，著名的Hall-Héroult煉鋁程序，則屬於週期性的半批次操作，因為操作中會等待前批反應物消耗到某一程度時，才會加入反應物。

　　再者，除了控制反應物與產物的輸入與輸出之外，反應器的電控模式也會影響反應的結果。在實驗室中的小型反應槽，可針對工作電極進行電位控制，例如定電位操作（potentiostat operation）或動態電位操作（potentiodynamic operation）。然而，對於大規模的量產反應槽，則常使用電流控制的操作模式，因為控制電流的難度比控制電位者低。但需注意，大型電化學反應槽中的電流分布通常難以均勻，也同時伴隨不一致的電位分布。電位或電流的大小會影響電解程序操作在反應控制條件下，或操作在質傳控制條件下，如前所述，兩種情形分別會導致不同的反應產率。

範例6-12

　　有一個電解槽，兩極的面積皆為A，反應室被隔離膜分開，隔離膜只允許H^+流通。已知陽極室和陰極室的體積分別為V_A和V_C，陰極室內則有均勻攪拌的裝置，溶液可持續自陰極室的入口流進，並從出口離開，其組成如圖6-7所示。陽極的反應是水分解成氧氣和H^+，且H^+的初始濃度為c_H^0，傳送數為t_H，陰極的反應為$O+2e^- \rightleftharpoons R$，操作在質傳控制下，質傳係數為$k_m$，O的入口濃度為$c_O^0$。若將流率固定為$Q$，試求出電流密度$i$與陽極室$H^+$的濃度隨時間變化之情形。

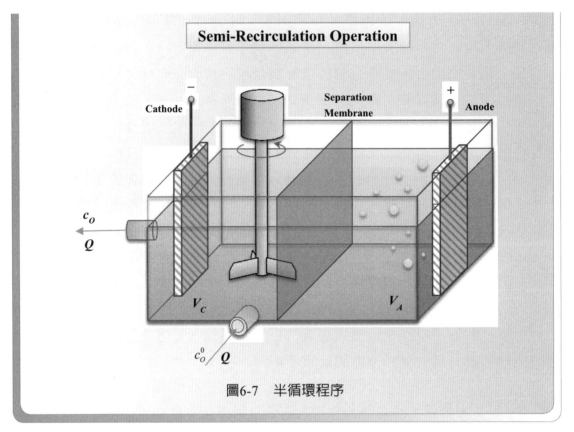

Semi-Recirculation Operation

圖6-7　半循環程序

解 1. 在陰極室，可視為CSTR。假設反應表示為：$O+2e^- \rightleftharpoons R$，則氧化態O的質量均衡方程式為：$V_C \dfrac{dc_O}{dt} = Q(c_O^0 - c_O) - \dfrac{iA}{2F}$。

2. 當陰極室操作在質傳控制下，$i = 2Fk_m c_O$。再令陰極室的滯留時間 $\tau = \dfrac{V_C}{Q}$，且令 $\alpha = 1 + \dfrac{k_m A}{Q}$，則O的質量均衡將成為：$\tau \dfrac{dc_O}{dt} = -\alpha c_O + c_O^0$，因此可解得 $c_O = \dfrac{c_O^0}{\alpha}[1 - \exp(-\dfrac{\alpha}{\tau}t)]$。

3. 極限電流密度則為 $i_{\lim}(t) = \dfrac{2Fk_m c_O^0}{\alpha}[1 - \exp(-\dfrac{\alpha}{\tau}t)]$，若操作時間夠長之後，電流密度會到達穩定值 $\dfrac{2Fk_m c_O^0}{\alpha}$。

4. 在陽極室，由於沒有溶液輸入，且H^+會朝向陰極遷移，所以H^+的質量均衡方程式為：$V_A \dfrac{dc_H}{dt} = (1-t_H)\dfrac{iA}{F}$。令 $\beta = \dfrac{2(1-t_H)k_m A c_O^0}{\alpha V_A}$，使$H^+$的質量均衡

方程式成為：$\dfrac{dc_H}{dt}=\beta[1-\exp(-\dfrac{\alpha}{\tau}t)]$，故可解得$H^+$的濃度為：$c_H=c_H^0+\beta t-\dfrac{\beta\tau}{\alpha}[1-\exp(-\dfrac{\alpha t}{\tau})]$。事實上，此解是基於$H^+$的傳送數$t_H$為定值，但當反應時間夠久之後，$t_H$將會隨著$H^+$的濃度而變。

範例6-13

有一個電解槽被用來製造Br_2，在陽極會發生反應：$Br^-\to\dfrac{1}{2}Br_2+e^-$，但也可能發生副反應：$2OH^-\to\dfrac{1}{2}O_2+H_2O+2e^-$；在陰極則發生反應：$H_2O+e^-\to\dfrac{1}{2}H_2+OH^-$。陽極區操作在質傳控制下，溶液被強烈攪拌，滯留時間為400s，比電極面積為100 m^{-1}，質傳係數為3×10^{-5} m/s，輸入溶液中含有0.2 M的Br^-和0.15 M的OH^-。在陰極區，溶液沒有流動，兩極溶液以隔離膜分開，隔離膜內只允許OH^-通過，已知OH^-的遷移數為0.8。若整個系統操作在600 A/m^2的定電流模式下，試問到達穩定態時，Br^-和OH^-的濃度將為多少？當Br^-的出口濃度到達入口值的50%時，操作時間為何？

解 1.假設陽極室具有CSTR的特性，且操作在質傳控制下，所以$i_{lim}=Fk_m c_{Br}$，故對於Br^-進行質量均衡後，可得到：$\dfrac{dc_{Br}}{dt}=\dfrac{1}{\tau}[c_{Br}^0-(1+a\tau k_m)c_{Br}]$，求解後可得：$c_{Br}=c_{Br}^0\dfrac{1+a\tau k_m\exp[-(1+a\tau k_m)\dfrac{t}{\tau}]}{1+a\tau k_m}$。

2.到達穩定態時，$c_{Br}^\infty=\dfrac{c_{Br}^0}{1+a\tau k_m}=\dfrac{200}{1+(100)(400)(3\times10^{-5})}=91$ mol/m³，電流密度$i_{lim}=263 A/m^2$。

3.相似地，對於陽極室的OH^-進行質量均衡，可得到$\tau\dfrac{dc_{OH}}{dt}=c_{OH}^0-c_{OH}-\dfrac{a\tau}{F}(i-i_{lim})+\dfrac{a\tau it_{OH}}{F}$，其中等號右側第三項代表副反應消耗速率，第四項代表OH^-從陰極遷移至陽極的速率。

4.到達穩定態時，$\dfrac{dc_{OH}}{dt}=0$，可得到$c_{OH}^\infty=c_{OH}^0+a\tau k_m c_{Br}^\infty+\dfrac{a\tau i(t_{OH}-1)}{F}$。已知

$c_{Br}^{\infty} = 91$ mol/m³，經過計算可得$c_{OH}^{\infty} = 209$ mol/m³。

5. 若$c_{Br} = 0.5c_{Br}^0 = 100$ mol/m³時，所經歷的時間可表示為：

$$t = \frac{\tau}{1+a\tau k_m}\ln\left[\frac{a\tau k_m c_{Br}^0}{c_{Br}(1+a\tau k_m)-c_{Br}^0}\right] = 452 \text{ s} 。$$

範例6-14

一溶液中含有1 M的A和0.25 M的C，流入PFR反應器中將會發生兩個獨立的反應：$A \rightleftharpoons B+2e^-$ 與 $C \rightleftharpoons D+2e^-$，但過程中也有一些$H_2O$會氧化成$O_2$。整個系統操作在定電流下，其電流密度為1000 A/m³，在通電的過程中，三個反應的動力學都符合Tafel方程式，其Tafel斜率皆相同，其關係如表6-4所示。已知每一個PFR的比電極面積為1000 m⁻¹，滯留時間為20 s。若對A而言，欲完成90%的轉化率，則整個系統必須串聯幾個PFR？

表6-4　平行反應的動力學關係

編號	反應	動力學關係式
1	$A \rightleftharpoons B + 2e^-$	$i = 2Fkc_A\exp(\frac{\beta E}{RT})$
2	$C \rightleftharpoons D + 2e^-$	$i = \frac{2}{11}Fkc_C\exp(\frac{\beta E}{RT})$
3	$H_2O \rightleftharpoons 2H^+ + \frac{1}{2}O_2 + 2e^-$	$i = \frac{1}{16}Fk\exp(\frac{\beta E}{RT})$

解 1. 根據(6.19)式，$\frac{dc_A}{dx} = -\frac{1}{2FQ}\frac{dI_1}{dx} = -\frac{i_1}{2FQ}\frac{dA}{dx} = -\frac{i_1 w}{2FQ}$，其中$w$是垂直流動方向的電極寬度。因為比電極面積為$a$，滯留時間$\tau = \frac{V_R}{Q} = \frac{wx}{aQ}$，所以上式可改寫為：$\frac{dc_A}{d\tau} = -\frac{i_1 a}{2F}$。同理，可以得到$\frac{dc_C}{d\tau} = -\frac{i_2 a}{2F}$，或可得到$\frac{dc_A}{dc_C} = \frac{i_1}{i_2}$。根據它們的反應動力學關係，可發現$\frac{dc_A}{dc_C} = 11\frac{c_A}{c_C}$，並解得$\frac{c_A}{c_{A0}} = \left(\frac{c_C}{c_{C0}}\right)^{11}$。

2. 已知$i_T = i_1 + i_2 + i_3 = Fk\exp(\frac{\beta E}{RT})(2c_A + \frac{2}{11}c_C + \frac{1}{16}) = 1000$ A/m²，故

$$\frac{i_1}{i_T} = \frac{2c_A}{2c_A + \frac{2}{11}c_C + \frac{1}{16}} = -\frac{2F}{ai_T}\frac{dc_A}{d\tau}$$ 。求解此方程式後，可以得到：

$$\tau = -\frac{2F}{ai_T}\left[(c_A - c_{A0}) + c_{C0}\left(\frac{c_A}{c_{A0}}\right)^{1/11} - c_{C0} + \frac{1}{32}\ln\frac{c_A}{c_{A0}}\right]$$ 。

3. 由於 $X_A = 0.9$，所以 $c_A = (1 - X_A)c_{A0} = (0.1)(1000) = 100\,mol/m^3$。由此可得

$$\tau = -\frac{(2)(96500)}{(1000)(1000)}\left[(100 - 1000) + (250)(0.1)^{1/11} - 250 + \frac{1}{32}\ln 0.1\right] = 182\ s$$ 。

4. 單元數 $N \geq \dfrac{182}{20} = 9.1$，所以需要10級操作。

6-1-3 真實反應器

　　電化學反應屬於非勻相反應，表面上與某些催化反應類似，但兩者的本質仍存在顯著的差異，例如氣固催化反應中的質傳速率較快，而電化學反應中的溶液質傳則較慢，使得電化學反應器易受質傳控制；再者，電極上的電位分布或電流分布也會明顯地影響反應或選擇率，使其複雜度高於氣固催化反應器。

　　尤其對於實際的電化學反應器，從反應控制狀態轉變為質傳控制狀態時，並不會突然切換，而是透過漸進的變化，這時屬於混合控制，所以濃度或電流效率並不如(6.67)式般出現折點。且當反應器操作時間足夠長之後，濃度會下降到某一程度，使得質傳效應不顯著，因而轉由反應動力學主導，這是整體電解程序（bulk electrolysis）與微量電解程序相異之處。尤其在定電流操作下，減低的電流效率意味著副反應持續增加，所形成的副產物有可能吸附或沉積在電極表面上，更阻礙了後續的主反應，這些複雜的變化都超出前述模型所能描述的範圍。

　　一般而言，為了追求最大生產速率，電化學程序常會操作在質傳控制下，但也有一些狀況不適合操作在此條件下，這些情形通常基於以下幾種觀點：

1. 能量消耗

　　從反應的觀點，有時候提升電位會影響其選擇性或產率，所以通常不會在過高的電壓下操作，使系統仍維持在反應控制狀態，亦即最適合的操作電流可

能會明顯低於極限電流。

2.產品品質

　　高電流下的電鍍品質通常較差，因為大電流密度會導致枝狀鍍物或金屬氧化物共鍍等現象，因此適宜的操作電位區仍屬於反應控制，相反地若欲得到金屬粉體，則可操作在接近極限電流的狀態，使得鍍物結構鬆散而易於從電極表面移除。

3.電極與電解液

　　若操作在過高的電壓下，可能會產生過多的熱量，或是操作在過高的電流下，會使溶液的歐姆電位降增大而降低能量效率。

4.反應物

　　當活性成分的濃度變化時，極限電流亦會隨之而變。尤其對於設定在質傳控制下的定電流操作，當極限電流的下降後，副反應發生的比例會增加。

　　除了操作電壓或電流的因素，簡化的反應工程模型還會面臨一些難以描述的輸送現象，例如在平行板反應器中，當溶液沿著平行電極表面的方向流進反應器後，從上游到下游會形成不同厚度的擴散層，而且反應物仍會在垂直於流動的方向上移動，所以真實反應器的物質輸送比PFR複雜許多。這些輸送現象牽涉到電極的總長度與電位分布，也涉及溶液流率與電極面積對溶液體積的比值，大幅增加了反應器設計的困難度。此外，電化學槽與其他裝置之間的管路連結也是設計的重點，例如輸送流體的裝置、管路轉向導致的壓降損失，或反應器的出入口設置，都相關於流體力學。為了解析這類複雜的問題，常使用因次分析法來處理實際反應器的設計與操作。如表6-5所示，常用的電極系統都已透過因次分析法而建立出可用的經驗式，但有些許狀況仍然值得注意，包括流道中可能出現難以確定的層流轉換成紊流之過渡區、電極表面或槽壁的不平整區、反應器入口的流動發展區、電極材料電阻不均勻區或溶液的導電度不均勻區，這些特殊區域都無法藉由簡化模型或平均經驗式來詳細探究。

表6-5　常用電化學反應器之經驗式

Cell Structure	Schematic Diagram	Correlation
Vertical Parallel Plate Electrode with Nature Convection		For laminar flow, $Sh = 0.45Gr^{0.25}Sc^{0.25} = \dfrac{k_m L}{D}$ where $Gr = \dfrac{g\Delta\rho L^3}{\rho v^2}$; $Sc = \dfrac{v}{D}$ For turbulent flow, $Sh = 0.45Gr^{0.25}Sc^{0.25} = \dfrac{k_m L}{D}$ where $Gr = \dfrac{g\Delta\rho L^3}{\rho v^2}$; $Sc = \dfrac{v}{D}$
Horizontal Parallel Plate Electrode		For laminar flow (Re < 2000), $Sh = 1.85Re^{0.33}Sc^{0.33}\left[\dfrac{2wd}{L(w+d)}\right]^{0.33} = \dfrac{k_m L}{D}$ where $Re = \dfrac{Lv}{v}$; $Sc = \dfrac{v}{D}$ For turbulent flow (Re > 2300), $Sh = 0.45Re^{0.25}Sc^{0.25} = \dfrac{k_m L}{D}$ where $Re = \dfrac{Lv}{v}$; $Sc = \dfrac{v}{D}$
Rotating Disk Electrode (RDE)		laminar flow ($100 < Re < 10^5$), $Sh = 0.62Re^{0.5}Sc^{0.33} = \dfrac{2k_m r}{D}$ where $Re = \dfrac{r^2\omega}{v}$; $Sc = \dfrac{v}{D}$ For turbulent flow ($Re > 10^6$), $Sh = 0.011Re^{0.87}Sc^{0.33} = \dfrac{2k_m r}{D}$ where $Re = \dfrac{r^2\omega}{v}$; $Sc = \dfrac{v}{D}$
Rotating Cylinder Electrode (RCE)		For laminar flow (Re < 2000), $Sh = 0.023Re^{0.8}Sc^{0.33} = \dfrac{2k_m r_1}{D}$ where $Re = \dfrac{2r_1^2\omega}{v}$; $Sc = \dfrac{v}{D}$ For turbulent flow ($100 < Re < 1.6\times10^5$), $Sh = 0.079Re^{0.7}Sc^{0.36} = \dfrac{2k_m r_1}{D}$ where $Re = \dfrac{2r_1^2\omega}{v}$; $Sc = \dfrac{v}{D}$

　　但如果只想初步了解真實反應器的特性，藉由理想反應器的滯留時間分布（residence time distributions）方法，仍然能夠得到近似的結果。由於CSTR和PFR展現出兩極化的滯留時間分布，所以真實反應器可以想像成CSTR與PFR的混合體。以長度為L且流速為v的PFR為例，其滯留時間τ可表示為：

$$\tau = \frac{L}{\mathbf{v}} = \frac{V}{Q} \tag{6.69}$$

其中V是反應器的體積，Q是體積流率。

　　當溶液中加入一種標定用的鈍性物質，則在入口與出口處可以測到濃度的時間延遲（time lag）現象，如圖6-8所示。執行測試時，通常會在入口處以脈衝方式（pulse）注入標定物，或是以階梯方式（step）在某時刻自入口處突然升高標定物的濃度，然後在出口連續性偵測溶液輸出時的回應（response）情形。若使用脈衝法，在入口處注入了總量為m_M的標定物後，出口處可測得的濃度分布函數為$c_M(t)$，由此定義微分滯留時間分布函數（differential residence time distribution）：

$$E(t) = \frac{V}{\tau m_M} c_M(t) \tag{6.70}$$

若使用階梯法，則可定義積分滯留時間分布函數（integral residence time distribution）：

$$F(t) = \int_0^t E(t)dt = \frac{c_M(t)}{c_M(\infty)} \tag{6.71}$$

則對理想的PFR而言，在出入口處皆可測得：

$$E(t) = \frac{\delta(t-\tau)}{\tau} \tag{6.72}$$

其中$\delta(t)$是Dirac delta函數，當$t<\tau$或$t>\tau$時，$\delta(t)=0$；只有當$t=\tau$時，$\delta(t)=1$，故此函數可代表一個脈衝。另一方面，PFR的積分滯留時間函數為：

$$F(t) = \int_0^t \frac{\delta(t-\tau)}{\tau}dt = H(t-\tau) \tag{6.73}$$

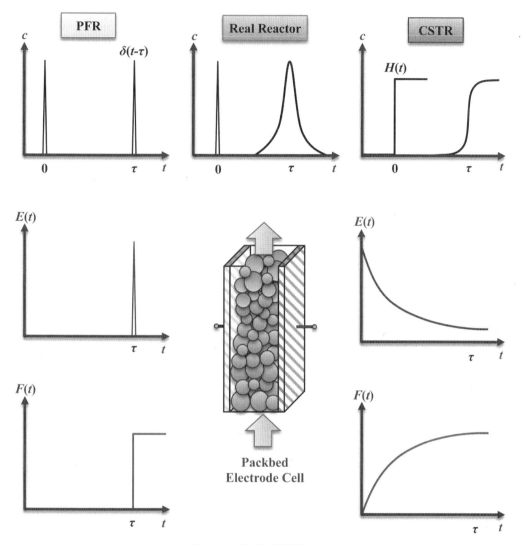

圖6-8 滯留時間分布法

其中$H(t)$是階梯函數（step function），當$t<\tau$時，$H(t)=0$；當$t \geq \tau$時，$H(t)=1$。對於CSTR，在出入口處的微分與積分滯留時間分布函數分別表示為：

$$E(t) = \frac{1}{\tau}\exp(-\frac{t}{\tau}) \qquad (6.74)$$

$$F(t) = 1 - \exp(-\frac{t}{\tau}) \qquad (6.75)$$

然而，眞實反應器在出口處的分布函數將與兩種理想反應器不同，通常脈衝法中會得到一個扁而寬的波峰，階梯法會得到一個圓滑的上坡。以填料床反應器爲例，因爲溶液進入反應器內會分割成許多小支流以流過孔隙，所以離開反應器的時間不一致，因而導致一個扁而寬的時間分布函數。這種現象稱爲分散（dispersion）或逆向混合（backmixing），可用高斯分布函數來描述，其原理類似分子沿著移動的方向進行擴散，所以也可用質量均衡方程式來表示：

$$\frac{\partial c_M}{\partial t} = \mathbf{v}\frac{\partial c_M}{\partial x} - D_a\frac{\partial^2 c_M}{\partial x^2} \tag{6.76}$$

其中的 D_a 爲軸向分散係數（axial dispersion coefficient），一般的數量級介於0.01到0.001 cm²/s間。此處僅考慮一維分散，但眞實反應器可能會出現二維或三維分散。爲了描述分散現象對濃度分布的影響，可定義Peclect數（Pe）爲：

$$Pe = \frac{\mathbf{v}d_p}{D_a} \tag{6.77}$$

其中 d_p 爲填料的粒徑。從實驗發現，Pe可使用Re和Sc來描述。例如在 $0.1<Re<10$ 的流動中，可得到 $1.5<Pe<2.5$；但在紊流中，則需使用機率理論來預測，結果約爲 $Pe/\varepsilon\approx2$，其中 ε 是孔隙度。

從出口的滯留時間分布可發現，有一部分的溶液比平均滯留時間τ更快離開，其中的反應物並沒有達到PFR的反應轉化率；另有一部分的溶液比平均滯留時間τ更慢離開，反應程度有達到PFR的標準，但兩部分加總後的結果則是出口平均濃度高於PFR，亦即體積時間產率（space time yield）比PFR低。非理想反應器的出口平均濃度 c_{av} 可藉由 $E(t)$ 計算：

$$c_{av} = \int_0^\infty E(t)c(t)dt \tag{6.78}$$

對理想的PFR而言，

$$c_{av}^{PFR} = \int_0^\infty \frac{\delta(t-\tau)}{\tau}c(t)dt \tag{6.79}$$

所以眞實反應器的 $c_{av} \neq c_{av}^{PFR}$，且只有當電流分布均勻時，出口處才能測得(6.78)式所示的 c_{av}，否則平均出口濃度也不能用其描述。

6-2 反應器設計

6-2-1 設計原則

　　雖然電化學反應器的設計取決於用途，但也必須滿足一般性的原則，這些原則如下所述：

　　1.首先是結構必須簡單，因為反應器的結構牽涉到裝置成本或操作成本，成本愈低愈有競爭力。

　　2.其次是反應器在操作時必須便利，例如過程中可以輕易分離出產物或是便於維護反應器，可使電化學程序擁有再現性與可靠性。

　　3.接著是反應器也可以具有多功能性，如此便可適用於不同的生產程序中；同時也要有相容性，才能與其他的單元操作整合在一起；此外也必須擁有擴充性，足以應付規模增大時的需求。

　　4.再來是反應器要具有寬闊的操作範圍，例如提供均勻的電位與電流分布，以提升產品的選擇性；又例如提供夠大的電極面積對電解液體積之比例，以應付反應緩慢之程序；或例如提供足夠的反應器表面積，以釋放累積的熱能。

　　5.最後則是操作成本的可縮減性，例如電極、反應器壁或隔離膜等皆可更換，也例如攪拌機或電極旋轉用馬達可以選擇性使用。符合此需求的組件在執行程序時，即可有效地控制操作成本。

　　電化學反應器的設計中，可供選擇的項目很多，以下分項介紹：

　　1.在操作模式上，如6-1-2節所述，可選擇批次操作、批次循環操作、單程連續操作或多級連續操作。

　　2.在反應器的外殼方面，可以選擇密閉式或開放式。

　　3.在電解液的方面，可選擇陰陽兩極共用電解液，或以隔離膜區分出陽極區和陰極區。

　　4.在電極數目方面，可使用單一組陰陽極或多組陰陽極。

　　5.在電極間距方面，可使用電解液隔開兩極或電極直接接觸隔離膜。

　　6.在電位施加方面，可使用單極性（monopolar）或雙極性（bipolar）模

式，前者是針對單組陰陽極時，電極幾乎只使用單面進行反應，後者則是針對多組陰陽極時，電極材料的兩側都會進行反應；此外，單極模式的電源需要提供高電流，因爲所有的電極都會連線到電源供應器，但雙極模式可能只有最外側的兩個電極連線到電源，所以需要能提供高電壓的電源。

7.在電極結構方面，可選擇二維或三維方式，前者是利用巨觀的電極表面進行反應，後者則是利用多孔電極的微孔表面進行反應。

8.在電極相對電解液的運動方面，可選擇兩者皆靜止、動態電極或動態電解液的操作類型。

而在程序設計方面，可分成三個階段：

1.首要步驟是從質量均衡關係中估計出程序所需電流，所以進料濃度、轉化率、操作模式與電流效率都將影響總電流。

2.其次是選擇反應器的結構和類型，要從施加電壓、施加電流、入口濃度或入口溫度等條件，計算出所需電極尺寸。

3.最後再重新估計總電流與電流效率，或能量消耗等數據，以評估程序的可行性，但這些計算結果都只能視爲近似值，實際的狀況仍需藉由實驗來觀測。

6-2-2 參數設計

由前述可知，有幾個重要的參數會影響電化學反應器的設計。以下將分項說明：

1.比電極面積a（specific electrode area）

定義爲有效電極面積A對特徵體積V之比例，亦即$a = \dfrac{A}{V}$。其中的特徵體積又可分成三類，第一類是指反應器的外部總體積V_R，第二類是指溶液的體積V_S，第三類是指電極的體積V_E，所以比電極面積也分爲a_R、a_S和a_E。若欲得到較高的產率，比電極面積a要夠大；但欲得到均勻的電流分布，則a不能太大，因此a存在最適值。

2.體積質傳係數

定義為質傳係數k_m與比電極面積a_s的乘積，在計算濃度或反應轉化率時，將會用到體積質傳係數。例如批次操作中的濃度變化即包含了$a_s k_m$：

$$c_A = c_{A0} \exp\left(-\frac{k_m A}{V_S}t\right) = c_{A0}\exp(-a_s k_m t) \tag{6.80}$$

3.體積時間τ_S（space time）

定義為反應器中溶液體積V_S對溶液流率Q的比值，亦即$\tau_S = \dfrac{V_S}{Q}$。這個物理量相當於溶液在反應器內的平均滯留時間（mean residence time），而它的倒數則稱為體積速度（space velocity），代表了反應器處理反應物的能力。

4.體積時間產率Y_{ST}（space-time yield）

描述反應器在單位體積單位時間內的產量，可使用Faraday定律表示為：

$$Y_{ST} = \frac{\eta_{CE}I}{nFV_S} \tag{6.81}$$

其中η_{CE}是電流效率。若電化學程序操作在質傳控制時，則可表示為：

$$Y_{ST} = \frac{\eta_{CE}Ak_m c_A}{V_S} = \eta_{CE}a_s k_m c_A \tag{6.82}$$

由此可知，欲提升Y_{ST}，必須增大電流效率、比電極面積或體積質傳係數。但需注意，電流較高時，也會增加溶液的歐姆電位降，使得能量效率不佳。

由於多數電化學程序被操作在質傳控制條件下，因此極限電流也是重要的參數，一般的方法是在穩定態下測量電流－電壓關係（或稱為伏安圖），再從中尋找極限電流。但在實驗中，只需使用測試溶液而不必加入生產用的電解液。目前常用的測試溶液有兩類，第一類是硫酸銅測試液，第二類是含有$Fe(CN)_6^{3-}$與$Fe(CN)_6^{4-}$氧化還原對的測試液。第一類可用於提煉金屬的反應器，並搭配Cu陽極，可使測試液中的Cu^{2+}濃度維持穩定，以得到較精確的結果。第二類測試液對光很敏感，受光照時可能會不穩定，所以使用時常

以$Fe(CN)_6^{4-}$對$Fe(CN)_6^{3-}$爲5：1的比例調配，並在測試時將陽極設定在反應控制的條件下，使得此配方能展現良好的氧化現象。而在陰極區，損失的$Fe(CN)_6^{3-}$會從陽極區補充回來。此外，在陽極上要避免氧氣生成，因爲氣泡會導致額外的攪拌作用，且當氧氣移動到陰極時，會發生副反應，所以可預先通氮氣以移除溶解的氧氣。然而，對於大型反應器而言，除氧較爲困難，但仍可藉由扣除氧氣反應的背景電流來修正結果。

　　典型的陰極伏安曲線如圖6-9所示，從中可分割成三個區域，以下將分別說明：

　　1.第一部分是過電位$0>\eta>\eta_1$之區，此區的電流會比極限電流小，亦即$I<I_{lim}$，在此區所發生的反應即爲測試溶液的主成分所進行的反應，例如$Cu^{2+}+2e^-\rightarrow Cu$或$Fe(CN)_6^{3-}+e^-\rightarrow Fe(CN)_6^{4-}$。

　　2.當$\eta=\eta_1$時，程序剛好進入質傳控制狀態，在$\eta_1>\eta>\eta_2$的區間內，電流沒有明顯增加，或呈現一個平台（plateau），此範圍即稱爲質傳控制區。但是在實務上，所得到的伏安圖可能不存在平台，因爲同時還有背景電流會出現。

　　3.當$\eta<\eta_2$時，電流又開始陡升，代表有額外的反應發生，在陰極上的典型副反應是電解水生成H_2，若被測試的是陽極，則常發生的副反應是電解水生成O_2。在此區間，程序又進入反應控制狀態，但控制程序的是副反應。

　　然而，實際測得的伏安圖往往與理論相異，例如曲線在η_1與η_2之區間內未出現平台，此時電流仍有增加的原因可能來自於平行反應。有時也可能出現平台區窄化的現象，甚至使極限電流區縮小成幾乎只有單點，其原因也許來自於程序仍受反應控制、主體濃度下降、非均勻電流分布或電極表面粗化。遇到上述情形，可以選擇$\eta=(\eta_1+\eta_2)/2$下的電流當作極限電流值，或使用平台區兩端點電位下的電流平均值作爲極限電流，亦即$[I(\eta_1)+I(\eta_2)]/2$，也可使用伏安曲線中斜率爲最小值之電位下的電流當作極限電流，或使用伏安曲線的反曲點作爲極限電流。

　　因此，欲準確地決定極限電流，可使用不同面積的電極來測試，利用極限電流正比於面積的理論關係，但若發現偏差，則可能源自於電極的邊緣效應、自然對流或不均勻的強制對流。此外，也可用不同濃度的電解液來檢測，從理論可知，極限電流應該正比於主體濃度，而背景電流可藉由外插至濃度爲0時的電流而計算出，再由此回頭修正極限電流。再者，可使用不同的流速來測

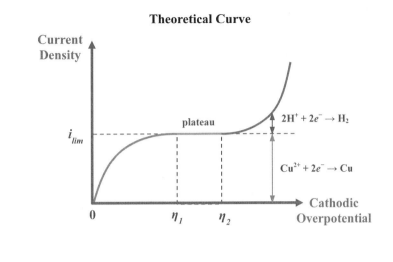

Theoretical Curve

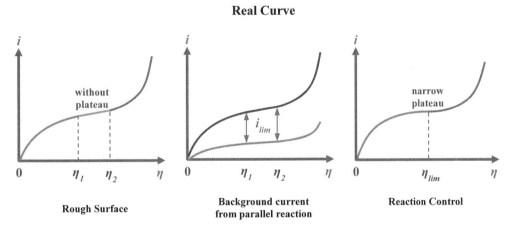

Real Curve

圖6-9 理論與實際的伏安圖

量,因為極限電流會正比於流速的某個次方,此指數會視流動狀態為層流或紊流而變。當流速減慢時,極限電流區會變得傾斜或縮短,甚至出現非穩態質傳導致的電流峰。

另外,也可以使用階梯電位法(potential step)或階梯流速法(velocity step)。開始時,電極被施加不引起反應的電位,在某時刻則突然提升到質傳控制電位,而電流在之後會趨向極限值,其原理可參考第五章所述。對比於電位掃描法,階梯電位法可以較快得到極限電流,這對轉化率很大的反應較有效;反之,電位掃描法所花費的時間較長,當電極表面有變異時,或當主體濃度顯著下降時,所得曲線常難以判斷極限電流。然而,對於工業規模的反應

器，常難以實施定電位分析，所以可使用電流漸增法，以記錄穩定的電壓值，但參考電極的位置可能會影響測量結果，故也常使用二極式測量，直接記錄槽電壓（cell voltage）對電流的關係，如此也可求得極限電流。

得知了極限電流之後，即可輕易地求出質傳係數。但是也有其他方法有助於求得質傳係數，例如藉由因次分析法建立經驗關聯式；又如測量反應轉化率，再搭配操作模式而求出質傳係數。但這些方法得到的都是平均質傳係數，對於電流不均勻分布的批次反應器，電極上每個位置的極限電流都不同，其來源包括自然對流形成、氣體產生、局部紊流等現象，也可能源自於電鍍物或局部腐蝕導致的粗糙表面，或來自三維多孔電極本身的非均勻性。遇此情形，可使用一維或二維的微電極陣列來測量極限電流的分布。對於連續式流動反應器，可在入口處通入測試液，並採取脈衝（pulse）式注入標定成分，流入反應槽後並不施加電壓，然後在出口處檢測此標定成分。用於管流反應器時，理論上在出口處應該得到與入口處相同的組成，若兩者存有差異時，代表標定成分會往側向分散；用於攪拌反應器時，出入口的組成如有差異，則表示槽內存在多重支流使標定成分累積在局部區域。

如果溶液中的成分會發生勻相化學反應，也會使反應器的設計更為複雜。因為電化學主反應發生在電極表面，幾乎只與擴散層內的溶液相關，但勻相化學反應若發生在溶液主體區內較多，則會導致額外的濃度差或質傳效應。

6-2-3 結構設計

以電化學反應器之結構來分類，可以列出幾種常用的類型，包括單室、雙室與多室型。其中單室型是指陰陽極同置於一種電解液中；雙室型是指反應器分為陽極室與陰極室，兩者再以鹽橋或隔離膜相連；多室型則是多組陰陽極相接而成。此外，亦可用電極的型態來分類，對具有大平面或大曲面者定為二維電極，而對具有微孔洞者稱為三維電極，前者如平板電極或旋轉圓柱電極，後者如填料床電極。結合了各種分類特點後，也可歸納出數種典型的電化學反應器，以下將逐一說明。

1. 箱型反應器

　　常用在電解水、電鍍、鉛酸電池或燃料電池中，其架構中除了必要的電極以外，槽殼會以絕緣材料製成，再形塑成立方槽或圓筒槽的型式，可如圖6-10所示。槽中的電極可以垂直水平面來安置，也可以平行水平面擺放，前者如產氫的電解水反應器，後者如提煉鋁的電解槽。陰陽兩極間可以放置隔離膜，也可以直接共用電解液。這類箱型反應器的優點在於槽體外型簡單，陰陽極間距易於調整，故常用於靜止系統；但其缺點在於體積時間產率較小，不易大規模化。

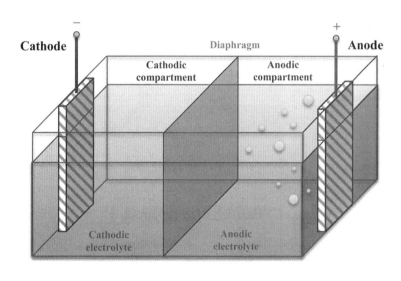

圖6-10　箱型電解槽

2 平行板流動式反應器

　　平行板電極可以垂直或水平放置在槽中，前者如電透析槽，後者如鹼氯工業用電解槽。但整個反應槽並非單一型體，通常是由多層板框組成，例如從陽極板到陰極板之間可能涵蓋了陽極室框、隔離膜與陰極室框，這些板框的外圍都是絕緣體。如圖6-11所示，再藉由多組單元反應槽以單極式（monopolar）連接或雙極式（bipolar）連接成整個系統。操作時，陰陽極所需的電解液可使用並聯式或串聯式由反應器的一端流動至另一端。這類反應器的優點在於板

框架構導致的電流分布較均勻、質傳速率易於控制，以及電極總面積便於藉由單元數目來調整。有時爲了達成更複雜的生產任務，板框結構中還可以納入電滲透室、熱交換室或多孔電極室。

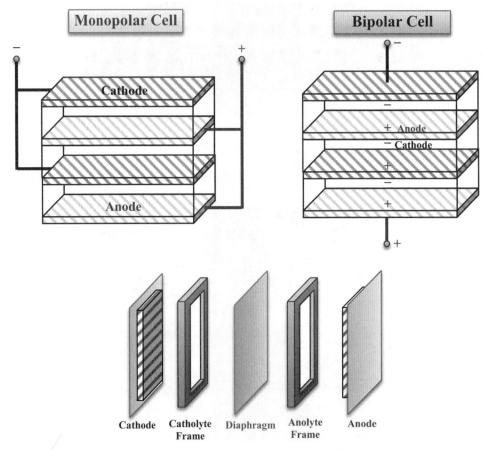

圖6-11　平行板電解槽與板框結構

3. 旋轉電極反應器

　　常用於提煉或精煉金屬，其結構如圖6-12所示，通常置於軸心的陰極會鍍上欲提煉的金屬。當陰極旋轉時，電解液將被帶動，且藉由陰極的轉速即可控制質傳速率，使其特性介於PFR和CSTR之間。此外，也常設置一個刮刀，將陰極上沉積的金屬刮離電極，並使之沉澱到槽底。陽極則置於反應槽的外圍，若兩極成爲同軸圓柱，則可導致均勻的電流分布；但因爲圓筒狀的電極較

難製作，所以其他類型的陽極設置法也常被採用，例如在槽底水平安置一片電極板，或在槽的外圍垂直放置數片電極板，其缺點是電流分布較不均勻。

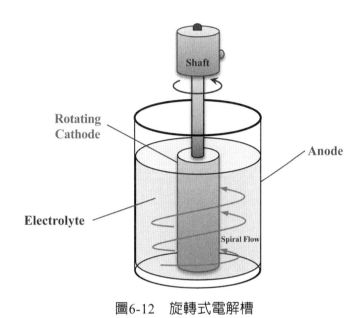

圖6-12　旋轉式電解槽

4.狹隙反應器

常用於導電度不佳的電解液，因為電解液不易導電，所以藉由縮短陰陽極的間距可以有效降低溶液的歐姆電位降，通常間距可小於1mm。其中一種設計是兩電極分別為一根圓棒與圓管內壁，如圖6-13所示，當圓管與圓棒同軸時，電解液可從其間的環形間隙流過以進行反應。其優點是電流分布均勻，但缺點是體積時間產率較低。另有一種設計是由多層圓盤電極堆疊組成，圓盤電極間都存有空隙，如圖6-13所示。操作時採取雙極式通電，並讓電解液從圓盤堆的軸心注入，若圓盤堆可以持續旋轉，電解液則會從電極的間隙沿徑向流出。再者，也可使用旋轉盤電極與靜止對應電極的組合來架構毛細間隙反應器，當電解液從圓盤的中心注入後，因為圓盤旋轉，電解液落至圓盤的間隙時，會被加速往徑向散開，其特點是電流密度與反應轉化率可獨立控制。

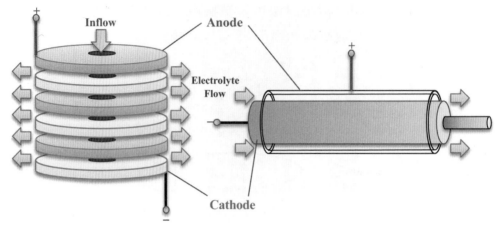

圖6-13　狹隙電解槽

5. 填料床反應器

　　填料床反應器可以提供較大的質傳速率與較高的比電極面積，因此體積時間產率較高。其組件包括集流板與導電填料，導電填料可以直接接觸平板電極、軸心電極，或管壁電極，以維持其電位。操作時會將電解液從一端流入，並在填料的間隙之中流過，所以比電極面積很大。反應器的結構包括殼管式（shell and tube）與捲筒式（Swiss-roll），前者中的每根管子的側壁與軸心皆為電極，填料會接觸軸心電極，並用隔環避免填料碰觸到側壁電極，如圖6-14所示；後者則以陰極／隔膜／陽極／隔膜的薄層型式捲成圓筒，其中的隔膜為網狀材料，當電解液從軸心流入後，會沿著網狀材料的孔洞迂迴前進，因此形成一種三維電極反應器，所以具有提升質傳速率與比電極面積的功用。填料床反應器在操作時，可依照填料運動狀態而又分成固定床（fixed bed）與流體化床（fluidized bed）。當電解液由下往上流動時，如果流速較小，填料仍能停留在原始位置而維持靜止，但當流速提升到某種程度後，填料顆粒受到流體拖曳力與重力的共同作用，而懸浮在溶液中，此狀態即為流體化床。反之，欲在高流速下使用固定床反應器，溶液必須從上往下流。此外，如圖6-14所示，也可根據液流與電流的相對方向來分類電極，因而分成流穿式電極（flow-through electrode）與流經式電極（flow-by electrode），前者是指電流平行於液流，後者則是指電流垂直於液流。但在流經式電極中，溶液擁有

較長的滯留時間，可使轉化率提高。

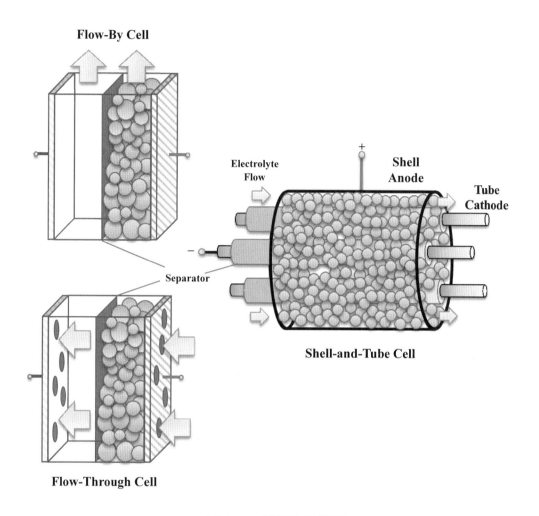

Flow-By Cell

Electrolyte Flow

Shell Anode

Tube Cathode

Separator

Shell-and-Tube Cell

Flow-Through Cell

圖6-14　填料床電解槽

6. 零極距反應器

　　零極距反應器（zero-gap cell）是指陰陽極間的距離非常小的電解槽，但實際上兩極並未相接，中間以隔離膜分開。這類反應器所用電極常為網格或多孔結構，空隙中填充電解液，所以可大幅度地降低溶液歐姆電壓。這類電解槽通常以雙極式連接，所用的集流板（current collector）一面鍍上陽極材料，另一面鍍上陰極材料，每兩片集流板中緊密夾住一片隔離膜，因此可有效減少

反應器體積。若使用固態聚合物電解質（solid polymer electrolyte，簡稱爲SPE）作爲隔離兩極的材料，還可稱此系統爲SPE反應器。常用的SPE材料爲陽離子交換膜，是由氟磺酸聚合物製成，具有傳導離子的功能，於1966年起已被應用在電化學工業中。其導電原理主要藉由H^+沿著膜內孔洞表面的磺酸根往陰極方向移動，但這些帶負電的磺酸根基團已被固定，所以不同於一般溶液之電解質；水分子也會從陽極側以電滲透（electro-osmosis）的方式穿越交換膜而前往陰極側。使用固態電解質的系統可以更緊密的連接，因此擁有較小的體積與重量，並且具有較低的能量損失，較高的能量效率，目前已用於電解水、有機電解合成、鹼氯製造與燃料電池等工業。然而，SPE系統較大的缺點在於材料成本，電極與隔離膜的價格皆高於傳統電解槽，目前以杜邦公司（Dupont）生產的Nafion膜最常被使用。

6-3 程序設計

6-3-1 設計指標

在6-1節中，我們已探討了電化學反應器的主要分類，以及對應的操作模式，而本節的討論範圍將延伸至工業生產中的程序設計。由於任何工業化的程序都需考量經濟效益，而電化學程序往往只是整體生產流程中的一部分，所以進行經濟評估時仍需從整體效益的觀點著眼。然而，當整體程序存在最佳方案時，電化學單元本身可能未處於最佳化，例如將分離器安裝在電化學反應器內部，也許可以得到較高的產品品質，但卻可能因爲增大了電阻而降低了純電化學反應的效能。因此，電化學程序設計必須連結材料科學、基礎電化學、輸送現象、化學反應工程與經濟評估，才能將實驗室中的測試規模擴增到工業級的量產規模。

欲評估一個電化學程序的可行性，可使用反應工程和能源技術中的幾項指標，包括產率（yield）、轉化率（fractional conversion）、選擇率（selectivity）、電流效率（current efficiency）、能源消耗（energy consumption）、能源效率（energy efficiency）與產品品質（product quality），以下將逐一說明。

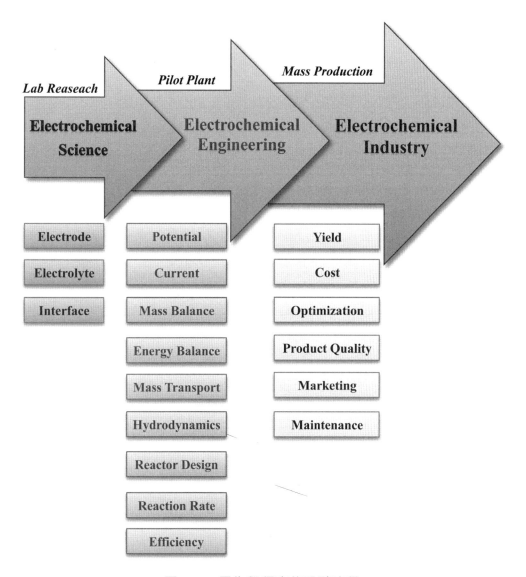

圖6-15　電化學程序的設計流程

1. 產率

對於電化學半反應$A+ne^-\rightarrow xB+yC$，當每1 mol的A經過反應後可獲得產物B之mol數即為產率θ_B，若以化學計量關係來表示則為：

$$\theta_B = -\frac{1}{x}\left(\frac{\Delta n_B}{\Delta n_A}\right) \qquad (6.83)$$

對於產物C，其產率可表示為：

$$\theta_C = -\frac{1}{y}\left(\frac{\Delta n_C}{\Delta n_A}\right) \qquad (6.84)$$

其中n_A、n_B和n_C分別為A、B和C的mol數，x與y為計量係數，若有更多種產物都可依此類推。通常產率無法達到100%，因為產物中可能包含副產物，所以常會加上後處理單元，以純化產品。

2. 轉化率

化學反應實際上無法進行到反應物完全消耗殆盡，尤其在密閉系統中，反應只會趨向平衡。因此，為了評估反應$A + ne^- \rightarrow xB + yC$進行的程度，可從反應物A的消耗量來定義轉化率：

$$X_A = \frac{n_{A0} - n_A}{n_{A0}} \qquad (6.85)$$

其中n_{A0}是A的起始mol數。必須注意轉化率是時間的遞增函數，最大值為100%。若用在體積固定的批次反應器中，轉化率又可表示為：

$$X_A = \frac{c_{A0} - c_A}{c_{A0}} \qquad (6.86)$$

其中c_{A0}是A的起始濃度。基於操作模式的差異，各種轉化率的計算方法可參照6-1-2節。

3. 選擇率

一個化學系統除了有反應不完全的情形，也會有多重反應路徑的狀況。例如從A轉變成B的過程中，可能存在串聯式路徑：

$$A \rightarrow yC \rightarrow xB \qquad (6.87)$$

也可能是並聯式路徑：

$$A \rightarrow yC$$
$$\downarrow$$
$$xB \qquad\qquad (6.88)$$

其中的C可視為副產物。也有可能在反應生成B之後，B又會轉變為D。但無論反應路徑如何複雜，最終留下主產物才是程序的首要目標，因此定義選擇率為主產物總量對副產物總量之比例：

$$S_B = \frac{y}{x}\left(\frac{\Delta n_B}{\Delta n_C}\right) \qquad\qquad (6.89)$$

其中Δn_B和Δn_C分別是反應物B和產物C的變化量。B的選擇率代表A轉變成各種產物後，B占所有產物的比例。若對較簡單的兩步驟反應：$A \xrightarrow{k_1} B$ $(+2e^-)$ $\xrightarrow{k_2} C$ $(+2e^-)$，已知k_1與k_2是兩步驟的速率常數，且兩步驟都會釋出兩個電子。則產物B的選擇率為：

$$S_B = \frac{n_B}{n_C} \qquad\qquad (6.90)$$

若此串聯反應發生於批次反應器中，則可發現中間物B的選擇率會逐漸下降。從模擬可知，中間物B的濃度會先到達最大值c_B^{max}，之後因為A變成B的反應減慢或B變成C的反應加快，而使B的濃度下降。如果B才是主產品，則B的最大濃度將相關於k_1/k_2，此值愈高，c_B^{max}愈大。由於兩個步驟都屬於電化學反應，所以k_1與k_2都和電位有關，代表施加適當的電位可以提升B的產量。圖6-16列出常見的三種反應路徑，從中可發現主產物B和副產物C的消長，兩者的選擇率將會受到速率常數或施加電位的影響。

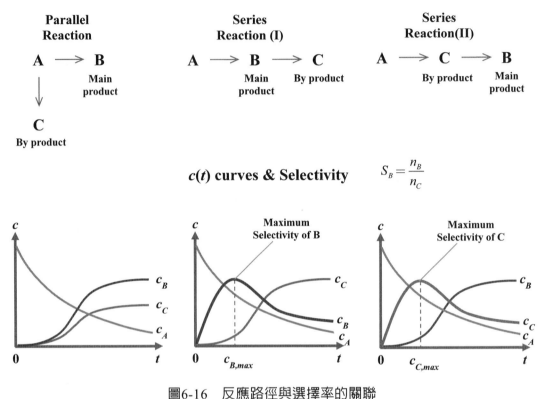

Reaction Path

| Parallel Reaction | Series Reaction (I) | Series Reaction(II) |

$$S_B = \frac{n_B}{n_C}$$

c(*t*) curves & Selectivity

圖6-16　反應路徑與選擇率的關聯

4.電流效率

　　當電化學程序中有副反應$C+n_2e^-\rightarrow D$發生時，所通電流只有部分能供給主反應$A+n_1e^-\rightarrow B$使用，因此定義法拉第效率（Faraday efficiency）：

$$\eta_{CE} = \frac{q_1}{q_1+q_2} = \frac{n_1 F w_B}{q_T M_B} \tag{6.91}$$

其中q_1和q_2分別為主反應和副反應所消耗的電量，兩者的總和為總消耗電量q_T，w_B和M_B分別為主產物B的生成總質量與分子量。(6.91)式是根據Faraday定律而得，代表了總耗電量中用來生產B之比例，是一種電荷的產率，所以也被稱為庫倫效率（Coulombic efficiency），常用來評估電化學程序的經濟效益。若在反應期間，電流可以維持穩定，則庫倫效率也可表示為：

$$\eta_{CE} = \frac{I_1}{I_1 + I_2} \tag{6.92}$$

其中I_1和I_2分別為主反應和副反應所需電流,因此法拉第效率也被稱為電流效率,但當電流會隨時間而變時,電流效率與庫倫效率將不會相等。就理論面觀察,一個電化學系統的電流效率應該低於100%,但透過實驗測量,有時可能會出現大於100%的情形。例如在電解精煉的程序中,陽極材料除了氧化成離子以外,也可能被酸性電解液溶解或出現物理性剝落,因此經過秤重後,有可能發生物重的實際減少量高於理論減少量,致使電流效率高於100%,此狀況可歸因於測量技術不周全。

5. 能量效率

另一項與耗電相關的指標為能量消耗E_C,是指每單位主產物所需能量:

$$E_C = \frac{n_1 F \Delta E_{cell}}{\eta_{CE} M_B} \tag{6.93}$$

其中ΔE_{cell}為施加在電解槽的總電壓。由此可知,為了降低能量消耗,應該力求減少槽電壓ΔE_{cell}並提升電流效率η_{CE}。能量消耗也可以轉換成一種效率指標,因此定義能量效率η_{EE}為:

$$\eta_{EE} = \frac{E_C^{\min}}{E_C} = \frac{I_B \Delta E_{cell}^{\min}}{I \Delta E_{Cell}} \tag{6.94}$$

其中$E_C^{\min}$與$\Delta E_{cell}^{\min}$分別為最小能量消耗與最小槽電壓,I_B是用於生成主產物B的電流,I是總電流。然而,最小能量消耗是一個難以確認的狀態,所以通常將其視為發生在最小槽電壓等於平衡電壓時,亦即$\Delta E_{cell}^{\min} = \Delta E_{eq}$,而且電流效率為$\eta_{CE} = 100\%$,代表此時只有電流$I_B$通過。但在實際操作中,處於平衡電位下的電解槽不會有電流通過,因此這是一個虛擬狀態。若再定義電壓效率(voltage efficiency)為:

$$\eta_{VE} = \frac{\Delta E_{cell}^{\min}}{\Delta E_{Cell}} \tag{6.95}$$

則能量效率可簡化為電流效率與電壓效率的乘積:

$$\eta_{EE} = \frac{I_B}{I} \frac{\Delta E_{cell}^{\min}}{\Delta E_{Cell}} = \eta_{CE}\eta_{VE} \qquad (6.96)$$

6.產品品質

　　品質也是一種經濟指標，但其規格種類眾多，例如電解精煉中可以用純度代表，在電鍍中可使用光亮程度代表，在化學電池中可使用輸出功率代表。產品品質的優劣會關聯到售價之高低，進而影響到利潤之多寡，是整體電化學程序中格外重視的項目。

範例6-15

　　已知一個反應：$A+2e^- \to B$欲在批次反應器中進行，每一次操作96小時後需要停機24小時，每年的生產目標為7300 kmol的B。目前的電極最大可流通100 A/m²的電流密度，且電流效率約為80%，則電極面積必須多大才能完成生產目標？

解 1.先計算每年的操作次數N：$N = \dfrac{(365)(24)}{(96+24)} = 73$次／年。

　　2.再計算每次所欲生產的B：$n_B = \dfrac{7300}{73} = 100$ kmol。

　　3.透過化學計量換算所需電量：$Q = \dfrac{(2)(96500)(100\times1000)}{0.8} = 2.41\times10^{10}$ C。

　　4.最終可得到所需電極面積：$A = \dfrac{2.41\times10^{10}}{(96)(3600)(100)} = 700$ m²。

6-3-2 成本分析

　　由於電化學工業的設備成本高，且運作時需要不斷消耗能源，所以在程序設計方面，經濟效益應是首要目標，但其中牽涉了利潤、成本、能源消耗或生產速率等因素。所以在設計程序時，採取不同的觀點可能會產生不同的方案，並形成不同的操作條件，例如電位、電流、反應物種類、濃度、溫度或壓力等項目，而且各條件之間還會相互牽連。緊接著，所需設備也必須依程序來調

整，因為這兩者也會相互影響且難以分離。

　　一間公司決定建廠的關鍵指標一定是投資報酬率，因為相同的金額也可以投入其他產業而謀利，所以報酬率夠高才能啟動建廠工作。在計算報酬率的公式中，從生產端可以掌控的是總成本C，而總成本C又可依階段分為三個項目：

　　1.土地成本C_L：購買或租借場地的費用；

　　2.固定成本C_F：包括廠房、反應器、分離器、自動控制系統等軟硬體建置費用；

　　3.工作成本C_W：包括原料與能源的費用。

這三個階段的成本合起來即為總成本：

$$C = C_L + C_F + C_W \tag{6.97}$$

若考慮到成本的性質，則可分類成以下項目：

　　1.直接成本：人員、物料、能源、基礎設施、設備與智慧財產權的花費；

　　2.經常成本：行政、保險、安全、醫護與福利等提高生產力的花費；

　　3.銷售成本：宣傳、販售、運送與技術服務的花費；

　　4.研發成本：開發或改良程序所需之費用；

　　5.折舊成本：在特定工期到達時，工廠投入的資本將會減少，例如設備在正常使用下將因實體損耗或組件衰竭而不堪使用，所以可將損失的資本視為這段期間內的花費，稱為折舊。假設在N年後投資能夠回收，則每年需加入的折舊費D（depreciation）應為：

$$D = \frac{C - C_{res}}{N} \tag{6.98}$$

其中C_{res}是殘值，是指預估年限屆滿後仍可出售的價值。在設定C_{res}和N時，要考慮有些庫存品之價值會隨時間上漲，故在評估D時，需注意逐年變化的資本。再者，許多工廠運作的時間已經超過資本回收時間，這時就不用再計入折舊成本，使得舊技術反而可以和新技術抗衡。

　　為了更詳細地計算成本與利潤，第一步是去評估產品售量，以決定工廠規模，再依此設計程序。設計過程中，必須考慮以下事項：

　　1.評估單元操作的數目，這些操作可能包括化學反應、流體輸送、分餾、

結晶、萃取、壓縮或熱交換等；

    2. 評估每個單元的規模或尺寸；

    3. 進行質能均衡計算，並依此修改流程以節約能源；

    4. 製程最適化。

範例6-16

有一個反應器作為電解精煉用，在陰極發生反應：$M^{2+}+2e^-\rightarrow M$，在陽極則發生反應：$H_2O\rightarrow 2H^+ + \frac{1}{2}O_2 + 2e^-$，假設電流效率為100%。已知溶液的流率為550 cm^3/s，入口溫度為311 K，溶液中各成分的濃度、標準生成熱和比熱列於表6-6中。反應器被操作在定電流模式下，電流為50000 A，而施加電壓與溫度的關係為：$E=(14.81-0.02T)$ V，其中T的單位為K。另已知反應槽壁的總熱傳係數與槽壁面積的乘積為：$(UA)_{Wall}$ =1000 W/k，槽外的空氣溫度為288 K。試問：

1. 到達穩定態時，反應槽內的溫度為何？

2. 若反應槽內有加裝逆流式套管熱交換器用於冷卻，其熱傳面積為3.05 m^2，總熱傳係數為300 $W/m^2\cdot K$，冷卻水的流率為1000 cm^3/s，入口溫度為300 K。則穩定態時的溫度為何？

表6-6　溶液中各成分的濃度、標準生成熱和比熱

成分	入口濃度 (M)	ΔH_f^0 (kJ/mol) at 298 K	c_p (J/mol·K)
H_2O	54.58	−285.8	75
M^{2+}	0.534	−220.5	184
H^+	1.712	0	0
SO_4^{2-}	1.390	−909.2	−301
M	0	0	34
O_2	0	0	34

解 1. 根據Faraday定律，M的生成速率為：$\dfrac{I}{2F}=\dfrac{50000}{(2)(96500)}=0.26$ mol/s，而M^{2+}的消耗率亦為0.26 mol/s。其他各成分的變化可藉由化學計量得到，如表

6-7所示。

表6-7　溶液中各成分的入口與出口流率

成分	入口流率（mol/s）	出口流率（mol/s）
H_2O	30.02	29.76
M^{2+}	0.294	0.034
H^+	0.942	1.460
SO_4^{2-}	0.765	0.765
M	0	0.260
O_2	0	0.130

2. 假設穩定態時的溫度為T，則外部施加的電功率為：

$P = IE = (50000)(14.81 - 0.02T) = (7.4 \times 10^5 - 1000T)$ W 。

3. 對於溫度為311 K的原料溶液，其中H_2O的能量輸入速率可計算為：

$H_{H_2O}^{in} = (30.02)[-285800 + (311 - 298)(75)] = -8.55 \times 10^6$ W ；當出口溫度為T時，H_2O的能量輸出速率可計算為：

$H_{H_2O}^{out} = (29.76)[-285800 + (T - 298)(75)] = (-9.17 \times 10^6 + 2232T)$ W 。其他各成分的焓則可如表6-8所示。

表6-8　溶液中各成分的能量輸入與輸出速率

成分	能量輸入速率 (W)	能量輸出速率 (W)
H_2O	-8.55×10^6	$-9.17 \times 10^6 + 2232T$
M^{2+}	-6.406×10^4	$-9637 + 6.44T$
H^+	0	0
SO_4^{2-}	-6.981×10^5	$-6.27 \times 10^5 - 230T$
M	0	$-2624 + 8.8T$
O_2	0	$-1312 + 4.4T$
Total	-9.31×10^6	$-9.81 \times 10^6 + 2111T$

4. 從槽壁散熱的速率為：$q_{Wall} = (UA)_{Wall}(T - T_{air}) = (1000T - 288000)$ W 。

5. 藉由能量均衡得到：

$-9.81 \times 10^6 + (7.4 \times 10^5 - 1000T) = (-9.81 \times 10^6 + 2111T) + (1000T - 288000)$，可解得 $T=371.1\text{K}$，已經接近水的沸點，但這是不考慮水的蒸發潛熱下的預估溫度。

6. 安裝熱交換器後，若冷卻水的入口溫度 $T_1=300\text{K}$，出口溫度為 T_2，則冷卻速率為：$q = \dfrac{(UA)_{ex}(T_2 - T_1)}{\ln\left(\dfrac{T - T_1}{T - T_2}\right)} = \dfrac{(300)(3.05)(T_2 - 300)}{\ln\left(\dfrac{T - 300}{T - T_2}\right)} = \dfrac{915T_2 - 274500}{\ln\left(\dfrac{T - 300}{T - T_2}\right)}$。

7. 此外，冷卻速率還可表示為：

$q = \rho Q_{ex} c_p (T_2 - T_1) = (1000)(1 \times 10^{-3})(4180)(T_2 - 300)$
$\quad = (4180T_2 - 1.254 \times 10^6)\ \text{W}$

8. 化簡能量均衡方程式之後，將得到：$1.528 \times 10^6 = 4111T + q$。由於 q 與 T_2 的關係已知，故可發現 $T = 676.7 - 1.017T_2$。經求解後即可得到：$T=359.6\text{K}$，以及 $T_2=311.8\text{K}$。

完成設計後，可進入經濟評估階段。評估報告認定可行之後，即可建置試量產工廠（pilot plant），以確認設計中的問題，並由此收集數據。試量產的過程中，需不斷修正製程參數或製程技術，使產品達到設定的規格。待規模放大成量產工廠之後，製程改善仍要不斷進行，以配合技術或市場的變化。

當程序進行最佳化時，通常有五個目標可供選擇：

1. 利潤最大化；
2. 產品成本最小化；
3. 投資報酬率最大化；
4. 增加投資報酬率至預設值；
5. 能量消耗最小化。

對電化學程序而言，達到成本最小化的策略是將電流密度最佳化。雖然電流密度愈高，產量愈大，但也會伴隨施加電壓提高，並導致能源效率下降。此外，工業安全與環境保護等沒有利潤的花費也變得日益重要，使其成為總成本中的重要項目。然而，各項目中的關鍵因素會互相影響，使得評估成本的任務非常困難，而且有些評估的標準不只取決於市場，也取決於公司內部需求，並

不一定具有通用性。故以下僅討論評估成本的簡易法則，將焦點集中在生產本身，不討論土地議題。定義固定成本和工作成本之和為總生產成本C_T：

$$C_T = C_E + C_R + C_S \tag{6.99}$$

其中C_E、C_R與C_S分別為能源成本、反應器成本與原料處理成本。能源成本C_E牽涉電價b、用電量q與槽電壓ΔE_{cell}，可表示為：

$$C_E = bq\Delta E_{cell} \tag{6.100}$$

已知槽電壓包括平衡電位差ΔE_{eq}、陽極過電位η_A（正值）、陰極過電位η_C（負值）、電解液之歐姆電位降iR_S與電路之歐姆電位降iR_C，可表示為：

$$\Delta E_{cell} = \Delta E_{eq} + \eta_A - \eta_C + \frac{IR_S + IR_C}{A} = \Delta E_{eq} + \frac{I}{A}R_{P,S,C} \tag{6.101}$$

其中$R_{P,S,C}$是極化比電阻R_P、電解液比電阻R_S與電路比電阻R_C的總和，A是電極面積。所以，能源成本C_E可成為：

$$C_E = bq(\Delta E_{eq} + \frac{I}{A}R_{P,S,C}) = bqIR_{cell} \tag{6.102}$$

(6.102)式中右側的第一項與熱力學性質有關，第二項是反應動力學相關性質，並可簡單地假設兩個項目皆與電流成正比。若將兩項的電阻相加，可得到整個槽的總電阻R_{cell}，其定義為總比電阻除以電極面積。

　　對於反應器成本C_R，已知電極愈大時，此成本愈大，故可假設兩者成正比關係。故以單位電極面積所需成本a_E為比例常數，則C_R可表示為：

$$C_R = a_E A \tag{6.103}$$

其中的a_E視為定值。

　　原料處理成本C_S會用在攪拌、傳送或加熱電解液，可表示為能源價格b、消耗功率P與時間t的乘積：

$$C_S = bPt \tag{6.104}$$

尤其當電化學程序操作在質傳控制條件下，原料處理成本將與電流密切相關。

　　從以上可知，總生產成本C_T可表示為：

$$C_T = bqIR_{cell} + a_E A + bPt \tag{6.105}$$

若設定了程序的總耗電量q，且已知$q=It$，則總生產成本對操作電流的關係將如圖6-17所示。從圖中可發現，成本對電流的曲線具有一個向上的開口，代表成本存在一個極小值，可視爲一種最適化狀態。而最適化的操作電流I_{opt}可透過微分求得：

$$\left.\frac{dC_T}{dI}\right|_{I=I_{opt}} = bqR_{cell} - bP\frac{q}{I_{opt}^2} = 0 \tag{6.106}$$

所以最適電流I_{opt}爲：

$$I_{opt} = \sqrt{\frac{P}{R_{cell}}} \tag{6.107}$$

但需注意，此結果是在生產成本最小化的目標下所得，若目標設定在利潤最大化，可能會產生不同的最適化電流。

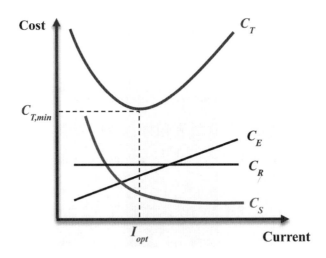

圖6-17　生產成本與操作電流的關係

範例6-17

　　有一個工業電解槽，假設其中的電極與隔離膜等裝置的成本C_1正比於電極面積A和操作時間t，可表示爲$C_1=\alpha At$；操作的成本C_2則與功率$I\Delta E$和時間t成正比，可表示爲$C_2=\beta I\Delta Et$；其他的花費C_3則視爲定值。已知

$\alpha=100$ dollar/m$^2 \cdot$year，$\beta=10$ dollar/kW$\cdot$h，電解槽的比電阻為$R_E=0.001$ $\Omega \cdot$m^2，電流效率為100%，則最適化的電流密度為何？若再考慮電解槽的使用期限為10年，每年資本的利率為10%，則最後一年的最適化電流密度又會為何？

解 1. 假設平衡電壓為ΔE_{eq}，則外加電壓可表示為$\Delta E = \Delta E_{eq} + \dfrac{I}{A} R_E$。

2. 已知電流效率為100%，則根據Faraday定律，可得到產量$W = \dfrac{MIt}{nF}$，其中 M為產物的分子量，所以操作時間$t = \dfrac{nFW}{MI}$。

3. 因此總成本可表示為：$C_T = \alpha At + \beta I(\Delta E_{eq} + \dfrac{I}{A} R_E)t + C_3$，或改寫為電流密度 i的函數：$C_T = \alpha \dfrac{nFW}{Mi} + \beta(\Delta E_{eq} + iR_E)\dfrac{nFW}{M} + C_3$。

4. 當電流密度具有最適值之時，$\dfrac{dC_T}{di} = 0$，可得到$\dfrac{nFW}{M}\left(-\dfrac{\alpha}{i^2} + \beta R_E\right) = 0$，所以 $$i = \sqrt{\dfrac{\alpha}{\beta R_E}} = \sqrt{\dfrac{(100)(1000)(3600)}{(3600)(24)(365)(10)(0.001)}} = 33.8 \text{ A/m}^2。$$

5. 但當設備必須考慮折舊時，假設每年單位面積的折舊費為D，在年利率維持在$r=10\%$的情形下，第一年後的裝置成本將成為$\alpha(1+r) - D$，第二年後將成為$\alpha(1+r)^2 - D(1+r) - D$。依此類推，可得到第十年後將降為0，所以可表示為：$\alpha(1+r)^{10} - D(1+r)^9 - \cdots - D = 0$，經過化簡後可得到： $$D = \dfrac{\alpha r(1+r)^{10}}{(1+r)^{10} - 1} = \dfrac{(100)(0.1)(1.1)^{10}}{(1.1)^{10} - 1} = 16.27 \text{ 1/m}^2 \cdot \text{year}。$$

6. 因此，最末年的最適化電流密度為：$i = \sqrt{\dfrac{D}{\beta R_E}} = 13.6 \text{ A/m}^2$。

6-3-3 規模放大（Scale-up）

　　實驗室開發的技術要移轉至工廠量產時，必定涉及反應器的尺寸變更，可預期反應器的特性必將隨之而變，此時非常需要規模放大的理論來輔助工業化之設計需求。適宜的數學模型與實驗測試皆有助於設計電化學程序，尤其在放

大規模時，必須特別注意質傳速率或電流分布的變化。

　　在設計程序之前，通常會先建立一組預估條件，之後再透過模擬或實驗來收集數據，以提出設計修改的意見，經過多回的評估之後，最終應可得到足以接受的收斂條件。因此，設計過程的第一步是先確認程序目標，之後再列出流程表，從中說明原料準備、產品收集、反應器設計與所需能量。這時，質能均衡的計算與經濟效益的評估會同時並行。接著可以在實驗室中進行測試，以取得初步的設計驗證，但需注意的是實驗室中的規模必定比量產廠的規模更小，因為評估階段通常會在迅速且節約的要求下完成，此類小規模的測試其實是程序設計中的必備步驟。除了小規模的實驗必須進行，由於電腦科技的進展，大型反應器的數學模型也可同時採用，如此也能達到節省評估成本的目標。

　　對於反應器的放大，可視為產量的增加。用在電化學程序設計時，可採用模組化的設計方法，例如先探討單對電極組成的單元反應器，放大後則可擴增為多對電極的反應器。然而，當單元反應器擴充到大尺寸或多電極的反應器後，質傳現象或電流分布必定會改變。因此，大型反應器的設計，必須包含以下幾個步驟：

　　1.首要步驟包括構思反應與平衡關係，接著再設定溫度、壓力或pH值等熱力學條件。

　　2.反應器中若需使用隔離膜，也要思考其穿透性、機械強度、電阻與化學穩定性，同時也要評估其成本、使用壽命與操作中的更換頻率。

　　3.接著要製作示意圖來表示電解液的流動與離子輸送，並且要包括穿越隔離膜的離子流動。

　　4.再來可從理論面計算反應動力學、質傳速率、電流效率與反應產率，但欠缺的數據必須透過實驗來取得，並加以分析。

　　5.進行試量產工廠（pilot plant）與量產工廠時的質量均衡，過程中可先設定反應的轉化率和產率，以評估電解液流動、蒸發、結晶或沉澱等效應。

　　6.設定工作電極的特性，其條件將從實驗中取得。需考量的因素包括競爭反應、腐蝕或鈍化、反應動力學、導電性、尺寸、機械強度、導熱性、操作成本、材料單價與所需數量。

　　7.設定反應器的類型與操作模式，需考慮的因素包括電解液的流動行為、質傳特性、單程轉化率、回流操作、通電方式、所需電極面積與預定產率。

8.確定反應器的架構，需考慮的因素包括電極形狀（平板、圓柱、網狀或多孔狀）、氣體釋放、電極接線方式、溶液流線與摩擦損失、散熱方式和絕緣位置。

9.製作反應器的工程圖。

10.評估反應器的電位分布，其中必須考慮電極過電位、溶液歐姆電位降、隔離膜電阻、氣泡導致的電阻、接點與接線電阻，同時也要思考所需電流密度和電極間距，因爲這兩個項目也會影響電位分布。

11.確認電源的需求條件，其中必須考慮電源供應器可輸出的電流與電壓、工廠的配電位置，以及其他如幫浦或攪拌機的電力需求。

12.執行能量均衡，包括冷卻水或加熱燃料的需求，並考慮熱交換器的規模。

13.評估反應器與輔助設備的總成本。

14.改變反應器尺寸、反應轉化率與產率後，重新進行前面13個步驟。

在設計過程中，有些步驟的順序可以調換或省略，例如已經確定要使用批次反應器時，就不需考慮幫浦的電力需求。然而，進行至第14個步驟時，原先構思的反應器類型與物理特性可能會大幅改變，所以可分階段進行，例如先設計中等規模的試量產反應器，並執行實測，最後再進入大尺寸的量產反應器之設計工作與運轉測試。在此逐步放大的過程中，除了觀察反應器特性的變化，也必須注意其他設備的相容性。

如前所述，建立數學模型也是放大反應器規模的必備步驟，因爲它可以減低放大過程產生的錯誤。所謂的數學模型通常分爲兩類，第一類是指從因次分析法（dimensional analysis）得到的訊息，亦即反應器內重要的物理量之間將以某種複雜的關係式產生連結；第二類是從直接數值模擬法（direct numerical simulation）得到的訊息，亦即求解反應器內的質量、動量、能量與電荷均衡方程式，以得到速度、濃度、溫度、電位或電流的分布情形。

因次分析法是化學工程中廣泛使用的技巧，執行此方法的第一步是找出程序中所有相關的物理量，再藉由物理量之間的組合而歸納出幾項重要的無因次群（dimensional group），或稱爲無因次數，例如Reynolds數是流體力學問題中最常見的無因次數。之後再藉由實驗來確立這些無因次數之間的關聯式，以藉此描述反應器的行爲。另一方面，直接數值模擬法則是從質量、動量、能

量與電荷之均衡理論著手，並搭配化學反應動力學或熱力學定律，即可建立微分方程式與代數方程式的組合，由於現今的電腦科技已經發展成熟，這些複雜的方程組都可使用數值方法求解。對於描述反應器的細節變化，從直接數值模擬法得到的答案會比無因次數的關聯式更精確，且適用性更高。

範例6-18

在PFR中有一組平行板電極，其長度為L，寬度為W，兩極的間距為d，且已知$d \ll W$，以及電解液的質傳係數為k_m。若未來進行規模放大時，希望能維持原有的轉化率X_A，試找出可以描述轉化率X_A的無因次數。

解 1. 從(6.25)式可知，$X_A = 1 - \exp\left(-\dfrac{k_m A}{Q}\right)$，其中電極面積$A = wL$，流率$Q = \dfrac{wLd}{\tau}$，$\tau$為滯留時間。因此，$\dfrac{A}{Q} = \dfrac{\tau}{d}$。

2. 另已知平板上的質量傳送問題中，從紊流下的因次分析可得到：$\mathrm{Sh} = 0.233$ $\mathrm{Re}^{0.8} \mathrm{Sc}^{1/3}$，因為現有系統是兩平板，所以特徵長度為$d/2$，以及$\mathrm{Sh} = \dfrac{dk_m}{2D}$，其中$D$為擴散係數。

3. 換言之，k_m已包含在Sh中，而決定轉化率X_A的幾個主要的無因次數將會是Re、Sc、$\dfrac{d}{L}$和$\dfrac{d^2}{D\tau}$，可表示成：$X_A = f(\mathrm{Re}, \mathrm{Sc}, \dfrac{d}{L}, \dfrac{d^2}{D\tau})$。

規模放大的原理是指系統中每一個組件都能藉由相似性原理而放大到最終目標，且放大後的系統可以維持相似的物理特性。在一般的化學工程問題中，可透過無因次數來描述結構幾何、動力學、熱力學和化學的特性，所以特定無因次數若能維持一致，則物理特性亦可視為相似；但對於電化學程序，除了上述特性外，還必須多考慮電學特性，因此需要特殊的無因次數。由此可知，鉅細靡遺地依據外型來放大規模，實際上是不經濟且不可行的，因為在放大過程中還必須保持物理特性。以下即逐條說明規模放大必須依循的準則：

1. 幾何相似性

兩個物體之間若呈現幾何相似性則代表其尺寸具有某種比例。然而，放大電化學反應器的情形較為複雜，因為增加電極面積雖可提升產量，但兩電極的間距拓寬時，還會伴隨著槽電壓上升或能源消耗擴增，如果要避免這種情形，則可嘗試增加溶液的導電度。但需注意，電解質的物化特性往往存在極限，無法持續提升。另一方面，在尋求最大產率與最小極化時，溶液的最佳組成已經被探究過，所以不能因為尺寸放大即改變配方。另外，放大尺寸時，電流分布也會隨之改變。若規模放大只局限在電極的形狀或面積，而不擴大電極間距，則不至於影響到許多現象，所以在設計過程中可放置在較後面的順位；但若電極面積對溶液體積之比值必須被固定時，則可藉由增添電極對或反應器之數量來解決規模放大的問題。

2. 力學相似性

在電極旁有電解液經過時，固液之間會有拖曳力，或是在管道中有電解液流動時，上下游之間會出現壓差作用力、慣性力與黏滯力。因此，兩個尺寸不同的系統若能展現力學相似性，則可形成相同的流動狀態，並且可用相同的無因次關聯式來描述兩個系統，對於熱傳與質傳現象亦同。如同第五章所述，輸送現象方程式經過轉換後，方程式內將會出現幾個關鍵的無因次數，代表流體輸送的特性可取決於這些無因次數。例如兩個系統擁有相同的Re或Gr時，即可說明兩者擁有輸送相似性；若擁有相同的Nu時，即可說明兩者擁有熱傳相似性；若擁有相同的Sh時，即可說明兩者擁有質傳相似性。然而，在規模放大時，管道的端點或反應器的出入口都存在某些不規律現象，必須特別考量。

3. 化學相似性

對於批次或連續式反應器，若要具有化學相似性，則需要求不同系統之間擁有相同的滯留時間和反應時間，它們相關於物質輸送和反應速率。因此，可使用反應速率對輸送速率的比值來描述化學相似性，此比值稱為Damköhler數（Da）。以一級化學反應為例，Da可以表示為：

$$Da = \frac{kL}{\mathbf{v}} \tag{6.108}$$

其中k是一級反應的速率常數，L是反應器內的特徵長度，$\mathbf{v}$是溶液的特徵流速。欲確認化學相似性，除了計算幾個無因次數之間的關聯性，直接求解質量均衡方程式也是很好的方法。

4. 電學相似性

　　放大電化學反應器與非勻相催化反應器時，最大的差異在於前者必須具有電學相似性，因此這是電化學程序設計中最關鍵的一個步驟。在規模放大時，兩個系統間必須具有相同的電位與電流分布，才符合電學相似性，所以即使放大了反應器尺寸，電極的間距可能仍要維持固定。對於電學相似性的放大準則，已有幾個重要的無因次數被採用，例如極化參數P（polarization parameter）被定義為：

$$P = \frac{\kappa}{L}\frac{dE}{di} \tag{6.109}$$

其中κ是溶液導電度，L是電化學槽內的特徵長度，E是電極電位，i是電流密度。另一方面，也可以使用5-9節中描述的方法來模擬電流分布，以確認電學相似性。

5. 熱學相似性

　　兩個不同尺寸的系統中，對應點之間的溫度都能形成相同比例，則可視為熱學相似。當規模放大時，若反應器內有配備了熱交換器，則其需求將會改變。因為尺寸擴大時，電極的面積與電解液的體積都放大了，但是電極表面的熱傳增加與溶液中的熱量增加並不一致，使得大型反應器中的熱量較難散逸，導致平均溫度較高。此時，大型反應器所搭配的熱交換器必須重新被評估，以判斷反應器內的升溫是否可以接受。若熱交換的能力有限，或反應器內的溫度不允許升高，則必須回頭調整操作條件或反應器設計。

　　至此可知，這五種準則會互相牽連，常常難以獨立設定。以下將特別舉例來說明質傳速率與電流分布在規模放大時產生的效應。

　　由於電化學反應器最常被操作在質傳控制條件下，因此設計者必須特別重

視規模放大後的質傳變化。在第五章中，我們已經得知電極上各位置的質傳係數相異，而且還會隨溶液流速而變。例如在層流系統中，電極表面的質傳係數與電流密度都會沿著流動方向逐漸減小，因此放大後的反應器將無法類比於小尺寸的案例。此外，流動式反應器還存在著流體入口和出口的端點效應，但可參考的資料有限，需要透過數學模擬才能評估。目前已發展出微電極技術可用以偵測質傳係數的分布情形，即使在紊流或方型管道的入口端也可使用。對一般的反應槽入口，常設計成流動截面突然擴張的結構，如圖6-18所示，使得截面擴大的角落處出現迴流（re-circulating flow），並導致突然增大的質傳係數，尤其當入口管愈小時，質傳係數的提升愈顯著。對於操作在紊流的管道，則需行進到10倍的管徑距離後，才能出現均勻的質傳係數。至於出口端，通常是流動截面顯著縮小，質傳係數也會不均勻。因此，對較小較短的反應器，

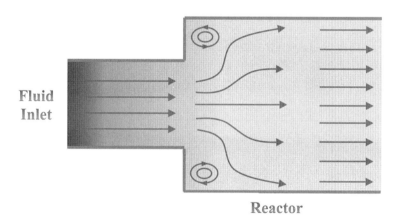

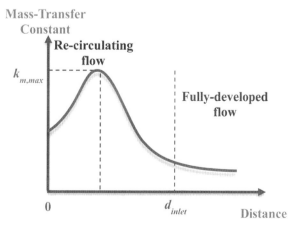

圖6-18 反應槽的入口

入口與出口端的效應顯著，其內部之質傳係數分布必然不均勻。換言之，規模放大後的反應器，應該無法使用小型反應器來類比其質傳現象。但是單就大型反應器而言，內部的質傳係數反而比較均勻。

在電流與電位分布上，以電極邊緣處的變化最大。在5-9節曾提及，電流分布可分成三個等級。在一級分布中，不考慮反應也不考量過電位；在二級分布中，電極表面必須加入反應動力學模型，所以反應的電流－電位關係非常重要；在三級分布中，電解液的質傳現象必須被考慮。由於電位的變化將影響產品品質與電流效率，因此電流與電位分布是程序設計中的重點項目。

由5-9節已知，電位的Laplace方程式將會決定一級電流分布。當系統的結構簡單時，較容易找出電位的解析解，所以電化學反應器常被設計成簡單的槽式（tank）或管道式（channel），故以下將只探討這兩類系統。

在一個只擁有單對平板電極的槽式反應器中，若使用二維模型來分析，則可發現電流分布決定在電極與四個槽壁的相對位置。當電極的邊緣緊鄰槽壁時，可忽略電極背面的電流密度，此時的電位分布將只局限在兩極間的電解液內；但當電極邊緣與槽壁間的間距增大時，電極背面的電流密度將逐漸加大，改變反應槽內的電位或電流分布。如圖6-19所示，在這類模型中，有四個尺寸

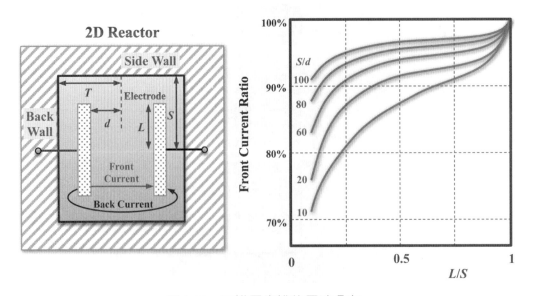

圖6-19　二維反應槽的電流分布

非常重要，分別是電極的長度$2L$、電極間距$2d$、反應槽側壁間距$2S$與反應槽背牆間距$2T$。

　　首先觀察反應器側壁的效應，可發現電流密度會隨著L/S而變。當$L/S=1$時，亦即電極邊緣接觸反應器側壁時，電流僅在兩極相對的空間中流通，所以正面電流必然占全體電流的100%；但當$L/S<1$時，會有部分電流到達電極的背面，且會隨著電極與側壁的縫隙增大，使正面電流的比例降低，但此降低的趨勢還會受到S/d值得影響。由圖6-19可發現，電極間距$2d$愈小時，正面電流的比例愈大；但當$S/d=1$時，亦即反應器側壁間距等於電極間距時，正面電流的比例將隨著L/S值成線性分布。

　　接著探討電極的背面效應。若反應器的側壁相隔很遠，亦即S很大，也可以很容易地得到電流分布。模擬的結果顯示，在電極邊緣處的電流密度遠大於電極的中心處。當電極的邊長$2L$愈短，電流分布愈不均勻。若電極邊長比電極間距大一些時，例如$L/d>8$，且反應器背牆離電極背面夠遠時，例如$T/d>2.5$，所得到的電流分布將會很均勻，使反應器背牆的效應可以忽略。

範例6-19

　　有一個電解槽的體積為$0.3\,m^3$，內部放置了10組陰陽極，每一組電極的間距為4cm，電極邊緣至側壁的距離為3cm，電解槽的總長度為80cm。事先已使用單對電極的小型槽取得實驗數據，如表6-9所示。現在放大成目前的電解槽後，希望每組電極的正對面之間的電流必須占總電流的95%，則每片電極的最大高度可達多少m？

表6-9　正面電流占總電流的比例

S/d ＼ L/S	0.70	0.85	0.875	0.90	0.95
5	87%	94%			
10		93%	94%		
12			95%	96%	
15				96%	98%

解 1. 在大型電解槽中，已知電極的長度為$2L$，電極間距$2d$=4cm，槽壁間距為$2S$=$2(L+3)$cm，故可得到參數$\dfrac{S}{d}=\dfrac{L+3}{2}$，以及$\dfrac{L}{S}=\dfrac{L}{L+3}$。

2. 查詢表6-9，可發現正面電流占總電流的比例達到95%的條件為$\dfrac{S}{d}\geq 12$，且$\dfrac{L}{S}\geq 0.875$，所以可得$L\geq 21$cm，代表電極長度至少是42cm，槽壁的間距至少是48cm。

3. 因此，電極的高度H至多為：$H\leq\dfrac{0.3}{(0.48)(0.8)}=0.78$ m。

　　最簡單的管道式反應器是內嵌在絕緣壁上的平板電極系統。當流體以平行電極表面的方向通過管道時，直接求解Laplace方程式可得到一級電流分布的解析解：

$$\frac{i}{i_{av}}=\frac{\pi L\cosh(\pi L/2d)/K(\tanh^2(\pi L/2d))}{2d\sqrt{\sinh^2(\pi L/2d)-\sinh^2[(2x-L)\pi/2d]}} \tag{6.110}$$

其中i_{av}是平均電流密度，K是第一型完全橢圓積分函數，x是沿著電極方向的位置，電極的兩個邊緣分別位於x=0和x=L。對應(6.110)式的電流分布如圖6-20所示，可明顯發現電極上的電流密度是不均勻的。對一組非常短的電極，假設$d/L\rightarrow\infty$，其電流分布較均勻的區域明顯小於一組較長的電極，例如d/L=0.5。而且從中還可發現，電極中心處（x=$L/2$）的電流密度是有限值，但電極邊緣處的電流密度卻是無限值。

　　對於實際的反應器，L/d往往很大，這會導致$\tanh(\pi L/2d)\rightarrow 1$，且使得$K(\tanh^2(\pi L/2d))=\ln 4+\ln[\cosh(\pi L/2d)]$。因此可推得：

$$\frac{i_{L/2}}{i_{av}}=\frac{\pi L/2d}{\ln 2+(\pi L/2d)} \tag{6.111}$$

其中$i_{L/2}$是電極中心的電流密度，例如d/L=0.1時，可得到$i_{L/2}/i_{av}$=0.958，代表電流分布相當均勻。

　　在二級電流分布的研究中，將會加入活化過電位的效應，但不考慮濃度過電位。然而，描述活化過電位與電流密度關係的Butler-Volmer方程式卻不易求解，因此常將過電位對電流密度的微分（$d\eta/di$）視為極化電阻R_P，以簡化

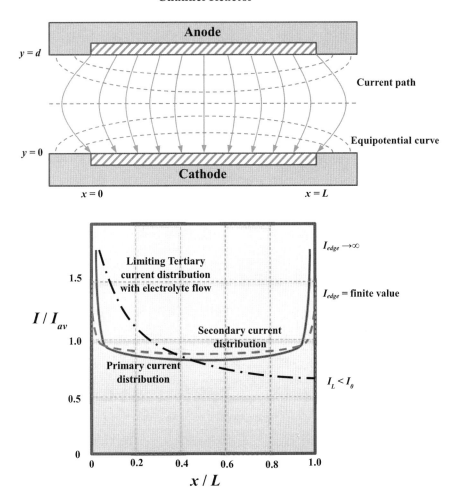

圖6-20　管道式反應槽的電流分布

計算過程。極化電阻R_P愈大，代表電極表面的反應動力學愈慢。此外，溶液電阻R_S會與極化電阻R_P串聯，若$R_P \gg R_S$，則R_P會主宰二級電流分布；若$R_P \ll R_S$，則R_S會主宰一級電流分布。至於一級電流分布中出現的劇烈變化，往往會在計算二級電流分布時被平滑化，例如電極邊緣處在一級分布中產生的無限大電流，就不會出現在二級電流分布的結果中，尤其在R_P/R_S較大的例子中，電流分布更為平均。如果溶液可視為導電度κ一致的電路元件，則在電極間距為d時，溶液電阻可表示為$R_S = d/\kappa$。為了描述電流分布的特性，可再定義一個極化電阻對溶液電阻的比值，稱為Wagner數（簡稱Wa）：

$$Wa = \frac{R_P}{R_S} = \frac{\kappa}{d}\left(\frac{d\eta}{di}\right) \qquad (6.112)$$

由前述可知，Wa愈大時電流分布愈均勻。

　　直接從電位的Laplace方程式搭配非線性的Butler-Volmer方程式來求解二級電流分布，是極為困難的數學工作，所以比較可行的方法則是在小範圍的電極電位中進行線性化，也就是使用Taylor展開式來簡化Butler-Volmer方程式。Wagner曾求解通道式反應器的二級電流分布，結果發現當電極間距遠小於電極邊長時，亦即$d \ll L$，電流分布會受到Wa的影響。如前所述，當Wa很大時，電流分布均勻；但當$Wa \to 0$時，計算結果等同於一級電流分布。所以要得到足夠均勻的電流分布，就需要截面小的通道、導電性高的溶液，以及足夠大的極化電阻。

　　執行規模放大時，Wa可作為參考指標，若能使Wa保持固定，則可達成電學相似性。換言之，電極間距擴大時，溶液導電度也要隨之提升，或是極化電阻要增大，但需注意，這兩個條件在現實中都不能無限增加。就提升溶液導電度而言，改變配方應該不可行，因為其他的效應將伴隨而生；相似地，增大極化電阻也有困難度。因此，放大反應器的規模時，擴大電極間距的效果通常不顯著，反而加大電極邊長或增添電極數量的方案比較可行。總而言之，放大規模時，欲同時維持原始的幾何比例和均勻的電流分布極為困難。

範例6-20

　　有一個電解槽的電極長度為20 cm，陰陽極的間距為0.5 cm，操作時的電流密度為1000 A/m²。已知反應的電流對電位關係為：$E(V) = -0.264 - 0.09\log(\frac{i}{1\ \text{A/m}^2})$，$\frac{i}{i_\infty}$與$Wa$的關係如表6-10所示，其中$i_\infty$是無窮遠處的電流密度。若希望電極上的電流分布很均勻，且邊緣的施加電位不超過-0.55 V，則電解液的導電度必須調整為何？

表6-10　通道式電解槽中i/i_∞對Wa的關係

i/i_∞	Wa
2.40	0.1
1.88	0.2
1.50	0.4
1.35	0.6
1.25	0.8

解 1. 在-0.55V下，通過的電流密度為：$i = 10^{(0.55-0.264)/0.09} = 1500$ A/m^2。

2. 假定在無窮遠處的電流密度$i_\infty = 1000$A/m^2，亦即比值$\dfrac{i}{i_\infty} = 1.5$。查詢表6-10可發現，此時的$Wa = 0.4$。

3. 從電流對電位關係可知，在$i_\infty = 1000$A/m^{2}的情形下，$\left|\dfrac{dE}{di}\right| = 3.9 \times 10^{-5}$ Ω·m^2。

所以根據(6.110)式，可得到導電度：$\kappa = \dfrac{(Wa)(d)}{|dE/di|} = \dfrac{(0.4)(0.005 \text{ m})}{3.9 \times 10^{-5} \text{ Ω·m}^2} = 52$ S/m。

　　當施加電壓夠大時，Butler-Volmer方程式中的逆反應速率可以忽略，使電極動力學成為純指數關係，此時也能簡化二級電流分布的求解工作。但當電極電位再提高後，程序進入質傳控制區，濃度變化已無法再忽略，必須求解三級電流分布。

　　電極極化程度很高時，濃度過電位的效應顯著，此時除了電極邊長L以外，電極表面的擴散層厚度δ也會影響電流分布。換言之，從電極表面到溶液主體區的濃度變化效應必須被考慮，也代表了需要更多的無因次數才能描述三級電流分布。從質量均衡式求解濃度分布的工作非常困難，尤其當溶液有對流現象時更難以完成，所以理論求解的方法通常需要大量的簡化或限制。到目前為止，仍以平板電極反應器擁有最多的理論研究。例如當PFR中出現紊流時，溶液可被分成三區，在主體區中只發生遷移與對流，在兩個擴散層區，則只發生遷移與擴散，如此便可得到三級電流分布。然而，電腦科技至今已經發展成熟，現在要求出三級電流分布已不再困難，只要採用適當的數值方法即能完成。

　　在電極反應的過程中，氣泡生成往往也是一個影響效益的因素，這種現象特別會發生在水溶液的電解程序中，於4-4-5節中曾初步介紹過。氣泡有可能是主產物，但通常會是副產物，且在工作電極或對應電極上都可能發生。氣泡生成之後，因為氣體會擾動邊界層，可促進質傳速率，但電流難以穿過不導電的氣泡，必須從旁繞過，故會降低溶液的導電度。因此，對於含有分散氣泡的溶液，其有效導電度κ_{eff}可以表示為：

$$\kappa_{eff} = \kappa f(\theta_g) \tag{6.113}$$

其中$f(\theta_g)$是關聯於氣泡在溶液中的體積分率θ_g的函數。Bruggeman曾提出：

$$f(\theta_g) = (1 - \theta_g)^{3/2} \tag{6.114}$$

亦即存在30%的氣泡時，導電度會變成原值的59%，所以從電化學反應器中除去氣泡也是一項重要的工作。尤其對於電極間距不大的系統，氣泡的影響最顯著，必須提出對策。自然對流可用來去除氣泡，因為浮力能將氣泡推離電極，且使之上升至液面，使用磁場製造微對流也有助於氣泡脫離電極表面，但強制對流的效果更佳。所以透過反應器的設計，可以引導自然對流或強制對流，產生不同的氣體去除效果。

　　如圖6-21所示，當兩個電極都延伸到反應器的槽底時，氣體上浮的過程中會導致許多小迴流；但當兩個電極與槽底保留一段間距時，溶液可以繞過電極的背面，再從電極底部回流到兩電極間，構成循環型自然對流；若在反應器的上下側設置溶液的出入口，以強制驅動電解液流動，則更能有效去除氣泡。上述三種方法中，以強制流動的反應器最受工業界青睞，但對於填料床反應器，氣體與液體會同時進入孔隙通道內，形成二相流，反而會導致極不均勻的電流分布。

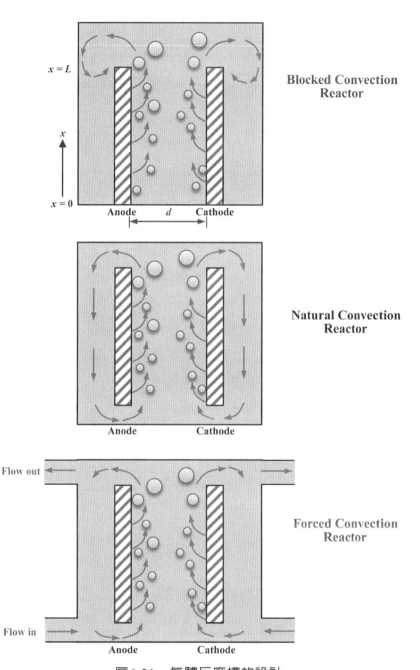

圖6-21　氣體反應槽的設計

　　在過去提出的數學模型中，鮮少相關於氣體反應器，而且都只探討溶液靜止的系統，以下將使用圖6-21所示的案例來說明氣體的效應。在一組垂直放置且間距爲d的平行板電極中，電解反應會產生氣泡，且氣泡能以固定速度$\mathbf{v}_g$上

升。已知電解程序以定電壓的方式被操作在低電流密度下，使氣泡慢速生成，而不會互相聚集，脫離電極後的上升運動可用Stokes定律來描述。定義電極底端的位置為$x=0$，頂端為$x=L$，氣泡在溶液中的體積含量θ_g將隨著x而變。考慮電極上x至$x+\Delta x$之間的質量均衡，可發現：

$$\mathbf{v}_g w d\theta_g(x+\Delta x) = \mathbf{v}_g w d\theta_g(x) + \frac{iRT}{nFp}w\Delta x \qquad (6.115)$$

其中的w為電極的寬度，p為壓力，T為溫度，電流密度i正比於氣泡的生成速率，等式左側為離開$x+\Delta x$位置的氣泡含量，等式右側第一項為進入x位置的氣泡含量。因此，局部的氣泡含量θ_g將可滿足：

$$\frac{d\theta_g}{dx} = \frac{iRT}{nFp\mathbf{v}_g d} \qquad (6.116)$$

由前已知，此電解程序操作在定電壓下，若再假設電極的過電壓和平衡電位維持固定，則溶液電位降$\Delta\phi_L$也是定值。然而在含有氣體的溶液中，必須使用有效導電度κ_{eff}才能準確估計出溶液電位降。因此，透過(6.113)式和(6.114)式，可得到溶液電位降$\Delta\phi_L$與氣泡含量θ_g的關係：

$$\Delta\phi_L = \frac{id}{\kappa}(1-\theta_g)^{-3/2} \qquad (6.117)$$

假設電極底部不含氣體，在高度x的氣體含量為：

$$\theta_g = 1 - (1 + \frac{RT\kappa\Delta\phi_L}{2nFpd^2\mathbf{v}_g}x)^{-2} = 1 - (1+K_g\frac{x}{2L})^{-2} \qquad (6.118)$$

其中的K_g稱為氣體效應參數，定義為：

$$K_g = \frac{RTL\kappa\Delta\phi_L}{nFpd^2\mathbf{v}_g} \qquad (6.119)$$

從(6.118)式還可求出不同位置的電流密度i：

$$i = \frac{\kappa\Delta\phi_L}{d}\left(1+\frac{K_g x}{2L}\right)^{-3} \qquad (6.120)$$

由此可再計算整個電極的平均電流密度：

$$i_{av} = \frac{1}{L}\int_0^L i\,dx = \frac{\kappa\Delta\phi_L(4+K_g)}{d(2+K_g)^2} \tag{6.121}$$

最終可得到局部電流密度對平均電流密度的比例：

$$\frac{i}{i_{av}} = \frac{8(2+K_g)^2}{(4+K_g)(2+K_g x/L)^3} \tag{6.122}$$

　　總結以上，氣泡效應參數K_g對產氣系統有關鍵性的影響力，當電極間距d較大、槽電壓較小且電極較短時，可得到比較均勻的電流分布。若要進行規模放大，則需維持參數K_g，不能只擴大幾何尺寸。

範例6-21

　　在實驗室中，有一個平行板電解槽被用來電解產氣，槽中的電極被垂直放置，長度為25 cm，電極間距為4 cm，通過的電流密度為5000 A/m^2，可測得氣泡上浮的速度為1.55 cm/s。已知產生氣體的反應被操作在300 K與1 bar下，參與的電子數為2，兩極的平衡電壓為1.5 V，總過電壓為0.5 V，電解液的導電度為50 S/m。若現欲放大電極成75 cm長，但電極間距和電流密度維持不變，則施加電壓將變為何？電流分布是否更均勻？

解 1. 從(6.119)式可先計算氣泡效應參數K_g與溶液電位降$\Delta\phi_L$的關係：

$K_g = \dfrac{RTL\kappa\Delta\phi_L}{nFpd^2\mathbf{v}_g} = \dfrac{(8.31)(300)(50)(0.25)\Delta\phi_L}{(2)(96500)(10^5)(0.04)^2(0.0155)} = 0.065\Delta\phi_L$。

2. 根據(6.121)式，平均電流密度$i_{av} = \dfrac{(50)\Delta\phi_L(4+K_g)}{(0.04)(2+K_g)^2} = 5000$ A/m^2。因此可解得

$\Delta\phi_L$=5 V，施加電壓為7 V。若無氣體產生，則$\Delta\phi_L = \dfrac{i_{av}d}{\kappa} = \dfrac{(5000)(0.04)}{50} = 4$ V，

施加電壓為6 V。所以可發現氣泡產生會導致施加電壓提高。

3. 當電極長度放大到0.75 m後，$K_g=0.195\Delta\phi_L$，並再次求解(6.121)式，可得到$\Delta\phi_L$=11 V。因此，放大尺寸3倍後會使施加電壓成為13 V，約為原電壓的1.8倍以上。

4. 對於小型電解槽，從(6.120)式可算出電極底部（$x=0$）的電流密度：

$i(0) = \dfrac{\kappa}{d}\Delta\phi_L = 6250$ A/m^2；也可計算電極頂部（$x = 0.25$ m）的電流密度：

$i(0.25) = \dfrac{8\kappa\Delta\phi_L}{d(2+K_g)^3} = 3980$ A/m^2。但對於大型電解槽，電極底部的電流密度為：$i(0) = 13900$ A/m^2，電極頂部的電流密度為：$i(0.75) = 1540$ A/m^2。可見得電極放大後，電流分布變得更不均勻。

範例6-22

有一個平行板電極反應槽，兩極的面積皆為1 m^2，間距為21 mm，被1 mm厚的隔離膜分開，在陽極室通入1.0 M的HCl，以產生Cl$_2$，在陰極室通入0.1 M的HCl，以產生H$_2$，兩極的電流效率皆為100%。已知陽極室的溶液導電度為50 S/m；陰極室的溶液導電度為45 S/m；隔離膜為25 S/m。陽極產生Cl$_2$的反應動力學可表示為：$i = 1.93 \times 10^{-3} \exp(10\eta)$ A/m^2，其中η是過電位，單位為V；陰極產生H$_2$的反應動力學可表示為：$i = 1.93 \times 10^{-3} \exp(-8\eta)$ A/m^2。若系統操作在1000A的定電流下，且HCl溶液的流率為0.001 m^3/s，試求出操作在298 K與1 atm下的最小施加電壓。

解 1. 在298 K與1 atm下，氣泡的體積可用理想氣體方程式估計，約為$V_g = 0.024$ m^3/mol。

2. 在陰極室中，H$_2$氣泡的產率可表示為：$r_{H_2} = \dfrac{1}{2}Q(c_{H0} - c_{H1})$，其中$Q = 0.001$ m^3/s，c_H是H$^+$的濃度，下標0是指入口，下標1是指出口。

3. 由於轉化率為：$X = 1 - \dfrac{c_{H1}}{c_{H0}} = \dfrac{I}{nFQc_{H0}} = \dfrac{1000}{(1)(96500)(0.001)(100)} = 0.10$，所以$r_{H_2} = \dfrac{1}{2}Qc_{H0}X = (0.5)(0.001)(100)(0.1) = 0.005$ mol/s。因此，氣泡在溶液中的體積分率為：$\theta_{H_2} = \dfrac{V_g r_{H_2}}{V_g r_{H_2} + Q} = \dfrac{(0.024)(0.005)}{(0.024)(0.005) + 0.001} = 0.11$。

4. 根據(6.113)式與(6.114)式，陰極室溶液的導電度可表示為：
$\kappa_C = \kappa_{C0}(1 - \theta_{H_2})^{1.5} = (45)(1 - 0.11)^{1.5} = 38$ S/m。

5. 同理，Cl$_2$氣泡的產率亦為：$r_{Cl_2} = 0.005$ mol/s，所以陽極室溶液的導電度可表示為$\kappa_A = \kappa_{A0}(1 - \theta_{Cl_2})^{1.5} = (50)(1 - 0.11)^{1.5} = 42$ S/m。

6. 根據陽極的反應動力學關係，可得到陽極的過電位為：$\eta_A = \dfrac{1}{10}\ln\left(\dfrac{1000}{1.93\times10^{-3}}\right)$

$=1.316$ V；從陰極的反應動力學關係可得到過電位為：$\eta_C = -\dfrac{1}{8}\ln\left(\dfrac{1000}{1.93\times10^{-3}}\right)$

$=-1.645$ V。

7. 查表可知，陽極電位 $E_A = E_A^\circ + \dfrac{RT}{F}\ln\dfrac{1}{a_{Cl^-}} = 1.358$ V，

陰極電位 $E_C = E_C^\circ + \dfrac{RT}{F}\ln a_{H^+} = -0.059$ V，所以平衡電位差為 1.417V。

8. 因此，施加電壓可表示為：$\Delta E_{app} = \Delta E_{eq} + \eta_A - \eta_C + i\left(\dfrac{d_A}{\kappa_A} + \dfrac{d_m}{\kappa_m} + \dfrac{d_C}{\kappa_C}\right)$，代入上述電位差與導電度數據後可得：

$$\Delta E_{app} = 1.417 + 1.316 + 1.645 + (1000)\left(\dfrac{0.01}{42} + \dfrac{0.001}{25} + \dfrac{0.01}{38}\right) = 4.92 \text{ V}。$$

9. 若不計入氣泡的效應，施加電壓為：

$$\Delta E_{app} = 4.738 + (1000)\left(\dfrac{0.01}{50} + \dfrac{0.001}{25} + \dfrac{0.01}{45}\right) = 4.84 \text{ V}，將會低估 0.08 \text{ V}。$$

　　對於在大電流下操作的氣體電極，氣泡運動時會互相阻礙，且聚集現象較易發生。換言之，氣泡上浮的速率會受到氣體生成速率的影響，但電解液的循環可以改變氣泡的分布。在電解工業中，常使用強制對流的方法來提升質傳速率，同時也可將氣泡含量降到最低，進一步減少施加電壓。對於垂直電極反應器，強制對流確實有助於去除氣泡；但對於水平電極反應器，如果流速不快，氣泡傾向於留在通道的上壁或上電極的表面，進而造成溶液導電度不均，或電極的活性位置減少，所以必須操作在高流速下才能避免氣泡停滯。此外，電極背面也可能有氣泡留滯，這時可改用網狀或多孔電極解決，但缺點是電流分布更不均勻。

　　一般工業用的電極材料之導電度都比導線的導電度差一些，若因成本考量，將電極的厚度減薄時，則可能產生可觀的歐姆電位差，尤其當電極邊長較大時，電極本身就會出現明顯的電位與電流分布。在導線與電極相接處，所用的連接方式也會引起電流不均。例如單點接觸與匯流排（bus bar）接觸將會產生不同的電位分布，並使得電極－電解液界面的局部電流不均勻，如圖6-22

所示。

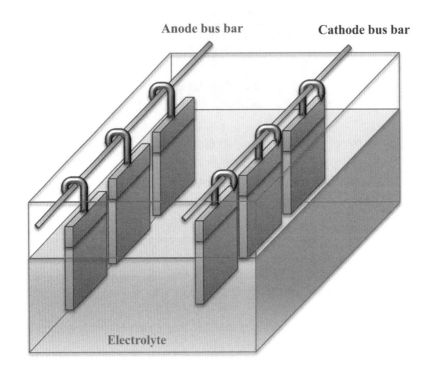

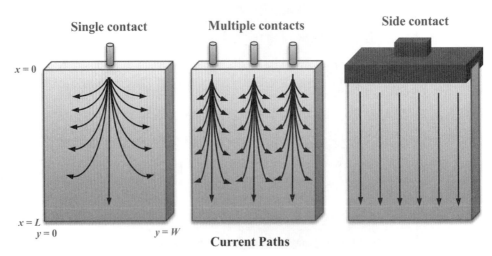

圖6-22　電極與導線連接的設計

　　考慮一組平行放置的平板電極，其寬度非常小，採用單點連接導線，在偏離平衡的程度不大時，可將極化行為線性化，以得到二級電流分布：

$$\frac{i}{i_{av}} = \phi \frac{\cosh[\phi(1 - x / L)]}{\sinh \phi} \tag{6.123}$$

其中 ϕ 是一個無因次參數，定義為：

$$\phi = \sqrt{\kappa L^2 \frac{\dfrac{1}{\sigma_a t_a} + \dfrac{1}{\sigma_c t_c}}{d + \kappa(b_a + b_c)}} \tag{6.124}$$

式中的 σ_a 與 σ_c 分別為陽極與陰極的比導電度（specific conductivity），t_a 與 t_c 分別為陽極與陰極的厚度，b_a 與 b_c 分別為線性化之後的陽極與陰極極化電阻。計算後的結果顯示，對於愈長的電極，電流愈不均勻；相似地，對於愈薄的電極，電流也愈不均勻。若欲探討較寬的電極，則需考慮電流往側向散開的效應，可預期的是寬電極上的電位分布將更不均勻，如圖6-22所示。若使用多點連接的方式通電，則可視為寬度縮小，而且只要接點的數目超過某個程度後，即可使用上述的一維模型來描述電流分布。此外，電流分布的均勻性還可藉由增加連接材料之厚度而獲得改善。

當反應器的規模放大時，除了伸長電極以外，反應槽內增加的電極數目也是關鍵因素，因為電極數目較少的反應槽會和數目較多者展現不同的特性。尤其當溶液導電度不宜再提升時，使用雙極式（bipolar）電極排列是較佳的策略，因為這種排列方式也可提升電流的均勻性，因此工業用的反應器經常被設計成雙極式電極堆。為了評估平板電極上的電流均勻性，可定義流至電極的總電流對均勻電位下的最大電流之比值為有效因子 E_f（effectiveness factor），若 $E_f = 1$ 代表電流很均勻。再定義一個會影響 E_f 的無因次參數 m：

$$m = \frac{L^2}{t\sigma} \left[\frac{\kappa}{d + \kappa(b_a + b_c)} \right] \tag{6.125}$$

其中 t 是電極厚度，σ 是電極的比導電度。若針對平行板電極系統進行模擬，可得知從相反側連接電源會比從同一側連接者得到更均勻的電流分布。對於從同一側連接者，其有效因子 E_f 為：

$$E_f = \frac{\tanh \sqrt{2m}}{\sqrt{2m}} \tag{6.126}$$

若從相反側連接,則有效因子爲:

$$E_f = \frac{\tanh\sqrt{m/2}}{\sqrt{m/2}} \tag{6.127}$$

比較(6.126)式和(6.127)式可得知,從相反側連接電源的有效因子較好,但從電極的四周共同送入電流會更好,只是連接的方法較複雜將使成本提高。如圖6-23所示,對一個六電極反應器,可發現邊緣的電極組擁有較低的E_f,而中央電極組的E_f較高。若用來分析更多電極的反應器,結果也會類似。

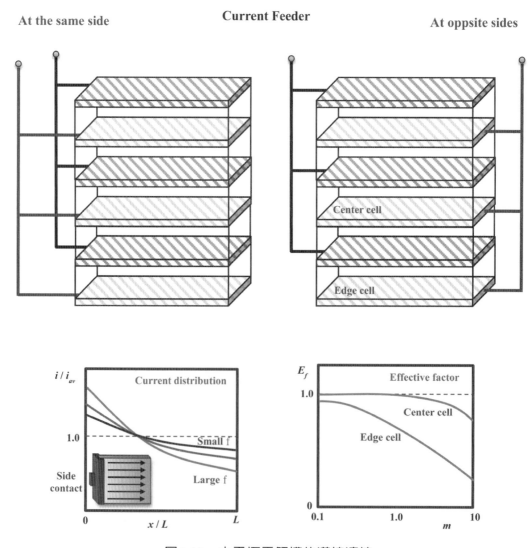

圖6-23 六電極電解槽的導線連接

範例6-23

　　在一個平行板電解槽中，電極的厚度為0.2 cm，電阻為4.2×10^{-7} Ω，兩極間距為1 cm，電解液的導電度為40 S/m。已知電解槽的平衡電壓為1.09 V，陽極與陰極反應動力學的關係可分別表示為：$\eta_a = 0.51 + 0.09\ln|i|$和$-\eta_c = 0.23 + 0.05\ln|i|$，其中過電位的單位為V，電流密度的單位為$A/m^2$。若外接電源的電壓不能超過3 V，電流不能超過1000A，且希望平均電流密度要超過最大電流密度的90%，則電極面積需為何？電極的長度與寬度各為何？

解 1. 根據(6.3)式可知，$\Delta E_{app} = \Delta E_{eq} + \eta_a - \eta_c + i\dfrac{d}{\kappa}$。假設最大槽電壓為3V，所以

$3 = 1.09 + (0.51 + 0.09\ln|i|) + (0.23 + 0.05\ln|i|) + i(\dfrac{0.01}{40})$，可從中解出最大電流密度：$i = 880 A/m^2$。

2. 在電流密度$i = 880 A/m^2$下，從兩個動力學關係可求得極化電阻：

$b_a = \dfrac{d\eta_a}{di} = \dfrac{0.09}{880} = 1.02 \times 10^{-4}$ Ω·m² ；

$b_c = \dfrac{d\eta_c}{di} = \dfrac{0.05}{880} = 5.68 \times 10^{-5}$ Ω·m² 。

3. 根據(6.125)式，可計算參數$m = \dfrac{L^2}{t\sigma}\left[\dfrac{\kappa}{d + \kappa(b_a + b_c)}\right] = 0.51L^2$，其中的$L$為電極邊長。

4. 再使用(6.126)式，可計算同側連接的有效因子$E_f = \dfrac{\tanh\sqrt{2m}}{\sqrt{2m}}$。$E_f$的定義即為平均電流密度對最大電流密度的比值，在此要大於0.9，所以可解得$\sqrt{m} = 0.41$，並再得到電極長度$L = 0.57$m。假設電解槽恰好操作在最大電流1000A下，且因$i_{av} = E_f i_{max} = (0.9)(880) = 790 A/m^2$，所以電極所需面積為$A = WL = I/i = 1000/790 = 1.27m^2$，代表所需寬度W=2.22m。

5. 但若使用(6.127)式，相反側連接的有效因子$E_f = \dfrac{\tanh\sqrt{m/2}}{\sqrt{m/2}}$，所以可解得$\sqrt{m} = 0.81$，並再得到電極長度$L = 1.13$m。相似地，操作在1000A下，可求得電極寬度$W = 1.12$m。

使用三維電極時，可得到較高的體積時間產率。雖然此類系統的電位與電流分布與二維電極差異很大，但在模擬時仍可從一維或二維模型出發，以下即針對填料床電極的放大加以探討。對於反應控制下的三維電極，因對稱性可視其電位只呈現出一維的分布，並假設固體電極相與溶液皆可適用歐姆定律：

$$i_S = -\sigma \frac{d\phi_S}{dx} \tag{6.128}$$

$$i_L = -\kappa \frac{d\phi_L}{dx} \tag{6.129}$$

其中σ、i_S與ϕ_S分別是固體的導電度、電流密度與電位，κ、i_L與ϕ_L則分別是溶液的導電度、電流密度與電位。因此總電流密度i可視為通過固體的電流密度i_S與通過溶液的電流密度i_L之和，亦即$i=i_S+i_L$。從電荷均衡可知：

$$\frac{di_S}{dx} + \frac{di_L}{dx} = 0 \tag{6.130}$$

已知在$x=L$為電源的連接處，所以假設$i_S=i$與$i_L=0$；在三維電極的另一端，亦即$x=0$處，則為$i_S=0$、$i_L=i$與$\phi_L=0$，如圖6-24所示。

由於局部反應速率相關於局部固體電位ϕ_S對溶液電位ϕ_L之差，也相關於溶液中的濃度c，故可表示為：

$$i_S = \int_0^L af(\phi_S - \phi_L, c)dx \tag{6.131}$$

或以微分型式表示為：

$$\frac{di_S}{dx} = af(\phi_S - \phi_L, c) \tag{6.132}$$

其中a為電極的比表面積。若我們使用無濃度過電位的Tafel方程式來代表陰極反應速率函數$f(\phi_S-\phi_L, c)$，則(6.132)式可成為：

$$\frac{di_S}{dx} = ai_0 \exp[-\frac{\alpha nF}{RT}(\phi_S - \phi_L)] \tag{6.133}$$

因為固體電位與溶液電位的微分可以轉換為電流密度，因此可得：

$$\frac{d^2 i_S}{dx^2} = \beta \frac{di_S}{dx}\left[i_S(\frac{1}{\kappa} + \frac{1}{\sigma}) - \frac{i}{\kappa}\right] \tag{6.134}$$

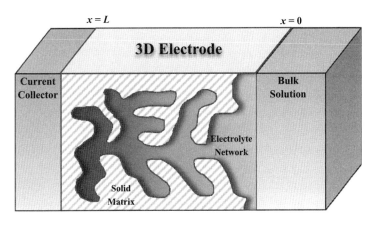

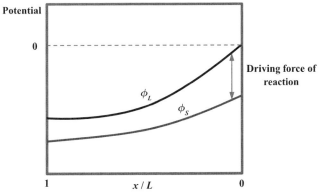

圖6-24　三維電極的電流分布

其中的 $\beta = \dfrac{\alpha nF}{RT}$。再定義固體電流密度 i_s 對總電流密度 i 的比值為 i_r，無因次的距離 $\xi = x/L$，以及另外兩個無因次參數：

$$\delta = Li\beta(\frac{1}{\kappa}+\frac{1}{\sigma}) \tag{6.135}$$

$$\varepsilon = \frac{Li\beta}{\kappa} \tag{6.136}$$

其中 δ 代表了反應電阻與溶液電阻的競爭。對比電流 i_r 的微分方程式則可從 (6.134)式得到：

$$\frac{d^2 i_r}{d\xi^2} = \frac{di_r}{d\xi}(\delta i_r - \varepsilon) \tag{6.137}$$

而邊界條件也隨之成為：

1. $\xi=0$，$i_r=0$；

2. $\xi=1$，$i_r=1$。

求解(6.137)式後可得到：

$$i_r = \frac{2\theta}{\delta}\tan(\theta\xi-\psi)+\frac{\varepsilon}{\delta} \tag{6.138}$$

其中的θ和ψ滿足：

$$\tan\theta = \frac{2\delta\theta}{4\theta^2-\varepsilon(\delta-\varepsilon)} \quad (0<\theta<\pi) \tag{6.139}$$

$$\tan\psi = \frac{\varepsilon}{2\theta} \tag{6.140}$$

由此可知，δ和ε決定了電流分布。當δ較小時，將產生比較均勻的電流，亦即對較小的電極邊長、較高的固體導電度或溶液導電度，與較低的操作電流密度都可以使電流均勻分布。另一方面，δ和ε相關，且直接牽涉固體和溶液的導電度，所以ε較小時也能形成較均勻的電流分布。在實際的情形中，由於$\sigma\gg\kappa$，將使得$\varepsilon=\delta$，且$\theta=\psi$。

對於電流分布的均勻性，可以使用一個指標γ來表示，也就是溶液電流i_L對最大過電位處測得的電流$i(x|_{\eta_{max}})$，亦即：

$$\gamma = \frac{i_S}{i(x|_{\eta_{max}})} \tag{6.141}$$

若使用Tafel動力學公式，均勻性指標γ將會是：

$$\gamma = \frac{\delta\cos^2\psi}{2\theta^2} \tag{6.142}$$

由此可知，當電極導電度σ增加時，指標γ會減低，但ε/δ減少時，指標γ會增加。這個指標也可以用來說明實際反應速率對最大反應速率的比值，或換成有效電極比表面積$a_{E,eff}$對最大比表面積a_E的比值：

$$\gamma = \frac{a_{E,eff}}{a_E} \tag{6.143}$$

當三維電極的規模放大時，等電位分布是維持電極行為的準則。所以無論電極邊長L如何擴大，δ必須維持固定。換言之，L擴大時，電流密度i必須減

低，或溶液導電度κ必須增加。然而，溶液導電度的提升程度有限，減低電流密度時又會導致體積時間產率下降，所以比較通用的放大法是將垂直於流動方向的電極邊長增大，且使用薄電極，如此才能維持相似的電位分布。儘管至此的分析並未涉及質傳效應，但這些模型仍可作為放大三維電極時有用的依據。

範例6-24

有一個填充床電解槽，操作時要對陰極施加定電壓-0.2V，希望能達到500A/m^2的電流密度。已知電極的寬度為1cm，電解液的導電度為60 S/m。另也已知陰極反應動力學的關係為：$i=0.04\exp[-40(\phi_S-\phi_L)]$，其中固體電位$\phi_S$和溶液電位$\phi_L$的單位皆為V，電流密度$i$的單位為A/$m^2$。則電極的比表面積必須為何？

解 1. 根據(6.131)式，$\dfrac{di_S}{dx}=a_{E,eff}i_0\exp[b_c(\phi_S-\phi_L)]$，此例之$i_0=0.004$A/$m^2$且$b_c=-40$V^{-1}。再假設固體內的電流呈線性分布，亦即$\dfrac{di_S}{dx}=\dfrac{i}{L}$，故可得到：

$$\frac{i}{a_{E,eff}L}=i_0\exp[b_c(\phi_S-\phi_L)]=0.004\exp(40\times0.2)=11.9 \text{ A/}m^2 \text{。}$$

2. 假設金屬的導電度遠大於電解液，則無因次參數：

$$\delta=\varepsilon=\frac{Li\beta}{\kappa}=\frac{(0.01)(500)(40)}{(60)}=\frac{10}{3} \text{。}$$

3. 根據(6.139)式，參數θ必須滿足$\tan\theta=\dfrac{\varepsilon}{2\theta}=\dfrac{5}{3\theta}$，可由此解出$\theta=1.02$。

4. 當使用Tafel動力學公式時，均勻性指標γ將會是參數ε和θ的函數。根據(6.142)式，可表示為$\gamma=\dfrac{\varepsilon\cos^2\theta}{2\theta^2}=0.445$。

5. 因此，電極的比表面積為：

$$a=\frac{a_{E,eff}}{\gamma}=\frac{i}{\gamma Li_0\exp[b_c(\phi_S-\phi_L)]}=\frac{500}{(0.01)(0.445)(11.9)}=9440 \text{ m}^{-1} \text{。}$$

對於發生在質傳控制區的三維電極反應器，電流密度也會到達極限值。如圖6-14所示，這類反應器的電流方向可以和溶液流動方向平行，稱為流穿式（flow-through）電極；也可以互相垂直，稱為流經式（flow-by）電極，其

優點是電流的路徑長與溶液流動的長度可以相互獨立。換言之，流經式電極在平行於溶液流向的尺寸可以遠大於流穿式電極，使轉化率提高，副反應減少，但其數學模型較爲複雜，必須加以簡化才能求解。考慮PFR在質傳控制條件下，流經式電極的濃度分布爲：

$$\frac{c_A}{c_A^b} = \exp(-\frac{ak_m y}{\mathbf{v}}) \tag{6.144}$$

其中y是溶液流動方向上的距離，$\mathbf{v}$是流速。而在溶液電位分布方面，必須考慮二維，且要使用Poisson方程式描述：

$$\frac{\partial^2 \phi_L}{\partial x^2} + \frac{\partial^2 \phi_L}{\partial y^2} = \frac{ai_{\lim}}{\kappa} \tag{6.145}$$

但需注意，極限電流密度$i_{\lim}$會隨著y而變。(6.145)式所得到的結果可以用來評估電位分布的均勻性，例如當流速$\mathbf{v}$增大時，或電極邊長L擴大時，都將導致電位不均勻。從中也可推導出，在最大過電壓差$\Delta\eta_{\max}$下，最大電極邊長$L_{\max}$將爲：

$$L_{\max} = \sqrt{\frac{2\kappa\Delta\eta_{\max}}{nFak_m c_A^b}} \tag{6.146}$$

而最大過電壓$\Delta\eta_{\max}$定爲$\eta(L, 0) - \eta(0, 0)$。

範例6-25

　　有一個填充床電解槽被用來處理廢水，溶液中含有1 mol/m³的重金屬，若操作在質傳控制的條件下，可將重金屬含量降低到0.1 mol/m³。已知施加的過電壓是0.28 V，填料的平均粒徑爲5×10^{-4} m，填料床的孔隙度爲0.45，槽的寬度爲0.1 m，可處理的廢水流率是10^{-5} m³/s。且已知廢水的導電度爲30 S/m，動黏度爲10^{-6} m²/s，金屬離子爲二價，其擴散係數爲8×10^{-10} m²/s。試問適當的電極尺寸應該爲何？填充床的長度應該爲何？

解 1.根據Kozeny–Carman方程式和填充床的質傳關聯式，可計算出對應的質傳係數：$k_m = \frac{0.6(1-\varepsilon)D}{\varepsilon d_p}\text{Re}^{1/2}\text{Sc}^{1/3}$，其中$\text{Sc} = \frac{v}{D} = \frac{10^{-6}}{8\times10^{-10}} = 1250$。假設流體的

表面速度為u，則$\mathrm{Re} = \dfrac{ud_p}{(1-\varepsilon)\nu} = \dfrac{5\times10^{-4}}{(0.55)(10^{-6})}u = 910u$，使得$k_m = 3.8\times10^{-4}\sqrt{u}$ m/s。

2. 在多孔介質中，溶液的有效導電度為：$\kappa_{eff}=\kappa\varepsilon^{1.5}=(30)(0.45)^{1.5}=9\,\mathrm{S/m}$，而有效比表面積為：$a_{eff} = \dfrac{6(1-\varepsilon)}{d_p} = \dfrac{6(1-0.45)}{5\times10^{-4}} = 6600\ \mathrm{m}^{-1}$。

3. 根據(6.146)式，$L_{max} = \sqrt{\dfrac{2\kappa_{eff}\Delta\eta_{max}}{nFa_{eff}k_m c_A^b}} = 0.0034u^{-1/4}$ m。

4. 另已知流速$u = \dfrac{Q}{WL_{max}} = \dfrac{10^{-5}}{0.1L_{max}} = \dfrac{10^{-4}}{L_{max}} = \dfrac{10^{-4}}{0.0034u^{-1/4}}$，所以可解出表面速度$u=9.4\times10^{-3}\mathrm{m/s}$，質傳係數$k_m=3.64\times10^{-5}\mathrm{m/s}$，以及最大電極邊長$L_{max}=0.011\mathrm{m}$。

5. 根據(6.24)式，$c_{Ao} = c_{Ai}\exp\left(-\dfrac{k_m A}{Q}\right) = c_{Ai}\exp\left(-\dfrac{k_m a_{eff} H}{u}\right)$，其中$H$是填充床的長度，所以可得到：$H=0.087\mathrm{m}$。

總結以上，規模放大的主要方法是增加小反應槽中的電極數目，而非直接放大電極的尺寸。但增加電極數目卻會使成本上升，且常會超過直接放大者在有效維護下所節省的金額，使得設計時難以抉擇。若放大規模時採用多單元反應槽的方式，也還有多種管路或接電的選擇需要決定，這些選擇端視反應器的操作模式屬於批次或連續式。對於批次反應器，單程的轉化率並不高，所以要依賴各單元間的連接，一般在反應器內會設計成平行板電極，且搭配平行於電極表面的流動。對於連續式反應器，串聯或並聯單元反應器都會影響各單元的產量。

在規模放大時，通常都聚焦於尺寸增大以容許更大的產量，但另一個重要的改變則在於操作的時間規模（time scale）。工作台（bench）等級的反應器傾向於操作數個小時，試量產等級的反應器傾向於操作數週，量產廠的反應器則希望能經年累月地操作。從工作台擴大到量產廠必會出現許多問題，尤其對於非勻相的電化學程序。當電極表面被雜質吸附時，電極將受到汙染。雜質可能來自於原料、管件、幫浦、反應槽或陽極，且在長期操作之後，汙染程度會達到穩定狀態。當規模擴大時，汙染程度反而會下降，因為在放大過程中，

表面積對體積的比值減小了。來自陽極的汙染物是難以避免的，尤其腐蝕發生後，電解液必定受到影響，甚至會改變電流分布和電流效率，規模放大時，這種效應會變化。如果反應器內處理的物質是融熔鹽，對汙染物更敏感。目前還沒有很好的方法來預測汙染物的效應，只能藉由試量產廠的試誤操作來評估。另需注意的是，一般預測質傳效應的經驗式都是基於平滑清潔的電極，若電極受到汙染後出現粗糙、刮傷、孔蝕或積垢等情形，都會改變質傳速率，而這類現象的理論研究依然缺乏，僅能藉由測試來取得統計上的資訊。

6-4　總　結

　　本章已經探討了電化學反應工程與程序設計的課題，目標是在工業生產中有效地運用電化學基礎原理。這些課題包括反應器形態與操作模式之間的關係，以及反應器設計與規模放大之間的關係。由於電化學工業具有資本密集與能源密集的特性，所以一直以來都不斷受到熱化學技術的競爭，但至少在氯氣與鋁的製造上仍以電化學技術為主流，然而對於其他物質的生產程序，如何節約能源和降低成本，將會是電化學技術取得優勢的關鍵。截至今日，除了已經成熟的鹼氯和煉鋁等化工產業以外，電化學技術還被應用在許多領域中，例如材料工程、能源工程、機械工程、電子工程、環境工程和生醫工程。在這些應用實例中，電化學技術可以提供防蝕、儲能、能源轉換、加工、分離、汙染防治、成分分析或診斷治療等功用，已經完全融入了人類日常生活之中。因此，在本系列叢書的第二部分，我們將使用第一部分所介紹的電化學工程原理，來分析與探究上述應用實例的沿革與發展，以認識電化學工程的實務面，使理論與實務能密切結合。

參考文獻

[1] A. C. West, **Electrochemistry and Electrochemical Engineering: An Introduction**, Columbia University, New York, 2012.

[2] A. J. Bard, G. Inzelt and F. Scholz, **Electrochemical Dictionary**, 2nd ed., Springer-Verlag, Berlin Heidelberg, 2012.

[3] C. Comninellis and G. Chen, **Electrochemistry for the Environment**, Springer Science+Business Media, LLC, 2010.

[4] C. M. A. Brett and A. M. O. Brett, **Electrochemistry: Principles, Methods, and Applications**, Oxford University Press Inc., New York, 1993.

[5] D. Pletcher and F. C. Walsh, **Industrial Electrochemistry**, 2nd ed., Blackie Academic & Professional, 1993.

[6] D. Pletcher, Z.-Q. Tian and D. E. Williams, **Developments in Electrochemistry**, John Wiley & Sons, Ltd., 2014.

[7] F. Goodridge and K. Scott, **Electrochemical Process Engineering**, Plenum Press, New York, 1995.

[8] G. Kreysa, K.-I. Ota and R. F. Savinell, **Encyclopedia of Applied Electrochemistry**, Springer Science+Business Media, New York, 2014.

[9] G. O. Mallory and J. B. Hajdu, **Electroless Plating: Fundamentals and applications**, Noyes Publications Mnlliam Andrew Publishing, LLC., 1991.

[10] G. Prentice, **Electrochemical Engineering Principles**, Prentice Hall, Upper Saddle River, NJ, 1990.

[11] H. Hamann, A. Hamnett and W. Vielstich, **Electrochemistry**, 2nd ed., Wiley-VCH, Weinheim, Germany, 2007.

[12] H. Wendt and G. Kreysa, **Electrochemical Engineering**, Springer-Verlag, Berlin Heidelberg GmbH, 1999.

[13] J. Newman and K. E. Thomas-Alyea, **Electrochemical Systems**, 3rd ed., John Wiley & Sons, Inc., 2004.

[14] J.-M. Tarascon and P. Simon, **Electrochemical Energy Storage**, ISTE Ltd. and John

Wiley & Sons, Inc., 2015.

[15]K. Scott, **Electrochemical Reaction Engineering**, Academic Press, 1991.

[16]M. Paunovic and M. Schlesinger, **Fundamentals of Electrochemical Deposition**, John Wiley & Sons, Inc., 2006.

[17]M.-C. Péra, D. Hissel, H. Gualous and C. Turpin, **Electrochemical Components**, ISTE Ltd. and John Wiley & Sons, Inc., 2013.

[18]S. N. Lvov, **Introduction to Electrochemical Science and Engineering**, Taylor & Francis Group, LLC, 2015.

[19]V. S. Bagotsky, **Fundamentals of Electrochemistry**, 2nd ed., John Wiley & Sons, Inc., Hoboken, NJ, 2006.

[20]田福助，**電化學－理論與應用**，高立出版社，2004。

[21]吳輝煌，**電化學工程基礎**，化學工業出版社，2008。

[22]郁仁貽，**實用理論電化學**，徐氏文教基金會，1996。

[23]唐長斌、薛娟琴，**冶金電化學原理**，冶金工業出版社，2013。

[24]張鑒清，**電化學測試技術**，化學工業出版社，2010。

[25]曹鳳國，**電化學加工**，化學工業出版社，2014。

[26]郭鶴桐、姚素薇，**基礎電化學及其測量**，化學工業出版社，2009。

[27]陸天虹，**能源電化學**，化學工業出版社，2014。

[28]楊綺琴、方北龍、童葉翔，**應用電化學**，第二版，中山大學出版社，2004。

[29]萬其超，**電化學之原理與應用**，徐氏文教基金會，1996。

[30]謝德明、童少平、樓白楊，**工業電化學基礎**，化學工業出版社，2009。

索引

國家圖書館出版品預行編目資料

電化學工程原理／吳永富著. ——初版.——
臺北市：五南, 2018.04
　面；　公分
ISBN 978-957-11-9668-8 (平裝)

1.電化學

348.5　　　　　　　　　　　107004446

5B31

電化學工程原理

作　　者 — 吳永富（57.5）

發 行 人 — 楊榮川

總 經 理 — 楊士清

主　　編 — 王正華

責任編輯 — 金明芬

封面設計 — 姚孝慈

出 版 者 — 五南圖書出版股份有限公司

地　　址：106台北市大安區和平東路二段339號4樓

電　　話：(02)2705-5066　　傳　　真：(02)2706-6100

網　　址：http://www.wunan.com.tw

電子郵件：wunan@wunan.com.tw

劃撥帳號：01068953

戶　　名：五南圖書出版股份有限公司

法律顧問　林勝安律師事務所　林勝安律師

出版日期　2018年4月初版一刷

定　　價　新臺幣720元

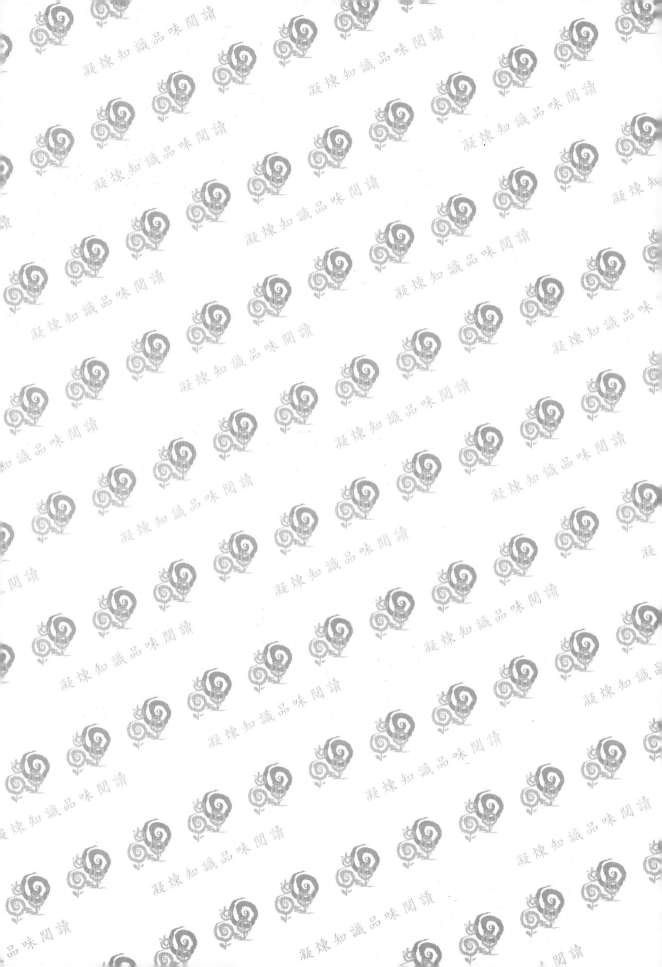